岩土工程研究生教育系列丛书

海洋岩土工程

MARINE Geotechnical Engineering

王立忠　国　振　洪　义◎编　著

ZHEJIANG UNIVERSITY PRESS
浙江大学出版社
·杭州·

图书在版编目(CIP)数据

海洋岩土工程 / 王立忠，国振，洪义编著. —杭州：浙江大学出版社，2022.9

ISBN 978-7-308-22919-7

Ⅰ. ①海… Ⅱ. ①王… ②国… ③洪… Ⅲ. ①海洋工程—岩土工程—教材 Ⅳ. ①P752

中国版本图书馆 CIP 数据核字(2022)第 149072 号

海洋岩土工程

HAIYANG YANTU GONGCHENG

王立忠 国 振 洪 义 编著

策划编辑 黄娟琴

责任编辑 王 波

责任校对 吴昌雷

封面设计 春天书装

出版发行 浙江大学出版社

(杭州市天目山路 148 号 邮政编码 310007)

(网址：http://www.zjupress.com)

排 版 杭州朝曦图文设计有限公司

印 刷 杭州宏雅印刷有限公司

开 本 787mm×1092mm 1/16

印 张 22.25

字 数 542 千

版 印 次 2022 年 9 月第 1 版 2022 年 9 月第 1 次印刷

书 号 ISBN 978-7-308-22919-7

定 价 68.00 元

浙江大学出版社市场运营中心联系方式：0571—88925591；http://zjdxcbs.tmall.com

序

20世纪60年代末至70年代，人们将土力学及基础工程学、工程地质学、岩体力学应用于工程建设和灾害治理而形成的新学科统一称为岩土工程。岩土工程包括工程勘察、地基处理及土质改良、地质灾害治理、基础工程、地下工程、海洋岩土工程、地震工程等。社会的发展，特别是现代土木工程的发展有力促进了岩土工程理论、技术和工程实践的发展。岩和土是自然和历史的产物。岩土的工程性质十分复杂，与岩土体的矿物成分、形成过程、应力历史和环境条件等因素有关。岩土体不均匀性强，初始应力场复杂且难以测定。土是多相体，一般由固相、液相和气相三相组成。土体中的三相很难区分，不同状态的土相互之间可以转化。土中水的状态十分复杂，导致岩土体的本构关系很难体现岩土体的真实特性，而且反映其强度、变形和渗透特性的参数的精确测定比较困难。因此，在岩土工程计算分析中，计算信息的不完全性和不确知性，计算参数的不确定性和参数测试方法的多样性，使得岩土工程计算分析需要定性分析和定量分析相结合，需要工程师进行综合工程判断，单纯依靠力学计算很难解决实际问题。太沙基(Terzaghi)曾经指出："岩土工程是一门应用科学，更是一门艺术。"我理解这里的"艺术"(art)不同于一般绘画、书法等艺术。岩土工程分析在很大程度上取决于工程师的判断，具有很高的艺术性。岩土工程分析应将艺术和技术美妙地结合起来。这就需要岩土工程师不断夯实和拓宽理论基础，不断学习积累工程经验，不断提高自己的岩土工程综合判断能力。

自1981年我国实行学位条例以来，岩土工程研究生教育培养工作发展很快。浙江大学岩土工程学科非常重视研究生教育培养工作，不断完善岩土工程研究生培养计划和课程体系。为了进一步改善岩土工程研究生教育培养条件，广开思路，博采众长，浙江大学滨海和城市岩土工程研究中心会同浙江大学出版社组织编写了这套岩土工程研究生教育系列丛书。丛书的作者为长期从事研究生教学和指导工作的教师,或在某一领域有突出贡献的年轻学者。丛书的参编者很多来自兄弟院校和科研单位。希望这套岩土工程研究生教育系列丛书的出版能得到广大岩土工程研究生和从事岩土工程研究生教育工作的教师的欢迎,也希望能得到广大岩土工程师的欢迎,进一步提高我国岩土工程技术水平。

中国工程院院士、浙江大学滨海和城市岩土工程研究中心教授

龚晓南

2022 年 7 月 9 日

前　言

海洋的开发利用对人类社会生存和可持续发展意义重大。然而，我们对于海洋的认知程度并不比太空高多少。2012 年 11 月 8 日，党的十八大首次做出了“建设海洋强国”的战略部署，截至目前，已经过去了整整十年。这十年，也正是我们国家的海洋工程、海岛开发、海上交通等快速发展的十年。随着南海岛礁建设、港珠澳跨海大桥、巨型海上风机、蓝鲸一号钻井平台、南海可燃冰试采等一个个超级工程的完成，我们对于海洋的认知越来越深刻，我们不断追赶、逐渐逼近，甚至在部分领域赶超了世界海洋强国的水平。2016 年，在全国科技创新大会上，习总书记高瞻远瞩地提出“深海进入、深海探测、深海开发”的新目标[①]，这给我们的海洋开发之路注入了新的动力。

随着我国海洋开发利用进程的推进，面临的海洋环境愈发恶劣，工程要求越来越高。同时，海洋岩土工程问题频发，逐渐引起人们的重视和普遍关注。海洋岩土工程是海洋工程与岩土工程的交叉领域，主要是海洋工程中与海床土体相关的部分内容。我国海洋岩土工程起步较晚，相比于国际前沿水平还有较大差距。

为了总结当前我国海洋岩土工程的相关研究和技术成果，更好地普及海洋岩土工程基本知识，推动学科发展，为相关院校师生提供一本具有我国特色、系统扼要地介绍海洋岩土工程的参考书或教材，编者组织了浙江大学、中国海洋大学、清华大学、大连理工大学、华东交通大学、中科院力学所、同济大学、哈尔滨工业大学等（单位排序参照本书章节的编排顺序）的有关专家学者编写了这本《海洋岩土工程》，供广大教师、学生及工程技术人员学习参考。

---

① 习近平. 为建设世界科技强国而奋斗——在全国科技创新大会、两院院士大会、中国科协第九次全国代表大会上的讲话. 北京：人民出版社，2016.

本书由浙江大学王立忠、国振、洪义主持编写。全书共计 11 章，第 1 章“概论”，由浙江大学王立忠、国振撰写；第 2 章“海洋工程环境与勘探技术”，由中国海洋大学刘涛、浙江大学李玲玲撰写；第 3 章“海洋土力学”，由清华大学王睿、大连理工大学王胤撰写完成；第 4 章“浅基础”，由中国海洋大学王栋撰写；第 5 章“桩基础”，由浙江大学杨仲轩、国振，华东交通大学朱碧堂、罗如平撰写；第 6 章“新型海洋基础”，由浙江大学国振，同济大学梁发云、王琛撰写；第 7 章“深海海底管道”，由浙江大学国振、中科院力学所漆文刚撰写；第 8 章“海洋岩土工程灾害”，由同济大学梁发云、王琛，浙江大学洪义撰写；第 9 章“海岸防护”，由中国海洋大学寇海磊、浙江大学国振撰写；第 10 章“海洋天然气水合物沉积物”，由大连理工大学孙翔撰写；第 11 章“海洋岩土工程风险分析”，由哈尔滨工业大学李锦辉撰写。书中引述了国内外相关科研、工程单位的部分研究成果和案例。本书的顺利完稿与出版，要感谢浙江大学出版社王波老师的大力支持；感谢浙江大学海洋岩土工程团队多位研究生在组织联系、合稿校稿、图文绘制等方面的贡献，他们是：芮圣洁、周文杰、李雨杰、张皓杰、窦玉喆、杨洪宽、王洪羽、张雅茹、徐航、李艺隆、俞元盛、孙兴业、张士泓、滕龙、朱永强、杨祖强、岳鹏等。本书第一次编写组会议还是在 2019 年 12 月 6 日浙江大学舟山校区召开的，参会专家集思广益，畅所欲言，为本书撰写理清了思路，明晰了大纲，奠定了坚实基础；之后，2020 年新冠肺炎疫情全球大流行，给人们的工作、生活带来了很多改变，本书的出版日期也一拖再拖。在这里，特别感谢所有参编专家的辛苦付出和耐心等待。

由于编者水平有限，书中难免有错误和不当之处，敬请读者批评指正。

编　者

2022 年 7 月 1 日于浙大紫金港

目　录

第1章 概 论

1.1 从海洋工程谈起

海洋、网络、太空、极地，是目前公认的四大“全球公地”。“因海而生，向海而兴”，千百年来，海洋一直在默默地为人类文明的发展注入源源不断的活力。但是，人们也畏惧变化无常的海洋。面对着惊涛骇浪、暗潮汹涌，在没有海洋工程的时代，人们只能“望洋兴叹”。那么，什么是海洋工程呢？顾名思义，海洋工程一般是指与海洋有关的工程建设，如围海造陆、跨海大桥、海底隧道、海洋油气工程、海上风电工程、海港码头、岛礁工程、海洋牧场等。海洋蕴含着丰富的能源、矿产、资源等，这些海洋工程的建设可以帮助我们更加勇敢地走向海洋、亲近海洋，更大程度地去开发利用海洋。

因此，海洋工程可以说是人类赖以摆脱陆地的束缚，走向（抑或回归）广阔海洋的载体，也是人类改造海洋、征服海洋，与海洋和谐发展的工具。当前，全球各国（尤其是大国）都提出了自己的海洋战略，如美国的“21世纪海洋蓝图”、日本的“21世纪海洋发展战略”；其他海洋强国，如英国、澳大利亚、加拿大、荷兰等，也陆续制定了本国的海洋开发计划与规划。这大大促进了世界海洋工程的快速发展，也随之涌现了一批专业化的超级跨国集团公司，包括美国埃克森美孚集团、荷兰辉固国际集团等。海洋的开发，同样关乎我国社会经济可持续发展和国家安全的大局。2012年11月8日，党的十八大明确提出了“建设海洋强国”的战略目标；2017年10月18日，党的十九大报告指出“要坚持陆海统筹，加快建设海洋强国；要以‘一带一路’建设为重点，形成陆海内外联动、东西双向互济的开放格局”，继续深化了海洋强国战略目标的原则、重点和方向。毋庸置疑，发展海洋工程是我国实施海洋强国战略的基础和重要支撑。

从时间尺度上来看，世界海洋工程的发展大致可分为6个时期，主要包括：海洋工程的萌芽期、膨胀期、专业化和国际化期、革新期、反思期、成熟期和转型期。以下将对世界海洋工程发展的前生、今世以及未来展望做简要介绍。

(1)海洋工程萌芽期(1887—1947年)

海洋工程的萌芽源于对近海石油资源的开采，最初主要采用木结构平台、人工岛等。此时期的标志性事件包括：1887年，美国在加利福尼亚海岸Summerland油田搭建了一座762m的木质栈桥，钻探了世界上第一口海上探井，拉开了海洋石油勘探的序幕；1938年，美国在墨西哥湾成功开发了世界上第一个海洋油田；1945年，马格诺利亚石油公司首先在固定式钻井平台建造中引入了52根工字钢，之后，钢材开始用来建造海工平台。

(2)海洋工程膨胀期(1947—1959 年)

1947 年被认为是海洋工程真正诞生的第一年,其标志性事件是:科麦吉石油工业公司在墨西哥湾建造了世界上第一个钢结构海洋平台,钻出了世界上第一口商业性的海上油井。在这一时期,也伴随着出现了很多新的海洋工程方法和理念,如波浪力计算法、简易自升式/导管架/酒瓶式平台等,开始综合采用直升机、气象学、无线电技术、雷达技术等。但是,到了 1959 年,美国开始热衷于进口石油,减少对本国石油的开发,墨西哥湾繁荣的海洋石油开发暂时停止了。

(3)海洋工程专业化和国际化期(1959—1973 年)

1959 年后,海洋石油工程开始变成一个特殊的领域。1962 年,布鲁斯(MIT/Shell)发明了世界上第一个半潜式平台(瓶状、大量质量在水下),并在墨西哥湾投入使用。但是,该平台 1964 年被飓风刮倒沉没。这也正是这一时期的标签:粗放的、多事故的。因此,迫切需要提升海洋工程的专业化,提高优化技术,降低风险。这一时期开始加强了工业界和大学的合作,增加了海洋工程研发投入。1965 年,英国在北海开辟了海洋石油工业的第二战场。由于缺乏经验,欧洲最早参考了墨西哥湾海工技术。1966 年,在休斯敦召开了第一届世界著名的海洋技术国际会议(OTC)。20 世纪 60 年代的海洋石油工业逐步走向专业化和国际化。

(4)海洋工程技术革新期(1973—1985 年)

1973 年,第四次中东战争爆发,石油输出国组织大幅提价,这直接导致了世界石油危机。此外,实践证明,墨西哥湾海工技术在北海并不适用。北海的恶劣海洋环境激发了新技术的开发,主要包括优化的半潜式平台、水泥自重平台、单点系泊、FPSO 等。20 世纪 70 年代,半潜式平台得到很大发展;到了 80 年代初,半潜式平台又出现了第二次发展高峰。混凝土平台、柔性立管、重型海上浮吊等技术革新巩固了北海在海洋工程领域的重要地位。

(5)海洋工程反思期(1985—1995 年)

1986 年石油价格大幅下跌,海洋石油工程的发展遭受重击,严重威胁海洋石油工程的发展。1988 年 7 月 6 日,英国北海 Piper Alpha 平台发生火灾,228 人中死亡了 167 人,这是世界海洋石油工业最悲惨的一次事故,对海洋石油工业的安全法规造成了剧烈冲击。业界开始在传统的规范和风险管理的平衡中寻求技术更新。1995 年,壳牌 Brent Spar 浮动储油平台的废弃处置方案(拖回大陆拆卸或者沉入海底)引起大众关注,绿色和平组织强烈抗议沉入海底方案。针对废弃的海洋平台需要制定新的、严格的安全和环保法律文件。

(6)海洋工程成熟期(1995—2008 年)

美国墨西哥湾、欧洲北海等地区的石油勘探,带动了钻井设备的迅速发展,帮助工业界向更深的海洋进军。国际海洋工程界对于深水一直没有统一的定义,但较为公认的深水通常指大于 500m 水深,超深水指超过 1500m 水深的海域。在这一期间,海洋工程的发展体现出几个特点:废弃平台再利用、深水和超深水开发、中小型油田技术、降低工程投资、新设计理念等。

(7)转型期(2008 年至今)

2007 年 11 月,国际油价一路上冲,在 2008 年 7 月达到顶峰;2008 年 10 月,全球金融危机引爆油价急速下坠。在这一时期,深水及超深水油气高效开采成为重点领域。从区域看,形成三湾、两海、两湖(内海)的格局。“三湾”即波斯湾、墨西哥湾和几内亚湾;“两海”即北海

和南海；“两湖（内海）”即里海和马拉开波湖。2020 年 3 月，全球新冠肺炎疫情暴发，国际油价跌破每桶 30 美元，国际能源格局发生了剧变，全球开启了“碳中和”竞赛。海洋工程技术开始走向海上风电、海洋牧场、海洋潮流能、海洋空间、海底可燃冰及海底矿产等领域。

1.2　海洋岩土工程

海洋岩土工程是随着海洋工程的发展而逐步建立起来的一门学科，是属于海洋工程与岩土工程的交叉领域，主要是面向海洋工程中与海床相关的部分内容。海洋岩土工程的理论核心是海洋土力学，其框架主要包括海洋土性状与本构理论、海床地基稳定与变形理论、海洋工程地质灾害理论等，涉及的知识结构包括土力学、流体力学、结构动力学、土与结构相互作用、流固耦合理论、波浪理论等。

海洋岩土工程真正作为一门学科，是首先出现在海洋油气资源开采中，涉及的主题十分广泛和丰富，主要包括海洋土工程性状、海底管道敷设力学、海底管线在位稳定性与热屈曲、海洋立管动力触底与开槽效应、海底稳定性与滑坡、波浪-海床结构物相互作用、海床液化、吸力锚/拖曳锚/鱼雷锚贯入控制与承载力、锚泊线-海床相互作用、桩靴基础贯入与稳定性、海洋桩基承载力、重力式基础稳定性、海床静力触探、新型触探技术等。

近十几年来，海洋风电工程发展迅猛，尤其是在英国、德国、挪威、中国等。目前，大部分已建成的海洋风机的工作水深不超过 40m，主流的基础形式是大直径单桩。针对不同底质条件（密砂、淤泥质软土、粉土等），以及不同的环境荷载条件（台风、巨浪等），大直径单桩的变形控制和长期稳定性一直是海洋风电工程中的关键问题。随着水深增加，海上风机建设逐渐走向深远海，海洋基础形式也逐渐变为导管架桩基、导管架桶基，甚至锚泊定位的浮式基础。除此之外，岛礁工程、跨海大桥、海底隧道、海港码头等的建设，还有海洋新能源——可燃冰、海底矿产等的开采，同样面临海床稳定性等海洋岩土工程问题的挑战。

随着我国海洋开发力度的不断加大，海洋岩土工程问题出现得越来越频繁，海洋工程建设对海洋岩土工程设计的要求也越来越高，海洋岩土工程已成为海洋工程建设领域必不可少的重要组成部分。我国海洋岩土工程起步较晚，相比于国际顶级研究机构（如挪威国家土工所、西澳大学 COFS 研究中心、帝国理工大学等）的科研水平还有较大差距，迫切需要推进我国海洋岩土工程研究水平的提升。

1.3　本书的主要内容

为了普及海洋岩土工程基本知识，为相关院校师生提供一本较系统介绍海洋岩土工程的参考书或教材，编者组织了浙江大学、清华大学、同济大学、中国海洋大学、大连理工大学、哈尔滨工业大学、中科院力学所、华东交通大学等的有关专家学者编写了此本《海洋岩土工程》教材，供广大教师、学生及土木工程技术人员学习参考。

第 1 章概论简要介绍了海洋工程的重要性、发展历史与现状，分析了海洋岩土工程与海洋工程的关系，以及内涵和涉及的重要主题。

第 2 章主要介绍了海洋岩土工程中的环境因素和海洋勘探技术。环境因素主要包括我国的近海概况、海洋气象、海洋水文、海洋泥沙运动等与海洋工程相关的要素。海洋勘探技术包括海洋物探、钻探以及原位勘察技术等。

第 3 章介绍了海洋土力学。海洋土力学主要研究海洋土体的基本物理性质、强度特性以及循环荷载作用下土体的响应，能够为海洋工程设计、施工进行地基评价并提供相应的土工计算参数，同时对可能产生的工程问题进行分析和规避，以达到施工合理、安全和经济的目的。

第 4 章介绍了海洋工程中的浅基础，主要包括重力式基础、带裙基础、桩靴基础等。此外，还分析了浅基础的承载力计算方法、浅基础的变形预测。最后讨论了其他因素对浅基础的影响。

第 5 章介绍了海洋桩基础。与海洋浅基础相比，在桩基的设计计算分析中需要将轴向荷载和水平荷载分开考虑。在轴向受荷的桩基分析中，介绍了在不同类别的土体中的桩基承载力计算。在水平受荷的桩基分析中，介绍了土体的侧向抗力、循环荷载效应、群桩效应以及海上风电桩基的基础动力特性。

第 6 章主要介绍了一些新型海洋基础。包括新型风机基础、跨海大桥基础以及锚泊基础。其中新型风机基础主要包括吸力式单桶、群桶以及漂浮式海上风机基础；新型锚泊基础包括法向承力锚、吸力锚、吸力贯入式板锚以及动力贯入锚等。

第 7 章主要介绍了深海海底管道。对于海洋管道的铺设问题，讨论了铺管流程和铺管方法。对于深海管道在高温高压下发生屈曲的问题，介绍了控制管道热屈曲的措施以及管土间的相互作用机制。最后，分析了海底管道的在位稳定性问题。

第 8 章主要介绍了海洋岩土工程灾害，阐述了冲刷作用、地震作用、浅层气、海底滑坡等地质灾害产生的机理及其对应的防治措施，以探索海洋岩土工程灾害的最新研究趋势。

第 9 章介绍了海岸防护技术。海岸防护技术不单单是一门工程性质的学科，在应用防护技术的同时还需要考虑对沿海地区自然环境、人文生态的综合影响。海岸防护技术主要包括海岸硬性防护、海岸柔性防护以及海岸生物技术防护等。

第 10 章介绍了海洋天然气水合物沉积物，主要阐述了海洋天然气水合物的相变特性、赋存情况、渗流特性、传热特性、导电特性、水合物沉积物的地震响应、变形及强度特性等力学性质以及水合物开采面临的若干问题和挑战。

第 11 章介绍了海洋岩土工程中的可靠度分析方法，以海洋钻井平台广泛采用的桩靴基础为例，通过随机有限元，结合蒙特卡罗模拟，得到了非均质土中桩靴基础承载力分布规律，并利用统计学方法分析了桩靴基础峰值荷载概率，进行了可靠度分析与评价。

第2章　海洋工程环境与勘探技术

本章主要介绍影响海洋工程的环境因素和海洋勘探技术。其中,环境因素主要包括海洋气象、海洋水文、海床泥沙运动等与海洋工程相关的要素。海洋勘探技术主要包括物探、钻探和原位测试技术。海底物探是指通过地球物理探测的方法,评价海底工程所处的环境条件及海底灾害;海底钻探是地质环境调查、资源调查和工程地质勘察的必要手段;海底原位测试是指在岩土体原来所处位置,基本保持其天然结构、含水量、天然应力状态等,通过特定设备测试岩土体工程力学指标。

2.1　海洋环境荷载

2.1.1　中国近海概况

根据地理位置、水文特征等不同,中国近海自北向南可划分为渤海、黄海、东海、南海等四个海区,其中,仅有渤海属于中国内海。

1. 近海海区水文特点

中国近海海区平均水深960多米,沉积物主要是由沿海河流携带而来的陆源物质,形成了世界上最宽广的大陆架之一,占海域面积约58%。渤海与黄海海底都是由大陆架构成,东海海底的2/3与南海海底的1/2为大陆架。

中国近海南北纵跨温带、亚热带和热带三个气候带,南北地理差异大,四季变化明显,入海河流达1800多条,长度在100km以上的有60多条。入海径流量和输沙量巨大且具有明显的季节变化,直接影响着近海的海洋水文要素分布变化及海岸海底的地质地貌形成。

中国近海东侧还受到来自北太平洋的强大黑潮暖流及其支流的影响,具有高温、高盐的水文分布特点。各个海区的潮波性质分布不同,存在着半日潮、全日潮及混合潮。其中,南海北部湾是世界典型的正规全日潮海区,潮汐不等现象明显。东海和黄海东部的沿岸潮差最大,南海的潮差最小。

2. 各近海海区特点

(1)渤海

渤海是深入中国大陆的内海,位于北纬37°07′～41°0′、东经117°35′～121°10′之间。周围环绕有辽宁、河北、山东三省和天津市,仅通过渤海海峡与黄海相通,其分界线为辽东半岛南端的老铁山和山东半岛北端蓬莱角之间的连线。

渤海水深较浅，平均 18m。渤海的沉积物是粒级较小的泥沙等陆源物质，大部分为现代沉积，主要由黄河、滦河等河流径流携带而来。渤海周围大部分被陆地环绕，水文状况受陆地影响大，冬季寒冷少雨风大，夏季炎热多雨风力弱，表面水体年温差可达 24.6℃左右。每年冬季寒潮来袭时，渤海沿岸多出现冰冻现象。

(2)黄海

黄海西临山东半岛和苏北平原，东临朝鲜半岛，北端是辽东半岛，属于太平洋的边缘。黄海平均水深 44m，属于浅海，黄海的沉积物亦以来自河流径流携带的泥沙等陆源物质为主，粒级较小。黄海的水温年变化小于渤海，仅为 15～24℃。

(3)东海

东海北连黄海，东到琉球群岛(Ryukyu-gunto)与太平洋相通，西接我国大陆，南面通过台湾海峡南端与南海相通，平均水深 370m。东海大陆海岸线曲折，潮差大，港湾众多，岛屿星罗棋布，我国一半以上的岛屿分布在这里。东海的水文特征受到亚热带气候及入海径流和流经的黑潮及其分支的影响，与渤海和黄海相比，有较高的水温和较大的盐度，年温差 11.7℃左右。

(4)南海

南海四周的西边和北边为亚洲大陆，东边和南边是一系列岛弧，四周有众多海峡与太平洋及邻近海域相通。南海地处低纬度地域，热带海洋性气候为主要特征，受太阳辐射强，在我国海区气候中其气候最暖和，年温差小。南海是典型的季风区，5 月下旬至 9 月的下半年受西南季风作用，11 月至次年 4 月的冬半年受到东北季风影响。相应地，使得南海产生东北方向和西南方向的季风洋流，洋流方向随季风而转换。源自黑潮暖流的南海暖流流经巴士海峡进入南海东北部，使其所经海域具有高温、高盐的水文特征。

2.1.2 海洋气象要素分析

气象是地球上某一地区多年间大气的一般状态，既反映平均情况，又反映极端情况，是多年间各种天气过程的综合表现。本节主要介绍与我国近海海洋工程息息相关的气象要素，包括风、气温、降水、海雾等。

1.风

风在地表上形成的根本原因是太阳能量的传输。由于太阳光辐射到地球上的能量随纬度不同而不同，造成同一海拔处大气压的差异，空气从气压大的地方向气压小的地方流动，于是形成了风。

我国风的季节性差异较大。对于冬季风，受我国北部的蒙古高压控制，气流呈顺时针方向自北向南输送，其特点是风向稳定，风力较强。冬季里，渤海、黄海多偏西北和偏北大风，东海北部以偏北风为主，南部以偏北和偏东北风为主，南海以偏东北风为主，其次为偏北风。

对于夏季风，由于亚洲大陆被热低压控制，同时太平洋副热带高压势力增大，中国近海处于两者之间形成偏南的夏季风。其中，渤海、黄海盛行东南风和偏南风，东海以偏南风为主，台湾海峡多西南风，南海以偏南风为主。东海和南海每年会有多个台风途径，或登陆，或北上，或消散，可在海面上形成 8 级大风，破坏力极强。春秋季节是冬夏季季风交替转换的季节，持续时间较短，风向变化多端，风速普遍较弱。

风不仅作用于海上平台上所有的设备，还作用于海洋工程周边海域的海面，直接地影响

了海洋要素的变化。如风引起的波浪对于一个在浅水中的钢结构导管架固定平台的影响是巨大的。因此，工程应用中需要考虑正常和极端条件下风的设计标准。持续风速是用于计算整个平台的风荷载，而阵风风速则用于单个结构的构件设计。

由于风速和风向随时间、空间而变化，风速随高度增大而增大，不同时段内的平均风速也是不一样的，因此只有限定了高程和持续时间间隔的风速才有意义。对于风况，我们常以长期风速、风向为观测资料，按月、季、年度统计各向风速的出现频率，其中频率最高的几个主导方向即为常风向。通常根据观测资料画出风向玫瑰图，如 2.1-1 所示。风向玫瑰图中还包括各向最大风速、平均风速分布等信息。

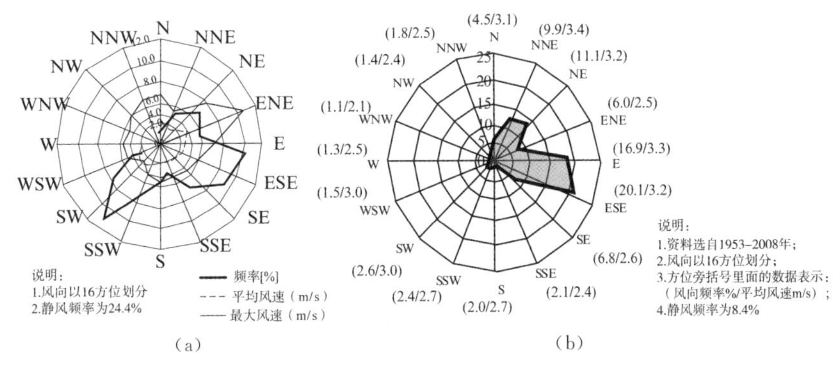

图 2.1-1　风向玫瑰图

2.气温

气温是表示空气冷、热程度的物理量，也是衡量一个海区热量资源和自然生产力的重要指标。如表 2.1-1 所示，在冬季里，渤海海面气温平均为－4～0℃，黄海由北至南约－2～8℃，南北温差可达 10℃左右，东海气温约为 6～8℃，南海气温约为 15～27℃。气温的南、北海区差异约达 30℃。在夏季里，渤海和黄海气温平均值约 22～25℃，东海气温约为 25～28℃，南海气温约为 28～29℃。可见渤海、黄海、东海及南海北部海面气温四季分明。而南海大部分海面终年高温，几乎没有四季之分。总体而言，北冷南暖，等温线分布呈纬向走向，南海略倾向东北-西南走向。

表 2.1-1　我国沿海平均气温

	渤海	黄海	东海	南海
冬季	－4～0℃	－2～8℃	6～8℃	15～27℃
夏季	22～25℃	22～25℃	25～28℃	28～29℃

3.降水

对于陆上来说降水对工程影响很大，同样，降水对海洋工程的影响也很大。根据降水量我们可以判断海区降水的丰富程度。但是，在广阔的海洋上几乎没有降水量的观测，所以多采用降水频率和降水日数这两个指标来表示。

所谓的降水频率即指观测到的降水的次数占总观测次数的百分比。它只能在一定程度上反映降水的多少，并不确切地代表降水量。同样，降水日数也是海上表示降水的指标，它指降水量≥0.1mm 的天数，我国沿海年均降水日多在 50～160 天左右，其地理分布与降水量分布基本一致。

以我国各海区为例，在冬季里，渤海的降水频率在5%左右，黄海在5%～20%，东海在5%～25%，南海在5%～15%。夏季降水频率分布较为均匀，大部分海区均在10%左右。可以看出，在冬季，我国近海降水频率分布地区差异较大。夏季时我国近海降水频率较为均匀。

降水对海上作业和港口作业影响巨大。一般当日降水量≥25mm时，就应该停止装卸作业。所以，在进行港口等海洋工程规划时，应根据降水日数、强度和历时等统计数据来推断每年因降水影响的不可作业天数，并考虑暴雨过程必要的排水措施，以保证雨天作业。我国历年降水量及距平百分率如图2.1-2所示。

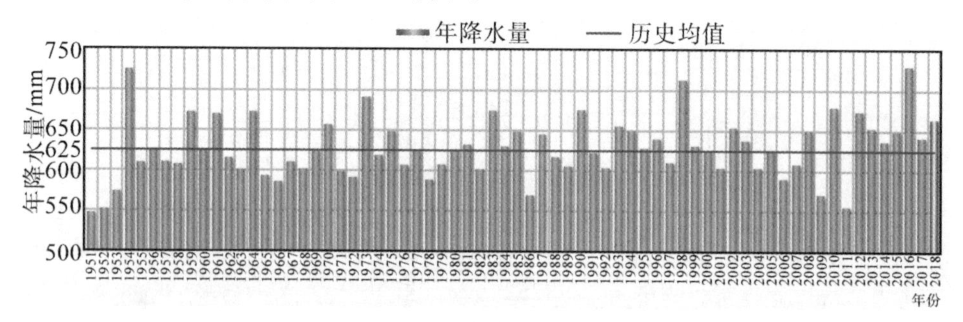

(a)历年降水量

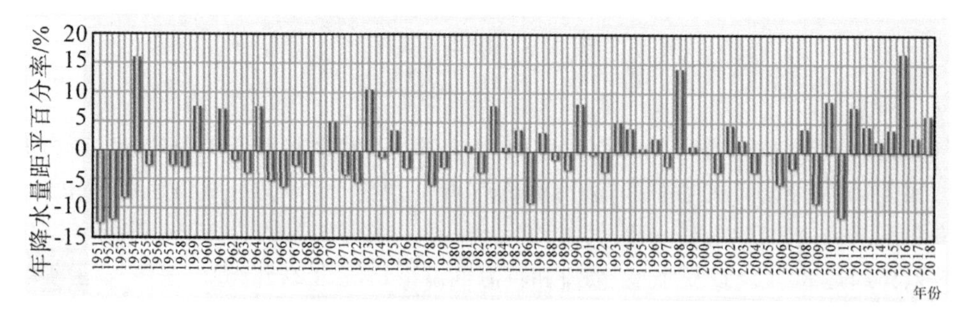

(b)历年降水量距平百分率

图2.1-2 历年全国降水量及距平百分率

4.海雾

春夏季节，经常可以看到白茫茫的海雾，有时浓雾弥漫，咫尺不见。海雾的种类有很多，但平时我们最常见的是平流雾。它主要指当湿暖空气平流到冷海面时，由于气温比水温高，形成水汽散热，凝结成雾。同样，当冷空气平流到暖海面时，当海气温差较大时，也可形成雾，这种雾通常称为蒸发雾。在海洋观测中并不严格按雾的成因分类，而是记录能见度、发生日数和时长等。

能见度指在当时的天气条件下，人的正常视力所能看到的最大水平距离。雾是在大气中水汽凝结物使能见度≤1000m时的最主要的天气现象之一，尤其在海洋上空，海雾尤为明显。因此，通常在海洋工程中能见度往往可反映海雾的大小。海雾在海上形成，会随风向下游扩散，在沿岸地区海雾可以登陆，严重影响港口作业、海上运输、渔业生产等的安全。所以，一般在进行海洋工程规划、设计、施工和营运时，要求对雾日进行统计分析，统计每年(季、月)的雾日数和雾的持续时间。当某天雾的持续时间超过4h时，将其从港口作业天数中扣除。

5. 冰

海冰是高纬度海域在强冷空气或寒潮侵袭下，气温剧烈下降导致海岸带及近海不同程度结冰而产生的。中国海洋石油天然气行业标准规定，如果海洋工程要安装在可能结冰或有浮冰漂移的海域，在设计中应考虑冰况和相应的冰荷载。对于冰况，一般统计盛冰期内固定冰的宽度和厚度、冰堆积厚度以及漂浮冰冰界等。

2.1.3　海洋水文及其工程设计要素

1. 潮汐

潮汐现象是指海水在天体引潮力作用下所产生的周期性运动。通常把海面周期的垂直水位涨落称为潮汐，把海水周期性的水平流动称为潮流。潮汐产生的原因是月球和太阳对海洋的引潮力，如图 2.1-3 所示。

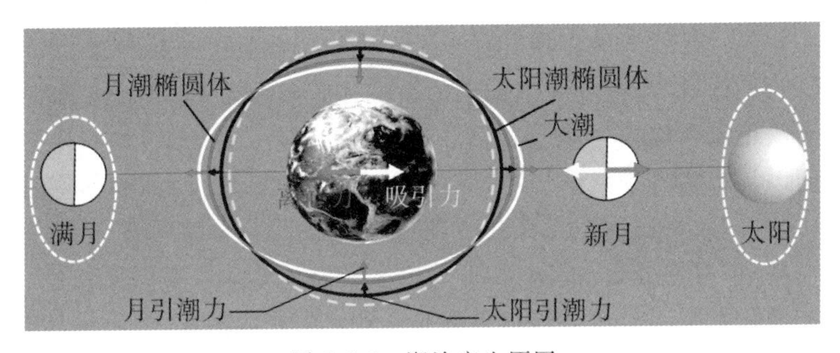

图 2.1-3　潮汐产生原因

涨潮时，潮位不断增高，达到一定高度之后，在短时间内潮位不涨也不退，称之为平潮。平潮的中间时刻称为高潮时，各个地区的平潮持续时间有所不同，从几分钟到几十分钟不等。平潮过后，潮位开始下降。当潮位退到最低时，与平潮情况类似，即潮位不退不涨，称之为停潮，其中间时刻称为低潮时。停潮过后潮位又开始上涨，如此周而复始地运动着。

如图 2.1-4 所示，从低潮时到高潮时的时间间隔叫作涨潮时，从高潮时到低潮时的时间间隔则称为落潮时。通常，在很多地区，涨潮时和落潮时并不一样长。上涨到最高位置时的海面高度叫作高潮高，下降到最低位置时的海面高度叫低潮高，相邻的高潮高与低潮高叫潮差。

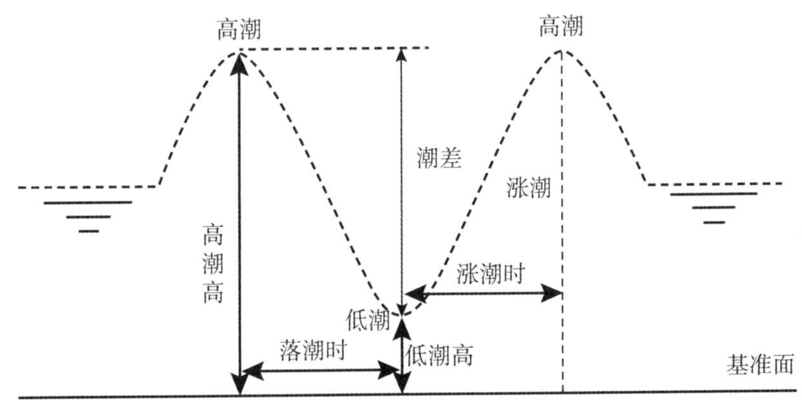

图 2.1-4　潮汐主要要素

月球和太阳对海洋的引潮力的作用是引起海水涨落的原因。地球围绕太阳运动，月亮围绕地球运动。以地球-月亮为例，它们之间彼此都有吸引力，但是因为它们处于不停的转动中，又会产生与引力方向相反的离心力，而且两个力的大小相等，故而处于平衡状态。可是，地球表面每个质点受月亮的引力大小并不一样。有的地方引力大于离心力，有的地方引力小于离心力。其两个力之间的差值，就是产生潮汐现象的引潮力。地球上各地的引潮力随地、月之间的距离远近而变化，加上地球也在不停地自转，从而导致各地在不同时间有着不同大小的海水潮汐现象。

同理，在上弦月或者下弦月时，由于太阳与月亮的引潮力相互相反，则会产生小潮现象。即高潮最低，低潮最高。

无论是涨潮还是落潮，潮高、潮差都呈现出周期性的变化，根据潮汐涨落的周期和潮差的情况，可以分为以下三种：半日潮型、全日潮型和混合潮型。

(1)半日潮型是指在一天内，有两次高潮和两次低潮，两次潮差几乎相等，涨潮过程和落潮过程时间几乎相等。在我国的青岛、厦门、天津等城市，潮汐现象便是典型的半日潮型。

(2)在一天内只有一次高潮和一次低潮的类型称作全日潮型，以我国汕头、秦皇岛、南海北部湾地区的潮汐现象为代表。

(3)在一个月内，有些日子是半日潮，但是两次潮差相差较大、涨潮落潮时间不等；有些日子是全日潮，这种潮汐类型称作混合潮型，以我国南海地区的潮汐现象为代表。

潮汐因地而异，在海陆分布、水深、岸形等因素的共同影响下，呈现出不同的现象，不同地区也有不同的潮汐系统。虽然潮汐都是从深海潮波中获取能量，但是也具有各自的特征。借助这种特征，各地利用潮汐建立起了发电厂。潮汐电是一种新型清洁能源，从 20 世纪开始，欧美一些主要国家便开始研究潮汐发电，美国缅因州的潮汐发电站已经实现了商业化。目前，世界上最大的潮汐发电站是位于韩国的始华湖潮汐发电站，年发电量可 5.52 亿千瓦时。

2. 风暴潮

风暴潮是由热带或温带风暴、寒潮过境等强风天气引起气压骤变等导致的海平面异常升降现象。风暴潮的风暴增水现象，一般称为风暴潮或者气象海啸，风暴减水现象称为负风暴潮。由于风暴增水的危害远大于风暴减水，因此在工程中特别注意前者。

风暴潮分类的方法众多，其中按诱发风暴潮的大气扰动特征分为两类：一种是强热带气旋风暴潮，如台风、飓风等所引起的；另一种是温带风暴潮，是由温带气旋或寒潮大风所引起的。

强热带气旋风暴潮主要发生在夏秋季节，这种风暴潮会伴有剧烈的水位变化，涉及范围广。凡是有热带气旋影响的海洋国家、沿海地区均有热带风暴潮发生，这给沿岸人类的生活带来极大的危害。温带风暴潮主要发生在冬、春季节，所引起的风暴潮位变化持续时间长但不剧烈，主要发生在中高纬度沿海地区，如欧洲北海沿岸、美国东海岸以及我国长江口以北的黄海、渤海沿岸。

3. 海流

海流描述的是海水微团在空间位置上的变化，通常由海洋内部的热盐效应及海面上的气象因素作用引起，是海水运动的重要形式之一，对海洋内部物质与能量的交换起着重要的

作用，影响着海水的物理化学特性。海流具有规模大、相对稳定的特点。“规模大”是指海流的空间尺度很大，一般具有数百、数千千米以上；“相对稳定”是指在较长的时间内流速的分布格局大体一致。海洋环流是海流的一种集合，所以海流又称为洋流。洋流是海水受热辐射、蒸发、降水、冷缩等而形成密度不同的水团，再加上风应力、地转偏向力、引潮力等作用而大规模稳定地流动，是海水的普遍运动形式之一。

海流的空间规模有大有小，时间尺度有长有短，表现形式多样。引起海流的原因也多样，如海面上的风及气压作用，同时与海水温度、盐度的分布变化密切相关，所以海流有许多不同的称呼与划分方法，如：根据起因，将由风引起的海流称为风海流或漂流，由温度分布变化引起的海流称为热盐环流；根据不同受力性质将还海流划分为地转流与惯性流等；根据流动区域将海流划分为陆架流、赤道流、东西边界流等；根据与周围流经海水的温度差异将海流划分为暖流与寒流等。

海流的运动方向一般分为水平方向和垂直方向，尽管后者的运动尺度比前者小很多，流速也很小，但物理意义很大，起到使下层营养物质涌升到海洋上层的交流作用，提高了海洋渔场的生产能力。根据垂直方向的流速方向是向上或向下分为上升流或下降流，通称为升降流。海流是有大小和方向的矢量，它的流向表示海水流去的方向，一般用地理方位角来表示。

虽然沿海海流是由当地风驱动的，但公海的表层海流是由一个复杂的全球风系统驱动的，通常被称为信风和西风带。地球的自转加上科里奥利效应，使赤道附近的暖空气上升，从而使得洋流在北半球顺时针向两极移动，在南半球逆时针向两极移动。除此之外，由于温度和盐度的变化，深海中的洋流受到密度变化的驱动。这种海流称为温盐环流。据估计，任何一立方米的水都需要大约 1000 年才能完成沿全球传送带绕一圈的旅程。

海流对海洋中多种物理过程、化学过程、生物过程和地质过程，以及海洋上空的气候和天气的形成及变化，都有影响和制约作用，其环境效应可以从以下几方面考虑：

(1)海流导致的冲刷会侵蚀海岸线，危及沿岸建筑，搬运泥沙也会改变海区的地形地貌而影响港口航道。

(2)海水流动时，溶解在海水中的营养物质、溶解氧等一起随同运动，若海流能给目标海区带来丰富的营养物质，将有利于海洋生物的繁殖。另外，寒暖流交汇，也会提高相应海区的生物生产力，便于养殖业发展。目前世界上最有名的四大渔场就享受到海流带来的优越条件。

(3)污染物也会随海流而扩散。这有两方面的影响：一方面可以加快污染物的净化速度；另一方面又会扩大污染物的污染范围。

(4)船只在海上航行时，若顺流航行，可以节省燃料。

中国的近海海流可分为外海流系与沿岸流系。由于不同海区存在地理地形差异，各个海区的海流各有特点。另外，受到大陆性气候的影响，各个海区的海流具有随季节变化的特点。外海流系是指流经东海的高温高盐黑潮及其分支台湾暖流、对马暖流和黄海暖流；近海沿岸流系主要是由低盐性质的大陆入海径流与盛行季风引起的风海流形成的沿海岸流动的海流，按其地理位置，在中国沿海自北向南可大体分为渤海沿岸流、黄海沿岸流、东海沿岸流、南海季风漂流等。

4.海浪

(1)波浪的成因

海面波浪以风所产生的风浪及其演变而成的涌浪最为常见,两者合称为海浪,而海底火山、地震、气压变化、天体引潮力等也会产生波浪,常见波浪的周期和波长分布范围往往较大。

(2)波浪的工程设计要素

在港口工程设计过程中,为减小波浪对港区的影响,通常在外侧建设防波堤进行掩护。港内波浪的大小是衡量防波堤掩护效果的有效标准,也是优化防波堤布置的重要依据。波浪要素计算是工程设计过程中必不可少的环节。

在海洋工程中比较常用的波浪要素主要包括波峰、波谷、波高、波长、周期、波速、波陡、波峰线和波向线(见图 2.1-5)。波浪波动曲线的最高点、最低点分别称为波峰和波谷。相邻波峰与波谷之间的垂直距离便是波高。前后两相邻的波顶或者波底之间的水平距离称为波长。波高与波长的比值称为波陡,波陡是一个相对重要的概念,无论是在物理海洋中还是在海洋工程中都对很多海洋过程产生影响。在波的传播过程中,波峰在垂直于波的传播方向将形成一条线,称为波峰线,指向波浪传播方向的线称为波向线,波峰线与波向线垂直。

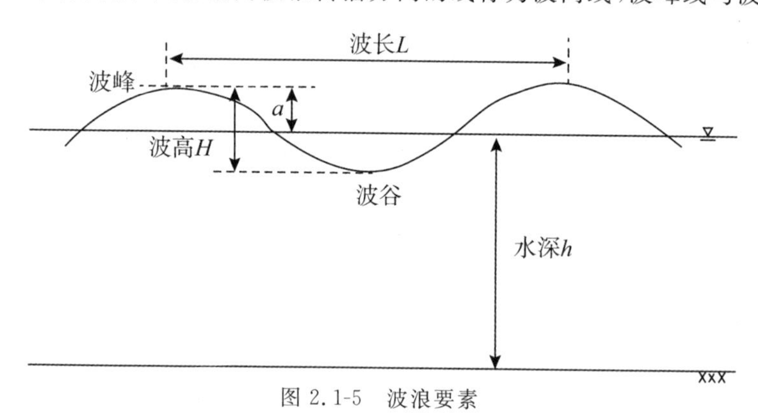

图 2.1-5　波浪要素

因为对工程中设计使用的各项波浪要素进行直接测量比较困难,且波浪随机性较大,所以工程师往往对波浪进行一系列的测量并计算,以此来作为波浪各要素的参考依据,因而引入了平均波高、平均周期等概念。

为了估算波浪的水动力载荷,需要计算水面以下任意深度 z 处波浪引起的水质点的速度。其水平分量和垂直分量为:

$$v_x=\omega\frac{H}{2}\frac{\cosh(k(h-z))}{\sinh(kh)}\sin(\omega t-kx) \tag{2.1-1}$$

$$v_z=\omega\frac{H}{2}\frac{\sinh(k(h-z))}{\sinh(kh)}\cos(\omega t-kx) \tag{2.1-2}$$

如对某一地区的波高,往往会用平均波高表示,即在某一固定点进行连续观测,将所有观测到的波高进行平均计算。除平均波高外,工程上还常采用的是 $1/p$ 大波平均波高这一概念,比较典型的为有效波高和显著波高:有效波高是在所有观测到的波高中取前 1/3 个大波的波高计算,即 1/3 大波的平均波高;显著波高是在所有观测到的波高中取前 1/10 个大波的波高计算,即 1/10 大波的平均波高。在计算周期时,与计算波高采用的方法相似,引入

平均周期、有效周期、显著周期的概念等。根据计算经验，通常有效周期等于1.15倍的平均周期，显著周期等于 1.31 倍的平均周期，显著周期是有效周期的 1.14 倍。

(3)波浪的分类

海洋中的波浪种类繁多，为了便于研究，可以从不同角度进行分类。

按照波浪的成因可以分为风浪、涌浪、海啸等；按照周期可以分为毛细波、重力波、超重力波、潮波、长周期波；按照波形是否传播分为前进波和驻波；若按照相对水深，也就是水深与波长之比来分，可以分为深水波、过渡波和浅水波；按照波浪发生深度又分为表面波和内波；按照振幅与波长之比又分为小振幅波和有限振幅波等。

引起波浪的原因不同，波浪的各要素变化范围也相对比较大，各种波浪的周期大约可以从零点几秒到数十小时以上不等，而波高可以从几毫米到几十米，波长可以从几厘米到几千千米。

(4)常见波浪的特点

俗话说，无风不起浪，这主要说的是风浪。而无风三尺浪，则主要说的是涌浪。这里主要介绍两种波浪。

第一种是风浪。风浪是指在风的直接作用下产生的波浪，通常是由当地的风产生并一直处在风作用之下的海面波动。风浪在海面上分布不规律，其外形较为陡峭，波长较短，周期小，其特点是迎风侧坡度小，背风侧坡度较大，当遇到大风时常出现波浪破碎现象，形成浪花。

另外一种便是涌浪。涌浪是在风开始平息，波速超过风速、风浪离开风区传到远处，或者风向改变后海面上遗留下来的波动。涌浪在海上的传播比较规则，波面比较平坦、光滑，随着传播距离增长，波高逐渐变小，波长和周期增加，波形接近摆线波。

5.海洋内波

(1)海洋内波的性质

以上介绍的波浪均属于表面波，最大振幅发生在海面，水质点具有同位相对运动，但是波动不仅发生在海面，同样存在于海洋内部，这种发生在海洋内部的波动称为海洋内波。内波往往发生在海水密度层稳定的海洋中，由于自由海面的海水上升需要克服重力，因此不能大幅度地升高，但是海洋内部海水上升时，重力被浮力抵消一部分，所以升高比较容易，也就是说若以相同能量激发，内波最大振幅要远大于表面波。内波的振幅在几米到几十米，波长和周期分布在很宽的范围内，一般分别为几米至几十米、几十米至几十千米和几分钟至几十小时；内波传播速度缓慢，速度仅为相应表面波的几十分之一，不足 1m/s。

(2)海洋内波的形成条件

海洋内波的产生应具备两个条件：一是海水密度稳定分层，二是要有扰动能源，两者缺一不可。在海底深层，经常会出现密度分层，经地震影响以及船舶运动等外力扰动，就可能在海水内部引发起内波。由于海水的密度分布经常是处于不均匀状态，因此出现海洋内波是一种比较普遍的现象。

(3)海洋内波的分类

如果从频率、周期及波长尺度来分类，海洋内波大致可分为三类：第一类是短周期及短波长的高频内波，其周期大约在几分钟到几个小时，通常空间尺度也较小，为几十米到几百米，这类内波一般表现出很强的随机性。第二类是具有准潮周期的内潮波以及与内潮密切相关的潮成内孤立波。这是一种非线性很强的内孤立波，内潮波的波长范围为几十千米到几百千米，它的变化周期通常在几个小时，这种内孤立波的随机性相对较弱。第三类是频率接近当地惯性频率的内惯性波，其周期在12h以上，空间范围几十千米以上，这类波的随机性较强。主要类型的内波及特点见表2.1-2。

表2.1-2　主要类型的内波

类型	特点
高频内波	周期短、波长短、随机性强
内孤立波	非线性强、周期较长、随机性较弱
内惯性波	周期最长、波长最长、随机性较强

(4)内孤立波

如果不同尺度的非线性波相互作用，将导致大振幅内孤立波。中国的南海地区是世界上内孤立波最发育海区，内孤立波发生频率与振幅居全球第一。南海内孤立波起源于吕宋海峡，向西传播并发生上下层海水的交换，到达南海北部陆坡陆架区时发生浅化破碎，将携带的能量传递给海底。内孤立波的行进过程是上下层海水的交换，并沿着一定方向前进。

(5)海洋内波的危害

内波虽不像海面波浪那样汹涌澎湃，但它隐匿于水中，暗中作祟，常使人们防范不及，故有“水下魔鬼”之称。对于潜水艇来说，形成温跃层或者盐度跃层有利于隐藏自身行踪，躲避水面舰艇的声呐搜索。但在此跃层上常出现内波，严重影响潜艇水下航行的安全。潜艇一旦遭遇内波，将会瞬间急剧掉深。1963年4月10日，美国“长尾鲨”号核潜艇，在大西洋距波士顿港口350km处突然沉没，艇上129人无一生还，事后经过对沉入海底变成碎片的残骸分析判断，下沉的原因是潜艇在水中航渡时，遇到了强烈的内波，被拖拽至海底，承受不了超极限的压力而破碎。2014年，南海舰队372号潜艇也遭遇到了内波，导致艇内管路爆裂漏水，动力舱进水八分之一，失去动力，所幸工作人员及时进行了修复，并无人员伤亡。

2.1.4　泥沙运动

近海波浪、潮流、海流引起的泥沙运动与海岸演变直接影响海岸自然环境和海岸工程的安全。在规划和建设海岸工程时，需要掌握所在海域的泥沙运动和海岸演变的规律，预估工程建成后可能引起的泥沙淤积和冲刷等问题，并考虑一定的防治措施。海岸工程的泥沙运动受到近海动力因素、泥沙特性、工程环境三大因素的制约，这些因素也导致泥沙运动成为复杂的自然现象。

1.泥沙的矿物组成成分

海洋沉积物由陆地碎屑物质或海洋生物遗骸等组成，这就使得沉积物分为陆源沉积物(从陆地运来)和远洋沉积物(水中沉降的沉积物)两大类。由于远洋沉积物沉积速度非常缓慢，所以近岸和沿海地区被陆源沉积物所覆盖。

陆源沉积物来自河流、海岸侵蚀、风成或冰川活动等。根据颗粒的大小，可对陆源沉积物进行分类。远洋沉积物通常是细粒的，并根据其成分进行分类。

泥沙的特性也会影响泥沙运动。泥沙属于海洋沉积物，组成泥沙的矿物成分比较复杂，

常见的矿物有长石、石英、辉石、角闪石、云母、橄榄石、方解石等(见图 2.1-6)。其中长石和石英是最主要的矿物成分。

扫码看彩图

图 2.1-6　构成泥沙的主要矿物

2.影响泥沙运输的水体因素

近海泥沙主要通过水搬运。泥沙在含有电解质的水体中,其表面带有负电荷,由于静电吸引作用,使得靠近颗粒表面的水分子,被牢牢地吸引和积压在颗粒周围,成为强结合水。强结合水的力学性质与固体物质相同,具有极大的黏滞性、弹性和抗剪强度。在强结合水外层,静电引力减小,成为弱结合水。强结合水和弱结合水统称为结合水,它是泥沙颗粒与水相互作用的产物,在力学性质上是固相和液相的过渡形态。结合水膜的厚度与颗粒的矿物成分及水的化学成分有关,一般厚度可达 0.0005~0.0025mm。对于粒径小于 0.1mm 的细颗粒泥沙,特别是粒径小于 0.03mm 的泥沙,相对体积较大的结合水膜与泥沙颗粒不可分离,所以当带有结合水膜的细颗粒泥沙相互靠近时,就会形成公共的结合水膜,并使泥沙颗粒相互连接起来,形成絮凝团。

絮凝团沉降后,在自重或其他外力作用下达到密实状态,从而具有较大的黏结力。黏性细颗粒泥沙具有在静水或动水中絮凝沉降的特性,淤积后也能形成稳定的淤泥层。

3.泥沙在水体中的运动

(1)近海泥沙的运动

近海泥沙的运动状态可分为推移质、跃移质和悬移质三种。由于水质点运动引起剪切作用,使泥沙不离开海床面产生往复运动的现象,称为推移质泥沙;悬移质泥沙是长时间悬浮在水体内、随水体运动的泥沙;跃移质是介于两者之间,时而悬移、时而推移的泥沙。

泥沙的运动状态取决于泥沙粒径大小和水流的挟沙能力。如果用水质点的摩阻流速 u^* 与泥沙沉速 ω_s 的比值作为泥沙运动形态分类的判据,则有:当 $u^*/\omega_s<1.0$ 时,为推移质运动形式;当 $1.0\leqslant u^*/\omega_s\leqslant 1.7$ 时,为跃移质运动形式;当 $u^*/\omega_s>1.7$ 时,为悬移质运动形式。对于砂质和砾质海岸,泥沙颗粒以推移为主,淤泥质海岸则主要是泥沙的悬移运动。

(2)海岸泥沙的运动

如图 2.1-7 所示,海岸泥沙运动主要有两种形式,即沿岸输沙和横向输沙。海岸泥沙做顺岸运动称为沿岸输沙，是沿岸最重要的泥沙搬运形式。在砂质海岸上，沿岸输沙主要产生在破波带内，其动力是波浪破碎及产生的沿岸流。如果在泥沙重力、波浪的非线性性质和泥沙的运动形式共同影响下，岸边泥沙也会进行横向运动，称为横向输沙。

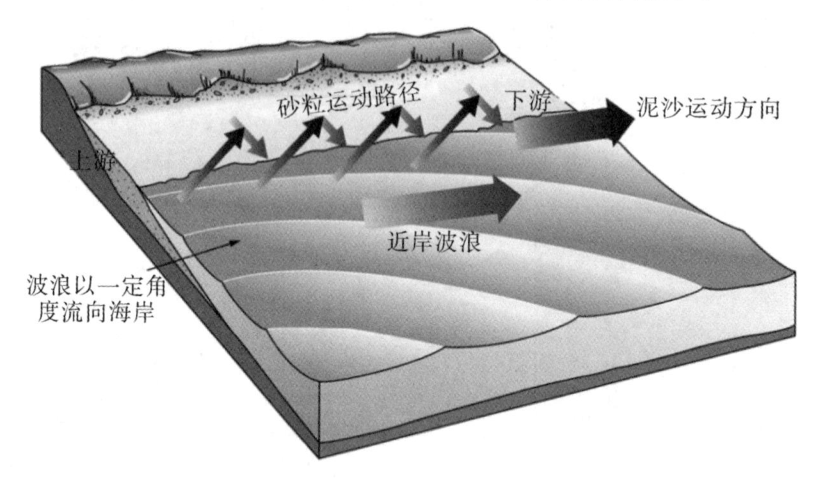

图 2.1-7　近岸泥沙输运

(3)中立线及海岸平衡剖面

在波浪大小及方向不变的条件下，一定大小的泥沙颗粒，在岸坡有一个固定深度的位置，大于这个深度，泥沙净向海方向运移；小于这个深度，泥沙净向岸方向运移。而在这一点上，泥沙颗粒仅做等距离的往返运动，净位移为零，这个点称为中立点。如果将这个深度点构成线，即中立点的连线，称为中立线。

如果根据中立线的概念，水下岸坡在中立线两侧各有一个侵蚀带，形成两段冲刷凹地。靠岸一侧的沙粒向岸移动，堆积在岸坡上部，形成堆积海滩，结果使上部岸坡变陡，沙粒向岸和向海启动速度的差值随之增大，沙粒向岸移动的趋势逐渐减弱；靠海一侧的沙粒向海移动，堆积在岸坡下部，使坡度变缓，启动速度的差值随之减小，沙粒向海移动的趋势逐渐减弱。最终在整个水下岸坡剖面上的沙粒都只有来回摆动，不发生净位移，这个剖面就叫作海岸平衡剖面，相当于中立线状态拓展到整个水下岸坡。

如果岸坡的组成物质、坡度与波浪作用力相一致，在剖面塑造过程中就不会有岸线移动现象，但这种现象在自然界中是比较少见的。实际上，由松散泥沙组成的平衡剖面是随着许多自然因素的变化而变化的。

例如水下岸坡的原始坡度较大，那么波浪将对岸坡产生侵蚀，以便达到与波浪作用力相适应的剖面，导致岸线发生侵蚀和向陆地方向推进。在这种岸坡中，中立线并不存在，因为从剖面塑造过程一开始，只会发生颗粒沿坡下移，这样就形成冲刷类型的海岸。

相反，在极其平缓的岸坡上，中立线位于坡角的某一地点，剖面上的泥沙在波浪作用下只发生沿坡向岸方向搬运，并被堆积在海滨线附近，从而使得岸线向海方向移动，形成堆积型海岸。

介于冲刷型海岸和堆积型海岸之间的过渡型海岸，剖面塑造过程接近于中立线的理论模式，即形成两个冲刷带和两个堆积带。当海岸由坚硬岩石组成时，将发育成以海蚀作用为主的平衡剖面。波浪作用使基岩破坏，产生的碎屑物质被波流带走，沉积到离岸较远的海

底，这一过程长期进行下去，就形成海蚀平衡剖面。

(4)海岸工程中的泥沙问题

海岸工程中的泥沙问题是指在海岸修建工程后引起的泥沙运动新变化，涉及淤积、减淤和防冲、促淤问题。如港口、航道的回淤问题，滨海电站取水口、排水口泥沙淤积问题，海岸防护工程的岸滩侵蚀问题等。无论是防淤、减淤还是防冲、促淤，均是研究在工程修建后或修建过程中海岸冲淤规律新变化的问题。图 2.1-8 表示在建立利津站以来黄河的排水量及泥沙量的统计数据。

在海岸工程中，论证工程方案的可行性，或者修改原工程的设计方案，目的都是使冲淤演变控制在可允许的合理范围之内。

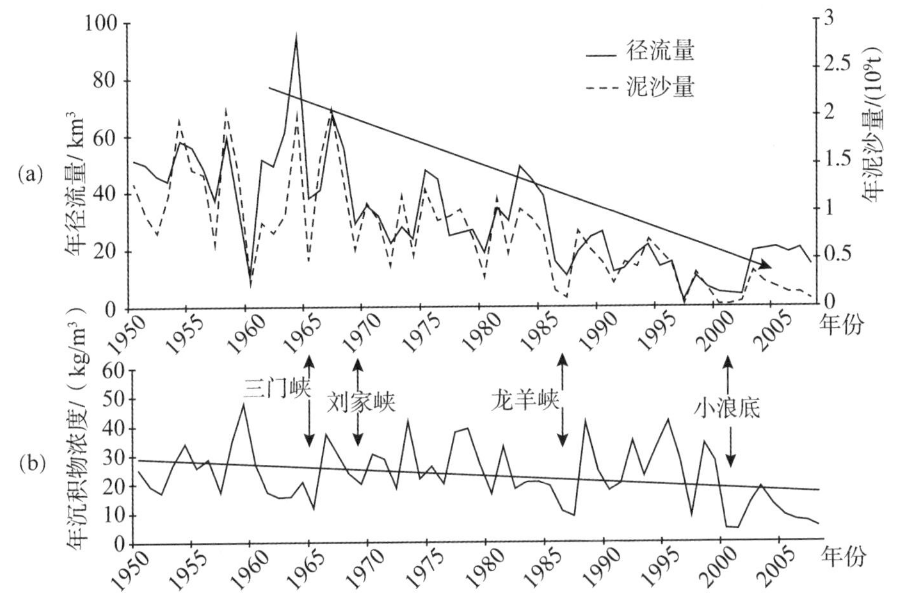

(a)1950—2008 年建立利津站以来黄河的年排水量和泥沙量；(b)利津站的年沉积物浓度，斜线代表从 1950—2008 年沉积物平均浓度，显示出在建造大型水库之后总体下降。

图 2.1-8　黄河泥沙量

2.2　海洋物探与钻探技术

2.2.1　地球物理探测

地球物理探测能显示当地海床和土体条件，揭示海床特征和海底障碍物，识别出土体内的主要层理界面和断层。根据这些信号的性质以及它们给定地层的程度，也可揭示浅层气或天然气水合物的存在。一个典型的地球物理探测包括水深和海底梯度测深、海底地层学地震反射数据、侧扫声呐探测海床地形。

地球物理数据一般要求“地层真实情况”，在岩土工程设计中具有定量意义，在建立完整的海床模型时必不可少。通常，地球物理数据将覆盖已进行原位勘察的位点，从而可以得出该区域不同的土层情况。这就需要对现场的土体性质进行定量评估，但至少它将表明地层的连续性、每一层的倾角、倾向以及历史地质事件所造成的任何内部结构变化。最后定量确定土层和每一层的性质。地球物理数据的收集如图 2.2-1 所示。

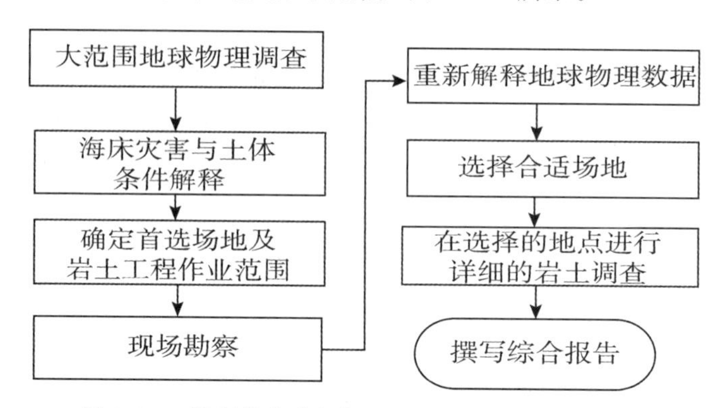

图 2.2-1 资料收集分析与地球物理、岩土技术相结合

用于地球物理探测和阐释数据的各种技术背后有着极其复杂的理论知识体系，形成了一门独立的科学学科。这里仅简要描述现有不同类型的设备及其功能。

1. 水深测绘

水深测绘的目的是量化水深，从而提供一个可视化的三维海底图像。此勘察可为拟定位点海底斜坡提供重要的信息，也可探测古斜坡的破坏、泥石流或地质特征，例如火山、陡坡断层和海底障碍物。

(1)单波束测深技术

①单波束测深工作原理

传统的单波束回声测深仪记录的是声脉冲从固定在船体上的或拖曳式传感器到海底的双程旅行时间。对传感器进行深度校正后，测点水深便是双程旅行时和垂直声波速度平均值 V 乘积的一半。这种测量需要一个发射脉冲、精确的海底反射计时和精密的速度值 V。

②单波束测深系统的组成与设备

如图 2.2-2 所示，回声测深仪由发射系统、发射换能器、接收系统、接收换能器、显示设备和电源部分等组成。发射系统周期性地产生一定频率的振荡脉冲，由发射换能器按一定周期向海水中发射。发射机由振荡电路、脉冲产生电路、功放电路组成。接收系统将换能器收到的回波信号检测放大，经处理后输入显示设备。每反射和接收一次，记录一个点，连续测深时，各记录点连接为一条直线，这就是所测水深的模拟记录。除了模拟记录外，数字式测深仪还可将模拟信号转换成数字信号，同时记录所测点的水深值。

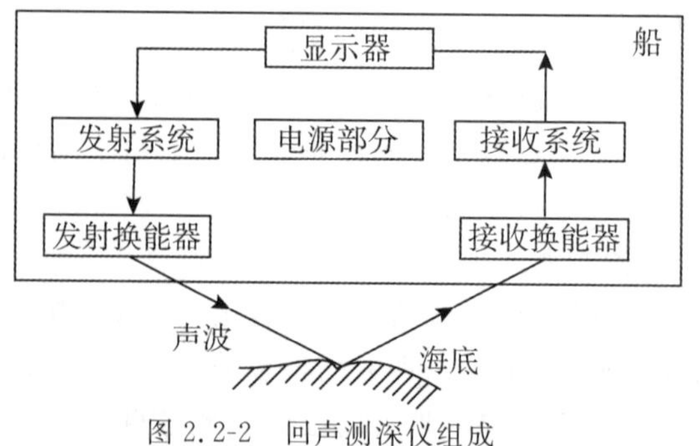

图 2.2-2 回声测深仪组成

③单波束测深技术在海底工程环境探测的应用

单波束测深技术自 20 世纪中叶以来在水道测量和水下地形测绘中逐渐得到广泛应用。随着海洋油气资源开发，海底油气管道日益增多，单波束测深技术逐渐被人们用于检测海底管道的位置、掩埋情况和管道沟的形态。

(2)多波束测深技术

多波束测深系统是由多个传感器组成的，不同于单波束，其在测量过程中能够获得较高的测点密度和较宽的海底扫幅，因此能精确快速地测出沿航线一定宽度水下目标的大小、形状和高低变化，从而比较可靠地描绘出海底地形地貌的精细特征。与单波束测深技术相比，多波束测深技术具有高精度、高效率、高密度和全覆盖的特点，在海底探测中发挥着重要的作用。

①多波束测深工作原理

多波束测深声呐，又称为条带测深声呐或多波束回声测深仪等，其原理是利用发射换能器基阵向海底发射宽覆盖扇区的声波，并由接收换能器基阵对海底回波进行窄波束接收。通过发射、接收波束相交在海底与船行方向垂直的条带区域形成数以百计的照射脚印，对这些脚印内的反向散射信号同时进行到达时间和到达角度的估计，再进一步通过获得的声速剖面数据由公式计算就能得到该点的水深值。用多波束测深声呐沿指定测线连续测量，将多条测线测量结果合理拼接后，便可得到该区域的海底地形图。

②多波束测深系统的组成与设备

对于不同的多波束系统，虽然单元组成不同，但大体上可将系统分为多波束声学系统(MBES)、多波束数据采集系统(MCS)、数据处理系统和外围辅助传感器。其中换能器为多波束的声学系统，负责波束的发射和接收；多波束数据采集系统完成波束的形成和将接收到的声波信号转换为数字信号，并反算其测量距离或记录其往返程时间；外围设备主要包括定位传感器(如 GPS)、姿态传感器(如姿态仪 MRU)、声速剖面仪(如声速剖面仪 SVP)和电罗经，主要实现测量船瞬时位置、姿态、航向的测定以及海水中声速传播特性的测定；数据处理系统以工作站为代表，综合声波测量、定位、船姿、声速剖面和潮位等信息，计算波束脚印的坐标和深度，并绘制海底平面或三维图，用于海底的勘察和调查。其中单波束和多波束的区别如图 2.2-3 所示。

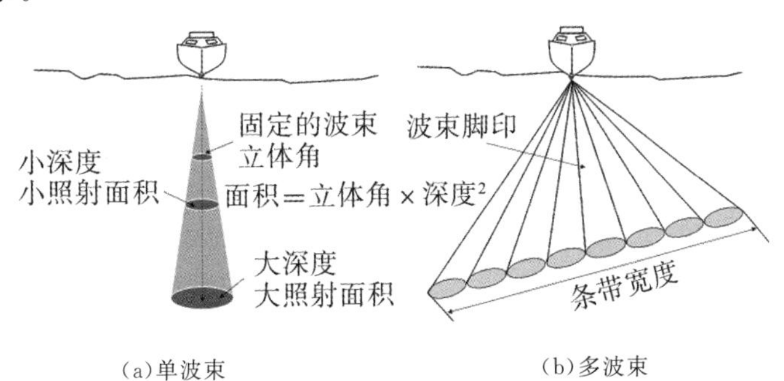

图 2.2-3　单波束与多波束的区别

③多波束测深技术在海底工程环境探测的应用

多波束测深技术是海底地形地貌测量的最主要的手段，能够有效探测水下地形，得到高精度的三维地形图，主要应用于沉船搜索以及防波堤监测等，如图 2.2-4 所示。

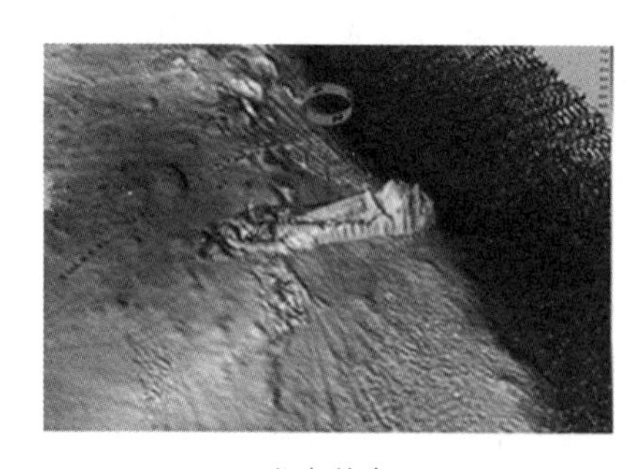

(a)沉船搜索

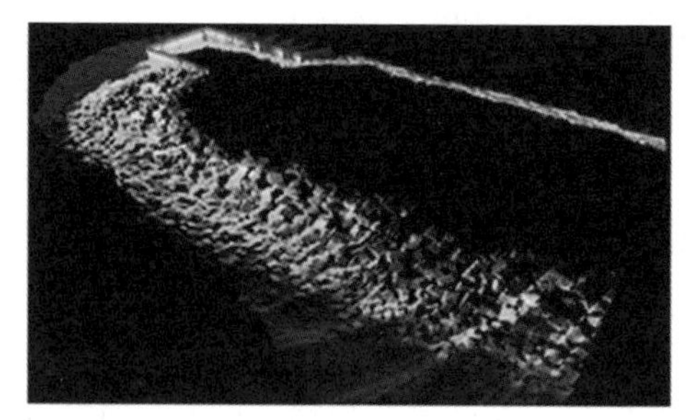

(b)防波堤监测

图 2.2-4　多波束测深技术应用

(3)侧扫声呐技术

侧扫声呐是一种主动式声呐,从旁侧换能器中发出声波,再根据回声信号探测水下目标体。它可以将窄波束的声能(声音)传输到"拖鱼"(或等效物,如 ROV)侧面并到达海床。声波从海床和其他物体处反射回拖鱼。在某些频率下,拖鱼的使用效果会更好,比如在500kHz～1MHz 等高频率下,拖鱼能提供出色的分辨率,但声能传播距离较短;在 50kHz～100kHz 等低频率下,拖鱼分辨率较低,但声能传播距离大大提高。侧扫声呐技术主要用于海底地貌和海底障碍物调查,可揭示海底起伏变化、海底沉积物差异、海底障碍物(沉船、电缆、管线和其他海底障碍物等)分布及空间特征等。根据声呐图像的判读解释,可编制海底地貌图。

①侧扫声呐工作原理

如图 2.2-5 所示,侧扫声呐的工作原理是通过安装在拖鱼左、右舷的换能器基阵按照时间间隔精密准确地发射一个短促的声脉冲信号,声信号以球面扩散方式向外传播,在遇到海底或水体目标物时产生散射,反射回来的信号由拖鱼接收系统接收、转换放大,然后由处理器以图像的形式记录、显示反射和散射信号。这个过程非常短,紧接着下一个脉冲又发射出去了,连续不断,周而复始。每次脉冲所返回的信号在记录上被显示为一条线,其黑白对应着时间关系上信号的强弱。像电视机屏幕一样也是由几百条线组成,任何单独的一条线不能提供有用的信息。然而,一旦这个过程每分钟被重复几百遍后,它所组成的那些线将在声呐显示上并排起来,就得到了二维海底地形地貌的声图。

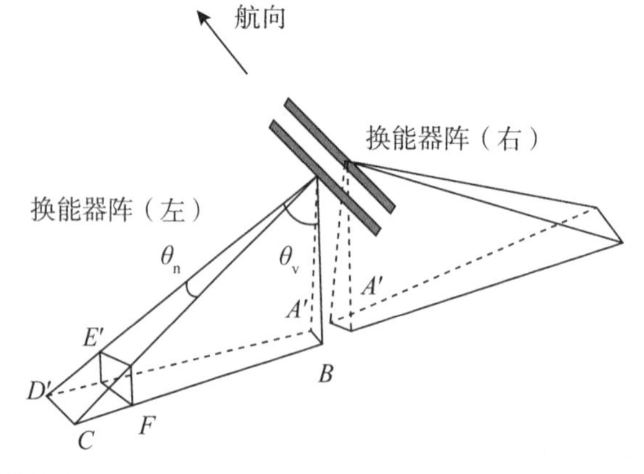

图 2.2-5　侧扫声呐工作原理

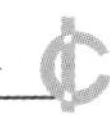

②侧扫声呐系统组成与设备

如图 2.2-6 所示，侧扫声呐系统主体部分有拖鱼、甲板处理器、拖缆。拖鱼带有俯仰、侧倾和航向传感器，部分还带有水深传感器和响应器。拖缆可以分软牵引电缆和铠装电缆。侧扫声呐的结构与传统回声测深仪的锥形发射形状不同。有些侧扫声呐系统会带有磁力仪拖曳电缆和磁力探头。

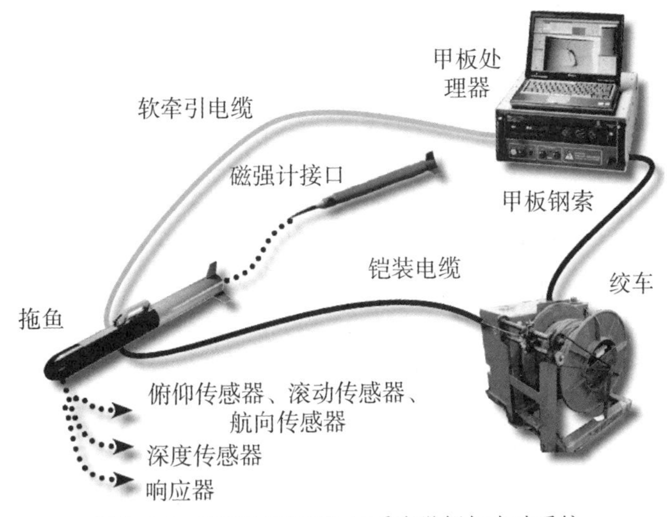

图 2.2-6　KONGSBERG 地质声学侧扫声呐系统

③侧扫声呐技术在海底工程环境探测的应用

对于探寻对诸如石油生产平台、天然气管线和通信电缆等海底构筑物完整性具有破坏潜力的海底因素，侧扫声呐是一种有力手段。另外，在对石油开采区及废物处理区海底的长期观测上也常用侧扫声呐。图 2.2-7 所示是通过侧扫声呐获得的海底微地形地貌。

扫码看彩图

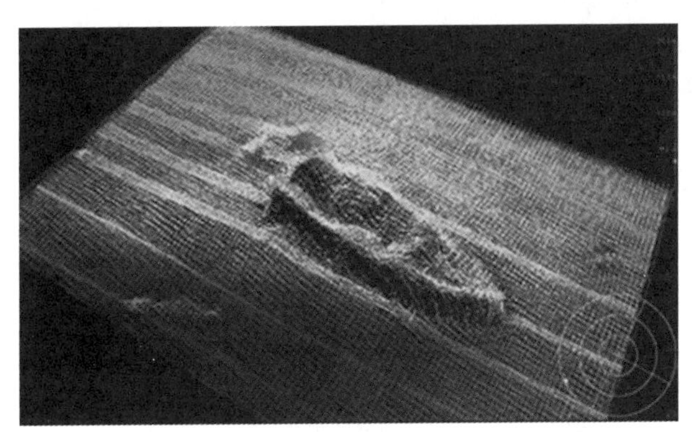

图 2.2-7　侧扫声呐获得的海底微地形地貌

2. 浅地层剖面探测技术

浅层剖面探测技术是一种基于水声学原理的连续走航式探测海底浅部地层结构和构造的地球物理方法，工作效率高，是海洋地球物理调查的常用手段之一。

(1)浅地层剖面探测工作原理

海洋浅地层剖面调查的工作原理与多波束测深和侧扫声呐相类似，都是利用声学与地质学的相关原理。它们的区别在于浅地层剖面系统的发射频率较低，产生声波的电脉冲能量较大，具有较强的穿透力，能够有效地穿透海底以下几十米甚至上百米的地层。浅地层剖面调查与单道地震探测相比，其分辨率更高，中、浅地层探测系统的分辨率甚至可以达到几个厘米。

(2)浅地层剖面系统组成与设备

如图 2.2-8 所示，浅地层剖面仪主要由发射系统和接收系统两大部分构成。发射系统主要包括震源和发射换能器，接收系统由水听器和用于记录和后处理的计算机组成，此外还有电源、电缆、导航定位、打印输出等其他辅助设备。

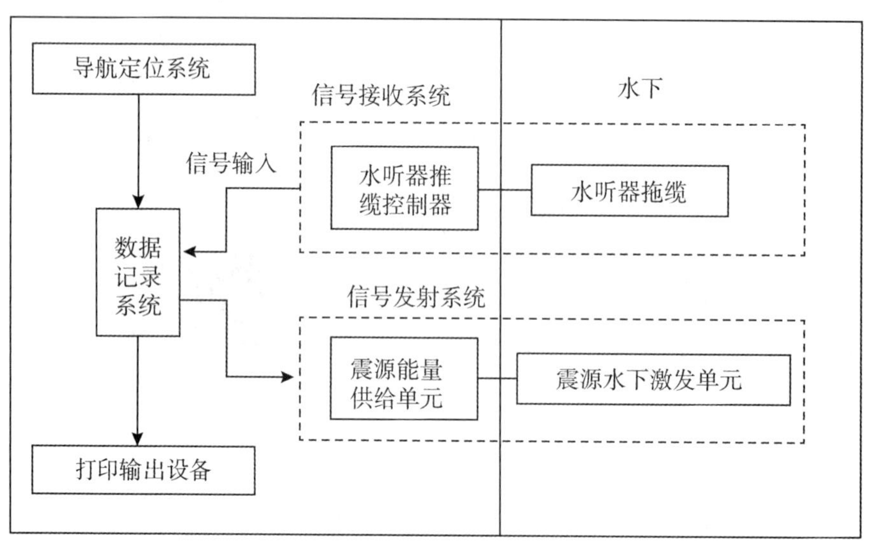

图 2.2-8　浅地层剖面仪组成

(3)浅地层剖面技术在海底工程环境探测的应用

浅地层剖面技术在海底工程环境探测的作用主要包括：①揭示海底的地层结构，包括海底下地层的分布、厚度和沉积相等；②揭示海底构造情况，包括断层分布、规模、断层性质，洼陷与隆起等；③揭示潜在的地质灾害因素，包括断层、埋藏古河道、浅层气、底劈等；④揭示海底下 100m 以内的浅基岩埋藏深度等。

3. 海上地震勘探

海洋地震探测是利用海洋与地下介质弹性和密度的差异，通过观测和分析海洋和大地对天然或人工激发地震波的响应，研究地震波的传播规律，推断地下岩石层性质、形态及海洋水团结构的一种探测方法。由于海洋这一特殊的勘探环境，海上地震探测与陆地上有所区别，主要表现在定位导航系统、震源激发和对地震波的接收排列方面。

海洋地震探测是获取海底岩性和构造的主要手段。根据单道地震剖面可绘制水深图、表层沉积物等厚度图和基底顶面等深线图；据多道地震剖面可绘制区域构造图和大面积岩相图。

(1)单道地震探测技术

①单道地震探测工作原理

单道地震基本原理是利用机械方法引起海底以下中、浅部地层震动，利用专业仪器按照一定的观测方式，记录震源震动后的中、浅部地层中各接收点原始震动信息，再经过一定数

据处理得到处理后的成果数据，最后利用该成果资料推断解释海底中、浅部地层的地层结构等。图 2.2-9 是单道地震勘探中各种地震波传播方式示意图。

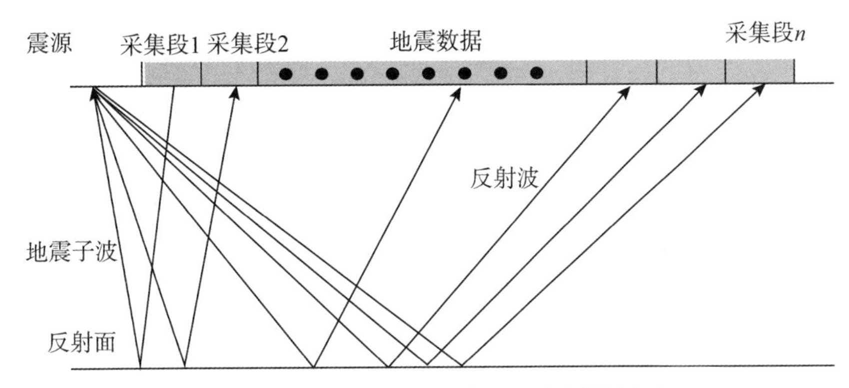

图 2.2-9　单道地震勘探中各种地震波传播方式

②单道地震系统组成

地震数据采集系统主要由采集工作站、震源、接收电缆及导航定位系统组成。

常见的海洋地震震源主要有采用电火花震源、水枪震源、气枪震源、机械冲击震源、Boomer 震源、剖面仪震源等。气枪震源子波频率低、穿透深度大，主要用于深层地震勘探；电火花震源、Boomer 震源及剖面仪震源子波频率较高、穿透深度较小，主要用于浅层高分辨率地震勘探。单道地震主要用于中深层地震勘探，因此，单道地震震源根据具体探测目标不同，主要采用大能量电火花震源、水枪震源、气枪震源和机械冲击震源，各类震源对比见表 2.2-1。

表 2.2-1　各类震源对比

种类	穿透力	分辨率	特点
Boomer	100m	0.6～1m	低功率
Sparker	100m	0.6～1m	较难获得频率曲线
Pinger	25m	0.3～0.6m	高功率
Chirp	25m	0.3～0.6m	改良的技术
Airgun	200m	0.3m	多缆

单道地震测量系统由拖曳系统和船载系统等组成。拖曳系统包括震源、接收拖缆和电缆；船载系统包括震源控制器、数据采集和处理平台、导航定位系统。测量系统要求具有采样频率高、接收频带宽、抗干扰能力强等特点。单道接收拖缆一般为水面拖曳型，采用压电检波器，地层分辨率较高。接收电缆应具有较高的灵敏度和较宽的频率响应，适用于高频反射信号的数据采集。单道水听器的主要技术指标有检波器个数、间距、声压灵敏度、接收有效带宽等。

(2)多道地震技术

①多道地震工作原理

如图 2.2-10 所示，多道地震工作原理与单道地震原理相同，即人工激发的地震波，在传播过程中遇到地层界面将产生反射，由地震仪接收并记录反射波的旅行时间。

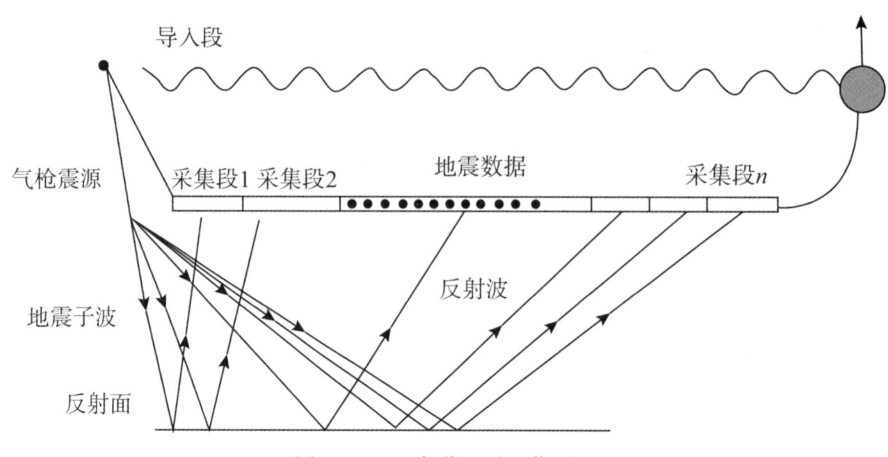

图 2.2-10　多道地震工作原理

②多道地震系统组成

(a)地震采集记录系统

地震采集记录系统是集传感技术、微电子技术、计算机技术、数据传输技术、通信技术、数据存储技术、工艺材料技术等为一体的综合系统。

(b)激发系统

早期的海上震源简单地将陆地上的炸药震源引入海上,但很快暴露出施工困难、污染环境等缺点。随着勘探过程中对于施工效率及安全性、保护环境要求的提高,空气枪、蒸汽枪、烯气枪、水枪、电火花等非炸药震源应运而生,其中空气枪占据主导地位,现在95%以上的震源是空气枪震源。

(c)接收系统

接收系统主要包括海上电缆及电缆控制器(水鸟)两大部分。其中电缆拖于船尾用于接收地震信号,其比重与海水基本相同,在电缆控制器的作用下沉放到固定深度,因此又称为等浮电缆。

4.自动水下航行器(AUV)

尽管传感器本身可以安装在拖曳装置或 ROV 上(后者通过脐带缆与船舶相连),但前文中描述的各类系统通常直接在船体上操作。然而在过去的十年中,一种基于自动水下航行器(AUV),用于深海勘测、海底测绘和海底剖面分析的新系统迅速发展起来。它与传统的拖曳式测量系统(需要使用长脐带缆将信息传回船只)不同,AUV 在内部存储来自各种测量传感器的数据,并可以在回收时下载。图 2.2-11 所示是我国自主研制的 AUV 和利用 AUV 获得的海底地貌图像。

扫码看彩图

(a)我国研制的 AUV　　(b)AUV 获得的海底地貌图像

图 2.2-11　我国自主研制的 AUV 和利用 AUV 获得的海底地貌图像

2.2.2　海洋工程钻探

1.海洋工程钻探的分类

海洋钻探是地质环境调查、资源调查和工程地质勘察的必要手段之一。可采用两种不同的系统进行勘察:(1)钻井式系统(见图 2.2-12(a));(2)海床式系统(见图 2.2-12(b))。

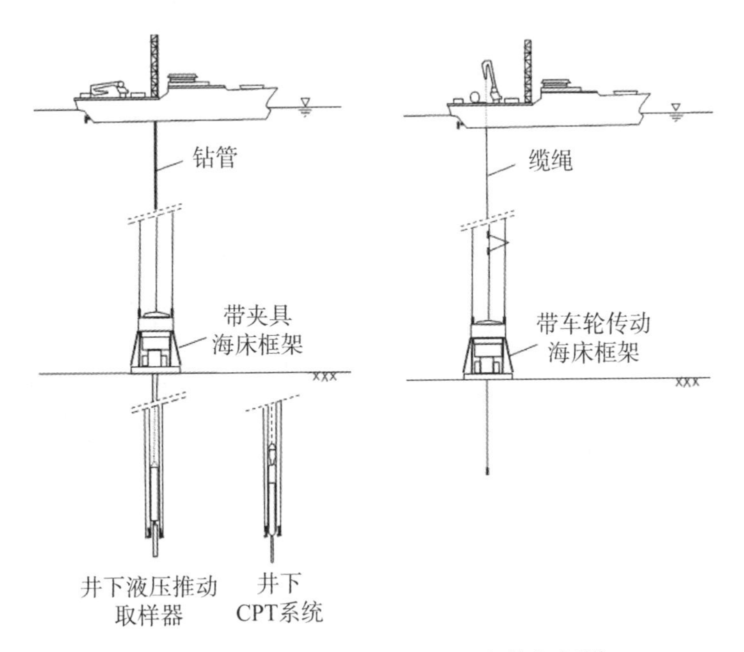

(a)钻井式系统　　(b)海床式系统

图 2.2-12　钻井式系统和海床式系统

对于钻井式系统,海洋钻井平台经历了由浅海到深海、由简单到复杂的发展过程。如图 2.2-13 所示,海洋石油钻井平台可分为两类:固定式钻井平台和移动式钻井平台。

固定式钻井平台固定于海底,在整个使用寿命期内位置固定不变,不能再移动。移动式钻井平台在作业完成后,可拖航或自航到其他地点,其包括坐底式钻井平台、自升式钻井平台、半潜式钻井平台以及浮式钻井船。

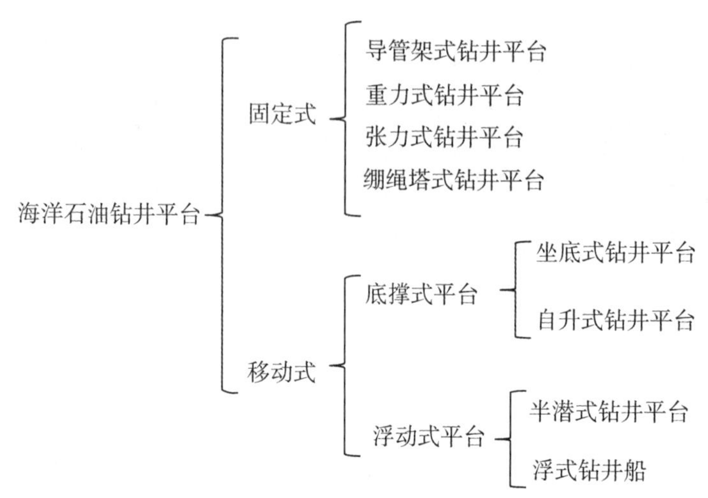

图 2.2-13　海洋石油钻井平台分类

2. 主要钻探设备

(1)钻井船

钻井船是利用普通船型的单体船、双体船、三体船或驳船的船体作为钻井工作平台的一种海上移动式钻井装置，能在 150～3000m 的水深海域作业，钻井船到达井位以后，先要抛锚定位或动力定位。钻井时和半潜式平台一样，整个装置处于漂浮状态，在风浪的作用下，船体也会进行上下升沉、前后左右摇摆及在海面上飘移等运动，因此需要下水下器具和采用升沉补偿装置、减摇设备和动力定位等多种措施来保证船体定位在需要的范围内，才能进行钻井作业。图 2.2-14 所示为不同类型的钻井船。

(a)“滨海 66”科学调查船

(b)海洋石油 708

图 2.2-14　不同类型的钻井船

(2)自升式平台

如图 2.2-15 所示，自升式平台主要由平台、桩腿和升降机构成。平台沿桩腿升降，一般没有自航能力；桩腿插入土中承受平台和设备自重，平台可根据海面自由升降。自升式平台的主要优点是造价低、机动性好、稳定性好，但受水深影响大，作业水深范围从 3m 直至 150m。大多数自升式钻井平台的作业水深在 70～90m 范围内。图 2.2-16 所示为自升式钻井平台。

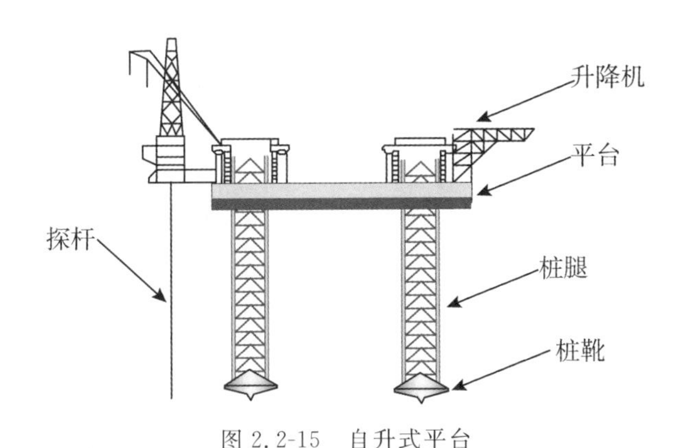

图 2.2-15　自升式平台

图 2.2-16　自升式钻井平台

(3)半潜式平台

半潜式平台是用数个具有浮力的立柱将上壳体连接到下壳体或柱靴上，并由其浮力支持的平台(见图 2.2-17)。在深水半潜作业时，下壳体或柱靴潜入水中，立柱局部潜入水中，为半潜状态；当半潜式钻井平台自航或拖航到井位时，平台定位，然后向浮箱内灌水，待平台下沉到一定设计深度呈半潜状态后，即可进行钻井作业。主要优点：工作时吃水深，能适应恶劣的海况条件；工作水深范围大，承载能力大，工作水深可在 30～3000m；甲板面积大，有利于钻井作业，移动灵活，尤其是自航的半潜式钻井平台这一点更为突出。

图 2.2-17　半潜式平台

(4)海床式系统

海床式系统包括位于海底的设备和从底层沉积物中进行试验和回收样品的设备。一般情况下,其最大探测深度小于钻井式系统的钻孔深度。但是其具有灵活性和易控制性,作业速度要比钻井式系统快得多。

2005年,钻井取样工作开始使用一种更加复杂的水下机器人——PROD(便携式远程操作钻机,如图2.2-18(a)所示)。PROD系统能够钻取岩芯或土体样本,并在海床下100m以下及水深2000m处进行原位贯入仪试验。

海牛号(图2.2-18(b))是我国首台重型装备"海底60m多用途钻机",于2015年6月在南海完成深海试验,成功实现了在水深3109m的深海海底对海床进行60m钻探。我国也成为世界上第四个掌握这一技术的国家,这标志着中国深海钻机技术从此跻身世界一流。

(a)远程海底钻井系统(PROD)

(b)海牛号

图2.2-18 便携式远程操作钻机(PROD)及我国研发的海牛号钻机

3.钻井设备

如图2.2-19所示,海洋钻井平台上装有钻井、动力、通信、导航等设备,以及安全救生和人员生活设施。

(1)动态井架

动态井架在工作时不仅承受工作载荷,而且还要承受来自波浪、风等环境作用于井架的垂直和摇摆载荷。

(2)升沉补偿装置

升沉补偿装置的主要用途是解决由于波浪和潮汐作用不能进行正常钻井这一特殊的困难。使用钻柱升沉补偿装置不但可以阻隔船体升沉运动对钻柱的影响,减小钻柱和防喷器之间的磨损,而且能根据海洋平台运动补偿钻柱的运动,使之保持在一定的位置。还可以保持和调节钻压,给海上钻井的安全性和效率的提高带来好处。图2.2-20展示了相关的钻井设备。

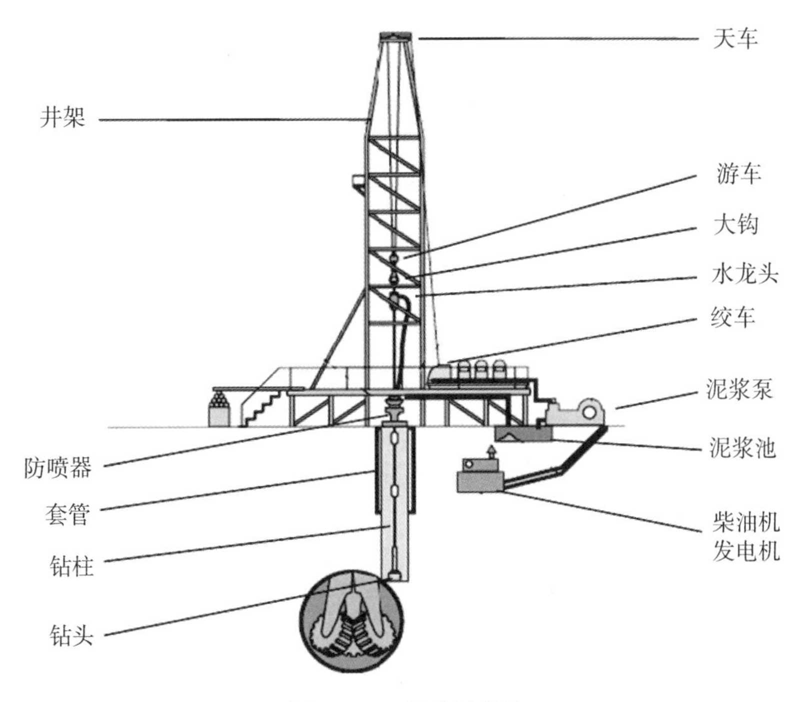

图 2.2-19　钻井示意图

(a)下套管装置

(b)升沉补偿器

(c)液压旋转台

图 2.2-20　钻井相关设备

(3)水下井口装置

水下井口装置通常是在地面上预制成三大组合——导引系统、防喷器系统和隔水管系统。在海上作业时,用快速连接器将这三个组合连接起来。水下安装要有一套远程遥控操作系统。必要时还要有潜水作业装置或水下机器人操作。图 2.2-21 为井底钻具组合的示意图。

水下井口装置是整个海洋钻井装备中的重要设备之一,其产品和技术一直被欧美等少数发达国家所垄断。我国目前在海洋水下井口装置系统方面的设计、制造还处于空白状态。全球有 5 家公司具备相关能力:FMC Technologies 公司、Cameron 公司、Dril-Quip 公司、

Vetco Gray 公司、Aker Kvaerner 公司。

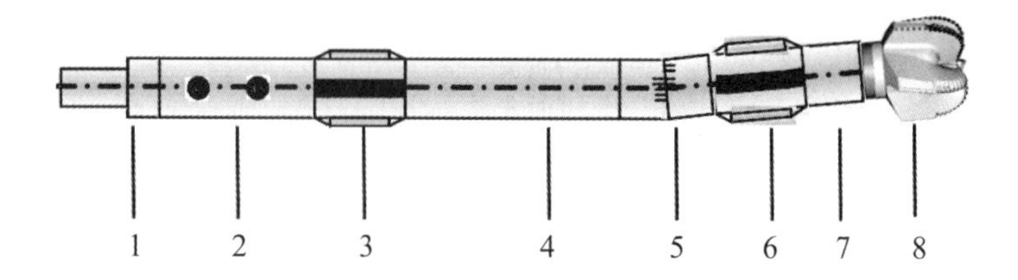

1—其他常规钻具；2—随钻测量部分；3—上扶正器；4—马达部分；
5—可调弯接头；6—下扶正器；7—钻头接头；8—钻头。

图 2.2-21　井底钻具组合(bottom hole assembly,BHA)

(4)钻井隔水管

隔水管是连接水下防喷器(BOP)组和海上钻探装置的钢管，主要用来循环泥浆、隔绝海水，也用来支撑辅助管线(节流和压井管线、泥浆补充管线、液压传输管线等)、吊装 BOP 组等。

(5)绳索取芯钻进

绳索取芯钻进是一种不提升全套钻具，而是用带钢丝绳的打捞器从钻杆中把取芯管提出，待把岩芯取出后又从钻杆中把取芯管投入孔底的钻进方法。与普通钻进方法相比，具有地质效果好、生产效率高、钻进成本低等优点。图 2.2-22 所示为随钻绳索取样器及所取样品。

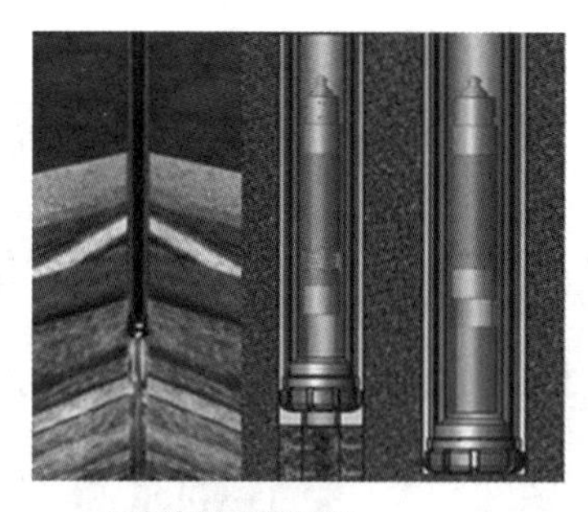

(a)随钻绳索取样器

(b) 取样器所取样品

图 2.2-22　随钻绳索取样

2.3　海洋原位勘探技术

2.3.1　海底原位测试

大部分海底沉积物为厚层未固结的松软沉积物，多是靠重力天然沉积，具有松散性、高含水率、高灵敏度、易于液化的特点，因而准确测量沉积物工程性质比较困难。沉积物工程性质包括物理性质和力学性质两部分。物理性质主要有含水率、密度、孔隙率、孔隙比、液限、塑限及饱和度等，一些指标间可以通过公式转换，互相推导。物理性质的测量一般通过取样、室内分析得到，也可通过一些间接手段，如声学和电学等方法进行测量。图 2.3-1 为 Robertson 土分类图。

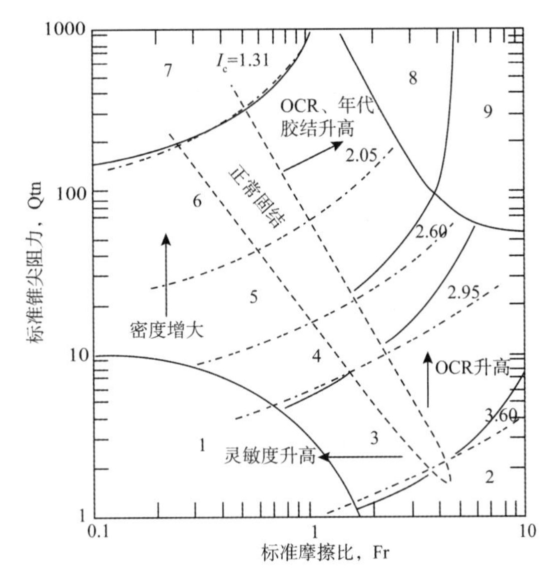

1—灵敏细粒土；2—有机质土、泥炭；3—黏土、粉质黏土；4—粉质土黏土混合、粉质黏土；5—砂混合、粉质砂、砂质土；6—砂土、粉质砂土；7—砾质砂、砂；8—极硬砂、黏质砂；9—极硬砂。

图 2.3-1　Robertson 土分类图

在海洋工程地质勘察中，原位测试工作非常重要。原位测试在岩土体原来所处的位置，基本保持其天然结构、天然含水量以及天然应力状态下，测定岩土的工程力学性质指标。因为在进行海洋工程地质评价和海洋工程设计、施工时必须有定量指标作为依据，原位测试工作是取得这些指标的重要工作。

原位测试较室内试验有很大的优越性，其主要表现为：

(1)可在拟建工程场地进行测试，不用取样，可在真实的有效应力条件下测定土的参数。

(2)海上原位测试涉及的土体积比室内试验样品要大得多，因而更能反映土体的宏观结构(如裂隙、夹层)对土体性质的影响。

(3)很多土的原位测试技术方法可连续进行，因而可以得到完整的土层剖面及其物理力学性质指标，因此它是一门自成体系的实验科学。

(4)海底土的原位测试，一般具有快速、经济的优点。

(5)在相同的操作下，能够测量多个工程地质参数。

当然现场试验也有其缺点，一般来说，设备较复杂，操作麻烦，特别是许多试验在设备上和技术方法上还很不完善，所以原位试验应该和实验室土工实验互相配合、取长补短，以获得完整的成果。

当前，我们国内开展的海底原位测试基本是由国外引进的方法，涉及海底原位测试的仪器也大都为国外生产，关于测试结果的分析也参照国外已有的经验数据。

2.3.2　海上静力触探

静力触探试验(cone penetration test，CPT)是目前运用最多且最先进的海底土体原位测试方法，广泛应用于滨海相沉积层、三角洲沉积层和河湖相沉积软土层的土体参数测定，在港口海岸基础设施建设、近海资源开采平台、海下电缆及油气管线铺设的工程安全性评价中发挥着重要的作用，也是未来港口、航道、海洋环境地质工程地质调查的主要手段。

1. 静力触探工作原理

静力触探系统由探头、贯入设备、采集设备和评价系统组成。静力触探工作原理是以恒定的速率通过液压贯入方式将探头和触探杆贯入土中，在贯入过程中，通过仪器测定孔隙水压力、锥尖阻力和侧壁摩阻力及其随深度的变化曲线，并现场计算求得海底土体的物理、力学参数。图 2.3-2 为压电式探头原理图。

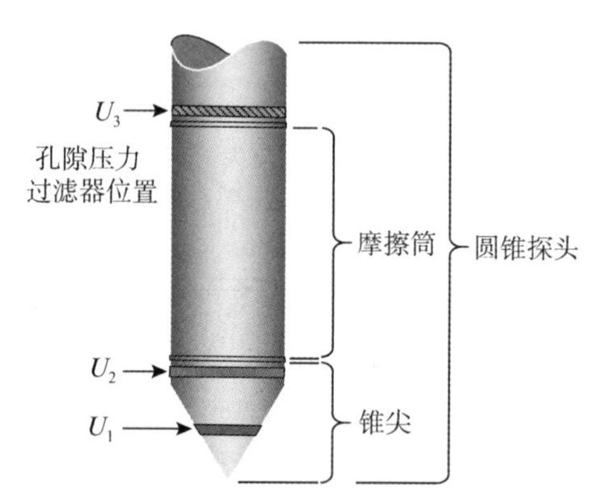

图 2.3-2　压电式探头原理

探头可以测量贯入过程中受到的阻力，该阻力通常用单位面积的体积力 q_c 表示。工业标准压电式探头的锥面积为 1000mm^2（直径 35.7mm），而锥面积 1500mm^2（直径 43.8mm）规格的探头正越来越广泛地应用到黏土测量工作中。探头上方安装有套筒，其也与一个压力传感器相连，用来测量侧壁摩擦力，该阻力可以用单位面积的体积力 f_s 表示。压电式探头还配有一个用来测量锥尖处孔隙水压力的压力传感器。孔压传感器可以安装在锥面上（称为 U_1 位置），可以安装在锥肩部（U_2），或者可以安装在套筒上（U_3）。可以选在所有三个位置上安装传感器，也可以在两个较低的位置上安装，还可以在两个较低位置中的任意一个位置处安装。

由国际土力学与岩土工程学会出版的国际标准测试流程（IRTP）以及各种国际和国家标准，例如 NORSOK 标准（2004）、ASTM D5778-07 (2007) 和 ENISO 22476-1 (2007)都规定了实施静力触探的标准流程。尽管现在设备能够将速率至少改变一个数量级，但是其标准贯入速率为 20mm/s。Lunne 等对静力触探的设备及测试原理进行了详细的描述。

2. 静力触探数据处理

目前，海上 CPT 测试的数据主要有锥尖阻力（q_c）、侧摩阻力（f_s）和孔隙水压力（u）。国外普遍采用孔压系数（B_q）和摩阻比（R_f）。静力触探测试得到的数据并不能直接得出土体的参数，而需要一定的处理，通过经验公式或理论模型解译出土体的力学参数。

（1）修正的锥尖阻力 q_t

$$q_t = q_c + (1-\alpha)u_2 \tag{2.3-1}$$

式中：$\alpha=\dfrac{A_a}{A_c}$，A_a 与 A_c 分别为顶柱与锥底的横截面面积。

为了区分由于上覆土压力引起的锥尖土压力分量，需要进一步调整为净锥尖阻力 q_{net}（一些地方也写为 q_{cnet}）。从而有

$$q_{net} = q_t - \sigma_{v0} = q_c + (1-\alpha)u_2 - \sigma_{v0} = q_c - \sigma'_{v0} - \alpha u_0 + (1-\alpha)\Delta u_2 \tag{2.3-2}$$

式中：σ_{v0} 和 σ'_{v0} 分别是总上覆土压力和有效应力，u_0 和 Δu_2 分别是环境孔压（通常认为是静水

压力)和超静孔压。孔压效应和上覆土压力的修正在渗透性较高的土体中(贯入过程基本为排水条件)或在任何上覆土压力强度较高的土体中通常可以忽略不计。然而,在软黏土中,该修正至关重要。

(2)修正的侧壁摩擦力 f_t

$$f_t = f_s - \frac{(u_2 A_{sb} - u_3 A_{st})}{A_s} \tag{2.3-3}$$

式中:A_s为摩擦筒的表面积($150cm^2$),A_{sb}和 A_{st}为套筒顶端与底端横截面面积,若套筒上下面积相等则无须修正。

(3)摩阻比 R_f

$$R_f = \frac{f_s}{q_t} \times 100\% \tag{2.3-4}$$

(4)孔压系数 B_q

$$B_q = \frac{u_2 - u_0}{q_t - \sigma_{v0}} \tag{2.3-5}$$

3.理论分析

在 CPT 贯入过程中,由于大应变和土的非线性等原因,对锥头贯入阻力进行严格的理论分析很难,故研究者从 20 世纪 60 年代就提出了一些近似的理论方法。

一般来说,锥尖阻力随贯入深度的增加而增加。实际工程中,不同土类的锥尖阻力随贯入深度的变化是不同的。

对砂土,锥尖阻力 q_c常用的表达式为

$$q_c = \sigma_{vo} N_q \tag{2.3-6}$$

式中:σ_{vo}为上覆土压力;N_q为砂土的无量纲锥头阻力系数。

对饱和黏土,锥尖阻力 q_c常用的表达式为

$$q_c = c_u N_c + \sigma_{vo} \tag{2.3-7}$$

式中:c_u为黏土的不排水抗剪强度;N_c为黏土的无量纲锥头阻力系数。

目前,对锥尖阻力的理论研究主要集中于对 N_q、N_c两个无量纲系数的研究。

因为砂土的渗透系数大,其贯入过程可视为完全排水的,所有的理论方法均未考虑砂土是否饱和;而黏性土则不一样,锥头贯入过程可视为不排水、不可压缩的,已有理论只适用于饱和黏土。图 2.3-3 为静力触探试验曲线与地层柱状图。

静力触探可以看作是模型试验的一种形式,越来越多的设计方法直接基于所测得的锥尖阻力。对于浅基础设计,极限承载力通常取锥尖阻力的 0.1～0.2 倍,与此相对应的下限是沉降为基础尺寸的 5%和相对松散的砂土,相对应的上限是沉降为基础尺寸的 10%和相对密实的砂土。

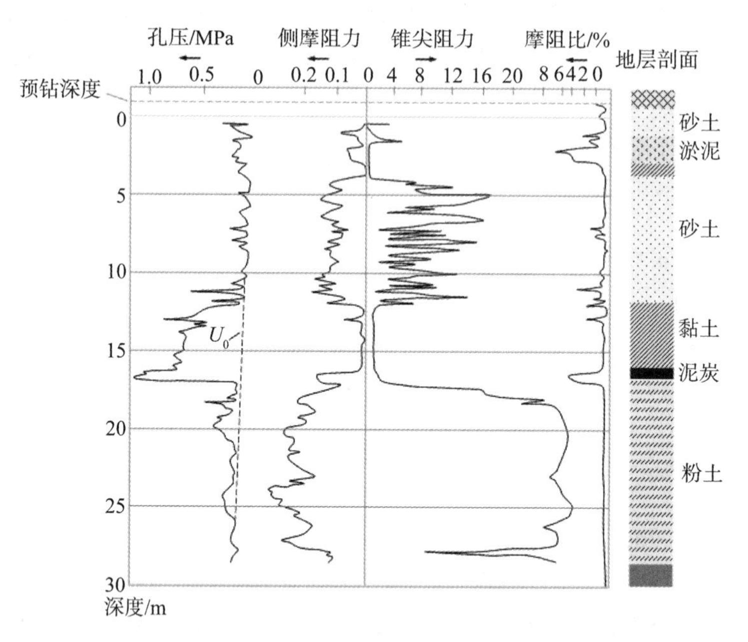

图 2.3-3 静力触探试验曲线与地层柱状图

在细粒沉积物中，静力触探是在不排水条件下进行的，其数据解释主要通过锥尖因子 N_{kt}，用净锥尖阻力来评价抗剪强度：

$$s_u=\frac{(q_t-\sigma_{v0})}{N_{kt}}=\frac{q_{net}}{N_{kt}} \tag{2.3-8}$$

锥尖因子 N_{kt}变化范围较大。Lunne 等(1997)提出锥尖因子在 7～17，北海的结构性黏土的锥尖因子值更高。工程实践中通常采用室内测试对原位锥尖阻力进行校准，但是考虑 N_{kt}的理论基础也是十分有用的。

锥尖因子 N_{kt}可以用刚度指数 $I_r=G/s_u$、应力各向异性因子 $\Delta=(\sigma'_{v0}-\sigma'_{h0})/(2s_u)$和锥面摩擦比 $\alpha_c=\tau_f/s_u$来表示：

$$N_{kt}=C_1+C_2 l_n(I_r)-C_3\Delta+C_4\alpha_c \tag{2.3-9}$$

4. 静力触探系统

按照贯入方法可以将海上静力触探系统分为平台式(platform)、海床式(seabed)和井下式(down-hole)三种类型。

(1)平台式 CPT

平台式 CPT 的主要特点是贯入设备安装在固定平台或承载船上，触探操作时探杆需要首先从平台甲板经过水层后才能贯入海底土体。触探操作的基准可取平台或者海床面，基准确立后即为唯一。平台式 CPT 的优点在于贯入设备并非设置在水中，因此可完全按照陆地模式进行操作；然而由于水层无法提供探杆的径向约束力，因此当水层深度较大时很难克服探杆的径向形变与弯曲，在平台与海底增设套管虽然可以在一定程度上缓解探杆的弯曲，但仍无法完全消除其影响。另外需要触探平台相对于海底静止，海上平台虽可以保持静止，但海底 CPT 功能之一即为搭建海上平台提供海底土体数据，因此在海上平台上实施 CPT 一般只用于进行海底非土体参数的探测，而将贯入设备安装在承载船上的方法却因为船体的摇摆使得操作受到极大的限制，因此平台式CPT一般只适合在水面平静的内湖与江河中使用。

(2)海床式CPT

海床式CPT的主要特点是贯入设备稳定支撑于海床面上，其中轮驱海床式静力触探贯入过程中不需停止接杆，是真正的连续贯入试验，质量高，效率高，应用前景广阔。触探操作的基准为海床面且唯一。海床式CPT的优点在于能够在空间上保证触探路径的完整性，但其缺点在于直接连续的贯入方式和触探基准决定了此种工艺不适合深层海底测试，如需要较长的探杆从海床面的贯入设备延伸到触探的最大深度以提供贯入力，很难保证触探路径与海平面的垂直度，需要提供较大的贯入力平衡探杆匀速运动时土体产生的摩擦阻力，等等。

(3)井下式CPT

井下CPT测试系统是一种钻探和CPT测试相结合的系统。它主要可适用于海上桩基导管架位置、钻井船位置和海上重力式结构的工程地质调查等。井下式CPT的主要特点是钻探与静力触探相结合的循环贯入方式，触探操作时贯入装置设置于钻杆内部并将探头从钻杆底部经钻头贯入海底土体，而钻探主要负责扫除触探已经完成的土层以便开始下一循环周期的触探操作。触探操作的基准一般可取钻头，由于钻探过程中钻头在地层中的轴向位移造成了触探基准的变化，因此很难保证触探路径的完整性；但是井下式CPT在深层海底测试方面却具有明显的优势，如探杆的长度只需要满足单个周期贯入深度即可，可以利用钻探的手段调整触探路径与海平面的垂直度等等。从理论上说井下式CPT能够达到与钻探相同的深度。钻具主要是通过钻探船上的波浪补偿器和海底钳来控制，以保证取样设备和CPT测试设备在作业时保持稳定不动。图2.3-4展示了不同类型的静力触探系统。

(a)井下式　　(b)海床式

(c)平台式

图2.3-4　不同类型的静力触探系统

5.静力触探探头类型

静力触探探头可分为普通圆锥探头以及全流触探探头，普通圆锥探头包括单桥探头、双桥探头、孔压探头等，全流触探探头包括球形探头及T形探头。

单桥探头(见图2.3-5(a))是我国所特有的一种探头类型。它将锥头与外套筒连在一起，因而只能测量一个参数。这种探头结构简单，造价低，坚固耐用。但应指出，这种探头功能少，其规格与国际标准也不统一，其应用受到限制。

双桥探头(见图2.3-5(b))是一种将锥头与摩擦筒分开，可同时测锥头阻力和侧壁摩擦力两个参数的探头，用途很广。

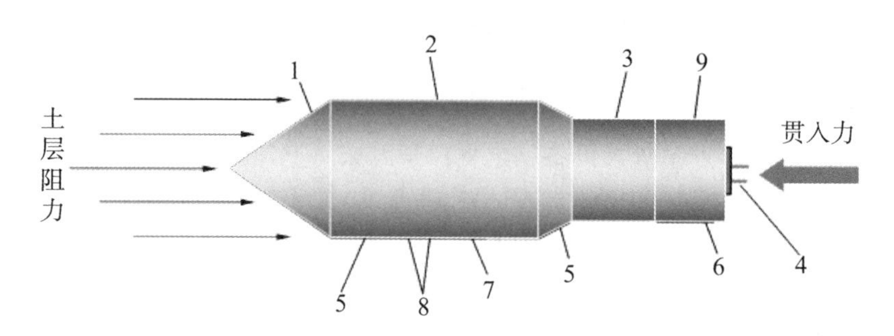

1—顶柱；2—外套筒；3—探头管；4—导线；5—环氧树脂密封垫圈；
6—橡皮管；7—空心变形柱；8—应变片；9—探杆。

(a)单桥探头结构及工作原理

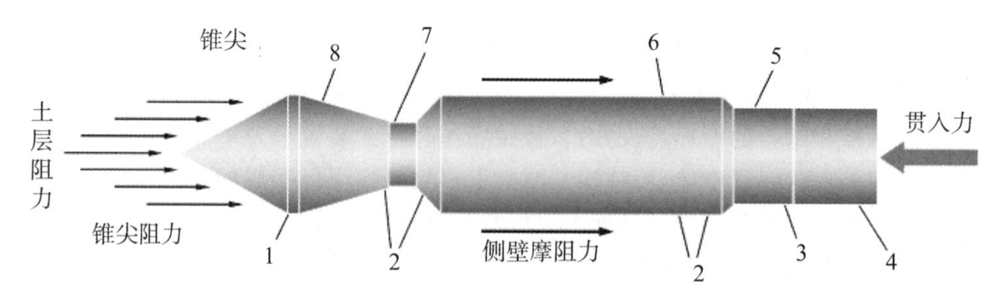

1—顶柱；2—电阻片；3—传力套；4—探杆；5—变形套；6—摩擦筒；7—传力杆；8—变形套。

(b)双桥探头结构及工作原理

图 2.3-5　单桥和双桥探头结构及工作原理

孔压探头一般是在双用探头基础上再安装一种可测触探时产生超孔隙水压力的装置的探头。孔压探头最少可测三种参数，即锥尖阻力、侧壁摩擦力及孔隙水压力，功能多，用途广，在国外已得到普遍应用。此外，还有可测波速、孔斜、温度及电导率等的多功能探头。

应用于海上静力触探时，普通静力触探试验在海底超软土中所测数据的精度可能随海水深度的增加而减少。这是由于在海底高围压应力环境下，仪器探头测压元件在贯入过程中，丧失了对于软弱土体测量的精确性，无法正确定量化描述上覆土重的作用。

随着 CPT 设备的不断改进和发展，测试的精度也在不断提升，上述问题通过使用全流触探仪(full flow penetrometer)得以解决，T 形和球形探头等是具有较大投影面积的探头形式。

全流触探仪通过穿过海底超软土时，在探头周围产生类似于黏性流体状态的土流围绕探头表面，通过探头表面与土流的摩擦获得超软土的不排水抗剪强度。全流触探仪的优点主要包括：

(1)在非常软的土中，测量数据的精度较高；

(2)尽量避免了对于上覆应力的修正；

(3)基于全流机理，探头实测贯入阻力较少受到土体刚度和应力各向异性的影响；

(4)能够对探头周边土体的破坏机理较好定义；

(5)土体的重塑抗剪强度能够在现场试验中快速而精确地测定。

压电式球形贯入仪由于相较于轴突出较小，更适合井下测试。探头直径在 60～80mm，轴在球体后面，因此球的面积约为轴的 10 倍。孔压传感器位于球体中间，当然也可以放置

于球体的下半部分。另外，球的阻力系数是基于塑性理论得到的，但需对 T-bar 和球形探头进行修正，包括应变速率效应和土体软化。

全流量贯入仪，如 T-bar 或球形贯入仪，可以在较小的深度内(小于 0.5m)，通过多次贯入、回拔来进行重塑土的强度测量。一般至少进行 10 次循环以确保土体达到完全扰动状态。由于海床上深水管线及立管会扰动土体，所以 T-bar(或球形)探头调查获得的数据，可用于管线的设计。虽然全流触探仪的标准及操作规范仍在制定中，但岩土界普遍采用以下原则：

(1)标准 T-bar 直径 40mm，长 250mm，其投影面积是锥形探头的 10 倍。

(2)T-bar 可以使用不同的尺寸，但圆柱体的最小长径比为 4，连接轴和测压元件的面积不超过 T-bar 投影面积的 15%。

(3)球形探头直径在 50～120mm 之间(113mm 时，其投影面积是锥形探头的 10 倍)，连轴不应超过探头投影面积的 15%。

(4)贯入速度控制在每秒 0.2～0.5 倍直径内，但可在不同的速率下进行特定的测试，以评估应变率和固结对贯入阻力的影响。

(5)除了记录贯入阻力外，还应记录抗拔阻力。另外，还应至少进行一次循环贯入和回拔试验，以评估重塑土的贯入阻力以及确定传感器的偏移量。

已知球形贯入仪的阻力系数(N_{ball})，可利用全流动理论塑性理论解通过测试所得贯入阻力(q_{ball})估算不排水抗剪强度s_u：

$$s_u = \frac{q_{ball}}{N_{ball}} \tag{2.3-10}$$

2.3.3　动力触探

海上动力触探以自由落体型动力触探为主。它是一种能够经济快速地评价海底表层沉积物特性的海上原位试验方法。自由落体型动力触探试验主要用于测量沉积物强度(探头锥尖和套筒所受阻力)、孔隙压力、热导率和温度梯度(海底热流计)等。由于没有一个适用于动力触探的测量标准，而且测量结果也因为不同贯入仪器而不同，沉积物的承载力、抗剪强度等物理参数与测量结果目前主要依靠相关经验公式建立关系。

1. 动力触探原理

海上动力触探是近年来发展起来的一种直接、快速、经济的海底原位测试方法，其应用前景广阔。

该方法的工作原理是，贯入装置依靠自身重力以一定速率插入沉积物中，沉积物阻力的影响使装置贯入速率逐渐降低直至为 0。沉积物强度越高则速率降低越快，加速度越大，贯入深度越小。贯入过程中，加速度传感器可实时采集加速度数据，经姿态校正与二次积分可推算位移，进而可知不同时刻自由落体型动力触探贯入海床的深度。通过与相同时刻数据采集单元所测的侧摩阻力、锥尖阻力、孔隙水压力等数据一一对应，可知不同海床深度处的侧摩阻力、锥尖阻力、孔隙水压力等数据。最终实现深海浅层沉积物强度原位快速测试。因此，通过贯入过程中获得的加速度时程记录的分析，能够获取海底浅层沉积物强度变化。

动力触探最基本的测试参数为锥尖阻力(q_c)、侧壁摩擦力(f_s)、孔隙水压力(u)和加速度。对比以 2cm/s 匀速贯入的标准液压式静力贯入系统，动力触探的贯入速度无论是在自由落体模式还是绞车控制模式都随着深度的变化而变化，贯入速度的变化会对基本的测试参数造成严重的影响。然而，动力触探最终的贯入深度与贯入时间不是一个简单的函数关系，而是由地层阻力造成的一个复杂的减速过程。

为此，在动力触探的内部安装了加速度传感器，就是为了间接地重现贯入速度的变化，并将贯入速度分配至相应的贯入深度。同时，作为一个附件参数，通过测量动力触探上粘有沉积物的长度来获取总的贯入深度，当然，这种方法只能在单次测试中使用，而不能应用在多次的贯入测试中(类似于弹簧高跷的操作模式)。在测试之前，探头需要在空气和水中进行校准，以监测传感器潜在的偏移，还要对孔隙水压力的传递通道和透水滤器进行真空饱和处理，以尽量减少孔隙水压力测试中的人为误差。在动力触探主要的测试参数中，锥尖阻力和侧壁摩擦力对贯入速度具有严重的依赖性，因此根据贯入速度和测试的持续时间，选择了最大 40Hz 的数据采样频率。在饱和土中进行静力触探测试时，测试的孔隙水压力是静水压力与超孔隙水压力的总和，假设测试点的孔隙水与静水压力系统连通，就需要减去静水压力以及贯入深度水柱高度叠加的压力，才是动力触探贯入沉积物时产生的超孔隙水压力。

动力触探最基本的测试参数进行简单的计算可以得出一些二级参数，如摩阻比、不排水抗剪强度和渗透率等。通过测量探头锥尖阻力和侧壁摩擦力获得的沉积物强度可用于对沉积物的分类，其依据为锥尖阻力是沉积物硬度的一种度量。在这里需要说明的是，这些强度参数不是静态阻力的测量，而是受制于贯入速度的一种动态阻力记录。在具有黏性的沉积物中，贯入速度的增加将会导致锥尖阻力和侧壁摩擦力测量值的增加，当贯入速度介于 0.13cm/s至 81cm/s 之间时，锥尖阻力 q 与贯入速度呈对数线性关系；在无黏性的粒状沉积物中，这种关系则表现不太明显，甚至基本没有关系。为了判别沉积物的类型，侧壁摩擦力与锥尖阻力的比值(即摩阻比)经常被使用，摩阻比越大则对应的沉积物越细粒，反之亦然。

以土体承载力极限分析理论、运动方程及沉积物强度速率相关性公式为基本方程，以贯入过程中的加速度、超孔隙水压力作为已知条件，实现沉积物不排水抗剪强度的解析。贯入承载力函数及锥尖阻力如下：

$$Q=N_c s_{uv} A_p + A_p \sigma_{v0} + \pi D s_{uv} d(t) \tag{2.3-11}$$

$$Q_d = N_c s_{uv} A_p + A_p \sigma_{v0} \tag{2.3-12}$$

式中：Q 为贯入承载力；N_c 为探头系数；s_{uv} 为不排水抗剪强度；$d(t)$ 为不同时刻深度；A_p 为探头面积；σ_{v0} 为探头所处有效压力；D 为探头直径；Q_d 为锥尖阻力。

由于一般现场测试时采用自由下降贯入，此时缆绳对装置的拉力影响可以忽略不计。利用运动方程建立贯入阻力与加速度之间的关系，即

$$W a(t) - F_b = Q_d \tag{2.3-13}$$

式中：W 为装置质量；$a(t)$ 为贯入过程中的加速度；F_b 为装置所受浮力。

由于贯入速率对贯入阻力影响较大，因此基于贯入试验考虑贯入速率对阻力的影响，即

$$s_{uv} = s_{u0}\left[1+\lambda_0 \log\left(\frac{v}{v_0}\right)\right] \tag{2.3-14}$$

式中：s_{u0} 为静态不排水抗剪强度；λ_0 为试验系数；v 为贯入速率；v_0 为静态贯应变速率。

自由下降贯入式海底沉积物强度原位测量方法存在的问题是：贯入过程的影响因素多，各因素对贯入测量结果的影响不清楚，制约了该方法的改进与使用。海洋自由下降贯入过程中，因贯入过程中速率变化范围大，产生大范围的应变速率。研究表明沉积物的强度性质

与变形或应变速率相关。

2. 动力触探设备与应用

不同种类的自由落体型动力触探设备测量不同的土体参数，根据海底沉积物的土体强度，自由落体型动力触探仪的尺寸可以设计成各种尺寸，最短的仅有 21.55cm，最长的可以达到 10～15m。冲击速度可以根据要求预先选择。不同单位研制的动力触探设备见表2.3-1。

表 2.3-1　不同单位研制的动力触探设备

年份	单位	设备	特点
1972 年	纽芬兰纪念大学	impact penetrometer	长度只有 0.6m，控制贯入速度为 4.5～6m/s
1995 年	加拿大国防部	STING MK	探测 200～300m 水下浅层海底沉积物的分类和特性
1995 年	阿卡迪亚大学	消耗式海底贯入仪(XBT)	可快速、准确地利用加速度值来推导海底表层沉积物的抗剪强度
2000 年	哥伦比亚大学	PROBOS	加入了测量锥尖阻力的探头，可选择 5～40cm^2 不同规格的探头
2006 年	MARUM 德国海洋研究中心	DWFF-CPTU	最大工作水深 4000m，贯入深度最大可达 4.5m，数据采集频率最高可达 1kHz，加速度量程±5g
2010 年	不来梅大学	LIRmeter	工作水深 4500m，记录加速度值和孔隙水压力

目前，国内围绕海上 CPT 设备研制与应用相对较多，而 FF-CPT 设备研制处于起步阶段，尚没有自主知识产权的深海 FF-CPT 商业化设备。围绕海上 FF-CPT 研制与应用，中国海洋大学初步构建了 FF-CPT 样机。FF-CPT 系统自下而上主要由数据采集单元、贯入探杆、配重、耐压控制舱及释放器等组成(图 2.3-6)。目前该 FF-CPT 原位测试装置已在渤海、南海等海域完成海试，工作状态良好。FF-CPT 结构参数见表 2.3-2。

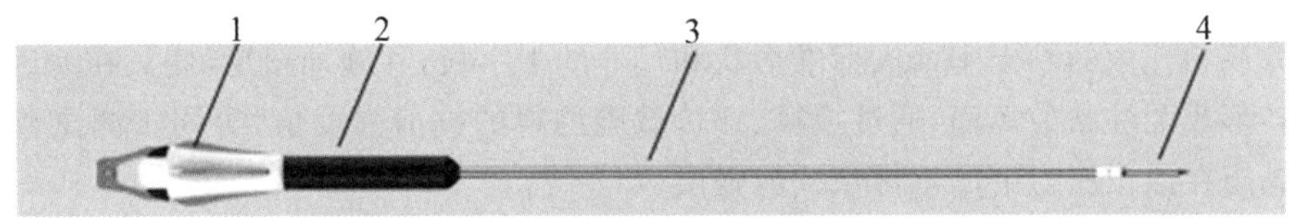

1—耐压控制舱；2—配重；3—贯入探杆；4—CPT 探头。

图 2.3-6　FF-CPT 示意图

表 2.3-2　FF-CPT 结构参数

参数类型	设备总长度	设备总重量	最大贯入深度	极限工作水深
数值	约 6.5m	500kg	约 5m	1500m

2.3.4 其他原位测试技术

1. 扁铲侧胀试验

如图 2.3-7 所示，扁铲侧胀试验是利用静力或锤击动力将一扁平铲形测头贯入土中，达到预定深度后，利用气压使扁铲测头上的钢膜片向外膨胀，分别测得膜片中心向外膨胀不同距离（分别为 0.05mm 和 1.10mm 这两个特定值）时的气压值，进而获得地基土参数的一种原位试验。

试验适用于一般黏性土、粉土、中密以下砂土、黄土等，不适用于含碎石的土。它简单、快速、能重复使用，可用于土层划分与定名、不排水剪切强度、应力历史、静止土压力系数、压缩模量、固结系数等的原位测定。

常用的有两种类型：

(1)贯入和 DMT 试验是完全独立进行的。操作方式和在陆上一样，但最大深度为 70m，适合近岸和浅海区域试验。

(2)贯入和 DMT 试验部分是一体的。气压在海底测量，并通过数字信号传输到地表，贯入和测量采用同一个控制器，最深可在 200m 水深下完成 DMT 试验，适合深海试验。

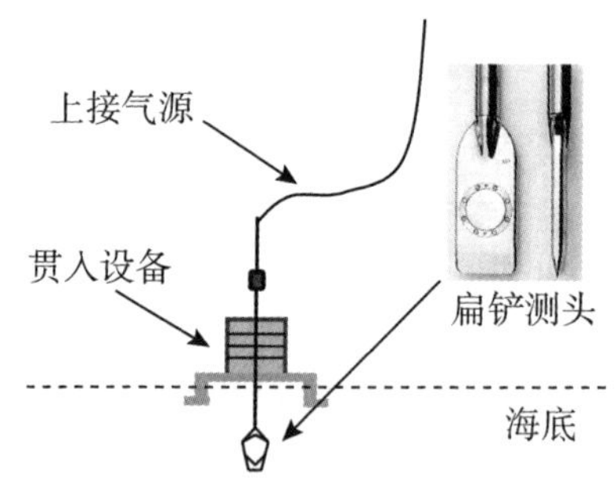

图 2.3-7 海底扁铲侧胀测试

2. 十字板剪切试验

海上原位十字板剪切试验能够测量黏土灵敏度和不排水抗剪强度等特性。测试原理是通过往海底钻孔内的黏土中插入标准形状和尺寸的十字板，并施加扭矩，使其在海底土体中匀速扭转形成圆柱状破坏面，通过换算、评价试验测得的抗剪强度值，等同于测试目的层海底天然黏土在原位压力下的不排水抗剪强度。

海上使用的十字板有三种不同尺寸，但其高宽比均为 2，高度在 80～130mm 范围（见图 2.3-8）。十字板的尺寸根据土体强度来选择，尺寸越大，越适合于软质沉积物。叶片插入海床下至少 0.5m，并以 0.1°/s 或 0.2°/s 的速度转动。可以将叶片插入更深的地方进行测试，建议最小间距为 0.5m。在陆上工程中，是将叶片快速旋转 10 圈，然后恢复至原试验转速，即可得到扰动后土体的抗剪强度。

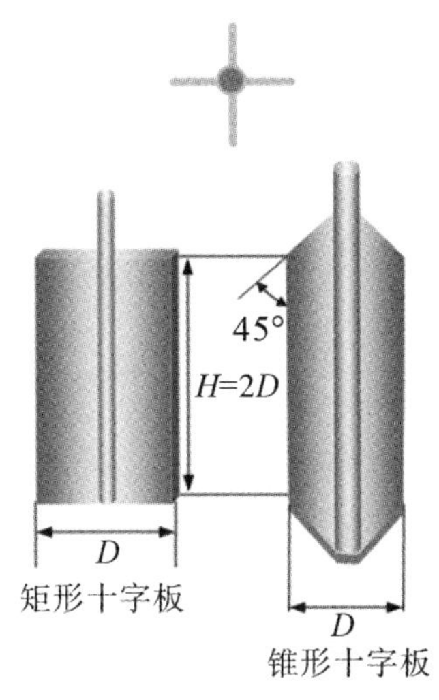

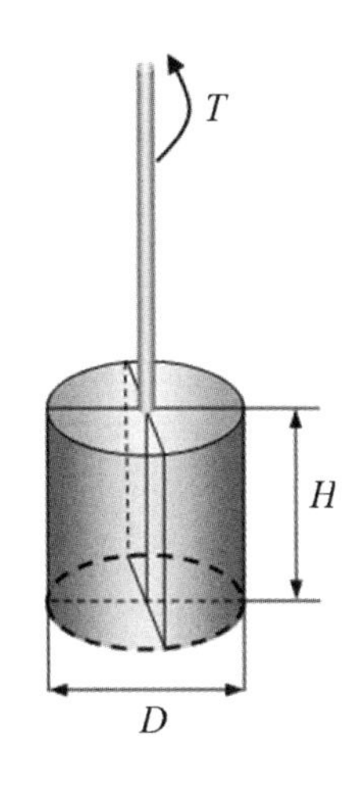

(a)十字板截面和俯视图　　(b)十字板转动产生的圆柱剪切面

图 2.3-8　海底十字板探头

十字板剪切试验获得的峰值强度和重塑抗剪强度的解释遵循扭矩和不排水抗剪强度之间的关系。对于高 h、直径 d 的十字板，其扭矩为

$$T=\frac{\pi d^3}{6}\left(1+3\,\frac{h}{d}\right)s_u \tag{2.3-15}$$

在海上做原位十字板剪切试验受多种因素的影响，如风浪及涌浪、水流、水深、钻具自沉等容易引起套管晃动、扰动土体，影响试验数据的可靠性。在十字板剪切试验的实际应用中，操作过程要严格遵循规范。

海上原位十字板剪切试验具有许多优点：

(1)原位测试，不用取样，特别是对难以取样的软土，可以在现场对基本处于天然应力状态下的土层进行扭剪，所求抗剪强度指标可靠；

(2)野外测试设备轻便，操作容易；

(3)测试速度较快，效率高。

3. 海上抽水试验

抽水试验是以地下水井流理论为基础，通过在实际井孔中抽水时，水量和水位变化的观测来获取水文地质参数，评价水文地质条件。陆地水文水井抽水试验在理论和技术上已经相当成熟。海上抽水试验由于海水的存在，与陆地抽水试验的不同主要体现在成井及需要搭建稳定的水上平台。稳定的水上平台是成功进行海上抽水试验的前提，为保证平台的稳定，施工钻探船适合选择大载重量、强抗风浪能力的工程船，为了应对可能发生的恶劣气候环境，选择旁侧式钻探平台或者内置式平台。钻机选择钻深能力超过 300m 的大功率钻，便于起拉较重的钻具、护孔套管等设备，若船只自带大型起吊机械则更好。

无论陆地还是海上抽水试验，成井是保证抽水试验成功实施的最关键环节。陆上水井在钻进完成后，直接按照顺序依次下入沉淀管、花管和实管，然后进行填砾和止水。海上抽水试验需要下入 2～3 层隔水套管，最外边一层套管主要起活动保护作用，里面两层套管下至主要止水层中，封隔海水，最内层套管作为抽水试验管。填砾止水后，验证止水效果主要从地下水与海水水质、水温和水位这三个方面进行分析考虑，确保止水效果达到要求。图

2.3-9 为海上抽水试验成井的结构示意图。

海上抽水试验影响因素较多，但能够在避免对土体扰动的情况下获得海洋土体的水文地质参数，结果准确可靠。目前在人工岛、海底隧道等工程已广泛应用。

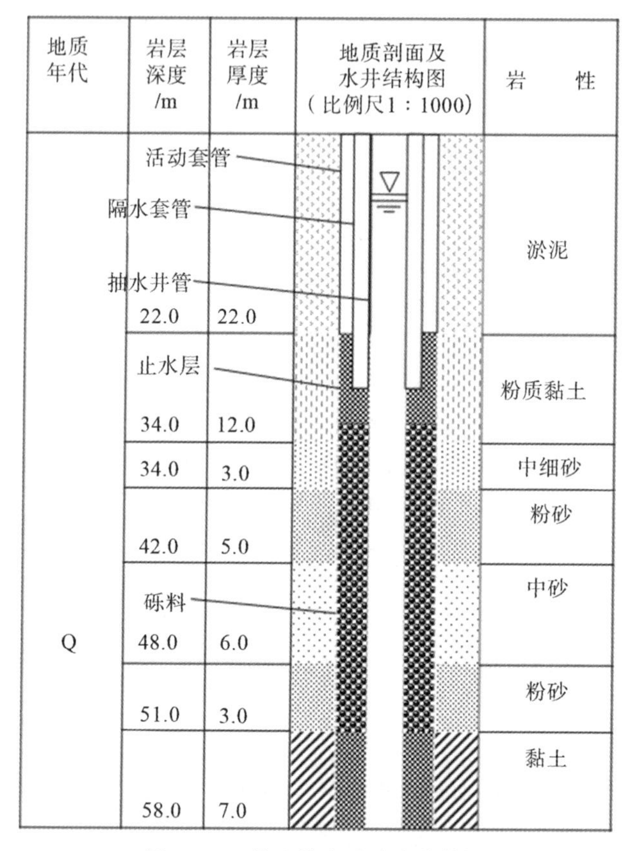

图 2.3-9 海上抽水试验成井结构

2.3.5 原位取样设备

1. 表层取样

(1)箱式采样器

箱式采样器(见图 2.3-10(a))由管架、采样盒、配重铅块、闭合铲等组成。箱式采样器用于采取不受扰动的沉积样品及其上覆底层海水，由于其简便可靠，能以较小干扰和样品污染采集沉积物，因此大多数海洋调查中采集海底表层样品使用箱式采样器。按照采样面积可以分为大型箱式采样器(0.25m^2)、中型箱式采样器(0.1m^2)和小型箱式采样器(0.05m^2)。

(2)蚌式抓斗采泥器

蚌式抓斗采泥器(见图 2.3-10(b))是最早发明的取样设备之一。基本构成包括斗体与释放板两部分，其操作方法简单，体积小、易搬运。用于采取受扰动沉积样品，主要用于采取海底约 0.3～0.4m 的浅表层泥沙样品，按其张口面积大小可分为 0.025m^2、0.1m^2 和 0.25m^{2}等不同规格，采样器质量为 20～300kg。

(3)底质拖网采样器

拖网采样器(见图 2.3-10(c))用于采集海底基岩、粒径较大的沉积物(砾石、粗碎屑),如破碎的海底烟囱、海底多种结核、岩块、贝壳及生物等样品。

(4)多管采样器

多管采样器(见图 2.3-10(d))是海洋地质调查中常用的设备,常用于对海底进行生物环境调查。多管采样器可以获取未扰动的表层沉积物和底层海水,是了解海底沉积物原貌以及底层海水性质的重要手段。

多管采样器一般分为 4 部分:采样器座底支架、沉积物采集头、配重以及行程缓冲机构。其具有采集样品量大、原始性保持好、质量高、采样稳定性强和同时获取沉积物上覆水等优点,是目前世界上获取表层沉积样品和短柱样品最好的设备。其采用了缓冲静压原理的活塞,使得采样管取样时较缓慢匀速插入沉积物,保证了样品的真实状态而不被扰动。采样管封盖技术采用先封上盖,由于真空吸附原理,在提升过程中以尽可能小的行程封住下盖,保证沉积物样品不被破坏。上覆水大于 500ml,且不被交换。

(5)电视抓斗

电视抓斗(见图 2.3-10(e))是一套集海底摄像连续观察与抓斗采样器相结合的可视地质采样器。电视抓斗主要用于海底块状硫化物、多金属结核、锰结壳及其他沉积物的采样。其主要由采样器、铠装电缆和船上操纵板组成。采样器框架内装有海底电视摄像机、光源及电源装置,通过铠装同轴电缆将采样器连接到船上操纵板及电视显像装置上,操作时用深海绞车将采样器投放到离海底 5～10m 的高度上,以 1～2km 慢速航行并通过船上的电视显像设备连续观察海底寻找采样目标,一旦找到目标立即用船上操纵板将采样器沉放到海底并关闭采样爪捕抓样品。采样爪的开启和关闭是通过抓斗内的电动水压式机械手完成的。

(a)箱式采样器

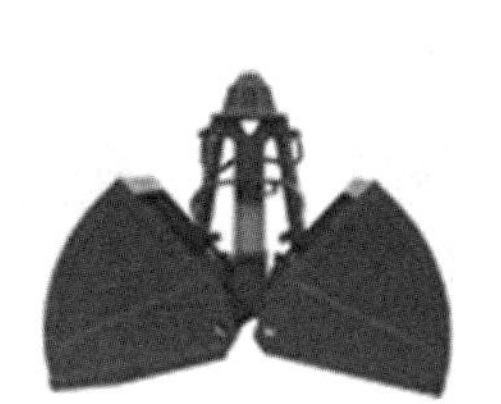

(b)蚌式抓斗采泥器

(c)底质拖网

(d)多管采样器

(e)电视抓斗

图 2.3-10 主要表层取样设备

2. 柱状取样技术

(1)重力取样设备

重力取样设备(见图 2.3-11(a))用于采取柱状沉积物样品。根据触底方式不同,可分为简单重力柱状取样器和重力活塞取样器。简单重力柱状取样器由配重铅块、取样管、平衡尾翼组成。该采样器利用重力进行取样，取样长度一般不超过 2m。

简单重力柱状采样器有操作相对简单、取样成功率高的特点。对海况要求相对降低，一般在浪高 3m 以下、流速小于 2m/s 都可作业。重力柱状采样器的着底速度一般要求在 1.5m/s左右，高速着底有利于取到更长的柱状样品。重力活塞采样器相比重力采样器则增加了重锤和释放装置，主要由配重铅块、重锤、取样管、释放器系统、活塞系统等组成。需要注意的是，采用重力采样器取样时，一定要控制好船速，船速一般不要高于时速 2km。

不同的底质，可以选择不同长度的取样管。泥质底质可以选择相对较长的取样管，而密实的砂质底质，取样管的长度不宜过长，最好不超过 3m，以免造成取样管弯曲甚至折断。

(2)振动取样设备

振动取样设备(见图 2.3-11(b))主要用于采取砂质底质长柱状样品，是一种常规的海洋地质调查采样装备，广泛应用于海洋区域地质调查、环境地质调查、海洋矿产资源地球化学勘查等工作中。其依靠振动器的冲力将采样管打入海底沉积物中进行采样。主要由管架、采样管、振动器活塞以及起吊设备组成，采样器用管架支持并固定采样位置，用绞车升降。该取样技术适用广泛，采样长度为 2～4m，在底质比较软的情况下，最长曾取到过 5m 长的柱状样。

(3)静力取样设备

静力取样设备(见图 2.3-11(c))通过将搭载采样管的水下工作平台下放至海底，技术人员通过甲板操作控制水下工作平台将采样管贯入沉积物，随后操作人员控制水下工作平台回拔取样装置，完成沉积物取样。

(a)重力取样设备

(b)振动取样设备

(c)静力取样设备

图 2.3-11　柱状取样设备

参考文献

[1] Alford M R, Edmonds T P. A replication: Does auditor involvement affect the quality of interim report numbers[J]. Journal of Accounting, Auditing and Finance, 1981, 4(3): 255-264.

[2] Bertolin A, Rudello D, Ugo P . A new device for in-situ pore water sampling[J]. Marine Chemistry ,1995, 49(4):233-239.

[3] Blanch, Joakim O, Robertsson, Johan O A, Symes, William W. Modeling of a constant Q: methodology and algorithm for an efficient and optimally inexpensive viscoelastic technique [J]. Geophysics, 1995,60(1):176-184.

[4] Blanch, Joakim O, William W Symes, Roelof J Versteeg. A numerical study of linear

viscoacoustic inversion[J]. Comparison of Seismic Inversion Methods on a Single Real Data Set,1998,4:13-44.

[5] Carpenter G B, Mecarthy J C. Hazards analysis on the Atlantic outer continental shelf [C]. Proceedings of 12th Annual Offshore Technology Conference,1980.

[6] Christine Lauer-Leredde, Philippe A Pezard,Ivan Dekeyser. FICUS: a new in-situ probe for resistivity measurements in unconsolidated marine sediments[J]. Marine Geophysical Researches,1998, 20: 95-107.

[7] Claerbout Jon F, Muir Francis. Robust modeling with erratic data[J]. Geophysics, 1973,38(5):826-844.

[8] Emmerich, Helga, Korn, Michael. incorporation of attenuation into timedomain computations of seiamic wave fields[J]. Geophysics,1987,52(9):1252-1264.

[9] Hsu S K, Chiang C W, Evans R L, et al. Marine controlled source electromagnetic method used for the gas hydrate investigation in the offshore area of SW Taiwan[J]. Journal of Asian Earth Sciences, 2014, 92: 224-232.

[10] Integrated Ocean Drilling Program Management International. The Internetional Ocean Discovery Program Exploring the Earth under the Sea[Z] . Science Plan for 2013-2023, 2011:7.

[11] Jacobs P H. A new rechargeab le dialysis pore water sampler formonito ring sub-aqueous in-situ sediment caps [J] . Water Research,2002,36(12):3121-3129 .

[12] J E White. Static friction as a source of seismic attenuation[J]. Geophysics,1966,31(2):333-339.

[13] J P Boris, D L Book. Flux-Corrected Transport I. SHASTA, A Fluid Transport Algorithm That Works[R] . Journal of Computational Physics,1997.

[14] K R Kelly, R M Alford, S Treitel, R W Ward. Application of finite difference methods to exploration seismology[J] . Topics in Numerical Analysis II, 1975: 57-76.

[15] Tong Xu, McMechan G A. Efficient 3-D viscoelastic modeling with application to near-surface land seismic data[J] . Geophysics,1998,63(2):601-612.

[16] Xu T , McMechan G A. Composite memory variables for viscoelastic synthetic seismograms[J] . Geophysical Journal,1995,121(2):634-639.

[17] Z Alterman, P Kornfeld. Propagation of a pulse within a sphere[J]. The Journal of The Acoustical Society of America,1963,35(10):1649-1662.

[18] 补家武,鄢泰宁,补生蓉,等. 可控式海底采样器的结构及工作原理[J] . 地质科技情报,2000,12: 100-104.

[19] 陈浩林,全海燕,於国平,等. 气枪震源理论与技术综述(下)[J] . 物探装备,2008,18(5): 300-312.

[20] 陈鹰,瞿逢重,宋宏,等. 海洋技术教程[M]. 杭州:浙江大学出版社,2012.

[21] 戴金岭,许俊良,宋淑玲,等. 天然气水合物钻探取样技术现状与实时研究[J]. 西部探矿工程,2011(1): 89-92.

[22] 段新胜,鄢泰宁,陈劲,等.发展我国海底取样技术的几点设想[J].地质与勘探,2003,39(2):69-73.

[23] 程振波,吴永华,石丰登,等.深海新型取样仪器——电视抓斗及使用方法[J].海洋技术,2011,30(1):51-54.

[24] 程振东,杨刚,吴永华等.长重力活塞采样器在鄂霍次克海的应用[J].海洋科学进展,2013,04:553-558.

[25] 耿雪樵,徐兰,刘芳兰,等.我国海底取样设备的现状与发展趋势[J].地质装备,2009,10(4):11-16.

[26] 郭秀军.近海浅地层多道地震特点分析及高分辨率探测对策[C]//中国地球物理学会.中国地球物理学会第二十三届年会论文集.中国地球物理学会,2007:1.

[27] 海洋监测规范第3部分:样品采集、贮存与运输[S].中华人民共和国国家标准GB17378.3-2007,2007.

[28] 黄成民,黄毓铭,张晓峰.基于多尺度高分辨率地震勘探的海域工程精细勘察研究应用[J].科技广场,2017(02):137-144.

[29] 金翔龙,海洋地球物理[M].北京:海洋出版社,2009.

[30] 来向华,潘国富,傅晓明,等.单波束测深技术在海底管道检测中应用[J].海洋工程,2007,25(4):66-72.

[31] 雷宛,肖宏跃,邓一谦.工程与环境物探教程[M].北京:地质出版社,2007.

[32] 李冬,刘雷,张永合.海洋侧扫声呐探测技术的发展及应用[J].港口经济,2017(06):56-58.

[33] 李海森,周天,徐超.多波束测深声呐技术研究新进展[J].声学技术,2013,32(20):73-80.

[34] 李丽青,陈泓君,彭学超,等.海洋区域地质调查中的高分辨率单道地震资料关键处理技术[J].物探与化探,2011,35(1):86-92.

[35] 卢春华,邵春,鄢泰宁,等.新型液动冲击海底采样器及触探技术[J].工程勘察,2010,38(8):27-30.

[36] 李勇航,牟泽霖,万芃.海洋侧扫声呐探测技术的现状及发展[J].通讯世界,2015(03):213-214.

[37] 刘保华,丁继胜,裴彦良,等.海洋地球物理探测技术及其在近海工程中的应用[J].海洋科学进展,2005,23(3):374-384.

[38] 孟庆生.近海工程高分辨率多道浅地层资料处理软件开发及意义[C]//中国地球物理学会.中国地球物理学会第22届年会论文集.中国地球物理学会,2006:1.

[39] 孟庆生.近海工程高分辨率多道浅地层探测技术及设备[C]//中国地球物理学会.中国地球物理学会第二十三届年会论文集.中国地球物理学会,2007:1.

[40] 莫文治,陈庆.关于几种海底柱状采样器的分析和研制方向的探讨[J].海洋技术,1984,02:57-69.

[41] 王尔觉,潘广山,胡庆辉.近海工程勘察中单道与多道地震方法对比研究[J].工程地球物理学报,2016,13(04):502-507.

[42] 王俊珠,刘碧荣.多管采样其常见故障及原因分析[J].科技资讯,2013,26:75-76.

[43] 王俊珠. 新型重力活塞采样器的可行性研究[J]. 科技与企业,2013,23:337.

[44] 王苗苗,顾玉民,杨帆,等. 海底可视技术在大洋科考中的应用和发展趋势[J]. 海洋技术,2012,30(1):115-118.

[45] 王濡岳,丁文龙,王哲,等. 页岩气储层地球物理测井评价研究现状[J]. 地球物理学进展,2015,30(1):228-241.

[46] 魏建江,尹东源,刘桂兰,等. CS-1 型侧扫声呐系统[J]. 海洋技术,1997(1):3-15.

[47] 吴时国. 海洋地球物理探测[M]. 北京:科学出版社,2017.

[48] 裴彦良,赵月霞,刘保华,等. 近海高分辨率多道地震拖缆系统及其在海洋工程中的应用[J]. 地球物理学进展,2010,25(1):331-336.

[49] 彭向东,彭敬垒. 浅层地震勘探方法在跨海桥梁断裂带探测中的应用[J]. 公路,2016,61(07):150-153.

[50] 肖志广,潘广山,刘圣彪,等. 侧扫声呐在海底管道路由调查中的应用[J]. 工程地球物理学报,2016,13(5):627-631.

[51] 席俊杰,吴中,赵建康. 涡轮加压和循环式海底取样钻机设计[J]. 制造业自动化,2005,27(1):15-17.

[52] 邢磊. 海洋小多道地震高精度探测关键技术研究[D]. 北京:中国海洋大学,2012.

[53] 鄢泰宁,昌志军,补家武,等. 海底采样器工作分析及选用原则——海底取样技术专题之二[J]. 探矿工程(岩土钻掘工程),2001(3):19-22.

[54] 杨红刚,王定亚,陈才虎,等. 海底勘探装备技术研究[J]. 石油机械,2013,41(12):58-63.

[55] 臧启运,韩贻兵,徐孝诗. 重力活塞采样器取样技术研究[J]. 海洋技术,1999(2):57-62.

[56] 曾宪军,伍忠良,赫小柱,等. 海洋地质调查方法与设备综述[J]. 气象水文海洋仪器,2009(1):111-117,120.

[57] 张鑫,栾振东,阎军,等. 深海沉积物超长取样系统研究进展[J]. 海洋地质前沿,2012,12:40-45.

第3章　海洋土力学

3.1　海洋土基本物理性质

海洋土的物理状态对于海洋粗粒土而言，一般是指土的疏密程度；而对于海洋细粒土而言，是指土的软硬程度或者稠度。

3.1.1　海洋粗粒土(无黏性土)的密实度

密实度是单位体积中固体颗粒的含量，用来表示海洋土固体颗粒排列的松密程度。土颗粒排布越紧密，其结构越稳定，表现为高强度且不易受压变形，工程性质较为优良；反之，土颗粒排列疏松，其结构处于不稳定状态，工程性质较差。

海洋工程中为了更好地评价粗粒土排布的疏密状态，常采用相对密实度 D_r 作为密实度的计量指标，其定义如下：

$$D_r=\frac{e_{max}-e}{e_{max}-e_{min}} \tag{3.1-1}$$

式中：D_r——相对密度；

e——海洋粗粒土的天然孔隙比；

e_{max}——海洋粗粒土的最大孔隙比，为室内试验能达到最松散状态下的孔隙比，常采用“松散器法”测定，详见《土工试验方法标准》(GB/T 50123—2019)。

e_{min}——海洋粗粒土的最小孔隙比，为室内试验能达到最密实状态下的孔隙比，采用“振击法”测定，详见《土工试验方法标准》(GB/T 50123—2019)。

从式(3.1-1)中可以发现，理论上 D_r 的变化范围应当处于区间 0～1 内，而实际天然海洋粗粒土，D_r 会大于 1 或小于 1。工程中采用相对密度 D_r 判别海洋粗粒土密实度的标准如表 3.1-1 所示。

表 3.1-1　基于 D_r 判别海洋粗粒土密实度标准

相对密度 D_r	密实状态
$0<D_r\leqslant 1/3$	疏松
$1/3<D_r\leqslant 2/3$	中密
$D_r>2/3$	密实

将孔隙比与干密度的关系式 $e=\frac{\rho_s}{\rho_d}-1$ 代入式(3.1-1)，可以得到干密度表示的相对密

实度形式，如下式：

$$D_r=\frac{(\rho_d-\rho_{dmin})\rho_{dmax}}{(\rho_{dmax}-\rho_{dmin})\rho_d} \tag{3.1-2}$$

目前已经有一套试验方法可以测出海洋粗粒土的最大孔隙比和最小孔隙比，然而在室内实验室条件下，准确测定不同海洋粗粒土的理论 e_{max} 和 e_{min} 是十分困难的。在静海中缓慢沉积形成的海洋粗粒土，其天然孔隙比 e 有可能大于实验室测得的 e_{max}。同样，在自然作用下，经过漫长时间堆积形成的土，其天然孔隙比 e 有可能小于实验室测得的 e_{min}。此外，深海工程中的粗粒土的天然孔隙比 e 难以测定。因此，相对密实度 D_r 这一指标在理论上能够合理评价粗粒土疏密程度，而在实际中这一标准却受到许多限制。

天然砂土的密实度常采用在现场原位用标准贯入度试验，根据测得的标准贯入度试验锤击数 N 来评价。标准贯入试验是在钻杆方向，让质量为63.5kg的穿心锤以76cm的距离自由下落，记录标准贯入器击入30cm的锤击数。根据现行《建筑地基基础设计规范》（GB 50007—2011），判别标准见表3.1-2。

表3.1-2　天然砂土密实度判别标准

标准贯入试验锤击数 N	密实度
$N\leqslant 10$	松散
$10<N\leqslant 15$	稍密
$15<N\leqslant 30$	中密
$N>30$	密实

海洋细粒土实际上并不存在最大孔隙比和最小孔隙比，一般采用天然孔隙比 e 或干密度 ρ_d 来判断其密实度。

3.1.2　海洋细粒土(黏性土)的稠度

1. 海洋黏性土的稠度状态

海洋黏性土最主要的物理状态指标是稠度，稠度反映土的软硬程度或外荷载作用下土的抗变形能力。

在不同的含水率条件下，海洋黏性土会表现出不同的物理状态。当含水量较低时，土中水被颗粒表面的电荷牢牢吸附于表面，形成强结合水(见图3.1-1(a))。强结合水的性质接近于固体，根据强结合水膜厚度的不同，此时的土体状态表现为固态或者半固态。

当含水量有所增加时，吸附于颗粒表面的水膜厚度不断增加，土颗粒表面的水膜不仅包含了强结合水膜，还有弱结合水膜(见图3.1-1(b))，弱结合水为黏滞状态，此时的土体在外荷载作用下，可以改变成任意形状而不破裂，荷载撤去时仍能保持改变后的形状，此时的状态为塑态。弱结合水的存在使得土体具有了可塑性，可塑状态土体含水量的变化，大致相当于土体所吸附弱结合水的含量。弱结合水的含量主要取决于土的比表面积和矿物成分。比表面积越大，矿物亲水能力越强的土体能吸附较多的结合水，此类型的土体塑态含水量的变化范围也越大。

当含水量继续增加时，土体中除了结合水外，还存在一定数量的自由水。土颗粒被自由水隔开(见图3.1-1(c))，此时的土体已经不能承受剪应力的作用，表现为流动状态。

上述表明稠度实质上反映了土中不同状态水分的含量，也一定程度上表明了不同含水量条件下土颗粒间联结强度的变化。

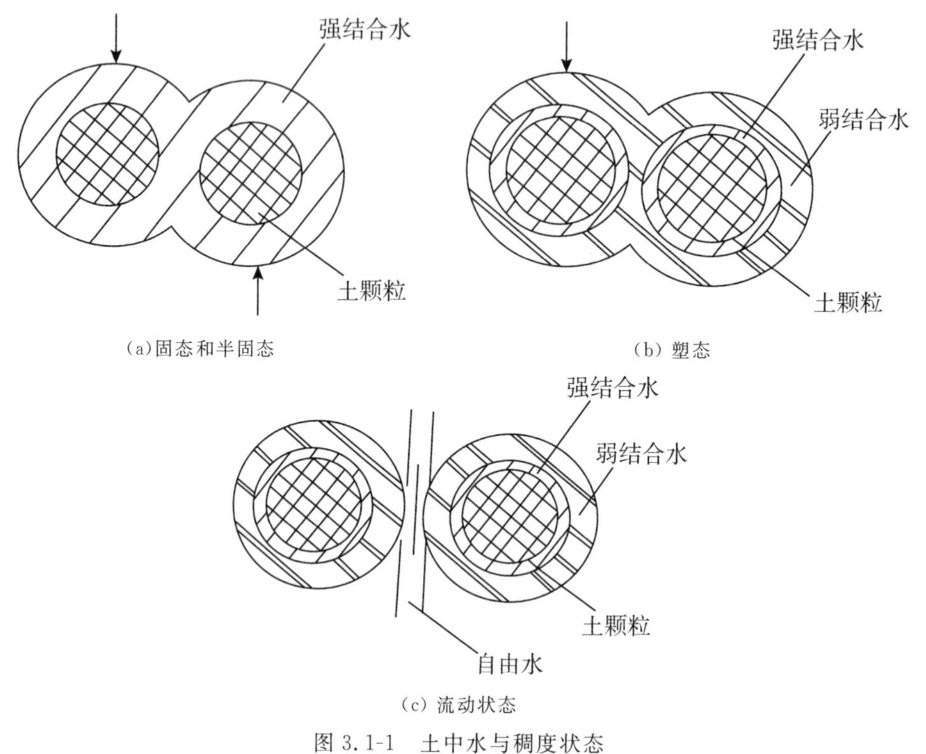

图 3.1-1　土中水与稠度状态

2. 稠度界限

海洋黏性土从一种状态进入另一种状态的分界含水量称为土的稠度界限。稠度界限包括液性界限 w_L 和塑性界限 w_p、缩限 w_s，如图 3.1-2 所示。

液性界限 w_L 简称液限，表示土从塑性状态转化为液性状态时的含水量。此时土中既存在强结合水与弱结合水，也存在自由水。

塑性界限 w_p 简称塑限，表示土从半固态转化为塑性状态时的含水量，此时土中水为强结合水含量的最大值。

缩限 w_s 表示土样从半固态转化为固态时的含水量，为湿土失水时，土体积不再收缩时的含水量。

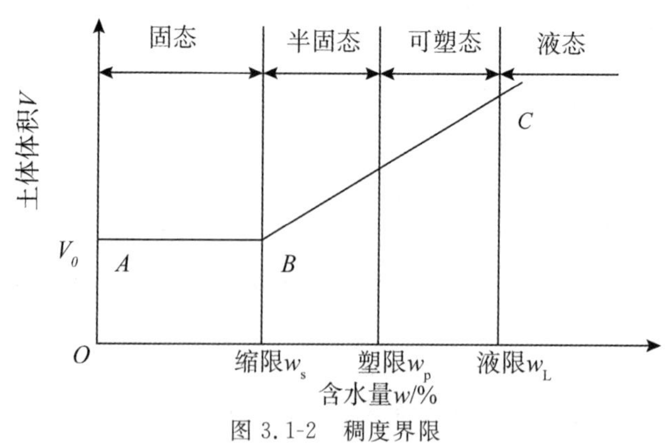

图 3.1-2　稠度界限

在进行液限测定时，常采用锥式液限仪或光电式液塑限联合测定仪测出；塑限一般采用搓条法确定，但目前光电式液塑限联合测定仪也较常用来测定塑限；缩限一般采用收缩皿方法测定。

3. 塑性指数和液性指数

塑性指数为液限与塑限之差，采用 I_p表示，如式(3.1-3)：

$$I_p = w_L - w_p \tag{3.1-3}$$

塑性指数常采用百分数的分子表示，它反映了海洋土可塑状态含水量的最大变化范围。土体颗粒越细，比表面积越大，亲水矿物含量越高，I_p就越大。因此塑性指数是反映颗粒粒径和矿物成分与土中水分相对作用对土性产生影响的一个综合指标。海洋工程上常采用塑性指数作为黏性土分类的重要依据。

对于不同的土体，比表面积和矿物成分的不同，会导致吸附结合水的能力不同。当含水量相同时，黏性高的土，土中水分形态可能仅存在结合水；而黏性低的土，可能已经存在部分自由水了。因此仅通过绝对含水量并不能准确判断土体所处的状态，需要引入液性指数 I_L，它能反映出天然含水量和界限含水量直接的相对关系。其定义如式(3.1-4)所示：

$$I_L = \frac{w - w_p}{w_L - w_p} \tag{3.1-4}$$

根据 I_L的大小，可以直接判断土体所处的物理状态，工程上将黏性土分为了 5 种状态，见表 3.1-3。

表 3.1-3　海洋黏性土状态分类

液性指数 I_L	状态
$I_L \leqslant 0$	坚硬
$0 < I_L \leqslant 0.25$	硬塑
$0.25 < I_L \leqslant 0.75$	可塑
$0.75 < I_L \leqslant 1$	软塑
$I_L > 1$	流塑

根据以往的研究结果，海洋土具有高液、塑限，同时塑性指数较高。其高塑性指数可能与高黏粒含量有关。海洋土天然状态一般为流塑状态。

应当注意的是，在实验室内进行液限、塑限测定时，均是在土体结构已经被破坏的重塑状态进行的，所以液性指数也存在一定的缺点。一般原状土较重塑土强度更高，所以一些 I_L大于 1 的原状土，仍具有一定的抗剪强度。因此，液性指数作为重塑土的判别标准较为合适，对原状土进行判定时需具体分析。

3.1.3　特殊海洋土——天然气水合物沉积物

天然气水合物是一些具有相对较低分子质量的气体如甲烷、二氧化碳、氮气等在一定温度和压力条件下与水形成的内含笼形孔隙的冰状晶体，遇火可燃烧，故又称“可燃冰”。天然气水合物资源丰富，据报道，全球天然气水合物的总资源量约为 2 万万亿立方米，总有机碳含量高达 10 万亿吨，大约是目前全球天然气储量(187.3 万亿立方米)的 100 倍，大约是目前已知的全球常规化石能源(包括煤炭、石油、天然气)储量的2倍,可采年限大于1000年。其中,海域天然气水合物资源量占99%,主要分布在300m以深的海底及海底下数百米沉积层中。

天然气水合物沉积物(简称水合物沉积物)是指蕴含水合物的砂、黏土以及混合土等土质的沉积物质。水合物沉积物中一般有四种介质共存:生成气、岩土骨架、水和固体水合物。水合物则通过孔隙充填、土体胶结、土体骨架等形式赋存在沉积物中,如图3.1-3所示。

扫码看

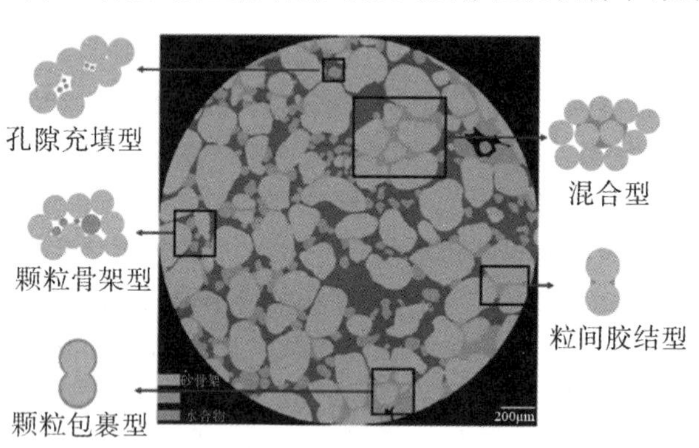

图3.1-3　典型砂质地层中天然气水合物沉积物CT扫描图

近20年以来,随着世界各国对海洋水合物的开发需求增大,关于水合物物理力学特性的研究蓬勃发展。鉴于天然气水合物赋存的严苛压力和温度条件,常规三轴仪无法满足试验要求。根据文献报道,目前国内外许多高校和研究机构都相继开发了典型的低温高压水合物试验装备。如美国地质调查局(USGS)的水合物及其沉积物室内测试装置、美国国家能源技术实验室(NETL)实验系统、日本产业技术综合研究所水合物三轴仪(AIST)、日本山口大学高压低温平面应变仪、英国南安普敦大学天然气水合物共振柱等。国内相关的有大连理工大学Taw-60和DDW-600低温高压水合物三轴仪、中国科学院力学研究所水合物沉积物合成分解及力学性质测试一体化装置(见图3.1-4)、中国石油大学天然气水合物剪切强度实验仪等,主要也是通过增加温度控制系统以及水合物生成相关的配套设施,使其与常规三轴仪的加载系统、围压控制系统、孔隙压力控制系统有机结合,从而对常规三轴仪进行改装,使其满足天然气水合物沉积物实验的要求。

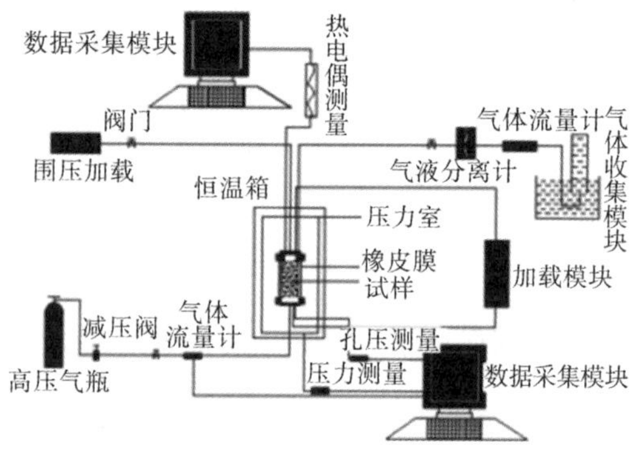

图3.1-4　中科院力学所低温高压水合物三轴仪

在大量室内实验的基础上,天然气水合物沉积物的性质得以被认识。尽管学者们在有些细节上存在争议,但目前对于天然气水合物沉积物的一般物理力学性质还是形成了一些

共识,可简单总结为以下几点:

(1)一般而言,水合物的生成或分解会分别导致沉积物强度有提升或弱化。

(2)不同水合物生成方式也会影响其宏观力学性质。

(3)有效围压、温度、应变速率、孔隙度、初始压力比等试验条件均会影响其力学性质。

(4)沉积物颗粒粒径也会影响其强度特性。

深海天然气水合物开采过程是复杂的多相多场耦合效应,涉及复杂的温度场、渗流场、应力场和变形场的相互作用:如降压法开采会改变储层的应力场,同时天然气水合物相变产生大量气和水会改变储层的渗流场;此外,天然气水合物相变分解属于吸热反应,储层的温度场也会随之改变等,如图 3.1-5 所示。

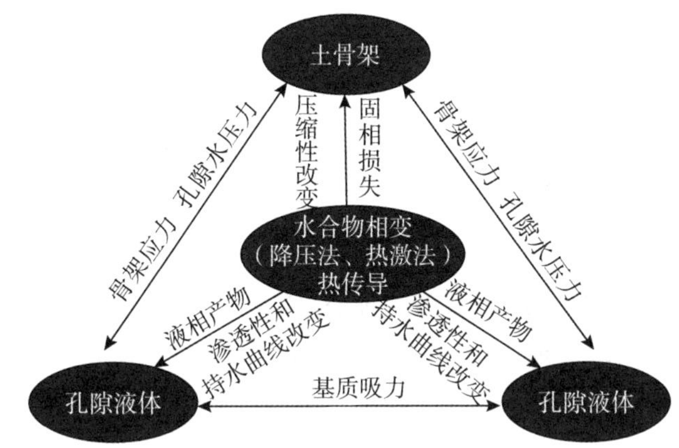

图 3.1-5 天然气水合物多相多场耦合效应示意图

我国在天然气水合物开采领域处于领先地位,自 2007 年 5 月中国地质调查局在神狐海域正式采集到天然气水合物的实物样品之后,我国在 2015 年、2016 年又在神狐海域多次进行了天然气水合物取样,取得了大量的水合物样品并进行了深入详尽的分析。在总结之前试采成果的基础上,中国地质调查局于 2019 年 10 月—2020 年 4 月在神狐海域进行了第二次天然气水合物试采,攻克了钻井井口稳定性、水平井定向钻进、储层增产改造与防砂、精准降压等一系列深水浅软地层水平井技术难题,实现了连续产气 30 天,总产气量 $86.14\times10^4\,m^3$,日均产气 $2.87\times10^4\,m^3$,为世界之首。

3.2 海洋土抗剪强度

3.2.1 概述

土是一种离散的颗粒材料,土颗粒本身具有较高的强度,不易发生破坏。相比起土颗粒,颗粒之间的接触面相对较弱,易于发生颗粒间相对滑移的剪切破坏。因此海洋土的强度通常是指土体抵抗剪切破坏的能力,其主要由颗粒间的相互作用力决定,而不是由颗粒矿物的强度决定。各种海洋构筑物的基础和海底边坡的稳定性均是由土体的抗剪强度控制。例如图 3.2-1(a)所示,海底滑坡就是边坡上的部分土体达到了其抗剪强度,在剪切面两侧的土体产生相对位移而产生滑动破坏,当荷载持续增加,最终滑动面连接成整体,发生整体失稳。

如图 3.2-1(b)所示,海洋构筑物的基础还会发生部分土体沿着滑动面向上挤出,构筑物发下陷或者倾倒。正确计算和确定海洋土的抗剪强度,是海洋工程中设计的关键。

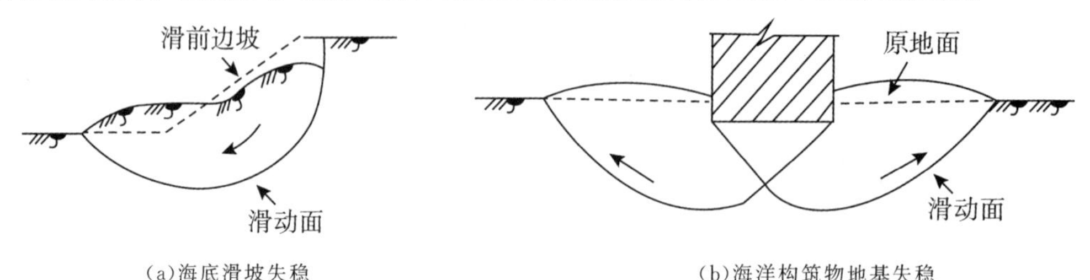

(a)海底滑坡失稳　　(b)海洋构筑物地基失稳

图 3.2-1　海洋土体失稳

几十年来,学者们已经对土的抗剪强度进行了大量的试验与研究,但是由于海洋土的性质复杂,海洋土的抗剪强度仍然是海洋土力学中重要的研究方向。本章只介绍海洋土的抗剪强度中最为基本的理论和分析方法。

3.2.2　海洋土的抗剪强度基本理论

1.库仑公式

在 1773 年,法国著名力学家、物理学家库仑(C. A. Coulomb)通过直剪试验研究了土体的抗剪强度特性,试验结果发现,土体的抗剪强度并不是定值,而是随着剪切面上的法向力增大而增大。根据试验结果,库仑提出了土的抗剪强度公式为

$$\tau_f = c + \sigma\tan\varphi \tag{3.2-1}$$

式中:τ_f——土体的抗剪强度;

σ——破坏面的垂直压应力;

φ——土体的内摩擦角;

c——土体的黏聚力,即法向力为 0 时的抗剪强度,对于无黏性土,例如砂土,$c=0$。

式(3.2-1)就是著名的库仑公式,c 与 φ 是决定土抗剪强度的重要指标。需要指出的是,对于同一种土体,在相同的试验条件下,c 与 φ 是常数,但是当采用不同的试验方法时,其测试结果会产生一定的差异。

后来随着有效应力原理的提出,人们意识到只有当有效应力改变时才会引起土强度的改变。采用有效应力原理的概念,上述库仑公式可以改写为

$$\tau_f = c' + \sigma'\tan\varphi' = c' + (\sigma - u)\tan\varphi' \tag{3.2-2}$$

式中:σ'——破坏面的有效垂直压应力;

u——土中孔隙水压力;

φ'——土体的有效内摩擦角;

c'——土体的有效黏聚力。

式(3.2-1)与式(3.2-2)为海洋土体抗剪强度的两种表达形式,式(3.2-1)为总应力抗剪强度公式,c 与 φ 为总应力抗剪强度指标;式(3.2-2)为有效应力抗剪强度公式,σ' 与 φ' 为有效应力抗剪强度指标。两者之间的联系与差异将在后面章节中详细阐述。

2.海洋土的抗剪强度机理

库仑公式表明海洋土的抗剪强度分为两个部分,一部分为摩擦强度 $\sigma\tan\varphi$,另一部分为

黏聚强度 c。对于海洋中的粗粒土，一般认为其之间无黏聚力，$c=0$。

(1)摩擦强度

摩擦强度由破坏面的垂直压应力和土颗粒的内摩擦角决定。而土颗粒间的摩擦由两个部分组成，即颗粒间滑动所产生的滑动摩擦和颗粒间的咬合摩擦。

滑动摩擦是由于颗粒表面的粗糙不平整产生的，但是其整个过程并不会产生体积膨胀。

咬合摩擦是相邻颗粒对于相对移动时的约束作用。砂土颗粒为相互咬合的排列，当受到一定的荷载作用时，土体的咬合作用被破坏，会沿着某一破坏面产生剪切破坏，颗粒要产生相对移动，必然要围绕相邻颗粒而发生转动，土体的体积胀大，从而产生了“剪胀”的现象(见图3.2-2)。剪胀效应主要发生于密砂之中，剪胀过程也会消耗能量，这部分能量需要剪应力的做功产生，因而提升了抗剪强度。此外，砂土中的剪切破坏面并非平整的滑动面，而是不规则的面。

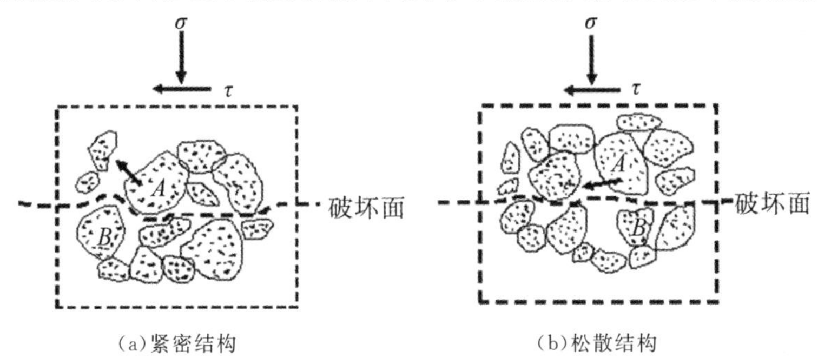

(a)紧密结构　　(b)松散结构

图 3.2-2　土体内剪切面

另外，海洋无黏性土在剪切过程中，尤其在高压力条件下，会产生颗粒破碎，颗粒破碎同样也需要剪应力做功来提供能量。高压力条件下破坏应变的增加，会加剧颗粒的重排布，同样需要能量，这两部分都是剪应力强度的组成部分。

结合上述分析，影响粗粒土内摩擦角的主要因素包括：①密度；②粒径级配；③颗粒形状；④矿物成分等。

(2)黏聚强度

海洋细粒土的黏聚力 c 取决于土粒间的各种物理化学作用力，其中包括库仑力、范德华力、胶结作用力等。苏联学者将黏聚力分为两个部分，一部分为原始黏聚力，另一部分为固化黏聚力。原始黏聚力主要来源于颗粒间静电力和范德华力。颗粒间的距离越近，单位面积的土颗粒接触点就越多，原始黏聚力就越大。因此，同一种土体，密度越大，原始黏聚力也越大。当颗粒距离较远时，土体的密度减小，原始黏聚力会降低，当颗粒间距离达到一定程度时，原始黏聚力会完全消失。固化黏聚力主要是由于颗粒间的胶结物质的胶结作用而产生，例如土中的氯化物、铁盐、碳酸盐和有机质。胶结作用会随着时间的推移而强化。密度相同的原状土与重塑土间的抗剪强度往往差异较大，究其原因就是固化黏聚力造成的。

此外在水位线以上的海洋土，会由于毛细水表面的张力作用而产生毛细压力，毛细压力的作用也会增加土颗粒间的联结作用。

一般认为海洋粗粒土间不具有黏聚强度，而一些特殊粗粒土颗粒间会存在一定的胶结物质，所以具有一定的黏聚强度。在某些非饱和海洋土中，会由于毛细压力的存在，存在一定的黏聚作用，颗粒可捏成团，称为假黏聚力，此种作用仅是暂时存在的，实际工程中不将其考虑为黏聚强度。

海洋黏性土的抗剪强度大致来源于三方面：

①颗粒间的黏聚力，也就是前文中的黏聚强度；

②为了克服剪胀所作用的力；

③颗粒间摩擦力。

海洋黏性土的抗剪强度由以上三方面叠合而成。需要说明的是并不是所有海洋土体都会产生剪胀现象，正常固结土不会产生剪胀的现象。对于超固结土而言，会在剪切中出现剪胀现象。

3. 莫尔-库仑强度理论

土中任意一点的应力状态是客观存在的，其作用在任一平面上的正应力与剪应力分量会由于作用面的转动而变化，其二维的应力状态可以用一个莫尔圆来表示。图 3.2-3 给出了一点的应力状态和其相对应的莫尔圆。记垂直于 x 轴与 z 轴的应力分量分别为(σ_x，τ_{xz})和(σ_z，τ_{zx})，则相对应的莫尔圆基本指标如下：

圆心横坐标：$p=(\sigma_x+\sigma_z)/2$；

半径：$r=\sqrt{[(\sigma_x-\sigma_z)/2]^2+\tau_{xz}^2}$；

最大主应力：$\sigma_1=p+r$；

最小主应力：$\sigma_3=p-r$；

莫尔圆上顶点坐标：$p=(\sigma_1+\sigma_3)/2$，$q=(\sigma_1-\sigma_3)/2$。

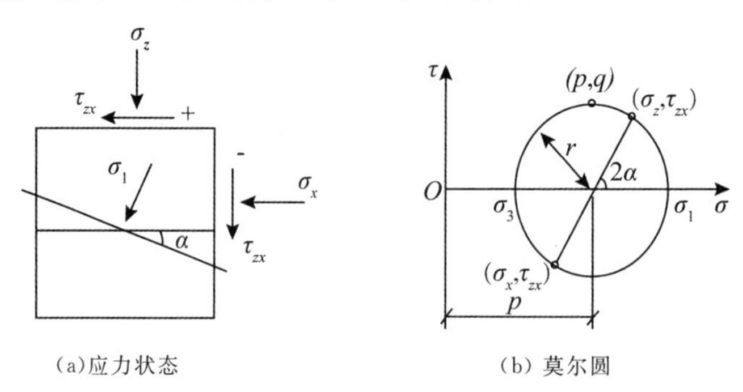

(a)应力状态　　(b) 莫尔圆

图 3.2-3　应力状态莫尔圆

当土单元发生剪切破坏时，实质为破坏面上的剪应力达到了其抗剪强度时，称为土体达到了极限平衡状态。需要说明的是并不是所有面上的剪应力都要满足库仑抗剪强度，而是只要有一个面满足库仑抗剪强度发生剪切破坏，土单元就发生破坏或达到极限平衡状态。

式(3.2-1)表示了一条截距为 c、倾角为 φ 的直线，该直线上所有点均为达到破坏或者极限平衡状态的点，因此该条线被称为莫尔破坏包线或者抗剪强度包线。根据土单元的应力莫尔圆和抗剪强度包线的相对位置可以来判断土单元是否发生了剪切破坏，存在如下三种情况(见图 3.2-4)：

(1)应力莫尔圆与抗剪强度包线相离时，土单元并不发生任何的剪切破坏。

(2)应力莫尔圆与抗剪强度包线相切时，此时正好有且仅有一个面达到抗剪强度，表明土单元在切点所表示的面发生了剪切破坏。

(3)应力莫尔圆与抗剪强度包线相交时，表明已经有一些面达到抗剪强度，发生了剪切破坏。但是实际上这种情况并不存在，当剪应力达到抗击强度时就不会增长了。

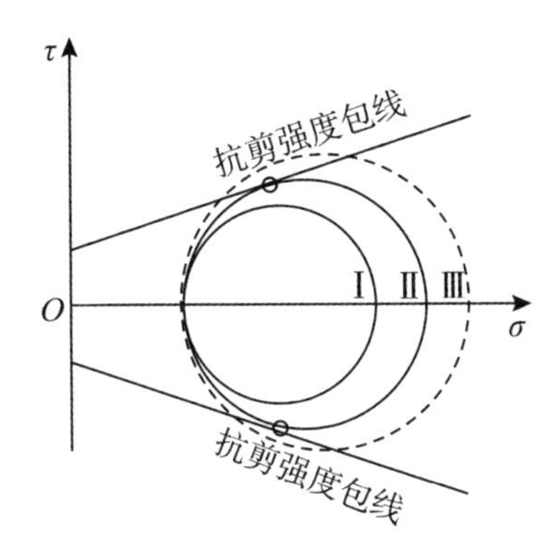

图 3.2-4　莫尔圆与抗剪强度包线的三种关系

莫尔将库仑的研究工作延续，提出材料破坏的剪切破坏理论，在破裂面上，法向应力 σ 与抗剪强度 τ_f 之间满足单值函数关系式(3.2-3)：

$$\tau_f = f(\sigma) \tag{3.2-3}$$

此公式范围更广，库仑公式(3.2-1)可以看作是一个特例。然而大量的试验表明，一般土体在应力变化范围并不是很大时，其莫尔破坏包线可以采用库仑公式表示。根据剪应力是否达到库仑公式所计算的抗剪强度作为评判破坏标准的理论称为莫尔-库仑强度理论。

4. 土中一点极限平衡条件

如果可能发生剪切破坏面的位置已经预先确定，只要算出作用于该面上的正应力和剪应力，就可根据库仑强度公式判断剪切破坏是否发生。但在实际问题中，可能发生剪切破坏的平面是未知的，不能预先确定。而且通常在应力分析时仅计算土体中垂直于坐标平面上的应力(包括正应力与剪应力)或各点的主应力，故无法直接判定土体单元是否破坏。因此需要探寻如何采用主应力来表示莫尔-库仑理论。主应力表示的莫尔-库仑理论称为莫尔-库仑破坏准则，也称为土的极限平衡条件。

下面进一步分析土样达到破坏状态的应力条件(图 3.2-5)：

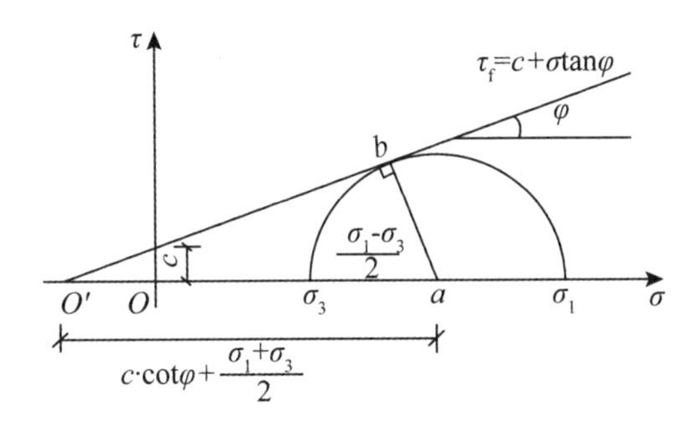

图 3.2-5　极限平衡状态

$$\sin\varphi = \frac{ab}{O'a} = \frac{\dfrac{\sigma_1 - \sigma_3}{2}}{\dfrac{\sigma_1 + \sigma_3}{2} + c \cdot \cot\varphi} = \frac{\sigma_1 - \sigma_3}{\sigma_1 + \sigma_3 + 2c \cdot \cot\varphi} \tag{3.2-4}$$

化简得

$$\sigma_1 = \sigma_3 \cdot \frac{1 + \sin\varphi}{1 - \sin\varphi} + 2c \cdot \frac{\cos\varphi}{1 - \sin\varphi} \tag{3.2-5}$$

进一步整理得

$$\sigma_1 = \sigma_3 \cdot \frac{1+\sin\varphi}{1-\sin\varphi} + 2c \cdot \sqrt{\left(\frac{\cos\varphi}{1-\sin\varphi}\right)^2} = \sigma_3 \cdot \frac{1+\sin\varphi}{1-\sin\varphi} + 2c \cdot \sqrt{\frac{1+\sin\varphi}{1-\sin\varphi}}$$

$$= \sigma_3 \cdot \frac{1-\cos(90°+\varphi)}{1+\cos(90°+\varphi)} + 2c \cdot \sqrt{\frac{1-\cos(90°+\varphi)}{1+\cos(90°+\varphi)}}$$

$$= \sigma_3 \cdot \frac{2\sin^2(45°+\frac{\varphi}{2})}{2\cos^2(45°+\frac{\varphi}{2})} + 2c \cdot \sqrt{\frac{2\sin^2(45°+\frac{\varphi}{2})}{2\cos^2(45°+\frac{\varphi}{2})}}$$

$$\sigma_1 = \sigma_3 \tan^2(45°+\frac{\varphi}{2}) + 2c \cdot \tan(45°+\frac{\varphi}{2}) \tag{3.2-6}$$

同理可得

$$\sigma_3 = \sigma_1 \tan^2(45°-\frac{\varphi}{2}) + 2c \cdot \tan(45°-\frac{\varphi}{2}) \tag{3.2-7}$$

式(3.2-4)～式(3.2-7)均为土体达到临界破坏状态时的大、小主应力的关系，这就是莫尔-库仑理论的破坏准则，也是土体达到极限平衡状态的条件，故也称之为极限平衡条件。显然，仅仅知道一个主应力并无法判断土体是否处于极限平衡状态，必须知道一对主应力 σ_1 与 σ_3 才可以进行判断。实际上，土体是否达到极限平衡状态是由 σ_1 与 σ_3 的相对大小决定的。当 σ_1 一定时，σ_3 越小，土体越接近破坏状态；反之，当 σ_3 一定时，σ_1 越大，土体越接近破坏状态。

利用上述的公式，当已知土单元实际的受力状态和土体的抗剪强度指标 c 和 φ 时，可以判断出土单元是否发生了剪切破坏，具体步骤如下：

(1)确定土单元任意一个面上的应力状态($\sigma_x, \sigma_z, \tau_{xz}$)；

(2)计算主应力 σ_1 与 σ_3，如下式：

$$\sigma_1 = \frac{\sigma_x+\sigma_z}{2} + \sqrt{\left(\frac{\sigma_x-\sigma_z}{2}\right)^2 + \tau_{xz}^2} \tag{3.2-8}$$

$$\sigma_3 = \frac{\sigma_x+\sigma_z}{2} - \sqrt{\left(\frac{\sigma_x-\sigma_z}{2}\right)^2 + \tau_{xz}^2} \tag{3.2-9}$$

(3)根据极限平衡条件判断土单元是否发生剪切破坏。

下面分析土体破坏时剪切面的位置。假设土体受力状态如图 3.2-6(a)所示，破坏时的轴向应力为 σ_1，根据相应受力状态绘制土体破坏时的莫尔圆，莫尔圆与破坏包线相切(见图 3.2-6(b))，可得到如下关系式：

$$2\alpha = 90°+\varphi$$

$$\alpha = 45°+\frac{\varphi}{2} \tag{3.2-10}$$

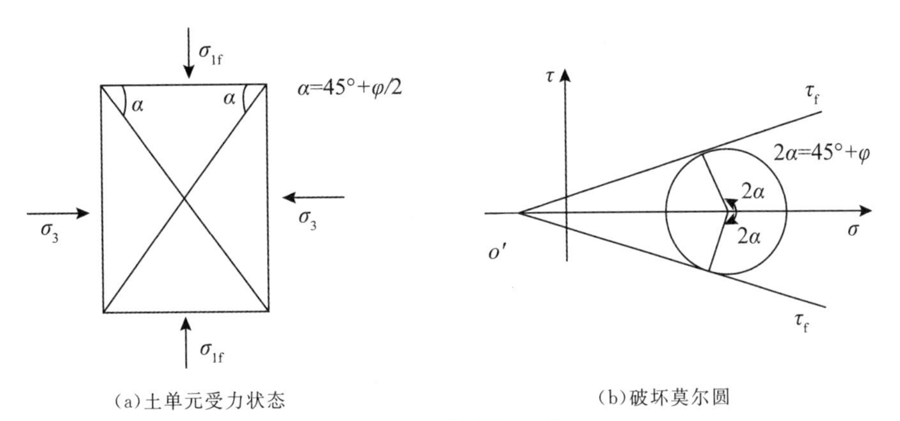

(a)土单元受力状态　　(b)破坏莫尔圆

图 3.2-6　土体剪切面位置

在实际的三维问题中，土单元中实际是存在三个主应力 σ_1、σ_2、σ_3，然而根据莫尔-库仑破坏准则，可以发现破坏包线只与 σ_1 和 σ_3 有关，而与中主应力 σ_2 无关，但在实际的试验中发现，σ_2 对于土的抗剪强度是具有一定的影响的。图 3.2-7 给出了平面应变试验（试验在 $\sigma_1 > \sigma_2 > \sigma_3$ 状态下破坏）和常规三轴压缩试验（试验在 $\sigma_1 = \sigma_2 = \sigma_3$ 状态下破坏）的结果，可以发现 σ_2 对抗剪强度指标 φ 影响明显，这也表明莫尔-库仑理论存在着一定的缺点。

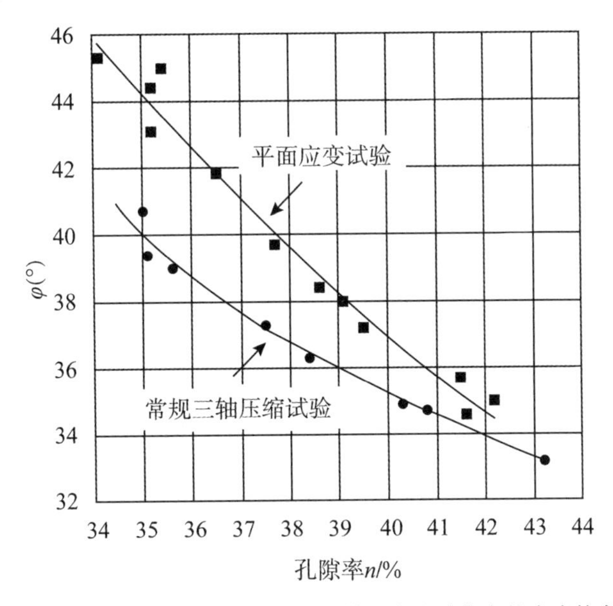

图 2-7　平面应变状态与常规三轴压缩试验状态的内摩擦角

3.2.3　海洋土抗剪强度的测定方法

海洋土强度是海洋构筑物安全和稳定性的关键因素，因此准确测定海洋土的强度具有十分重要的现实意义。经过不断的发展，目前已有不同类型的仪器与设备来测定海洋土的抗剪强度。海洋土的剪切试验类型可以分为室内试验和室外试验，室内试验条件易于控制，但是试样必须从现场获取，在取样及运输过程当中，无法避免对于土体的扰动。为了弥补室内试验的不足，可以在现场进行原位试验。原位试验无须取样，直接在现场位置进行试验，能很好反映出土的结构特性。原位试验包括十字板剪切试验、静力触探试验、T-bar 试验等。室内试验包括直剪试验、三轴剪切试验、无侧限压缩试验。

1.原位测定方法

(1)十字板剪切试验

在海洋土的抗剪强度现场试验中,十字板剪切仪是较为方便的原位测试仪器,试验过程中无须钻孔取样,常用于难以取样的高灵敏度的饱和软黏土,来测定其不排水抗剪强度。

十字板剪切仪的仪器构造如图3.2-8所示,其主要部件为十字板头、施力装置和测力装置。测试原理(见图3.2-9)是将十字板头压入至待测土体处,然后通过轴杆在上部施加扭转力矩,带动十字板转动,最终会在土体内形成一个直径为D、高度为H的圆柱形剪切面。通过测力装置测出最大的扭矩M_{max},可以计算出土体的抗剪强度。

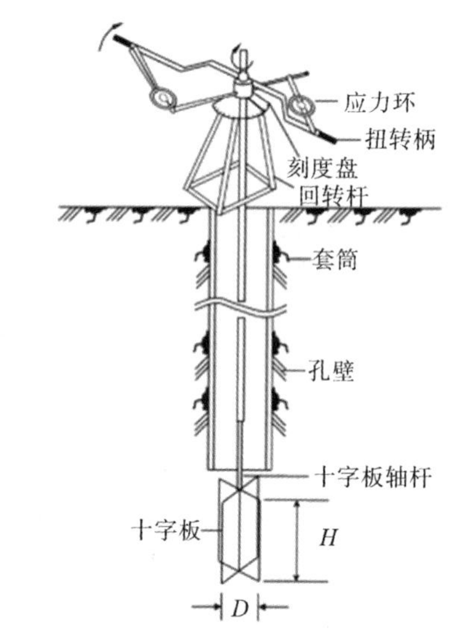

图3.2-8 十字板剪切仪构造

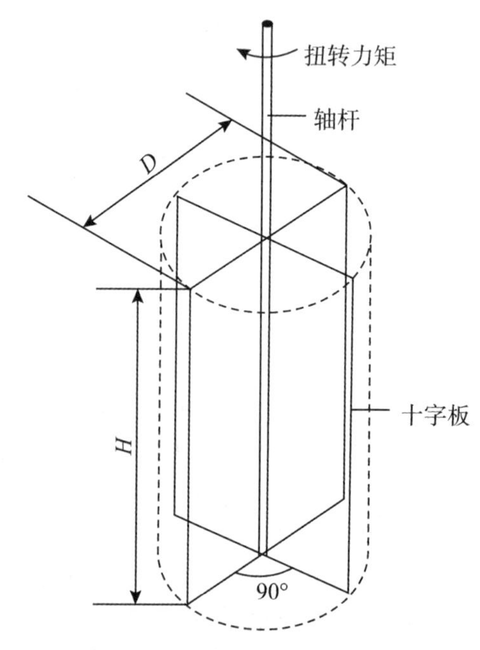

图3.2-9 十字板剪切仪测试原理

当土体破坏时，其扭转力矩由圆柱体的侧面和上下表面的抗剪强度所产生的抗扭力矩组成，如下式：

$$M_{max}=M_1+M_2 \tag{3.2-11}$$

圆柱体侧面在圆心位置所产生的抗扭力矩 M_1 为

$$M_1=\pi DH \cdot \frac{D}{2} \cdot \tau_f \tag{3.2-12}$$

圆柱体上、下表面在圆心位置所产生的抗扭力矩 M_2 为

$$M_2=\left(2\times\frac{\pi D^2}{4}\times\frac{D}{3}\right)\tau_f=\frac{\pi D^3}{6}\tau_f \tag{3.2-13}$$

将式(3.2-11)与式(3.2-12)代入式(3.2-13)，可以得到土体的抗剪强度：

$$\begin{cases} M_{max}=M_1+M_2=\pi DH \cdot \dfrac{D}{2} \cdot \tau_f+\dfrac{\pi D^3}{6}\tau_f \\ \tau_f=\dfrac{M_{max}}{\dfrac{\pi D^2}{2}\left(\dfrac{D}{3}+H\right)} \end{cases} \tag{3.2-14}$$

需要说明的是在上述计算过程中，将土体假定为各向同性，即侧面和上下表面的抗剪强度所产生的抗扭力矩均相等。

十字板剪切试验是在原位直接进行的试验，无须取样，因此能够在一定程度上反映土体的原位强度。十字板剪切试验测得的结果为土样的不排水抗剪强度。在实际现场测试中，十字板剪切试验测得的结果比无侧限抗压强度要高。土体的各向异性和不均匀性，十字板的尺寸、形状、旋转速率等均会对测试结果产生影响。另外，测试结果在理论上也难以做出严格的解释，但其仍为简便可行的土体抗剪强度原位测试方法。

(2)静力触探试验

静力触探技术目前在海洋工程地质勘测中已经得到了广泛的应用，其可以用来测试土体的抗剪强度，一般用来测定土体的不排水抗剪强度。

静力触探是通过一定的机械装备，将一定规格的探头用静力压入土层中，用传感器测量土层对探头的贯入阻力，根据贯入过程中的探头阻力大小来间接判断土体的物理力学性质。静力触探的装置为静力触探仪，主要包括三部分：贯入装置、传动系统和量测系统。

静力触探试验具有许多优点，无须进行取样，能够在原位对土体进行测试，测试过程连续，并且整个试验过程持续时间很短。但是对于土体抗剪强度的获得只能根据贯入阻力间接得到，无法直接获得，一般不适用于含碎石、砾石及密实的砂层。在测试过程中，探头大小、贯入速率及温度变化都会对测试结果产生一定的影响。

需要说明的是，静力触探探头在贯入时机理十分复杂，目前绝大部分均采用经验或者半经验公式。

(3)全流动贯入仪

传统的十字板剪切和静力触探试验会对海洋软土造成较大的扰动，大大降低了测试结果的准确性。在静力触探中不确定的不等面积效应的修正和上覆土的压力均会影响贯入阻力。随着海洋工程的发展，对于海洋土不排水抗剪强度准确性需求的提高，目前开发出了一种新型的试验设备——全流动贯入仪。

全流动的破坏机制可以消除土体位移，无须对上覆土体的压力及孔压进行修正，较大的

投影面积可以得到更加准确的不排水强度值，贯入阻力与土体强度间具有较为准确的塑性理论解。

通过塑性解理论，土体的不排水抗剪强度与贯入阻力之间的关系如下：

$$s_u = \frac{q_u}{N} \tag{3.2-15}$$

式中：s_u——土体的不排水抗剪强度；

q_u——探头的贯入阻力；

N——阻力系数，建议取值为10.5。

全流动贯入仪的研究还处于起步阶段，仍需要大量测试数据来考虑应变速率、应变软化和土体的各向异性对贯入系数的影响，从而完善这一测试理论体系。

2. 室内测定方法

(1)直剪试验

直剪试验(直接剪切试验)是较早发展起来的室内土体抗剪强度测试方法，仪器操作简单，使用方便，在工程界具有较为广泛的应用。

直剪试验仪器构造如图3.2-10所示，主要部分为剪切盒，剪切盒又分为固定的上盒和可移动的下盒。试验时，将土样放入剪切盒，通过加荷架向试样上部施加竖直压力 F_N，水平方向上向下盒施加推力，使得试样在上盒与下盒水平方向上产生剪切位移，水平剪力 F_s 由量力环测定，剪切应变 γ 由百分表测定。在施加每一级法向应力 $\sigma(\sigma=F_N/A, A$ 为试样面积)时，逐级施加剪应力 $\tau(\tau=F_s/A)$ 直到试样破坏，将试验结果绘制为剪应力 τ 和剪应变 γ 的关系曲线，如图3.2-11所示。

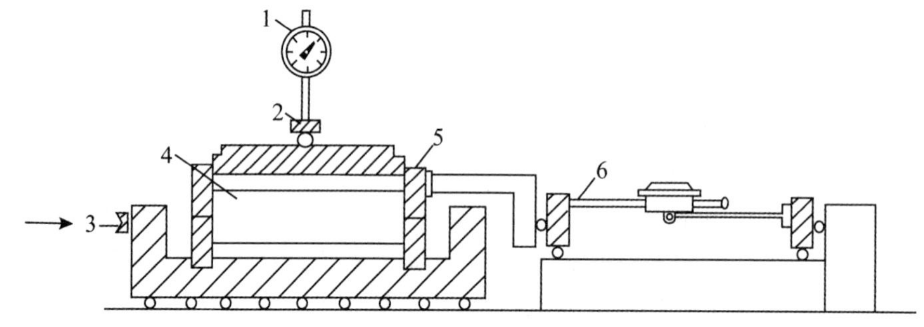

1—垂直变形量表；2—垂直加荷框架；3—推动座；4—试样；5—剪切盒；6—量力环。

图3.2-10 直剪仪构造示意图

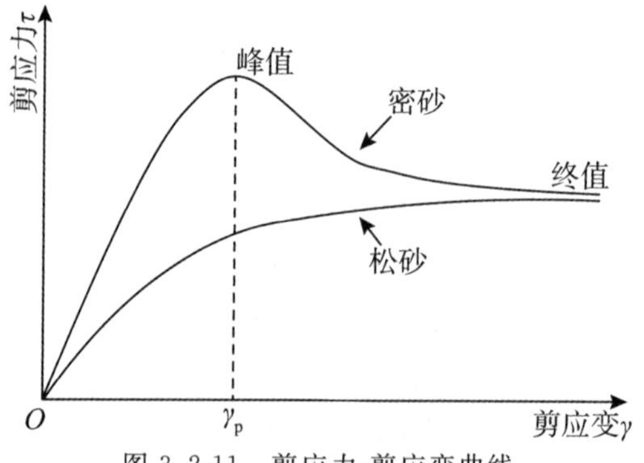

图3.2-11 剪应力-剪应变曲线

变换不同的法向应力，测定不同的抗剪强度，绘制 σ 和 τ_f 曲线，即为土的抗剪强度曲线，也为莫尔-库仑破坏包线，如图 3.2-12 所示。

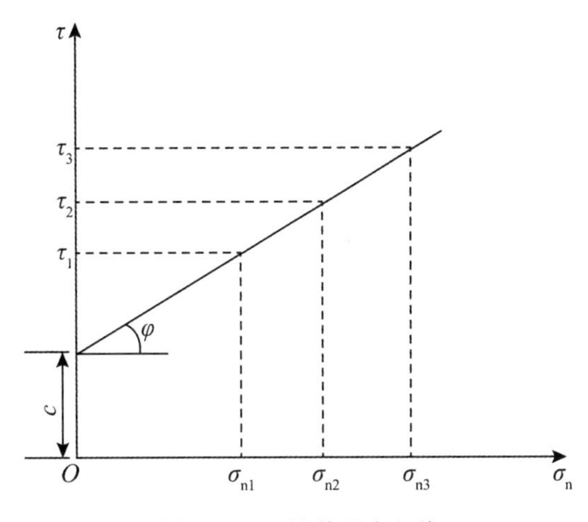

图 3.2-12 抗剪强度包线

在进行直剪试验时，只能近似通过控制剪切速率来模拟不同的排水条件，根据不同的排水条件可以分为以下的三种类型，分别是固结慢剪实验、固结快剪实验和快剪试验。

①固结慢剪试验：保证试样能够充分固结，加载时能排水。当施加完垂直应力后，让试样充分固结，当试样变形稳定后进行剪切，剪切时剪切速率较低，使得试样内的超静孔隙水压力能够完全消散。

②固结快剪试验：保证试样能够充分固结，加载时不能排水。当施加完垂直应力后，让试样充分固结，当试样变形稳定后进行剪切，剪切时剪切速率较高，需在 3～5min 内完成剪切，使得土样不能排水。

③快剪试验：使得试样不能够充分固结，加载时不能排水。当施加完垂直应力后，不让试样充分固结，就进行剪切，剪切时剪切速率较高，需在 3～5min 内完成剪切，使得土样不能排水。

需要说明的是，直剪试验无法严格控制排水条件，使得其与三轴试验所得的结果会存在一定的差异。

直剪试验至今仍是试验室内常用的一种试验方法，但是该试验也存在一定的缺点：

①在剪切过程中剪应力与剪应变分布不均。剪切破坏时，剪切盒边缘应变最大，而试样中部则小很多。此外，中部剪切面的应变大于顶部与底部。

②直剪试验中，剪切是人为固定在试样中部，而土体实际是不均匀的，所以这个面不一定具有代表性。

③在剪切过程中剪切面积逐渐变小，竖向荷载会发生偏心，但是在计算时却没有考虑此变化，仍按面积不变与受荷均匀来计算。

④无法严格控制排水条件，无法测定孔隙水压力。

⑤根据试样破坏时的法向应力与剪应力，可以计算出 σ_1 与 σ_3，但是 σ_2 无法确定。

(2)三轴剪切试验

三轴试验是一种常用的室内土体抗剪强度的试验方法。三轴试验装置为三轴仪，是海洋土力学中常见的试验仪器。其构造如图 3.2-13 所示，仪器主要部分为压力室，它是由活塞杆、底座和透明有机玻璃圆筒组成的密闭容器，轴向通过活塞杆对试样施加轴向附加压力。在压力室内通过液体(通常为水)对试样施加围压。试样的底座与孔隙水压力传感器相连来测定孔压。

在三轴试验中，一般可以分为两个阶段：

①施加围压阶段。在此阶段，对试样施加一个各向相等的压力 $\sigma_1=\sigma_2=\sigma_3=\sigma_c$。在此阶段，若打开排水阀门，使得试样中由于施加围压而产生的超静孔隙水完全消散，这一过程称为固结。若不打开阀门，不允许试样中的孔隙水排出，则称为不固结。

②剪切阶段。此阶段，保持围压 $\sigma_3=\sigma_c$ 不变，通过活塞杆施加偏差应力 $\Delta\sigma_1$ ($\Delta\sigma_1=\sigma_1-\sigma_3$)进行剪切。在剪切阶段，若打开排水阀门，使得试样中的孔隙水能够自由排出，试样内不产生超静孔隙水压力，这一过程称为排水。若不打开排水阀门，使得试样中的孔隙水不能够自由排出，试样内存在超静孔压，这一过程称为不排水。在不排水过程，试样体积保持不变。

根据施加围压与剪切阶段排水条件的不同，三轴剪切试验可分为固结排水(CD)、固结不排水(CU)、不固结不排水(UU)三种类型。

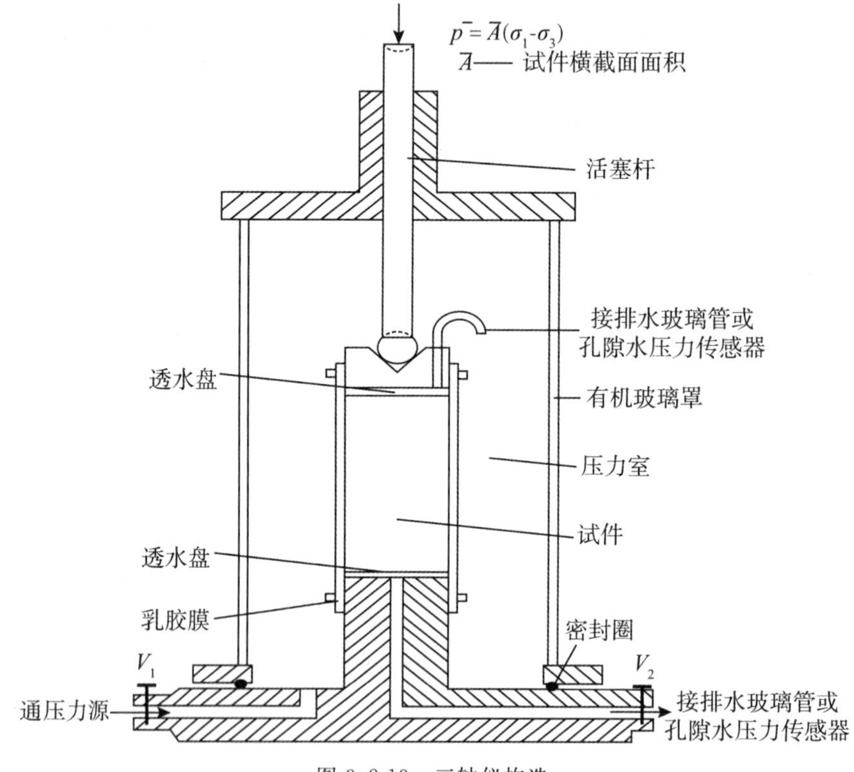

图 3.2-13　三轴仪构造

三轴试验中可以观察试样受力变形至完全破坏的全过程，研究整个过程中土体的应力应变关系。上述三种类型的试验中，均能够得到土体的应力-应变关系曲线，下面通过图 3.2-14详述通过土体的应力-应变关系曲线确定破坏偏差应力的方法。

①当应力-应变曲线存在峰值时(图 3.2-14 中密砂或超固结海洋黏土结果，也称为应变软化)，将峰值对应的最大偏应力作为破坏偏差应力。若研究土体残余强度时，则将曲线终

值作为破坏偏差应力。

②当应力-应变曲线不存在峰值时(图 3.2-14 中松砂或正常固结海洋黏土结果，也称硬化型)，通常取轴向应变 15%所对应的偏差应力作为破坏偏差应力。

③取最大有效主应力比$(\sigma_1'/\sigma_3')_{max}$处的偏差应力作为破坏偏差应力。

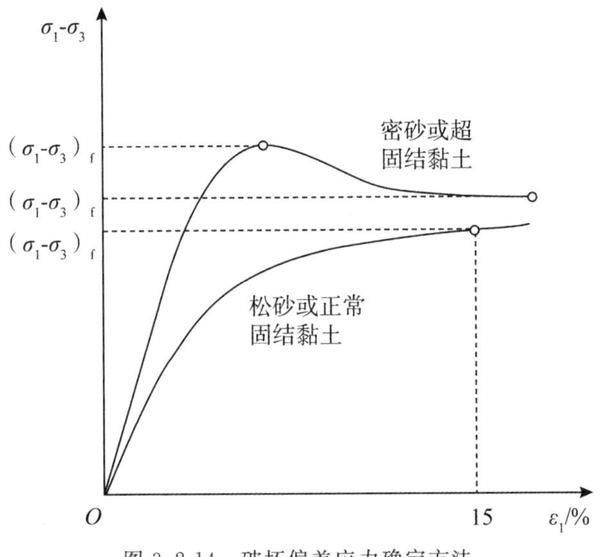

图 3.2-14　破坏偏差应力确定方法

当确定不同围压条件下的偏差应力$(\sigma_1-\sigma_3)_f$后，可以得到破坏时的最大主应力$\sigma_{1f}=\sigma_3+(\sigma_1-\sigma_3)_f$，根据这些结果可以绘制出几个极限状态的应力莫尔圆(见图 3.2-15)。根据极限平衡条件，做出这些极限平衡状态莫尔圆的公切线就可以得到莫尔-库仑抗剪强度包线。通过这条线可以得到土体的内摩擦角 φ 与黏聚力 c。

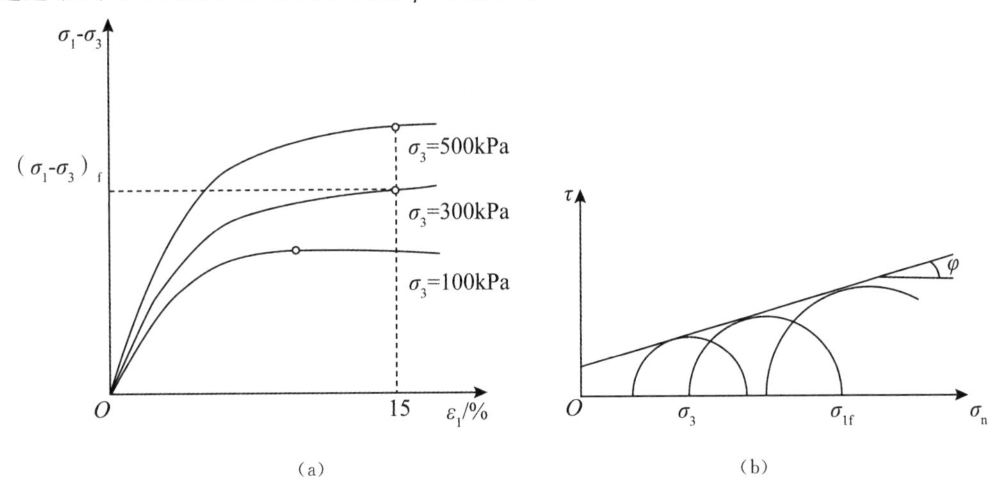

图 3.2-15　三轴试验确定土的抗剪强度包线

三轴仪已经成为海洋土力学试验室中不可或缺的仪器，其具有许多优点：

①可以完整地反映试样受力变形到完全破坏的全过程。

②试样内部的应力及应变相对均匀。

③破裂面并不为固定的面。

④能严格控制排水条件,并且可以测量孔压。

三轴试验当中的不足之处是试样的受力状态为轴对称。在实际海洋工程中,土体的受力状态十分复杂,不仅可能是轴对称状态,还有可能是侧限状态。

为了模拟不同工况,现代试验室中还发展了一些新型的剪切试验仪器,如平面应变试验仪、真三轴试验仪、空心圆柱扭剪仪器(见图 3.2-16)。

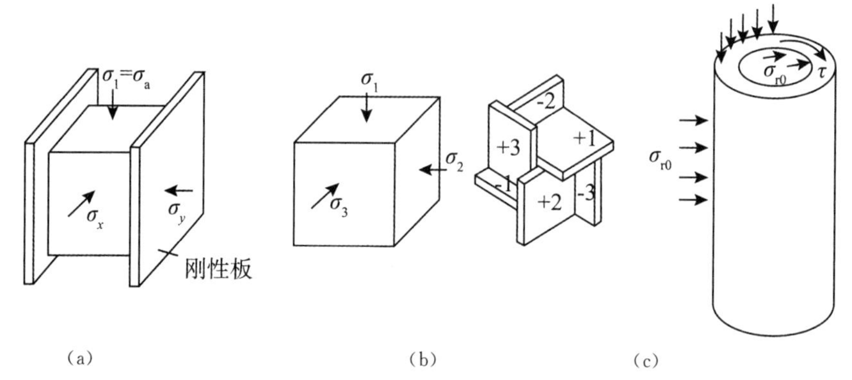

图 3.2-16　新型三轴仪试样受力状态

(3)无侧限抗压强度试验

无侧限抗压强度试验是三轴压缩试验中 $\sigma_3=0$ 的一种特殊情况。无侧限抗压强度仪的构造如图 3.2-17 所示。试验进行时,将试样放置于底座上,转动手轮,使得试样顶住量力环,从而产生轴向压力 q,直至试样产生剪切破坏时为止,记录试样破坏时的轴向压力 q_u,称为无侧限抗压强度。由于海洋中的无黏性土在无侧限条件下试样难以成型,所以无侧限压缩试样适用于海洋饱和软黏土。并且在加载过程中,剪切速度快,所以无侧限抗压强度试验属于不固结不排水中的一种。

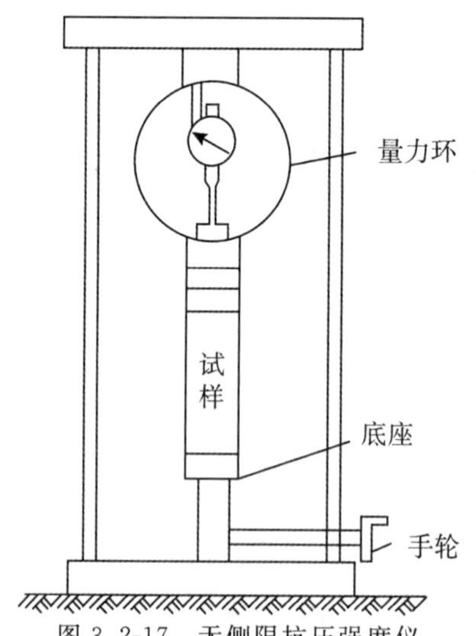

图 3.2-17　无侧限抗压强度仪

无侧限抗压强度试验中的 σ-τ 曲线如图 3.2-18 所示,饱和黏土不固结不排水试验中,其破坏包线为与 σ 平行的水平线,因此不固结不排水抗剪强度 c_u 为

$$c_u=\frac{q_u}{2} \tag{3.2-16}$$

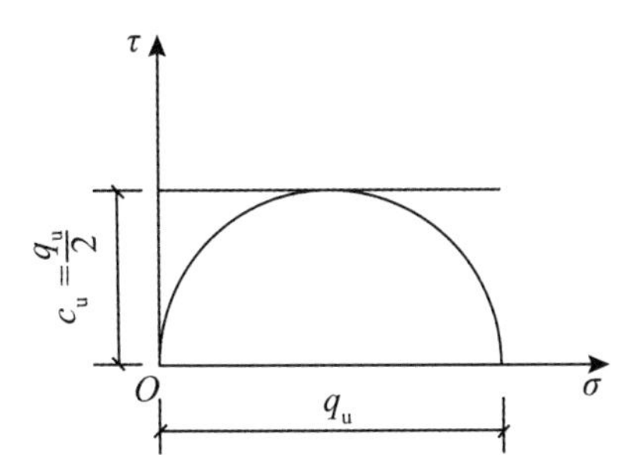

图 3.2-18　无侧限抗压强度试验莫尔圆

但是无侧限抗压强度试验测试的试样是由现场取出的，会产生原位应力释放，因此其测试强度低于原位不排水强度。

3.2.4　应力路径和海洋土抗剪强度指标

1. 应力路径及表示方法

在外荷载作用下，土单元的应力会相应变化。若为弹性体，其应力与应变为一一对应，其变形与应力应变的变化过程无关，而对于土体这种弹塑性材料，其应力历史的不同，土体的性质可能会有很大的差别。所以对于土体性质的研究，不仅需要知道土体初始和最终的应力状态，还需要知道其应力变化过程。

土体中一点的应力大小和应力方向称为该点的应力状态。当外荷载变化时，土体上一点的应力状态也会随之改变，在应力坐标系中，该点也会发生相应的移动。当土体的应力状态不断变化时，表示某点应力状态的点在应力空间或平面中形成的轨迹为应力路径。

在二维应力问题中，应力的变化过程可以采用若干个莫尔圆来表示，如图 3.2-19(a)所示。然而这种表示方法显然很不方便。当应力不为单调增加或者单调减少，而是时而增大、时而减小时，采用莫尔圆来描述，极易发生混淆。

应力状态的莫尔圆大小及位置与其顶点(顶点坐标(p,q)，$p=(\sigma_1+\sigma_3)/2$，$q=(\sigma_1-\sigma_3)/2$)为一一对应，为了更好地描述应力变化轨迹，可以采用莫尔圆的顶点的移动轨迹来表示应力变化过程。图 3.2-19 给出了这种方法所表示三轴试验中的例子。固结过程中，当给试样施加围压σ_3时，其对应为 A 点。在剪切过程中，随着偏差应力$(\sigma_1-\sigma_3)$的增大，σ_1也逐渐增大，其轨迹为倾角 45°的直线。从图 3.2-19(b)中可以发现，当试样破坏时，莫尔圆的顶点 B 并没有在强度包线上，而是在强度下方的另一条直线上，我们称该直线为破坏主应力线，简称K_f线。

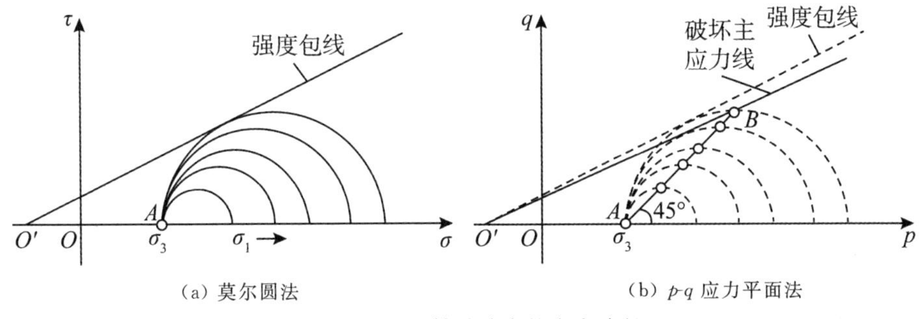

(a) 莫尔圆法　　(b) p-q 应力平面法

图 3.2-19　三轴试验中的应力路径

2. 强度包线和破坏主应力线

强度包线τ_f与破坏主应力线K_f均对应土体破坏的状态。强度包线τ_f为σ与τ坐标系中所有莫尔圆的公切线。而K_f线是在p-q坐标系中所有处于极限平衡应力状态点的集合,其通过莫尔圆顶点。

强度包线τ_f与破坏主应力线K_f两者间是存在一定的联系的,下面将推导两者的关系。设强度包线与σ轴倾角为φ,与τ轴截距为c;破坏主应力线K_f与p轴倾角为α,与q轴截距为a。当应力圆的半径无限缩小并趋于0时,两者将交于O'点(见图3.2-20),有如下关系:

$$R=\overline{O'A}\tan\alpha=\overline{O'A}\sin\varphi$$

故

$$\alpha=\arctan(\sin\varphi) \tag{3.2-17}$$

$$\overline{OO'}=\frac{a}{\tan\alpha}=\frac{c}{\tan\varphi}$$

故

$$a=\tan\alpha\frac{c}{\tan\varphi}=\sin\varphi\frac{c}{\tan\varphi}=c\cdot\cos\varphi \tag{3.2-18}$$

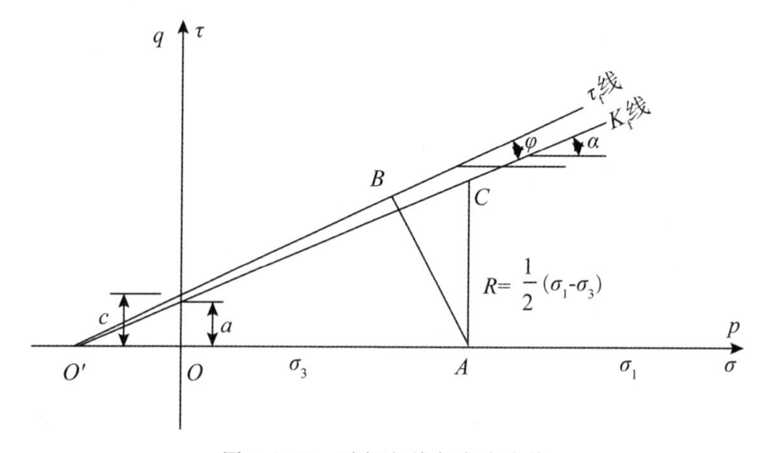

图3.2-20 破坏包线与主应力线

因此,通过应力路径做出破坏主应力线K_f,可利用上述公式计算得到抗剪强度指标φ和c,并绘制莫尔-库仑破坏包线。

3. 总应力路径与有效应力路径

土体中的应力既可以采用总应力σ来表示,也可以采用有效应力σ'来表示。表示总应力的变化轨迹为总应力路径,表示有效应力的变化轨迹为有效应力路径。两者间的关系如下:

按照有效应力原理:$\sigma_3'=\sigma_3-u$,$\sigma_1'=\sigma_1-u$,

有

$$p'=\frac{1}{2}(\sigma_1'+\sigma_3')=\frac{1}{2}(\sigma_1-u+\sigma_3-u)=\frac{1}{2}(\sigma_1+\sigma_3)-u=p-u \tag{3.2-19}$$

$$q'=\frac{1}{2}(\sigma_1'-\sigma_3')=\frac{1}{2}(\sigma_1-u-\sigma_3+u)=\frac{1}{2}(\sigma_1-\sigma_3)=q \tag{3.2-20}$$

上述两式表明采用总应力表示的莫尔圆与有效应力表示的莫尔圆两者半径相等,圆心

的位置仅相差一个孔隙水压力(见图3.2-21)。这是由于水不能承受剪应力造成的。

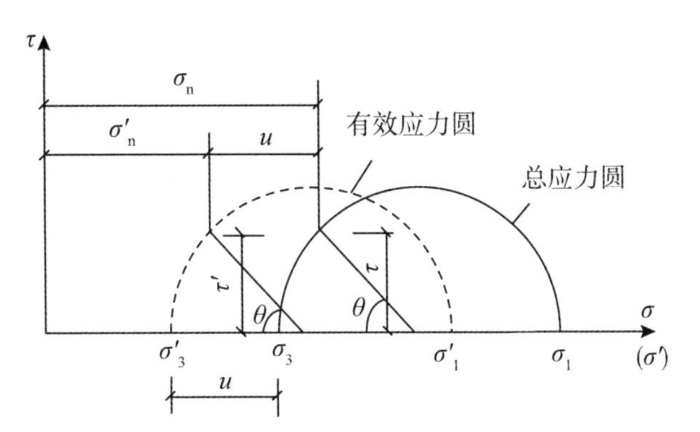

图3.2-21 总应力与有效应力莫尔圆

在进行一般三轴试验时,第一步为施加围压,第二步为剪切过程(施加偏差应力),绘制其总应力路径如下:

(1)施加周围压力 σ_3

当进行三轴试验时,先施加一定的围压,使得试样排水固结。试样的总应力由点($p=0,q=0$)移动至点($p=\sigma_3,q=0$)。如图3.2-22所示坐标系内,由原点 O 点沿着 p 轴移动至 A 点。

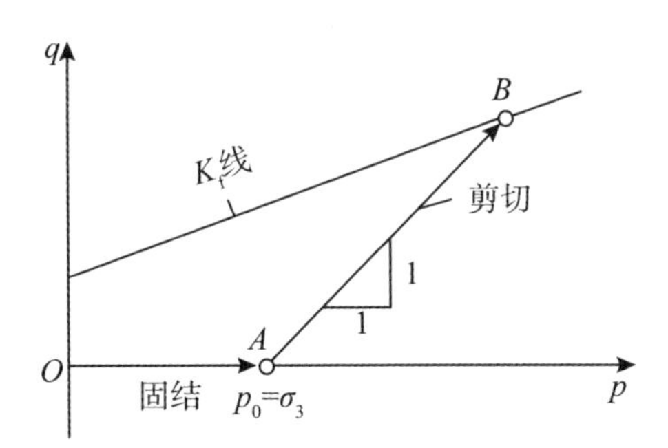

图3.2-22 三轴试验总应力路径

(2)增大偏差应力 $\Delta\sigma_1=\sigma_1-\sigma_3$

此时 σ_3 恒定不变,所以 $\Delta\sigma_3=0$。而 σ_1 会不断增长,$\Delta\sigma_1>0$。

$$\Delta p=\frac{1}{2}(\Delta\sigma_1+\Delta\sigma_3)=\frac{1}{2}\Delta\sigma_1$$

$$\Delta q=\frac{1}{2}(\Delta\sigma_1-\Delta\sigma_3)=\frac{1}{2}\Delta\sigma_1$$

故

$$\frac{\Delta q}{\Delta p}=1 \tag{3.2-21}$$

可见,总应力路径是与 p 轴夹角为45°的直线。对于更加复杂应力路径的三轴试验,根据实际情况来改变 σ_1 和 σ_3 的大小计算其应力路径,其方法与上述的普通三轴的方法一致。

对于剪切时进行排水的三轴试验,试样内的孔隙水压力始终为0,其有效应力路径与总应力路径重合。而对于不排水条件,其内部有超静孔隙水压产生,在绘制其应力路径时,需要根据式(3.2-19)与式(3.2-20)来计算出有效应力 p' 与 q'，从而绘制有效应力路径。所以在绘制有效路径时，关键在于总应力变化所引起的孔隙水压力的变化。

4. 三轴试验强度指标

(1)不固结不排水指标

三轴不固结不排水剪切试验简称不排水剪，也简称 UU 试验。将制备好的试样，放入三轴仪中，在排水系统关闭的情况下施加围压 σ_3，在固结过程中，使得试样中的水无法排出，固结过程所产生的超静孔隙水压力无法消散，然后直接施加偏差应力，对试样进行剪切，剪切过程也保持排水系统关闭，无法进行排水。此种测试方法的总应力抗剪强度称为不排水强度，采用 c_{uu} 和 φ_{uu} 或 c_u 和 φ_u 表示。

在进行 UU 试验时，若为饱和海洋土试样，在整个试验过程中无排水，所以试样的孔隙比和含水量均保持不变，根据黏性土密度-有效应力-抗剪强度唯一性可知，无论施加围压多大，破坏时土体的抗剪强度均相同。试验结果如图 3.2-23 所示，所有破坏状态的应力莫尔圆的半径均相等。可以发现总应力的抗剪强度包线为水平线。所以，抗剪强度指标如下：

$$c_u = \frac{1}{2}(\sigma_1 - \sigma_3)_f \tag{3.2-22}$$

$$\varphi_u = 0 \tag{3.2-23}$$

式中：c_u 为不排水抗剪强度。

由于饱和土的孔隙水压力系数 $B=1.0$，所以产生的孔隙水压力 $u=\sigma_3$，当减掉孔隙水压力后，所有围压下所得到的有效应力莫尔圆为相同的一个，即为图 3.2-23 中的虚线圆。由于仅有一个有效莫尔圆，所以无法确定土体的有效应力强度指标 c' 和 φ'。

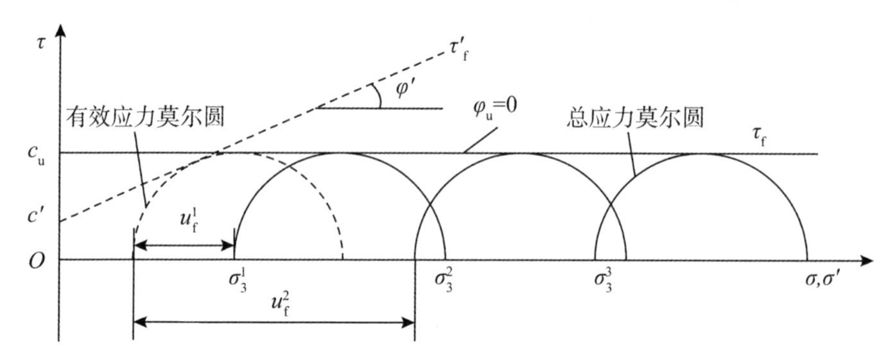

图 3.2-23　饱和黏土 UU 试验强度包线

结果中的 $\varphi_u=0$ 并不意味着土体不具有摩擦强度，其实是在本测试方法中，摩擦强度隐含在黏聚强度内，无法区分。

饱和土体的三轴不固结不排水抗剪强度试验中有效围压为 0，试验近似等于前面提到的无侧限压缩试验。由于不施加围压，无侧限压缩试验结果也是一条水平线。

不固结不排水试验的实质就是保持土样的密度不变，原位十字板试验也满足这一条件，然而由于原位十字板试验不会使得土体由于取样而产生扰动，所以十字板测得的强度大于室内不固结不排水试验的结果。

(2)三轴固结排水试验

三轴固结排水试验采用 CD 表示。试验时先对试样施加围压 σ_3 固结，在固结时排水系

统始终打开，当试样充分固结后进行剪切，在剪切时也保持排水系统处于打开状态。这样在整个过程中，无超静孔隙水压力的产生，总应力恒等于有效应力，试验所测得的结果为排水强度，相应的抗剪强度指标为 c_d 和 φ_d。c_d 和 φ_d 也等于有效应力抗剪强度指标 c' 和 φ'。

在三轴试验中，将有效围压 σ_3 看作是试样当前所承受的固结压力。通过此可将土样分为两种不同的状态。若有效围压 σ_3 大于或等于土样的先期固结压力 σ_p，则土样处于正常固结状态；若有效围压 σ_3 小于土样的先期固结压力 σ_p，则土样处于超固结状态。所以在三轴试验中，土样所处的状态取决于所施加围压 σ_3 的大小。

对于在实验室中恒处于正常固结状态的海洋黏土，若 $\sigma_3=0$，必然有 $\sigma_p=0$，表示此种土体应力历史上未受过任何应力的固结，所以为软弱的泥浆，$\tau_f=0$。与海洋无黏土相类似，实验室内正常固结黏土的抗剪强度包线必然经过原点，如图 3.2-24 所示。在三轴固结排水试验中，砂土和正常固结土的抗剪强度为

$$\tau_f=\sigma\tan\varphi_d \tag{3.2-24}$$

$$c_d=0 \tag{3.2-25}$$

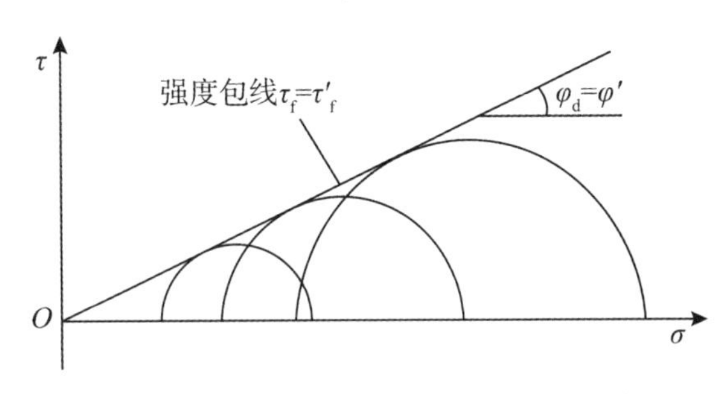

图 3.2-24　砂土和正常固结土的破坏包线

上述正常固结黏土的黏聚强度为 0 并不代表黏土不具有黏聚强度，而是此时黏聚强度如摩擦强度一样与压应力 σ 近似成正比，二者无法区分，黏聚强度隐藏于摩擦强度中。这表明抗剪强度指标 c 与 φ 是相互影响的关系，其实质仅为计算参数的含义。

图 3.2-25 给出了超固结土的破坏包线，可以发现固结土的破坏包线不通过原点，即 $c_d=c'\neq0$。而当超固结土破坏时会完全破坏土体的结构和咬合作用，所以残余强度包线会经过原点。

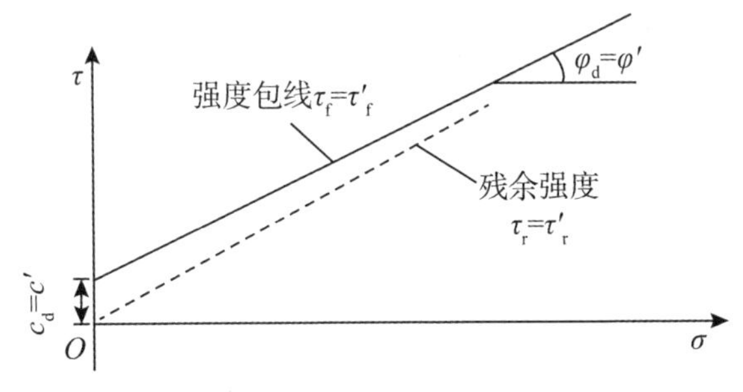

图 3.2-25　超固结土的破坏包线

当三轴试验所施加的围压 σ_3 小于土样的先期固结压力 σ_p，土样处于超固结状态。如图 3.2-26 所示，在超固结状态内，土样的实际密度大于正常固结土，所以超固结土的抗剪强度曲线应在正常固结土的抗剪强度曲线之上，并且为一条曲线。为了便于计算，采用直线 ab

表示。而当施加的围压 σ_3 大于土样的先期固结压力 σ_p，此时土体处于正常固结状态。抗剪强度曲线与正常固结土的强度包线 Oc 重合。所以天然状态的黏土在室内试验测得的强度包线分为两段，中间的转折点为 $\sigma_3=\sigma_p$。而在实际工程中，折线不方便使用，所以简化为图中的线 de，可通过库仑抗剪强度求得。

所以超固结土和天然黏土，其固结排水强度包线可通过下式来表示：

$$\tau_f=\sigma\tan\varphi_d+c_d \tag{3.2-26}$$

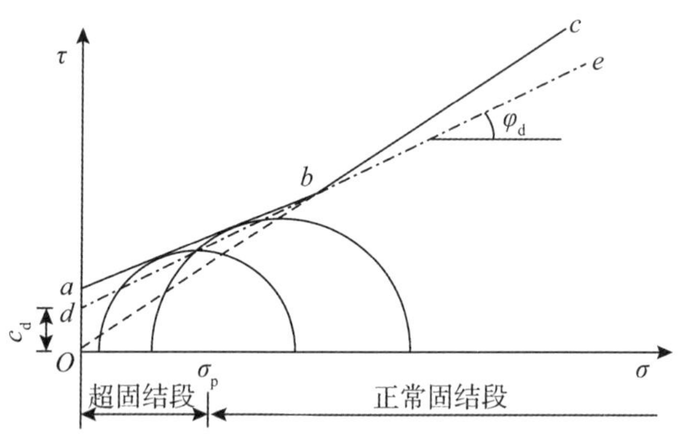

图 3.2-26　天然黏土的破坏包线

(3)三轴固结不排水试验

三轴固结排水试验采用 CU 表示。试验时先对试样施加围压 σ_3 固结，在固结时排水系统始终打开，当试样充分排水固结后，关闭排水阀，在不排水条件下进行剪切，试样内产生超静孔隙水压力。这种测定方法测得的总应力强度为固结不排水强度，采用 c_{cu} 和 φ_{cu} 表示。由于孔隙水压力不为 0，有效应力强度指标 c' 和 φ' 和总应力强度指标 c_{cu} 和 φ_{cu} 并不相同。

如图 3.2-27(a)所示，和固结排水试验一样，正常固结土的总应力固结不排水强度包线通过原点的直线，计算如下：

$$\tau_f=\sigma\tan\varphi_{cu} \tag{3.2-27}$$

$$c_{cu}=0 \tag{3.2-28}$$

可通过总应力破坏莫尔圆沿着 σ 轴进行平移来得到有效应力莫尔圆。其平移距离取决于孔隙水压力的大小，若孔压为正，则向左平移；若孔压为负，则向右平移。有效应力莫尔圆的公切线就是有效应力的强度包线，其强度指标为有效应力强度指标 c' 和 φ'。图 3.2-27(b)给出了正常固结土的总应力、有效应力路径和破坏主应力线。AB 为不排水剪切总应力路径，AC 为有效应力路径，ABC 阴影为试样内孔隙水压力。

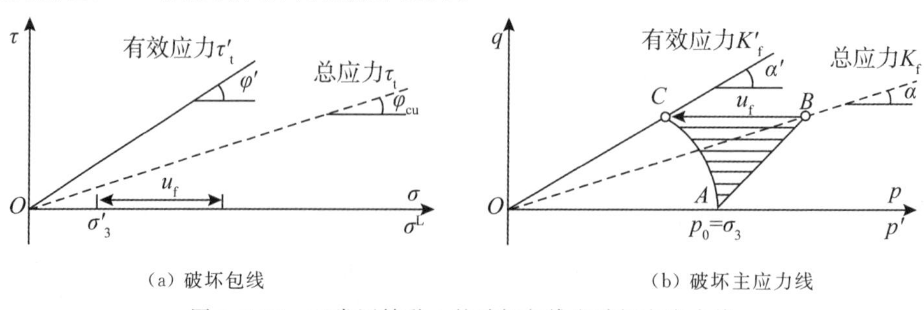

(a) 破坏包线　　(b) 破坏主应力线

图 3.2-27　正常固结黏土的破坏包线和破坏主应力线

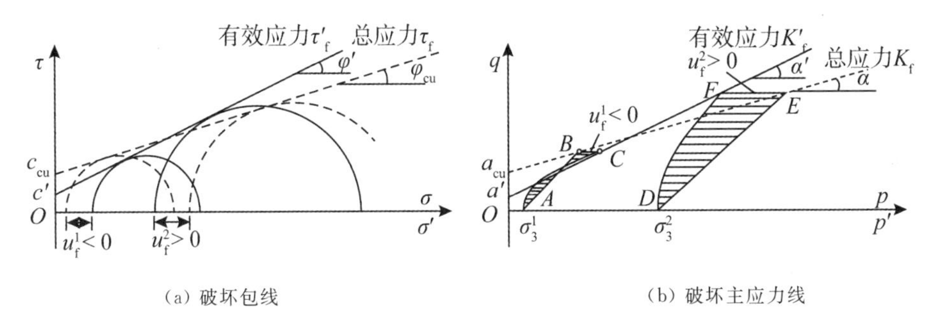

（a）破坏包线　　（b）破坏主应力线

图 3.2-28　超固结黏土的破坏包线和破坏主应力线

如图 3.2-28(a)所示，超固结土的总应力固结不排水强度包线可表示为

$$\tau_f=\sigma\tan\varphi_{cu}+c_{cu} \tag{3.2-29}$$

对于强超固结土，从总应力莫尔圆得到有效应力莫尔圆时，当围压较小时，远小于先期固结压力 σ_p，剪切破坏时的孔隙水压力常为负值，所以有效应力莫尔圆向右移动；随着围压的增大，接近先期固结压力 σ_p时，孔隙水压力一般常为正值，有效应力莫尔圆向左移动。如图 3.2-28(b)所示，在三轴固结不排水试验中，超固结黏性土的总应力和有效应力强度包线呈现为交叉形式，即 $\varphi'>\varphi_{cu}$，$c'<c_{cu}$。图 3.2-28(b)同样给出了超固结土的总应力、有效应力路径和破坏主应力线。AB、DE 为不排水剪切总应力路径，AC、DF 为有效应力路径，ABC 和 DEF 阴影为试样内孔隙水压力。

同固结排水试验一样，天然固结土的固结不排水强度包线也分为超固结和正常固结两段折线，实际应用中可简化一条破坏包线，采用式(3.2-29)来计算。

5. 直剪试验强度指标

在直剪试验中，通过控制剪切速率来模拟现场的实际工况，可以将直剪试验分为快剪、慢剪和固结快剪三类，这三种类型可以与三轴不固结不排水试验、固结排水试验和固结不排水试验对应。两类试验得到的强度指标某些情况较为接近，但是有时也存在较大的差别。

(1)快剪试验

快剪试验是在施加垂直法向力后，不让试样进行排水固结，而是直接快速进行剪切，并且在 3～5min 内完成剪切，尽量减少试样的排水。此方法与三轴试验不排水试验相对应。快剪试验测得的强度指标为快剪强度指标，记为 c_q和 φ_q。

(2)慢剪试验

慢剪试验中，施加垂直应力使得试样排水充分固结，但在剪切阶段需使得剪应力加载较慢，使得试样能够充分排水，在剪切过程中超静孔隙水压力能够完全消散。

慢剪试验测得的强度为慢剪强度指标，记为 c_s和 φ_s，由于在剪切过程中无孔隙水压力，所以总应力就是有效应力。

(3)固结快剪试验

固结快剪试验为施加垂直应力使得试样排水充分固结，但在剪切阶段需使得剪应力加载较快，在 3～5min 内完成剪切，减少试样的排水。此方法与三轴试验中三轴固结不排水方法对应。固结快剪试验测得的强度指标为固结快剪指标，记为 c_{cq}和 φ_{cq}。

需要强调的是直剪试验中是通过控制剪切速率来控制试样的排水条件，然而试样的排水固结状态不仅与加载速率有关，而且与土样的渗透性、土样厚度等有关，所以在上述测试试样的强度时与土样的基本性质关系很大。

6.残余强度指标

在三轴试验和直剪试验中,均可以发现密砂和超固结土在受剪切作用时,应力应变曲线存在峰值,当经过峰值后,随着剪应变的增大,偏差应力不断降低,最终会趋于稳定,稳定值称为残余强度。而松砂和正常固结土偏差应力并不存在峰值,所以无残余强度。

对于密砂的残余强度,是由于砂粒间的咬合作用已经完全破坏,其结构已经彻底松动而成为一种强度不变的摩擦流体,在残余强度大小的荷载作用下发生体积恒定的剪切变形。而对于黏土的残余强度,与砂土不同,它的强度降低主要是由于土体结构变化所导的,剪切力使得剪切面附近的颗粒定向度增强,结构分散,强度降低。对于砂土和黏性土,其残余强度破坏包线均是通过原点的直线,其残余强度的内摩擦角 φ_r 主要取决于矿物成分,与应力历史等因素无关。

7.海洋土抗剪强度指标的选取

通过前述分析可以发现,不同试验下的总应力抗剪强度指标均不相同。总应力强度指标仅仅能考虑 3 种特定状态下的固结情况,但是在实际海洋工程中,基础土体的性质和实际价值情况复杂,并且在海洋构筑物施工和服役期内会经历不同的固结状态,使准确评价其固结度十分困难。在地基中的不同位置的土体固结度也不相同。所以采用总应力强度法对整个土层采用固定的固结度强度指标,会与实际情况相差很大。所以在使用总应力强度的过程中应结合工程经验,若能测得土体的孔隙水压力,应尽可能采用有效应力强度指标的分析方法。有效应力的方法较为可靠,一般与应力路径无关。只有当土体发生大变形时才采用残余强度。

海洋土体的抗剪强度性质十分复杂,抗剪强度指标变化也大。前述提到海洋无黏性土体受到众多因素的影响,而饱和海洋黏性土强度性质较无黏性土更为复杂,其除受结构性、孔隙水压力、应力历史等因素影响外,还受含水量、加载速率、流变性质等多因素的影响。另外,天然地层一般是水平层沉积,在垂直方向上除自重应力外,形成各向异性,使得土颗粒按照有选择方向排列,这也会影响土体的抗剪强度。若加载与沉积方向一致,土体则表现出更高的抗剪强度。

综上所述,在进行室内试验时,应当选择合适的试验类型,当试验中土样的应力状态、应力水平和应力路径与实际工程中的条件相同时,所得强度指标才与实际相符合。

3.2.5 海洋土的排水和不排水条件下的剪切性质

1.砂土剪切时应力-应变特性

下面将探讨松砂与密砂受剪切时的应力-应变特性。图 3.2-29 分别给出了松砂与密砂在三轴排水条件下,不同围压的偏差应力 $\Delta\sigma_1$-轴向应变 ε_1-体积应变 ε_v 的典型关系曲线。从图 3.2-29 中可以发现,无论是松砂还是密砂,偏差应力会随着周围压力的增加而增大。相比起松砂,密砂在周围压力相对较小时易于发生剪胀现象,这是由于密实的土体在剪切荷载作用下,不得不通过颗粒间的移位来产生相互错动,并且约束压力越小时,越容易发生相对错动。对于不同周围压力下,在剪切荷载作用下,试样先发生一定的收缩变得更加密实,此时偏差应力曲线斜率较大,增大较快,当这一过程结束后,就发生剪胀,这时偏差应力增长速

率逐渐降低；当剪胀达到一定程度时，试样的承载力降低，偏差应力-轴向应变曲线出现峰值，被称为土的峰值强度。达到峰值强度后，体积仍不断膨胀，偏差应力不断降低，最终趋于稳定，稳定值称为土的残余强度。松砂则在剪切的过程几乎都处于体积缩小的剪缩状态，最终趋于稳定。

通过上述分析，可以发现在排水的条件下剪切作用使得松砂变得更加密实，而密砂变得疏松，二者最终都趋于稳定的强度与密度，这时的孔隙比被称为临界孔隙比 e_{cr}。当处于临界孔隙比时，土体受剪切只产生剪应变而不发生体应变。

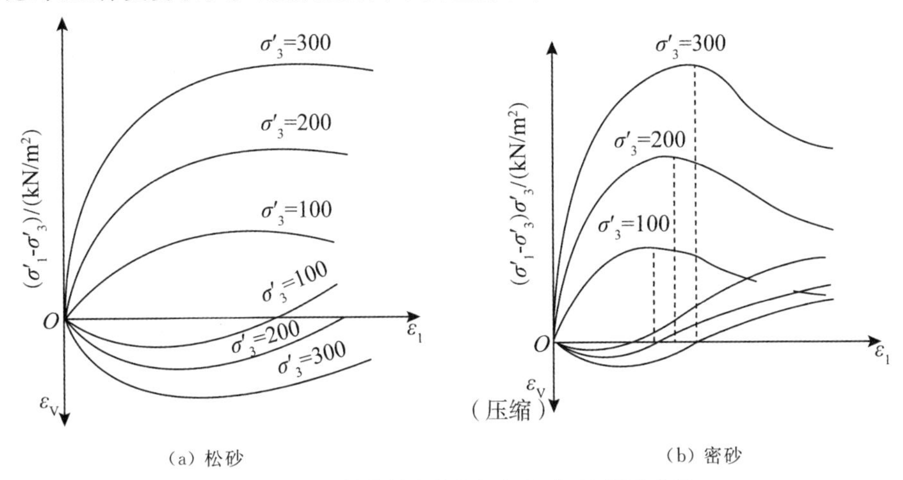

图 3.2-29　不同围压下砂土应力-应变-剪胀曲线

不排水剪切是在剪切时不让试样排水以控制体积不变，而剪切所引起土体积变化是土体的基本特性，人为虽然控制了排水条件，但不能改变土体的这种特性。虽然土体的体积由于受到不排水条件的限制而无法改变，但其会通过土体中孔隙水压力的改变而保持平衡。如图 3.2-30 所示，当土体有膨胀趋势时，土体中会产生负孔隙水压力，使得作用于土骨架上的有效应力增大，从而使得土体膨胀与有效应力增加引起的收缩相互平衡，以保持体积不改变。而当土体有收缩趋势时，土体中会产生正的孔隙水压力，降低作用于土骨架上的有效应力，从而使得体积收缩与有效应力减少引起的膨胀相互平衡，以保持体积不变。密砂在不排水条件下时，起始会产生正的孔隙水压力，但很快会变化为负值。负孔压使得有效应力提高，所以偏差应力不断提升直到破坏。而极松的砂在剪切过程中孔压不断增长至稳定，土体的有效应力不断降低，强度不断降低，甚至可能发生流动。当海底存在极为松散的沉积物时，可能会因为过大的变形，产生孔隙水压的累积，而产生滑坡。

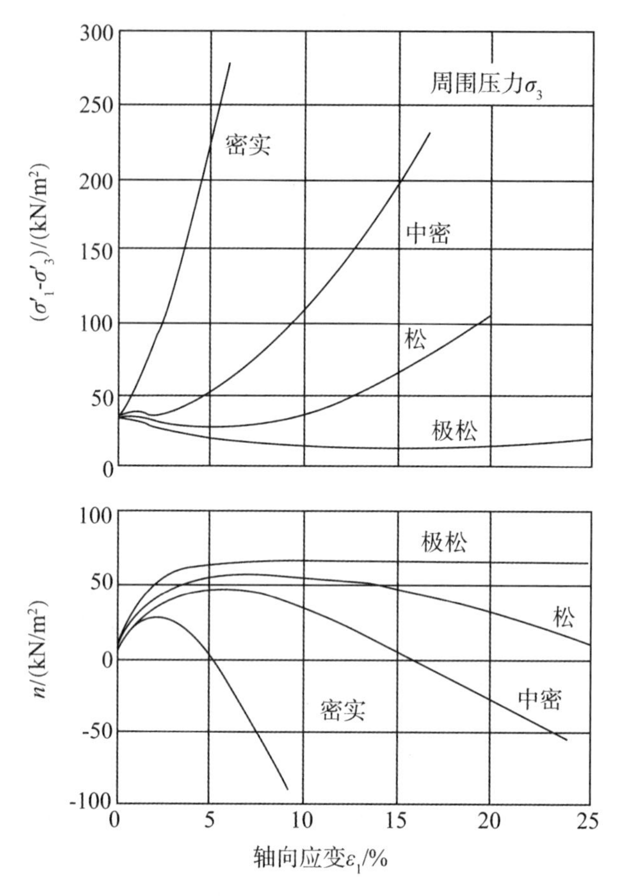

图 3.2-30　不排水砂土应力-应变-孔压曲线

2. 海洋黏土剪切时应力-应变特性

下面将探讨海洋黏土受剪切时的应力-应变关系。图 3.2-31 和图 3.2-32 给出了正常固结土和超固结土在三轴排水条件下，偏差应力 $\Delta\sigma_1$-轴向应变 ε_1-体积应变 ε_v 的典型关系曲线。可以发现正常固结土的应力-应变曲线为单调增加，体积变化表现为收缩，与松砂表现类似，所以正常固结土是较为松散的构造。而超固结土在峰值强度时的应变较小，且产生剪胀现象，与密砂现象较为相似。

图 3.2-33 和图 3.2-34 给出了正常固结土和超固结土在不排水条件下三轴试验中得到的具有代表性的有效路径。正常固结土具有较为松散的结构，易于压缩，在图中可以发现有效约束压力 σ'_m 一直减少直到破坏。而图中超固结土，σ'_m 起始减少，然后增加，有效应力路径也改变了方向。

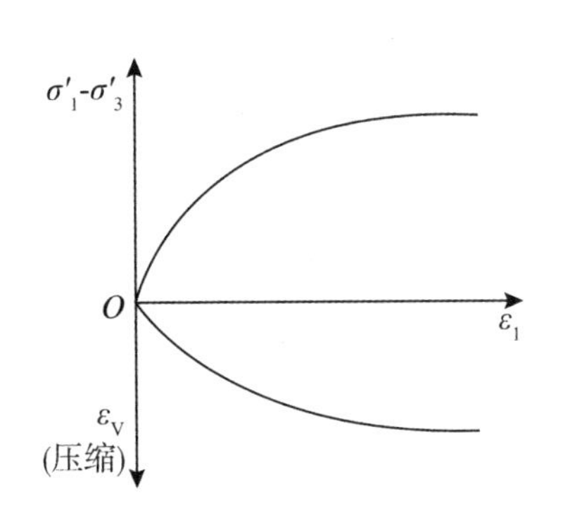

图 3.2-31　正常固结土应力-应变-剪胀

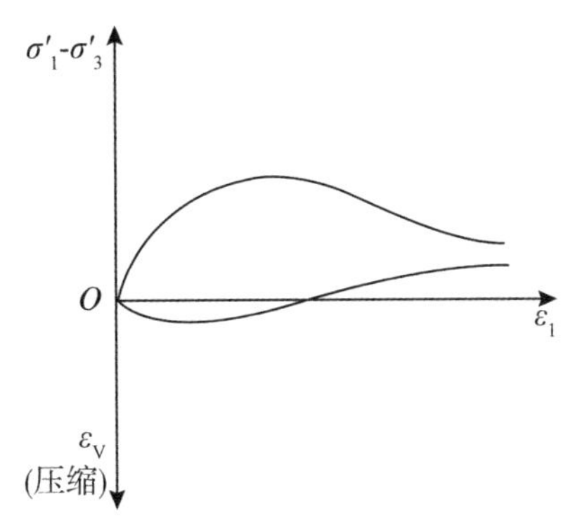

图 3.2-32　超固结土应力-应变-剪胀关系

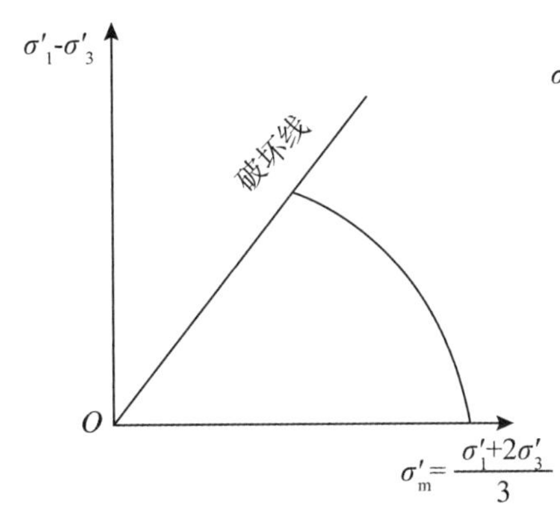

图 3.2-33　正常固结土有效应力路径

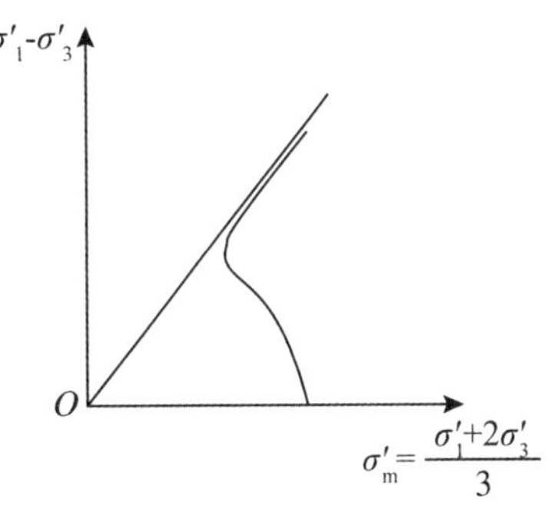

图 3.2-34　超固结土有效应力路径

根据上述结果可以发现正常固结土与松砂的应力-应变情况类似，超固结土和密砂的应力-应变曲线类似。超固结土比正常固结土更为密实，可以这样来理解：图 3.2-35 是正常固结土与超固结土固结时的 e-lg$p$ 曲线图，可以发现在相同的固结压力条件下，比较两者的孔隙比，可以明显发现超固结土的孔隙比远小于正常固结土，表明超固结土较原状土更为密实。在相同孔隙比条件下，超固结土所要施加的荷载较正常固结土小，所以剪切过程中试样易膨胀，与密砂类似。所以正常固结土与松砂应力-应变状态类似，超固结土与密砂应力-应变状态类似。

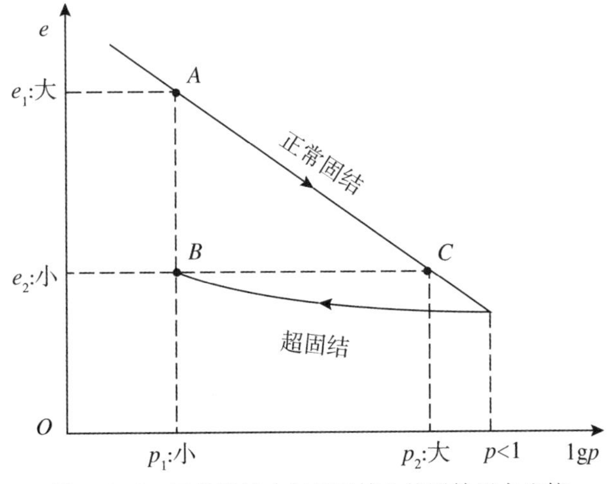

图 3.2-35　正常固结土与超固结土的固结压力比较

3. 密实度-有效应力-抗剪强度之间的关系

影响土抗剪强度的因素很多，特别是黏性土更为复杂，其中主要的因素包括土的组成、密度、结构和所受应力状态等。而对于同一种土体，当组成和结构相同时，抗剪强度主要取决于密实度和应力。

在强度包线(τ_f)和破坏强度线(K_f)上一点均表示土体的某一破坏状态，而这种状态可以采用莫尔圆来表示。对于某一种特定的土体，莫尔圆还表示试样在一定的周围压力下固结，并且在一定的偏差应力条件下破坏，这种情况下可以发现，每个莫尔圆对应土体的密实度是一定的。即对于某一种特定的土体存在单一的有效应力强度包线，当发生破坏时土样的密度和强度间存在唯一性关系，破坏包线上的每一个点，都存在这样的一组对应关系，与应力路径无关，这被称为黏性土的密度-有效应力-抗剪强度(τ_f-σ'_f-e_f或 q_f-p'_f-e_f)的唯一关系。经过大量试验验证，这种关系对于正常固结土恒成立。进一步的研究发现对于超固结土，只要应力历史相同，密度-有效应力-抗剪强度(τ_f-σ'_f-e_f或 q_f-p'_f-e_f)的唯一关系仍适用。可以得出如下结论：对于应力历史相同的同一种土，密度越高，抗剪强度越大；有效应力越高，抗剪强度也越大。

4. 总应力抗剪强度和有效应力抗剪强度

对于同一个土样采用同一种方法进行试验，测得的抗剪强度只有一个，但是可以表达为总应力抗剪强度和有效应力抗剪强度。若土样为松砂或正常固结，破坏时的孔隙水压力 $u>0$，则 $\sigma'<\sigma$，$\varphi'>\varphi$；若试样为松砂或重度超固结土，破坏时的孔隙水压力 $u<0$，则 $\sigma'>\sigma$，$\varphi'<\varphi$。可以发现总应力与有效应力强度指标之间的差异，是由于孔隙水压力对于抗剪强度的影响。

根据有效应力原理，有效应力 σ'才会引起土抗剪强度的变化，有效应力才是作用于土骨架上的应力，有效应力内摩擦角 φ'才能真正表示土体内摩擦特性。理论上，有效应力才能准确表示出土体的抗剪强度本质，但是这种方法在实际应用中，除必须得到总应力外，还需得到土体中的孔隙水压力，然而土体中的孔隙水压力并不是在任何工况下都可以准确获得的。例如，当海底产生地震时，因地震所产生的孔隙水压力就难以确定。由于在许多实际情况中，孔隙水压力难以获得，所以有效应力法还难以替代总应力法。

总应力强度方法是通过室内试验来模拟原位土体的工况，在剪切过程中，通过控制试样的排水条件，使得其工况尽量与实际土体的排水条件相似，从而使得土样中的孔隙水压力和实际土体中的孔隙水压相似，来达到在剪切过程中相同的特性。例如，若原位土体中排水条件困难，就可以采用不排水剪切试验；若原始土体易于排水，则可以选用排水试验。这样测试所得到的结果能模拟孔隙水压力的影响。但是若遇到原位土体的排水条件介于排水和不排水条件间，则总应力方法所得结果只是近似的。试验表明，当选用总应力强度方法，其准确程度主要取决于所选择的试验方法，选择得当，则能够在最大程度上反映原位土体的实际情况。

在实际问题中，若可以准确得到土样的孔隙水压力，则应选取有效应力方法，若无法确定孔隙水压力，则应选取与原位土体相同条件下的试验方法来测定土的总应力抗剪强度。

3.3 循环荷载下土体响应

海洋岩土工程的一个最显著的特点在于海洋工程结构及土体时刻处于变化的荷载环境中。作用在海洋岩土工程结构及土体上的循环荷载包括风荷载、波浪荷载、地震荷载等。这些荷载的大小随时间往复变化，方向往往也同时发生往复变化，这一往复变化的频率一般在0.01～0.1Hz量级(如波浪)到1～100Hz量级(如地震、人工激振)之间。大量工程和试验现象表明，循环荷载下土体响应与静荷载下差异显著。因此，认识循环荷载下土的力学响应对于海洋岩土工程至关重要。

3.3.1 典型响应特性

在排水条件下，密砂或超固结黏土受到单调的剪切作用会发生体胀，即剪胀，而松砂或正常固结黏土受到单调的剪切作用会发生体缩，即剪缩。然而，同样在排水条件下，无论松密，土体受到循环荷载作用都会发生整体性的体缩。

在不排水条件下，循环荷载引起的饱和砂土整体性体缩趋势和体积不变的约束条件共同作用会使得孔隙水压力增加和有效应力降低，进而导致土体的模量降低、强度减小、变形增大，其中砂土甚至可能发生液化，即有效应力降低至零。

在小应变幅值循环作用下，一般主要关注土的模量和阻尼变化规律。在不排水循环荷载作用下，土在一个周期内的动剪应力(τ_d)-动剪应变(γ_d)关系曲线会呈现为一个如图3.3-1所示的“滞回圈”。根据该滞回圈可以得到该应力水平下的平均动剪切模量$G_d=\tau_d/\gamma_d$。随着动应力水平的增加，滞回圈面积会逐渐增大，且动剪切模量G_d会逐渐减小。若将不同循环动应力幅值作用下滞回圈的顶点相连，则可以得到循环荷载作用下土的应力-应变骨干曲线。一般认为，骨干曲线形态接近双曲线，最简单的形式可以表示为

$$\tau_d=\frac{\gamma_d}{a+b\gamma_d} \tag{3.3-1}$$

此时，动剪切模量可以表示为

$$G_d=\frac{1}{a+b\gamma_d} \tag{3.3-2}$$

这里，系数a和b体现了土的性质。对砂性土，动模量主要受到不均匀系数、围压、细颗粒含量、密实度等因素影响，而对黏性土动模量主要受到土体塑性指数的影响。

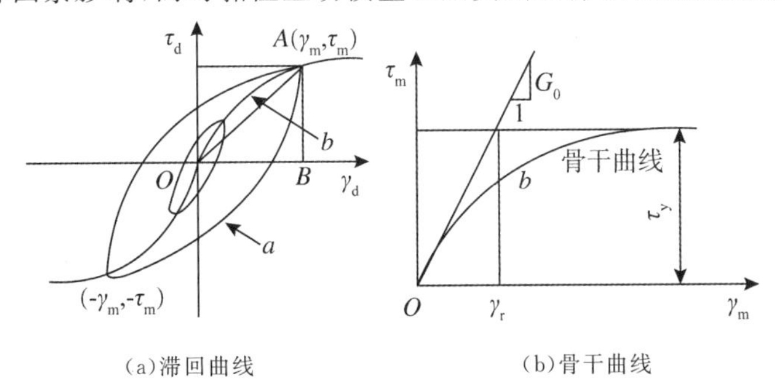

图3.3-1 循环荷载作用下土的动剪应力(τ_d)-动剪应变(γ_d)曲线

土体在循环荷载作用下，由于内摩擦作用存在能量损失，即阻尼。可以证明，阻尼比 λ 与循环荷载作用下一个周期内能量损耗用 ΔW 和总能量 W 的比成正比：

$$\lambda=\frac{1}{4\pi}\frac{\Delta W}{W} \tag{3.3-4}$$

ΔW 近似等于图 3.3-1 中滞回圈所围成的面积 A，而总能量为三角形 OAB 的面积 A_s，因此式(3.3-3)可以写为

$$\lambda=\frac{1}{4\pi}\frac{A}{A_s} \tag{3.3-4}$$

土的阻尼比一般也可以用双曲线形式近似表达为

$$\lambda=\lambda_{max}\frac{\gamma_d}{\gamma_d+\frac{\tau_{max}}{G_{max}}} \tag{3.3-5}$$

其中最大阻尼比 λ_{max} 可以认为是土体在剪应变很大时的阻尼比，可通过试验测定。图 3.3-2 给出了典型土的 G_d/G_{max}-γ_d 和 λ-γ_d 曲线，其中动剪切模量随着动剪应变的增加而减小，而阻尼比随着动剪应变的增加而增加。

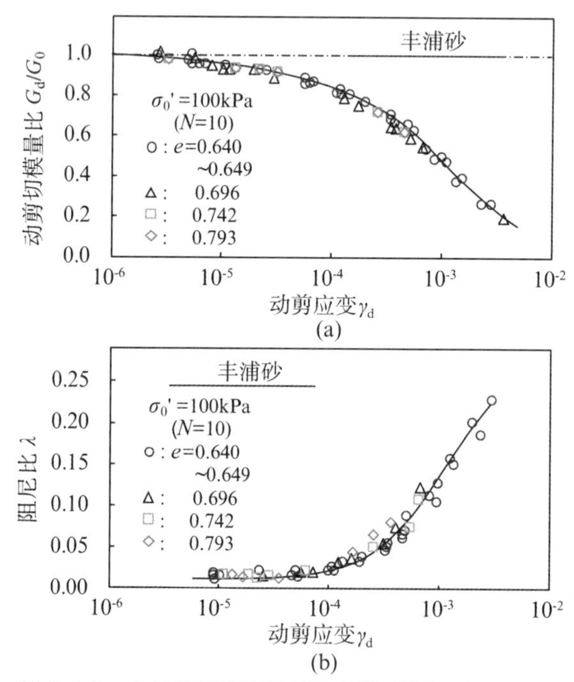

图 3.3-2 土的动模量和阻尼比曲线（Kokusho，1980）

在大幅循环作用下，除了要关注模量和阻尼之外，土的动强度也至关重要。与静力状态下土的强度不同，人们对循环荷载作用下土的动强度所对应的破坏准则的认识并不唯一。材料的破坏是指材料失去承载能力，而在循环荷载作用下，土可能发生不同形式的“破坏”。常用的土的动力破坏标准有如下三类：

(1)瞬态极限平衡标准

与静力极限平衡条件相对应，在循环荷载作用下土也可能出现瞬时的极限平衡状态，与此对应的应力状态除了受土的有效内摩擦角控制，也与黏滞阻尼力相关。当剪应变速率较小时，可以忽略黏滞阻尼力作用，假定循环和静载的有效内摩擦角相同。

若以瞬态极限平衡状态为标准，可以定义与之相对应的土的动强度。但是，往返加载作

用下的动力破坏是变形充分发展和积累的结果。达到瞬态极限平衡状态，在时间域上只是一个瞬间或一个时段，并不意味着产生动力破坏，只反映了该时刻动强度已得到充分发挥，而产生动力破坏的变形是需要逐周累积的。土的瞬态动强度对应确定动荷载作用下土的本构关系具有重要意义，但由于其与土的动力破坏并不完全对应，往往并不直接应用于工程中。

(2)破坏应变标准

在不排水循环加载条件下，随着振次的增加，土体的应变会发生累积。因此与静力试验类似，对于循环荷载也可以规定一个限制应变作为破坏标准。这一破坏应变的具体取值与所针对的具体问题相关，如指定双幅轴向应变或双幅剪应变达到5%或10%作为判定破坏的标准。此时，循环动强度被定义为在一定振动次数(或一定动应力幅值)下达到某一指定破坏应变标准所需要的动应力幅值(或循环次数)。

这种循环动强度的概念，简单明了，实用直观，适合于作为实际工程中变形控制的指标，因此得到了广泛的应用。这种基于变形累积破坏意义上的土动强度的大小，具有很强的经验性。破坏标准的选取会影响动强度的大小。在一些情况下，土体变形达到指定的破坏应变标准并不一定代表变形会进一步发展或无法继续承担循环荷载作用。

(3)液化标准

砂性土在不排水条件下，当周期荷载所产生的累计孔隙水压力等于总应力($u=\sigma$)，即有效应力$\sigma'=0$时，丧失抗剪强度，表现出流体特性，这种状态称为液化状态。在达到液化状态后，会在循环荷载作用下产生远大于达到液化状态前的变形。

在一定振动次数(或一定动应力幅值)下达到液化标准所需要的动应力幅值(或循环次数)也可以定义为一种动强度，有时也称为液化强度。以液化标准定义的动强度标准和意义都很明确。需要注意的是，液化的发生与土性和循环荷载作用方式均有关系，土体不发生液化不代表其没有发生动力破坏。比如，黏性土一般不会达到液化状态，而砂土在单向循环荷载(即循环偏应力最大值和最小值均出现在同一方向)作用下会达到瞬态极限平衡标准和破坏应变标准，但无法达到液化标准。下一节将进一步阐述砂土的液化。

同样的试样在不同循环剪应力比下达到同一种动力破坏标准所需要的循环周次并不相同。将不同动剪应力比下同样的试样达到破坏的循环周次N相连，可以得到如图3.3-3所示的动强度曲线。这里，循环剪应力比一般指剪应力幅值与固结时平均有效应力之比，有时也可以广义地表示为动应力比，即偏差应力或剪应力幅值与固结时平均有效应力或固结时竖向有效应力/围压之比。循环剪应力比越大，达到同样的破坏标准所需要的循环周次越小。破坏循环剪应力比(cyclic resistance ratio，CRR)与循环周次N的关系一般满足：

$$\mathrm{CRR}=aN^{-b} \tag{3.3-6}$$

式中：b为一材料参数，一般砂土取值在0.34左右，参数a受到多种因素的影响，包括土性、固结应力、土的初始密度和结构、应力历史等。

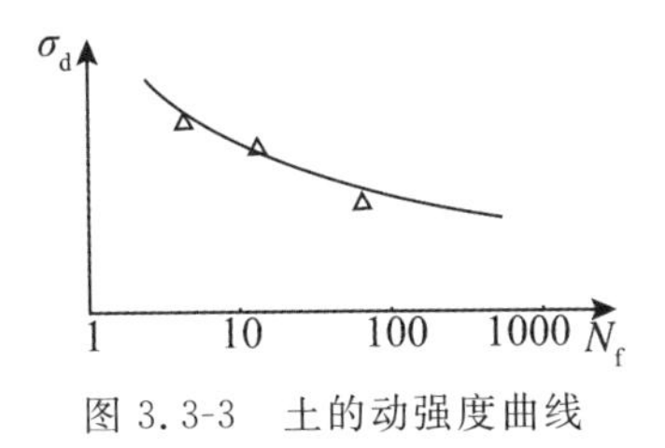

图3.3-3　土的动强度曲线

3.3.2 砂土液化

液化是指物质由固体状态转变为液体状态的行为和过程，这里认为液体状态为不具有抗剪强度的状态。土是一种压硬性材料，其模量和强度都与有效应力有关，因此土由固体状态向液体状态的转变是孔隙压力增大、有效应力减小的结果。若假定土的抗剪强度符合摩尔-库伦准则，则

$$\tau=\sigma'\tan\varphi'+c'=(\sigma-u)\tan\varphi'+c' \tag{3.3-7}$$

式中：σ'为有效应力；φ'为有效内摩擦角；c'为有效黏聚力；σ为总应力；u为超静孔隙水压力。当$c'=0$时，若有效应力$\sigma'=0$，土体抗剪强度为零，此时可以称土体发生了液化，因此液化问题一般是针对无黏性土而言的。砂土是最常见的无黏性土，液化问题大多也以饱和或接近饱和的砂土为研究对象。黏性土因其具有黏聚强度，即$c'\neq 0$，即使有效球应力减小到零，也具有一定的抗剪强度，不能达到完全的液体状态。

早在1948年，Terzaghi和Peck就认识到了饱和砂土受扰动后会像流体一样流动，并且认为这是饱和砂土边坡滑动的一个主要原因。1964年日本新潟地震和美国阿拉斯加地震中砂土液化大面积出现，引起广泛重视和深入研究。在新潟地震中，液化引起了大量的包括砂沸、地基承载力丧失、不均匀沉陷、边坡流滑等灾难性的破坏。在阿拉斯加地震中，液化引起了大量的边坡滑动事故，造成了巨大的损失。我国对液化问题的研究开始于20世纪50年代末，但是比较广泛而深入的研究还是源于20世纪六七十年代国内相继发生的几次破坏性大地震，譬如1961年巴楚地震、1969年渤海湾地震、1976年唐山地震。在这几次地震中出现了大量的液化破坏事例，造成了巨大的损失。例如，唐山地震中，滨海地区发生的大面积的砂土地基液化，北京密云水库白河主坝上游黏土防渗斜墙前面的砂砾料坝坡保护层的水下部分发生流滑破坏等。1993年8月8日，位于太平洋上的关岛发生了里氏8.1级地震，地震中发现大量由珊瑚碎屑形成的钙质砂液化的现象，对海岸的经济建设和海军港口设施带来了严重的损害。针对钙质砂的试验结果表明，在不排水或自然排水条件下，钙质砂可在循环荷载作用下发生液化。与石英砂的不排水循环加载试验结果比较显示，在相同相对密度条件下，钙质砂的液化强度一般大于石英砂。这主要是由于钙质砂颗粒棱角鲜明，颗粒之间容易发生咬合。

饱和砂土是由土颗粒与孔隙水组成的多孔两相介质。饱和砂土的液化可以由循环荷载作用引起，也可以由渗流作用导致。在循环剪切作用下土体有体积收缩趋势，因此饱和砂土在不排水条件下这种体积收缩的趋势就会使得压缩模量远高于土骨架的孔隙水压力增大，当孔隙水压力与饱和砂土所受总应力相等时，土骨架有效应力为零，砂土发生液化。地震或者波浪等循环荷载作用均可能引起砂土液化。

砂土液化主要可能引起失稳、水平位移和沉降三个方面后果。在地震作用下，式(3.3-6)中破坏循环剪应力比(CRR)与土层中的动剪应力比(表示为CSR)之比可以作为土体的液化安全系数。地震在土层中引起的动剪应力可由动力反应分析得到，也可采用Seed和Idriss(1971)推荐的简化公式计算：

$$\mathrm{CSR}=\left(\frac{\tau_{\mathrm{av}}}{\sigma'_{\mathrm{vo}}}\right)\approx 0.65\left(\frac{a_{\max}}{g}\right)\left(\frac{\sigma_{\mathrm{vo}}}{\sigma'_{\mathrm{vo}}}\right)r_{\mathrm{d}} \tag{3.3-8}$$

式中：CSR——有效循环应力比；

a_{max}——地表峰值水平加速度；

g——重力加速度；

τ_{av}——地震产生的平均循环剪应力；

σ_{v0} 和 σ'_{v0}——分别为计算点的竖向总应力和有效应力；

r_d——应力折减系数。

循环荷载作用下砂土是否发生液化主要受到土的性态影响。在土的类型方面，中、细、粉砂由于渗透系数较小，孔压不易消散，容易发生液化。在土的状态方面，处于较松状态的土由于剪缩性强，容易发生液化。此外土的组构也会对其液化产生影响，各向异性强的土体更容易发生液化。

除了循环荷载作用外，在渗流条件下，如波浪作用下的海床中，渗透力的作用也可能使得砂土处于零有效应力状态，出现"渗流液化"。作用在海床上的波浪会随时间和空间发生变化，从而使得海床土中出现随时空变化的孔压梯度，当某一时刻某一位置向上渗透力大于土体自重，该处海床砂土发生液化。

砂土液化不但会使得土体丧失抗剪强度，还会在土体中引起大变形。当超静孔压累积使得砂土有效球应力第一次降低为零时，称砂土达到初始液化，并以此为界限区分液化前和液化后。不排水循环三轴和扭剪试验均显示，在初始液化后每当砂土达到液化状态时都会产生有限的大剪应变，这部分剪应变是砂土液化后大变形的一个主要成分。大量不排水循环加载试验表明，在等幅循环加载试验中，在初始液化后每一循环周次的应力路径几乎完全重合，每当应力路径穿过零点时都会产生有限的大剪应变，且这部分剪应变随加载周次的增加累积，称之为"似流体"剪应变，如图 3.3-4 所示。

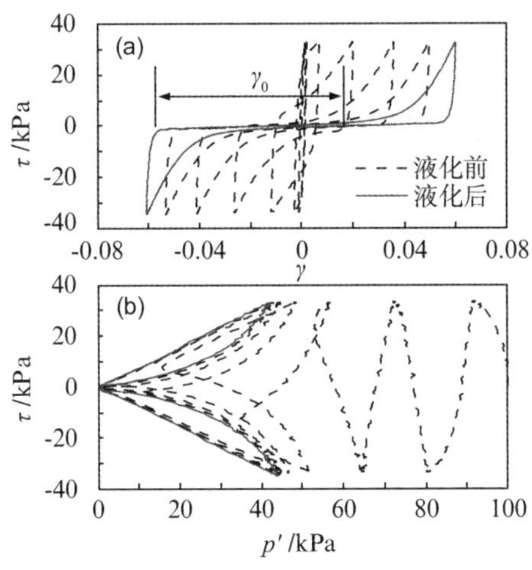

图 3.3-4 相对密度 $D_r=70\%$的丰浦砂在不排水循环扭剪试验中的应力应变关系和应力路径（张建民，1997）

砂土发生液化后，随着孔压的消散，土体会发生固结并产生体应变，称为"再固结体变"。再固结体变是砂土液化引起地面沉降的一个重要原因。在初始液化前，再固结体变和超静孔压间存在相关关系，在初始液化前后，再固结体变和循环剪切过程中的最大剪应变都存在着很好的对应关系。

根据砂土液化原理和实际工程需要，可液化土的加固处理方式主要从加密、提高渗透性和增加土的胶结性几个方面进行考虑，常见的措施包括振冲、强夯、灌浆、搅拌、换填等方式。

3.3.3 黏性土弱化

虽然实际工程中黏性土地基在循环动荷载作用下的破坏现象远比砂土中的要少，但是这类现象在历次强震中也时有发生。1985 年墨西哥城地震、1999 年我国台湾集集地震、1999 年土耳其地震中均出现了黏性土地基破坏导致的结构受损现象。

图 3.3-5 所示是一个典型的黏性土在不排水循环荷载作用下的应力应变响应。可以看到在不排水循环荷载作用下，黏性土的响应与砂性土有一定的相似性，都会产生有效应力降低和应变的循环累积。需要注意的是，在开展黏性土的不排水循环加载试验时必须保证加载速率足够慢，使得试样中孔压能够均匀分布，保证试样均匀性。不同于砂土的是，黏性土在不排水循环荷载作用下有效应力一般降低到某一范围后便不会继续下降，不会达到有效应力为零的液化状态。而应变的累积也主要是由于土体软化造成的，与图 3.3-4 中液化状态下应变的累积现象和原理并不相同。因此，与砂性土液化对应，将这种现象称为黏性土的循环弱化。黏性土循环弱化导致的后果也与砂土液化相似，可能引起土体失去足够的强度从而使得结构失稳，也可能发生较大的水平向变形和竖向沉降。

如果按照破坏应变标准来定义黏性土的动强度，则其值与黏性土的静力不排水强度直接正相关。而黏性土的静力不排水强度又与其超固结度（OCR）相关，因此超固结度高的黏性土动强度一般较高，不易发生较大的超静孔压和应变累积。试验经验表明，对于同样的黏性土，当超固结度增加为 4 倍时，其动强度一般增加为 3 倍左右。同时，黏性土的动强度也与其敏感性有很强的关系，敏感性黏土更容易在循环荷载作用下发生破坏。因此，确定黏性土的应力历史和敏感性对于黏性土在循环荷载作用下的弱化及其后果的判断至关重要。

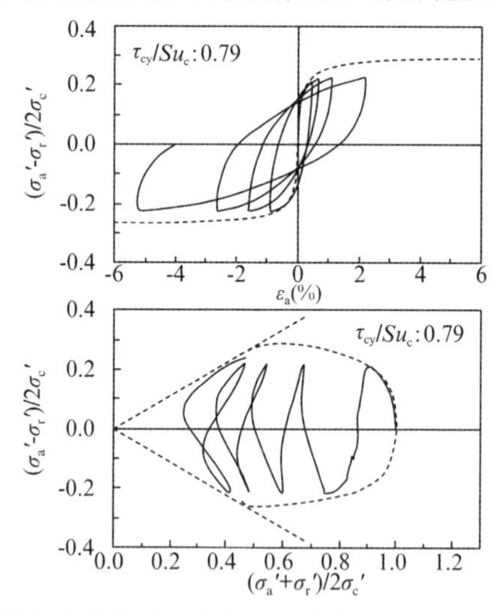

图 3.3-5 循环荷载作用下黏性土的不排水试验（Zergoun，1991）

3.3.4 荷载方向变化的影响

前面关于静力和循环荷载的描述都只关注了荷载的大小，但事实上实际岩土工程中，土体所受到的荷载大小和方向均会发生变化，主应力的方向在空间上发生变化的现象称为应力主轴旋转。在海洋环境下，地震和波浪这类复杂往返荷载会使海床土体中的应力主轴发生往复的循环旋转。

如图 3.3-6 所示，如果将波浪荷载作用假定为等幅值、等波长无限延伸的简谐波，把海底土层简化成半无限弹性体，当某处土体位于波峰正下方时，波浪引起的附加应力主轴沿竖向；当其位于波浪中心线正下方时，附加应力在竖向和水平向为纯剪应力，应力主轴方向与竖向呈 45°。可见，波浪会引起海床土中应力方向发生变化。

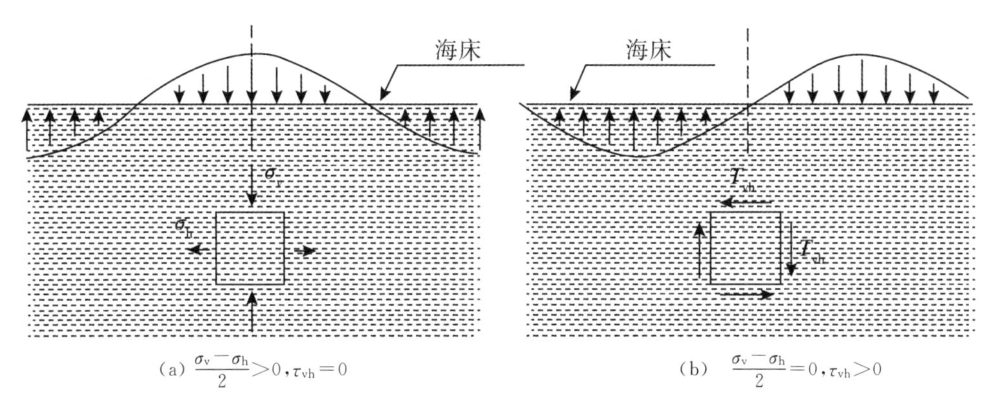

图 3.3-6　波浪作用下海床中应力

与循环荷载作用类似，在往复的应力主轴旋转作用下，土体无论松密在排水条件下都会发生整体性的体缩。往复应力主轴旋转引起的体缩甚至可能比同等剪应力比条件下的循环荷载引起的体缩更大。与之相对应的，超静孔隙水压力在应力主轴循环旋转过程中也会不断积累，并可能导致砂土发生液化。因此，在海洋环境中，除了考虑循环荷载的影响，也应该考虑荷载方向变化的影响。

尽管应力主轴旋转下土的响应自 20 世纪 80 年代以来得到了不少的关注，目前该领域仍有很多问题尚待更好地解决。土的各向异性被认为是应力主轴旋转下变形的根源，但其机理和定量描述仍然需要进一步明确。空心圆柱扭剪仪的发展使得纯应力主轴旋转的试验研究成为可能(见图 3.3-7)，但这种应力主轴旋转仍然被限制在一个特定的平面内，无法实现实际中更为复杂的三维应力路径。此外，应力主轴方向与主值大小同时变化下土的力学响应也仍需要进一步的深入研究。

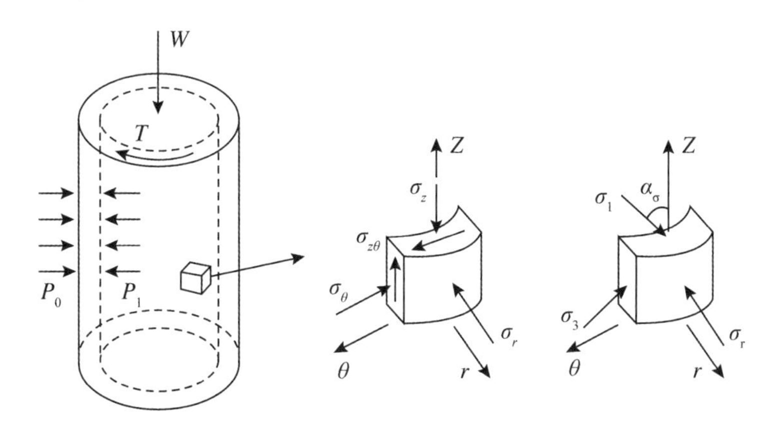

图 3.3-7　空心圆柱扭剪试验中试样的应力状态

参考文献

[1] Gazetas G. Foundation engineering handbook：Foundation vibrations[M]. 2nd ed. New York：Van Nostrand Reinhold，1991：45-51.

[2] Idriss I M，Boulanger R W. Soil liquefaction during earthquakes[M]. Earthquake Engineering Research Institute，2008.

[3] Kokusho T. Cyclic triaxial test of dynamic soil properties for wide strain range[J]. Soils and Foundations，1980，20(2)：45-60.

[4] Lei L，Seol，Y & Jarvis K. Pore-Scale Visualization of Methane Hydrate-Bearing Sediments With Micro-CT [J]. Geophysical Research Letters，2018，45(11)：5417-5426.

[5] Michell J K. Fundamentals of Soil Behavior [M]. 2nd ed. John Wiley & Sons，1993.

[6] Parry R H G. Mohr Circles，Stress Paths and Geotechnics [M]. 2nd ed. Spon Press，2004.

[7] Randolph M，Gourvenec S. Offshore Geotechnical Engineering [M]. CRC Press，2011.

[8] Taylor，C E. Large-volume，high-pressure view cell helps fill gaps in understanding of methane hydrate behavior [J]. Fire in the Ice：Methane Hydrate Newsletter，Summer 2004：10-12.

[9] Terzaghi K，Peck R B，Mesri G. Soil Mechanics in Engineering Practice [M]. 3rd ed. John Wiley & Sons，1996.

[10] Wang R. Single piles in liquefiable ground：seismic response and numerical analysis methods[M]. Springer，2016.

[11] Winters W J，Waite W F，Hutchinson D R，et al. Physical property studies in the USGS GHASTLI laboratory [J]. Fire in the Ice：NETL Methane Hydrate Newsletter，2008，5(4)：6-9.

[12] Zergoun M. Effective stress response of clay to undrained cyclic loading[D]. University of British Columbia，1991.

[13] Zhang J M，Wang G. Large post-liquefaction deformation of sand，part I：physical mechanism，constitutive description and numerical algorithm[J]. Acta Geotechnica，2012，7(2)：69-113.

[14] Zhang J M. Cyclic critical stress state theory of sand with its application to geotechnical problems[D]. Tokyo Institute of Technology，1997.

[15]《岩土工程手册》编写委员会. 岩土工程手册[M]. 北京：中国建筑工业出版社，1994.

[16] 陈仲颐，周景星，王洪瑾. 土力学[M]. 北京：清华大学出版社，1994.

[17] 高大钊. 土力学与基础工程[M]. 北京：中国建筑工业出版社，1998.

[18] 李广信. 高等土力学[M]. 北京：清华大学出版社，2004.

[19] 李洋辉. 天然气水合物沉积物强度及变形特性研究[D]. 大连：大连理工大学，2013.

[20] 童朝霞. 应力主轴循环旋转条件下砂土的变形规律与本构模型研究[D]. 北京：清华大

学，2008.
[21] 王刚.砂土液化后大变形的物理机制与本构模型研究[D].北京：清华大学，2005.
[22] 王睿.可液化地基中单桩基础震动规律和计算方法研究[D].北京：清华大学，2014.
[23] 王淑玲，孙张涛.全球天然气水合物勘查试采研究现状及发展趋势[J].海洋地质前沿，2018,34(07):24-32.
[24] 王淑云，罗大双，张旭辉，等.含水合物黏土的力学性质试验研究[J].实验力学，2018，33(02):245-252.
[25] 谢定义.土动力学[M].北京：高等教育出版社，2011.
[26] 薛龙.主应力三维旋转条件下散粒体变形规律与本构模型研究[D].北京：清华大学，2019.
[27] 殷宗泽.土工原理[M].北京：中国水利水电出版社，2007.
[28] 张建民.砂土动力学若干基本理论探究[J].岩土工程学报，2012，34(1)：1-50.
[29] 张炜，邵明娟，姜重昕，等.世界天然气水合物钻探历程与试采进展[J].海洋地质与第四纪地质，2018,38(05):1-13.
[30] 中国建筑科学研究院.GB 50007—2011 建筑地基基础设计规范[S].北京：中国建筑工业出版社，2011.
[31] 中华人民共和国水利部.GB/T 50123—2019 土工试验方法标准[S].北京：中国计划出版社，2019.

第4章　浅基础

浅基础是适用于硬黏土和密砂层中的一种经济、简单的基础形式，通常规定浅基础的埋深与直径（或边长）之比小于1。欧洲北海油气开发中遇到超固结黏土层和密砂层，桩基础经济性差，因此发展了混凝土重力基础结构代替桩基支撑的导管架平台。重力式基础兼具储油功能，但对场地要求较高，适用土质条件苛刻。早期的浅基础类型还包括支撑海底构筑物的防沉板，防沉板也被用作导管架平台的临时基础。近年来，浅基础形式进一步扩展，尤其是负压桶基础被广泛应用。负压桶既可以作为各种浮式平台的锚泊基础，也可支撑导管架平台和海底构筑物。自升式平台的桩靴基础也可视为一种近海浅基础形式。

由于所支撑构筑物的尺寸和恶劣的海洋环境，海洋浅基础的面积通常较大。即使小型的重力式基础，也达到70m高、截面50m×50m；海洋油气开发中使用的负压桶直径则常在10～30m。Randolph等[1]曾总结了海洋与陆上浅基础的主要差别：

（1）与陆上工程相比，浅基础在海洋中的使用更广泛；

（2）海洋浅基础需要承担上部结构传来的风、浪、流等荷载，基础设计对水平荷载和弯矩的要求更高；

（3）与陆上相比，海洋浅基础设计更关注承载力而不是变形；

（4）海洋浅基础设计通常需要考虑循环荷载，而且经常是控制性工况；

（5）对于浅表层软土，陆上一般将其移除，而海洋浅基础通过裙板将上部荷载传递到土层深部。

重力式基础平台是落在海床表面的，当遇到表面是软土，贯入土中的裙边将基础的力传递到更深的土中。裙边一般在基础的四周，垂直贯入海床中。如果建筑物相对来说比较重且土相对来说比较软的话，重力式基础和桶形基础可以依靠自身的重量安装。但是对于比较轻的导管架，以及密实的材料或是很深的裙边，贯入则需要吸力的帮助。裙边的存在，在大多数的案例中，提高了基础的承载能力来抵抗竖向荷载、水平荷载以及倾覆，同时可以减小竖向和水平位移还有转角。裙边同时可以增强浅基础的抗拉能力，而这些在传统的浅基础中是不能抵抗的。海洋浅基础的应用形式如图4.0-1所示。

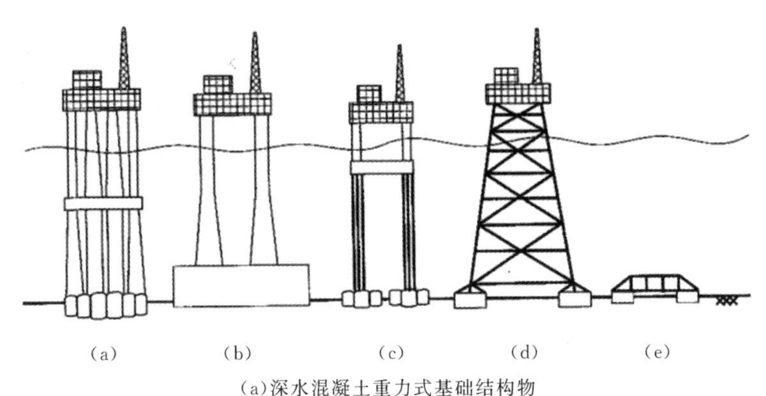

(a)深水混凝土重力式基础结构物

(b)重力式基础结构物　(c)张力腿平台(TLP)　(d)导管架平台　(e)海底结构

图 4.0-1　海洋浅基础的应用

受海洋结构物的尺寸以及复杂恶劣的海洋环境的影响,海洋浅基础相比于陆地上的来说要大。通常一个小型的重力式基础结构物就有 70m 高,底部的尺寸达到了 50m×50m。大一些的结构物高度就要超过 400m 了,支撑其基础的底面积则达到了 15000m^2,甚至一个单一的桶形基础的直径都达到了 15m。除了海洋结构物的尺寸外,它们的基础还需要抵抗一些环境荷载如因风、波浪或海流引起的水平荷载和弯矩,而这些荷载陆地上的浅基础是不会遇到的。重力式基础的荷载情况如图 4.0-2 所示。

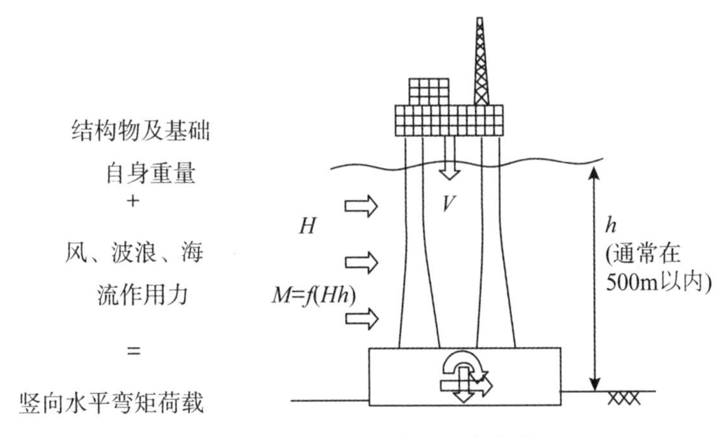

图 4.0-2　重力式平台的组合荷载

海洋重力式基础结构物和陆上较低小高层的设计荷载对比如图 4.0-3 所示。可以看出,海洋浅基础的设计竖向荷载比陆上浅基础的设计竖向荷载小 30%,但是它的高度却比陆上高出了 10%。海洋浅基础的环境荷载则比陆上大出了 500%,这将使得海洋浅基础的面积增大。相比于环境荷载的值,更为重要的是弯矩和水平荷载以及力臂的比值。随着水深增大,倾覆破坏将是海洋结构物的主要破坏模式。在浅水区域,当 $M/(HD)$在 0.35～0.7 范围时,意味着更多的是发生滑动破坏。

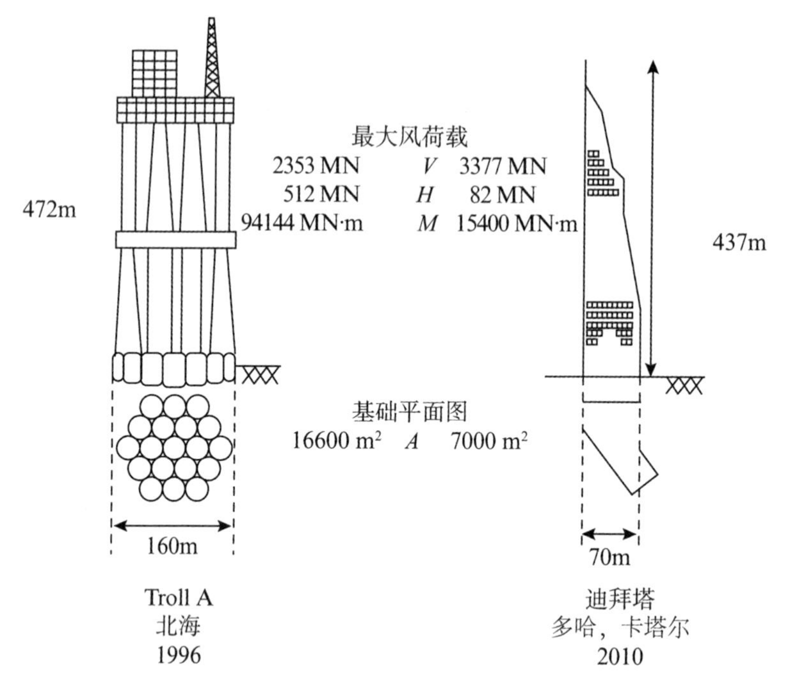

图 4.0-3 海洋浅基础和陆地浅基础设计比较

在海洋中，环境荷载占主要地位，相比于陆上结构物来说，考虑循环荷载对土体的影响是非常重要的。环境荷载会引发显著的水平循环、竖向循环以及弯矩，对海洋浅基础产生影响的同时导致基础下方产生超孔隙水压力，减小了海床的有效应力。

对于海洋浅基础的设计可以从其结构物全寿命阶段来进行考虑：

①安装(包括场地平整、裙边贯入、基础灌浆)；

②承载能力(水平力、竖向力、循环荷载，排水和不排水条件)；

③使用阶段(短期和长期位移，循环荷载的影响以及沉降的大小)。

安装是设计中的关键，尤其是在密实的土中。水平滑移和倾覆相比竖向承载力要重要些，同时长期的沉降相比于承载能力也更重要些。

(1)一般性荷载

对于浅基础在工作条件下承受的荷载主要包括恒定以及循环的竖向荷载 V(压缩或是拉伸)、水平荷载 H 和弯矩 M，如图 4.0-2 所示。弯矩和水平力的比值大小预示结构物的破坏模式是滑移还是倾覆。

(2)循环荷载

对于一个底部固定的结构物，基础的竖向分量主要包括平台的自重以及循环分量。基础水平荷载和弯矩分量主要来源于环境荷载。因为很强的倾覆力矩，重力式基础结构物主要引起张力荷载，尽管循环荷载只是单向的。而导管架平台的桶形基础由于相对轻一些将承受压力和张力的循环。

(3)安全系数

设计中的稳定性计算必须要用到安全系数。一般有三种方法：

①整体安全系数方法，也称为工作压力设计方法(WSD)，即将极限荷载整体乘以安全

系数作为设计荷载。美国石油协会(API)推荐在承载力不足导致破坏的情况下安全系数取为2,在滑动破坏情况下,安全系数取为1.5。安全系数的取值主要是考虑了土体条件以及设计中恒定和可变荷载的不确定性。

②局部安全系数方法,也称为力和抗力安全系数设计方法(LRFD),将土体强度和施加的荷载分开赋予系数。

③概率法。土体强度以及施加的荷载的不确定性被量化,然后用来决定可能的破坏模式。

现在局部安全系数方法相比于全局安全系数方法更受推崇。

(4)使用阶段

在海洋浅基础设计中,承载能力是主要的部分,但是使用阶段位移的预测也非常重要。基于基础的尺寸,设计沉降极限会直接导致基础承载能力的减小。

(5)沉降

海洋浅基础的允许沉降通常是由油井和管线连接在基础上的容忍位移所限制。海床沉积物的空间异变性将会导致不同的沉降,这比总体沉降对结构产生的危害更大,尤其是结构物相对来说比较刚性,例如重力式基础结构物。需要对结构的不均匀沉降进行监测。

4.1　重力式基础

4.1.1　发展历史

重力式基础一般都装配有长度大概为0.5m的裙边(见图4.1-1),这对于提高侧向抵抗和提供一些短期的张力承载能力有着很大的帮助,但重力式基础更多的是靠自身的重量以及底部的尺寸来抵抗环境荷载带来的侧向力和弯矩。

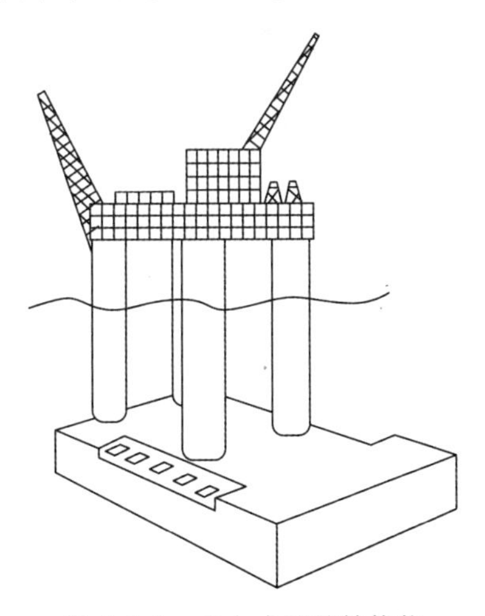

图4.1-1　重力式基础结构物

第一个重力式平台Ekofisk I于1973年安装在北海中部靠近挪威的区域。Ekofisk I是一个桶式结构,其准圆面积为7390m^2。它被安置在70m水深中密实的砂土上。在Ekofisk

I工程建造的年代,考虑因波浪引起的力在岩土设计中还是前所未有的。基础设计主要是基于室内试验。从Ekofisk I积累了很多工程经验后新的设计方法得到了发展。深水混凝土结构主要是由一些柱状结构按照六角形的排列组成,其中三个或是四个会被拉伸用来支撑甲板。第一个深水混凝土结构物Beryl A于1975年在北海Ekofisk I旁边建成,它们的地质条件是相似的。

随着对北海油气资源开发移向更深的水域,海床更多的是正常固结软黏土,这时深水混凝土结构需要更深的裙边来帮助它把荷载传递给更深的土体。为了得到更深的贯入深度,需要利用吸力辅助裙贯入海床中。Gullfaks C于1989年安装在挪威北部海的软黏土中,是第一个应用吸力来帮助贯入海床的深裙重力式基础。Gullfaks C安装在220m深的水中,基础的底面积有16000m²,裙贯入深度达22m。在同一时代的建筑物中,Gullfaks C是最大的也是最重的海洋结构物。

Troll A深裙深水混凝土平台位于北海的挪威区域,是世界上最大的混凝土平台,它有472m高,基础的面积有16600m²,如图4.1-2所示。裙贯入海床的深度达到了36m。对Gullfaks C和Troll A的长期监测验证了设计的安全性,同时提高了对于深裙深水混凝土结构物响应的认识。从这些工程中得到的经验直接促进了桶形基础安装技术的应用。

图4.1-2　Troll A混合重力式基础结构物

4.1.2　安装方法

目前,混凝土平台可以适应从浅到深的各种水深。混凝土平台由底座、甲板和立柱三部分组成。已建成和正在研究、设计的混凝土平台种类繁多,有把底座做成六角形、正方形、圆形,也有把立柱做成三腿、四腿、独腿等各种形式。底座是整个建筑物的基础,为了抵抗巨大的风浪推力,要求平台有很大的底座结构,较大的底座正好可以用来储存原油,这就使得混凝土平台具备了把钻、采、储三者兼顾起来的优点。甲板为生产提供工作场所,在甲板上可安装各种生产处理设施和生活设施。立柱连接在底座和甲板之间,用于支撑甲板。

建造及安装过程:混凝土重力式平台的建造相当复杂,如图4.1-3所示。第一步:在干坞内建造底座的下半部分。第二步:在干坞内建造至预定高度后,注入海水直到和海平面一致(向底座内注压载水使其固定),打开船坞闸,排除压载水,使底座上浮,用拖船把底座从干

坞内拖出。第三步：把底座拖至岸边比较深的、隐蔽较好的施工水域，在海面上锚泊，采用滑动施工法建造底座上部。第四步：用滑动施工法继续浇注立柱。第五步：用拖轮把结构物拖至深水海域，以便安装甲板。第六步：向底座注入压载水，使结构物下沉到海水没至立柱上部左右，再安装甲板。第七步：在甲板上安装各种模块。第八步：排出压载水，使结构物上浮，用拖轮拖至预定地点。第九步：平台位置确定后，注入压载水，边下沉边调节，使之准确安装在海底。

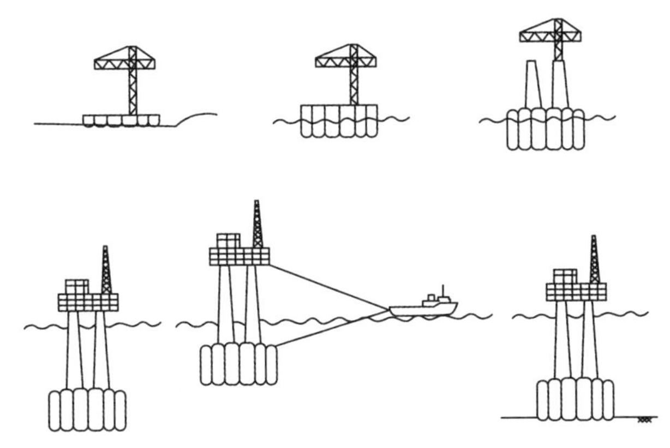

图 4.1-3　重力式基础结构物建造及安装过程

混凝土重力式平台的优点：节省钢材，经济效果好，海上现场安装的工作量小，海上安装工艺比钢结构简单些，不需要在海底打桩，甲板负荷大，在立柱中钻井安全可靠，防海水腐蚀、防火、防爆性能都好，维修工作量小，费用低，使用寿命长，从理论上讲，可重复利用。缺点：对地基的要求高，基础设计的好坏，常成为重力式平台成败的关键；结构分析比较复杂，制造工艺复杂；岸边需有较深的、隐蔽条件较好的施工场地和水域；拖航时阻力大，冰区工作性能差，重复利用的难度较大。

4.2　带裙基础

4.2.1　桶形基础

1. 发展历史

张力腿平台是目前应用最广泛的深海石油平台形式。张力腿平台一般由平台主体、张力腿系统和基础三部分组成，其中基础部分是设计的关键。目前，张力腿平台基础形式主要有重力式桶形基础和桩基础。但随着水深度的增加，桩基础的施工难度和造价都大大增加。1992 年挪威土工研究所（NGI）在北海成功建造了以吸力式桶形基础为锚固基础的 Snorre 张力腿平台；随后，作为一种新型海洋基础形式，桶形基础得到了发展。桶形基础由带有裙板的重力式基础发展而来，具有片筏基础和桩基础的共同特点。其外形像一只倒扣的钢桶，顶端封闭，下端敞开。在其下沉入水过程中，依靠其本身及上部结构的重量，使桶体进入泥中一定深度，其入土深度与地基土的特性和桶体的重量有关。如桶体不能完全进入土中，可以通过桶盖上的开孔向外抽吸桶内的水和空气，使桶体内部形成负压，在桶体及上部结构的重力共同把桶体驱入土中，再把开孔封闭。桶形基础类似于刚性短桩，但优点更多，它在安装过程中，可最大限度地减小对地基土的扰动，使桶体与地基土体成为一体，因此可以增加其地基承载力和稳定性。此外，桶形基础还具有省钢材、海上施工方便和可重复使用等优点。

与传统的重力式基础、钢管桩基础相比，其具有适用于深水和更广土质范围、运输与安装方便、工期短、造价低、可重复使用等优点。吸力式桶形基础在正常工作中，不仅受到上部海洋平台结构巨大自重及其设备所引起的竖向荷载的长期作用，而且往往遭受波浪与地震等所引起的水平荷载、弯矩荷载的共同作用。

吸力式桶形基础的发展与吸力锚（桩）的发展密不可分，可以追溯到 1958 年 Mackereth 在英国的一个湖底软泥床上进行软土取样作业时首次使用负压桶。此后，人们对负压吸力桩的研究和使用一直没有中断。1961 年 Goodman 等用模型实验研究确定湿土内不同真空压力下杯型锚的抗拔阻力，结果表明湿土中的真空锚固是可行的。1966 年 Rosfelder 提出用静水压力为海上锚泊业务服务的概念；1967 年 Etter 使用水下吸力锚来操纵一个营救艇，以实现同废弃的潜水艇的舱口的对接，并且认为吸力锚是解决此问题的唯一可靠的办法；20 世纪 70 年代初，美国海军水下工程部和海军设施工程司令部委托助 Edelsland 大学进行负压桩在砂土中的性能以及负压桩相关的土体剪切强度的实验室研究；1972 年荷兰 ShenResearch 公司成功开发并且在北海应用以负压筒锚固定的海底土体贯入计；1973 年菲利普斯石油公司的爱克菲斯克多里斯储油罐是第一个重力式的带裙的基础结构物。在随后的 5 年中，先后在致密的砂土和超固结黏土上建成了 12 个重力式的带裙基础结构物，但这些裙深均不足 4.5m。20 世纪 70 年代末，荷兰 ShenReseareh 公司在砂土上做了直径为 3.8m 的负压桩试验，得出了锚固能力达 2MN 的结果。进入 20 世纪 80 年代后，负压吸力锚（桩）开始在海洋石油工程中大显身手。1980 年，由 SBM 公司设计的两套链式锚腿系泊装置（CALM）的 12 个吸力锚首次在北海丹麦海区的 Gorm 油田中应用，每个链腿各借助一个吸力锚接于海底，最大可容纳 7000 吨油轮。1981 年，Cuckson 提出大型吸力桩在水深 70～200m 的较差的土中应用，作为更牢固的铰接系泊点或浮式生产系统服务；1985 年，挪威国家石油公司为北海 Gullfalos C 平台的两个直径为 6.5m、高为 20m 的负压桶进行了海中原位大型下沉试验。进入 20 世纪 90 年代，人们开始将负压桩作为平台的基础。1991 年，挪威土工技术研究所（NGI）对直径为 1.5m、高为 1.7m 的桶形基础做了海底沉放试验；1992 年 4 月在斯诺拉（Snorre）油田水深 310m 的深水区建造了张力腿平台混凝土基础，同时在 335m 的深水区建造了海底卫星操作平台；1993 年初 NGI 又在不同条件下进行了桶形基础的沉放试验。随着这一系列基础结构应用负压的成功安装，人们对未来桶形基础的施工方法有了更好的理解和认识。直到 1994 年 7 月，挪威国家石油公司在北海水深 70m 的地方成功安装了 Europipe16/11E 桶形基础平台，其中桶基的直径为 12m，贯入深度达 6m，这是世界上第一座桶形基础平台，标志着吸力式桶形基础的成功。1996 年，挪威国家石油公司又建成了第二座吸力式桶形基础平台——Sleipnervest 平台。

2. 安装方法

桶形基础的施工方法主要有以下几个步骤：

（1）将导管架（带桶形基础）从驳船上放入水中，下沉至与海底接触。此过程中应防止出

现桶体在接触地面时的上下跳动和减小与地面的刮擦作用。

(2)在导管架和桶体的自重作用下自由下沉。

(3)在桶形基础上加重物,并在此重物的作用下下沉,此时应严格控制其下沉速度和下沉深度,以使桶体密封。注意:如果桶体在自重的作用下能够使其密封则此步骤可省略。

(4)抽出桶体内的水,在桶体内形成负压,并在负压下下沉至设计深度,此时要严格控制桶内压力和桶的下沉速度,以防桶内土体破坏而隆起。

对于导管架平台而言(见图 4.2-1),桶形基础与传统的桩基础相比,有以下几个优点:

(1)节省施工安装的费用。由于采用桶形基础,可以节省钢的用量,同时,施工过程中,采用负压下沉,可加快施工速度,节省施工时间,从而节省导管架平台的施工安装费用。

(2)便于运输和安装,特别是在浅海区。由于浅海区的水深不足,大型施工机具无法通过运输船运到施工地点,而桶形基础可以在别处安装,对桶形基础充气,利用其浮力,由驳船拖至施工地点,用浮吊施工完成。

(3)能够重复使用。在一处油井的油被开采完后,可以对桶形基础注压,将桶形基础从土中顶起,由驳船拖到下一个开采区,下沉后继续使用。

(4)由于桶形基础的插入深度较浅,因此在设计施工桶形基础前,只需对浅部土体进行勘察研究。

(5)桶形基础的施工时间短,基础稳定性实现较快,便于在海洋上恶劣气候的间隙施工。

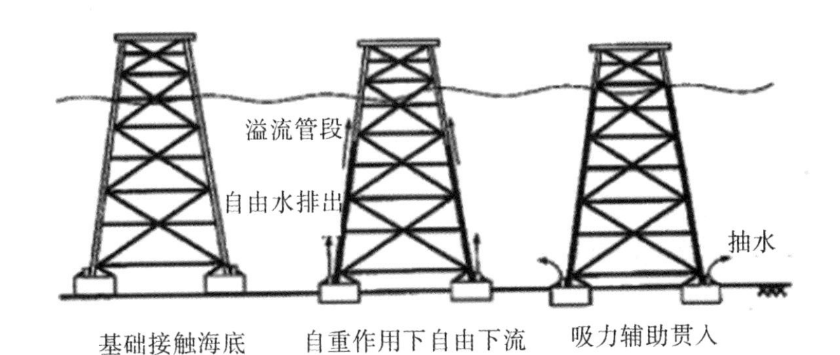

图 4.2-1　导管架结构物桶形基础安装过程

3.安装阻力评估

贯入分析包括在自重作用下的裙贯入阻力,需要的外部压力以得到根据目标的贯入深度和允许的外部压力得到所需的外力。当贯入深度和直径的比值达到一致值时,即贯入阻力和所需要的外力相等时,可以通过力学平衡来进行评估计算。

(1)贯入阻力

图 4.2-2 显示了在裙基础安装时所受到的力。先从简单的例子开始考虑,假定裙边的内壁和外壁没有突起。那么裙边的总贯入阻力 Q 由裙壁的剪切和内部加筋、裙的承载能力和倾覆压力提供,表示为

$$Q=A_s\alpha\bar{s}_u+A_{tip}(N_c s_u+\gamma' z) \tag{4.2-1}$$

式中:A_s——裙壁表面积;

A_{tip}——裙顶部承载面积;

α——黏附力系数；

$\bar{s}_u$——贯入深度平均剪切力；

s_u——裙顶端不排水强度；

γ'——土体的浮重度；

z——裙贯入深度；

N_c——平面应变条件下承载力系数(=7.5)。

在实际预测承载和摩擦抵抗力时，内部加筋的影响也应该被考虑在其中。

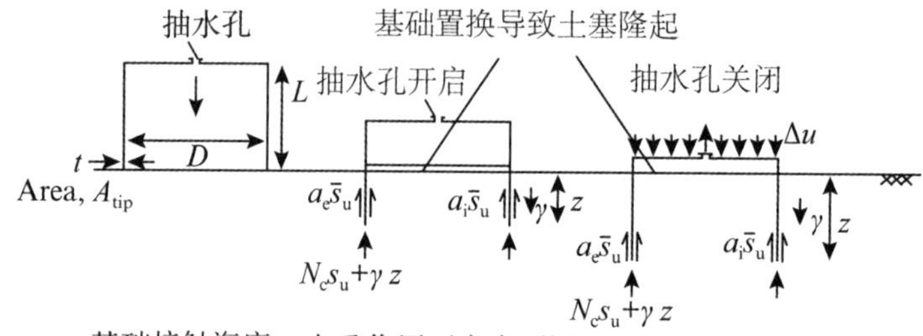

图 4.2-2　负压桶基础安装过程中的受力示意

(2)需要的外部压力

当贯入的阻力和本身基础的自重相同的时候，靠自重的贯入将不再可行。这个时候，为了能更进一步贯入，就需要吸力的帮助了。在吸力下，土体贯入所受的抗力可以用(4.2-2)式进行计算。那么外部压力 Δu_{req}将如下计算：

$$\Delta u_{req}=\frac{Q-W'}{A_i} \tag{4.2-2}$$

式中：Q——基础贯入阻力；

W'——基础的自重；

A_i——基础内部的横截面面积。

最大的外部压力 Δu_a可以应用而不引起土塞。其计算公式如下：

$$\Delta u_a=\frac{A_i N_c s_u+A_{si}\alpha \bar{s}_u+W'_{plug}-\gamma' d A_{plug}}{A_i} \tag{4.2-3}$$

式中：A_i——基础内部的横截面面积；

N_c——承载力系数从 6.2 到 9，取决于在贯入过程中深度和直径的比值；

s_u——裙顶端不排水强度；

A_{si}——裙内壁表面积；

α——黏附力系数；

$\bar{s}_u$——贯入深度平均剪切力；

W'_{plug}——在裙内土塞的重量；

d——埋深；

γ'——土体的浮重度；

A_{plug}——土塞的横截面面积。

在浅水中，应该检查所允许的压力不能超过空化压力，安全系数 F 对应的土塞被表示为吸力和引起土塞的吸力的比值：

$$F=\frac{\Delta u_{\mathrm{a}}}{\Delta u_{\mathrm{req}}} \tag{4.2-4}$$

吸力式沉箱在砂中或是渗透性沉积物中安装可能会造成渗流场向沉箱中移动，这将减小有效应力和裙顶端的贯入阻力。在黏土中安装吸力式沉箱，安装力包括沉箱自身的重量和沉箱盖上的压差。然而，对于砂土，安装中主要的贯入抗力是尖端贯入力，吸力的主要影响是减少安装抗力，而不是增加安装力。

4.2.2　裙式基础

如前所述，裙式基础可以与重力式基础联合，也可以单独使用。浅基础的裙板主要起到以下几种作用：穿过上部软土层将荷载传递到下部土层、有助于基础顺利贯入海床、补偿不规则海床表面、减小基础周围的冲刷。基础在不排水条件下受到瞬时拉力时，裙板可起到短暂的抗拔作用。当然，拉应力的持续时间相对于孔压消散时间必须足够短。室内模型试验和现场试验已经证实黏土甚至砂土中抗拔力的存在[2-5]。

裙式基础的安装可采用负压贯入，也可以借助外力压入。

(1)破坏模式

对于裙式基础或者有隔板的负压桶基础，其常见破坏模式如图 4.2-3 所示。基础埋深较浅且受到竖向荷载较小时，易发生整体滑移破坏；对于裙板间距较大的基础，由于隔板之间不易形成土塞，裙板周围发生局部剪切破坏；若基础受到的竖向力 V、水平力 H 和弯矩 M 均较高，易同时出现滑动和剪切破坏。

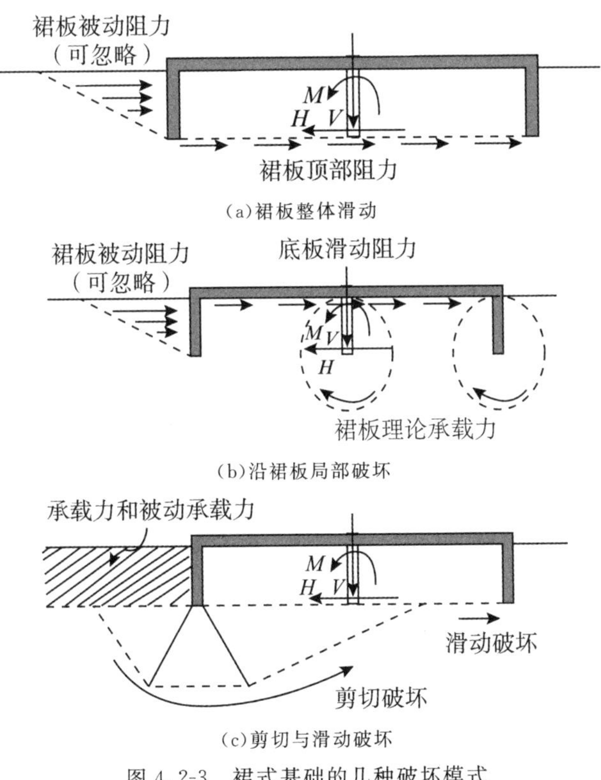

图 4.2-3　裙式基础的几种破坏模式

(2)裙板的设计

裙板设计要求确定裙板的长度、间距以及土体反力。裙板的长度和间距须满足:

①使土体破坏尽量发生在深部,避免发生局部破坏,从而提供更高的安全系数。

②能够将上部结构承受的荷载传递到土体中。

③能够预防沉降、冲刷及液化影响。

4.3 桩靴基础

自升式平台是在近海工程勘察、油气开采与风电场建设中应用最广泛的平台形式,工作水深一般不超过120m。近年来,随着工程需求的不断提高,新建成的大型自升式平台最大作业水深可达150m。在役的大部分平台,其结构主要由船体、桩腿以及安装于桩腿底部的桩靴(spudcan)基础构成,如图4.3-1所示。船体通常为三角形,可以浮于海面上,并通过自航或拖航移动。达到指定施工地点后,需要进行安装就位操作:首先利用平台的升降系统下放桩腿,桩靴在平台自重作用下进入海床中,达到稳定后通过升降系统上升船体使其离开海面,在船体底面和海面之间形成一定高度的空隙;接着将海水抽至船体的压载舱进行预压载,多个桩靴轮流贯入土中一定距离,几个轮次后桩靴达到预定深度。预压载的大小通常为自升式平台自重的1.3~2倍。开始作业前,排出压载舱水,平台在自重以及风浪流荷载作用下实施作业。作业完毕后,分几个轮次拔出桩靴,平台移动至下一个作业点。

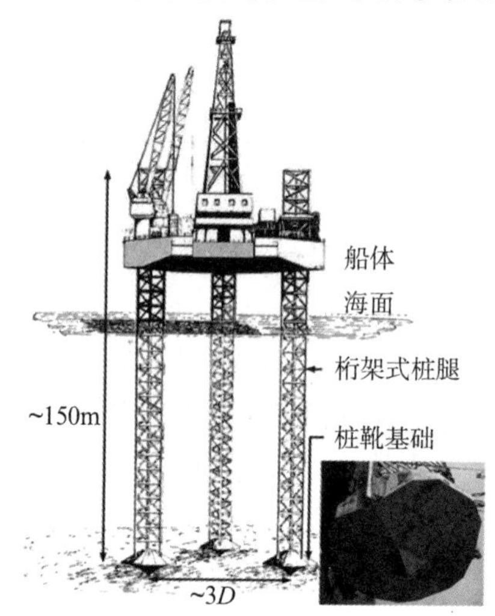

图4.3-1 典型的自升式平台结构(Lee等,2011)

桩靴基础的平面形状大多为多边形或近似圆形,底部为扁平锥体,如图4.3-2所示。进行承载力设计时,一般按照埋入土体部分的最大横截面面积 A 将桩靴等效为圆形(见图4.3-3)。对于完全埋入的桩靴,等效直径 D 的常见范围为3~20m,但随着作业要求的不断提高,直径超过20m的桩靴基础也越来越常见。

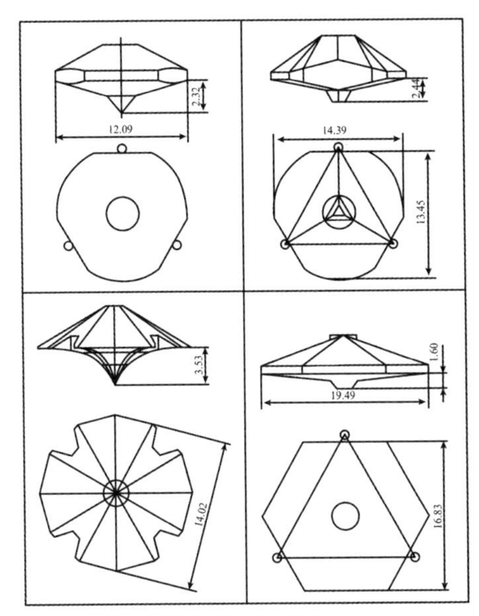

图 4.3-2　常见的桩靴基础几何形状(ISO 19905-1,2016)

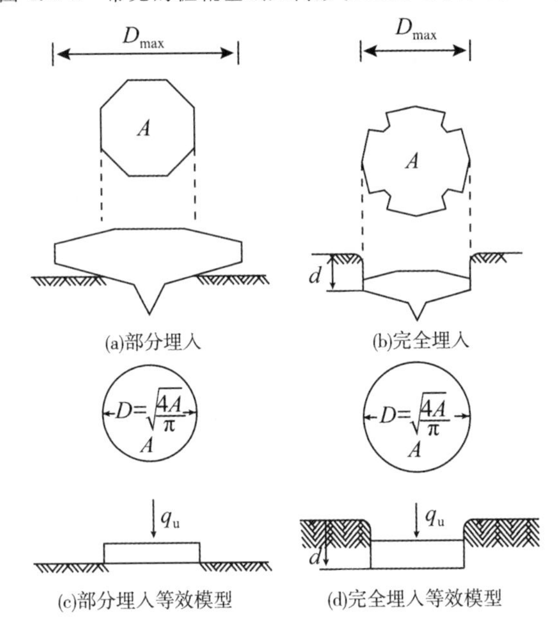

图 4.3-3　桩靴基础等效直径的计算(ISO 19905-1,2016)

在确认自升式平台的作业地点后,需根据工程勘察资料进行桩靴基础安装就位阶段和作业阶段的承载力设计。当前国际上广泛应用的设计规范是国际标准化组织(ISO)推出的 ISO 19905-1。对于安装就位,设计计算的目标是准确预测桩靴的安装过程和最终插桩深度。由于平台就位一般选择无风浪的天气进行,因此桩靴在贯入过程中主要受竖向荷载作用,仅需预测桩靴的"竖向承载力-深度"曲线(也称为贯入阻力曲线)。而对于作业阶段,桩靴基础不仅需要提供足够的竖向承载力,还要抵抗风浪流与平台上的吊装施工造成的巨大水平力和弯矩,必须保证极端工况造成的"竖向力-水平力-力矩"复合荷载作用下的桩靴稳定。

本章将对平台安装就位阶段和作业阶段的桩靴承载力设计进行介绍,重点描述 ISO

19905-1 规范推荐的设计方法和计算公式，同时涉及最新研究进展。

4.3.1 安装就位阶段基础承载力设计

如图 4.3-4 所示，桩靴连续贯入过程中在深度 d 处所受竖向荷载等于地基提供的总竖向极限承载力 q_u：

$$q_u = q_v + \frac{\gamma' V_{spud}}{A} - \gamma' \mathrm{Max}(d - H_{cav}, 0) \tag{4.3-1}$$

式中：q_v 为基础上部完全开口（无回填土）时地基剪切破坏提供的竖向承载力，不同土层条件下 q_v 的计算公式将在下文进行详细介绍；γ' 为地基土的有效重度；V_{spud} 为被土体掩盖部分桩靴的体积；H_{cav} 为桩靴上部孔洞的极限深度，即孔洞所能达到的最大深度值。式(4.3-1)第二项代表了土体对被掩盖桩靴的浮力，第三项代表了桩靴上部回填土对桩靴施加的竖向荷载。

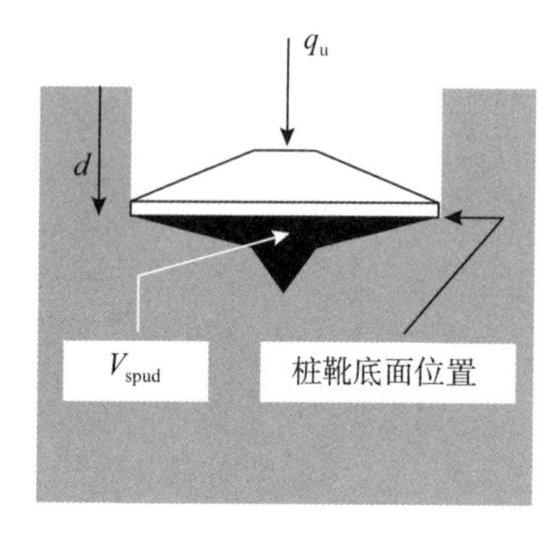

(a)$d \leq H_{cav}$

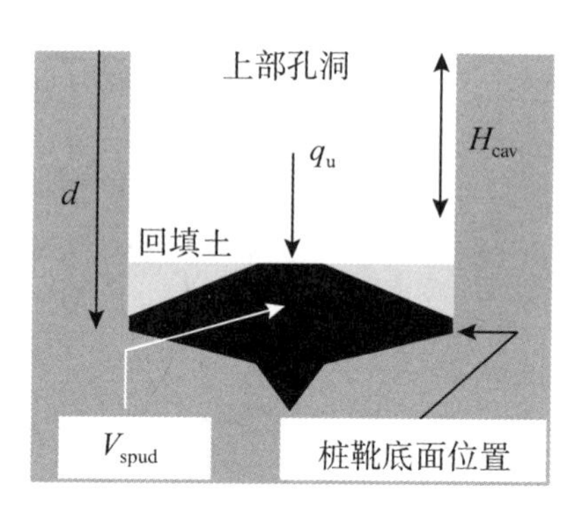

(b)$d > H_{cav}$

图 4.3-4 桩靴竖向承载力计算示意

桩靴上部孔洞极限深度 H_{cav} 的计算，代表性工作见西澳大利亚大学 Hossain 等[6-9]的研究。基于离心机模型试验和大变形有限元分析中观察到的孔洞深度，他们提出了不排水抗剪强度 s_u 随深度线性增加的单层黏土地基（即 $s_u = s_{um} + kz$，s_{um} 是泥面处的不排水抗剪强度，k 是不排水抗剪强度沿深度的变化梯度）中 H_{cav} 的计算公式：

$$\frac{H_{cav}}{D} = S^{0.55} - \frac{S}{4} \tag{4.3-2}$$

式中：$S = \left(\frac{s_{um}}{\gamma' D}\right)^{\left(1 - \frac{k}{\gamma'}\right)}$。

对于多层黏土地基，ISO 19905-1 规范推荐采用式(4.3-3)预测 H_{cav}：

$$\frac{H_{cav}}{D} = \left(\frac{s_{uH}}{\gamma' D}\right)^{0.55} - \frac{1}{4}\left(\frac{s_{uH}}{\gamma' D}\right) \tag{4.3-3}$$

式中：s_{uH} 为 $z = H_{cav}$ 深度处对应的不排水抗剪强度，因此需要进行迭代计算确定 H_{cav}。对于复杂的成层黏土地基，可在 H_{cav}-z 坐标系上分别绘制式(4.3-3)和 $z = H_{cav}$ 对应的曲线，两者的交点即为预测得到的 H_{cav} 值。若两条曲线存在多个交点，一般取最小 H_{cav} 值。

除此之外，Zheng 等[10-11]通过大变形有限元分析结果，分别总结了桩靴在"硬-软-硬"和"软-硬-软"两种三层黏土地基中贯入时 H_{cav} 的预测公式。但对于其他土层条件，目前尚没

有合适的预测公式。

桩靴贯入阻力曲线预测的关键在于 q_v 的计算，设计时应根据实际土层条件选用不同的计算模型。考虑桩靴的典型尺寸以及位移速度，一般假定砂土处于完全排水条件，黏土处于完全不排水条件。以下将介绍完全排水或不排水条件下桩靴贯入阻力曲线的计算方法，考虑的土层条件包括单层黏土和砂土地基、上弱下强双层土地基、上强下弱双层土地基，以及多层土（三层及以上）地基。

4.3.2 单层土地基预测模型

1. 单层黏土

欧洲北海以及美国墨西哥湾广泛分布着厚度较大的表层黏土，在桩靴就位设计中可视为典型的单层黏土地基。图4.3-5所示为离心机试验中观察到的桩靴在单层黏土地基中连续贯入造成的土体破坏模式的演变：(a)地基表现为浅基础破坏模式，土体向外向上移动，桩靴上部形成孔洞并保持完全开口；(b)土体开始发生回流，由桩靴底部移动至桩靴顶部；(c)地基表现为深基础破坏模式，桩靴周围土体在一定范围内发生局部回流，桩靴上部孔洞深度保持为 H_{cav} 不变。随着破坏模式发生改变，桩靴竖向承载力也随之变化。单层黏土地基中桩靴竖向承载力的计算可表达为

$$q_v = N_c s_u + p'_0 \tag{4.3-4}$$

式中：N_c 是与黏土不排水抗剪强度相关的竖向承载力系数；p'_0 是桩靴贯入深度处的压力，即最大截面最低点深度处的有效上覆压力，$p'_0=\gamma' d$。关于 N_c 值的确定，ISO 19905-1 规范建议采用 Skempton 或 Houlsby 和 Martin 提出的系数[12-13]。

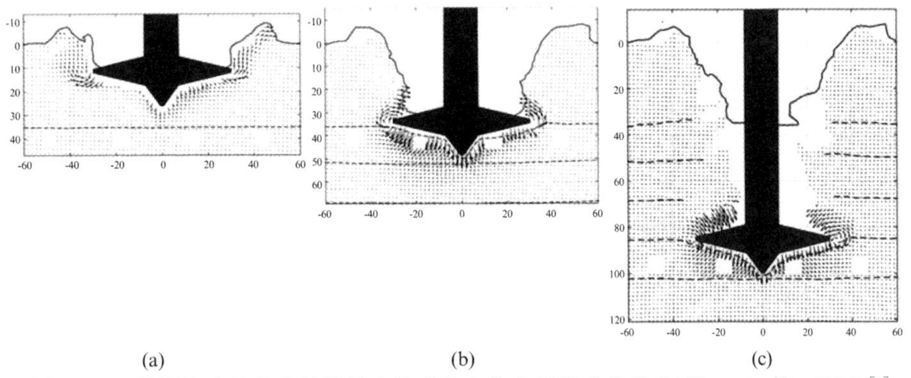

图4.3-5 单层黏土地基中桩靴贯入造成的土体破坏模式的演变(Hossain 等，2014)[9]

Skempton[12]考虑基础形状和埋深对承载力系数的影响，修正 Prandtl[14]提出的均质黏土地基上条形基础竖向承载力系数理论解，提出了适用于圆形基础的 N_c 表达式：

$$N_c = 6\left(1+0.2\frac{d}{D}\right) \leqslant 9.0 \tag{4.3-5}$$

当桩靴埋深比 $d/D \geqslant 2.5$ 时，式(4.3-5)计算得到的竖向承载力系数始终保持 $N_c=9.0$，对应图4.3-5(c)表示的深基础破坏模式。值得注意的是，Skempton[12]提出的 N_c 值是针对均质黏土地基的，即 s_u 不随深度变化的情况。对于不排水抗剪强度随深度线性增加的非均质黏土地基，根据墨西哥湾的现场经验[15]，建议采用桩靴贯入深度以下 $D/2$ 范围内土体的平均强度，即 $s_u = s_{um} + k(d+D/4)$。

Houlsby 和 Martin[13]提出的竖向承载力系数是基于特征线法的理论下限解，适用于不排水抗剪强度随深度线性增加的黏土地基上的圆锥体基础。他们列举了一系列的 N_c值表格，覆盖了常见的地基强度参数范围以及基础顶角大小、粗糙度和埋深，可根据实际工况查表确定 N_c值。例如对于均质黏土地基中完全粗糙的圆板基础（顶角=180°），按表 4.3-1 查询 N_c值。与 Skempton[12]（1951）不同，Houlsby 和 Martin（2003）[13]的竖向承载力系数对应桩靴最大截面最低点深度处的不排水抗剪强度值，即 $s_u = s_{um} + kd$。由于查表设计较为不便，Houlsby 和 Martin[13]建议采用桩靴贯入深度以下 0.09D 深度处的不排水抗剪强度值，即 $s_u = s_{um} + k(d + 0.09D)$，再结合表 4.3-2 的承载力系数计算竖向承载力。这样预测得到的竖向承载力与理论解的误差在±12%以内。

表 4.3-1　黏土地基中粗糙圆板基础承载力系数（Houlsby and Martin，2003）[13]

埋深比 d/D	竖向承载力系数 N_c
0	6.0
0.1	6.3
0.25	6.6
0.5	7.0
1.0	7.7
≥2.5	9.0

墨西哥湾工程实例的反分析表明的竖向承载力系数总体上可以较为准确地预估桩靴的贯入阻力曲线[12-16]，Houlsby 和 Martin[13]的竖向承载力系数则提供了下限预测。

除了 ISO 19905-1 规范建议的上述竖向承载力系数外，Hossain 和 Randolph[8][9]利用有限元分析，总结了 $d < H_{cav}$ 和 $d \geqslant H_{cav}$ 情况下浅基础和深基础承载力系数的计算公式。但他们将地基土视为理想弹塑性材料，预测的贯入阻力偏高，若进一步考虑黏土不排水强度的应变软化，可以极大改善预测效果[9]。

2. 单层砂土

当海床表面为厚度较大的砂土层时，桩靴安装就位阶段的竖向承载力可按照单层砂土地基进行计算。由于排水条件下砂土强度较高，在预压荷载作用下桩靴一般仅停留在海床表面。甚至当桩靴未完全贯入地基时，竖向承载力可能就已满足设计要求。因此，设计中更为重要的是考虑桩靴部分埋入的情况，此时可以按照图 4.3-4 计算桩靴的等效直径 D，进而按照式（4.3-6）计算桩靴在单层砂土中的竖向承载力：

$$q_v = N_\gamma \frac{\gamma' D}{2} + N_q \left[1 + 2\tan\varphi' (1 - \sin\varphi')^2 \arctan\left(\frac{d}{D}\right)\right] p'_0 \tag{4.3-6}$$

式中：N_γ 和 N_q分别为与地基土重和上覆压力相关的竖向承载力系数；φ'为砂土的有效内摩擦角。

已有研究提供了多个 N_γ 和 N_q的计算公式，ISO 19905-1 规范建议采用 Martin[18]通过特征线法分析得到的粗糙圆板基础理论解，如表 4.3-2 所示。

表 4.3-2 砂土地基中粗糙圆板基础承载力系数[18]

有效内摩擦角 φ'(°)	竖向承载力系数 N_γ	竖向承载力系数 N_q
20	2.4	9.6
21	2.9	10.9
22	3.5	12.4
23	4.2	14.1
24	5.1	16.1
25	6.1	18.4
26	7.3	21.1
27	8.8	24.2
28	10.6	27.9
29	12.8	32.2
30	15.5	37.2
31	18.8	43.2
32	22.9	50.3
33	27.9	58.7
34	34.1	68.7
35	41.9	80.8
36	51.6	95.4
37	63.7	113.0
38	79.1	134.4
39	98.7	160.5
40	123.7	192.7

4.3.3 双层土地基预测模型

1. 上弱下强双层土地基预测模型

当桩靴在“弱土-强土”地层中贯入时，随着桩靴靠近强土层，桩靴附近的土体表现为挤压破坏模式，如图 4.3-6 所示：桩靴底面和强土层顶面之间的土体受到挤压，从而向远离桩靴中心的外侧流动，此时桩靴贯入阻力急剧上升。在挤压破坏发生前，地基表现为单层土破坏模式，可采用 4.3.2 节介绍的公式计算桩靴贯入阻力。实际设计时一般仅需考虑黏土层的挤压破坏，包括软黏土叠置硬黏土或黏土叠置砂土。两种情况下的贯入阻力计算公式相同，当桩靴基础底面和下部强土层顶面的距离 h（见图 4.3-6）满足式（4.3-7）时，认为土体发生挤压破坏：

$$\frac{h}{D}\leqslant\frac{1}{3.45(1+1.025d/D)} \tag{4.3-7}$$

挤压破坏模式下的竖向承载力通过式(4.3-8)确定：

$$q_v=\left[6\left(1+0.2\frac{d}{D}\right)+\frac{D}{3h}-1\right]s_u+p'_0\geqslant 6\left(1+0.2\frac{d}{D}\right)s_u+p'_0 \tag{4.3-8}$$

式中不等式意味着挤压破坏提供的竖向承载力不得低于同一深度处单层土破坏模式下的竖向承载力。此外，式(4.3-8)计算得到的竖向承载力也不得大于下部强土层顶面的承载力。

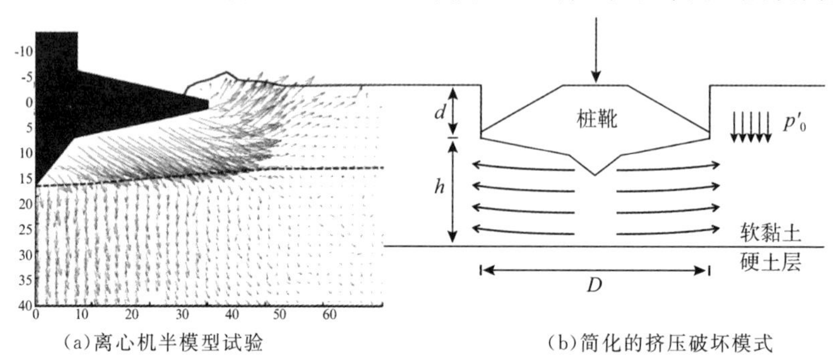

(a)离心机半模型试验　　(b)简化的挤压破坏模式

图 4.3-6　挤压破坏模式[18]

2. 上强下弱双层土地基预测模型

上强下弱土层中桩靴贯入阻力的预测是自升式平台安装就位阶段竖向承载力设计的重点。这是因为当上部土层的强度显著高于下卧土层时，桩靴在上部土层的贯入阻力可能增加到某一峰值后迅速减小或接近恒定。由于桩靴是通过抽排水的方式进行加卸载，已经施加的预压荷载无法立即卸除，桩腿会不受控制地快速下沉，直到重新增加的贯入阻力和船体入水所增加的浮力的合力与预压荷载平衡，这个过程称为穿刺，如图 4.3-7 所示。不受控制的穿刺可能导致平台桩腿屈曲、上部结构倾斜甚至整个平台的倾覆，每次事故造成的经济损失达 100 万～1000 万美元。因此，平台预压之前必须准确预测贯入阻力曲线，从而评估穿刺的可能性以及严重程度。

上强下弱土层包括硬黏土叠置软黏土和砂土叠置黏土两种土层条件，计算竖向承载力时均假定冲剪破坏模式，如图 4.3-8 所示：强土层在桩靴底面形成土塞，土塞由贯穿整个上部土层的剪切面包围。然而，两种土层条件下的竖向承载力预测公式略有不同。

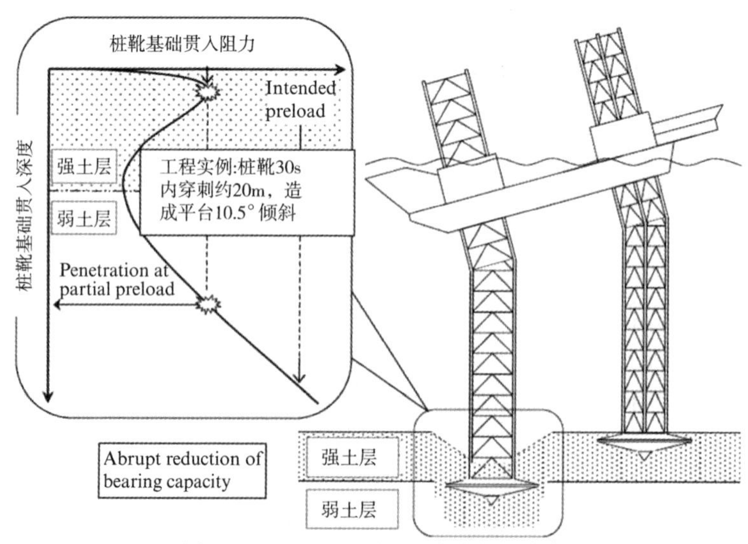

图 4.3-7　上强下弱土层中的桩靴穿刺

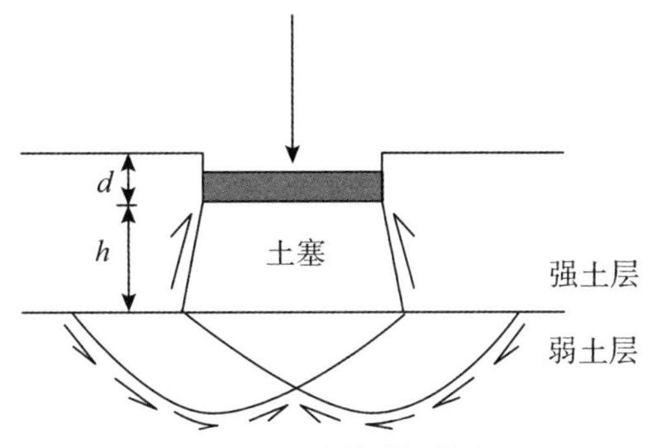

图 4.3-8　冲剪破坏模式

(1)硬黏土叠置软黏土

根据图 4.3-8 所示的冲剪破坏模式并假定与桩靴大小相同的垂直剪切面(即图 4.3-9(b)所示的破坏模式),ISO 19905-1 规范建议的桩靴在硬黏土叠置软黏土地层中竖向承载力的计算公式为

$$q_v = \frac{4h}{D} 0.75 s_{ut} + 6\left(1 + 0.2\frac{d+h}{D}\right) s_{ub} + p_0' \leqslant 6\left(1 + 0.2\frac{d}{D}\right) s_{ut} + p_0' \tag{4.3-9}$$

式中:s_{ut}为上部硬黏土的不排水抗剪强度;s_{ub}为下部软黏土的不排水抗剪强度。式(4.3-9)第一项代表了土塞周围剪切面提供的摩擦阻力,其中 0.75 是考虑黏土软化效应的折减系数;第二项则代表了土塞底面由软黏土层剪切破坏提供的剪切抗力。式(4.3-9)意味着冲剪破坏提供的竖向承载力不得高于同一深度处单层土破坏模式下的竖向承载力。

当桩靴在下部软黏土层中贯入时,规范建议其贯入阻力可按照第 4.3.2 节中的公式进行计算。

(2)砂土叠置黏土

ISO 19905-1 规范建议了两种桩靴在砂土叠置黏土地层中竖向承载力的计算方法,即荷载扩散法和冲剪法。荷载扩散法如图 4.3-9(a)所示,上部砂土承受的荷载传递到黏土层顶面形成一个等效圆形基础,等效基础的直径为 $D+2h/n_s$,其中 n_s是荷载扩展因子,规范建议 n_s取 3～5,一般根据地区经验取值。桩靴基础在砂土中的贯入阻力等于等效圆形基础的竖向承载力减去桩靴与等效圆形基础之间砂土的重量:

$$\begin{aligned} q_v &= \left(1 + 2\frac{h}{n_s D}\right)^2 \left[6\left(1 + 0.2\frac{d+h}{D}\right) s_{ub} + \gamma_s'(d+h)\right] - \left(1 + 2\frac{h}{n_s D}\right)^2 \gamma_s' h \\ &= \left(1 + 2\frac{h}{n_s D}\right)^2 \left[6\left(1 + 0.2\frac{d+h}{D}\right) s_{ub} + p_0'\right] \end{aligned} \tag{4.3-10}$$

式中:γ_s'为砂土的有效重度。

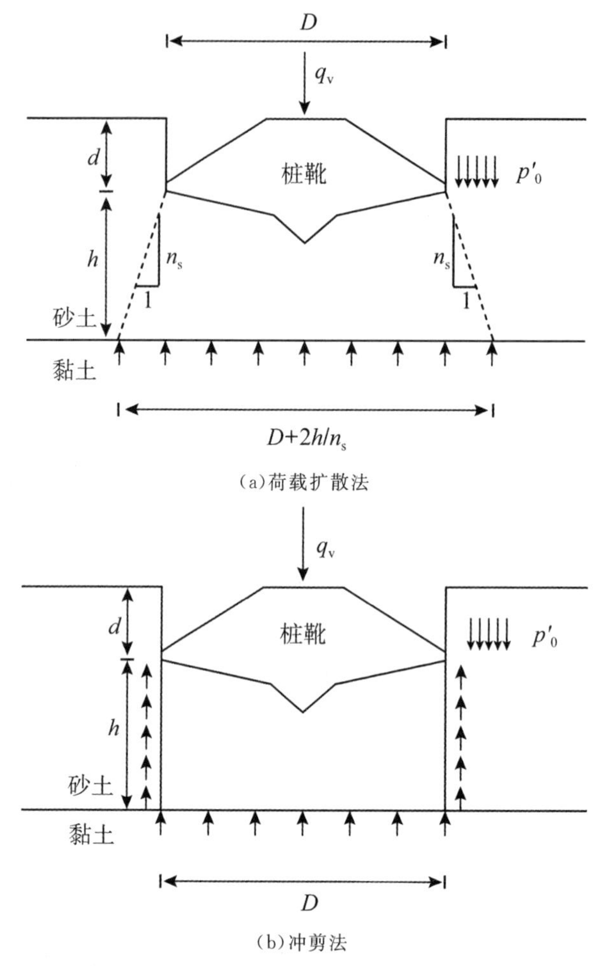

图 4.3-9　砂土叠置黏土竖向承载力预测模型

冲剪法如图 4.3-9(b)所示,与硬黏土叠置软黏土的预测模型相同,假定荷载沿与桩靴大小相同的垂直剪切面传递至黏土层顶面,贯入阻力由黏土层顶面的承载力和沿砂土层破坏面的摩擦力组成:

$$q_v=6\left(1+0.2\frac{d+h}{D}\right)s_{ub}+2\frac{h}{D}(\gamma' h+2p'_0)K_s\tan\varphi'+p'_0 \tag{4.3-11}$$

式中:K_s是冲剪系数,其值依赖于两层土的强度比和砂土的有效内摩擦角。ISO 19905-1 提供了图 4.3-10 所示的设计图表,图中 Q_{clay}和 Q_{sand}分别为黏土和砂土地基表面条形基础的竖向承载力,但规范并没有给出 Q_{clay}和 Q_{sand}的计算公式。简便起见,K_s也可以根据 InSafeJIP 指南(InSafeJIP,2011)推荐的公式计算:

$$K_s\tan\varphi'=2.5\left(\frac{s_u}{\gamma'_s D}\right)^{0.6} \tag{4.3-12}$$

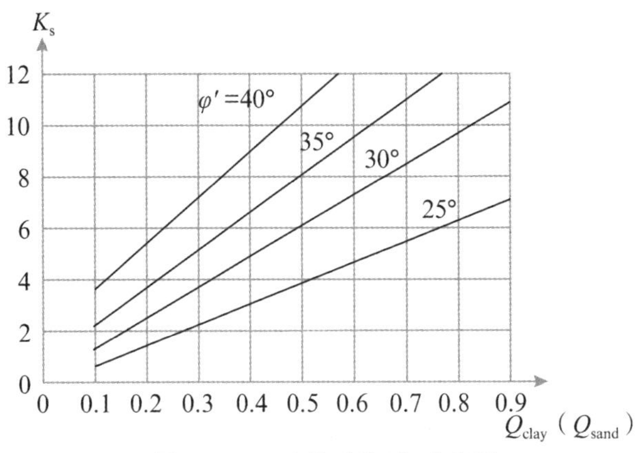

图 4.3-10　冲剪系数 K_s 查询图

当桩靴在下部软黏土层中贯入时，规范建议其贯入阻力可按照第 4.3.2 节中的公式进行计算。

3. 规范方法评价及最新研究进展

最新研究表明[19-24]，规范推荐的计算方法难以全面考虑上强下弱双层土地基的真实破坏模式，特别是未能充分考虑桩靴底部土塞对承载力的贡献，可能严重低估桩靴的贯入阻力。针对这些设计方法的不足，Zheng 等[23]和 Hu 等[24]分别提出了硬黏土叠置软黏土和砂土叠置黏土的新设计方法，充分考虑了地基的真实破坏模式，有效提高了预测精度。

ISO 19905-1 规范建议采用“bottom-up”方法计算三层或更多层土中桩靴的贯入阻力，即使用前述的单层土和双层土地基预测模型自下而上计算桩靴的贯入阻力曲线。以三层土为例：首先使用 4.4.3 节介绍的单层土模型计算底层（第三层）土的竖向承载力；随后根据第二、三层土的组合条件使用双层土模型计算中间层（第二层）土的竖向承载力；最终，基于计算得到的中间层土顶面的承载力，将中间层和底层合并等效为双层土模型中的下部土层，再根据第一层土和等效下部土层的组合条件使用双层土模型对顶层土承载力进行计算。可见，“bottom-up”方法假定桩靴贯入至某深度时，上部土层不会对地基破坏模式产生影响，地基仍表现为图 4.3-6、图 4.3-7 和图 4.3-9 所示的破坏模式。然而，这与实际情况并不相符。离心机试验表明，桩靴穿过上部土层以后总会拖动一部分土体形成土塞，如图 4.3-11 所示，土塞对挤压破坏发生的临界厚度和桩靴贯入阻力都有很大的影响，由于“bottom-up”方法忽略了这些影响，因此计算得到的贯入阻力曲线多偏于保守。

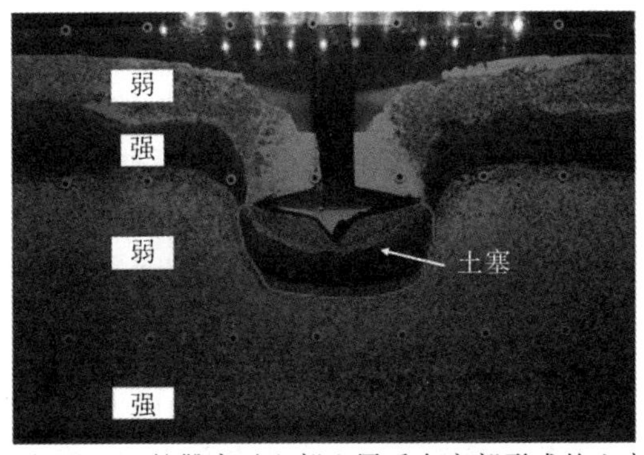

图4.3-11　桩靴穿过上部土层后在底部形成的土塞

针对"bottom-up"方法的不足，国内外开展物理模型试验和大变形有限元数值模拟研究，提出改进的贯入阻力预测方法[24-30]，考虑了土体真实的破坏模式，尤其是桩靴底部累积的土塞对贯入阻力的贡献。然而，这些改进的预测方法仅适用于单一的土层条件，例如"硬-软-硬"三层黏土地基、"黏-砂-黏"三层土地基、"黏-砂-黏-强土层"四层土地基等。相比之下，"bottom-up"方法虽然偏于保守，却适用于任意土层数量和组合的多层土地基。在实际应用中，岩土工程师一般根据岩土勘察资料确定土层强度参数的上下限值，随后据此计算贯入阻力曲线的上下限，进而确定了设计预压荷载条件下桩靴可能发生穿刺的位置以及最终贯入的深度范围。

4.4 浅基础承载力分析方法

4.4.1 经典承载理论方法

ISO、DNV 和 API 等对近海浅基础承载力计算提出了相应的设计指南，上述规范给出的计算方法与陆地上的浅基础承载力计算方法相同，均基于经典的承载力公式。当现场的条件有限且无法开展相应的模型试验时，可以应用经典的承载力公式计算小型基础的承载力。传统的承载力理论主要包括弹性理论和塑性理论，其中塑性理论基于塑性流动法则，不考虑土体的应变硬化和应变软化。尽管这些都是简单的土体模型，但是它们已经被广泛地应用了很长一段时间，不论是海洋浅基础还是陆地浅基础，都被作为承载力解法的理论基础。

1. 不排水承载力

预测浅基础的不排水承载力的经典公式如下：

$$V_{\mathrm{ult}}=A'\left(s_{\mathrm{u0}}(N_{\mathrm{c}}+KB'/4)\frac{FK_{\mathrm{c}}}{\gamma_{\mathrm{m}}}+p_0'\right) \tag{4.4-1}$$

式中：V_{ult}——极限竖向荷载；

A'——基础有效承载面积；

s_{u0}——土体排水抗剪强度；

N_{c}——条形基础在均质沉积物上的竖向荷载承载力系数；

K——不排水抗剪强度梯度；

B'——基础的有效宽度；

F——考虑强度各向异性程度的修正系数；

γ_{m}——材料抗剪强度系数；

K_{c}——考虑力的各向异性、基础形状和埋深的修正系数，其公式如下：

$$K_{\mathrm{c}}=1-i_{\mathrm{c}}+s_{\mathrm{c}}+d_{\mathrm{c}}$$

其中：$i_{\mathrm{c}}=0.5(1-\sqrt{1-H/A^{¢}s_{\mathrm{u0}}})$，$s_{\mathrm{c}}=s_{\mathrm{cv}}(1-2i_{\mathrm{c}})B^{¢}/L$，$d_{\mathrm{c}}=0.3\mathrm{e}^{-0.5KB/s_{\mathrm{u0}}\arctan(d/B^{¢})}$。

2. 排水承载力

在排水条件下，随着基础荷载压力的增加，土中有效应力随之增加，进而导致土的抗剪强度增大，因此排水条件下土的承载能力比不排水条件下强。但是当土承受的是拉伸荷载时，由于吸力的存在导致不排水条件下的土体抗剪强度会大于在排水条件下的抗剪强度。

预测浅基础的排水承载能力经典公式如下：

$$V_{ult}=A'(0.5\gamma' B' N_{\gamma} K_{\gamma}+(p'_0+a)N_q K_q-a) \tag{4.4-2}$$

式中：V_{ult}——极限竖向荷载；

A'——基础有效承载面积；

γ'——土体的浮重度；

B'——基础的有效宽度；

N_{γ}，N_q——自重承载力系数和附加承载系数；

K_{γ}，K_q——考虑基础形状、埋深以及荷载倾斜角因素的修正系数；

p'_0——有效覆盖层；

a——土体吸力参数；

N_{γ}和 N_q需要根据强度材料参数进行修正，修正公式如下：

$$\begin{aligned} N_q &= \tan^2\left(\frac{\pi}{4}+0.5\arctan\left(\frac{\tan\varphi}{\gamma_m}\right)\right)e^{\pi\tan\varphi/\gamma_m}; \\ N_{\gamma} &= 1.5(N_q-1)\tan\left(\frac{\tan\varphi}{\gamma_m}\right) \end{aligned} \tag{4.4-3}$$

式中：φ——土体的有效内摩擦角；

γ_m——材料抗剪强度系数。

在单轴竖向荷载下，N_q的表达式由式(4.4-3)准确地给出，Prandtl 曾用下限法对该式进行验证。我们注意到因为 φ 是以指数的形式存在于N_q的表达式中的，因此 N_q和 V_{ult}的值会对 φ 非常敏感。对于 N_{γ}，并没有一个准确的表达式，解法的建立是基于下限法。Davis 和 Booker[31-32]对 N_{γ}用了严密的解法，根据不同的参数拟合他们的解法中的参数，可以得到下面两个表达式：

$$\begin{aligned} N_{\gamma} &= 0.1054e^{9.6\varphi} \\ N_{\gamma} &= 0.0663e^{9.3\varphi} \end{aligned} \tag{4.4-4}$$

N_{γ}和 N_q之间的关系被广泛地应用。

修正系数 K_{γ}和 K_q的表述形式应该如下：

$$\begin{aligned} K_q &= s_q d_q i_q \\ K_{\gamma} &= s_{\gamma} d_{\gamma} i_{\gamma} \end{aligned} \tag{4.4-5}$$

式中：$s_q=1+i_q\dfrac{B'}{L}\sin\left(\arctan\left(\dfrac{\tan\varphi}{\gamma_m}\right)\right)$；

$d_q=1+2\dfrac{d}{B'}\left(\dfrac{\tan\varphi}{\gamma_m}\right)\left\{1-\sin\left(\arctan\left(\dfrac{\tan\varphi}{\gamma_m}\right)\right)\right\}^2$；

$i_q=\left\{1-0.5\left(\dfrac{H}{V+A'a}\right)\right\}^5$；

$s_{\gamma}=1-0.4i_{\gamma}\dfrac{B'}{L}$；

$d_{\gamma}=1$；

$i_{\gamma}=\left\{1-0.7\left(\dfrac{H}{V+A'a}\right)\right\}^5$。

其中 A 为基础有效承载面积，等于 $B'L$。

4.4.2　破坏包络面

经典的承载理论方法利用修正系数扩展了在简单条件下的基础解法。在经典的承载理论中，水平荷载和弯矩之间的相互影响是分开考虑的。对于海洋浅基础在受到因环境因素导致的很大的水平荷载和弯矩时，经典的承载理论将显得不再适用。对于海洋浅基础的设计采用经典承载理论有很多问题，如经典的方法没有考虑基础的拉伸承载能力。当浅基础受到水平荷载、竖向荷载和弯矩共同作用时，其下卧土层将呈现出复杂的应力状态。通过破坏包络面可以清晰直观地得出土体在多种荷载联合作用下的极限状态。破坏包络面可以通过竖向、水平以及弯矩三个面表示，也可以用过这三个面（V，H，M）决定的三维曲面表示。其所采用的符号如图 4.4-1 所示，破坏包络面示意图见图 4.4-2。当荷载组合在包络面内，说明基础处于安全状态；当荷载组合不在包络面内，则认为基础达到极限状态有失稳的风险。

在设计中采用破坏包络面的步骤如下：

(1)定义非轴向极限状态 $V_{ult}(V_0)$、H_{ult} 和 M_{ult}，从而定义包络面各个顶点。

(2)定义破坏包络面的形状。通过对荷载归一化后的一系列参数（V/V_{ult}，H/H_{ult}，M/M_{ult}）进行定义。

(3)如果设计荷载在包络面内则认为安全；如果不是，则需要提高基础的承载力（基础面积和埋深加大）或者降低设计荷载。

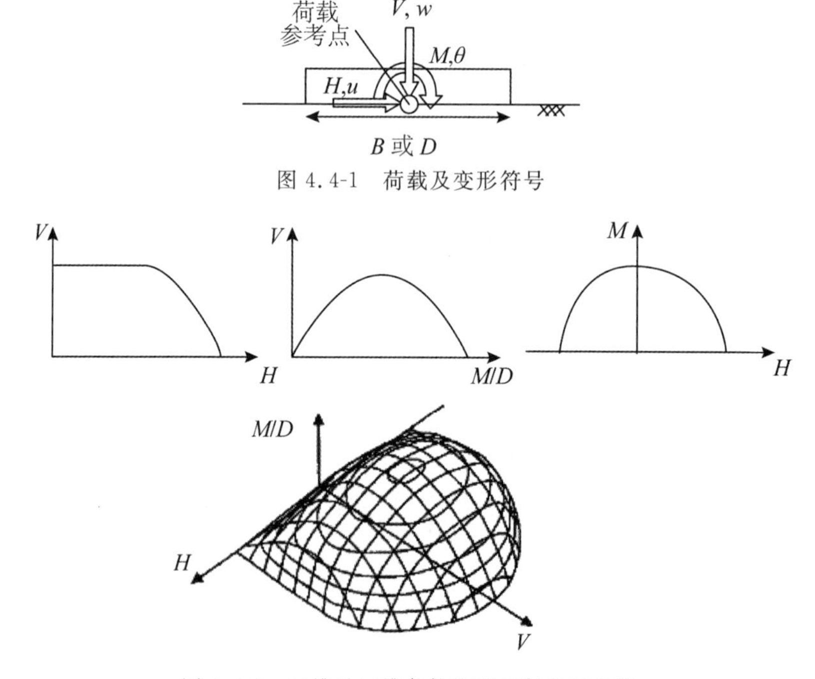

图 4.4-1　荷载及变形符号

图 4.4-2　二维及三维条件下破坏包络面示意

图 4.4-2 给出了对于不排水条件下基础极限状态的破坏包络面，需要注意的是当竖向荷载为零时，基础的弯矩承载力也为零。包络面的形状和很多因素有关，包括破坏时的排水

条件、各向异性剪应力、基础-土体相互作用、拉伸抗力、基础形状和埋深。经典承载力理论中的一个假设认为基础形状、埋深以及各向异性因素只影响包络面的大小，与极限状态相关参数 V_{ult} 一样对破坏包络面形状并无影响。越来越多的研究认为，竖向、水平以及弯矩荷载比传统承载力理论更加复杂。在很多情况下，特别是对于埋深，仅仅研究包络面的顶点并不准确。

确定破坏包络面有三种主要的方法：经验法、理论分析法以及数值分析方法。

(1)经验法：牛津大学研制出了研究一般加载时浅基础反应的设备。竖向、弯矩以及水平荷载可以通过放置在基础上部的加载装置实现。通过布置在各个方向的传感器可以对基础的变形进行监测，然后整合多次试验结果可以构建一个连续的三维破坏包络面。

(2)理论分析方法：通过运用塑性理论结合土体本身应力场，可以得到地基承载力的上下边界塑性解。图 4.4-3 所示为条形基础在多种荷载下的破坏机制，这些破坏机制扩展到三维依然成立[33]。

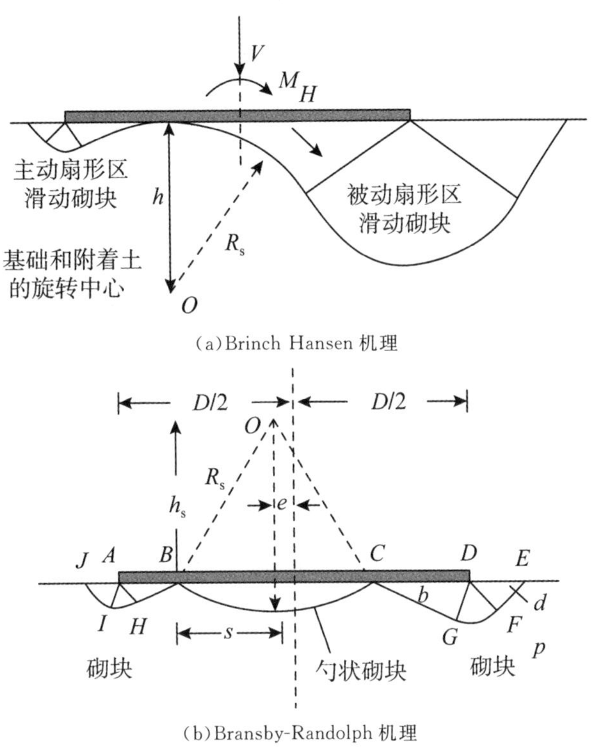

图 4.4-3　多种荷载作用下条形基础的平面应变机理

(3)数值分析法：破坏面可以通过各种数值方法得到，比如有限元、有限差分法。数值方法基于将一个部分分成若干个小的单元或节点，同时赋予其材料属性及边界条件。这样使分析工作能较为真实地反映基础的特性、土体性质和加载情况，进而可以计算得到模拟条件下的破坏荷载。图 4.4-4 所示为一个位移控制加载路径下地基破坏研究的有限元网格。

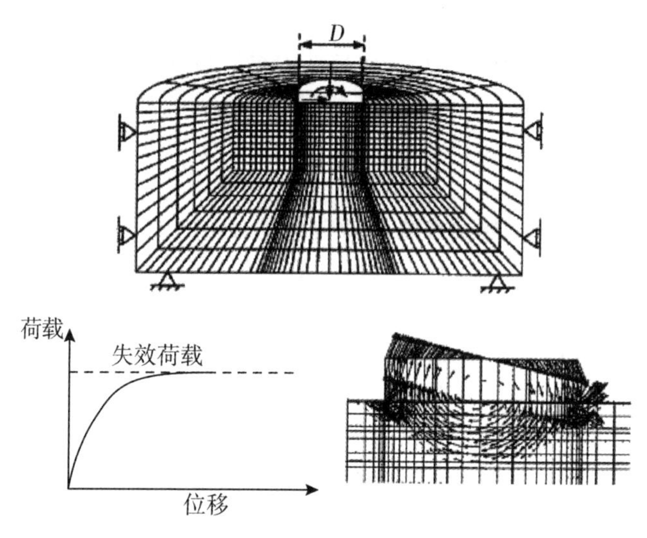

图 4.4-4　一般加载下模拟浅基础破坏有限元网格

4.5　变形预测

近海浅基础沉降，也就是竖向位移，主要由固结引起的不排水瞬时沉降分量和循环加载引起的长期沉降分量组成。表 4.5-1 为这些分量的一个详细的划分。瞬时沉降是由荷载施加时引起的，是地基土体的初始变形结果。这种变形沉降并非弹性，虽然计算的时候经常用弹性理论来求解。土体固结引起的沉降是由于土体排水、土骨架压缩引起的。初始固结沉降和次级固结沉降的区别在于土体沉降的时间不同。在初始固结沉降中，沉降速率由土体中孔隙水的排除速率控制。在次级固结沉降（土体蠕变）中，沉降速率由土骨架变形控制。水平简谐运动只会引起瞬时沉降。但风和波浪等都会引起长期水平位移及沉降[35-36]。

表 4.5-1　沉降组成[37]

荷载	沉降组成	/
静荷载	(1a)初始沉降：静荷载施加产生的不排水剪应变。 (1b)不排水蠕变：不排水条件下由于平台自重引起的剪应变(1a 的延续)。	Δ vol=0
	(2)固结沉降：在平台自重下土体中孔隙水排出产生的体应变引起。	Δ vol>0
	(3)次级沉降：排水条件下产生的体应变和剪应变。	Δ vol>0

续表

荷载	沉降组成	/
循环荷载	(4a)循环荷载下塑性屈服和应力重分布(不排水)	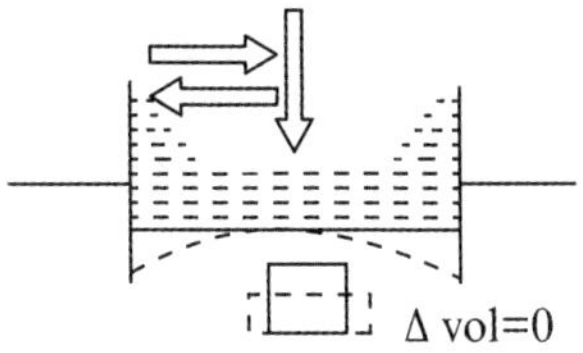 Δ vol=0
	(4b)超静孔压和有效应力及土体刚度下降引起的剪应变(不排水)	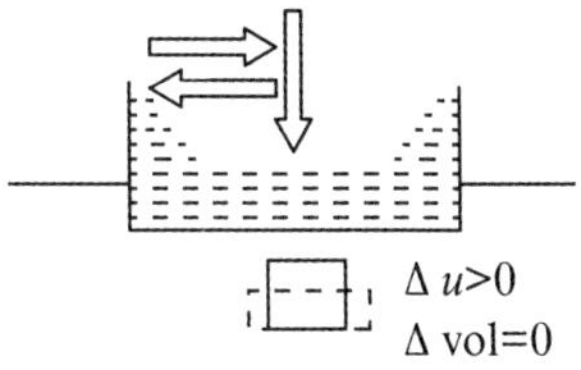 Δ u>0 Δ vol=0
	(5)超静孔压消散引起的体应变	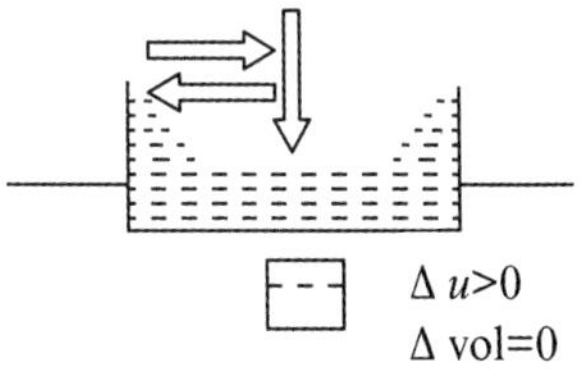 Δ u>0 Δ vol=0

4.5.1　弹性解

对浅基础变形运动的初始预测主要通过弹性解理论计算得到。对于刚性圆形基础存在很多弹性理论解[38]。

对于各向同性的弹性土层，刚性圆形基础上竖向荷载 V 引起的竖向位移 w、弯矩 M 引起的旋转角 θ 及水平荷载 H 引起的水平位移 u：

$$w=\frac{VI_{\mathrm{p}}}{Ea} \tag{4.5-1}$$

式中：I_{p}——根据归一化土层深度 h/a 和泊松比 v 定义的沉降影响系数(见图 4.5-1)；

E——土体杨氏模量；

a——基础的半径；

$$\theta=\frac{M(1-v^2)I_\theta}{Ea^3} \tag{4.5-2}$$

I_θ——归一化土层深度 h/a 定义的旋转影响系数；

$$u=\frac{H(7-8v)(1+v)}{16(1-v)Ea} \tag{4.5-3}$$

水平荷载 H 引起的水平位移 u 的解可以用于无限深土层。但是，相较于竖向位移，土层深度对水平位移的影响有限。

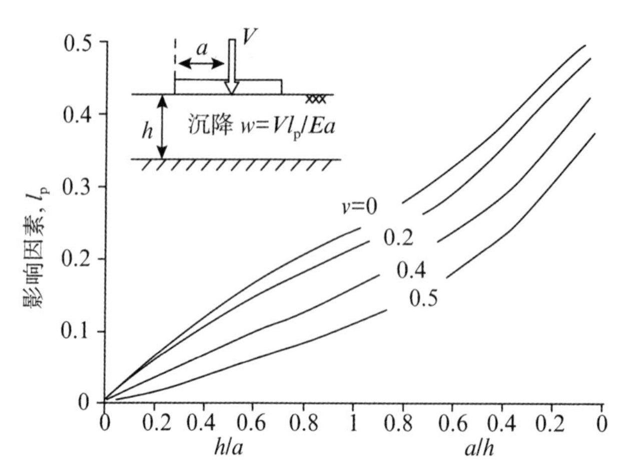

图 4.5-1　竖向荷载下刚性圆形基础的沉降影响系数[39]

表 4.5-2　弯矩作用下刚性圆形基础的旋转影响系数[40]

b/a	I_θ
0.25	0.27
0.5	0.44
1.0	0.63
1.5	0.69
2.0	0.72
3.0	0.74
>5.0	0.75

对于不均匀的弹性土层，土层参数可以由参数 α 控制：

$$G_{(z)}=G_D\left(\frac{z}{D}\right)^{\alpha} \tag{4.5-4}$$

式中：$G_{(z)}$——深度为 z 的土体剪切模量；

G_D——深度为一倍基础直径($z=D$)的土体剪切模量；

α——参数，$\alpha=0$ 表示各向同性土层，$\alpha=1$ 表示随深度线性增加的土体模量。土体刚度规律见图 4.5-2。

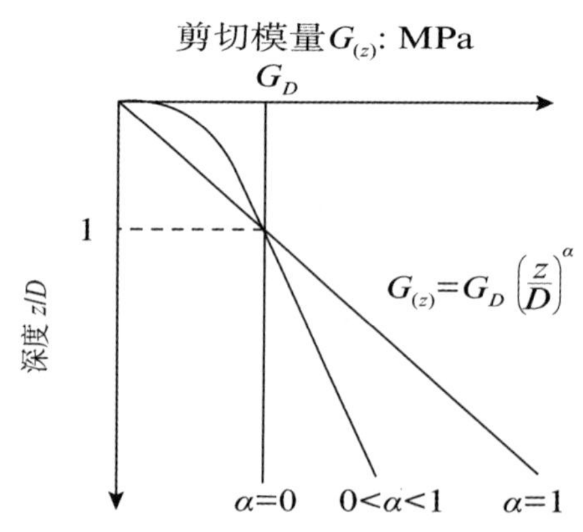

图 4.5-2　不均匀土层刚度定义

对于直径为 D 的圆形表层和嵌入式基础，Doherty 和 Deeks[41-42] 根据刚度次数 k_v、k_h 等提出了解：

$$\begin{Bmatrix} V \\ H \\ M/D \\ T/D \end{Bmatrix} = \begin{bmatrix} k_v & 0 & 0 & 0 \\ 0 & k_h & k_{mh} & 0 \\ 0 & k_{hm} & k_m & 0 \\ 0 & 0 & 0 & k_t \end{bmatrix} \begin{Bmatrix} w \\ u \\ \theta D \\ \varphi D \end{Bmatrix} \tag{4.5-5}$$

图 4.5-3 所示为不同裙板深度下基础在泊松比为 0.2 和 0.5 时的刚度系数曲线。Doherty 和 Deeks[41-42] 对不同类型的嵌入式基础提供了解法。

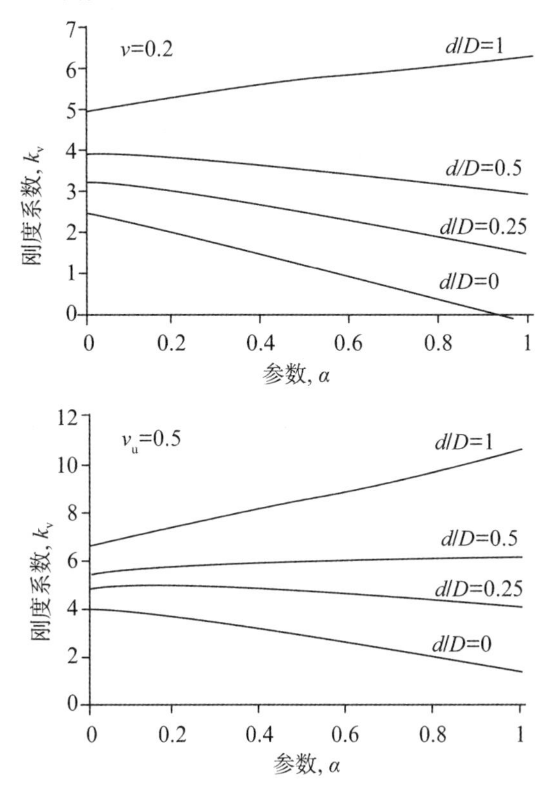

图 4.5-3　表层和裙板基础的弹性刚度系数

瞬时变形应用不排水杨氏模量 E_u 和泊松比 v_u，当计算总变形时应用排水杨氏模量 E' 和泊松比 v'。在使用这些表达式进行计算时，应格外注意选用合适的弹性理论以及合适的弹性参数。实际上，土体的应力应变关系是非线性的，但是弹性计算中需要的刚度系数是近似线性的。刚度参数的选用必须十分谨慎，因为其与围压和荷载施加水平有很大的关系。土体参数应尽可能采用实测数据。只有缺少实测时，才可采纳其他相近的土体参数作为计算参数。但是，相近也意味着可能采用的土体参数和实际完全不同，稍微不同的土体可能产生完全不同的结果。因此，选用合适的参数需要具备一定的经验和判断能力。

4.5.2　固结

实际应用中，不仅需要知道固结发生的程度大小，还需要知道固结的速率。太沙基的一维固结理论可以应用于大多数位于可压缩土层上的浅基础。但是，太沙基理论忽视了现场实际情况。现场中可能会产生三维土体流动，应变可能会控制固结。Biot[43-44]首次提出了三维固结理论。从那以后，关于浅基础的时间-沉降理论的分析解法层出不穷[45-49]。图 4.5-4 所示是关于位于弹性半空间上光滑、刚性、不透水的圆形基础的沉降时间关系曲线(排水泊松比 v'介于 0.1 到 0.3 之间)。

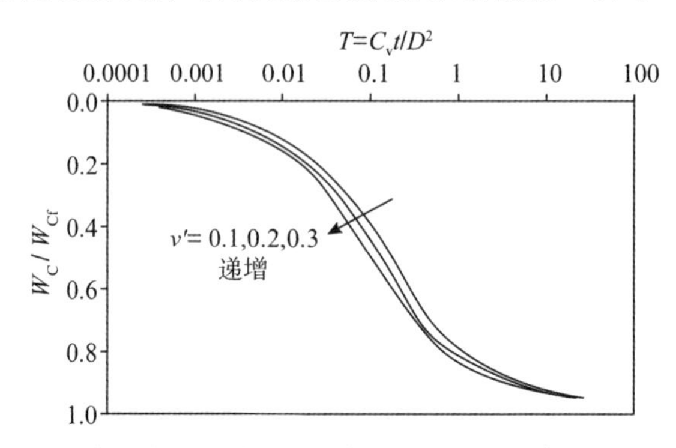

图 4.5-4 表面光滑、刚性、不透水圆形基础的沉降时间关系曲线

埋深对地基沉降的量化影响的研究还较少。埋深会减小浅基础的固结沉降的速率和大小。这是由于基础上部土体的抗力以及较长的排水通道引起的。对于海洋基础，问题会更加复杂，因为基础裙板长度会改变基础埋深，与相同条件下的埋入土体的板或实体嵌入基础相比，这样会导致固结速率加快和更大的位移，对两面光滑的基础来说更加明显。图 4.5-5 所示是通过有限元分析得到的不同变量下的基础固结沉降时间效应曲线[50]。图 4.5-6 所示是通过有限元分析得出的对于不同的裙板基础埋深比和固结沉降时间效应的关系曲线[51]。

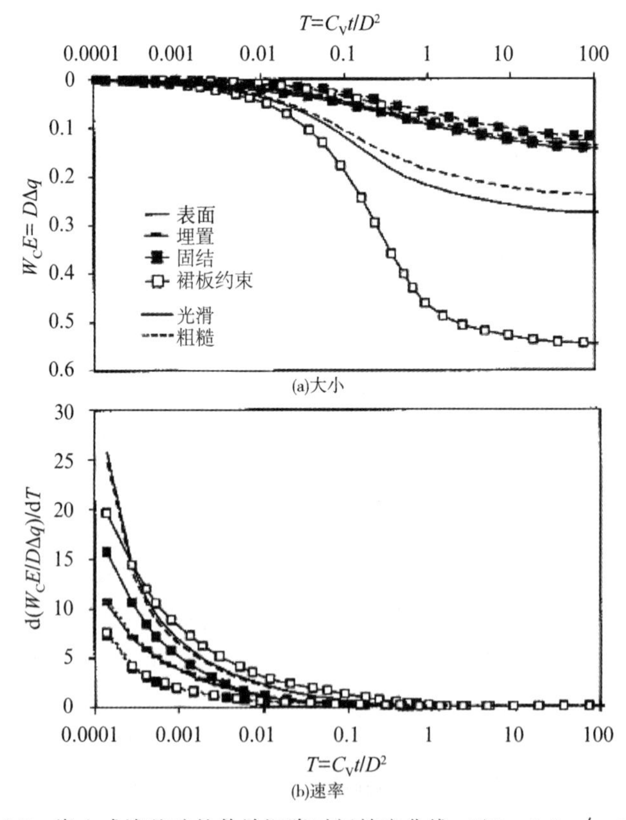

图 4.5-5 嵌入式浅基础的估计沉降时间效应曲线，$d/D=0.5$，$v'=0.2$[50]

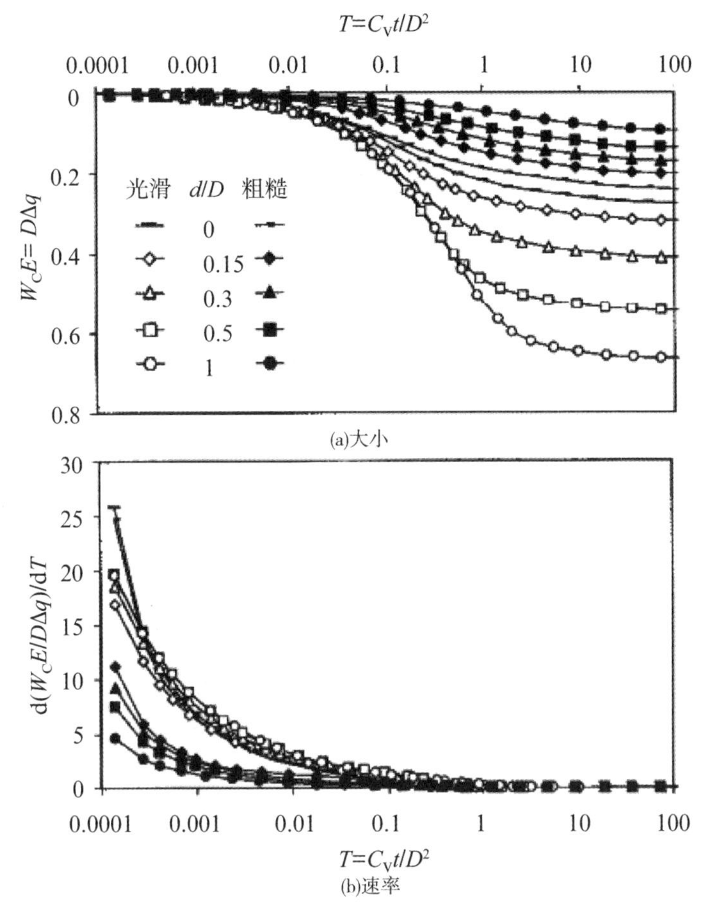

图 4.5-6　裙板基础的固结沉降时间效应 $v'=0.2$[51]

4.6　其他因素对浅基础的影响

4.6.1　循环荷载对浅基础的影响

海上基础不断受到风浪流等循环荷载的作用，使得作用在基础上的竖向、水平和弯矩荷载均为循环荷载。理想情况下，对基础稳定性的详细分析需要复杂的数值模拟，并需要考虑剪切强度各向异性和循环荷载影响的本构模型。在实际工程中，绝大多数设计采用简化方法，或者在极限平衡（或塑性极限上限）分析中适当地插入不同位置的剪切强度，或者在标准设计方法中采用等效剪切强度。等效抗剪强度应同时反映应力路径及循环荷载的影响。

除了平台日常运营条件下的低幅值循环荷载，基础还要承受风暴造成的极端循环荷载。长时间恶劣天气（如北海）或飓风（如墨西哥湾和澳大利亚西北大陆架）产生风浪荷载，结构和基础不止受到极端波浪的冲击，而且在一段时间内承受连续高幅值荷载作用。大多数风暴将持续 3h，其间约有 1000 个波浪，但风暴聚集和消散时间可以持续 72h。承载力分析必须考虑这种循环荷载的影响，加载序列需要包含不同振幅的循环荷载。

4.6.2 管涌和冲刷

波浪和水流造成重力平台周围和底部土层的管涌和冲刷，极大影响平台的安全与正常使用。冲刷发生与否取决于水流速度、土层坡度和周期波浪运动造成的土中的瞬时水力梯度。水力梯度导致土体内部及“平台-土”接触面上发生渗流，如果梯度很大，形成自由渗透通道，将会导致裙板上边的管涌和冲刷。因此，应保证平台在受到最大波浪作用时，裙板上边缘不脱离海床面，否则水的吸入和涌出会导致严重侵蚀。对于没有裙板的平台，也应始终保持有效接触应力。

在平台受压面，如果平台下没有自由水，则不会发生沿裙板的管涌。然而，由于平台前孔隙水压力的增加，可能会造成有效应力的降低。

表面冲刷危害可通过冲刷保护解决，或在设计时确保所有被侵蚀的土层都被冲走基础仍然安全。大多数平台都设有裙板，裙板的作用之一是减少周围土体的冲刷。

参考文献

[1] Randolph M F. Cassidy M J, Gourvenec S and Erbrich C T. The Challenges of Offshore Geotechnical Engineering[C]. (Keynote) Proc. Int. Symp. Soil Mech. Geotech. Eng. (ISSMGE), Osaka, Japan, Balkema, 2005, 1: 123-176.

[2] Dyvik R, Andersen K H, Hansen S B and Christophersen H P. Field tests of anchors in clay[J]. J. Geotech. Eng. ASCE, 1993, 119(10): 1515-1531.

[3] Andersen K H, Dyvik R, Schroeder K, et al. Field tests of anchors in clay. II: Predictions and interpretation[J]. J. Geotech. Eng., ASCE, 1993, 119(10): 1532-1549.

[4] Tjelta T I and Haaland G. Novel foundation concept for a jacket finding its place[J]. Proc. Offshore Site Invest. Found. Behav., Soc. Underwater Tech., 1993, 28: 717-728.

[5] Bye A, Erbrich C, Rognlien B and Tjelta T I. Geotechnical design of bucket foundations[C]. Proc. Annu. Offshore Tech. Conf. Houston, Texas, 1995, Paper OTC 7793.

[6] Hossain M S, Hu Y, Randolph M F and White D J. Limiting cavity depth for spudcan foundations penetrating clay[J]. Géotechnique, 2005, 55(9): 679-690.

[7] Hossain M S, and Randolph M F. New mechanism-based design approach for spudcan foundations on single layer clay[J]. J. Geotech. Geoenv. Eng., ASCE, 2009, 135(9): 1264-1274.

[8] Hossain M S, and Randolph M F. New mechanism-based design approach for spudcan foundations on stiff-over-soft clay[C]. Proc. Annu. Offshore Tech. Conf., Houston, Texas, 2009, Paper OTC19907.

[9] Hossain M S, Zheng J, Menzies D, et al. Spudcan penetration analysis for case histories in clay[J]. Journal of Geotechnical and Geoenvironmental Engineering, ASCE, 2014, 140(7): 04014034.

[10] Zheng J, Hossain M S & Wang D. New design approach for spudcan penetration in nonuniform clay with an interbedded stiff layer[J]. Journal of Geotechnical and Geoenvironmental Engineering, ASCE, 2015, 141(4):04015003.

[11] Zheng J, Hossain M S, & Wang D. Estimating spudcan penetration resistance in stiff-soft-stiff clay[J]. Journal of Geotechnical and Geoenvironmental Engineering, ASCE, 2018,144(3): 04018001.

[12] Skempton A W. The bearing capacity of clays[J]. Proc. Build. Res. Cong., London, 1951,1: 180-189.

[13] Houlsby G T and Martin C M. Undrained bearing capacity factors for conical footings on clay[J]. Géotechnique, 2003,53(5): 513-520.

[14] Prandtl L. Eindringungsfestigkeit und festigkeit von schneiden[J]. Angew. Math. U. Mech 1921,1(15): 15-20.

[15] Young A G, Remmes B D and Meyer B J. Foundation performance of offshore jack up drilling rigs[J]. J. Geotech. Eng. Div., ASCE, 1984,110(7): 841-859.

[16] Menzies D and Roper R. Comparison of jackup rig spudcan penetration methods in clay[J]. Proc. Annu. Offshore Tech. Conf., Houston, Texas, 2008,Paper OTC 19545.

[17] Hossain M S, Randolph M F & Saunier Y N. Spudcan deep penetration in multi-layered fine-grained soils [J]. International Journal of Physical Modelling in Geotechnics ,2011,11(3): 100-115.

[18] Martin C M. New software for rigorous bearing capacity calculations[C]. Proc. Int. Conf. Found. (ICOF), Dundee, Scotland,2003: 581-592.

[19] Lee K K. Investigation of Potential Spudcan Punch-Through Failure on Sand Overlaying Clay Soils[D]. University of Western Australia,2009.

[20] Lee K K, Randolph M F and Cassidy M J. New simplified conceptual model for spudcan foundations on sand overlying clay soils[J]. Proc. Annu. Offshore Tech. Conf. Houston, Texas, 2009,Paper OTC 20012.

[21] Hu P, Stanier S A, Cassidy M J & Wang D. Predicting peak resistance of spudcan penetrating sand overlying clay[J]. Journal of Geotechnical and Geoenvironmental Engineering, ASCE, 2014,140(2): 04013009.

[22] Hu P, Wang D, Cassidy M J& Stanier S A. Predicting the resistance profile of a spudcan penetrating sand overlying clay[J]. Canadian Geotechnical Journal, 2014,51(10):1151-1164.

[23] Hu P, Wang D, Stanier S A, & Cassidy M J. Assessing the punch-through hazard of a spudcan on sand overlying clay[J]. Géotechnique, 2015,65(11): 883-896.

[24] Zheng J, Hossain M S & Wang D. New design approach for spudcan penetration in nonuniform clay with an interbedded stiff layer[J]. Journal of Geotechnical and Geoenvironmental Engineering, ASCE 141,2015,141(4):04015003.

[25] Zheng J, Hossain M S & Wang D. Numerical investigation of spudcan penetration in multi-layer deposits with an interbedded sand layer[J]. Géotechnique, 2017, 67

(12)：1050-1066.

[26] Zheng J, Hossain M S & Wang D. Estimating spudcan penetration resistance in stiff-soft-stiff clay[J]. Journal of Geotechnical and Geoenvironmental Engineering, ASCE 144, 2018,144(3)：04018001.

[27] Zhao J, Jang B S, Duan M & Song L. Simplified numerical prediction of the penetration resistance profile of spudcan foundation on sediments with interbedded medium-loose sand layer[J]. Applied Ocean Research ,2018,55:89-101.

[28] Ullah S N, Stanier S, Hu Y & White D J. Foundation punch-through in clay with sand：analytical modelling[J]. Géotechnique,2017,67(8)：672-690.

[29] Ullah S N, Stanier S, Hu Y & White D J. Foundation punch-through in clay with sand：centrifuge modelling[J]. Géotechnique,2017,67(10)：870-889.

[30] Ullah S N and Hu Y. Peak punch-through capacity of spudcan in sand with interbedded clay：numerical and analytical modelling[J]. Canadian Geotechnical Journal, 2017,54(8)：1071-1088.

[31] Davis E H, Booker J R. The bearing capacity of strip footings from the standpoint of plasticity theory[J]. Proc. Australia-New Zealand Conf. Geomech., Melbourne, Australia,1971:276-282.

[32] Davis E H, Booker J R. The effect of increasing strength with depth on the bearing capacity of clays[J]. Géotechnique, 1973,23(4)：551-563.

[33] Randolph M F and Puzrin A M. Upper bound limit analysis of circular foundations on clay under general loading[J]. Géotechnique 2003,53(9)：785-796.

[34] Gourvenec S. Shape effects on the capacity of rectangular footings under general loading[J]. Géotechnique, 2007,57(8)：637-646.

[35] Poulos H G. Marine Geotechnics[M]. London：Unwin Hyman,1988.

[36] Poulos H G. Cyclic stability diagram for axially loaded piles[J]. J. Geotech. Eng. Div.,ASCE, 1988,114(GT8)：877-895.

[37] Eide O and Andersen K H. Foundation engineering for gravity structures in the northern North Sea [J]. Proc. Int. Conf. Case Histories in Geotechnical Engineering, St. Louis, MO,1984, 5：1627-1678.

[38] O'Reilly M P and Brown S F. Cyclic Loading of Soils[M]. Blackie,1991.

[39] Poulos H G and Davis E H. Elastic Solutions for Soil and Rock Mechanics[M]. John Wiley, New York,1974.

[40] Yegorov K E and Nitchporovich A A. Research on the deflection of foundations[J]. Proc. Int. Conf. Soil Mech. Found. Eng. (ICSMFE), Paris, France, 1961,1：861-866.

[41] Doherty J P and Deeks A J. Scaled boundary finite element analysis of a non-homogeneous axisymmetric domain subjected to general loading[J]. Int. J. Num. Anal. Methods Geomech., 2003,27：813-835.

[42] Doherty J P and Deeks A J. Elastic response of circular footings embedded in a non-

homogeneous half-space[J]. Géotechnique,2003, 53(8): 703-714.

[43] Biot M A. Le problem de la consolidation des matieres argileuses sous une charge [J]. Annaies de la Societe Scientific de Bruxelles, Series B,1935,55: 110-113.

[44] Biot M A. General solutions of the equations of elasticity and consolidation for a porous material[J]. Trans. J. Appl. Mech. , ASME, 1956,78: 91-96.

[45] McNamee J and Gibson R E. Plane strain and axially symmetric problems of the consolidation of a semi-infinite clay stratum[J]. Quart. J. Mech. Appl. Math. , 1960,13: 210-227.

[46] Gibson R R, Schiffman R L and Pu S L. Plane strain and axially symmetric consolidation of a clay layer on a smooth impervious base[J]. Quart. J. Mech. Appl. Math. ,1970, 23(4):505-519.

[47] Booker J R. The consolidation of a finite layer subject to surface loading[J]. Int. J. Solids Struct. , 1974,10: 1053-1065.

[48] Booker J R and Small J C. The behaviour of an impermeable flexible raft on a deep layer of consolidating soil[J]. Int. J. Num. Anal. Methods Geomech. , 1986,10 (3): 311-327.

[49] Chiarella C and Booker J R. The time-settlement behaviour of a rigid die resting on a deep clay layer[J]. International Journal of Numerical and Analytical Methods in Geomechanics,1975, 8: 343-357.

[50] Gourvenec S and Randolph M F. Consolidation beneath skirted foundations due to sustained loading[J]. Int. J. Geomech. , ASCE,2010,10(1): 22-29.

[51] Gourvenec S and Randolph M F. Effect of foundation embedment and soil properties on consolidation response[J]. Proc. Int. Conf. on Soil Mech. and Geotech. Eng. (ICSMGE),Alexandria, Egypt. ,2009:638-641.

第5章　桩基础

5.1　海洋桩基础

5.1.1　海洋桩基础的应用

桩基是一种常见的基础形式，具有承载力高、沉降量小的优点，在高层建筑、高速铁路、重型厂房、市政桥梁、港口码头等大型建筑物中得到了广泛的应用。随着近年来海洋油气工业的发展，桩基础已成为系泊锚、海洋油气平台、跨海桥梁、海上风电等海洋结构物的重要基础形式。根据桩基布置形式和所承受荷载水平等方面的差异，桩径一般在0.6～8m范围内，在海上风电领域，目前已经在研发直径超过10m的超大型单桩基础。

在海洋油气平台结构中，打入式钢管桩是最常用的基础形式。对于小型平台，其一般在各个角落处设置一根单桩基础，然后通过导管架直接将上部结构与桩基础连接起来。对于中型平台，除了在各角落处设置单桩基础之外，还需要沿着结构长边方向设置裙桩以承担更大的上部荷载。对于大型平台，其通常需要在各个角落处设置桩群以抵抗上部结构产生的巨大压拔荷载。以位于澳大利亚附近的西北大陆架上的North Rankin A平台为例，其在四个角落处各设有8根桩基，如图5.1-1所示。

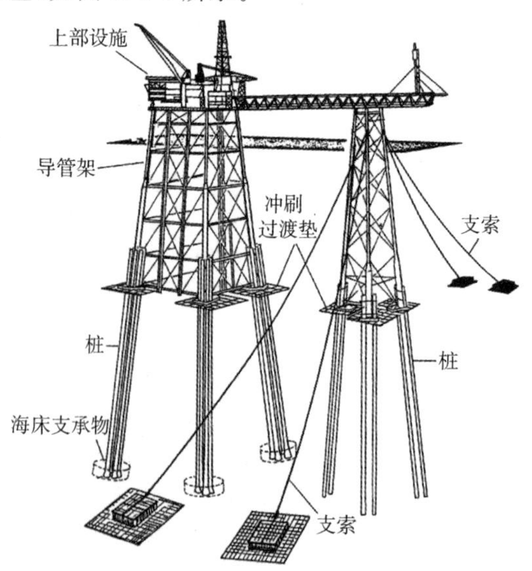

图5.1-1　North Rankin A平台基础布置(Woodside Petroleum 1988)

在浮式平台的锚定结构中，桩基础主要承担竖向上拔荷载作用。第一个张力腿平台(TLP)安装在欧洲北海的 Hutton 油田，整体结构的锚定力由打入式钢管桩提供。通过设置在海床上的 4 个基座板将锚定桩基和张力筋腱连接在一起，每个基座板下布置 8 根桩基础，连接 4 根张力筋腱，桩基打入深度为 58m。更为先进的 TLP 采用一种更为简洁的传力结构，每根张力筋腱都可直接连接到下部锚定桩基上(Digre 等，1999)。

桩基础还可用作浮式采油船的锚固结构，桩基承受准水平或成角度的载荷作用。在海况较为平静的浅水中，一部分锚链将直接平铺在海床上，由于锚链与海床间的摩擦作用，作用在锚桩上的荷载较小。在暴风雨荷载作用下，链条将对锚桩施加单向水平周期性荷载。如图 5.1-2 所示，锚系链条可以直接在海床表面连接到锚桩上，也可以锚固在锚桩一定深度处，这样可以提供更大的水平承载力。在深水中，张紧式系泊系统更为常见，其系泊绳索与水平方向的夹角一般要≥35°。

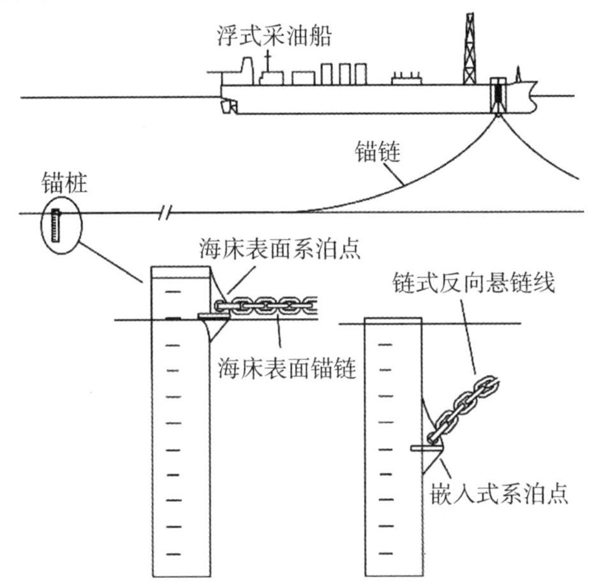

图 5.1-2　锚泊系统中水平受荷锚桩结构(Randolph & Gourvenc，2011)

在海上风电领域，大直径单桩基础由于具有施工便利性及经济性，被广泛用作海上风电结构的基础形式(见图 5.1-3)。大直径单桩基础其直径一般在 4～9m，主要应用于水深不大于 35m 的风机，约占全球已建和在建风电基础的 60%以上。桩基主要受水平荷载和倾覆弯矩的作用，其长径比较小(L/D=3～8)，可提供足够的横向刚度，表现出刚性短桩的特性。随着海上风电向深海发展，较高刚度的三脚架和导管架多桩基础也逐渐得到了应用。

图 5.1-3　海上风电工程中大直径单桩基础

5.1.2 海洋桩基础设计要求

海洋桩基的设计必须考虑桩基础承载性能及施工效应等各方面影响因素,图 5.1-4 归纳了可能需要考虑的影响因素及相关设计分析方法(Randolph & Gourvenc,2011)。

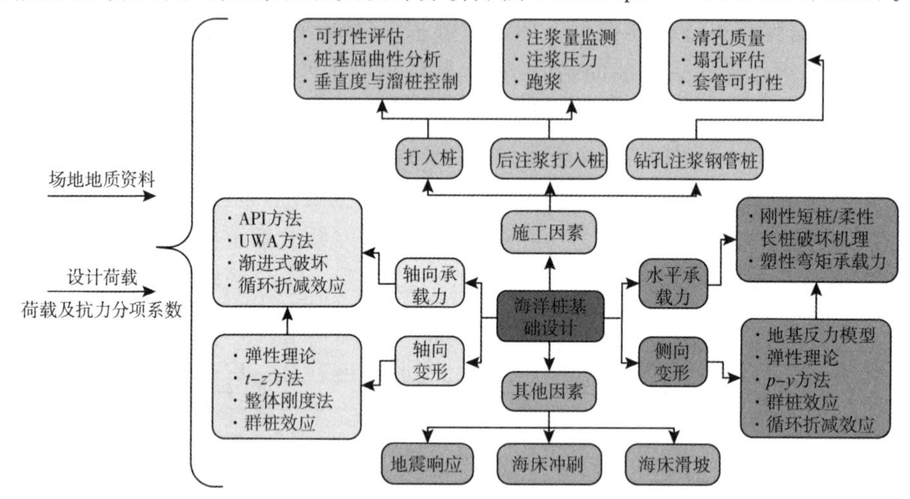

图 5.1-4 海洋桩基础设计所需要考虑的影响因素(修改自 Randolph & Gourvenc,2011)

对于海洋桩基,除了对场地特征和设计条件进行评估外,还必须考虑如下影响因素:

(1)桩基的施工,包括打入桩的可打性、垂直度和溜桩控制,钻孔注浆钢管桩的孔壁稳定性、套管可打性和桩底沉渣影响,及后注浆打入桩的注浆条件和注浆质量控制等因素。对于海上风电大直径桩基,还需要考虑海上打桩船的吊装和施打能力。

(2)荷载特性(轴向荷载或水平荷载)、大小与荷载组合工况。

(3)轴向受荷桩的承载力和变形设计计算方法,包括是否考虑桩侧阻力的渐进性破坏、循环折减效应、群桩效应等的影响。

(4)水平受荷桩的承载力和变形设计计算方法,包括刚性短桩还是柔性长桩、弹性地基梁方法还是非线性 p-y 曲线方法,是否需要考虑循环折减效应、群桩效应等。

(5)其他因素,如地震响应、局部海床稳定性、冲刷、动力响应等。

设计桩基础时应当确保沉桩的可靠性,并且桩基础具有足够的刚度和强度以抵抗上部设计载荷作用。在满足桩基极限状态和使用极限状态条件下,最大程度地减少桩基使用量、设计长度和施工时间,以尽可能节省工程造价。

相对于浅基础而言,桩基础的设计更为复杂,其具体表现在:

(1)桩基础承载力大小的计算理论并不是十分严密,其经验性更强。其部分原因是相关计算理论无法准确地反映桩基础的实际破坏机理,尤其是桩端处。此外,由于施工因素影响,例如打入桩,桩基的沉桩过程将对桩周土体的应力场分布产生较为显著的影响,因此也就更难以准确把握桩基础在实际工作状态下的受荷特性。

(2)在分析桩基础的强度及刚度特性时通常需要考虑土体的非线性及分层特性,因此很难得到完备的理论解析解,需要采用数值方法以考虑土体强度和刚度沿深度的变化特性。

与浅基础相比,桩基础的水平荷载与轴向荷载没有明显的相互作用,这主要是因为桩基础水平抗力主要由地表几倍桩径范围内的土层提供,桩基轴向承载力主要由下部土层提供。

因此，在桩基的设计计算分析中，一般将轴向和水平受荷性状分开考虑。

5.2　轴向受荷海洋桩基分析设计

桩基轴向承载力的计算主要分为基于土体力学参数和临界深度概念的传统经验方法（如美国石油协会 API 方法）和近 20 年来发展起来的基于静力触探端阻力的原位测试方法（如 ICP-05 和 Fugro-05 方法）。前者由于存在诸多与实际沉桩特性不一致的假设（如沉桩过程引起的桩周应力变化以及存在临界深度），导致预测的桩基承载力有时与实测桩基承载力差别较大（Chow，1997）；而后者可以一定程度上再现打桩和加载过程中引起的桩周应力场变化，在海洋工程中逐渐得到推广与应用。

目前，在常规海洋桩基设计中，要考虑桩基在沉桩和加载过程中引起的桩周土体应力变化过于复杂，因此大量海洋桩基设计，特别是在初步设计阶段，仍然大量采用传统经验方法，利用桩侧土体不排水剪切强度 s_u、桩侧土体竖向有效应力 σ'_{v0} 与桩侧极限摩阻力 τ_{sf} 的经验关系来确定桩侧摩阻力大小。但经验方法中相关经验系数的选用，必须合理考虑桩基施工效应和加载过程中桩周应力变化的力学机理。

5.2.1　黏性土中桩基极限承载力计算

1. 桩侧极限摩阻力

在黏性土中，桩侧极限摩阻力 τ_{sf} 一般可采用总应力法直接计算，即假定桩身与桩周土体边界上为不排水状态，根据总应力法计算桩侧极限摩阻力。当黏性土饱和时，则其不排水内摩擦角 $\varphi_u=0$。此时，桩-土界面摩擦角 $\delta=0$，也即摩擦系数 $\tan\delta=0$，桩侧极限摩阻力即为一黏聚力 c_a，一般可根据桩周黏性土的不排水剪切强度 s_u 计算得到：

$$\tau_{sf}=\alpha\cdot s_u \tag{5.2-1}$$

式中 α 一般称为附着因素。

一般情况下 $\alpha=0.35\sim0.8$，且通常桩侧极限摩阻力 $\tau_{sf}\leqslant 80\text{kPa}$。Tomlinson 根据桩周土的不排水强度大小，提出了如下计算黏性土附着因素 α 的经验公式：

$$\alpha=1.0-0.5\left(\frac{s_u}{50}-0.5\right) \tag{5.2-2}$$

由于桩身与桩周黏性土边界上摩擦系数等于零，桩侧极限摩阻力与桩周黏性土层水平应力无关，即 τ_{sf} 与土层埋置深度 z 无关。采用式(5.2-1)计算单桩极限侧摩阻力的方法，称为不排水状态法或总应力法，也称“α 法”。

除了上述桩侧极限摩阻力 τ_{sf} 与土体不排水强度 s_u 的关系之外，还可以建立桩侧土体竖向有效应力 σ'_{v0} 与 τ_{sf} 的关系，以考虑土层深度的影响。例如，英国（Burland & Twine，1988）针对伦敦黏性土，提出了一种建立在经验基础上的有效应力法，其表达式为

$$\tau_{sf}=K\sigma'_{v0}\tan\varphi'_r=\beta\cdot\sigma'_{v0} \tag{5.2-3}$$

式中：σ'_{v0} 为桩侧土体竖向有效应力；$\tan\varphi'_r$ 为桩侧黏土有效残余强度，一般可取 $\beta=0.8$，且 $\beta>0.7$。

式(5.2-3)充分考虑了桩身与桩周黏性土界面上的摩擦作用和法向应力的影响。这一

方法可称之为“排水法”或“有效应力法”，也即“β法”。“β法”所涉及的参数相对较多，取值相对比较困难。针对正常固结黏性土，Burland(1973)建议β的下限值可以按下式计算：

$$\beta=(1-\sin\varphi')\cdot\tan\varphi' \tag{5.2-4}$$

式中：φ'为桩周黏性土有效内摩擦角。

Meyerhof针对超固结黏性土提出了复合参数β的计算方法，采用超固结比OCR和土的有效内摩擦角φ'近似地表示为

$$\beta=(1-\sin\varphi')\cdot \mathrm{OCR}^{0.5}\tan\varphi' \tag{5.2-5}$$

考虑到桩基沉桩和加载等过程对桩侧土体的不排水强度s_u和竖向有效应力σ'_{v0}均会产生一定影响，美国石油协会(API)通过引入土体的强度比s_u/σ'_{v0}来建立α与β的关系：

$$\beta=\alpha\left(\frac{s_u}{\sigma'_{v0}}\right) \tag{5.2-6}$$

基于Randolph & Murphy (1985)大量试桩资料的统计分析，API规范给出了附着因素α与土体强度比s_u/σ'_{v0}的经验关系式：

$s_u<\sigma'_{v0}$：
$$\alpha=\frac{1}{2}\left(\frac{s_u}{\sigma'_{v0}}\right)^{-1/2}\Rightarrow\tau_{sf}=\frac{1}{2}\sqrt{s_u\sigma'_{v0}} \tag{5.2-7}$$

$s_u>\sigma'_{v0}$：
$$\alpha=\frac{1}{2}\left(\frac{s_u}{\sigma'_{v0}}\right)^{-1/4}\Rightarrow\tau_{sf}=\frac{1}{2}s_u^{0.75}\sigma'^{0.25}_{v0} \tag{5.2-8}$$

由于考虑了土体不排水强度s_u和竖向有效应力σ'_{v0}的双重影响，API规范在海上桩基工程设计领域得到了广泛应用。

此外，针对开口钢管桩，在桩端承载力基本可以忽略的情况下，Vijayvergiya等(1972)提出一种黏性土中考虑桩侧土体不排水强度和竖向应力水平影响的桩基极限承载力V_{ulf}计算方法，其表达式为

$$V_{ulf}=\lambda(\sigma'_m+2s_{u,m})\cdot A_s \tag{5.2-9}$$

式中：σ'_m为桩长深度范围内，桩周土体平均竖向有效应力，kPa；$s_{u,m}$为桩长深度范围内，桩周土体平均不排水强度，kPa；A_s为桩侧表面积，m²。

式(5.2-9)中的无量纲计算参数λ的确定是该方法应用的核心，因此该方法又被称为“λ法”。λ的取值一般在0.1～0.5，随着桩入土深度的增加，λ值逐渐减小。在实际应用中，有人建议采用对应入土深度为15m的值，即$\lambda=0.2$来确定桩基极限承载力值。

将“λ法”扩展应用于一般性成层土中的桩基极限侧摩阻力的计算，即

$$\tau_{sf}=\lambda(\sigma'_v+2s_u) \tag{5.2-10}$$

式中：σ'_v与“β法”中的概念相同，而s_u与“α法”中的概念相同。因此，“λ法”在某种程度上是“α法”和“β法”的综合，这与API规范所给出的计算方法较为接近。

2. 桩端极限端阻力

桩端持力层为黏性土时，承载力的计算一般采用不排水状态法。由于饱和黏性土的不排水内摩擦角$\varphi_u=0$，其桩端极限端阻力可以简化为

$$q_{bf}=\sigma'_{vz}+N_c\cdot s_u \tag{5.2-11}$$

式中：σ'_{vz}为桩端处土体竖向有效应力。

在目前多数国家的桩基设计规范中，计算桩端极限端承力q_{bf}时，取$N_c=9$。

3. API方法

美国石油协会(API)推荐黏性土中桩的竖向极限承载力计算采用“α法”，即认为桩侧极

限摩阻力和桩端极限端阻力均主要受天然状态下黏性土的不排水剪切强度控制。

桩侧极限摩阻力 τ_{sf} 采用式(5.2-1)进行计算，附着因素 α 被认为与土体的强度比 s_u/σ'_{v0} 有关，根据经验公式(5.2-7)和(5.2-8)进行计算。

桩端极限端承力 q_{bf} 的计算采用式(5.2-11)，但 API 方法并不考虑桩端处土体竖向有效应力的影响。且考虑到大多数情况下桩的入土深度都使得 N_c 的取值趋于其上限值，取值相对稳定，因此在 API 方法中，直接取了 $N_c=9.0$ 来计算 q_{bf}。

需要注意的是，API 方法采用的是式(5.2-11)，最初用于估算闭口桩在短期荷载作用下的桩端极限端承力，对于开口桩需要考虑土塞效应的影响：当桩被完全堵塞时，桩端极限端承力 q_{bf} 作用于整个桩端截面，可视为闭口桩；当桩未被完全堵塞时，桩端极限端承力 q_{bf} 则仅仅作用在桩壁环形截面上。如果现场条件允许的话，还应当同时考虑桩壁内侧摩阻力的影响。

4. Almeida-96 方法

Almeida(1996)通过对 8 个黏土试验场地共包含有 43 根桩的数据库进行分析，提出了 Almeida-96 方法，用以计算黏性土中桩的极限承载力。该方法采用由法国中央路桥实验室的研究团体提出的一种利用 CPT 静力触探试验结果计算桩的极限承载力，同时参考了 Campanella 等(1982)和 Lunne 等(1986)提出的利用孔隙水压力 u 来修正锥尖阻力 q_c 从而达到提高静力触探试验结果可靠性的方法。孔压修正锥尖阻力 q_t 的计算式为

$$q_t=q_c-(1-a)u \tag{5.2-12}$$

式中：a 为 CPT 探头的面积比。

Almeida-96 方法通过对黏性土某深度处的孔压修正锥尖阻力再进行修正，引入了净修正锥尖阻力 q_{net} 这一参数，并将其与桩侧极限摩阻力 τ_{sf} 建立关联：

$$q_{net}=q_t-\sigma_{v0} \tag{5.2-13}$$

$$\tau_{sf}=q_{net}/k \tag{5.2-14}$$

式中：σ_{v0} 为土的竖向总应力，而 k 为修正系数。其中修正系数 k 与黏性土的塑性指数 I_p 的经验关系式为

$$I_p<20\%: \quad k=12+14.9\lg(q_{net}/\sigma'_{v0}) \tag{5.2-15}$$

$$I_p\geqslant 20\%: \quad k=11.8+14\lg(q_{net}/\sigma'_{v0}) \tag{5.2-16}$$

对于桩端极限端承力 q_{bf}，Almeida-96 方法采用与 API 方法相同的计算方法。

Almeida-96 方法中修正系数 k 与 q_{net}/σ'_{v0} 的关系类似于 API 方法中附着因素 α 与土体强度比 s_u/σ'_{v0} 的关系。API 方法中 α 是以强度比为分界的，而 Almeida-96 方法中的 k 是以塑性指数 I_p 为分界的。

5. ICP-05(Imperial College Pile)方法

ICP-05 轴向受荷桩承载力计算方法是英国帝国理工学院 Richard Jardine 研究团队于 2005 年提出、能够考虑打桩和加载过程中桩周应力变化的一种方法(Jardine 等，2005)。他们通过在桩身布设先进的传感器，开展了在黏性土和砂土中的打入桩现场试验研究(Lehane 等，1993；Chow，1997)，测定了打入桩在打入过程中桩身应力场分布的影响因素和规律。试验结果表明，不同于静止状态的应力场，打桩过程中打入桩桩身应力与桩尖的相对位置有关，应力通常在桩尖处最大，沿桩尖向上，急剧衰减，这种分布规律称为 h/R 效应。

同时由实测数据可知，从桩入土到加载破坏，打入桩的整个生命周期内共经历了3个阶段：打入过程、平衡状态和加载破坏。且桩侧摩阻力的发展主要取决于打桩过程、平衡状态和破坏阶段的应力状态变化。

帝国理工研究团队根据黏性土打入桩现场试验指出，桩侧极限摩阻力τ_{sf}实际上并不由桩周黏性土的不排水剪切强度s_u所决定，而是遵循库仑定律：

$$\tau_{sf} = \sigma'_{rf}\tan\delta_f = (\sigma'_{rc} + \Delta\sigma'_{rd})\tan\delta_f \tag{5.2-17}$$

式中：σ'_{rf}为破坏阶段桩侧径向有效应力；σ'_{rc}为破坏阶段前桩侧径向有效应力平衡值；$\Delta\sigma'_{rd}$为加载过程中径向剪胀应力；δ_f是桩-土界面摩擦角，可通过大位移的环剪试验来获得，一般来说δ_f的取值取决于土的类型、土的应力历史和桩-土界面特性。

打桩过程中，靠近桩身周围土体的不排水剪切强度s_u的分布会发生变化，并且通常会在桩-土界面间产生软弱面，而桩-土界面摩擦角δ_f与s_u的大小无关。因此，附着因素α实际上会随土体类型和桩身所在位置的变化而发生变化。然而，传统桩基承载力设计方法往往采用桩基荷载试验中获得的α平均值。但由于每个工程案例中土层分布的差异以及桩长、桩径的不同，采用传统桩基承载力设计方法得到的经验α值，可能会高估或低估桩身阻力。

考虑上述原因，Jardine等(2005)认为"α法"具有非常大的缺陷。而基于库伦准则的"β法"则可以根据有效应力原理，建立桩侧土体竖向有效应力σ'_{v0}与τ_{sf}的关系，较可靠地预测桩身表面的剪应力分布。ICP-05方法给出的桩侧极限摩阻力τ_{sf}的计算公式为

$$\tau_{sf} = \sigma'_{rf}\tan\delta_f = (K_f/K_c)\sigma'_{rc}\tan\delta_f \tag{5.2-18}$$

式中：K_f/K_c为加载系数，不论何种加载方式和排水条件，均取定值0.8；而径向有效应力平衡值σ'_{rc}可由下式得到：

$$\sigma'_{rc} = K_c\sigma'_{v0} \tag{5.2-19}$$

式中：K_c的取值与黏性土的稠度、灵敏度(S_t)以及桩尖的相对位置(h/R效应)等因素有关。

Jardine等(2005)在前人的数据库基础上进行扩充，建立了一个包含68根桩的数据库。基于该数据库，他发现ICP计算方法的准确性要远远优于传统设计方法，并能大大减少传统设计方法引起的偏差。

5.2.2 砂土中桩基极限承载力计算

1. API方法

对于砂土中桩侧极限摩阻力的确定，美国石油协会(API)基于"β法"的概念建议如下：

$$\tau_{sf} = \beta \cdot \sigma'_{v0} < \tau_{s.\lim} \tag{5.2-20}$$

根据相对密实状态，API规范直接给出了不同相对密实度砂土或粉砂的β值及相应的允许最大极限侧摩阻$\tau_{s.\lim}$，如表5.2-1所示。需要指出的是，表5.2-1中所给出的β值均针对开口管桩，对于闭口桩，其相应取值需提高25%。

对于桩端极限端阻力，API规范给出了桩端处土体竖向有效应力σ'_v与极限端阻力q_{bf}的经验关系：

$$q_{bf} = N_q \cdot \sigma'_v < q_{b.\lim} \tag{5.2-21}$$

不同密实状态下的相应参数取值也可参见表5.2-1。需要指出的是，大量工程实践表明，承载力系数N_q会随着应力水平的增大而减小，因此直接使用表中的允许最大极限端阻

力 $q_{b,lim}$可能会导致设计偏于不安全。

API(2000)规范给出的砂土中桩基承载力计算方法非常简单,便于实际工程设计的应用,但其并没有合理反映桩基的破坏机理。目前工程实践表明,对于海洋岩土工程中通常使用的较大直径的长桩基础,其计算结果并不可靠(Schneider 等,2008)。但由于该方法的简便性,使得在仅掌握一些最基本地层信息时就可以对桩的承载力进行初步评估,非常适用于工程的初步设计阶段。

表 5.2-1　砂土中桩基极限承载力系数取值表

砂土相对密度	砂土类型	桩身摩擦系数,β	桩身极限摩阻,$\tau_{s,lim}$(kPa)	桩端承载力系数,N_q	桩端承载力极限,$q_{b,lim}$(MPa)
中密	粉砂	0.29	67	12	3
中密	砂	0.37	81	20	5
密实	粉砂	0.37	81	20	5
密实	砂	0.46	96	40	10
极密实	粉砂	0.46	96	40	10
极密实	砂	0.56	115	50	12

注:表中相对密度的划分标准如下:极松:0%～15%;松砂:15%～35%;中密:35%～65%;密实:65%～85%;极密实:85%～100%。

2. ICP-05 方法

根据现场实测表明,破坏阶段前桩侧径向有效应力平衡值 σ'_{rc}与考察点处的锥尖阻力 q_c、桩端的相对深度 h/R^* 和土的竖向有效应力 σ'_{v0}有关,即有

$$\sigma'_{rc}=f(q_c,h/R^*,\sigma'_{v0}) \tag{5.2-22}$$

经过统计分析,ICP-05 建议桩侧极限摩阻力 τ_{sf}按下式计算:

$$\tau_{sf}=a\left[0.029bq_c\left(\frac{\sigma'_{v0}}{p_a}\right)^{0.13}[\max(h/R^*,8)]^{-0.38}+\Delta\sigma'_{rd}\right]\tan\delta_f \tag{5.2-23}$$

式中:参数 a 和 b 反映桩的类型和荷载条件对 σ'_{rc}的影响,随桩的类型和荷载工况的不同而变化。对于抗拔开口桩,$a=0.9$,其余情况下 $a=1.0$;对于抗拔桩,$b=0.8$,其余情况下 $b=1.0$。同时,Jardine 等(2005)强调桩-土界面摩擦角 δ_f必须通过环剪试验来获得。等效半径 R^* 采用式(5.2-24)计算。

$$R^*=\sqrt{R_o^2-R_i^2} \tag{5.2-24}$$

式中:R_o为开口桩的外半径,R_i为开口桩的内半径。对于方形桩或 H 型桩等非圆底打入桩,可通过面积等效的方法来计算等效半径 R^*。

式(5.2-23)中加载过程剪胀引起的径向应力 $\Delta\sigma'_{rd}$可由式(5.2-25)计算:

$$\Delta\sigma'_{rd}=\frac{4G\Delta y}{D} \tag{5.2-25}$$

$$G\approx q_c(0.0203+0.00125\eta-1.216\times10^{-6}\eta^2)^{-1} \tag{5.2-26}$$

$$\eta=q_c(p_a\sigma'_{v0})^{-0.5} \tag{5.2-27}$$

$$\Delta y\approx2R_a\approx0.02\text{mm} \tag{5.2-28}$$

式中:G 为考察点处的土体剪切模量;Δy 是加载过程中土体的径向变形,可取 2 倍的桩身平

均粗糙度 R_a，R_a 一般情况下取 0.01mm。

对于桩端极限端承力 q_{bf}，ICP-05 方法取桩顶位移为 0.1D 时对应的桩端阻力，同时建议 q_{bf} 与 $q_{c,avg}$ 的比值与桩的直径 D 有关，$q_{c,avg}$ 为桩端深度±1.5D 范围内的锥尖阻力 q_c 的平均值。对于闭口打入桩，q_{bf} 可直接采用式(5.2-29)进行计算：

$$q_{bf} = q_{c,avg} \max\left[1 - 0.5\lg\left(\frac{D}{D_{CPT}}\right), 0.3\right] \tag{5.2-29}$$

式中：D_{CPT} 为标准静力触探仪直径，取 36mm。对于开口桩，ICP-05 方法将桩端条件分为未完全堵塞和完全堵塞两种情况。桩端堵塞条件可由采用式(5.2-30)或式(5.2-31)进行判定：

$$D_i \geqslant 2.0(D_r - 0.3) \tag{5.2-30}$$

$$D_i \geqslant 0.083 \frac{q_{c,avg}}{p_a} D_{CPT} \tag{5.2-31}$$

$$D_r = 0.4\ln\left(\frac{q_{c1N}}{22}\right) \tag{5.2-32}$$

$$q_{c1N} = (q_c/p_a)/(\sigma'_{v0}/p_a)^{0.5} \tag{5.2-33}$$

式中：D_r 为砂土的相对密实度；q_{c1N} 被称为归一化锥尖阻力。

当上式判断结果均不满足时，桩端完全堵塞，其桩端承载能力与闭口桩相同，但可利用的桩端承载力只取闭口桩的一半，q_{bf} 按下式计算：

$$q_{bf} = q_{c,avg} \max\left[0.5 - 0.25\lg\left(\frac{D}{D_{CPT}}\right), 0.15, A_r\right] \tag{5.2-34}$$

式中：A_r 为桩的面积比，定义为

$$A_r = 1 - (D_i/D)^2 \tag{5.2-35}$$

否则，桩未被完全堵塞，桩端极限端承力 q_{bf} 仅为桩壁环形截面反力，采用下式进行计算：

$$q_{bf} = q_{c,avg} A_r \tag{5.2-36}$$

3. Fugro-05 方法

Fugro-05 方法是 Kolk 等(2005a, b)在砂土 ICP-05 方法的基础上，进一步考虑 EURIPIDES、RasTanajib II 及 Jamuna Bridge 等场地打入桩静载试验数据进行校核修正而提出的。

对桩侧极限摩阻力 τ_{sf}，Fugro-05 方法与 ICP-05 方法均采用参数 h/R^* 表征桩端开闭口情况和 h/R 效应，但 Fugro-05 方法对不同的荷载条件提出了不同的表达式。Fugro-05 忽略了打桩过程中径向应力的变化值 $\Delta\sigma'_{rd}$ 的影响，并且认为桩-砂土界面摩擦角 δ_f 可取恒值 29°。

对于受压桩，可根据 h/R^* 的大小，分别采用式(5.2-37)或式(5.2-38)计算桩侧极限摩阻力：

$$h/R^* \geqslant 4: \quad \tau_{sf} = 0.08 q_c (\sigma'_{v0}/p_a)^{0.05} (h/R^*)^{-0.9} \tag{5.2-37}$$

$$h/R^* < 4: \quad \tau_{sf} = 0.08 q_c (\sigma'_{v0}/p_a)^{0.05} (4)^{-0.9} (h/4R^*) \tag{5.2-38}$$

对于抗拔桩，τ_{sf} 可按下式计算：

$$\tau_{sf} = 0.045 q_c (\sigma'_{v0}/p_a)^{0.15} \max(h/R^*, 4) \tag{5.2-39}$$

对于桩端极限端承力 q_{bf}，Fugro-05 方法假设 q_{bf} 与 $q_{c,avg}$ 和面积比 A_r 有关，按下式计算：

$$q_{bf}=8.5\ (p_a q_{c,avg})^{0.5} A_r^{0.25} \tag{5.2-40}$$

式中：$q_{c,avg}$ 为桩端深度±1.5D 范围内的锥尖阻力 q_c 平均值。

4. NGI-05(Norwegian Geotechnical Institute)方法

与上述 ICP-05 和 Fugro-05 等方法直接利用静力触探锥尖阻力 q_c 不同，Clausen 等(2005)收集了 85 根桩的 NGI 数据库，通过统计分析，建立锥尖阻力 q_c 与砂土相对密度 D_r 的关系式，采用 D_r 对桩侧极限摩阻力 τ_{sf} 进行计算，称为 NGI-05 设计方法。

在 NGI-05 方法中，τ_{sf} 按下式计算：

$$\tau_{sf} = \max\left(\frac{z}{L p_a F_{D_r} F_{sig} F_{tip} F_{load} F_{mat}}, \tau_{s,min}\right) \tag{5.2-41}$$

$$F_{D_r}=2.1\ (D_r-0.1)^{1.7} \tag{5.2-42}$$

$$D_r = 0.4\ln\left(\frac{q_{c1N}}{22}\right) \tag{5.2-43}$$

$$F_{sig}=\left(\frac{\sigma'_{v0}}{p_a}\right)^{0.25} \tag{5.2-44}$$

式中：z/L 为计算点的相对深度，表征桩侧极限摩阻力随深度线性变化；F_{tip} 为表征桩的开闭口条件的经验参数，开口桩取 1.0，闭口桩取 1.6；F_{load} 为表征荷载条件的经验参数，对受压桩取 1.3，对抗拔桩取 1.0；F_{mat} 为表征桩身材料的经验参数，钢桩取 1.0，混凝土桩取 1.2；$\tau_{s,min}$ 为最小极限侧摩阻力，取 0.1 倍土体竖向有效应力 σ'_{v0}。

对闭口桩，桩端极限端承力 q_{bf} 按下式计算：

$$q_{bf}=0.8q_{c,tip}/(1+D_r^2) \tag{5.2-45}$$

对开口桩，NGI-05 方法建议分别计算完全堵塞和未完全堵塞情况下的桩端极限承载力，然后取两者的小值，具体计算如下：

$$q_{bf} = \min(q_{unplugged}, q_{plugged}) \tag{5.2-46}$$

$$q_{unplugged}=q_{c,tip}A_r+q_{b,plug}(1-A_r) \tag{5.2-47}$$

$$q_{plugged}=\frac{0.7q_{c,tip}}{(1+3D_r^2)} \tag{5.2-48}$$

式(5.2-46)为桩未完全堵塞情况下的桩端极限端承力，需要考虑桩壁环形截面和土塞这两部分对 q_{bf} 的贡献，其中土塞的极限端承力 $q_{b,plug}$ 可以用式(5.2-49)来计算：

$$q_{b,plug}=12\tau_{sf,avg}\frac{L}{(\pi D_r)} \tag{5.2-49}$$

式中：$\tau_{sf,avg}$ 为打入桩的桩侧极限摩阻力 τ_{sf} 的平均值。

5.2.3　桩-土界面力学

已有研究表明，桩-土界面的力学特性对于桩基的响应特性具有重要影响。土与结构界面由结构面及其附近的薄层土共同构成，既表现出压硬性、剪胀性等岩土材料共有的力学性质，又表现存在特征厚度小、以承受剪切为主、可能发生不连续变形等显著的自身特质。

1. 界面研究进展

界面的研究进展主要包括试验设备与测量技术、特性规律与变形机理、本构模型及其在数值模拟中的应用等。

在试验设备与测试技术方面，传统的界面试验设备都是对土工测试设备改造得到的。直剪型和单剪型试验设备最为常用，扭剪仪、环形直剪仪和动三轴仪等仪器也都曾用来进行界面力学特性研究。近年来，界面试验设备向大型化、综合性和专业化方向发展，例如Desai等(1985)研制了多自由度循环剪切仪CYMDOF、Fakharian等(2015)研制了循环三维界面剪切仪C3DSSI。清华大学先后研制了二维和三维条件的大型土与结构界面循环加载剪切仪，可进行复杂剪切路径条件下粗粒土与结构界面的单调和循环剪切试验。细观测量技术在界面试验中也逐渐得到应用。譬如，殷宗泽等(1994)采用微型“潜望镜”装置观察了试验中土与结构相对位移沿剪切方向的分布；张嘎等(2002)开发了数字图像相关测量技术，能够对土颗粒进行跟踪并且测量其运动，精度达到亚像素量级。

在界面力学特性方面，有代表性的描述方法是根据直剪试验结果得到的常法向应力边界条件下剪应力与切向位移成双曲线关系。Brandt(1985)提出接触面符合刚塑性剪切破坏模式。Fakharian等(1996)进行了砂土与钢板接触面的三维剪切试验，发现应力路径和法向边界条件对界面特性影响很大。Desai等(2005)研究了钢板与黏土接触面的应力应变响应，并测量了接触面中孔隙水压力的变化。张嘎和张建民(2006;2008;2009a,b,c)基于宏细观测量结果揭示了粗粒土与结构界面变形机理，并发现界面同时存在着土颗粒破碎和密度增大两种物态变化，共同支配着接触面力学特性从初始状态向最终稳定状态演化。王立忠团队(2013;2014;2015;2016)基于创新研发的大型界面环剪仪，针对石英砂、钙质砂，开展了一系列的大位移剪切、常应力和等刚度循环剪切以及考虑打桩效应的循环剪切试验，从颗粒层面揭示了桩-土界面演化、循环剪切弱化的细观机制。

在界面本构模型方面，摩尔-库仑模型等理想弹塑性模型目前仍常用于模拟界面的力学特性。Clough和Duncan(1971)基于常法向应力边界条件下剪应力与相对切向位移的双曲线关系假设建立了一个非线性弹性模型。Ghaboussi等(1973)较早针对接触面提出了一个帽盖型屈服面模型。Desai等(1995;2000)提出了损伤状态DSC概念并建立了接触面损伤模型。张嘎和张建民(2005)基于界面变形机理和物态演化规律提出了一个界面弹塑性损伤模型。侯文峻(2008)和冯大阔(2012)分别提出了考虑三维剪切的界面弹塑性模型。周文杰等(2020)在边界面模型理论框架下构建了界面循环弱化 t-z 模型，模型参数少且均可通过界面循环剪切试验标定。

2. 桩-土界面剪切特性

(1)桩-土体系等刚度边界条件

桩-土体系模拟可通过等刚度边界条件实现。如图5.2-1所示，在桩基承受竖向荷载时，桩周土体按照扰动程度不同可划分为三个区域：剪切区、弹性区以及未扰动区。剪切区土体紧邻桩身，其厚度远小于桩径，该区域土体发生结构性破碎，呈现出显著的塑性剪切变形；弹性区土体位于剪切区与未扰动区之间，其厚度大于剪切区厚度，该区域土体在桩基受荷过程中发生弹性变形，可采用理想化弹簧模型来表征土体的变形特性。弹簧刚度 $k=4G/D$，G 为土体剪切模量，D 为桩径。未扰动区土体为远场土体，土体不发生任何变形，不受桩基受荷过程影响，因此可简化为弹簧远端的固定端。

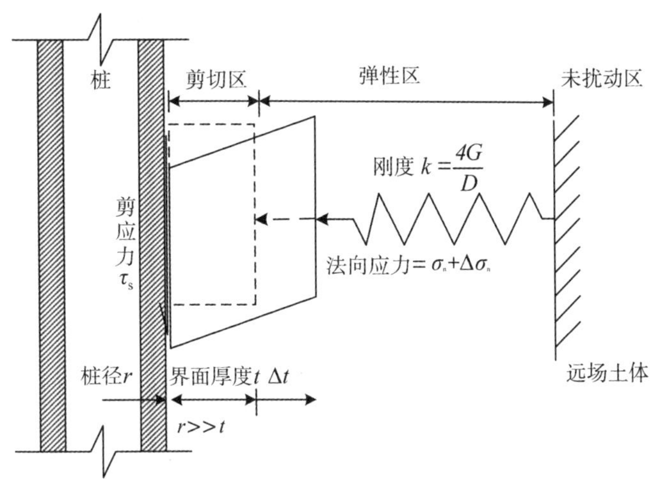

图 5.2-1　桩-土体系等刚度边界

在打桩或桩基循环受荷过程中，剪切区域土体局部发生剧烈剪切变形，在桩侧土压力作用下，土体颗粒发生破碎、旋转、位置调整，导致剪切区发生剪缩，该剪切区定义为剪切带。Fioravante(1999)研究发现，桩-土界面的剪切带土体厚度大约为桩侧土体中值粒径 d_{50} 的 2～10倍，且该薄层区域土体的物理力学特性主要受以下 6 个因素的影响。

(1)桩-土接触面粗糙度 R_n；

(2)土体颗粒尺寸大小；

(3)土体的破碎性；

(4)土体的相对密实度 D_r；

(5)桩-土界面的初始法向应力 σ_n；

(6)CNS 法向恒刚度 k。

当桩-土体系处于初始静止状态时，剪切带厚度为 s，剪切带内土颗粒尺寸及排列位置如图 5.2-2(a)所示。当桩-土发生剪切时，由于剪切带土颗粒的迁移、挤压密实以及挤压破碎，宏观上表现为剪切带剪缩，此时采用弹簧的变形量表征剪切带的剪缩量 Δt，如图 5.2-2(b)所示。

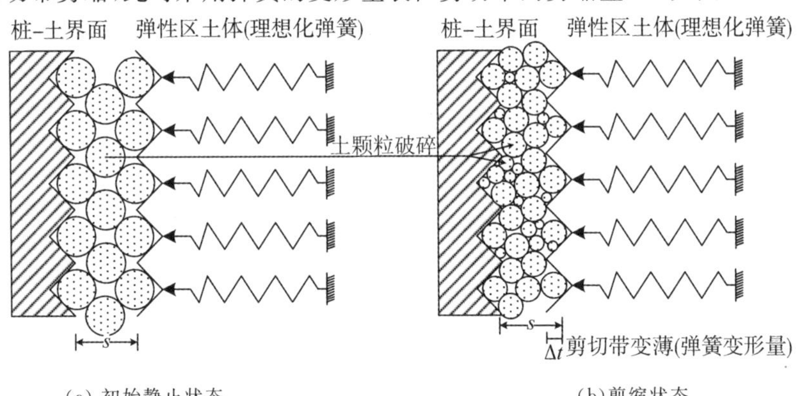

(a) 初始静止状态　　(b)剪缩状态

图 5.2-2　桩-土界面剪切带剪缩现象

在等刚度边界条件下，剪切带土体剪缩(Δt)会导致桩侧法向应力衰减($\Delta\sigma_n$)，两者之间的关系如公式(5.2-50)所示。

$$\Delta\sigma_n=\frac{4\cdot G\Delta t}{D}=k\cdot\Delta t \tag{5.2-50}$$

利用等刚度剪切试验(见图 5.2-3)类比桩-土界面的剪切特性及桩侧土体的变形特征。其中,下剪切盒为钢板界面模拟桩身;上剪切盒为内部土样模拟桩侧剪切区土体。理想化弹簧组(上端固定)通过上顶板施加弹性区土体对剪切区土体的法向作用,受力机理接近真实的桩-土体系。

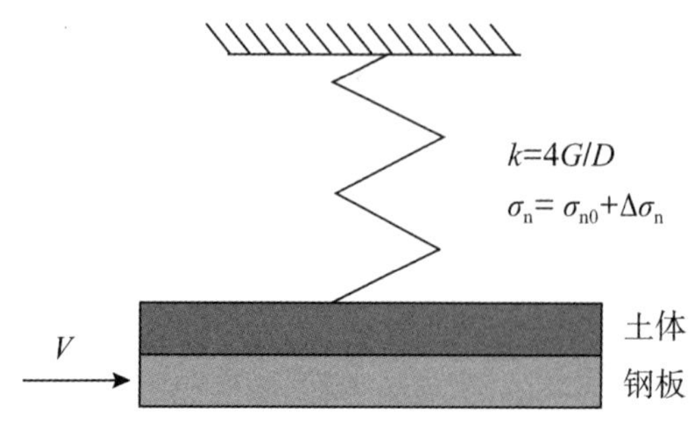

图 5.2-3　等刚度界面剪切试验原理

(2)桩-土界面大位移剪切特性

在打桩大位移剪切作用下,桩-土界面附近颗粒应变局部化明显。图 5.2-4 所示为利用 PIV(Particle Image Velocimetry,又称粒子图像测速法)技术捕捉的等刚度单向剪切过程中界面附近颗粒的运动情况。下部为钢界面,上部为高度 25mm 的砂样。可以看到,颗粒首先发生整体性剪切变形(见图 5.2-4(b)),之后,近界面处颗粒发生紊乱运动(平动和翻转)。随着剪切位移的不断增加,剪切带逐渐形成,剪切带内颗粒发生剧烈运动而剪切带以上颗粒只发生整体性平动。

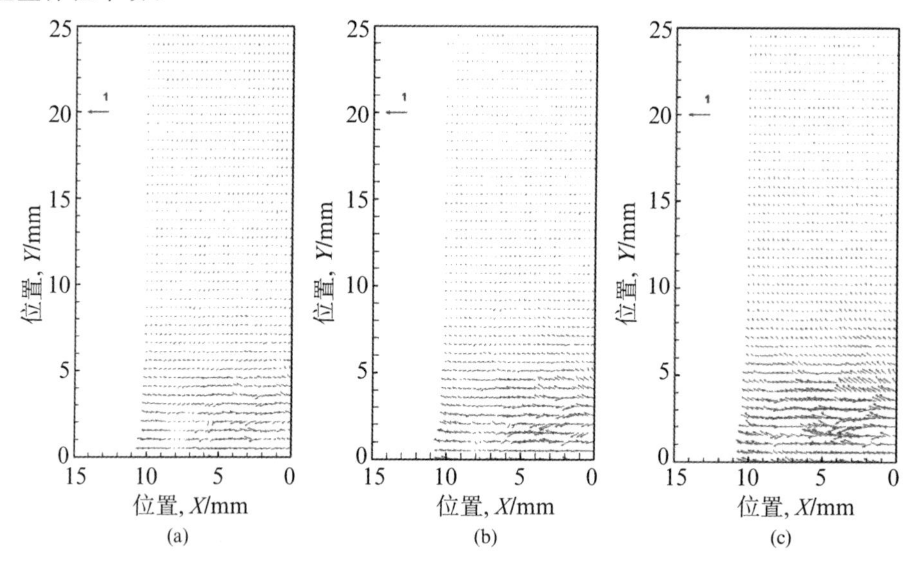

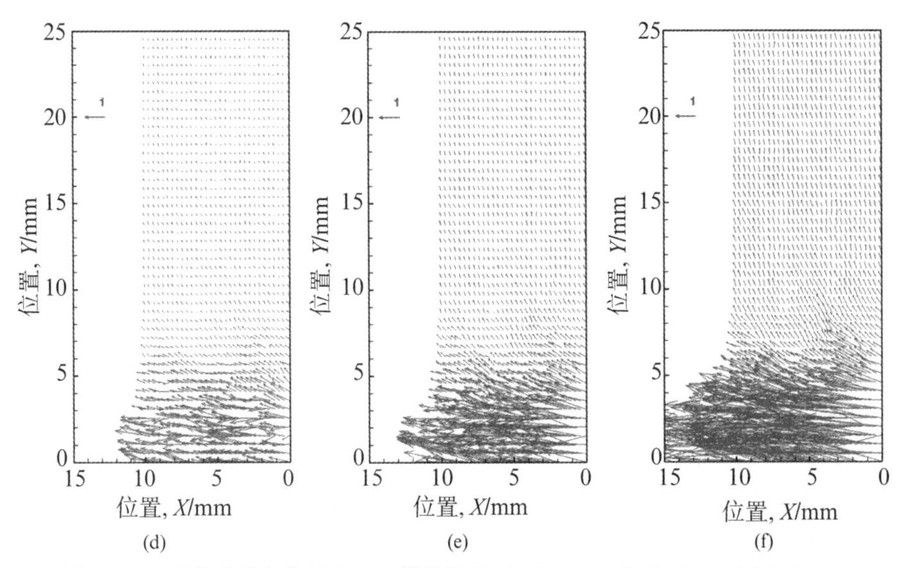

图 5.2-4 石英砂单向剪切 50mm 颗粒运动:(a)1.0mm;(b)2.2mm;(c)5.0mm;(d)10.0mm;(e)20.0mm;(f)50.0mm

在桩-土界面大位移剪切之后,剪切带内颗粒发生显著破碎。图 5.2-5 展示了石英砂和钙质砂与钢界面大位移剪切后的颗粒破碎现象。颗粒破碎后形成粉末状破碎物,填充至原有颗粒之间,石英砂破碎后呈现黑色而钙质砂破碎后呈现白色。另外,钙质砂破碎后的粉末表现出轻度的黏聚性,将大颗粒互相粘连在一起,类似"板结"作用。

(a) 石英砂

(b) 钙质砂

图 5.2-5 大位移剪切后颗粒破碎现象

大位移剪切作用在造成剪切带内颗粒破碎的同时还带来颗粒形状的显著改变。图 5.2-6展示了试验前后石英砂和钙质砂颗粒的电镜(SEM)扫描图。试验前石英砂颗粒表面光滑,形状较为规则;钙质砂颗粒表面孔隙等缺陷较多,呈现"蜂窝麻面"状,形状较为不规则。大位移剪切之后,石英砂颗粒表面凹陷、棱角明显增多,颗粒形状向不规则方向演化;钙质砂颗粒表面磨圆现象明显,更加圆润,颗粒形状向规则方向演化。基于试验结果,图 5.2-7 对颗粒的破碎模式进行了概念化表达。当颗粒间的局部接触应力超过颗粒极限强度时,石英砂颗粒将发生脆性局部接触破坏,在大颗粒表面形成内凹坑,破碎细颗粒具有显著的棱角特征;钙质砂颗粒主要发生颗粒整体性断裂及磨圆。

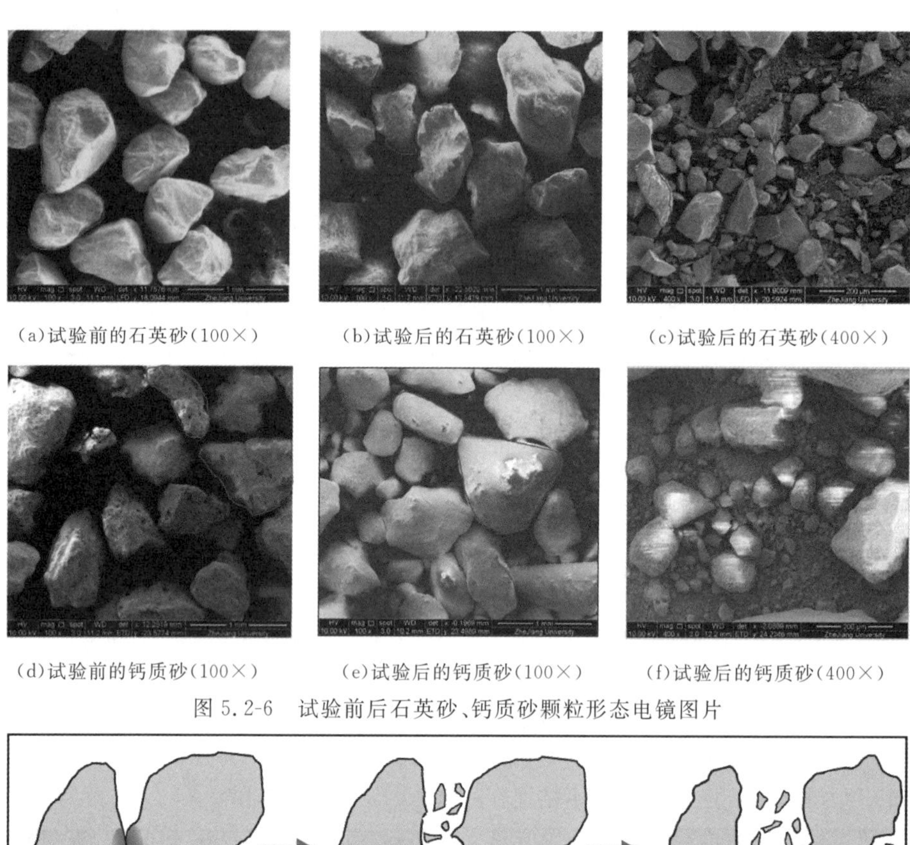

(a)试验前的石英砂(100×) (b)试验后的石英砂(100×) (c)试验后的石英砂(400×)

(d)试验前的钙质砂(100×) (e)试验后的钙质砂(100×) (f)试验后的钙质砂(400×)

图 5.2-6 试验前后石英砂、钙质砂颗粒形态电镜图片

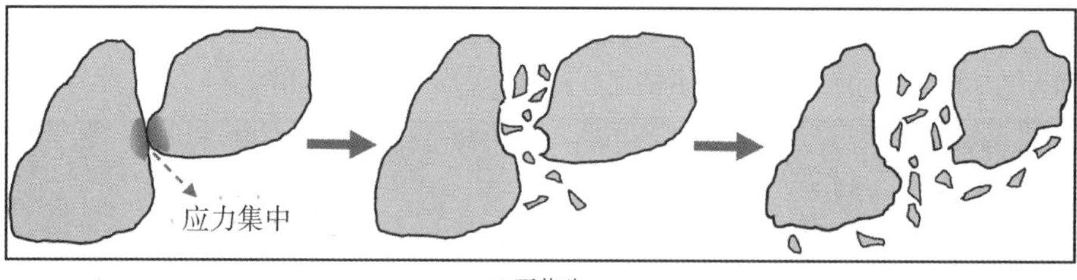

(a) 石英砂

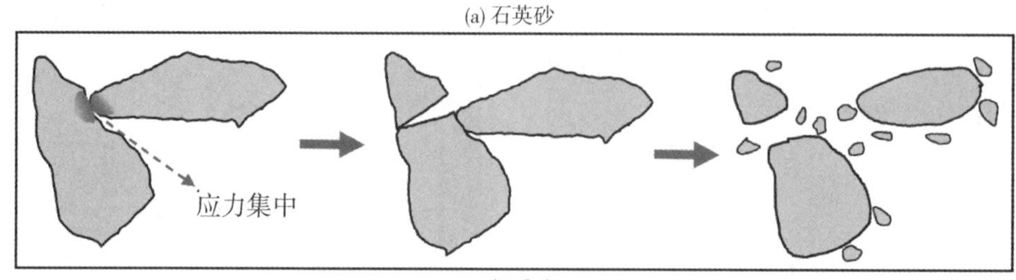

(b) 钙质砂

图 5.2-7 颗粒破碎模式概念模型

(3)桩-土界面循环剪切特性

界面循环剪切作用下,剪切带内颗粒发生位置调整、破碎等变化进而呈现出剪缩现象,这直接导致了界面法向力的衰减。Poulos 等(1989)研究表明,界面法向力的衰减决定了界面强度的衰减,一个颗粒大小的剪缩量就可能造成界面法向力的全部丧失。图 5.2-8 展示了典型的界面循环剪切试验结果。在初始几个剪切循环内,界面强度快速衰减,之后,界面强度衰减速度明显下降并逐渐达到稳定状态。从图 5.2-8(b)中可以看到,在一个循环周期内,竖向位移响应表现出剪胀-剪缩交替现象,呈“蝴蝶结”状,如图 5.2-8(c)所示。在①阶段试样缓慢剪胀,在②、③、④阶段,试样均为先迅速剪缩后缓慢剪胀。但随着循环的进行,试样整体呈现出持续的剪缩现象,界面强度不断弱化。

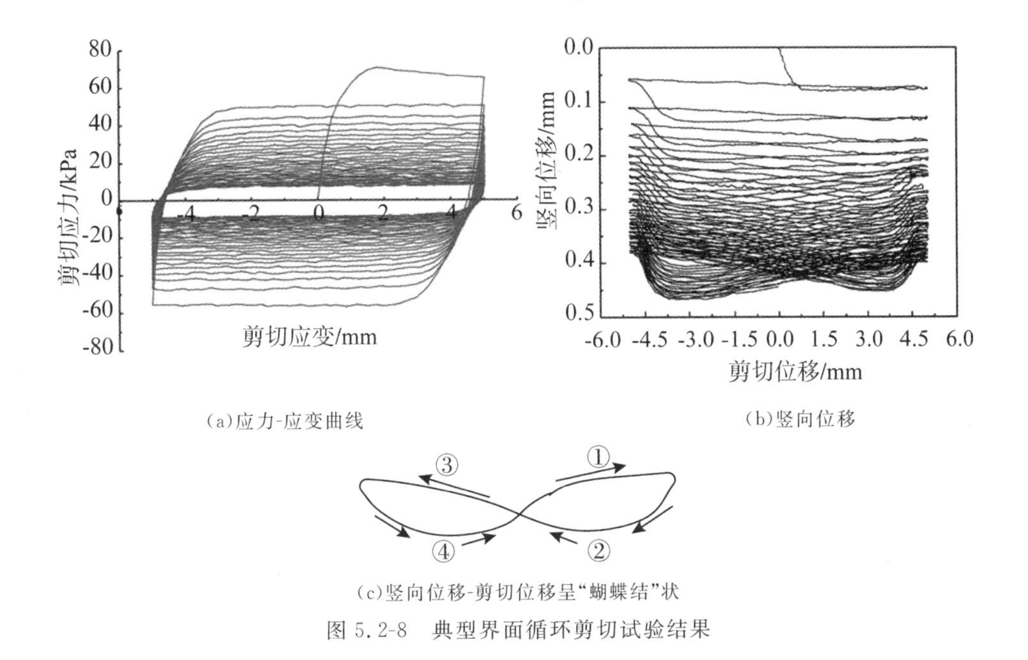

(a)应力-应变曲线　　(b)竖向位移

(c)竖向位移-剪切位移呈"蝴蝶结"状

图 5.2-8　典型界面循环剪切试验结果

5.3　水平受荷海洋桩基分析设计

除了轴向荷载之外，海上结构物还受到波浪力、风力、船舶撞击力等水平荷载作用。特别是海洋锚泊桩和海上风机大直径单桩，主要受水平荷载控制。

水平受荷桩的承载力和侧向变形特性一般采用 Winkler 地基梁法进行计算分析。在海洋工程中，较多地采用 20 世纪 50—70 年代基于海上油气平台桩基原位试验结果，通过反分析提出的非线性 p-y 曲线法。尽管该方法已成功应用于直径不大于 2m 的海上油气平台、桥梁和港口等柔性长桩，但对直径 $D=4\sim9$m、长径比 $L/D=3\sim8$ 的海上风电大直径刚性短桩，其适用性引起了学术界和工业界的质疑。从桩体变形模式而言，柔性长桩变形沿深度呈波浪形衰减，而刚性短桩近似为悬臂梁，变形沿桩身某点处呈刚体转动。从受力性状看，柔性长桩主要受水平荷载、倾覆弯矩以及土体侧向反力作用，而对刚性短桩，除了水平荷载、倾覆弯矩和土体侧向反力外，桩侧剪力和桩端剪力可能产生不可忽视的抵抗力矩(等于桩周剪力乘以桩半径)作用。因此，有关水平受荷桩的分析设计，应区分柔性长桩还是刚性短桩。

对水平受荷海洋桩基的分析设计，包括极限状态设计(ultimate limit state，ULS)和使用极限状态设计(serviceability limit state，SLS)，主要内容如下：

(1)桩的水平承载力(ULS)：防止桩前土体破坏和桩身出现塑性铰破坏。在实际工程中，由于达到桩的极限承载力需要的桩顶较大的变形，通常定义为一定的桩顶变形(如 $1\%D\sim10\%D$，黏土取大值，砂土取小值)对应的水平荷载，而不是真正达到土体塑性破坏时的荷载大小。

(2)桩的水平刚度(SLS)：防止桩基出现过大的侧向变形或转角。例如 DNVGL(2016)规定海上风机基础在海床泥面处的累积转角不超过 0.5°。Leblanc 等 (2010)认为海上风电大直径桩基础的设计主要受使用极限状态(如塔筒底部转角)控制而不是极限破坏状态控制。

(3)循环荷载效应(ULS & SLS):海洋工程长期受风浪循环荷载作用,水平承载力折减和刚度循环衰减引起的侧向变形和倾角累积,会影响上部结构的使用。

(4)群桩效应(ULS & SLS):由于桩-土-桩之间的遮拦效应,一般情况下在相同的桩头变形条件下,群桩中各单桩的土体抗力比独立单桩的土体抗力要小。因此对于群桩基础,应考虑桩-土-桩引起的刚度和强度折减效应。

(5)动力荷载效应(ULS):对于海上风电结构,设计时应保证风机结构整体自振频率介于1P(叶轮转动频率)和3P(叶片通过频率)之间,防止风机结构发生共振破坏。

(6)其他环境荷载效应(ULS),如地震破坏、海床滑坡或海床冲刷引起的承载力降低。

限于篇幅,本章仅对内容(1)～(4)进行详细论述。

5.3.1 水平受荷桩的分类和破坏模式

对水平受荷桩进行分析计算时,常采用有效桩长作为柔性长桩和刚性短桩的分类依据。有效桩长L_{cr}定义为某个临界长度,当桩长超过该长度时,桩头变形和最大弯矩保持不变(Hetenyi,1946;Randolph,1981)。如果桩的埋置深度小于有效桩长,为短桩;反之,则为柔性长桩。有效桩长的确定往往依据经验方法或通过数值模拟得到半经验半理论的解答。

柔性桩和刚性桩往往表现出不同的破坏模式。对于桩头自由的刚性短桩,桩的破坏将以地面下桩身某点为中心,整体发生转动,转动中心离地面的高度一般为70%～80%的桩基嵌入长度(Fleming 等,1992)。以旋转中心为分界线,在其上方的土层及其下方至桩底之间的土层分别产生被动土抗力。而产生的两部分被动土抗力其作用方向相反,二者共同构成力矩平衡抵抗桩顶水平荷载,如图5.3-1所示。值得注意的是,假如刚性桩的直径较大(如海上风电大直径单桩),则应考虑桩侧及桩底土体摩阻力所产生的承载能力。

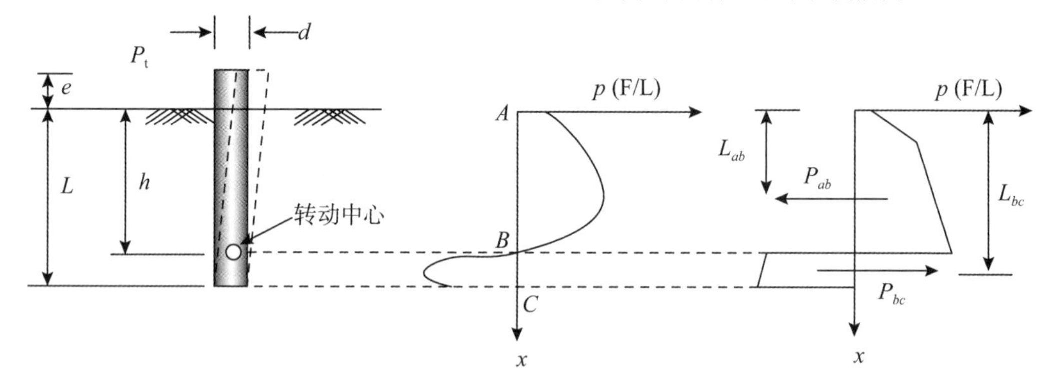

刚性短桩发生刚体转动破坏:(1)力的平衡:$P_t=P_{ab}-P_{bc}$;(2)弯矩平衡:$P_te=-P_{ab}L_{ab}+P_{bc}L_{bc}$

图5.3-1 桩头自由刚性短桩破坏机理(未考虑桩端剪力)(朱碧堂,2005)

对于桩头自由(无转角和侧向变形约束)的柔性长桩(如图5.3-2所示),其破坏模式主要表现为土体破坏或在最大弯矩发生深度(或剪力为零)x_{max}处出现塑性铰破坏(如果桩截面沿深度不变)。对于桩头固定(转角约束)的水平受荷桩(如图5.3-3所示),随桩长的不同,主要表现为三种破坏模式,即短桩整体平移、长桩双塑性铰(分别发生在桩头最大负弯矩和桩身最大正弯矩处)破坏,以及介于两者之间的中间破坏模式,即桩头首先出现塑性铰,随后桩绕某深度处发生整体转动。

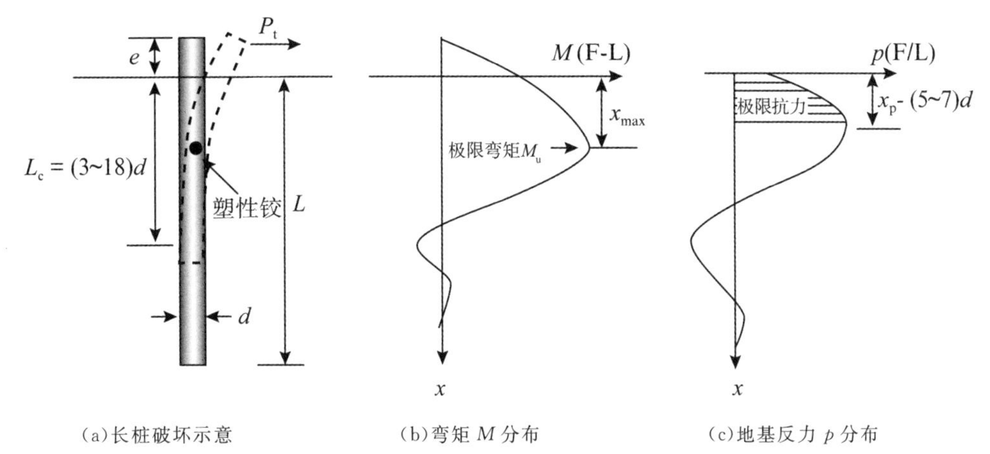

(a)长桩破坏示意　　(b)弯矩 M 分布　　(c)地基反力 p 分布

图 5.3-2　桩头自由柔性长桩的破坏机理(朱碧堂,2005)

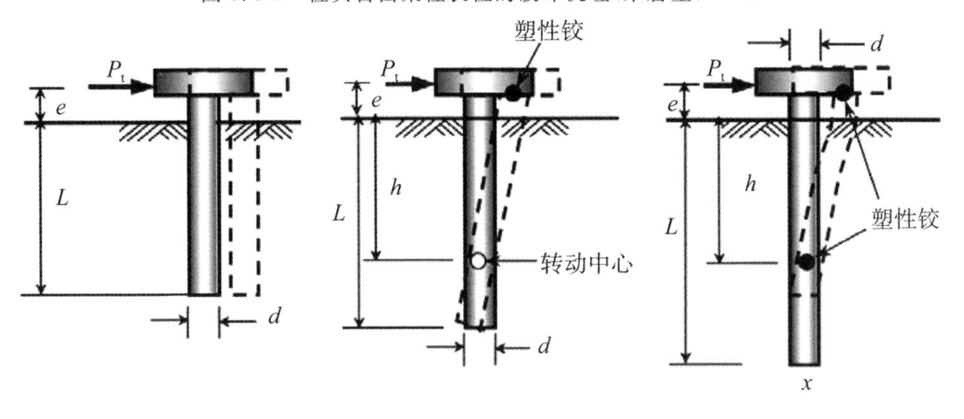

(a)短桩　　(b)中等长桩　　(c)长桩

图 5.3-3　桩头转角固定桩的破坏机理(朱碧堂,2005)

5.3.2　土体侧向极限抗力

水平受荷桩在地表附近的侧向变形比深层的变形要大许多,随着荷载的增大,土体首先在表层达到极限抗力,然后逐步向深部发展。在考察桩周土体的极限状态时,土体极限抗力定义为沿桩身单位长度上的土体极限侧向抗力,用 p_u 表示(FL^{-1},其中 F 表示力,L 表示长度)。

1. 黏性土极限抗力

对于不排水黏土中柔性长桩,桩周土体发生如图 5.3-4 所示的破坏模式。在浅层,桩前形成锥状被动破坏楔体而桩后方形成主动破坏楔体,对于强度较高的土体,桩后还会形成裂隙或裂缝。在深部,土体发生绕流破坏,如图 5.3-4 所示 (Randolph & Houlsby, 1984)。由于地表临空面的存在,表层黏性土的土体极限抗力要比深层土体极限抗力小得多,并且深层绕流需要较大的侧向变形才能发挥。

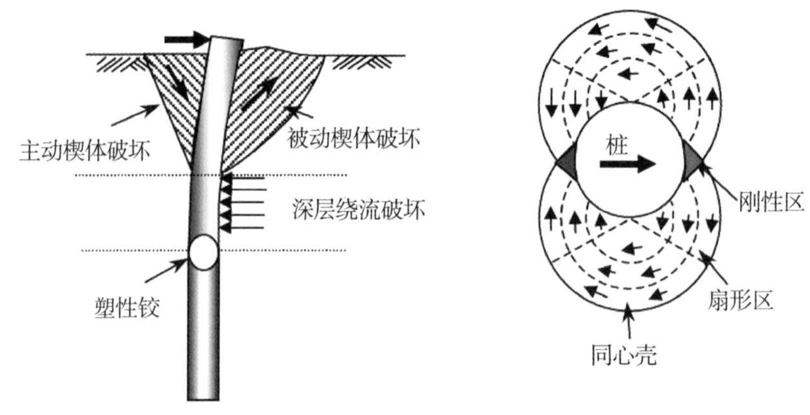

(a)桩周土体破坏模式

(b)深层绕流破坏

图 5.3-4　黏性土中长桩桩周土体破坏模式（Randolph & Houlsby，1984）

2. 砂土极限抗力

对于砂土中的水平受荷桩，由于较难建立上下限破坏机理，目前还没有土体极限抗力的上下限理论解答。不同研究者提出了不同的砂土极限抗力计算式。现有的极限抗力分布均为经验方法，大都得到了一定数量的桩基现场试验验证。

3. 统一土体极限抗力

上述有关黏土中的水平受荷桩，理论上将桩周土体破坏区分为浅层锥形楔体破坏和深层绕流破坏，实际情况下应该与砂土一样，不会从一种破坏模式突变到另一种破坏模式，而是沿深度渐变的。不失一般性，可假设土体侧向极限抗力 p_u沿深度按指数函数变化（Guo，2001；朱碧堂，2005）：

$$p_u = A_L(a_0 + x)^n \tag{5.3-1}$$

$$A_L = N_g(s_u 或 \gamma_s d 或 q_{ur})d^{1-n}\alpha_0 = (N_{g0}/N_g)^{1/n}d \tag{5.3-2}$$

式中：A_L为极限抗力沿深度变化的斜率，量纲为$[FL^{-1-n}]$；α_0为反映地表处土体极限抗力大小的常数或地面处等效土层厚度；x 为地面下深度；n 为 α_0与 x 之和的指数，反映极限抗力沿深度分布的形状；N_g为极限抗力系数；N_{g0}为反映地表处土体极限抗力的无量纲系数。对于砂土、黏土和岩石，分别采用 $1d$ 深度处的上覆压力 $\gamma_s d$、不排水剪强度 s_u 和岩石的单轴抗压强度 q_{ur}进行无量纲化 A_L。

采用上述连续函数，可以方便地计算桩体塑性铰以上土体的总侧向抗力，即为水平受荷桩的极限承载力。另外，可更方便地实现采用非线性 p-y 曲线进行水平受荷桩设计的数值分析。

5.3.3　水平受荷桩 Winkler 地基梁模型

1. Winkler 地基梁基本方程

以直径为 d、嵌入长度为 L 的桩头自由桩（桩头可自由平移和转动）为例，假定桩在地面处受到水平荷载 P_t、弯矩 M_t（$=P_t \times e$，e 为 P_t作用在地面上的高度）和轴向荷载 Q 作用，并选定如图 5.3-5 所示的坐标系（纵轴为深度 x，横轴为桩的侧向变形 y，坐标原点位于地面）。由于轴向荷载通常对桩的水平受荷性状影响较小，假定 Q 沿桩长相等。考虑桩身 x 处的单

元厚度 dx,受力如图 5.3-6 所示。

假设桩关于 xy 平面对称,荷载作用于 xy 平面内,桩的变形只发生在 y 轴方向上,即没有平面外的变形,并且忽略桩的剪切变形。以 O 点为转动中心,由弯矩平衡可得

$$(M+\mathrm{d}M)-M+Q\mathrm{d}y-V\mathrm{d}x-(q-p)\mathrm{d}x\frac{\mathrm{d}x}{2}=0 \tag{5.3-3}$$

式中:M 为桩身弯矩;V 为桩身剪力;Q 为桩身轴力;p 为单位长度土体抗力(FL^{-1});q 为桩身分布荷载(FL^{-1})(如由土体位移、开挖或邻近地面荷载引起的土压力等)。

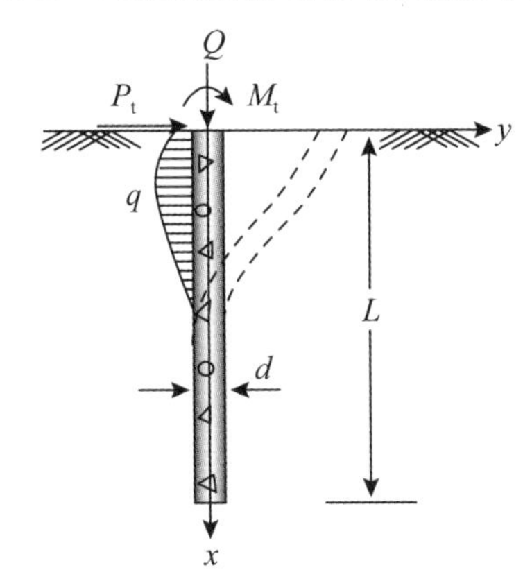

图 5.3-5　水平受荷桩示意图

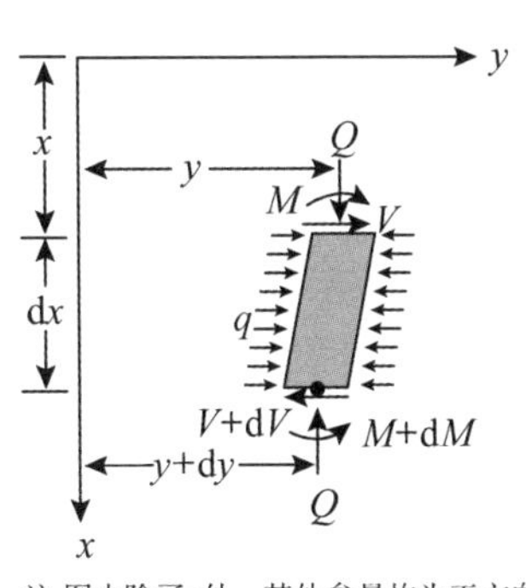

图 5.3-6　水平受荷桩单元体受力模型

忽略高次微分项(即 $\mathrm{d}x^2$),方程(5.3-3)可改写为

$$\frac{\mathrm{d}M}{\mathrm{d}x}+Q\frac{\mathrm{d}y}{\mathrm{d}x}-V=0 \tag{5.3-4}$$

将式(5.3-4)对 x 进行再次微分可得

$$\frac{\mathrm{d}^2M}{\mathrm{d}x^2}+Q\frac{\mathrm{d}^2y}{\mathrm{d}x^2}-\frac{\mathrm{d}V}{\mathrm{d}x}=0 \tag{5.3-5}$$

根据图 5.3-6、材料力学知识和 Winkler 地基梁假定,有

$$\frac{\mathrm{d}^2M}{\mathrm{d}x^2}=EI\frac{\mathrm{d}^4y}{\mathrm{d}x^4} \tag{5.3-6}$$

$$\frac{\mathrm{d}V}{\mathrm{d}x}=q-p \tag{5.3-7}$$

$$p=ky \tag{5.3-8}$$

式中:k 为地基反力模量(modulus of subgrade reaction,FL^{-2});EI 为截面抗弯刚度(FL^2)。

将方程(5.3-6)～(5.3-8)代入方程(5.3-5)可得

$$EI\frac{\mathrm{d}^4y}{\mathrm{d}x^4}+Q\frac{\mathrm{d}^2y}{\mathrm{d}x^2}+ky-q=0 \tag{5.3-9}$$

式(5.3-9)即为水平受荷桩的变形控制方程。在特定条件下,式(5.3-9)可简化如下:

(1)对于地面上桩段,此时 $ky=0$,即有

$$EI\frac{\mathrm{d}^4y}{\mathrm{d}x^4}+Q\frac{\mathrm{d}^2y}{\mathrm{d}x^2}-q=0 \tag{5.3-10}$$

(2)此时 q 为地面上作用分布荷载,如由水流或波浪引起的侧向力。如果分布荷载 q 为零,式(5.3-10)可简化为

$$EI\frac{d^4y}{dx^4}+Q\frac{d^2y}{dx^2}+ky=0 \tag{5.3-11}$$

(3)同样的,如果不考虑轴向荷载的影响,式(5.3-9)可简化为

$$EI\frac{d^4y}{dx^4}+ky-q=0 \tag{5.3-12}$$

式(5.3-10)～式(5.3-12)一般需通过数值方法,如差分法(Gleser, 1984; Reese & Van Impe, 2001)或有限杆单元法(McVay 等, 1996)进行求解。在海洋结构中,桩基一般属于主动受荷桩,$q=0$。如果考虑海床滑坡对海洋桩基的影响,需要考虑滑坡体引起的荷载 q,属于被动桩的范围,这里不作重点考虑,因此假定 $q=0$。

在水平荷载作用下,桩身产生抗弯应力,从而引起桩的侧向变形 y、转角 θ、弯矩 M 和剪力 V,同时在桩基变形方向上,土体将对桩产生反方向的抗力 p。假定桩为欧拉梁,上述参量之间存在如下关系:

$$\theta=\frac{dy}{dx} \tag{5.3-13}$$

$$M=EI\frac{d^2y}{dx^2} \tag{5.3-14}$$

$$V=EI\frac{d^3y}{dx^3} \tag{5.3-15}$$

$$p=EI\frac{d^4y}{dx^4} \tag{5.3-16}$$

值得说明的是,若视桩基为 Timoshenko 梁,方程(5.3-13)是不成立的,但方程(5.3-14)～(5.3-16)仍然成立。

对于桩头自由和桩头固定(转动约束但可自由平移)的柔性桩(定义将在下面进行讨论),这些参量分别如图 5.3-7 和图 5.3-8 所示。水平向受荷桩的性状应包括上述五要素。不过,对于工程设计而言,工程师们往往关心的是桩头变形、桩身最大弯矩和地面处桩的转角。

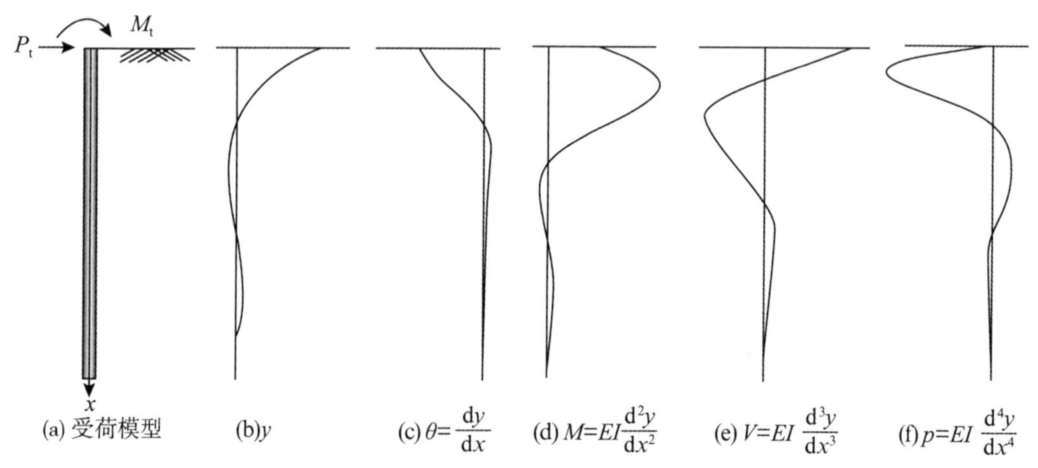

图 5.3-7 桩头自由侧向受荷桩性状示意

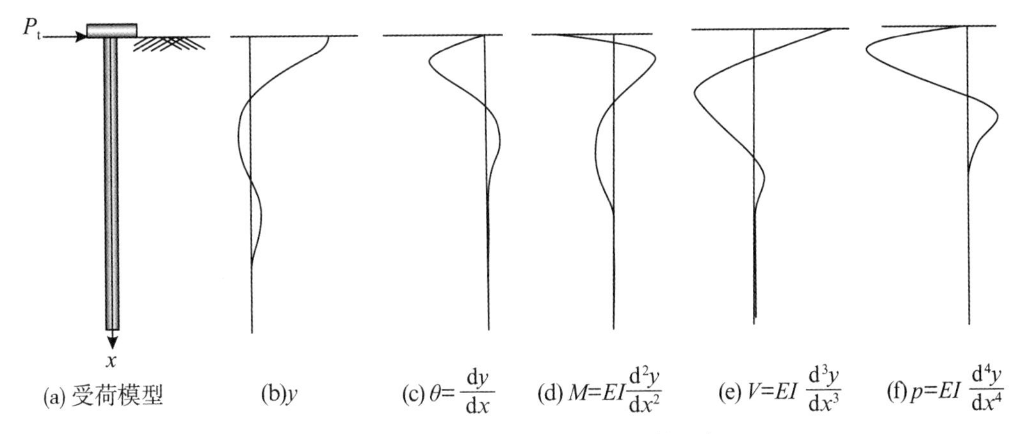

图 5.3-8　桩头固定侧向受荷桩性状示意

2.线性荷载传递模型

需要说明的是，前述介绍的水平受荷桩的变形控制方程中的 ky 项取决于桩土相互作用弹簧模型。如果 k 值与桩身变形无关，则为线性荷载传递模型；如果 k 值为桩身变形的函数，则为非线性荷载传递模型，一般称为 p-y 模型。目前，在桩基设计中，只有少数国家仍推荐采用线性分析方法，如中国、日本等。在该方法中，首先给定桩基的允许位移（如 6～12mm），限定桩基的变形性状主要位于弹性范围内。然而，对于海洋结构，一般允许的桩基变形比上述值大，因此基于非线性荷载传递模型的 p-y 曲线法应用较广泛。下面介绍几种典型解。

Hetenyi(1946)解

Hetenyi(1946)给出了 Winkler 弹性地基上、多种加载条件下弹性长梁的三角级数解答。对于长梁，加载条件包括：(1)集中荷载作用无限或半无限长梁；(2)集中弯矩作用无限或半无限长梁；(3)均匀分布荷载作用无限长梁；(4)三角形分布荷载无限长梁；(5)任意荷载下无限或半无限长梁。另外，他还给出了一些特殊加载或约束条件下(如两端自由、两端铰支和两端固定)有限长梁的显式理论解答。

如果将侧向受荷桩视为竖向放置的弹性地基梁，沿深度地基反力模量 k 为常数，对于轴向压缩荷载 Q 沿桩长不发生变化、桩头自由的弹性长桩(半无限长梁)，在水平荷载 P_t 作用下，方程(5.3-11)的解答为

$$y=\frac{P_t}{\alpha k}\frac{2\lambda^2}{3\beta^2-\alpha^2}e^{-\beta x}\left[2\alpha\beta\cos\alpha x+(\beta^2-\alpha^2)\sin\alpha x\right] \tag{5.3-17}$$

$$\theta=\frac{P_t}{EI}\frac{1}{3\beta^2-\alpha^2}\frac{1}{\alpha}e^{-\beta x}\left[\alpha\cos\alpha x+\beta\sin\alpha x\right] \tag{5.3-18}$$

$$M=-\frac{P_t}{\alpha}\frac{2\lambda^2}{3\beta^2-\alpha^2}e^{-\beta x}\sin\alpha x \tag{5.3-19}$$

$$V=-\frac{P_t}{\alpha}\frac{1}{3\beta^2-\alpha^2}e^{-\beta x}\left[(3\beta^2-\alpha^2)\alpha\cos\alpha x-(3\alpha^2-\beta^2)\beta\sin\alpha x\right] \tag{5.3-20}$$

$$\alpha=\sqrt{\sqrt{\frac{k}{4EI}}+\frac{Q}{4EI}}\qquad \beta=\sqrt{\sqrt{\frac{k}{4EI}}-\frac{Q}{4EI}}\qquad \lambda=\sqrt[4]{\frac{k}{4EI}}$$

在只有桩头弯矩 M_t 作用下，桩的变形、转角、弯矩和剪力为

$$y=-\frac{M_t}{EI}\frac{1}{3\beta^2-\alpha^2}\frac{e^{-\beta x}}{\alpha}[\alpha\cos\alpha x-\beta\sin\alpha x] \tag{5.3-21}$$

$$\theta=\frac{M_t}{EI}\frac{1}{3\beta^2-\alpha^2}\frac{1}{\alpha}e^{-\beta x}[2\alpha\beta\cos\alpha x-(\beta^2-\alpha^2)\sin\alpha x] \tag{5.3-22}$$

$$M=\frac{M_t}{3\beta^2-\alpha^2}\frac{1}{\alpha}e^{-\beta x}[(3\beta^2-\alpha^2)\alpha\sin\alpha x+(3\alpha^2-\beta^2)\beta\sin\alpha x] \tag{5.3-23}$$

$$V=\frac{M_t}{3\beta^2-\alpha^2}\frac{1}{\alpha}e^{-\beta x}[-4(\beta^2-\alpha^2)\alpha\beta\cos\alpha x+(\beta^4-6\alpha^2\beta^2+\alpha^4)\sin\alpha x]+Q\theta \tag{5.3-24}$$

对于桩头转角固定的情况，可由上述两种工况按叠加原理计算桩的性状，即首先由方程(5.3-18)和(5.3-22)得到桩头转角之和为零，确定桩头弯矩 M_t；然后将 M_t 代入方程(5.3-21)～(5.3-24)得到变形、转角、弯矩和剪力，并与方程(5.3-17)～(5.3-20)求得的变形、转角、弯矩和剪力进行叠加得到总的变形、转角、弯矩和剪力。

弹性地基反力模量 k 的取值

在水平受荷桩的弹性解答中，一个重要参量就是地基反力模量 k 的取值，其定义为桩身某点处单位长度土体抗力 p 与局部桩身变形 y 的比值，即 $k=-p/y$，负号表示土体抗力与桩身变形方向相反。理论计算结果的准确与否，很大程度上取决于 k 值取值是否合理。

由于地基反力模量 k 无法由现有测试手段直接得到，不同研究者或规范给出了地基反力模量 k 与不同土体分类指标的经验数值、关系式或图表。其中，地基反力模量常简单表达为土体杨氏模量的经验关系：$k=\alpha_1 E_s$，式中 α_1 为地基反力模量参数，典型值如表 5.3-1 所示。

表 5.3-1 α_1 经验取值(黏性土与无黏性土)

参考文献	α_1	确定 k 的理论或方法
Terzaghi(1955)	0.74	弹性层压缩理论
Menard(1962)	3.3～5	旁压仪试验
Broms(1964a)	1.67	弹性地基梁法反分析
Matlock(1970)	1.8	p-y 曲线初始段
Poulos(1971)	0.82	弹性连续体理论($v_s=0.5$)
GIRIA(1984)	0.8～2.5	旁压仪试验、弹性连续体理论和 SPT 试验

对于“均质”地基模型，如硬质黏土，k 值一般沿深度不变，为一常数；对于“Gibson”地基，如软黏土和砂土，地基反力模量或系数常常随深度线性增长，可表达为

$$k=k_0+n_h x \tag{5.3-25}$$

式中：k_0 为地表处地基反力模量；n_h 为地基反力常数(constant or factor of subgrade reaction，FL^{-3})。

除了上述经验方法之外，相关学者也提出了一些地基反力模量的理论计算方法。其总体思路为通过对比研究弹性地基梁法和弹性连续体法计算结果，反演分析出地基反力模量与土体变形参数之间的理论关系。Biot(1937)推导了三维弹性半空间上无限梁在梁中集中荷载作用下的解答。如果令弹性连续体理论与弹性 Winkler 地基梁理论产生的最大弯矩相等，得到 k 和弹性模量 E_s 有如下关系：

$$k=\frac{0.95E_s}{1-v^2}\left[\frac{d^4E_s}{(1-v^2)EI}\right]^{0.108} \tag{5.3-26}$$

Vesic(1961)将 Biot 的解答扩展应用于三维弹性半空间上无限梁在梁中受集中荷载和集中弯矩的情况，并令弹性连续体理论与弹性 Winkler 地基梁理论产生的转角相等，得到 k 和 E_s 有如下关系：

$$k=\frac{0.65E_s}{1-v^2}\sqrt[12]{\frac{d^4E_s}{EI}} \tag{5.3-27}$$

另外，通过比较弹性地基梁解答与弹性有限元分析结果，也可得到地基反力模量与土体剪切模量 G_s 之间的关系。根据大量参数研究，Randolph(1981)给出了桩顶变形和转角的拟合表达式，通过对比有限元与弹性地基梁计算结果，在满足桩头变形条件下可得到：

只有水平荷载作用在地面高度时：

$$k=10.925G^*(E_p/G)^{-1/7} \tag{5.3-28}$$

只有弯矩作用在地面高度时：

$$k=16.385G^*(E_p/G)^{-1/7} \tag{5.3-29}$$

式中：E_p 为桩体等效弹性模量；G^* 为土体等效剪切模量，$G^*=(1+0.75v_s)G_s$；v_s 为土体泊松比。当水平荷载作用在地面上一定高度时，地基反力模量为式(5.3-28)计算值的 1～1.5 倍。需要特别强调的是，根据选定的比较标准不同（最大弯矩或转角），其得到的 k 值计算方法也存在一定差别。因此，在实际工程设计中需要根据所关注的参数指标选择合适的理论计算方法。

3. 理想弹塑性荷载传递模型

针对如图 5.3-9 所示的理想弹塑性荷载传递模型，地基反力模量沿深度为常数，土体极限抗力可按式 (5.3-30)计算，Guo(2006)给出了塑性发展深度、桩基变形和内力的理论解答。

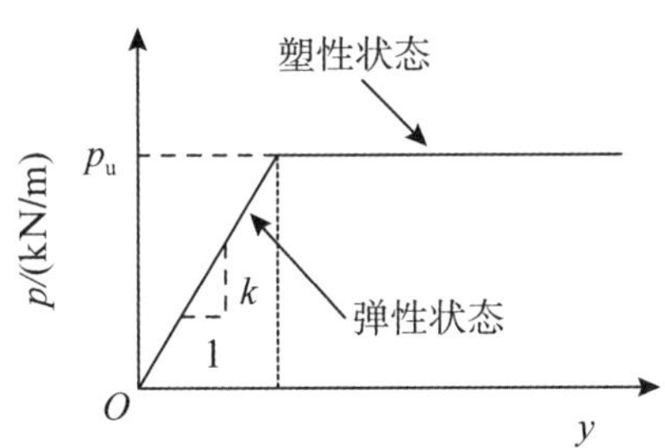

图 5.3-9　理想弹塑性荷载传递模型

对于桩头自由情况，桩头归一化水平荷载与归一化塑性发展深度满足如下关系式：

$$H\lambda^{n+1}/A_L=-\frac{\overline{F}(1,0)(\overline{x_p}+1)}{\overline{x_p}+1+\overline{e}}+\frac{\overline{F}(2,\overline{x_p})-\overline{F}(2,0)+\overline{F}(1,\overline{x_p})+0.5\overline{F}(0,\overline{x_p})}{\overline{x_p}+1+\overline{e}} \tag{5.3-30}$$

式中：$\lambda=\sqrt[4]{k/4E_pI_p}$；$\overline{x_p}=\lambda x_p$，$x_p$ 为塑性区发展深度；$\overline{e}=\lambda e$，e 为水平荷载离地面高度；$\overline{F}(m,x)=\frac{(\overline{x}+\overline{\alpha_0})^{n+m}}{(n+m)\cdots(n+1)}$；$\overline{x}=\lambda x$，$\overline{\alpha_0}=\lambda\alpha_0$，其他符号见式(5.3-3)。

对于桩头自由情况，地面处桩的侧向变形 y_g 满足如下关系式：

$$\begin{aligned}\frac{y_g k\lambda^n}{A_L}=&4[\overline{F}(4,\overline{x_p})-\overline{x_p}\overline{F}(3,\overline{x_p})-\overline{F}(4,0)]+C_m\overline{F}(2,\overline{x_p})\\&+[2\overline{x_p}+C_m]\overline{F}(1,\overline{x_p})+[1+2\overline{x_p}+C_m/2]\overline{F}(0,\overline{x_p})\\&+(2\overline{x_p}^2+C_m)\overline{F}(2,0)\\&+\left[\frac{4\overline{x_p}^3}{3}-2\overline{x_p}-(\overline{x_p}+1)C_m\right]\overline{F}(1,0)\end{aligned}\tag{5.3-31}$$

式中：$C_m=\left[\frac{4\overline{x_p}^3}{3}-2\overline{x_p}+2\overline{x_p}^2\overline{e}\right]/(\overline{x_p}+1+\overline{e})$。对于桩头自由情况，桩身最大弯矩满足如下关系式：

$$\frac{M_{max}}{A_L}=-\frac{1}{n+2}\left[\alpha_0{}^{n+1}(n+1)\frac{H}{A_L}\right]^{(n+2)(n+1)}+\left(\frac{\alpha_0{}^{n+2}}{n+2}+\frac{\alpha_0 H}{A_L}\right)+\frac{He}{A_L}\tag{5.3-32}$$

对于地基反力模型沿深度线性增长的情况，Guo(2006)也给出了类似的理论解答。上述理论解答可手算，也可编制简单的 Excel 表格进行计算，避免了复杂的数值分析。考虑到水平受荷桩主要受浅部土体极限抗力控制，只要确定的土体极限抗力合适，采用理想弹塑性荷载传递模型可以给出准确的水平受荷桩性状（朱碧堂，2005）。

4. p-y 曲线法

McClelland & Focht(1958)最早提出将桩-土荷载传递模型描述为沿深度分布的一系列 p-y 曲线。在该方法中，沿桩身每一点，将连续土体简化为一系列离散的非线性弹簧，弹簧性状由 p-y 曲线进行描述，其中 p 为单位桩长上的土体抗力(FL^{-1})，y 为与土体抗力在同一平面内的桩身变形或土体压缩量(L)，p 与 y 的曲线形式代表了桩-土的相互作用关系。虽然 p-y 曲线法将桩周土体描述为非线性弹簧而非连续体，但土体弹簧性质一般由现场试验得到，弹簧间的相互作用实际已包括在 p-y 曲线内，并且该方法简单、分析结果比较准确，在学术界和工程界（如 API、CIRIA、FHWA 等设计规范）得到了广泛的应用。

图 5.3-10 为桩周土体在受荷前后的应力变化图，以地面下深度 x 处单元体为例（图 5.3-10(a)），在加载前，桩周土体法向应力环向均匀分布（图 5.3-10(b)）。当加载后桩单元发生侧向变形 y，桩周土体应力如图 5.3-10(c)所示，桩前土体法向应力上升，而桩后土体法向应力下降。对该深度处单位厚度桩周土体应力求和，将得到与变形 y 方向相反的土体净抗力 p（单位长度土体抗力，F/L^{-2}）。

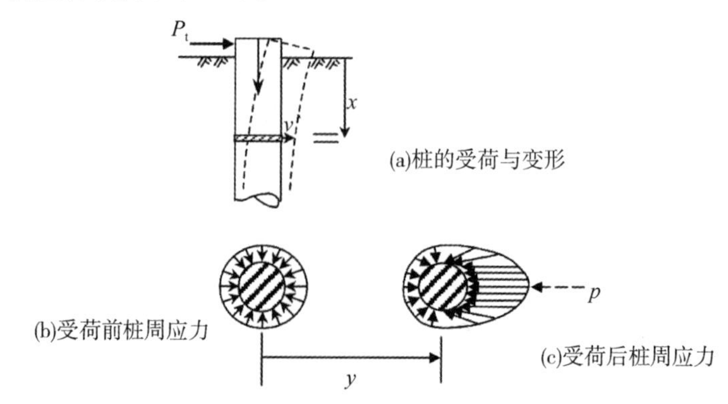

图 5.3-10　土体应力在桩受荷前后的变化(Reese & Van Impe, 2001)

图 5.3-11 所示为典型的 p-y 变形曲线，则其割线斜率即为地基反力模量。对于某一级荷载，桩的变形随深度而降低，而地基反力模量则沿深度不断增长。因此，地基反力模量只是反映桩土相互作用特性的参数，而不是土体的本质特性。采用 p-y 曲线求解桩的性状时，必须首先确定地面下各深度处的 p-y 曲线，即 k 随桩基变形的变化关系。

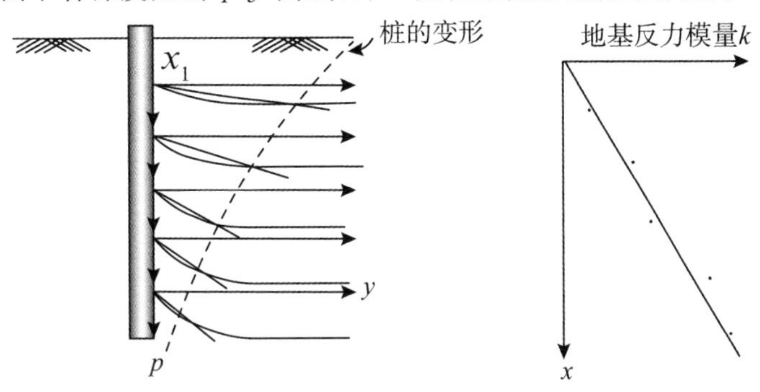

图 5.3-11　水平受荷桩各深度处 p-y 曲线与地基反力模量(Reese & Cox,1968)

(1)p-y 曲线的试验测定

自从 Focht & McClelland 提出 p-y 曲线法以来，大量研究者根据现场桩基试验，反分析了对应于不同桩基条件、土体类型、加载形式和施工方法的 p-y 曲线(如 Matlock，1970；Reese 等，1974；Reese 等，1975；O'Neill & Murchison，1983；O'Neill & Gazioglu，1984)。采用桩的现场载荷试验确定 p-y 曲线的方法可简述如下。

根据 Euler-Bernoulli 梁理论，任一截面内某点的应变为

$$\varepsilon=\theta \cdot z_1 \tag{5.3-33}$$

式中：z_1 为研究点离中性轴的距离；θ 为梁的曲率。

根据截面刚度的定义，截面内弯矩与曲率存在如下关系：

$$M=EI \cdot \theta \tag{5.3-34}$$

根据方程(5.3-33)，在同一截面内采用应变计测定中性轴两侧(A 和 B 侧)的应变分别为 $\varepsilon_a=\theta \cdot z_a$ 和 $\varepsilon_b=\theta \cdot z_b$，因此：

$$\theta=(\varepsilon_a-\varepsilon_b)/(z_a-z_b) \tag{5.3-35}$$

式中：ε_a、ε_b、z_a、z_b 均可由试验测定，则由方程(5.3-35)得该截面内的曲率，然后采用方程(5.3-34)计算该截面的弯矩 M。如果测定的截面个数足够多，就可以得到沿桩长方向上的弯矩变化。对于某一级荷载，采用曲线拟合方法得到弯矩沿桩长方向上的连续函数，然后分别由下式确定桩的变形 y 和土体抗力 p：

$$MEI\mathrm{d}x\mathrm{d}x=y \tag{5.3-36}$$

$$\mathrm{d}^2M\mathrm{d}x^2=p \tag{5.3-37}$$

最后，对于每一深度处，绘制不同荷载水平下的 p-y 关系曲线。

(2)试验 p-y 曲线模型

根据上述过程，一些研究者给出了不同土体的 p-y 曲线。这些 p-y 曲线一般包括如下三部分：①初始线性段(弹性段)；②极限抗力平直段(塑性段)；③线性段与极限抗力段之间的过渡段。对于不同的土体或由不同的桩基现场试验，反分析得到的 p-y 曲线形式不同。

(3)试验 p-y 曲线的局限性

在确定 p-y 曲线时，由于土体抗力 p 由离散的弯矩点两次微分得到，p 值对试验误差十

分敏感。对于同一组弯矩试验点，若采用不同的函数进行拟合，则可能给出差别很大的 p 值。所以，如果单纯由实测弯矩确定 p-y 曲线，往往并不是唯一的。采用不同的函数形式、不同的参考变形，可能得到不同的 p-y 曲线模型。

另外，由于现场试验费用高和侧向受荷桩试验数据库的局限性，采用现场试验确定 p-y 曲线时，一般都没有考虑如下因素：

(1)分层土体。上述 p-y 曲线均是由相对均质土体中侧向受荷桩的载荷试验反分析得到的，因此，采用这些 p-y 曲线，有时并不能给出满意的桩基性状，如上硬下软分层土中的桩，在较大的荷载水平下，桩的变形从上部硬土层延伸到下部软土层后导致预测的结果偏小。

(2)桩的施工效应。由于桩基施工的扰动，如砂土的加密效应，灌注桩和打入桩的 p-y 曲线可能并不相同。

(3)桩的尺寸效应。目前提出 p-y 曲线的现场试验基本上都是小尺寸桩现场载荷试验，对于同一场地，很少进行桩的尺寸效应研究。另外对于大直径桩基础，由桩周竖向摩阻力产生的弯矩作用也相当可观，常规 p-y 曲线法往往忽略了这部分荷载对桩基变形特性的影响。

(4)桩头约束影响。在现场试验中，很难控制桩头为完全固定条件。上述 p-y 曲线都基于桩头自由桩的现场试验，而 Ashour & Norris(2000)分析表明，桩头约束条件不同，p-y 曲线可能并不相同。

(5)桩身刚度影响。对于钻孔桩或其他钢筋混凝土桩，桩截面抗弯刚度随着混凝土的开裂而急剧降低，而上述 p-y 曲线一般都通过钢管桩现场试验确定，没有考虑刚度变化的影响。

(6)荷载类型。对于循环荷载或重复荷载作用下的 p-y 曲线讨论较少。并且在这种荷载作用下，p-y 曲线不仅与土体和桩的特性有关，还与加载频率、荷载组合有关。

(7)群桩效应。上述 p-y 曲线都是单桩试验的结果，应用于紧密间距群桩分析时，必须考虑桩-土-桩之间的相互作用。

因此，采用 p-y 曲线法分析侧向受荷桩的性状时，很难获得适合特定土体条件、桩基特性(大小、施工方法、刚度等)和加载类型的 p-y 曲线。

5. 刚性短桩的荷载传递模型(PISA 法)

传统 p-y 曲线法主要来源于海上油气平台工程，大量工程实践表明其对于直径不超过 2m 的柔性长桩基础具有较好的计算精度。但对于目前海上风电领域应用广泛的大直径单桩基础而言，由于其尺寸大、长径比小($L/D=3\sim8$)的特点，表现出水平受荷刚性短桩特性，现有的 p-y 曲线法已不能准确反映其桩-土相互作用特性，计算结果往往与实际情况存在较大差异。

针对上述海上风电桩基特性，研究者提出了基于 Timshenko 梁的大直径水平受荷桩简化设计方法(下称 PISA 法)。如图 5.3-12 (a)所示，在分析海上风电刚性短桩基础的桩-土相互作用特性时，除了需要考虑水平抗力之外，由于桩基直径较大，两侧的竖向剪应力也不能忽略，其形成了一对力矩作用在桩身之上。另外，由于刚性短桩基础在桩底仍会产生较大的水平变形并带动其下部分土体整体滑移，其底部的剪应力及弯矩作用同样需要考虑。

鉴于刚性短桩的桩-土相互作用特性，如图 5.3-12 (b)所示，PISA 方法提出了基于 Timshenko 梁的“四弹簧”模型，即除了分布式水平抗力 p-v 弹簧之外，还考虑了桩身分布式

力矩 m-ψ 弹簧(其中 ψ 为对应位置处桩身转角)及桩底剪应力弹簧 H_B-v_B、弯矩弹簧M_B-ψ_B。

需要指出的是，目前 PISA 方法还未给出上述各弹簧具体的函数表达式，对于特定的场地条件，其建议通过三维数值模型提取出相应弹簧的函数关系式，并在此基础上做进一步计算分析。

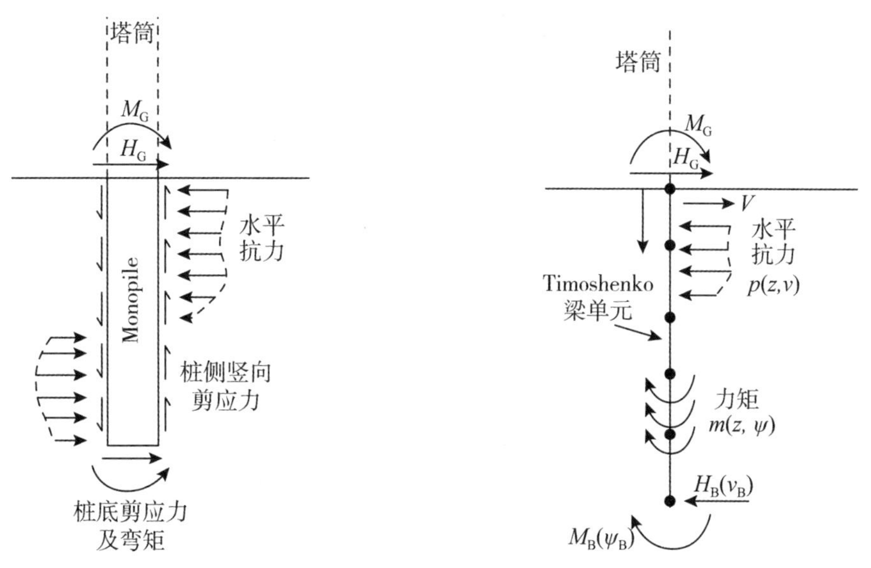

(a)刚性短桩基础桩-土相互作用示意图　　(b)刚性短桩基础分析模型示意图

图 5.3-12　刚性短桩桩-土相互作用及分析模型示意图

5.3.4　水平受荷桩循环荷载效应分析

由于风力、波浪、洋流等荷载均表现出周期性循环特性，海洋桩基础的循环荷载效应也将更为显著。例如，海上风电大直径桩基础在设计使用寿命内(25～30 年)其所经历的循环荷载次数将达到 10^7 次以上，在这种长期循环水平荷载作用下，桩头累积变形将不断增长。因此，对于海洋桩基础而言，除了静力分析之外，还需要对桩基础的循环荷载效应进行合理评估以保证上部结构的正常使用。

1. 循环荷载下桩基响应特性

现场试验表明，循环荷载引起的桩基变形和内力都将大于同等静载情况下引起的桩基变形及内力，且其随荷载施加次数的增加而增加。其中，桩基的侧向变形受到循环荷载的影响最为显著，在某些情况下，循环荷载引起的桩基变形增加量甚至高达 70%～100%(Swane，1983)。

图 5.3-13 所示是 Alizadeh(1969)报道的循环荷载作用下黏土和淤泥质土中桩顶位移性状。在循环荷载初期，桩基变形和内力随着循环次数的增加而增大，随着循环次数增加，桩基础可能出现两种变形模式：一种是荷载水平较低时，在一定循环次数之后，桩基的变形会达到稳定值，此时继续施加循环荷载，桩基变形不再增加，由于试验中设定的循环荷载水平远低于破坏荷载，因此大多数现场试验都表现出这种性状；另一种是荷载水平较高时，桩基变形不能达到稳定，而是以一定速率持续增加，此时可认为桩土体系已经达到破坏。

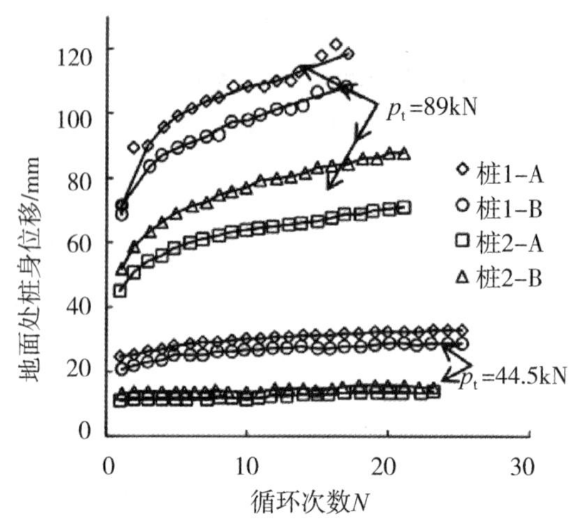

图 5.3-13 循环荷载作用下现场实测结果(引自 Alizadeh,1969)

2.循环荷载效应机理分析

循环荷载引起桩基内力和变形增长的主要原因是土体抗力的退化,土体抗力退化由两方面因素引起:一是重复应力作用下引起的土体材料退化;二是桩土分离现象。下面分别予以说明。

(1)土体材料退化

土体材料的退化包括孔压增加、密实度变化和主应力方向旋转等,宏观上表现为土体抗力降低以及 p-y 曲线的软化。图 5.3-14 所示为 Reese(1975)在硬黏土中进行侧向静载和循环荷载原位试验时,得到的不同深度处的 p-y 曲线,可以看出:循环荷载对初始抗力的影响比较小,但对土体极限抗力的影响较大;与静载 p-y 曲线相比,循环荷载作用下土体极限抗力明显降低。Reese 还给出了根据实测得到的砂土以及黏土中极限抗力折减系数 A,如图 5.3-15所示。从中可以看出循环荷载对于土体极限抗力,尤其是浅层部分土体极限抗力的影响较大。国内杨克己(1997)通过桩基础现场试验也证明了这一点,并且黏性土极限抗力降低较砂性土多。

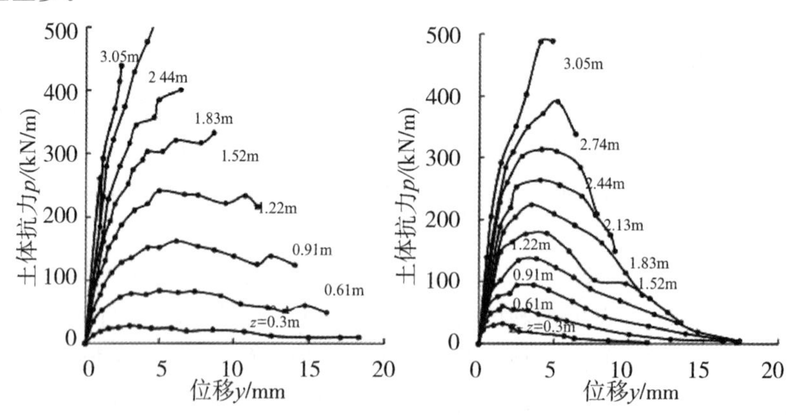

(a)实测静载 p-y 曲线　(b)实测循环荷载 p-y 曲线

图 5.3-14 直径 0.609m 桩基循环载荷试验实测 p-y 曲线(Reese 等,1975)

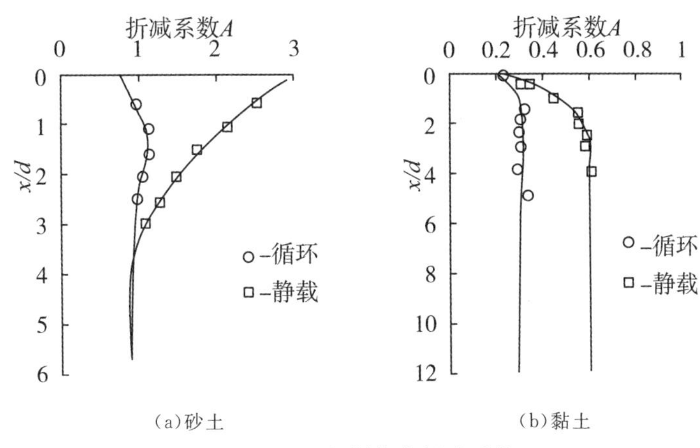

(a)砂土 (b)黏土

图 5.3-15 极限抗力折减系数

(2)桩土分离现象

在水下黏性土的桩基受到循环荷载作用时,会出现桩土分离现象,使得桩后往往出现裂隙,导致土体抗力降低,但是在砂土中并没有观察到这种现象。

图 5.3-16 所示是 Kishida 等(1985)采用 X 光摄像技术得到的桩土分离现象。

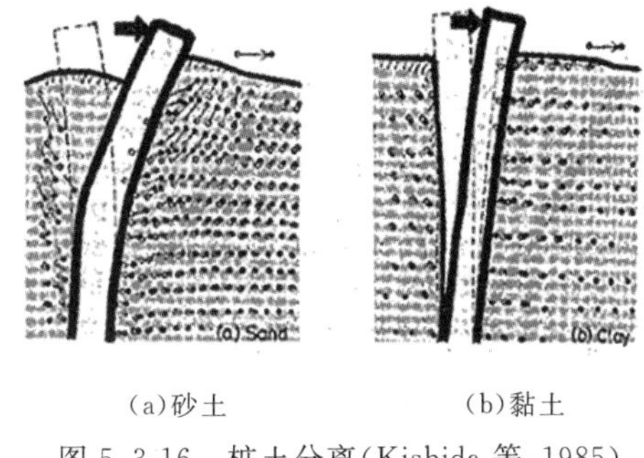

(a)砂土 (b)黏土

图 5.3-16 桩土分离(Kishida 等,1985)

桩土分离现象的产生主要是由于循环荷载所引起土体的塑性累积变形以及水流冲刷造成的。荷载释放后,土体被推向后方,桩前出现散射状的宽度为几毫米的裂缝。由于水面高于泥面,因此水可以填充裂缝。当荷载再次施加时,裂隙闭合,填充于其中的水被挤出,水的紊流会带走一部分黏土颗粒。砂土中循环荷载下桩基的试验中未报道桩土脱离效应,但是当荷载较大时,桩顶的变形将产生明显的变形积累,允许无黏性土颗粒落入桩后的空隙,阻止桩基返回其原来的位置。

桩土脱离现象已被证明确定存在,但是裂隙的深度和形态的模拟是十分复杂的,与水位高度、土质、荷载的水平和频率、桩基的截面形状等都有关,目前关于桩土脱离现象的计算方法还没有统一的意见。

3. 循环荷载 p-y 曲线法

在循环荷载作用下,土体材料退化以及桩土分离现象共同作用,引起土体抗力的退化,导致桩土变形、转角和弯矩的增加。从现有循环荷载桩基载荷试验结果看,当某一级荷载的循环次数达到一定数量之后,桩土结构的相互作用性状趋于稳定(变形不再增加或已经破坏),土体抗力不再减小,此时可以认为桩身变形和内力与荷载的作用方式、循环次数、作用时间等因素无关。因此,可通过求得在该荷载作用下土体抗力 p 的下限静载近似值,将循环问题简化为静力问题，就能保证在最不利的情况下对侧向受荷载桩进行研究。

考虑循环荷载效应对于静载 p-y 曲线的折减主要表现在两个方面，一是对极限抗力的折减，二是曲线形式的软化。对于循环荷载作用下海洋桩基的分析，需要借助数值分析手段，如 LPILE 分析软件。

4. 经验设计法

经验设计法指的是通过试验等手段建立起桩基循环累积效应与静态荷载作用下对应参数的经验函数关系，然后基于该经验模型，根据静态荷载作用下的桩基响应特性预估循环荷载作用下桩基响应的发展规律。例如，在循环荷载作用下，桩基循环累积变形 y_N 与荷载循环次数 N、初始桩基变形 y_1 存在一定的函数关系，如图 5.3-17 所示，即

$$y_N = f(N, y_1) \tag{5.3-38}$$

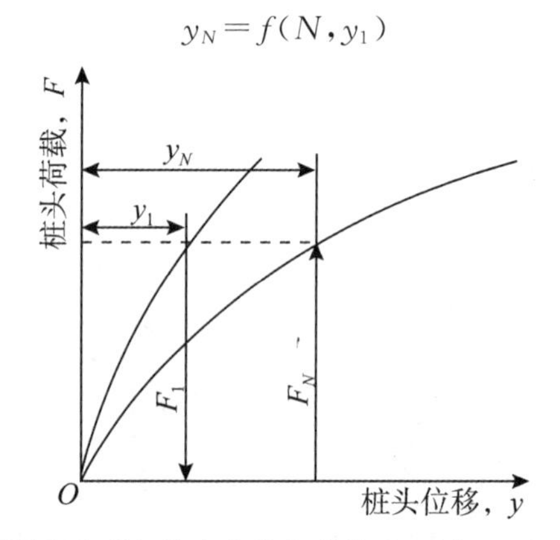

图 5.3-17　循环累积变形与静态荷载变形关系(引自 Little & Briaud，1988)

基于上述函数关系式，如果已知静力荷载作用下的桩基变形 y_1，那么根据相应模型就可以很快得到荷载循环 N 次后的桩基循环累积变形 y_N。国内外许多学者基于模型试验、离心机试验、现场小直径桩试验等方法提出了水平循环受荷桩累积变形经验模型，但由于桩基尺寸、土层条件、循环荷载特性等试验条件的差异，不同学者所提出的经验函数模型不尽相同，因此采用经验设计法来分析循环荷载作用下桩基累积变形有所局限性，需要根据场地形式、循环荷载特性确定其具体的经验设计函数模型，且一般也仅用于桩基循环累积变形的初步预估。

除此之外，还可通过数值模拟的方法研究水平受荷桩基循环效应，尽管数值模拟可以准确地模拟循环荷载特性及地层条件，但其预测结果的准确性主要取决于土体本构模型的选择，且一般情况下，由于孔隙水压力的累积，数值模拟很难模拟高循环次数的桩基循环响应，限制了其工程应用。

5.3.5　水平受荷桩群桩效应分析

在海洋岩土工程中，除了少数情况采用单桩基础之外，多数情况下桩基都以群桩基础的形式出现，因此在实际工程设计中除了单桩分析之外，还有必要对群桩基础的荷载响应特性及分析方法作一介绍。

1. 群桩基础的群桩效应

由于桩-土-桩之间的相互作用(一般称为遮拦效应)，一般情况下在相同的桩头变形条

件下，群桩中各单桩的土体抗力比相应的独立单桩的土体抗力要小。相应地，各单桩承担的荷载（或剪力）比独立单桩承担的荷载小。反之，若各桩的平均荷载等于独立单桩的荷载，群桩将比单桩产生更大的侧向变形和弯矩。

在工程设计中一般采用群桩效率系数 η_g 来描述群桩效应。群桩效率系数定义为群桩中各单桩的平均极限承载能力与独立单桩的承载能力之比。

$$\eta_g = \frac{H}{nH_1} \tag{5.3-39}$$

式中：n 为群桩桩数；H 为群桩侧向极限承载力（kN）；H_1 为独立单桩侧向极限承载力（kN）。

值得指出的是，单桩或群桩的水平承载能力一般定义为指定的桩基变形，如 10% 或 20% 所对应的桩头荷载。在分析群桩效应时，必须对群桩中每个单桩的“贡献”进行分析。在群桩中，桩顶一般为完全固定或部分固定。由于桩顶承台的存在，可认为每个桩在桩头处发生的侧向位移相等。因此，除了满足各单桩的总荷载（或桩顶处剪力）与施加到群桩的总荷载相等外，各桩还应满足桩头的变形相容条件。

试验表明，桩间距较小时，由于群桩效应的影响，在同样的荷载水平下，群桩变形要大于独立单桩；当群桩中桩间距较大时，不存在群桩效应。现有研究认为，当单列桩（平行于荷载方向）间距超过 6 倍桩径或单排桩（垂直于荷载方向）间距超过 3 倍桩径时，群桩效应可以忽略（Mokwa 等，2001）。影响群桩效应的因素主要有以下几个方面：

（1）桩间距 S。桩间距是影响群桩效应的最重要的因素，总的来说，随着桩间距的增加，群桩效率系数 η_g 随之增加，但由于其他原因（如桩顶约束条件等）的影响，在相同桩间距的情况下，试验得到的群桩效率系数有一定的离散现象。

（2）群桩中桩数以及布置形式。对于单排桩（排桩的中心连线与加载方向垂直），若桩间距超过 3 倍桩径时，各桩分配的荷载差别很小，并且各桩近似为独立单桩，η_g 值近似为 1.0；对于多排桩，前排桩性状如同独立单桩，但后排桩的存在导致 η_g 值小于 1.0，且随着桩排数的增加，η_g 值逐渐减小。但由于群桩施工引起土体加密效应和承台效应，也可能导致 η_g 值大于 1.0（刘金砺，1992）。

（3）桩顶约束条件。不同约束条件下的桩周土反力分布存在较大差异，在群桩基础中，由于应力叠加效应的影响，桩周土反力的差异将进一步引起群桩效应的不同。

（4）土层性质和密实度。土体密度对荷载分布有一定的影响，在较大的密度下，前排桩承担更大的荷载；在较小的密度下，各排之间的荷载分配趋于均匀。

（5）桩基位移。群桩效率系数随桩基位移的增加而减小，但减小的幅度并不明显，当桩基位移达到 $0.05d$ 时，群桩效率系数 η_g 基本保持不变（Brown 等，1987）。

由于群桩中各排桩基的承载力不相同，分配到各排桩顶的荷载也各不相同。同时，荷载分配也受到承台约束的影响，因此对群桩的承载力的分析不仅要分析总承载力，还需要分析桩顶荷载分配，为此，引入第 i 排桩的荷载分配系数 S_{fi}：

$$S_{fi} = \frac{P_{ri}}{P_t} \tag{5.3-40}$$

式中：P_t 为群桩总荷载（kN）；P_{ri} 为第 i 排桩承担的荷载（kN）。试验结果表明，前排桩比后排桩承担的荷载大，但对于超过三排的群桩，中间排桩与后排桩承担的荷载没有确定的大小关系（Brown 等，1987；McVay 等，1995；Rollins 等，1998）。在各排内，边桩比中间桩承担的荷载稍大，但当桩间距 $S/d>3$ 时，可认为排内各桩平均分担荷载。

2. 群桩基础分析方法

对于水平受荷群桩，通过引入图 5.3-18 所示的抗力折减系数 f_m，即相同变形条件下群桩中的土体抗力为独立单桩的 f_m 倍，可得到群桩中各单桩的 p-y 曲线，从而采用第 5.3.3 节中的单桩分析方法进行分析计算。对于带承台群桩，通过桩顶位移协调和合力与外力相等，确定群桩和各单桩性状。

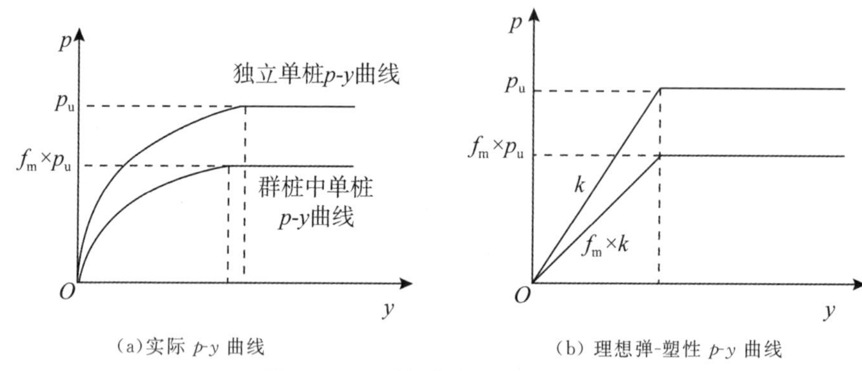

(a)实际 p-y 曲线　　(b) 理想弹-塑性 p-y 曲线

图 5.3-18　群桩中土抗力折减示意

在桩-土-桩相互作用影响下，群桩内各排桩侧土反力折减程度存在差异，第 i 排桩抗力折减系数 f_{mi} 可用下式表示：

$$f_{mi}=\frac{p_{gi}}{p_s} \tag{5.3-41}$$

式中：p_s 为独立单桩单位桩长土体抗力(FL^{-1})；p_{gi} 为群桩中第 i 排桩上单位桩长土体抗力(FL^{-1})。此外，我国港工桩基规范建议如下：在水平力作用下，对群桩中桩中心距小于 8 倍桩径、桩的入土深度小于 10 倍桩径以内的桩段，应考虑群桩效应。在非循环荷载作用下，距荷载作用点最远的桩按单桩计算，其余各桩应考虑群桩效应。其 p-y 曲线中的土抗力 p 在无试验资料时，对于黏性土可按下式计算土抗力折减系数：

$$f_{mi}=\left[\frac{\frac{S}{d}-1}{7}\right]^{0.043\left(10-\frac{z}{d}\right)} \tag{5.3-42}$$

式中：f_{mi} 为土抗力折减系数；S 为桩距；d 为桩径；z 为泥面下桩的任一深度。

5.3.6　海上风电桩基础动力特性

海上风机如图 5.3-19 所示，主要包括将风能转化为电能的转子/风机、驱动系统和支撑风机的塔筒和基础结构。以塔筒和驱动系统轴线形成的平面为初始位置，风机在运行过程中受到驱动系统的谐振作用，其转动频率称为 1P 频率。当每个叶片划过塔筒时，同样会产生一个系统作用力，叶轮扫掠频率为驱动系统频率的 3 倍(三叶片)或 2 倍(两叶片)，称为 3P 频率或 2P 频率。风电机组的型号和类型不同，则 1P 频率和 3P 频率不同，而且同一机组在运营过程中叶轮转动速率也会变化。所以，1P 频率和 3P 频率其实是频率区间，如图 5.3-20 所示。

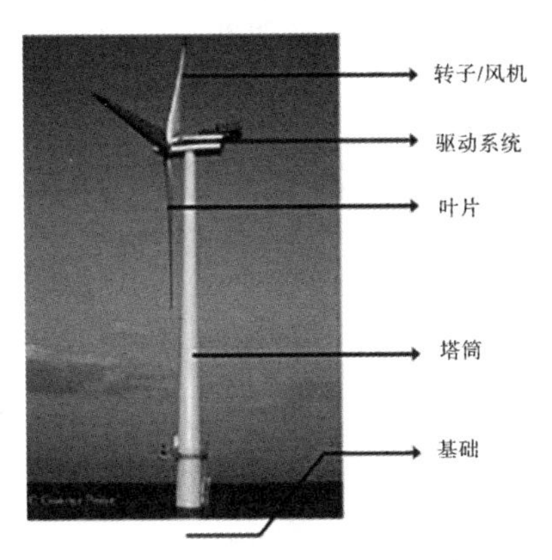

图 5.3-19　海上风机组成

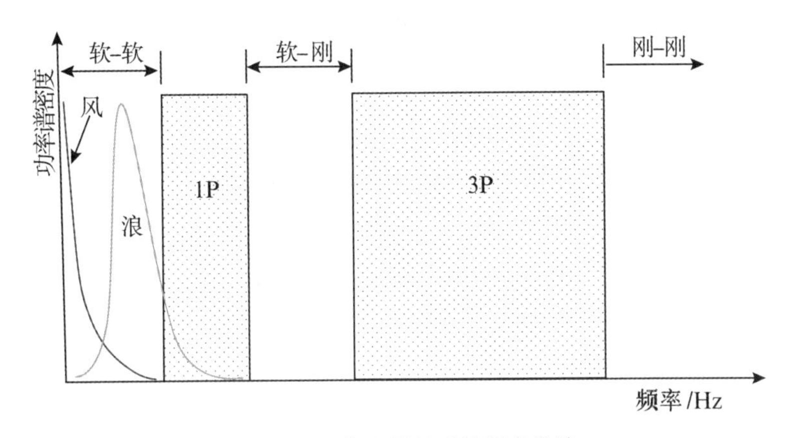

图 5.3-20　海上风机系统频率设计

海上风电系统设计和运营过程中，应防止风机系统一阶自振频率与 1P 频率、3P/2P 频率、海风频率和海浪频率重叠而发生共振效应。设计中有三种选择："软-软"(soft-soft)设计采取系统一阶自振频率小于风机 1P 频率，"刚-刚"(stiff-stiff)设计采取系统一阶自振频率大于风机 3P 频率，"软-刚"(soft-stiff)设计采取系统一阶自振频率位于风机转子 1P 频率和叶片 3P 频率之间。系统频率的限制是海上风电系统设计的主要难点之一。如果采用"软-软"(soft-soft)设计，系统一阶自振频率与海风、海浪的频率相近，容易产生共振。而且系统整体刚度小，在海上风浪等水平荷载作用下，容易发生大变形。如果采用"刚-刚"(stiff-stiff)设计，安全系数高，系统整体刚度大，荷载位移小，但工程造价极高。因此，目前国际上一般采用"软-刚"(soft-stiff)设计。然而风机系统 1P 频率带和 3P 频率带之间范围较小，因此对于系统自振频率的设计精度要求较高，为塔筒和基础设计带来极大挑战。

在系统频率设计方面，挪威船级社规范(DNV，2014)采用的有限元模态分析为目前的主要方法。然而其在前期参数设计时需要系列复杂建模，效率较低，且不利于结构尺寸参数分析和优化设计。在初步设计阶段，可采用下式进行估算：

$$f_n=\frac{1}{2\pi}\sqrt{\frac{1}{m\left(\dfrac{L^3}{3EI}+\dfrac{L^2}{k}\right)}} \tag{5.3-43}$$

式中：m 为风机质量；L 为风机至海床面高度；EI 为塔筒抗弯刚度；k 为海床面处基础抗转

动刚度,对于桩基可采用上述水平受荷桩理论计算。

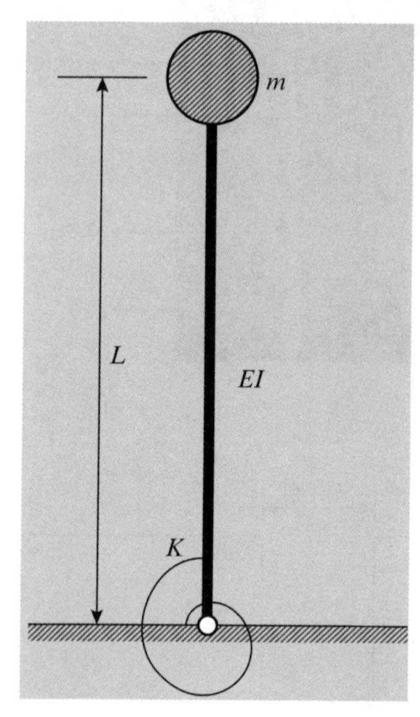

图 5.3-21 海上风机简化振动系统

参考文献

[1] Ashour M, Norris G. Modeling lateral soil-pile response based on soil-pile interaction [J]. Journal of Geotechnical and Geoenvironmental Engineering, 2000, 126(5): 420-428.

[2] Alizadeh M. Lateral load test on instrumented timber piles[J]. ASTM STP444,1969: 379-394.

[3] Almeida S S M, Danziger B A F, Lunne T. Use of the piezocone test to predict the axial capacity of driven and jacked piles in clay [J]. Canadian Geotechnical Journal, 1996, 33/1 (33):23-41.

[4] Ashour M & Norris G. Modeling lateral soil-pile response based on soil-pile interaction[J]. J. Geotech. Geoenviron. Engrg., ASCE, 2000,126 (5):420-428.

[5] Biot M A. Bending of an infinite beam on an elastic foundation[J]. Journal of Applied Mechanics, Trans. Am. Soc. Mech. Engrs., 1937, 59: A1-A7.

[6] Brandt J R T. Behaviour of soil-concrete interfaces [D]. Edmonton: University of Alberta,1985.

[7] Brown D A. Reese L C and O'Neill M W. Cyclic lateral loading of a large-scale pile group [J]. Journal of the Geotechnical Engineering, 1987, 113(11):1326-1343.

[8] Burland J B. On the compressibility and shear strength of natural clays. 30th Rankine Lecture[J]. Géotechnique, 1990, 40(3):327-378.

[9] Campanella R G, Gillespie D, &Robertson P K. Pore pressures during cone penetration

testing [C]. Proceedings, 2nd European Symposium on Penetration Testing, Amsterdam, May 24-27, 1982(2):507-512.

[10] Chow F C. Investigations into displacement pile behaviour for offshore foundations [D]. Imperial College London, London,1997.

[11] Clausen C J F, Aas P M, & Karlsrud K. Bearing capacity of driven piles in sand, the NGI approach. Proc. , Int. Symp. On Frontiers in Offshore Geotechnics, Taylor & Francis, London, 2005:677-681.

[12] Clough G W. Finite element analyses of retaining wall behavior [J]. Journal of Soil Mechanics & Foundation Engineering, 1971, 97(12): 1657-1673.

[13] Davies T G, Budhu M. Non-linear analysis of laterally loaded piles in heavily overconsolidated clays[J]. Geotechnique, 1986, 36(4): 527-538.

[14] Desai C S, Drumm E C, Zaman M M. Cyclic testing and modeling of interfaces [J]. Journal of Geotechnical Engineering, 1985, 111(6): 793-815.

[15] Desai C S, Gens A. Mechanics of materials and interfaces: The disturbed state concept [J]. Journal of Electronic Packaging, 2000,123(4): 406.

[16] Desai C S, Pradhan S K, Cohen D. Cyclic testing and constitutive modeling of saturated sand-concrete interfaces using the disturbed state concept [J]. International Journal of Geomechanics, 2005, 5 (4): 286-294.

[17] Digre K A, Kipp R M, Hunt R J,et al. URSA TLP: tendon, foundation design, fabrication, transportation and TLP installation[C]. Proc. Annu. Offshore Tech. Conf. , Houston, Texas, 1999, Paper OTC 10756.

[18] Fakharian K, Evgin E. An automated apparatus for three-dimensional monotonic and cyclic testing of interfaces [J]. Geotechnical Testing Journal, 1996, 19(1): 22-31.

[19] Fakharian K, Evgin E. Elasto-plastic modelling of stress-path-dependent behaviour of interfaces [J]. International Journal for Numerical & Analytical Methods in Geomechanics, 2015, 24(2): 183-199.

[20] Fleming W G K, Randolph A J, & Elson W K. Piling engineering [M] . London: Surrey University Press, 1992.

[21] Ghaboussi J, Wilson E L, Isenberg J . Finite element for rock joints and interfaces [J]. Journal of the Geotechnical Engineering Division,1973,99(10):849-862.

[22] Gleser S M. Generalized behaviour of laterally loaded vertical piles[J]. Laterally loaded deep foundations: Analysis and Performance, ASTM STP 835, 1984, 72-96.

[23] Guo W D, Lee F H. Load transfer approach for laterally loaded piles [J]. International Journal for Numerical and Analytical Methods in Geomechanics, 2001, 25 (11): 1101-1129.

[24] Guo W D. On limiting force profile, slip depth and lateral pile response[J]. Computers and Geotechnics ,2006, 33(11):47-67.

[25] Guo W D. Nonlinear behaviour of laterally loaded fixed-head piles and pile groups [J]. Int. J. Numer. and Anal. Meth. in Geomech. ,2009, 33(7):879-914.

[26] Hetenyi M. Beams on elastic foundations [M] . Ann Arbor:University of Michigan Press,1946.

[27] Jardine R J, Chow F C, Overy R, and Standing J R. ICP design methods for driven piles in sands and clays[M]. Thomas Telford, London,2005.

[28] Katti D R, Desai C S. Modeling and testing of cohesive soil using disturbed-state concept [J]. Journal of Engineering Mechanics, 1995, 121(5): 648-658.

[29] Kishida H, Suzuki H, and Nakai S. Behaviour of a pile under horizontal cyclic loading [C]. Proc, 11 th Inter. Conf. on SMFE, Balkema, Rotterdam, The Netherlands, 1985,3:1413-1416.

[30]Kolk H J, Baaijens A E, and Sender M. Design criteria for pipe piles in silica sands [C]. Proc. , Int. Symp. on Frontiers in Offshore Geotechnics, Taylor & Francis, London, 2005: 711-716.

[31] Leblanc C, B W Byrne and G T Houlsby. Response of stiff piles in sand to long-term cyclic lateral loading [J]. Géotechnique, 2010, 60(2): 79-90.

[32] Lehane B M, Jardine R J, Bond A J and Chow F C. The development of shaft resistance on displacement piles in clay [C]. Proceedings of the 13th International Conference on Soil Mechanics and Foundation Engineering, New Delhi, 1994, 2: 473-476.

[33] Lehane B M, Jardine R J, Bond A J and Frank R. Mechanisms of shaft friction in sand from instrumented pile tests[J]. J. Geotech. Engng Div. , ASCE, 1993, 119 (1):19-35.

[34] Little R L, Briaud J L. Full scale cyclic lateral load tests on six single piles in sand [R]. Texas A & M Univ College Station Dept of Civil Engineering,1988.

[35] McClelland B, Focht Jr J A. Soil modulus for laterally loaded piles[J]. Transactions of the American Society of Civil Engineers,1958, 123(1):1049-1063.

[36] McVay M, Casper R and Shang T. Lateral response of three-row groups in loose to dense sands at 3D and 5D piles pacing [J]. Journal of Geotechnical Engineering Division. ASCE,1995, 121(5): 436-441.

[37] Mokwa R L,Duncan J M. Lateral Loaded Pile Group Effects and P-y Multipliers[J]. ASCE Geotechnical Special Publication, 2001, 113:728-742.

[38] Poulos H G, Hull T S. The role of analytical mechanics in foundation engineering [C]. Foundation Engineering, Current Principals and Practices (F. H. Kulhawy ed.), Proceedings of the congress sponsored by the Geotech. Engrg. Div. ASCE, Evanston Illinois, June 25-29, 1989, 2:1578-1606.

[39] Randolph M F, Christophe Gaudin, Gourvenec S M, et al. Recent advances in offshore geotechnics for deep water oil and gas developments [J]. Ocean Engineering, 2011, 38 (7): 818-834.

[40] Randolph M F, Houlsby G T. The limiting pressure on a circular pile loaded laterally in cohesive soil [J]. Geotechnique, 1984, 34(4): 613-623.

[41] Randolph M F. The response of flexible piles to lateral loading [J]. Geotechnique, 1981, 31(2):247-259.

[42] Rollins K M, Peterson K T and Weaver TJ. Lateral load behavior of full-scale pile group in clay [J]. Journal of Geotechnical and Geoenvironmental Engineering, 1998, 124(6): 468-478.

[43] Schneider J A, Xu X, and Lehane B M. Database assessment of CPT-based design methods for axial capacity of driven piles in siliceous sands, Journal of Geotechnical and Geoenvironmental Engineering, ASCE, 2008, 134(9):1227-1244.

[44] Swane B E. The Cyclic behaviour of laterally loaded piles [D]. Sydney: University of Sydney, 1983.

[45] Vijayvergiya V N. Discussion of "Behavior of Bored Piles in Beaumont Clay" [J]. Journal of the Soil Mechanics and Foundations Division, 1972, 98(12):1418-1421.

[46] Wang L Z, Yu L Q, Guo Z, Wang Z Y. Seepage Induced Soil Failure and Its Mitigation during Suction Caisson Installation In Silt [J]. Journal of Offshore Mechanics and Arctic Engineering, 2013, 136(1):011103-1.

[47] Wenjie Zhou, Zhen Guo, Lizhong Wang, et al. Sand-steel interface behaviour under large-displacement and cyclic shear [J]. Soil Dynamics and Earthquake Engineering, 2020, 138: 106352.

[48] Xu, X. Investigation of the end bearing performance of displacement piles in sand [D]. The University of Western Australia, Perth, Australia, 2006.

[49] Zhang G, Zhang J M. Constitutive rules of cyclic behavior of interface between structure and gravelly soil [J]. Mechanics of Materials, 2009, 41(1): 48-59.

[50] Zhang G, Zhang J M. Large-scale monotonic and cyclic tests of interface between geotextile and gravelly soil [J]. Soils and Foundations, 2009, 49(1): 75-84.

[51] Zhang G, Zhang J M. Monotonic and cyclic tests of interface between structure and gravelly soil[J]. Soils and Foundations, 2006, 46(4): 505-518.

[52] Zhang G, Zhang J M. Numerical modeling of soil-structure interface of a concrete-faced rockfill dam [J]. Computers and Geotechnics, 2009, 36(5): 762-772.

[53] Zhang G, Zhang J M. Unified modeling of monotonic and cyclic behavior of interface between structure and gravelly soil [J]. Soils and Foundations, 2008, 48(2): 231-245.

[54] 冯大阔. 粗粒土与结构接触面三维本构规律、机理与模型研究[D]. 北京:清华大学,2012.

[55] 何奔,王欢,洪义,等. 竖向荷载对黏土地基中单桩水平受荷性能的影响[J]. 浙江大学学报(工学版), 2016,50(7): 1221-1229.

[56] 贺瑞,王立忠. 砂质海床中锚板基础水平振动动力特性研究[J]. 岩土工程学报,2015, 37(11): 2107-2110.

[57] 侯文峻. 土与结构接触面三维静动力变形规律与本构模型研究[D]. 北京:清华大学,2008.

[58] 李宏伟，王立忠，国振，袁锋. 海底泥流冲击悬挂管道拖曳力系数分析[J]. 海洋工程，2015，33(6)：10-19.

[59] 刘金砺. 群桩横向承载力的分项综合效应系数计算法[J]. 岩土工程学报，1992，14(3)：9-19.

[60] 沈侃敏，国振，王立忠. 循环荷载下吸力锚基础周围孔压响应特性数值研究[J]. 地震工程学报，2015，37(1)：61-67，81.

[61] 王立忠，王宽君，施若苇. 管道热屈曲动力过程数值模拟[J]. 海洋工程，2005，33(5)：73-80.

[62] 殷宗泽，朱泓，许国华. 土与结构材料接触面的变形及其数学模拟[J]. 岩土工程学报，1994，16(3)：14-22.

[63] 余璐庆，王立忠，B Subhamoy，等. 海上风机支撑结构动力特性模型试验研究[J]. 地震工程学报，2014，36(4)：797-803.

[64] 张嘎，张建民. 粗粒土与结构接触面统一本构模型及试验验证[J]. 岩土工程学报，2005，27(10)：1175-1179.

[65] 张嘎，张建民. 大型土与结构接触面循环加载剪切仪的研制及应用[J]. 岩土工程学报，2003，(02)：25-29.

[66] 朱碧堂. 土体的极限抗力与侧向受荷桩性状[D]. 上海：同济大学，2005.

第6章　新型海洋基础

6.1　新型风机基础

如图 6.1-1 所示，随着水深的增加，海上风机基础形式主要有重力式浅基础、大直径单桩、吸力式单桶、导管架基础、群桶基础以及浮式基础。大直径单桩应用范围最广，其适用水深范围一般限定为 30m[1]。本节对吸力式单桶、多桶以及浮式海上风机基础进行简要介绍。

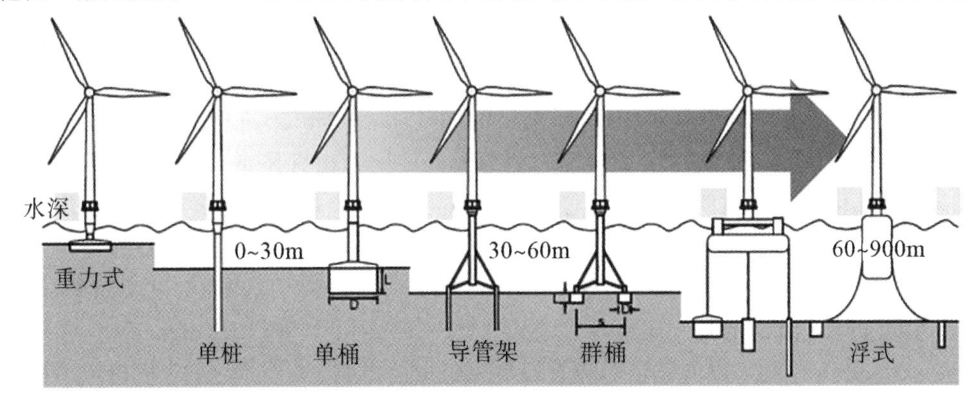

图 6.1-1　海上风机主要基础形式

6.1.1　吸力式单桶海上风机基础

吸力桶基础是从深海吸力锚中发展而来的一种新型风机基础。如图 6.1-2(a)所示，该基础为大型圆柱状钢制或混凝土薄壁结构，顶端封闭，底部开口，并在顶部设有排水抽气口[6-7]。吸力桶的海上安装方式分为两个阶段：首先依靠自身浮重量贯入海床一定深度形成足够密封环境的自重沉贯阶段；然后通过基础顶部预留的排水抽气口向外抽取海水，以形成持续作用的负压而使其缓慢贯入指定深度的吸力沉贯阶段[10-12]。图 6.1-2(b)所示为丹麦 Frederikshaven 海域风电场建设中，首次使用了吸力桶基础，其直径 12m，高 6m[3]。此外，我国也在江苏大丰海上风场成功安装宽浅式复合桶形基础，如图 6.1-2(c)所示。

(a) (b) (c)

(a)吸力桶支撑的海上风机示意图 (b)丹麦 Frederikshaven 海域施工中的吸力桶
(c)江苏大丰海上风场宽浅式复合桶形基础

图 6.1-2 吸力桶基础

1. 吸力桶基础负压沉贯

如图 6.1-3 所示，吸力桶在黏土中沉贯时，由于渗透性差，内部负压不会产生明显渗流，内外压差可等效于桶体下贯力。而对于渗透性较强的粉质、砂质海床，内部负压将引起桶体周围明显的渗流，其情况变得较为复杂：一方面，桶周渗流显著降低了桶内土体的有效应力，从而大大减小了沉贯阻力；另一方面，当渗流强度过大时则可能引起内部土塞产生渗蚀、液化、管涌等失稳模式，导致吸力桶沉贯失败。如图 6.1-4 所示，Ragni 等[5]在离心模型试验中发现在密实海床条件下负压沉贯过程中桶基内外壁附近出现了剪应变集中，而在底端和桶内应变局部化区域存在明显的剪胀，这导致内部土体的渗透性增强。对于砂质海床中吸力桶的沉贯阻力计算，Houlsby & Byrne[6]基于地基承载力理论和力平衡原理，提出了负压沉贯阻力的解析解。Anderson 等[7]整理分析大量的现场实测数据和模型试验结果，给出了吸力桶在砂土中安装时的贯入阻力计算公式。Harireche 等[8-9]和 Mehravar 等[10]基于有限元数值计算，分析评估了渗流作用对吸力桶贯入阻力的影响。Guo 等[11]分析揭示了砂土中吸力锚周围的渗流场特征，提出无量纲吸力乘子计算公式用于吸力桶沉贯阻力的快速估算。

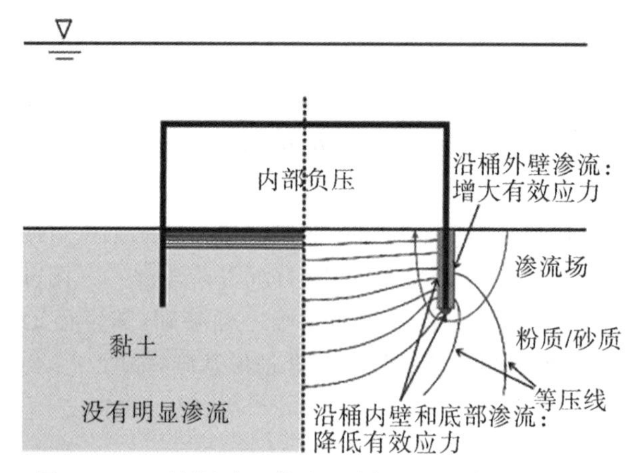

图 6.1-3 不同海床土体中吸力桶基础的负压沉贯过程

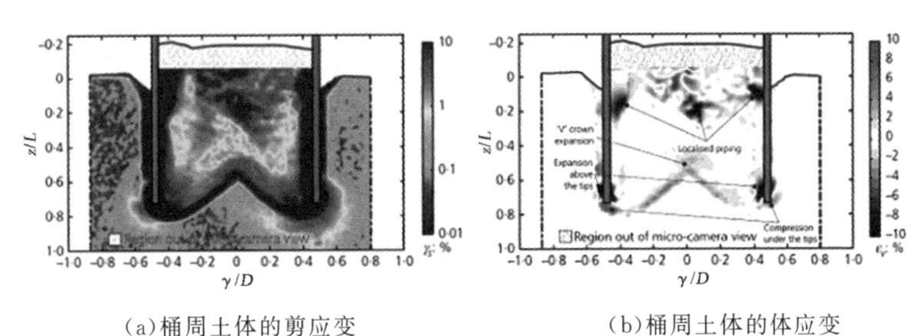

(a)桶周土体的剪应变　　(b)桶周土体的体应变

图 6.1-4　桶基负压沉贯离心模型试验结果[12]

2.单桶海上风机服役承载特性

单桶基础在极限荷载作用下产生较大的刚体转动而发生失稳破坏。桶周土体在桶土相互作用下产生被动区和主动区。定义桶顶发生水平位移的一侧为前侧，径向正对方向为后侧。前侧土体受桶体挤压形成被动区，被动区土体发生剪切破坏；后侧土体与桶体分离形成主动区，主动区土体受张拉破坏。图 6.1-5 所示为单桶基础在水平荷载作用下的运动模式，以及不同荷载量级下基础周围土体的位移场和发挥摩擦角云图。可以看到：在初始加载阶段(25% F_u，F_u为水平极限承载力)，单桶基础的运动模式以平动为主，在基础后浅层范围内形成楔形破坏区。随着荷载量级的增大，基础后方的楔形破坏区向深层发展，同时基础的运动模式包含了平动和转动，其转动中心位置位于泥面以下(0.6～0.8)L 处。此外，可以看到桶前被动区桶脚与水平受荷刚性短桩的响应类似，存在“踢脚”现象。

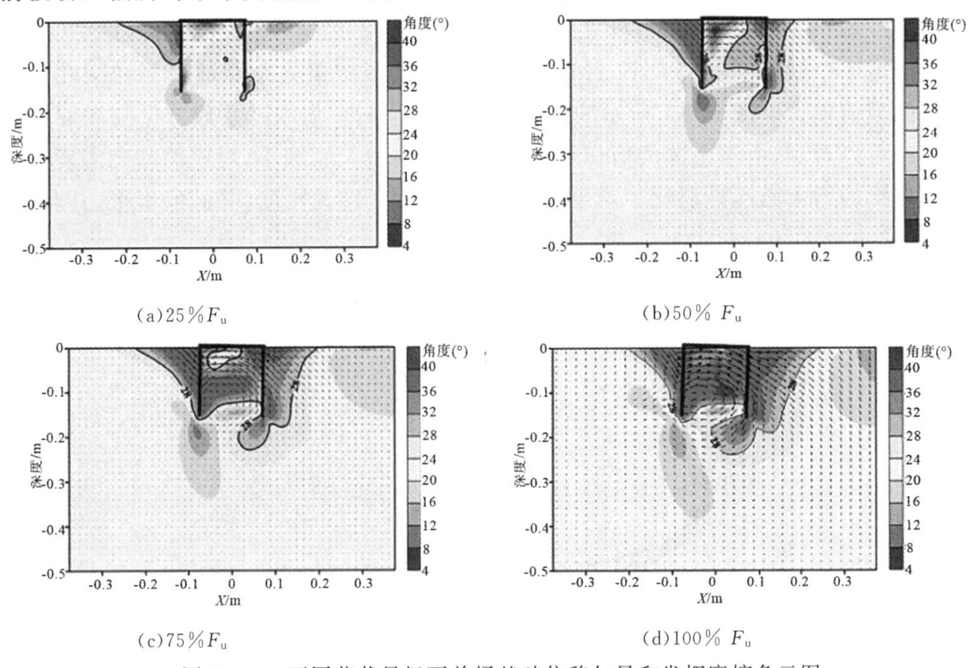

(a)25% F_u　　(b)50% F_u

(c)75% F_u　　(d)100% F_u

图 6.1-5　不同荷载量级下单桶基础位移矢量和发挥摩擦角云图

对于单桶基础，设计中需考虑因风浪作用引起的倾覆荷载。这一情况下，桶形基础处于复合受力状态，承受着来自上部结构的自重(V)，叶片和塔架传递的风、浪、流等水平荷载(H)，以及水平荷载作用产生的巨大倾覆弯矩作用(M)。基于这三个承载分量(V-H-M)的极限值，Butterfield & Ticoff 于 1979 年首次提出了“失效包络面”的概念[13]。之后，不少学者[14-16]研究指出“失效包络面”的形状为斜椭圆，并认为椭圆旋转角度与合力参考点位置的选取有关。针对砂土中的单个吸力式桶基，牛津大学 Houlsby 教授团队[17-19]开展了大量室内试验，分析桶基直径、长径比、砂土密实度以及排水条件对桶基“V-H-M”复合承载特性的影响，并建立了单个桶基“失效包络面”的数学描述模型，如图 6.1-6 所示。

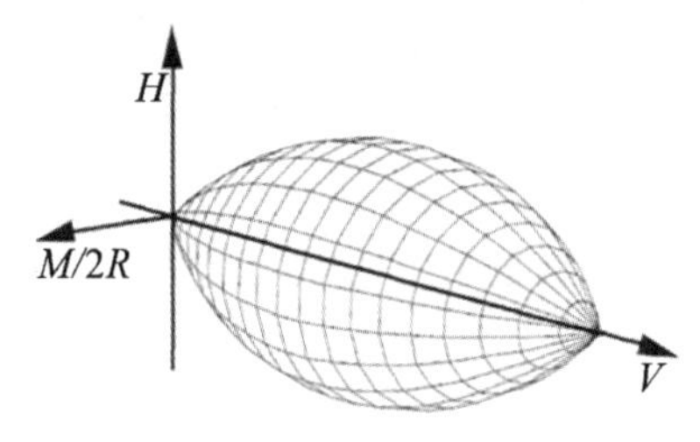

图 6.1-6　失效包络面

需要指出的是，上述“失效包络面”往往对应着桶基大变形时的极限承载力，其变形量远大于当前海上风机主流规范允许的最大变形值[4]。因此，对海上风机而言，更重要的是对应着桶基小变形状态的“桶基刚度”问题。王欢[23]通过基于亚塑形模型的有限元分析，评估了单桶基础的刚度问题。水平力和倾覆弯力矩之间存在耦合效应，如公式(6.1-1)所示，泥面位置的刚度矩阵有 3 个变量，包括水平力刚度 K_H、转动刚度 K_M 和水平力与倾覆力矩的耦合刚度 K_{MH}。

$$\begin{bmatrix} H/\gamma D^3 \\ M/\gamma D^4 \end{bmatrix} = \begin{bmatrix} K_H & -K_{MH} \\ -K_{MH} & -K_M \end{bmatrix} \begin{bmatrix} u/D \\ \theta \end{bmatrix} \tag{6.1-1}$$

为了确定 3 个耦合刚度的大小，针对单桶基础开展了两组完全刚性平移和刚性转动下基础响应的数值模拟。图 6.1-7 所示为单桶基础的 3 个归一化刚度系数分量随泥面变形的演化规律。可以看到，由于土体的剪切刚度随着应变的增大而减小，对应的基础刚度表现为随着泥面变形的增大而逐渐弱化。对于单桶基础，相比于转动刚度，基础的水平力刚度系数最大。

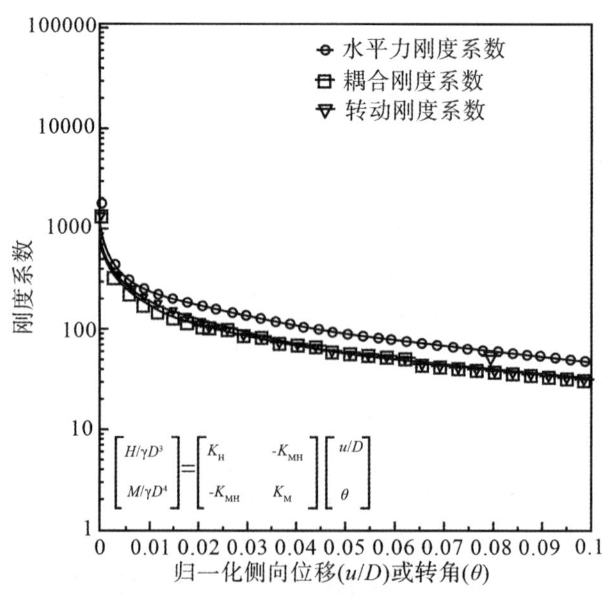

图 6.1-7　泥面位置单桶基础非线性刚度

6.1.2 群桶海上风机基础

由图 6.1-8 可见，对于多桶形式的海上风机基础，其主要通过加载方向前、后桶基的上拔和下压共同抵抗上部传递的倾覆弯矩。现有研究表明：当风机下部桶基由下压转为上拔承载时，其基础刚度存在着明显变化；上拔基础的刚度决定了海上风机的变形和频率要求，且受到荷载条件、排水状态、桶壁-土体界面摩擦力、底部端承等多因素综合影响，其特征十分复杂。

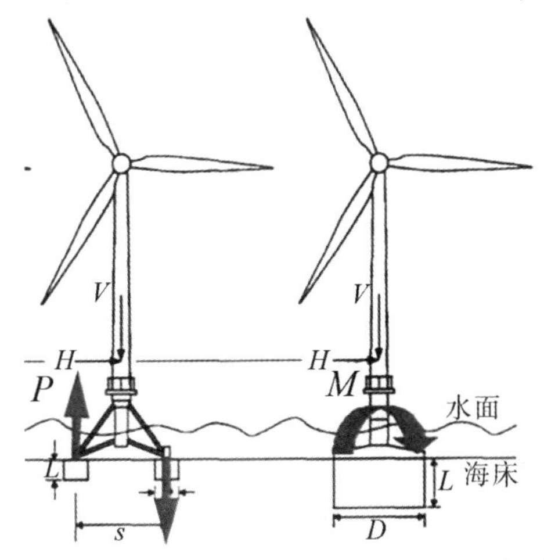

图 6.1-8 多桶基础和单桶基础受荷模式（孔德琼[20]）

1. 单桶抗拔性能

吸力桶的上拔受荷特性与排水状态密切相关，根据桶体内部被动吸力响应和排水状态，可以将其破坏模式分为三类：桶壁局部剪切破坏（见图 6.1-9(a)）、底部张拉破坏（见图 6.1-9(b)）和底部反向承载力破坏（见图 6.1-9(c)）。其中，加载速率较慢时，土体处于排水状态，破坏面为沿着桶壁的土体剪切面，表现为局部剪切破坏；加载速率较快时，土体处于不排水状态，桶体内部出现较大的负孔压，表现为反向承载力破坏，为承载力最大的破坏模式。

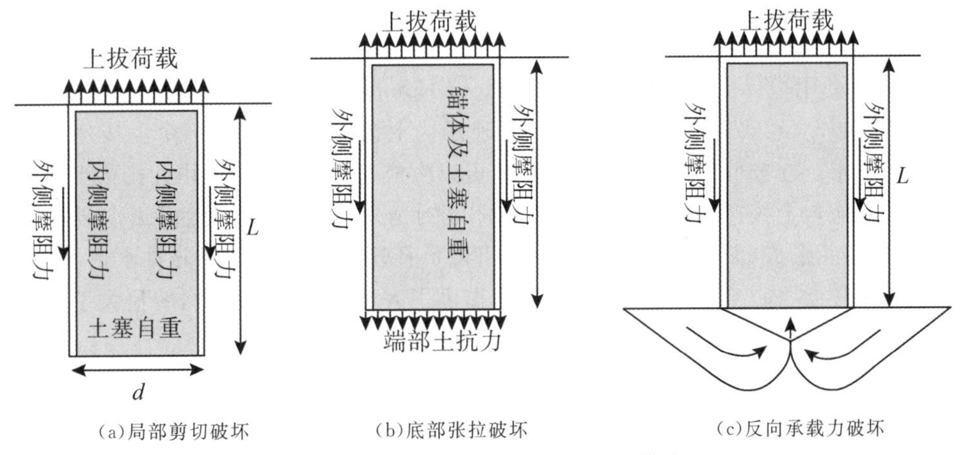

(a)局部剪切破坏 (b)底部张拉破坏 (c)反向承载力破坏

图 6.1-9 吸力桶基础的三种破坏模式

Byrne 和 Houlsby[21] 进行了吸力式桶形基础受瞬态上拔力的室内模型试验。模型埋置于硅油饱和的砂土中，以模拟现场实际排水条件。Houlsby 等[18] 在 Luce Bay 进行了吸力桶上拔的现场原型试验，发现桶形基础在上拔力作用下桶盖以下出现负孔压并增加了抗拔承载力，同时发现当上拔荷载超过桶形基础的自重及桶体和周围土体间的摩擦力时，桶形基础的抗拔刚度会明显下降并弱化，此时吸力式桶形基础的竖向位移已远超服役要求。

Kelly 等[22]的模型试验证实，排水条件对吸力桶的抗拔承载力有明显的影响。上拔的加载速率越大，桶盖下方出现的负孔压越大，荷载-位移曲线的刚度越大，桶形基础的上拔极限承载力随着孔压和加载速率的增加而增加。矫滨田等[23]进行了饱和粉细砂中吸力桶基础抗拔的小比尺模型试验，结果表明加载速率及桶高等因素对吸力桶基础抗拔特性有明显的影响，他们对不同上拔速率下吸力式桶形基础的破坏机理进行了分析。

Senders[24]在离心机中开展了密实度 91%的砂土中吸力桶形基础的上拔试验，采用硅油作为渗流液体，发现上拔承载力约为下压承载力的 1/3。桶盖下方的最大负孔压响应取决于上拔速率、土体渗透率以及空化(cavitation)效应。孔压的发展过程受到土体固结效应的影响。朱斌等[25]进行了吸力桶在不同速率下上拔的离心机试验和大比尺模型试验，发现抗拔承载力随上拔速率的增加而增加。

吸力式桶形基础的上拔承载力评估按照计算方法可以分为解析法和有限元法。解析法通常采用极限平衡法和极限分析上限法对吸力锚的承载力进行求解。极限分析上限法求解的关键则是破坏模式的确定和速度场的构造。

Murff 等[26]提出了一种基于塑性极限分析上限法求解侧向受荷桶形基础承载力的计算方法，满足 Mises 或 Tresca 条件，考虑土体强度的不均匀性、桶形基础的变形机理及土边界情况等因素，进行推导求得侧向受荷桩承载力的最优上限解。王晖等[27]基于有限元计算得到不同工作状态下桶基的破坏模式，利用上限分析法求解极限承载力，但均针对基础顶部作用水平荷载的情况。Aubeny 等[28]在不排水加载状态、土体各向同性及强度随深度线性增加的假定基础上，提出了塑性极限分析上限法预估倾斜荷载作用下桶形基础的承载力。

吸力式桶形基础承载力的理论求解方法(极限平衡法或极限分析法)可以得到简化的计算公式，但由于须预先假定破坏模式或构造速度场，因此解答取决于人为假定的正确性，对于复杂荷载(如常见的吸力锚沉贯方向偏位)等无法分析。当采用有限元法对承载力进行分析时，有限元模型建立时荷载的确定、土体本构的选取、桶形基础与土体相互作用的模拟是承载力计算分析的主要影响因素。

沈侃敏[29]利用边界面模型以及经典的 Mohr-Coulomb 模型数值研究了不同上拔速率下吸力桶桶内被动负压发挥特征。图 6.1-10 所示为上拔位移相同时，三个上拔速率下的超孔隙水压力分布。在较低的上拔速率下，域内可以生成稳定的渗流场，并且孔隙水压力主要在桶内消散。随着上拔速率的增加，产生的负孔隙水压力值也增加。然而当上拔速率太快时，渗流场来不及形成，而在桶壁的端部附近出现负孔压的集中。在部分排水情况下，即使上拔速率相对较低，桶盖以下的负孔隙水压力提供了大部分的上拔反力，明显大于桶壁内外侧摩擦力的贡献。

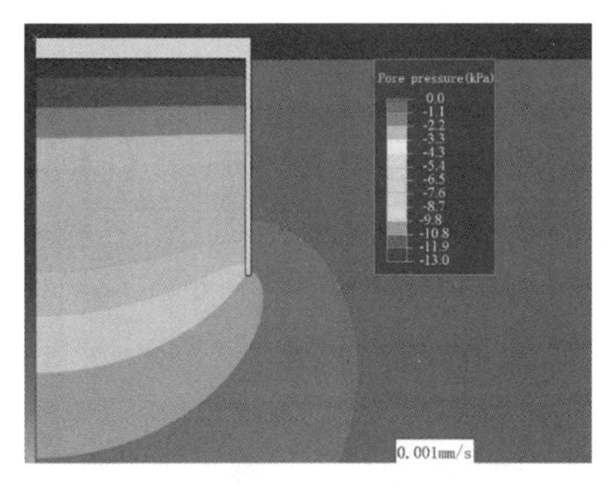

(a)上拔速率为 0.001mm/s

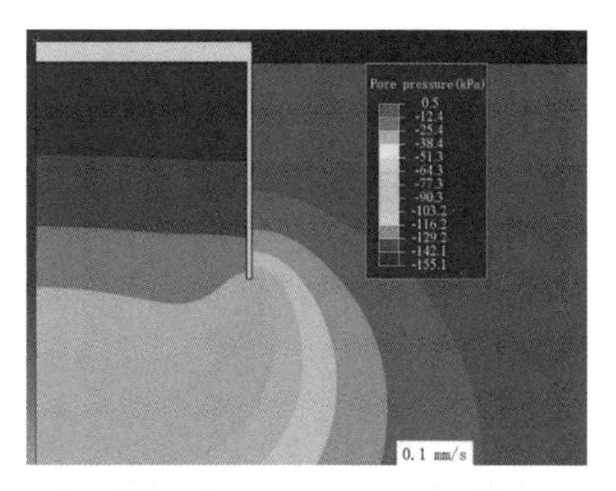

(b)上拔速率为 0.1mm/s

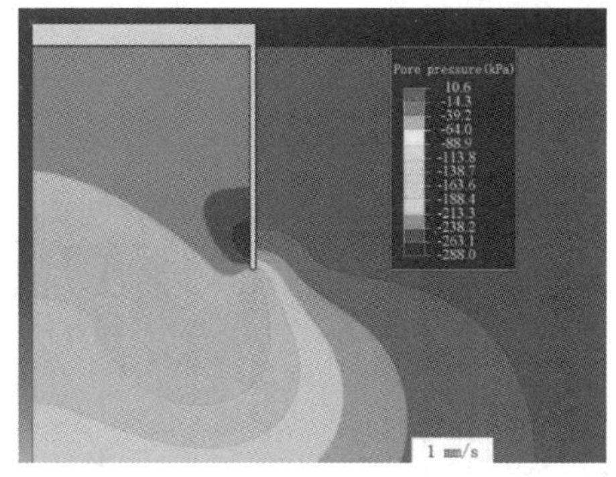

(c)上拔速率为 1mm/s

图 6.1-10　不同上拔速率下位移达到 25mm 时超孔隙水压力的分布

目前国内外学者对吸力式桶形基础的上拔静承载力有较多的研究，而对于其在循环荷载下的响应相对较少涉及。在服役期间的群桶海上风机结构遭受海洋环境风浪流循环荷载，作用于基础的循环荷载可以持续几个小时、几天甚至几周，其循环次数可以达到几千次以上。在长期循环荷载作用下，桶形基础周围的海床中会产生超孔隙水压力的响应。累积的超孔压会减小土体中的有效应力，从而减小吸力式桶形基础筒壁和周围土体之间的界面摩阻力，进而减小了吸力式桶形基础的竖向抗拔承载力。

沈侃敏[40]通过数值方法研究了竖向循环荷载作用下桶基内孔压的累积发展规律，将孔压分为振荡孔压和残余累积孔压。图 6.1-11 所示为一个典型荷载周期 T 内，每隔 $T/4$ 的四个时刻吸力式桶形基础周围的振荡孔压变化。可以发现负孔压主要出现在吸力式桶形基础的内部并随着施加的循环荷载发生周期性变化，负孔压的最大值集中在桶的底部。室内模型试验[30]证实，在吸力式桶形基础受到上拔荷载的情况下，桶体内部的负孔压发挥作用使得桶内的土塞与桶体共同运动。图 6.1-12 给出了以下几个时刻计算域内的残余累积孔压分布：200s（$10T$）、400s（$20T$）、600s（$30T$）、1200s（$60T$）、3600s（$180T$）和 10800s（$540T$）。荷载的周期为 20s，因此对应的荷载循环次数分别为 10、20、30、60、180 和 540。正残余孔压首先在桶壁外侧的浅层海床土中产生，接着逐渐沿着桶壁向下发展。残余孔压的分布区域也同时水平地向外侧扩张。由于模型基于剪应力控制，在桶形基础内部的土体处于拉压应力状态，没有出现明显的孔压累积。在持续的循环荷载作用下，残余孔压在前期发展较快，然后逐渐减缓，有趋于稳定的趋势。

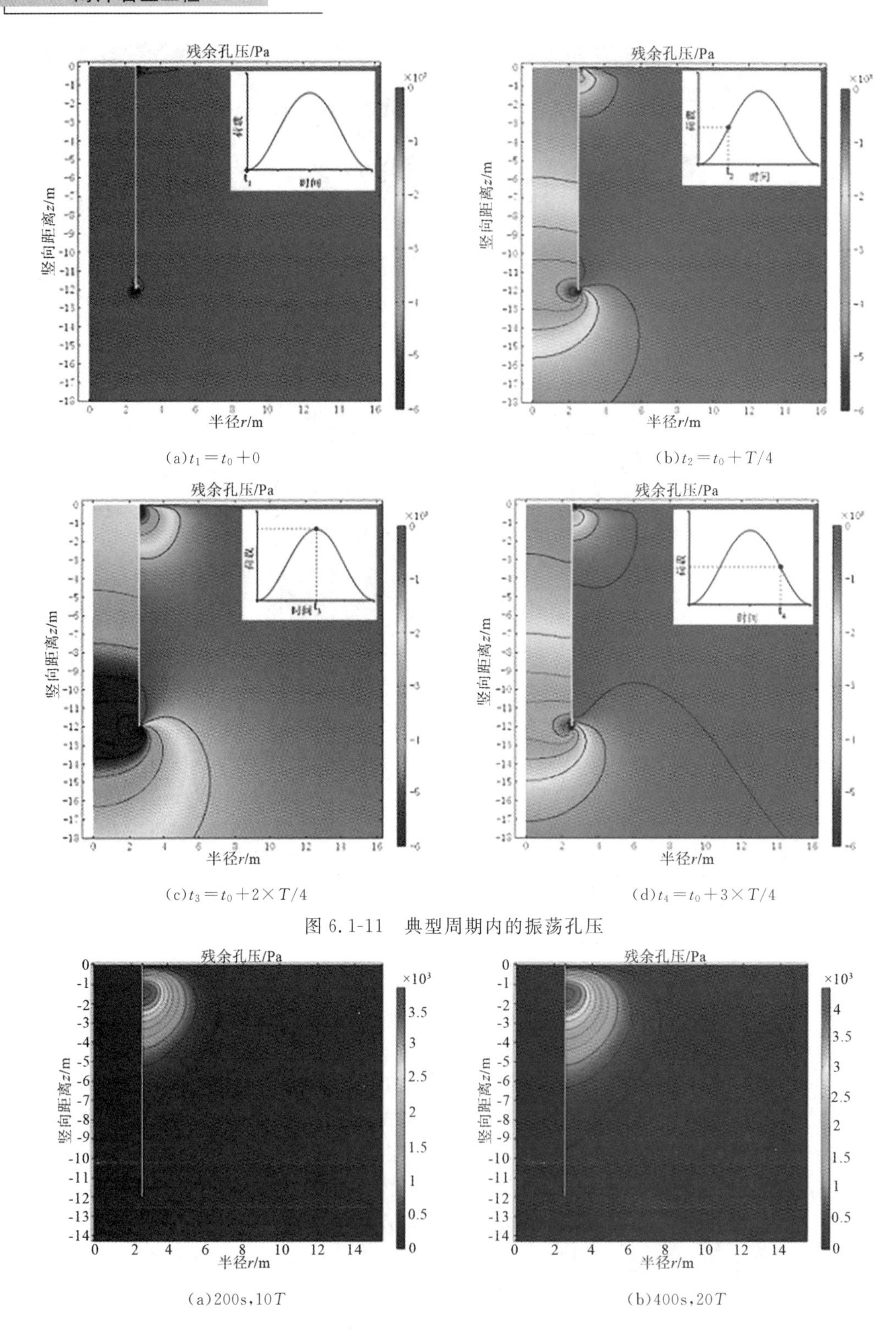

(a)$t_1=t_0+0$ (b)$t_2=t_0+T/4$

(c)$t_3=t_0+2\times T/4$ (d)$t_4=t_0+3\times T/4$

图 6.1-11 典型周期内的振荡孔压

(a)200s,10T (b)400s,20T

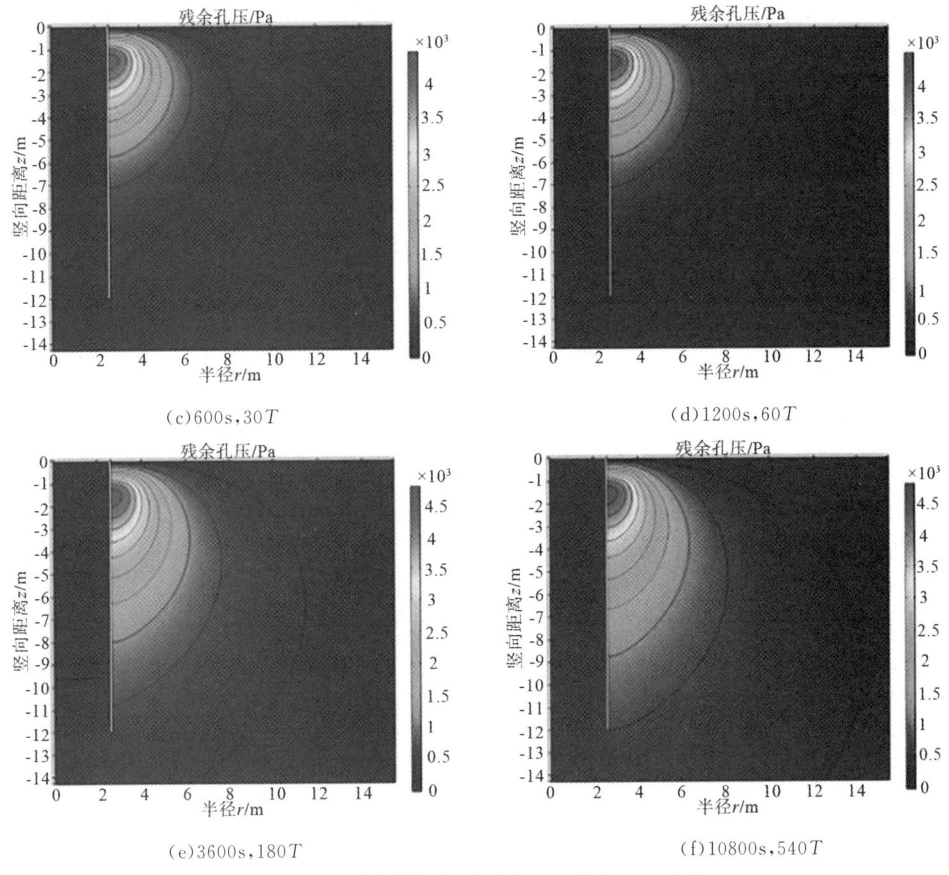

图 6.1-12　计算域内不同时刻的残余孔压变化

2.群桶基础水平受荷特性

实际上,随着当前海上风机的大型化和深水化,风机结构上水平荷载的作业高度大大增加,这使得导管架基础承受着巨大的倾覆弯矩,各个桶基也由"V-H-M"复合承载向"push-pull"模式转变,即主要通过加载方向前、后桶基的上拔和下压共同抵抗上部传递的倾覆弯矩。此时,多桶基础的整体抗弯刚度将主要由各个桶基的竖向抗力共同贡献[31]。现以三桶基础为例介绍群桶之间的协同受荷模式,图 6.1-13 所示是三桶基础的有限元模型。

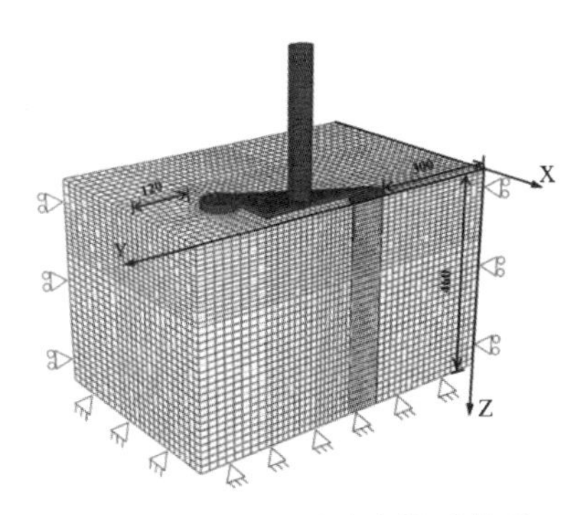

图 6.1-13　三桶基础有限元模型

与单桶基础的平动和转动破坏模式不同,大量学者认为群桶基础的水平承载特性由前后桶的"上拔-下压"控制。从图 6.1-14 可以看到，在 25%F_u的荷载作用下，群桶基础的受荷模式以前后桶的"上拔-下压"为主，基础的抗力由上拔桶的界面摩阻力提供。但是，随着荷载量级的增大(即从 50%F_u增大到 100%F_u)，吸力桶的运动模式不再只由"上拔-下压"这一单一破坏模式控制，而是下压桶的平动和转动，如图 6.1-14(b)(c)和(d)所示。

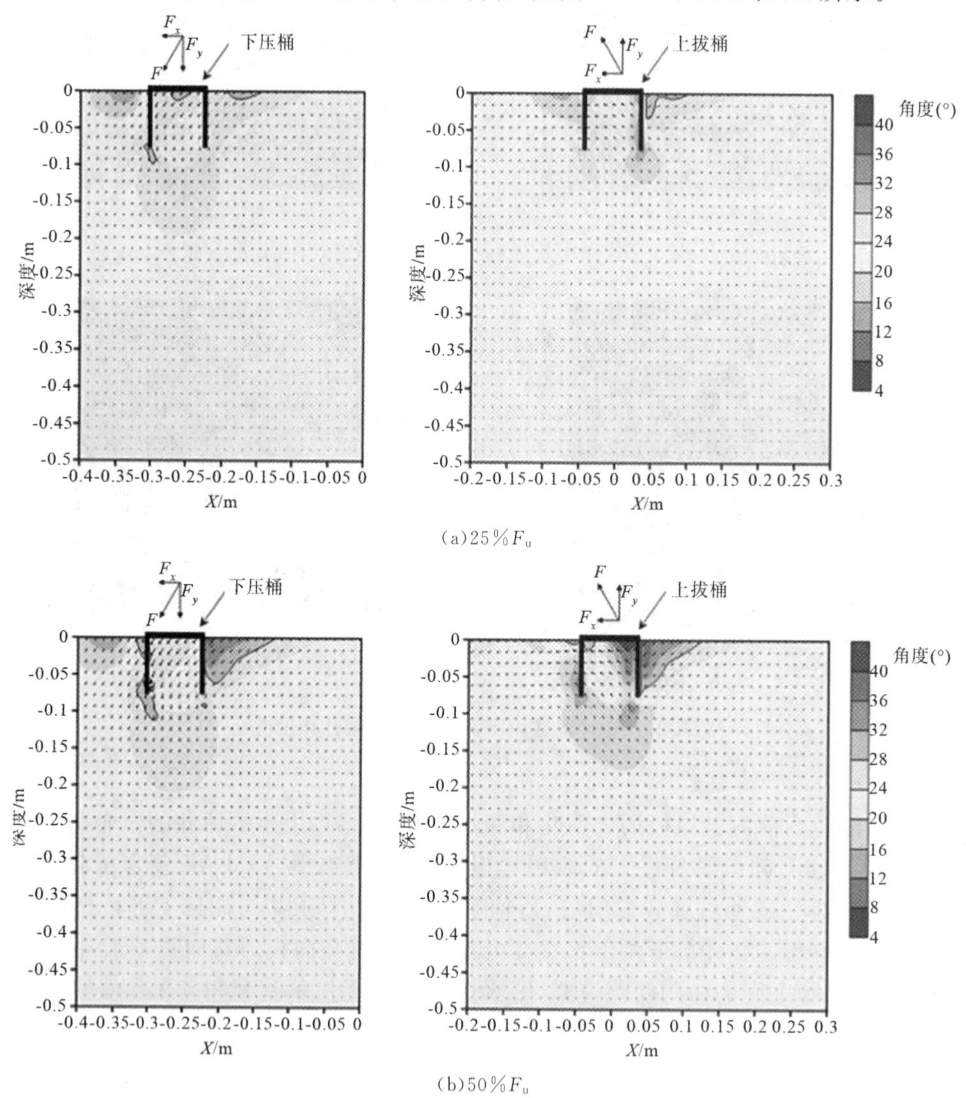

(a)25%F_u

(b)50%F_u

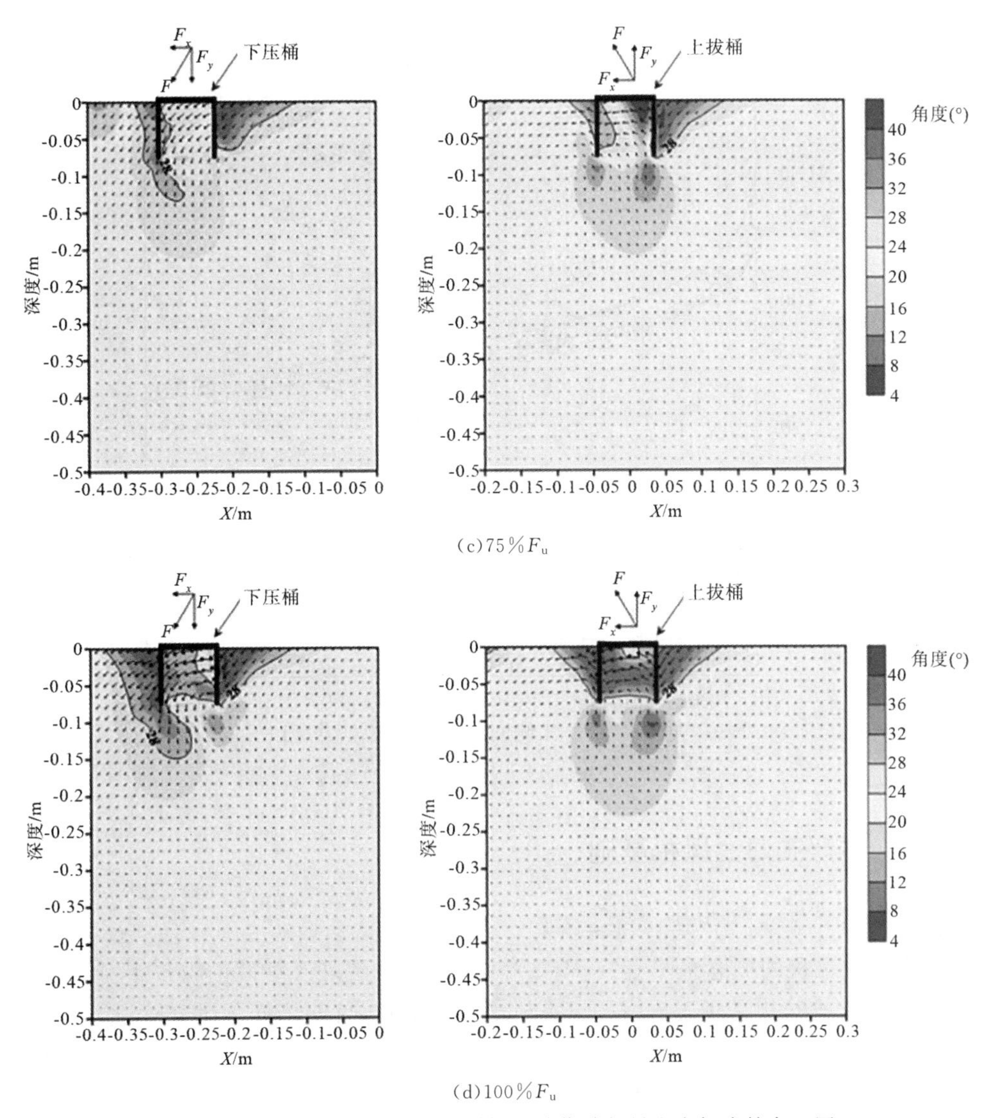

(c)75%F_u

(d)100%F_u

图 6.1-14　不同荷载量级下群桶基础位移矢量和发挥摩擦角云图

图 6.1-15 所示为单桶基础和群桶基础的 3 个归一化刚度系数分量随泥面变形的演化规律。由于土体的剪切刚度随着应变的增大而减小，对应的基础刚度表现为随着泥面变形的增大而逐渐弱化。对于单桶基础，基础的水平力刚度系数最大，而群桶基础的倾覆力矩转动刚度最大。这主要是由于单桶基础由平动和转动模式控制，而群桶基础在小变形下主要是由“上拔-下压”模式控制，表现为群桶基础的整体转动响应。此外，水平力刚度 K_H、转动刚度 K_M 和水平力与倾覆力矩的耦合刚度 K_{MH} 随着变形的弱化规律相差较小，具有相同的弱化规律。定量评估基础的刚度弱化规律可以发现：当泥面转角为 0.25°(海上风机的基础设计允许最大转角)时，在对数坐标中，其对应的泥面刚度弱化达到一个数量级，即减小 10 倍。这表明：采用基于弹性理论给出的初始基础刚度开展动力模态分析，将严重高估海上风机的自振频率，导致基础设计向 1P 偏移，而降低海上风机的长期使用寿命。

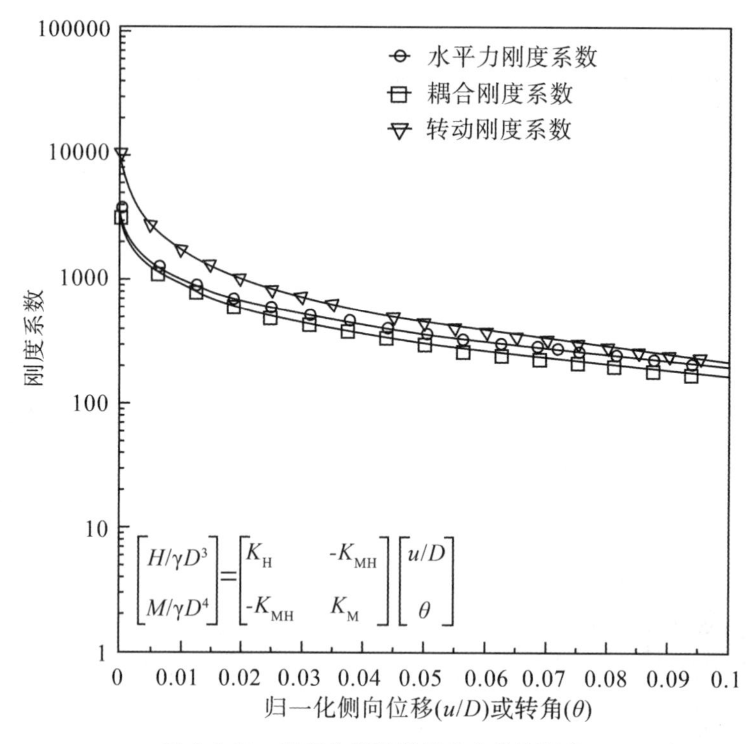

图 6.1-15　泥面位置群桶基础非线性刚度

6.1.3　漂浮式海上风机基础

1. 常见漂浮式海上风机基础类型

海上漂浮式风机的概念最早是在 1972 年，由美国麻省理工学院的教授 Heronemus 提出[32]。漂浮式基础结构是用于深海的风电机组基础形式，目前仍处于研究阶段。深海区域的风力资源比起近海区域更为丰富，据统计，在远海水深 60～900m 的海上风力资源可达 1533GW，而在 0～30m 的近海水域只有 430GW[33]。浮式海上风机适用的结构体型和锚泊基础类型如图 6.1-16 所示，包括立柱式平台（Spar）、张力腿平台（TLP）以及半潜式平台。由于环境载荷的影响，在浮式基础的设计过程中必须考虑波浪、流、冰撞击等影响。除此之外，还必须考虑风机、支撑结构以及系泊系统之间的耦合作用。因此，基础在提供足够的浮力以支撑整个风机之外，还要确保整个风机的纵荡、垂荡和横摇运动在可接受的范围内，以使风机能够正常运行[34]。

图 6.1-16　海上风机浮式基础结构

Spar 式漂浮式风力机基础是由海上油气平台中的 Spar 浮筒结构延伸而来的，平台具有较大的复原力臂以及惯性阻力以保证风机在水中的稳定性。它的优势是具有良好的动态响应和稳定性；Spar 平台造价低，便于拖航和安装，灵活性好；目前挪威石油公司研究设计的 Hywind 浮式风机即采用单柱式 Spar 支撑结构，已在 Scotland 海域 Pilot Park 浮式风电场安装 6 台 5MW，并在 2017 年 10 月 17 日投入使用，成为世界第一个商用浮式风电场[35]，如图 6.1-17 所示。

图 6.1-17　挪威石油公司 Hywind 单柱式海上风机

如图 6.1-18 所示，张力腿平台（TLP）是一种垂直系泊的漂浮式基础结构，张力腿式浮式基础设计浮力大于结构自身重力，残余浮力使张力筋腱绷紧而且减轻重力作用；由于张力腿产生的预张紧作用，使得平台系统在垂直方向上的运动（垂荡、横摇和纵摇）较小，水平方向上的运动（纵荡、横荡）是较大，保证了非常好的稳定性[36]。TLP 具有良好的波浪运动性能，能够适应各种恶劣环境，目前研究开发的张力腿式浮式基础通常以较为经济的 Mini-TLP 海上石油开采平台为基础模型，与 Spar 式相比，张力腿式浮式基础平台尺寸较小，可以在地面上进行组装调试，避免了水上安装产生的各种难题并减少了安装成本[37]。

图 6.1-18　张力腿式（TLP）海上风机

半潜式浮式基础是海上石油和天然气开采行业中已经存在的概念，半潜式结构依靠浮箱提供浮力来支撑水面上层结构；目前，各国开发的半潜式浮式风力机平台基础通常有立柱和浮箱组成，如图 6.1-19 所示，美国的 Windfloat[38] 半潜式浮式基础处于漂浮状态时，因其较大水线面面积、运动响应较小从而能够保证浮式风机具有较好稳定性，目前在深水油气开采中应用较广。半潜式风机可以很容易地从一个工作海域牵引到另一个工作海域，并适应不同深度的海洋环境，该类浮式基础的特点是安装方便、稳定性较好、便于移动运输、适用于深水作业等[39]。

图 6.1-19　Windfloat 半潜式海上风机

2. 漂浮式海上风机系泊系统

我国在海上风机系泊的设计和建造方面还处于初级阶段，尚有许多问题亟须解决。与传统海上石油平台相比，其高耸的风机塔架和叶片决定了它的系泊系统设计更为困难，在外部荷载作用下有可能导致锚链发生断裂，从而导致整个平台定位失效，更有甚者造成风机之间发生碰撞，产生巨大的经济损失。海上浮式风机系泊系统要限定浮体在一定范围之内，从系泊强度角度考虑，用张力安全系数作为安全程度的衡量标准，系泊张力要小于最大断裂强度，系泊疲劳寿命同样要满足一定使用年限。关于系泊系统相关内容可参考 6.4 节。

6.2　跨海大桥基础

跨海大桥是指跨越海湾、海峡、深海、入海口或其他海洋水域的桥梁，根据桥梁跨越海洋地理位置的不同可以分为海峡桥、海湾桥、海港桥、深洋桥、内海桥、入海口桥等。

中国拥有总长约 1.8 万公里的海岸线，位居世界第四，对于跨海交通的需求迫切，而跨海大桥是解决跨海湾、跨海峡交通运输的最佳方式之一。然而，跨海大桥所处的海洋环境十分恶劣，设计使用年限内承受着多种随空间和时间变化的环境荷载作用，如风浪、水流、潮汐、地震等。历史上曾发生过多起深水桥梁的破坏事故，为了减少事故发生的概率，保障人民的生命财产安全，跨海大桥的桥梁基础建设需要克服高水深、复杂水流、严酷海象和气象条件、软弱地基以及较短的施工工期等条件。

从最先在杭州钱塘江大桥中使用的沉箱基础，到武汉长江大桥中我国自主发明的管柱基础、南京长江大桥的沉井加管柱的组合基础以及九江长江大桥中使用的双臂钢围堰法修建灌注桩基础，这些都是我国大型桥梁基础发展的标志性阶段，展现了我国在大型桥梁基础中取得的巨大成就和技术突破。我国从 20 世纪 80 年代开始发展跨海大桥，1991 年建成通车的厦门大桥较早采用了海上大直径嵌岩钻孔灌注桩；2005 年建成的东海大桥，其主通航跨基础采用了长 106m 的钻孔灌注桩；2013 年建成通车的嘉绍大桥，基础采用了直径 3.8m 的钻孔桩，钻孔深度达 105m。近年来，我国跨海桥梁的建设发展迅速，初步统计，目前在建与已建成的跨海桥梁已有 70 余座，主要分布在我国香港、澳门以及广东、福建、浙江等东南沿海地区。比较有代表性的包括杭州湾跨海大桥、青岛胶州湾跨海大桥、东海大桥、舟山大陆连岛工程以及世界全桥最长的港珠澳大桥（见图 6.2-1）等。

图 6.2-1　港珠澳大桥

图 6.2-2　大贝尔特桥

国外跨海大桥深水基础早期大多采用气压沉箱基础，但是气压沉箱存在诸多缺点。20世纪30年代，沉井基础崭露头角，成为优先考虑的基础类型。1936年落成的San Francisco-Oakland大桥采用60m×28m浮运沉井，基础入土深度达73m。第二次世界大战以后，深水桥梁的基础形式日益多样化。1955年，Richmond San Rafael首创钟形基础。20世纪70年代以后，国外在建设各种深水大跨桥梁时采用了多种新型基础。1998年丹麦建成的大贝尔特桥（见图6.2-2）的跨度1624m的主桥主塔基础采用了重32000t的明置基础。2000年建成的厄勒海峡大桥，其主塔墩的明置基础长37m、宽35m、高22.5m，自重20000t。21世纪以来，国外修建了许多跨海桥梁，在此过程中跨海大桥深水基础取得了很多突破性进展，并积累了丰富的经验，如表6.2-1所示为国外部分跨海大桥应用的基础形式与特点。近些年来，超大直径钢管桩、大直径混凝土灌注桩、预应力钢筋混凝土管桩、超大型沉井以及复合基础均在跨海大桥建设中得到广泛应用，地下连续墙已开始在跨海大桥人工岛建造中采用，这标志着深水桥梁基础工程技术的发展已经进入了新的征程。

表6.2-1　国外部分跨海大桥深水基础形式与特点

基础形式	桥梁名称	建设条件	基础特点
明置基础	明石海峡大桥	45m水深、流速3.5m/s	工厂预制、浮运下沉
钟形基础	俄勒冈大桥	深水、软土地基	薄壳套箱、H型钢桩，套箱整体下放
多柱式基础	日本大鸣门桥	海洋大浪、急流	直径4m和7m管柱
自控式气压沉箱	日本鹤见航道桥	40m水深、洪积砂	砂桩处理、钢制沉箱
地基加固隔震沉箱基础	希腊里翁-安蒂里翁大桥	水深65m，软土、强震	钢管桩加固、90m直径沉箱基础
沉井管柱复合基础	明石海峡大桥比较方案	水深45m，严酷海象、气象条件	沉井加沉井周边管柱基础
预制基础	加拿大诺森伯兰海峡大桥	海峡环境、工期很短	桥墩、基础、箱梁全部预制

由于设计理念、施工技术水平以及施工器具、材料等的差异，我国的跨海大桥主要采用桩基础以及复合基础等基础形式。在伴随着极端风浪流和软弱地层的深水环境中，对桥梁基础的承载能力提出了新的要求；而跨海大桥的设计寿命一般为100～120年，如何在复杂的深水环境中保持基础的稳定性和耐久性也是亟须解决的工程难题。因此，合理设计满足上述需求的基础是跨海大桥建设过程的重中之重。

6.2.1　跨海大桥基础类型

针对跨海大桥所处工程环境，本节介绍在跨海大桥工程中主要使用的几种基础形式，并结合工程案例加深读者理解。

1. 桩基础

桩基础是桥梁基础中较为经济的基础形式，可按承台分为水上高承台桩基础、水下高承台桩基础和低承台桩基础，如图6.2-3所示。承台高度的确定应根据桥墩基础受力情况、地形、地质、水文以及施工条件和工期等因素来确定。

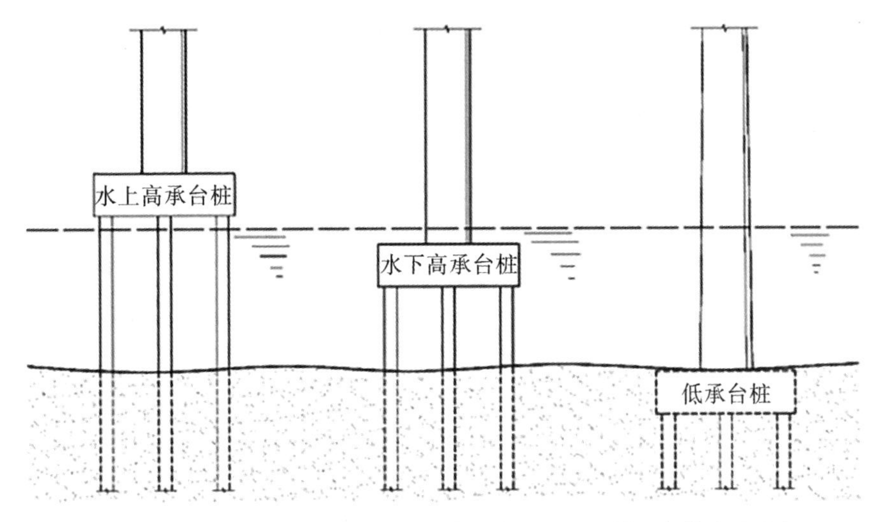

图6.2-3　水上高承台桩基础、水下高承台桩基础和低承台桩基础示意

2000年以前，限于施工技术条件，钻孔桩的直径较小，我国的深水桥梁桩基础多采用低桩承台，其优点是可以减少桩的自由长度，增加基础的强度、刚度和稳定性。21世纪以来，由于大直径钻孔灌注桩的广泛采用，桩的刚度、强度都较大，因而高桩承台也采用较多，高桩承台可以避免或减少水下作业，施工较为方便。但承台和桩基外露部分无侧边土层来承受水平外力，对基桩受力较为不利，桩身内力和位移将大于在同样水平力作用下的低桩承台，因此对桩的要求较高。

由于桩基础的刚度小，在流速大、冲刷深的情况下，桩的直径必须随冲刷深度的增加而增大，不仅会增加造价，也对施工机械提出巨大的挑战。与普通桩基相比，桥梁深水桩基还要考虑船舶碰撞力，因此所受水平力较大，作用在承台上的合力与垂线的夹角也较大，这将影响桩基结构形式的选择。深水桩基中较多采用斜桩，因为它对抵抗水平力非常有效，但其斜度(水平长度/垂直长度)不宜过大，以免造成打桩或钻孔困难。另外，当覆盖层中具有很厚的淤泥质软土层时，斜桩将会产生相当大的附加弯矩，计算中须予以考虑。

跨海大桥的桩基础常使用大直径群桩基础，例如苏通大桥主桥两个主墩基础分别采用131根直径2.5～2.85m、长约120m的灌注桩，每个主桥墩平面尺寸为113.75m×48.1m，是世界最大规模的群桩基础[40]；又如在杭州湾大桥工程中，基础工程复杂且规模巨大，仅全桥水中低墩区的钢管桩(桩径不小于1500mm)总数就多达4000多根。与传统的中小直径桩基础相比，大直径桩基础具有施工简便、节约材料、环境友好、充分发挥桩端土承载能力的特点。

2.管柱基础

管柱基础是一种大直径的桩基础，适用于深水、有潮汐影响以及岩面起伏不平的海床。它是将预制的大直径(直径1.5～5.8m，壁厚10～14cm)钢筋混凝土、预应力混凝土或钢管柱，用大型的振动沉桩锤沿导向结构将桩竖向振动下沉到基岩，然后以管壁作护筒、用水面上的冲击式钻机进行凿岩钻孔，再吊放钢筋笼并灌注混凝土，将管柱与基岩牢固连接。管柱基础在国内应用较少，但在国外应用较为广泛，且通常作为沉井或沉箱基础失效时的补强措施。

管柱基础与大直径的桩基础或小直径的沉井基础的主要区别在于：

(1)管柱基础是借助柱底嵌入岩层和柱顶嵌入刚性承台来减少柱的自由长度，并提高整个基础的刚度，而不是靠桩侧土体的侧向抗力或专靠加大基础的体积与重量来提高基础的刚度。

(2)管柱基础所受的水平力及力矩，主要是管柱上下端的嵌固力矩与嵌岩孔壁来承受，而不像桩或沉井、沉箱那样，必须靠基础周围土的水平抗力、嵌固力以及自重所产生的抗倾覆力矩与摩阻力来平衡。

(3)管柱与嵌岩钻孔桩的主要区别在于管柱的受力主要是预制的管壁，不足时由管内填充混凝土或钢筋混凝土来补足，而钻孔灌注桩则就是以水下灌注的钢筋混凝土桩身作为主要受力体。施工方面管柱是采用管节振动下沉，然后在管内排土成孔，而钻孔桩是先用钻机钻孔后成桩。

管柱基础自身的直径和刚度较大，且其管柱底部嵌入岩层或坚硬持力层，端部一般也嵌入刚度较大的承台来减少自身柔性，使自身刚度和强度都大大提高，并且管柱基础具有较大的体积与重量，比起一般桩基础稳定性更好。但管柱入土深度受限，不如钻孔灌注桩，并且在作为摩擦桩时，又比钻孔桩差，当遇到土层厚度大、基岩埋置较深的场区则不适用。

类似于群桩基础，管柱基础在日本被改良为多柱式基础，多柱式基础是较新颖的桥梁基础形式之一，适宜于在厚软地基、岩石地基和水深大的地方安全快速地修建大型基础结构物，替代沉井、沉箱基础而发展起来的深水基础形式。多柱式基础使用多根大直径管柱，并将柱头部分在水面以上进行刚接，类似于水上高承台基础，其施工过程如下：

(1)利用修建的栈桥、海上脚手架安放护筒；

(2)开挖护筒内的海底岩层；

(3)完成柱的钢筋配制并浇灌混凝土；

(4)浇灌顶板混凝土，基础即告完工。

3. 沉箱与沉井基础

沉箱基础是一种无底的箱形结构，由于其需要输入压缩空气来提供工作条件，故又叫气压沉箱。1851 年，英国在修建梅德伟桥，压缩空气沉箱被首次作为基础采用。1852 年，美国的第一个气压沉箱基础用于修建跨越 Pedee 河的桥墩；1870 年，气压沉箱基础在被应用于闻名的美国圣路易斯城的 Eads 桥的建造时，其尺寸已能够达到约 22m×25m，下沉深度已至 33m。

尽管沉箱基础对周围地层的沉降影响较小，适于多种土质施工且抗震性极佳，但其施工设备复杂、造价高且工作环境恶劣，易使工人身体健康受到损害。因此，沉箱基础除遇到特殊情况外，一般较少采用，其一般适用于如下情况：

(1)工程场区内的地层内勘探不明，若存在孤石或沉船等障碍物而用沉井基础无法下沉至设计位置，且桩基础的桩体也无法顺利穿透该障碍物时；

(2)场区内建筑物较多且复杂时，沉箱基础将不对周围其他构筑物的基础造成较大影响；

(3)沉井基础在下沉的过程中出现突发情况，不能排干井孔中的水或者沉井着床后发现岩层倾斜的情况下，则需要将沉井基础改为沉箱基础形式；

(4)场区内土层工程性质较差，沉井和沉管基础不能使用时。

针对沉箱基础的缺点，日本在 20 世纪 70 年代左右对沉箱基础下沉方式进行改良，设计了一套较为先进的沉箱基础无人下沉系统并广泛应用于外海桥梁深水基础中，在此之后，日本众多跨海大桥中有很大比例采用沉箱基础形式，如浦户大桥、日本港大桥、神户波特彼河大桥、明石海峡大桥等。其中，1998 年建成的世界著名的日本明石海峡大桥（见图 6.2-4），主塔墩均采用沉箱基础，采用了圆筒形式的双层壁构造。钢沉箱总质量 19000t，拖航时的吃水深度约为 8m。且两座主塔基础在水深达 35～50m、最大水流达 4.1m/s 的恶劣环境下建成[41]。

图 6.2-4　日本明石海峡大桥

沉井基础是井筒状的结构物，一般来说，它是井内挖土，并依靠自身重力来克服井壁摩阻力从而下沉至设计标高，然后经过混凝土封底并填塞井孔，从而使其成为桥梁墩台或其他结构物的基础。一般由刃脚、井壁、隔墙、井孔、凹槽、封底混凝土及顶盖等部分组成。跨海大桥基础中使用的沉井基础常为深水特大型沉井，即在深水中下沉的特大型沉井基础。与陆上沉井相比，深水沉井的基础要求需要建立水上工作面作为施工立足点，该水上工作面用于引导庞大笨重的沉井在深水中着床并下沉。通过压水、压气、灌注混凝土等措施进行下沉并控制各阶段沉井的平稳着床与安全入水深度。下沉至稳定深度后的深水沉井基本工序与陆上沉井大致相同，需要注意的是，深水沉井的清基与水下混凝土的灌注工艺要求严格，难度也更大。

沉井最适用于透水性较小的土层，因为这种情况下可排水挖土，容易控制下沉的方向，避免沉井倾斜；若土层中遇到障碍物需要清除，或者下沉到设计标高后需要进行基底处理，在无水的条件下容易解决。如果土层透水性大，沉井内的水无法抽干或抽水引起涌沙造成沉井倾斜，只能采取不排水下沉，此时的施工效率较低，在遇到障碍物需要处理时则更加困难。

沉井基础与沉箱基础的对比见表 6.2-2。

表 6.2-2　沉箱基础与沉井基础的对比

	沉箱基础	沉井基础
优点	对周围土层沉降影响较小，适用土质范围广，适用于大深度施工，抗震效果佳	施工设备相对简单，成本较低，安装时操作人员工作环境较好
缺点	操作人员工作环境差，施工操作复杂，成本较高	对含巨砾石的砂砾层施工难度大；施工深度不宜过大，对周围地层沉降的影响相对较大，抗震性相对较差

随着在跨海湾、跨海峡、跨江河等大桥的兴建，沉井施工技术在很大程度上得到了应用

和突破，但与国内目前常使用的钻孔桩基础相比，跨海大桥深水沉井基础应用还比较有限，并且其结构、工艺发展至今仍存在以下几点问题需要解决和克服：

(1)如何克服沉井在定位过程中的摆动现象以及着床定位之后的局部冲刷的影响问题；

(2)如何保证在风、水速较大条件下，沉井浮运的安全问题以及如何解决好海上作业环境混凝土的运送以及保证沉井的封底质量问题；

(3)当遇到海上深水沉井下沉困难时，采取什么措施克服下沉阻力，确保沉井下沉到设计标高的问题；

(4)施工过程监测监控方法问题。

沉井加桩基础是结合了沉井基础与桩基础的优点从而产生的一种深水基础形式。该基础形式首次在琼州海峡跨海通道工程前期研究报告中被提出[42]，它是一种用浮式钢沉井代替管桩基础中的钢板桩围堰，用管桩代替部分沉井的一种复合基础，该基础具有承载力高、可减小沉井高度等优点。

在此基础上，一种新型的根式基础逐渐发展起来并应用到工程当中。根式基础(见图6.2-5)是以普通沉井为原型，通过预制根键与沉井固结形成的一种仿生结构。根式基础的管身一般采用钢-砼结构，根键按照一定的布置形式排列在管壁的四周。基础采用水下混凝土进行封底，为确保根式基础与墩身能够可靠连接，顶部与桥墩相接处采用混凝土进行封顶。实际工程中使用根式基础代替大型沉井(见图6.2-6)，将大沉井化为小沉井，使得施工方便。总体来说，沉井加桩基础及根式基础具有以下优点：

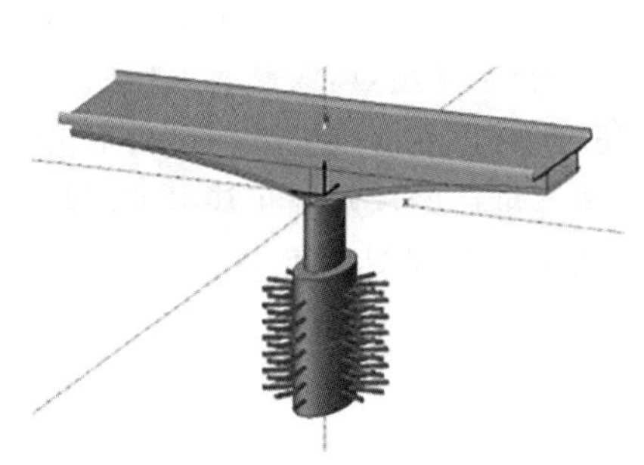

图6.2-5　根式基础

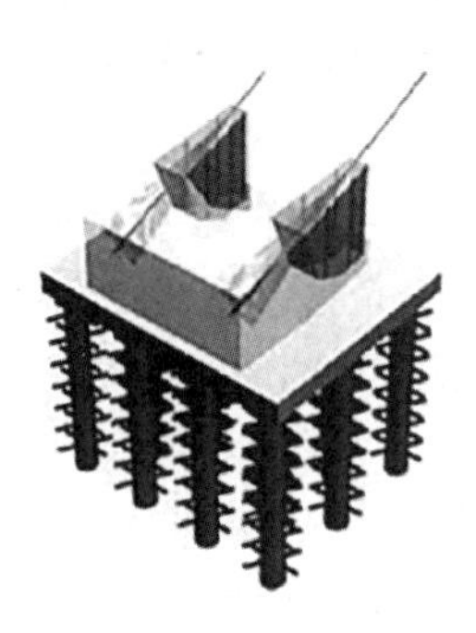

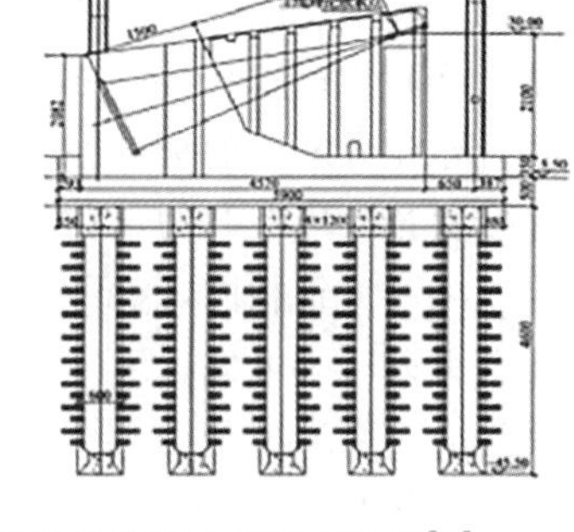

图6.2-6　根式基础作为跨海大桥深水基础[43]

(1)承载力高。沉井加桩基础提升了沉井的总埋深，从而增加了承载能力。而根式基础则可以根据土层的需要，利用根键和土层之间的作用，采取多层截面设置根键和单层截面合理设置根键个数来提高抗拔承载力。

(2)操作简便。沉井加桩基础及根式基础的施工工艺相对比较简单，施工速度较快，机械化程度比较高，且桩体安装(或根键顶进)过程全部在地下完成，对地面影响较小。

(3)适应性强。两类基础通过下部桩体(或根键)与持力土层中土体嵌固稳定，与土体间的相互作用使得沉井在承受竖向荷载的同时，抗水平推力也能得到相应的提高，在抗震方面有良好的作用。

(4)经济性好。沉井加桩基础(或根式基础)和传统等直径、等长度的灌注桩相比，混凝土用量虽略有增加，但整体承载提高较大，在相同承载力作用下，材料利用率高，混凝土用量得以减少，节省造价且缩短工期。

然而相对于传统的基础形式，两类基础中的沉井、桩体(或根键)与周围土体组成了更为

复杂的相互作用体系，其承载性能尚难精确预估，因此基础的设计过程相比于单独的沉井基础或桩基础更加复杂。

4.其他基础类型

除上文介绍的几种深水基础形式外，跨海大桥建设过程中针对特定的工程情况也出现了一些特殊的基础，本节主要介绍锁口钢管桩基础、钟形基础、明置基础以及地基加固隔震沉箱基础。

(1)锁口钢管桩基础

锁口钢管桩基础在施工时可分散作业，在管桩施工完毕时又能够以较大的刚度整体工作。这种基础承载力大，又有锁口钢管桩保护，不但施工方便，而且安全可靠，可作为一种较好的桥梁深水基础形式。

(2)钟形基础

美国、日本等国家，在修筑桥梁深水基础中，使用一种类似套箱而形状像一个无盖、无底的吊钟形的基础，即钟形基础。它的技术特点是：先在岸边按基础和部分墩身的形状用钢板焊成或用混凝土预制成一个钟形的薄壳套箱(此薄壳套箱，既是施工用的防水围堰，又是基础混凝土灌注的模板)，然后将此套箱吊装安置在已整好的地基或桩基上。最后，将基础承台与墩身的混凝土同时浇筑，使其连成一个整体。其优点是能把防水围堰、施工用模板和部分主体结构巧妙地合二为一，具有施工用料少、施工方法简单、施工速度快等特点，但由于其对施工技术要求较高，否则质量难以保证，近年已较少采用。

(3)明置基础

明置基础是在干船坞中整体预制的，具有刚度大、整体性好、基础底面积较大的特点。安装时需借助大型升降工作平台进行海上运输及吊装(见图 6.2-7)。明置基础将海上大量现场作业移到岸上作业，减少了海上现场作业时间，以较快速度完成环境恶劣的海上基础的修筑，大大减小施工难度，提高工程质量，缩短工期，而且承载力高、整体刚度大，抗侧向外力的性能好。明置基础适用于深海急流、强震、强风浪、易受巨轮撞击等复杂恶劣海洋环境。其预制程度高，在现场施工时间短，比较适合海上桥梁施工。

图 6.2-7　明置基础与大型施工平台[44]

(4)地基加固隔震沉箱基础

当跨海桥梁位于地震带时，在基础设计的过程中需要考虑其抗震性能，一般的深水桩基础在遇到地震灾害时可能出现震害破坏，因此，需要加强跨海桥梁基础的抗震设计和研究工作。希腊 Rion-Antirion 大桥中使用的地基加固隔震沉箱复合基础为大型跨海桥梁基础抗震设计提供了一个很好的思路。

如图 6.2-8 所示的垫层隔震基础，其关键创新之处在于采用地基加固解决软弱土中主塔基础的承载变形问题。一方面，砂石垫层可以消减传递至上部结构的地震作用，保护桥梁上部结构；另一方面，桩顶与沉井底部并不直接连接，桩顶约束减弱，上部结构施加给桩身的惯性作用降低。同时，主塔基础以预制装配式为主，施工进度得以大幅度提高，桩顶与沉井无须刚性连接，施工难度大幅度降低，在深水环境中建设是切实可行的。Rion-Antirion 桥在 2004 年建成后经历了数次 6 级以上地震的考验，这也证明了这种垫层隔震基础的可靠性。

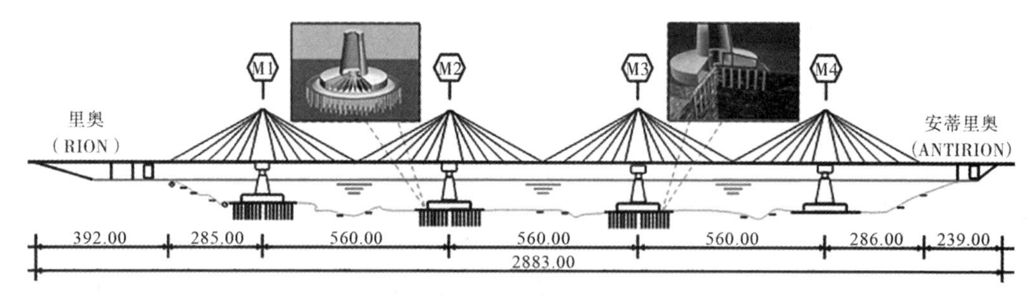

图 6.2-8　希腊 Rion-Antirion 大桥及其垫层隔震基础示意图(单位:m)

(5)复合基础

复合基础是由桩、管柱与沉井或其他围堰组合的一种深水基础。如日本的明石海峡大桥就采用了沉井加管柱复合基础，其将沉井明置在海底一定深度处，随后通过沉井基础上的预留孔下沉钢管柱至基岩，这种复合基础由管柱基础承受竖向荷载，沉井承担水平荷载。

6.2.2　跨海大桥基础面临的挑战

1. 波流力作用

对于波流的研究工作主要从两个领域展开：一个是对波浪的波动从流体力学的角度分析，研究其内部各质点的运动状态，即规则波理论，该研究包括线性波浪理论和非线性波浪理论两大类；另一个是将海面的波动看作随机的过程，即不规则波理论，其研究波流的随机性，进而揭示波浪内部波能的分布特性，从统计学的角度对其内部各质点的运动状态进行描述，从而研究其对海中结构的动力作用[45]。目前研究波流力对跨海桥梁基础作用的主要手段包括四种：现场观测、模型试验、理论分析和数值模拟。然而，当前对于跨海桥梁受波流力作用的研究方面还存在以下挑战：

(1)波浪实测数据不足。尽管我国在海上布置了相当数量的浮标，但仍旧密度有限，并且浮标归不同组织机构所有，浮标数据查询困难重重，各机构的数据公开程度严重不足，缺少浮标数据共享平台。

(2)缺少复杂结构波浪力计算方法。由于跨海桥梁基础结构常体现为群桩或复合基础且组合形式多种多样，而对于这类复杂结构受波流力的计算方法与理论研究还比较欠缺。

(3)波流相互作用机理尚未明确。实际波流在对跨海桥梁基础进行作用的同时不同种类波流之间也存在着相互作用，常见的潮汐、径流、风生环流与波浪相互作用，孤立波与流以及界面波与流相互作用等都是波与流相互影响的典型形式。而这一类波流对桥梁基础的影响还需要研究。

(4)对于海啸波流力研究较少。极端天气引起的海啸波流对海上桥梁基础的研究还比较欠缺，目前国内没有海啸力计算指南，相关规范中也没有包含海啸力计算条目。在国内近海工程中，目前只有核电站会考虑海啸作用力，进行海啸力作用验算，其余基础设施都未考虑海啸作用力[46]。

2.局部冲刷作用

总体来说，跨海桥梁基础周围的冲刷可以分为整体冲刷与局部冲刷，整体冲刷即在海浪等波流作用下，基础所处海床表面整体被侵蚀的过程，而局部冲刷则是指水流受桥梁基础的阻拦作用在基础附近产生漩涡，将泥沙从桥梁基础周围带走，形成冲刷坑的过程(见图 6.2-9)。其中局部冲刷在桥梁基础周围产生的冲刷深度远大于整体冲刷深度，因此对桥梁基础的稳定性与承载能力会产生较大的不利影响。

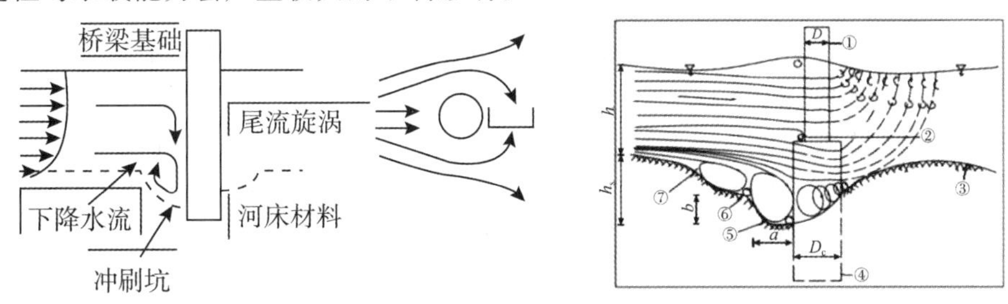

图 6.2-9 圆柱桥墩与沉井基础周围的局部冲刷与水流漩涡[59,60]

实际上冲刷已成为造成桥梁破坏的重要因素之一，而且桥梁基础冲刷破坏往往在没有预警的情况下突然发生，监测结果不是十分理想。1966 年至 2005 年，美国统计的 1502 座倒塌桥梁中，58%的桥梁破坏是由桥梁基础结构冲刷病害及其相关水力学作用引起的，每年因桥梁冲刷破坏造成的经济损失高达 3000 万美元[47]。

目前，国内外对波浪、水流共同作用下的跨海桥梁基础局部冲刷研究成果还较少，主要存在着以下挑战：

(1)跨海桥梁基础局部冲刷机理尚不明确。跨海桥梁由于其跨度、长度以及结构尺度庞大，导致桥梁基础形式更加复杂，规模更加庞大，而且海床地质条件更为多变和复杂，较大的水深也使得基础周围局部冲刷现象更加复杂。

(2)跨海桥梁基础冲刷研究手段尚不完善。部分学者开展的研究内河桥梁基础受局部冲刷作用影响的模型试验与数值模拟取得了较好的结果，然而这些结果对于海洋环境下的跨海桥梁基础却不一定适用，因此仅能作为参考，其与工程的实际结果的差距仍然很大，并且有关的试验参数的选择、测量的精度、缩尺效应以及试验方式的改进仍然是冲刷试验进一步发展的内容。目前对于海洋环境下的桥梁基础冲刷机理、动床冲刷和三维两相模拟的研究还有待加强。

3.地震作用

从历次地震灾害的资料来看，桥梁结构破坏甚至倒塌在很大程度上是由桥梁基础的破坏导致的[48]。如我国台湾地区发生的地震、日本神户和新潟发生的地震等。在这些地震中大量的桥梁基础结构遭到破坏，破坏形式复杂多样，有土体液化引起的桩基下沉、有桩帽与承台的连接失效还有桩基随土体侧移引起落梁等。

地震作用下，海水受到地震的激励而产生运动，这种运动对水中桥梁基础的影响被称为动水效应，它主要体现在水对基础和承台施加的动水压力，该动水压力直接形成了对基础的附加荷载。因此，动水效应是分析复杂介质环境中跨海桥梁基础地震反应时必须考虑的问题。具体而言，地震激励一方面使流体产生剧烈的运动，另一方面又造成基础的往复振动。在此过程中，运动流体对基础结构施加了一定的动水压力，而基础振动产生的位形变化又影响流场，并促使流体作用于结构的动水压力的大小和分布发生变化。目前对于跨海桥梁在地震作用下的分析还面临着如下挑战：

(1)海洋地震动特性的研究不足。目前，陆地的地震动研究已经比较充分，而海底地震动的研究仍十分有限。目前研究发现，相对于陆地地震动，海底地震动的竖向分量在短周期范围更低，这可能是由P波与海水层的共振造成的，并且海水对水平向海底地震动影响很小[49]。通过这些海底地震动观测数据的分析，发现了一些海底地震动与陆地地震动的区别，但由于数据的基数太小，且缺少一次地震中同时采集到海底与陆地地震动记录的数据，仍无法直接地对比海底与陆地地震动的区别，更无法探讨海底地震动的诸多影响因素，因此不足以对海底地震动展开充分的研究。

(2)跨海桥梁基础地震响应研究方法有待改进。目前桥梁基础抗震设计中常用的Morison方程主要针对与波长相比尺寸较小的细长柱体，而对于跨海大桥的大型深水基础而言，这类理论公式是否适用还需要进行研究与讨论，并且跨海桥梁基础抗震分析方面工程经验不足，需要研究与设计人员提出更合理与统一的基础结构体系与减震措施。

(3)需要加快发展基础抗震设计数值分析方法。目前基于波动理论提出的位移型人工边界条件用于数值计算时可能会出现数值失稳现象[50]，此问题尚未得到根本解决。同时某些新提出的计算模型在通用的商用有限元软件中还未出现相应的独立模块，给工程设计带来了困难。

(4)需要考虑其他环境因素与地震耦合作用下的基础设计方案。跨海桥梁深水基础在受到地震影响过程中也在遭受着波流力与冲刷作用的影响，并且由于动水效应作用，地震发生情况下的波流力与冲刷特性将受到影响，从而产生多种环境因素耦合作用下的跨海桥梁基础理论计算以及工程设计问题。

6.3 新型锚泊基础

近年来，随着我国海洋油气资源的开采逐渐步入深水区，对海上油气平台的深水系泊定位技术也提出了更高的要求。目前海洋岩土工程中常见定位系统主要包括动力定位系统和锚泊定位系统。动力定位系统[51]通常具有良好的机动性，且对困难海域的适应性较强，但全动力定位系统初始投资和营运成本往往较高，目前尚不具备大规模推广条件。目前，进行海上定位使用最普遍的是锚泊定位系统[52]，这种方法具有结构简单、效果可靠、经济性好等优点。然而，随着油气资源开采的深水化趋势，传统的重力锚、桩锚等也存在系泊性能不佳、造价偏高以及深水操作上的技术困难等问题[53]。因此，法向承力锚、吸力锚、吸力贯入式板锚和动力贯入锚等新型锚泊基础应运而生。

6.3.1 法向承力锚

法向承力锚(vertically loaded anchor, VLA)是一种新型拖曳锚，属于大型嵌入式板

锚,可以承受水平和竖直荷载,抗拔承载力较高,可达自身重量的 100 倍以上,具有重量轻、材料省、易操作、易存储、可回收和重复使用等诸多优点,可与新型深水张紧式系泊方式配合构造深水平台[54]。

1. 法向承力锚的安装

法向承力锚主要包括两种类型,即使用较薄的机动性锚胫的 Bruce Dennla 平板锚与使用钢绞线系索(或锚链)来代替锚胫的 Vryhof Stevmanta 平板锚,如图 6.3-1 所示。

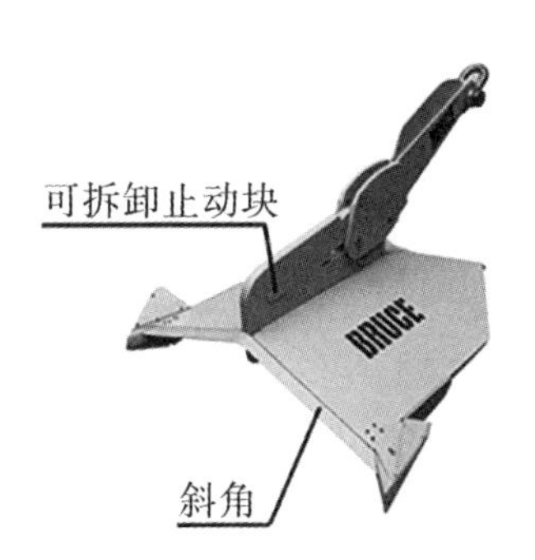

(a) Bruce Dennla 平板锚

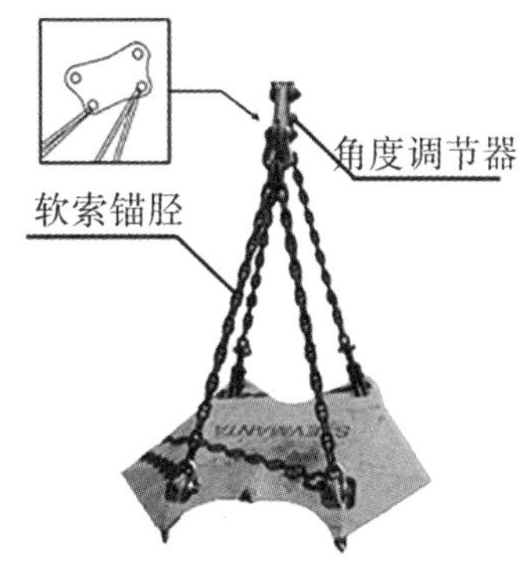

(b) Vryhof Stevmanta 平板锚

图 6.3-1　法向承力锚

Bruce Dennla 型 VLA 是目前 Bruce 公司的最优化产品,采用刚性锚胫,其锚胫可沿滑槽平动,也可以沿滑槽连接处的支点进行转动,实现正常加载模式与安装模式之间的切换。由于 Bruce 公司将该款 VLA 的设计信息进行保密处理,故相关的研究与资料都较为稀缺[55]。

Vryhof Stevmanta 型的 VLA 是 1996 年 Vryhof Anchor 推出的 VLA[56],也是目前滨海工程永久系泊平台项目的首选设备,被广泛应用于科研、工程中。它采用软索柔性锚胫,通过调节软索长度分配实现锚胫与锚板间的角度变化,角度调节器配有两个线缆连接点,分别用以固定系泊缆和拖曳缆。其安装方法包括单缆安装法、双缆安装法及配合张紧器的双锚安装法,如图 6.3-2 所示。单缆安装时,一艘拖曳安装船(AHV)通过拖曳缆将锚体嵌入海床中,当拖曳缆所受荷载达到预期荷载时,法向承力锚上的安全销就会断裂,锚体从安装状态变为法向受力状态;双缆安装时,安装拖曳缆和系泊缆分别与角度调节器上前后两孔相连,此时安装拖曳缆为主动缆,锚在安装缆的拉力作用下嵌入海床。当达到预定深度并满足承载力要求后,系泊缆变为主动缆,锚体在系泊缆拉力作用下进入法向受力状态,整个安装过程需要两艘 AHV 配合。张紧器的双缆安装仍然需要两艘 AHV,在安装过程中需要一个主动缆、一个被动缆配合进行,张紧器可改变受力方向与系缆力的大小,该方法一次性可安装两只 VLA[57]。

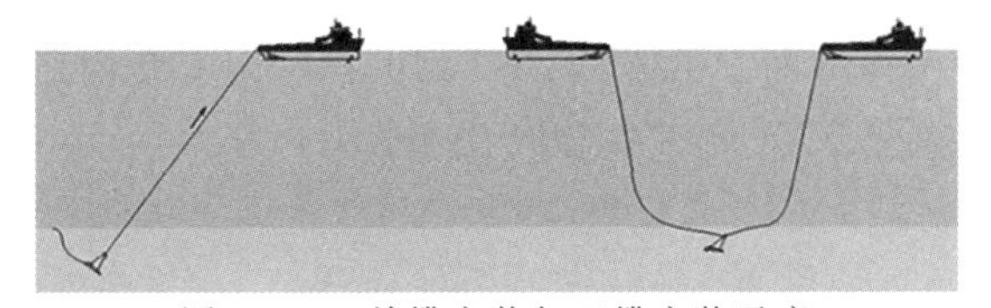

图 6.3-2　单缆安装与双缆安装示意

2. 法向承力锚的承载力

已有的关于海床埋置锚板的承载力的研究大多为二维(平面应变、轴对称)模型,在已有的模型中，Bransby 和 O'Neill[58]、O'Neill 等[59]的屈服面模型在法向承力锚拖曳过程分析中较为常用，即

$$f=\left(\frac{F_{\mathrm{n}}}{F_{\mathrm{n,max}}}\right)^{q}+\left[\left(\frac{M}{M_{\max}}\right)^{m}+\left(\frac{F_{\mathrm{s}}}{F_{\mathrm{s,max}}}\right)^{n}\right]^{1/p}-1=0 \qquad (6.3\text{-}1)$$

式中：F_{n}、F_{s} 和 M 分别为作用在锚板上的法向、切向和弯矩荷载；$F_{\mathrm{n,max}}$、$F_{\mathrm{s,max}}$ 和 $M_{\max}$ 为相应荷载的极值；m、n、p 和 q 为屈服面待定参数。

在 Ivan、Katrina 和 Rita 风暴中，墨西哥湾 17 座深水移动式钻井平台发生严重漂移的教训告诉我们，在浮式平台深水系泊时，非常可能发生局部锚泊线的断裂失效，之后将由剩余的锚泊线来共同承担浮体系泊任务，此时埋置于海床中的锚体将转变为三维的空间受力状态。深水系泊系统局部失效后，其后继受力状态及失效模式的分析关系到浮式平台安全性，是锚泊系统安全评估和设计的一个必要部分。前文的锚板二维分析模型只包含了沿锚板切向运动、法向运动和沿锚板中心转动 3 个自由度，并不适用于三维空间受力状态下锚板的六自由度运动的研究。截至目前，这方面的研究也并不多见。Gilbert 等[60]和 Yang 等[61]基于 ABAQUS 计算结果和塑性上限理论分析，将式(6.3-1)的塑性屈服面模型拓展至锚板三维受力状态下的简化模型(见图 6.3-3，F 为张力荷载；e_1 为沿 x 轴方向距锚板中心点的偏心距；e_2 为沿 y 轴方向距中心点的偏心距)，并通过室内离心机试验进行了验证。

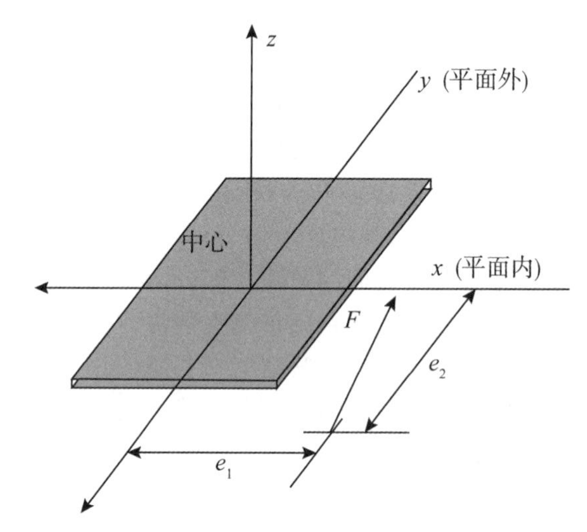

图 6.3-3　锚板的三维受力状态[76]

3. 工程实例

目前已有的现场应用工程大多是位于巴西近海的浮式生产系统，运营商为巴西石油公司。表 6.3-1 总结了用于永久性设施系泊的 VLA 现场应用，但这些数据相对粗略，记录并不翔实。其中应用于中国南海的 Bruce FFTS Mk4 与应用于几内亚湾的 SBM"Mag"并非 VLA，但这些工程应用仍为 VLA 测试安装以及承载力计算提供了一定的可参考数据。

表 6.3-1　法向承力锚工程应用案例汇总

时间	应用形式	应用区域	水深/m	锚类型	锚板面积/m²
1995	Nkossa FSO	几内亚海湾	1125	SBM "Mag"	—
1996	流花 11-1	中国南海	310	Bruce FFTS Mk4	16.4
1998	Voador P27 Semi-FPU	巴西近海	530	Stevmanta	11
1999	Marlim South EPS FPSO-Ⅱ	巴西近海	1215	Bruce Dennla	10
1999	Roncador P36 Semi-FPU	巴西近海	1350	Stevmanta	13
2000	Marlim P40 Semi-FPU	巴西近海	1080	Stevmanta	13
2002	Roncador FPSO	巴西近海	1150～1475	Stevmanta	14
2003	Fluminese FPSO	巴西近海	700	Stevmanta	11
2004	Marlim FPSO	巴西近海	1210	Stevmanta	13
2010	Cascade and Chinook FPSO	墨西哥湾	2600	Stevmanta	—

6.3.2　吸力锚

吸力锚(suction anchor)是一种大型圆柱薄壁钢制结构，其底端敞开，上端封闭并设有抽水口，如图 6.3-4 所示，吸力锚具有定位精确、费用经济、方便施工、可重复利用等特点，并能承受较大的竖向拉拔荷载，在目前几类新型深水系泊基础中技术相对成熟，应用最为广泛。

图 6.3-4　吸力锚

1. 吸力锚的安装

吸力锚具体安装过程如图 6.3-5 所示，在吸力锚基础原位安装时，首先将其竖直放置于海床上，在自重与压载的作用下沉贯入海床至一定深度，然后封闭排水口，在锚筒内部形成足够的密封环境；通过潜水泵持续向外抽水以降低锚筒内部的压力，当内、外压差所产生的下贯力超过海床土体对锚筒的阻力时，吸力锚继续向下沉贯；随着持续不断地抽水，吸力锚保持沉贯，直至锚筒内顶盖与海床泥面相接触为止；最后，卸去潜水泵，锚筒内外压差逐渐消散，当内部压力恢复至周围环境压力时关闭抽水口，吸力锚安装结束。

可见，吸力锚的原位安装依次包括两个阶段：①吸力锚自重和负载作为沉贯力的压力沉贯阶段；②除了自重和负载外，潜水泵持续抽水所产生的吸力锚内、外压差作为附加沉贯力的吸力沉贯阶段。其中，吸力沉贯阶段历来就是研究重点，也是吸力锚区别于其他深水基础形式的最重要特点之一。在吸力沉贯时，一方面需要提供足够大的下贯力以克服海床阻力，另一方面则需要避免锚筒内部的泥面隆起量过大，从而提前与锚顶盖内表面接触，无法达到吸力锚设计安装深度。

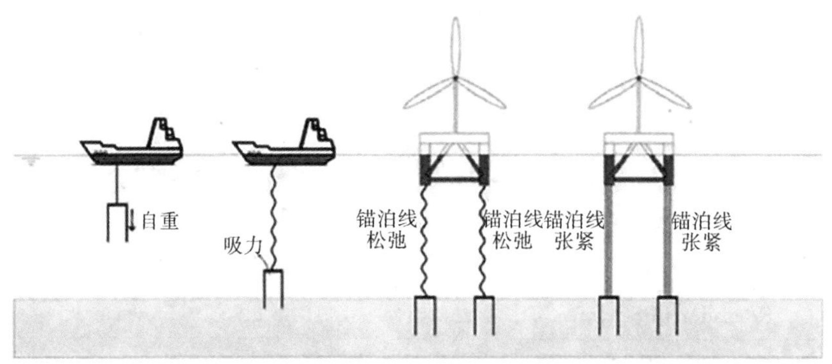

图 6.3-5　吸力锚基础安装过程[48]

海床阻力主要由锚筒内、外壁的土体摩擦力和筒裙底边的土体端阻力共同组成。在吸力沉贯过程中，除了筒壁不断下插所造成的土体扰动外，内部吸力的持续施加也将影响海床阻力的大小。因此，基于内外压差所产生的下贯力与海床土体贯入阻力的静力平衡，在现有的在砂土和软土中实现吸力锚沉贯需求吸力的计算方法中，都把吸力等效为作用在锚顶盖上的均布静压力，而内部吸力对周围土体的影响仅考虑为底部土体有效应力降低所带来的筒裙底边端阻力的减小。

在吸力锚沉贯过程中，由于吸力作用，内部土体隆起，形成土塞体(soil plug)，这种现象被称为“土塞现象”，如图 6.3-6 所示。吸力锚沉贯时最大容许吸力的计算基于吸力沉贯时锚筒底部土体的稳定性，当内部吸力小于最大容许吸力时，只有筒壁下插所置换土体的一部分流入锚筒内部，此时不会带来明显的内部泥面隆起。Whittle 等[62]认为采用吸力贯入时，将有 50%～100%的置换土体流入锚筒内部。Andersen 等[63]在进行离心机试验时发现当筒壁下插深度超过最终贯入深度一半时，内部土塞的高度就已经超过了筒壁置换土体全部进入内部所产生的高度。House[64]发现在正常固结高岭土中沉贯时，土塞的最终高度达到了贯入深度的 30%。丁红岩等[65]和杨少丽等[66]分别进行了粉质黏土和粉土中的吸力沉贯试验，均发现了过度的内部土塞隆起现象。国振等[67]的研究表明，即使施加的吸力控制在最大容许吸力以内，内部土塞的高度也超过了筒壁置换土体全部流入所带来的泥面升高。到目前为止，对于吸力沉贯时土塞现象的触发、发展和最终形成整个过程的机制认知仍不清晰，需要进一步的研究。

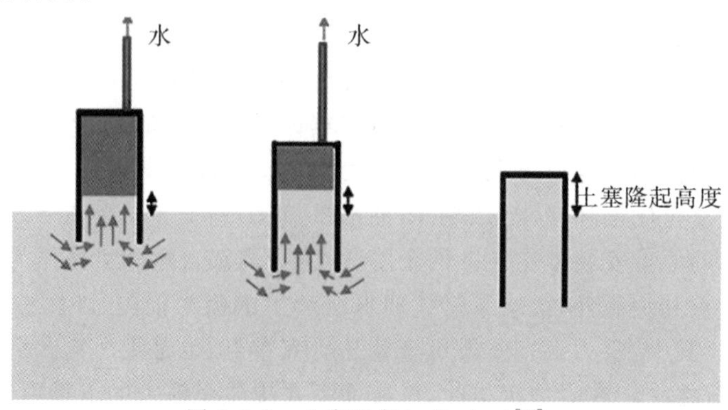

图 6.3-6　土塞现象(soil plug)[42]

2.吸力锚的承载力

吸力锚安装结束后，其承载能力主要受两个因素的影响：①由于周围土体的触变性和再固结所带来的承载力随时间逐渐增大。墨西哥湾的现场经验表明，大约5～10d内吸力锚承载力可恢复50%，100d后达到全部设计承载力。②吸力锚内部土体的密封性。因为吸力锚内部通常布置环形加劲肋以增强其自身的强度来避免屈曲，但这同时也可能造成内部土体与锚筒的局部脱离，从而降低锚筒内部的密封性[68]。

如图6.3-7所示，吸力锚基础类似于刚性短桩，大多通过张紧或半张紧式锚泊线与上部系泊浮体相连接，承受着以一定角度倾斜向上的拉拔荷载。锚泊线在吸力锚上的最优加载点位置通常在泥面以下60%～70%的贯入深度处。在最优加载点处，吸力锚承受水平和竖向拉拔的综合作用，其失效模式主要表现为平动破坏。此外，加载点处的荷载角度也将影响吸力锚的承载能力。吸力锚的竖向抗拔承载力的大小通常只有水平承载力的50%～60%，而对于张紧或半张紧式锚泊系统而言，作用在吸力锚上的张力角度一般在水平面30°以上，此时其竖向抗拔承载力往往会对吸力锚的极限承载力起决定性作用。

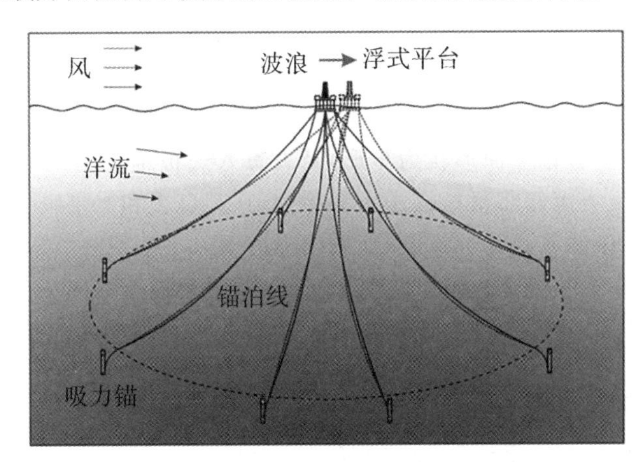

图6.3-7 张紧/半张紧式吸力锚锚泊系统

吸力锚的竖向抗拔承载力由吸力锚与内部土塞的重量、外壁土体的摩阻力和底部土体的反向承载力共同构成，其中底部土体的反向承载力占总承载力的50%甚至更多，这主要是在底部土体中产生的“被动吸力”(负孔隙水压力)的结果。目前，国内外已有许多学者对吸力锚的极限承载力进行了研究，但这些研究往往孤立地研究吸力锚在某一时刻的短期静承载力特性。然而，在吸力锚服役期间，除了锚泊线的预张力和风、浪、流等环境荷载的定常力部分外，还包括了波频循环荷载和不规则波浪力中的二阶低频慢漂力。通过连接锚泊线作用在吸力锚上的力是随时间变化的单向循环拉拔荷载，其作用时间可能持续数小时、几天甚至几周。因此，在定常力部分的持续张拉和循环荷载的作用下，一方面吸力锚周围土体中超孔隙水压力的逐渐累积或消散，改变了外壁与周围土体的摩擦力，另一方面由于持续张拉过程中锚筒底部的“被动吸力”逐渐消散，进而降低了吸力锚的抗拔承载力。Clukey等[69]、Chen和Randolph[70]的研究表明，在经历了长期的持续张拉和波频循环荷载作用后，吸力锚能承受70%以上的短期静承载能力。

6.3.3 吸力贯入式板锚

吸力贯入式板锚(suction embedded plate anchor,SEPLA)是一种在吸力筒的基础上结合了板锚而形成的新型锚固体系。SEPLA 吸收了拖曳锚和吸力锚各自的优点,在具有吸力锚经济性的同时,又具有比拖曳式板锚更高的定位精度。

1999 年,Aker Marine Contractors 公司(AMC)在 1500m 水深处采用直径 4.5m 的吸力锚将锚板贯入至海床以下 25m 深度,首次通过现场试验验证了吸力贯入式板锚概念的可行性。2006 年,吸力贯入式板锚首次应用在墨西哥海湾的一座浮式生产装置的长期系泊中,安装水深达 910m。自此,吸力贯入式板锚正式进入海洋锚泊系统的领域,开始发挥重要作用。

1. 吸力贯入式板锚的安装

为了避免由于在海床中锚板拖曳轨迹的不确定性而导致的定位困难,吸力贯入式板锚借鉴了吸力锚的贯入方式,而安装后由锚板承受法向荷载,其受力方式与法向承力锚相似。因此,吸力贯入式板锚同时具有吸力锚与法向承力锚的定位精确、造价低廉、操作便捷和竖向承载力强等优点。

吸力贯入式板锚的施工步骤如图 6.3-8 所示,其主体结构由两部分组成,即一个平板锚以及一个吸力沉箱。平板锚平面形状为矩形,吸力贯入式板锚在施工时首先将平板锚嵌入吸力沉箱中,然后用吸力沉箱将平板锚送入海床中,在其自重和靠泵吸出桶内水后形成压差的共同作用下贯入土中并到达目标深度,随后向桶内泵入水来回收负压桶,沉箱与平板锚分离后被拔出,以备将来重复使用,板锚留在土中。再用锚索拖拽锚体,使之旋转至设计角度,并施加一定的预张拉力,直至板面与锚链接近垂直或者施加的拉力达到设计值,从而承担设计拉力荷载。

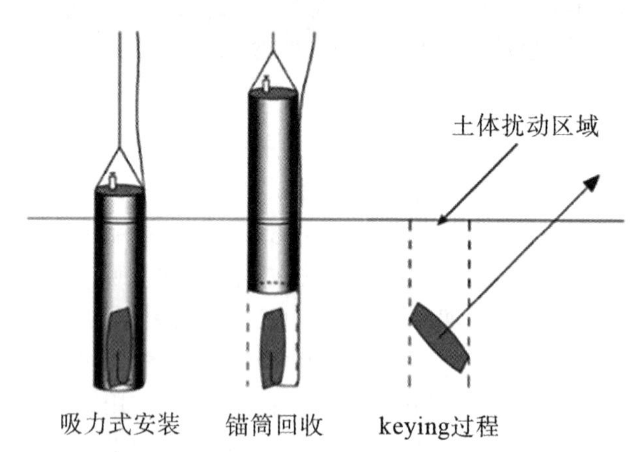

图 6.3-8 吸力式贯入板锚的施工步骤[2]

这种安装程序允许锚有更准确的定位,从而避免了在估计锚的拉拔能力时与拖曳埋入锚时存在的许多不确定性。此外,由于吸力沉箱在该设计中仅作为一种插入工具,因此可以重复使用。因此,与吸力沉箱锚相比,SEPLA 能够显著地节约成本。

2. 吸力贯入式板锚研究重点

通过上文所描述的 SEPLA 的结构以及施工方法，可以发现最终留在海床中真正提供强度的结构实质上只有板锚的部分。板锚在转动上拔的过程中有两点值得关注。

第一点需要注意的是，吸力式贯入锚在其安装后需收紧缆索对其进行预张，这点与吸力锚和法向承力锚都不同。在这个过程中，板锚将进行平动以及转动，受荷角度发生变化，当其旋转至与系缆力垂直的方位，板锚将达到最大承载能力，这个过程称为吸力式贯入锚安装的“keying”过程，如图 6.3-8 所示。在吸力贯入式板锚的“keying”过程中，由于锚板的旋转，预张后其贯入深度将减小。Yu[71] 基于三维大变形有限元研究了锚板在“keying”过程中的旋转，并认为加载偏心率 e/B（e 为锚胫长度，B 为锚板宽度）对贯入深度改变的影响远大于预张力角度，而锚板形状的影响则非常小。

第二点，吸力安装过程会对周围土体产生扰动和重塑，评估扰动区的大小和影响成为一项重要的工作。考虑到锚体上拉旋转过程是复杂的锚体与土体相互作用的过程，锚体平动和转动的综合运动会对周围土体造成影响，这种影响不仅会使土体产生塑性变形，并且由于锚体上拉位移最大能达到 1.7 倍锚宽，旋转角度能达到 90°，还会使锚体周围土体会产生破裂，土体的散粒体特征表现明显，如采用有限元等基于连续体力学的数值方法模拟往往不能很好地考虑土颗粒的散体特性，而采用离散单元法可以考虑土颗粒的散体特性，克服传统连续介质力学模型的宏观连续性假定。

6.3.4　动力贯入锚

1. 动力贯入锚的起源与分类

前述的法向承力锚、吸力锚、吸力贯入式板锚的安装均需要借助有关安装设备，且安装周期长，随着水深的增加安装成本急剧增加。海上施工条件复杂，常受到恶劣风浪流条件的影响，施工作业船费用也非常昂贵，这都对施工周期提出了更高要求，因此，加工简单、造价较低、运输方便、安装效率高、成本低的动力贯入锚（dynamically installed anchor, DIA）应运而生。

近年来，动力贯入锚根据几何体型可以分为两大类：一类是鱼雷锚（torpedo anchor）和深贯锚（deep penetrating anchor, DPA），如图 6.3-9 所示；另一类是多向受荷锚。

(a) 鱼雷锚

(b) 深贯锚

图 6.3-9　动力锚

鱼雷锚和 DPA 的几何结构与火箭类似。一般长 12～15m，锚身直径 0.8～1.2m，自重达 500～1000kN，均由圆柱体轴和尾翼组成，圆柱体轴内部中空，可填充混凝土或金属废料来增加锚的重量，从而提高锚在海床中的贯入深度，鱼雷锚中轴前端为圆锥形，DPA 中轴前端为半椭球形。尾翼置于圆柱体轴后端，用来提高锚在自由下落时的方向稳定性并增加锚在海床中的抗拔承载力。锚眼点设置在圆柱体轴尾部。鱼雷锚的概念由巴西石油公司 Petrobras 提出，最初用于锚固柔性立管，以限制立管在海床上的水平位移[72]，而后被用于锚固浮式平台。巴西 Campos Basin 的 FPSO P50 工程便采用了 18 个重 98t 的鱼雷锚作为锚固基础，水深达 1240m[73]。DPA 与鱼雷锚外形相似，由 Deep Sea Anchors 公司研制，并已经在挪威海域 Gjoa field 进行了全比尺测试，DPA 可作为 FPSO 或其他浮式平台的锚固基础。

多向受荷锚由美国 Delmar 公司研发，主要由中轴和三组互成 120°的翼板组成。其结构如图 6.3-10 所示。每组翼板包括一个较小的前翼和一个较大的尾翼，前翼和尾翼之间有一个缺口用于容纳加载臂，加载臂连接在可绕中轴自由转动的圆环上。锚眼位于加载臂边缘，当锚眼处的上拔荷载与加载臂不共面时，加载臂可绕中轴旋转直至与荷载方向共面。可旋转加载臂的设计有助于消减平面外荷载对锚承载力的影响[74]。多向受荷锚的典型尺寸为长 9.2m，宽 3.66m，高度 3.55m，重量约为 38t。多向受荷锚高速下落至海床表面的贯入速度约 15～25m/s。

图 6.3-10　多向受荷锚

2. 动力贯入锚的安装与承载

图 6.3-11 所示为鱼雷锚和 DPA 的典型海上安装过程：首先，通过安装船将动力贯入锚在距离海床土体表面一定高度处(大约 30～150m)释放，然后在海水中自由下落加速，最后以高速冲击贯入海床至一定深度。由于鱼雷锚的动力贯入过程不需借助外部能量与大型专用设备，因此其海上施工基本不受水深变化的限制，其安装成本也不依赖于水深。

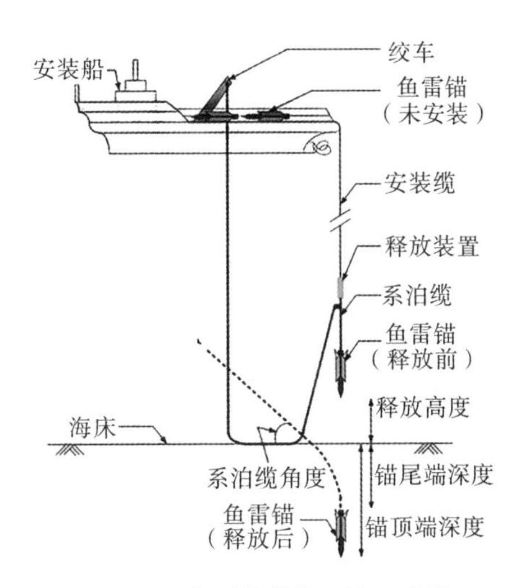

图 6.3-11　鱼雷锚的海上施工过程

多向受荷锚的安装过程如图 6.3-12 所示。除上述在水中自由下落、在海床中高速沉贯两个阶段外还包括在海床中旋转调节的第三个阶段。在多向受荷锚依靠动能贯入海床后，随即张紧连接在锚眼处的锚链，由于多向受荷锚具有延伸的旋转式加载臂，可迫使锚自身"锁住"，以更深入地钻入更坚固的土壤中，即锚将在海床中旋转调节至合适的方位以提高抗拔承载力，至此多向受荷锚安装结束。

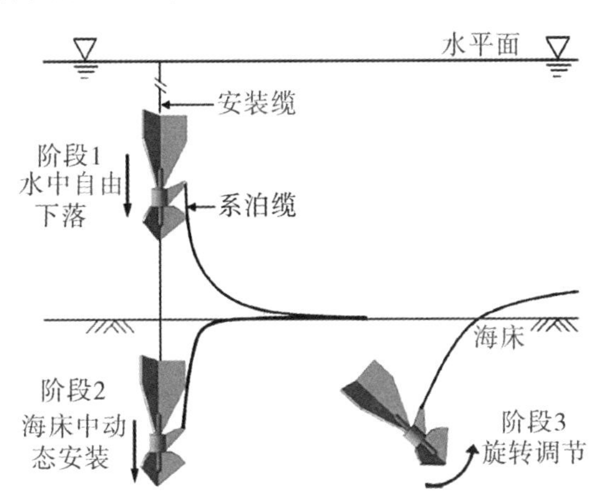

图 6.3-12　多向受荷锚动力安装示意[81]

美国得克萨斯大学奥斯汀分校的 Gibert[75] 试验研究表明：动力锚的贯入深度主要受其释放高度和自身重量影响。鱼雷锚在海床中的贯入深度越深，则其抗拔承载力越大。西澳大学 Lisle[76] 和 Richardson[77] 开展离心机试验模拟鱼雷锚的贯入过程，揭示鱼雷锚贯入深度受锚的几何形状、锚重、锚的初始贯入速度、土体强度特性等众多因素综合影响。当初始贯入速度较大时，贯入深度基本上随初始贯入速度线性增加；当初始贯入速度较小时，贯入深度受锚重影响更大。这主要是因为重量大的锚可以在贯入土体表面后继续加速一段距离，从而提高最终贯入深度。

2002—2004 年，巴西国家石油公司在巴西坎普斯湾的 1000m 水深下，将 74t 重的鱼雷锚从距离海床表面 40～135m 的高度释放，最终将锚贯入海床土体 9～17.5m 深。经过自由下坠后，鱼雷锚与海床土体表面碰撞时常带有一定倾斜角度(约 15°～30°贯入角)。此外，现场数据还表明锚的初始贯入速度不会随着释放高度增长而无限增加(即存在最大初始贯入速度)。在另一个现场试验中，40t 重鱼雷锚从距离海床表面 30m 的高度释放。当土体为正常固结土、超固结土和砂土时，锚贯入土体深度分别为 29m、13.5m 和 15m。2014 年，O'Beirne[78]在北爱尔兰 Lough Erne 湖开展 1∶20 缩尺(锚长 0.75m、直径 6cm、锚重约 20kg)的鱼雷锚贯入试验。试验中，将鱼雷锚从距离湖底表面 0～5m 的不同高度释放，测量到锚贯入土体的初始速度为 0～6m/s，最终贯入深度为 1.5～2.6 倍的锚身长度。

在数值模拟方面，鱼雷锚动力贯入过程模拟需克服众多技术难题，其中最为突出的是土体的大变形大应变问题。因为物质大变形可使有限元网格扭曲和纠缠进而严重影响计算精度和稳定性，而传统有限元方法(即 Lagrangian 有限元)不适合解决此类问题。采用大变形有限元技术是解决上述问题的较好方法。Hossain 等[79]运用 ABAQUS 的欧拉耦合拉格朗日(CEL)大变形有限元成功模拟了鱼雷锚贯入过程，在计算中采用扩展的理想弹塑性 Tresca 模型，将土体抗剪强度表达成剪切应变率的半对数函数，运用 ABAQUS 的通用接触(General Contact)来模拟土与锚的复杂接触面行为。Raie[80]尝试运用计算流体动力学(CFD)软件 FLUENT 分析了鱼雷锚的动力贯入过程。在数值计算中，将海床土体简化为 Bingham 流体，其结果与试验和现场数据进行比较验证。此方法的局限性在于土体的各向异性的应力状态和复杂的弹塑性本构关系很难在流体动力学计算中得到恰当考虑。

目前，鱼雷锚服役阶段抗拔承载力的计算方法主要有两种：API 方法和 MTD 方法。其中，API 方法假定鱼雷锚失效模式与端承摩擦型桩类似，更易于应用。鱼雷锚的抗拔承载力由三部分组成：锚重、锚与土的摩擦力、锚尾端(包括侧翼尾端)的端承力。Gibert[75]通过室内小尺度模型试验发现鱼雷锚抗拔承载力受众多因素影响(锚的贯入深度、海床土体强度特性、锚重等)。Richason[77]开展离心试验揭示：鱼雷锚的承载力随位移发展过程中通常存在两个峰值，这是由于鱼雷锚与土体界面摩擦力和锚端承力随位移发展的不同步造成的。O'Loughlin[81]指出鱼雷锚的侧翼数目增多增大了土体与鱼雷锚侧翼的接触面积，从而提高了鱼雷锚的承载力。

2001—2002 年，巴西国家石油公司使用两个不同尺寸的鱼雷锚开展了一系列现场拉拔试验。首先将重 24t、长 12m、直径 0.76m 的鱼雷锚贯入海床土体 20m 深，随即进行水平向拉拔。测量到鱼雷锚承载力为 900～1100kN(约 3.7～4.6 倍锚重)。若鱼雷锚贯入 10 天后进行此拉拔试验，则其承载力增长为 1700～2200kN。然后再将另一种重 62t、长 12m、直径 1.07m 的鱼雷锚贯入海床土体 29m 深，随即进行斜向 45°角拉拔试验，测得承载力约为 3.1～3.4 倍的锚体自重。若贯入 18 天后进行拉拔试验，鱼雷锚的承载力还可再提高一倍。O'Beirne[78]采用小尺度鱼雷锚开展了一系列现场拉拔试验，其拉拔荷载角度为 33°～90°。现场试验结果表明：鱼雷锚的极限抗拔承载力受荷载角度变化的影响较大，以 33°荷载角度开展的拉拔试验测量到的承载力为 90°测量值的 2.6 倍。

参考文献

[1] Oh K Y, Nam W, Ryu M S, et al. A review of foundations of offshore wind energy convertors: Current status and future perspectives[J]. Renewable and Sustainable Energy Reviews,2018,88: 16-36.

[2] Byrne, B W, Houlsby, G T. Foundations for offshore wind turbines [J]. Phil. Trans. of the Royal Society of London, series A,2003,361:2909-2930.

[3] Houlsby G T, Ibsen L B, Byrne B W. Suction caissons for wind turbines [C]. Frontiers in Offshore Geotechnics: ISFOG, Perth,2005:75-93.

[4] Det Norske Veritas. Geotechnical Design and Installation of Suction Anchors in Clay [M]. Høvik: DNV Recommended Practice RP-E303,2005.

[5] Ragni R, O'Loughlin C, Bienen B, et al. Observations during suction bucket installation in sand[J]. International Journal of Physical Modelling in Geotechnics, 2019: 1-18.

[6] Houlsby G T, Byrne B W. Design procedures for installation of suction caissons in sand[J]. Geotechnical Engineering,2005,158(3): 135-144.

[7] Andersen K H, Jostad H P, Dyvik R. Penetration resistance of offshore skirted foundations and anchors in dense sand [J]. Journal of Geotechnical and Geoenvironmental Engineering, 2008,134(1): 106-116.

[8] Harireche O, Mehravar M, Alani A M. Suction caisson installation in sand with isotropic permeability varying with depth[J]. Applied Ocean Research,2013,43(3): 256-263.

[9] Harireche O, Mehravar M, Alani A M. Soil conditions and bounds to suction during the installation of caisson foundations in sand[J]. Ocean Engineering,2014,88(5): 164-173.

[10] Mehravar M, Harireche O, Faramarzi A. Evaluation of undrained failure envelopes of caisson foundations under combined loading[J]. Applied Ocean Research,2016,59 (2): 129-137.

[11] Guo Z, Jeng D S, Guo W, He R. Simplified approximation for Seepage Effect on Penetration Resistance of Suction Caissons in Sand [J]. Ships and Offshore Structures,2017,12(7): 980-990.

[12] 王欢. 砂土海床大直径单桩基础和桶形基础水平受荷特性研究[D]. 杭州:浙江大学,2020.

[13] Butterfield R. The use of physical models in design[C]. In Proc. 7th European Regional Conf. on SMFE,1979:259-261.

[14] Gottardi G, Butterfield R. On the bearing capacity of surface footings on sand under general planar loads[J]. Soils and Foundations,1993,33(3): 68-79.

[15] Butterfield R. Another look at gravity platform foundations[C]. Proceedings of Soil Mechanics and Foundation Engineering in Offshore Technology. CISM, Udine,

Italy, 1981.

[16] Georgiadis M, Butterfield R. Displacements of footings on sand under eccentric and inclined loads[J]. Canadian Geotechnical Journal,1988,25(2):199-212.

[17] Villalobos Jara F A. Model testing of foundations for offshore wind turbines[D]. Oxford: University of Oxford, 2006.

[18] Houlsby G T, Kelly R B, Huxtable J, et al. Field trials of suction caissons in sand for offshore wind turbine foundations[J]. Géotechnique,2006,56(1):3-10.

[19] Houlsby G T. Interactions in offshore foundation design[J]. Géotechnique,2016,66(10):791-825.

[20] 孔德琼. 近海风机吸力式桶型基础大比例模型试验研究[D]. 杭州:浙江大学,2011.

[21] Byrne B W, Houlsby G T. Experimental investigations of response of suction caissons to transient vertical loading [J]. Journal of Geotechnical and Geoenvironmental Engineering,2002,128(11):926-939.

[22] Kelly R B, Houlsby G T, Byrne B W. Transient vertical loading of model suction caissons in a pressure chamber[J]. Géotechnique,2006,56(10):665-675.

[23] 矫滨田,鲁晓兵,赵京,时忠民. 吸力式桶形基础抗拔承载力特性试验研究[J]. 中国海洋平台.

[24] Senders M. Suction caissons in sand as tripod foundations for offshore wind turbines [D]. University of Western Australia,2009.

[25] 朱斌, 孔德琼, 童建国, 等. 粉土中吸力式桶形基础沉贯及抗拔特性试验研究[J]. 岩土工程学报, 2011, 33(7): 1045-1053.

[26] Murff J D, Hamilton J M. P-Ultimate for undrained analysis of laterally loaded piles [J]. Journal of Geotechnical Engineering,1993,119(1): 91-107.

[27] 王晖,王乐芹,周锡,肖仕宝. 软黏土中桶形基础的上限法极限分析模型及其计算[J]. 天津大学学报,2006,39(3): 273-279.

[28] Aubeny C P, Han S W, Murff J D. Inclined load capacity of suction caissons[J]. Int. J. Numer. Anal. Meth. Geomech. ,2003,27:1235-1254.

[29] 沈侃敏. 海洋锚泊基础安装与服役性能研究[D]. 杭州:浙江大学,2017.

[30] Guo Z, Wang L Z, Yuan F. Set-up and pullout mechanism of suction caisson in a soft clay seabed[J]. Marine Georesources & Geotechnology,2014,32(2): 135-154.

[31] Wang L Z, Wang H, Zhu B, et al. Comparison of monotonic and cyclic lateral response between monopod and tripod bucket foundations in medium dense sand[J]. Ocean Engineering,2018,155: 88-105.

[32] Heronemus W E. Pollution-free energy from offshore winds[C]// Proceedings of Annual Conference and Exposition Marine Technology Society. Washington DC: Marine Technology Society,1972: 21-25.

[33] 方龙. 海上漂浮式风机支撑结构初步设计及疲劳强度分析[D]. 镇江:江苏科技大学,2014.

[34] 赵争兵. 海上浮式风机平台的系泊系统研究[D]. 广州:广东工业大学,2019.

[35] 世界首个商用浮式风电场即将投入使用[J]. 中国电力,2017,50(03):82.

[36] 马钰. 单柱式浮式风机动力性能机理研究[D]. 上海:上海交通大学，2014.

[37] 杨冠声. 张力腿平台非线性波浪载荷和运动响应研究[D]. 天津:天津大学. 2003.

[38] Roddier D , Cermelli C , Aubault A , et al. Wind Float: A floating foundation for offshore wind turbines[J]. Journal of Renewable & Sustainable Energy, 2010, 2(3):53.

[39] 王涵,胡志强. 海洋浮式风机耦合动力性能的研究技术与进展[J]. 船舶与海洋工程，2018,34(01):7-14.

[40] 陈志坚，陈欣迪，唐勇，等. 超大型深水群桩基础的传感器保护技术[J]. 岩土力学，2012,33(11): 3509-3515.

[41] 金增洪. 明石海峡大桥简介[J]. 国外公路,2001,21(01): 13-18.

[42] 钟锐,黄茂松. 沉箱加桩复合基础地震响应离心试验[J]. 岩土力学,2014,35(02): 380-388.

[43] 刘臻，朱大勇，殷永高，等. 竖向荷载作用下根式基础模型试验研究[J]. 安徽建筑大学学报,2019,27(04): 29-35.

[44] 刘爱林. 芜湖长江公铁大桥设置式沉井基础施工关键技术[J]. 桥梁建设，2017，47(06): 7-11.

[45] 邢景棠,周盛,崔尔杰. 流固耦合力学概述[J]. 力学进展,1997,27(01): 20-39.

[46] 李永乐，房忱，裘放，等. 海洋桥梁波流力作用与基础冲刷问题及对策研究[J]. 中国工程科学,2019,21(03): 18-24.

[47] 向琪芪，李亚东，魏凯，等. 桥梁基础冲刷研究综述[J]. 西南交通大学学报,2019,54(02): 235-248.

[48] 梁发云，贾亚杰，孙利民，等. 超大跨斜拉桥群桩基础多点振动台试验研究[J]. 中国公路学报,2017,30(12): 268-279.

[49] Boore D M, Smith C E. Analysis of earthquake recordings obtained from the Seafloor Earthquake Measurement System (SEMS) instruments deployed off the coast of southern California[J]. Bulletin of the Seismological Society of America, 1999, 89(1): 260-274.

[50] 杜修力，赵密. 基于黏弹性边界的拱坝地震反应分析方法[J]. 水利学报,2006,37(09): 1063-1069.

[51] 韩凌,杜勤. 深水半潜式钻井平台锚泊系统技术概述[J]. 船海工程,2007(03):82-86.

[52] 王艳妮. 海洋工程锚泊系统的分析研究[D]. 哈尔滨:哈尔滨工程大学,2006.

[53] 国振,王立忠,李玲玲. 新型深水系泊基础研究进展[J]. 岩土力学,2011,32(S2): 469-477.

[54] 刘海笑,杨晓亮. 法向承力锚(VLA)——一种适用于深海工程的新型系泊基础[J]. 海洋技术,2005(03):78－82＋87.

[55] Offshore Anchor Data for Preliminary Design of Anchors of Floating Offshore Wind Turbines[M]. American Bureau of Shipping (ABS) Corporate Offshore Technology, Renewables. 16855 Northchase Drive Houston, Texas 77060.

[56] Stevmanta VLA. Vertical Load Anchor Manual[M]. Vryhof Anchors BV. P. O. Box 109. 2900 AC Capelle aan den Yssel. The Netherlands.

[57] 杨晓亮. 法向承力锚的极限抗拔力研究[D]. 天津:天津大学,2006.

[58] Bransby M F, O'Neill M P. Drag anchor fluke-soil interaction in clays[C]// Proceedings of International Symposium on Numerical Models in Geomechanics. Austria: A. A. Balkema,1999.

[59] O'Neill M P, Bransby M F, Randolph M F. Drag anchor fluke-soil interaction in clays[J]. Canadian Geotechnical Journal, 2003, 40(1): 78-94.

[60] Gilbert R B, Lupulescu C, Lee C H, et al. Analytical and experimental modeling for out-of-plane loading of plate anchors[C]//Proceedings of the Offshore Technology Conference. Houston: Offshore Technology Conference,2009.

[61] Yang M, Murff J D, Aubeny C P. Undrained capacity of plate anchors under general loading[J]. Journal of Geotechnical and Geoenvironmental Engineering,2010, 136 (10): 1383-1393.

[62] Whittle A J, Germaine J T, Cauble D F. Behavior of miniature suction caissons in clay [C]//Offshore Site Investigation and Foundation Behavior '98. London: Springer,1998.

[63] Andersen K H, Jeanjean P, Luger D, et al. Centrifuge tests on installation of suction anchors in soft clay[J]. Ocean Engineering, 2005, 32: 845-863.

[64] House A R. Suction anchor foundations for buoyant offshore facilities[D]. Perth: The University of Western Australia,2002.

[65] 丁红岩,刘振勇,陈星. 吸力锚土塞在粉质黏土中形成的模型试验研究[J]. 岩土工程学报,2001, 23(4): 441-444.

[66] 杨少丽,李安龙,齐剑锋. 桶基负压沉贯过程模型试验研究[J]. 岩土工程学报,2003,25 (2): 236-238.

[67] 国振,王立忠,袁锋. 黏土中吸力锚沉贯阻力与土塞形成试验研究[J]. 海洋工程,2011, 29(1): 9-17.

[68] Andersen K H, Jostad H P. Shear strength along inside of suction anchor skirt wall inclay[C]// Proceedings of the Offshore Technology Conference. Houston: Offshore Technology Conference, 2004.

[69] Clukey E C, Templeton J S, Randolph M F, et al. Suction caisson response under sustained loop-current loads [C]// Proceedings of the Offshore Technology Conference. Houston: Offshore Technology Conference,2004.

[70] Chen W, Randolph M F. Uplift capacity of suction caissons under sustained and cyclic loading in soft clay [J]. Journal of Geotechnical and Geoenvironmental Engineering,2007,133(11): 1352-1363.

[71] Yu L, Liu J, Kong X J, et al. Three-dimensional numerical analysis of the keying of vertically installed plate anchors in clay[J]. Computers and Geotechnics,2009, 36 (4): 558-567.

[72] Medeiros C J. Low Cost Anchor System for Flexible Risers in Deep Waters[C]. Offshore Technology Conference, 2002.

[73] Brandão F, Henriques C, Rende L, et al. Albacora Leste Field Development-FPSO P-50 Systems and Facilities[C]. Offshore Technology Conference, 2006.

[74] Shelton J T. OMNI-Maxtrade anchor development and technology [C]. OCEANS. IEEE, 2007: 1-10.

[75] Gilbert R B, Morvant M, Audibert J. Torpedo Piles Joint Industry Project-Model Torpedo Pile Tests in Kaolinite Test Beds. Final Project Report Prepared for the Minerals Management Service Under the MMS/OTRC Cooperative Research Agreement 1435-01-04-CA-35515, 2008.

[76] Lisle T E. Rocket anchors-A deep water mooring solution[D]. Honour's thesis, The University of Western Australia. , 2001.

[77] Richardson M D. Dynamically installed anchors for floating offshore structures[D]. The University of Western Australia. , 2008.

[78] O'Beirne C, O'Loughlin C D, Wang D, Gaudin C. Capacity of dynamically installed anchors as assessed through field testing and three-dimensional large-deformation finite element analyses [J]. Canadian Geotechnical Journal, 101139/cgj-2014-0209. 2014.

[79] Hossain M S, Kim Y H, Wang D. Physical and numerical modelling of installation and pull-out of dynamically penetrating anchors in clay and silt[C]//Procceedings of 32nd International Conference on Ocean, Offshore and Arctic Engineering. Nantes, France OMAE10322, 2013.

[80] Raie M S, Tassoulas J L. Installation of Torpedo Anchors: Numerical Modeling[J]. Journal of Geotechnical and Geoenvironmental Engineering, 2009, 135 (12): 1805-1813.

[81] O'Loughlin C D, Randolph M F, Richardson, M. D. Experimental and theoretical studies of deep penetrating anchors [C]//Proceedings of the 36th Offshore Technology Conference. Offshore Technology Conference, Houston, Texas, OTC16841, 2004.

第7章　深海海底管道

第二次工业革命发明内燃机之后，石油和天然气成为人类文明生存和发展的基础资源，且在可预见的未来，石油和天然气仍将占人类社会能源消费的主导地位。1859 年 8 月 27 日，在美国宾夕法尼亚州考级泰特斯维尔城，Edwin Drake 钻探的第一个油井涌出了石油，开启了人类能源革命的新篇章[1]。随着人类对油气资源需求的急剧增加，油气开采从陆地延伸到近海，1897 年美国加利福尼亚州西海岸打出了第一口近海油井，标志着海上油气时代的来临。随着人类工业水平的提高，目前全球海洋油气勘探区域不断扩大，并形成了向深海发展的趋势。近年来，全球近一半的油气重大发现都在深海，世界石油探明储量的蕴藏重心，也逐步由陆地转向海洋。我国在渤海、东海、南海都发现了大油气田，其中南海石油储量为 230 亿～300 亿吨，是世界四大海洋油气聚集地之一。

海底管道通过密闭的管道连续地输送大量油气，是海上油气田开发生产系统的主要组成部分，也是最快捷、最安全并且经济可靠的海上油气运输方式。浅海中采出来的原油可由生产平台直接装入油船运输，但在深海中采原油时，由于大型油船停靠会威胁到平台安全，因此出现了海中专用于停靠大型油船的单点系泊，各生产平台与单点系泊之间则需要有输油管道连接。海底管道系统如图 7.0-1 所示。

图 7.0-1　海底管道系统

20 世纪 50 年代初，全球开始建设大型海洋油气管道，把开采的油气直接输往陆上油气库站，迄今为止，海底管道总里程已超过十几万千米。1954 年，美国 Brown & Root 海洋工程公司在墨西哥湾敷设了世界上第一条海底管道。自此，多条海底管道在世界不同海域相继建成，海底管道不断向里程更长、水深更深、压力更高、排量更大发展，海底铺管技术也在不断进步。2007 年，在英国与挪威之间敷设了世界上最长的 Langeled 海底天然气管道，其

里程达到了1173km。2011年,由俄罗斯向德国输送天然气的北溪管道-1(Nord Stream)建成,该管道钢级为X70,最大壁厚达到41.0mm,是目前世界上壁厚最大的海底管道,至2022年初该管道还处于超负荷运转状态。由阿尔及利亚向意大利输送天然气的Galsi海底管道于2014年建成,创造了2824m的水深纪录。

20世纪中国海洋工程发展缓慢,应用于海底管道铺设的技术和装备缺失,中国海底管道的发展滞后。经过30多年的追赶,中国海底管道发展迅猛。1973年,山东黄岛某海底管道工程采用浮游法敷设了3条500m长的海底输油管道,实现了海底管道从无到有的突破。1985年,在渤海埕北油田成功敷设的1.6km海底输油管道开创了当时中国海底管道工程的纪录。目前,中国最长的海底管道是1996年建设的南海荔湾3-1气田海底管道,从海南岛近海某气田至香港崖城13-1气田,其里程达778km、设计输送压力23.9MPa、管径765.2mm、壁厚28.6～31.8mm,是中国目前输送压力最高、管径最大、壁厚最大的海底长距离油气混输管道。2018年,中国在南海北部湾海域敷设了长达195km的输气海底管道,是中国迄今为止自主敷设的最长海底管道。中国海油、中国石化、中国石油等先后建成了大量的海底管道,已有80多个油气田分布于不同海域,拥有近百条各种规格的海底管道,其总里程已超过4000km[2]。

7.1 海洋管道铺设技术

7.1.1 铺管流程

铺管流程主要包括海上定位、铺设管道及开沟等作业。

1.海上定位

海上定位的目的是指导铺管船沿着特定方向移动和确定施工船队在海域中的位置,方法是在岸上设置两座以上已知其经纬度的定向电台,通过定向电台发射微波定向信号。作业船上安装有无线电定向仪用于接收定向信号,并精确地测定船与岸上各电台间的夹角,从而准确地测出铺管船所在的位置。在近海作业时可以用微波发射信号;在远海作业时一般用无线电长波发射信号。这两种方法均能达到铺管作业定位所需要的精度。

2.铺设管道

海洋管道输送工艺从陆上管道发展而来,但是因为海洋管道工程在海洋中进行,实际工况相比陆上条件更为复杂,铺设过程中管道会承受更大的压力和更高的风险,因此海洋管道的铺设方法设计是海洋管道设计中的重要环节。目前,国内外通常采用铺管船法以及拖管法进行海洋管道的铺设,需要根据管径、海水深浅等因素具体确定铺管方法。铺管作业技术在下一节中详细介绍。

3.开沟

为了准确地将管沟开在管所在位置并尽可能减少开挖的土方量,一般都采取先铺管后开沟的办法。海底开沟主要有以下几种方法:

(1)冲射法:1946年Samy Collins制造了世界上第一台高压水冲射开沟滑橇,并在墨西哥湾埋设了第一条海底石油管线。从此，冲射式开沟滑橇蓬勃发展，得到广泛应用。此种类型的开沟机主要由喷冲系统、抽吸系统、机架等组成。最初的冲射式开沟滑橇动力单元全部安装在母船甲板上，包括高压水泵和空气压缩机，滑橇的行走主要靠母船的拖动。其主要工作原理是预先将管道铺设在海底，冲射式滑橇骑跨在管道上，开沟机本身的重量主要通过两侧的滑橇传递到海底，管道不对滑橇提供支撑力。开沟时，母船通过钢缆拖动滑橇沿着管道前进，并通过橡胶软管将高压水输送到滑橇上的喷冲臂上，用高压水射流将海底土质破碎或者液化，然后同样利用橡胶软管将压缩空气输入到抽吸臂中，利用气体上升的浮力带动泥浆，从而将泥浆排出沟外形成沟槽。随着石油开采进入更深的水域，埋设管线时需要的高压水和压缩空气的输送软管长度越来越长，尤其是输送高压空气需要首先克服海水的压力，效率大大降低。此时，工程师们对冲射式滑橇进行了较大的改进，采用潜水泵代替甲板上的水泵，射流抽吸泵排泥代替气举排泥，而母船仅仅提供电力和拖力，从而形成了目前冲射式滑橇的形式。

冲射式开沟滑橇结构简单，容易制造，成本相对低廉，适合在水深小于 300m 的区域作业，目前世界上很多国家仍然在使用。

(2)土壤液化法：液化法是荷兰皇家壳牌集团公司于 20 世纪 70 年代初发明的，其特点是集开沟、回填于一体，在土壤液化的同时，管子立刻被砂覆盖，施工费用较低。液化法是针对常规开沟技术难开挖的非黏性土壤条件设计的，在砂或略带黏性的沉积土中使用最为有效。一般使土壤液化的机械单只重约 2t，工作时沿管线排成一串，长 24～100m 不等。

(3)开沟犁法：海底犁式开沟机可分为 V 形开沟犁和矩形开沟犁两种，V 形开沟犁开沟截面面积较大，沟槽截面形状为 V 形，适合于海底管道埋设，其回填方式有专门回填犁回填和回填模块回填两种。矩形开沟犁开沟面积较小，截面狭长且为矩形，多适用于海底电缆埋设。其土壤排出方式有垂向排土和侧向挤压排土两种，沟槽靠重力自动回填。犁式开沟机开沟速度快，造价相对较低，目前正在朝大型化、模块化发展。

(4)机械开沟法：机械式开沟机利用链锯或者切割头对海底地层切削形成沟槽，如图 7.1-1所示。上面提到的冲射式开沟机和犁式开沟机主要适用于黏土、淤泥和砂土工程地质状况，对于坚硬的基岩则无能为力，而机械式开沟机可以很好地应用于岩石和硬土区域。

图 7.1-1 机械开沟法

7.1.2　铺管方法技术

1. 铺管船法

铺管船法是预先将专用的铺管设备设施安装在专门的铺管船上，再利用船上的专业设备进行管道敷设。铺管船法作业时需要专门的铺设船只，尤其适合较深海域的管道铺设。选用铺管船法进行海上管道铺设作业时根据铺管船以及铺管设备的不同可分为S型铺管法和J型铺管法以及卷管式铺管法。

(1)S型铺管法

S型铺管法是当前最常采用的海洋铺管方法[3]，如图7.1-2所示，在船上托管架的支撑以及海水浮力的共同作用下管道弯曲成类似S形曲线，根据管道各个部分受力特性的不同，可以将管道分为反弯段、悬垂段、垂弯段、触地段四个部分[4]。S型铺管法有诸多优点，首先，管道焊接工作在水平甲板上完成，给管道的焊接和安装带来了方便，并且可以同时设置多个工作站，同时进行管道的拼装，加快铺管速度，节约成本；其次，由于S型铺管法中管道受到张力大，管道在水流等海洋环境作用下受到影响相对更小，所以采用S型铺管法时铺管会更加精准；另外，S型铺管对船体动力定位能力要求低。

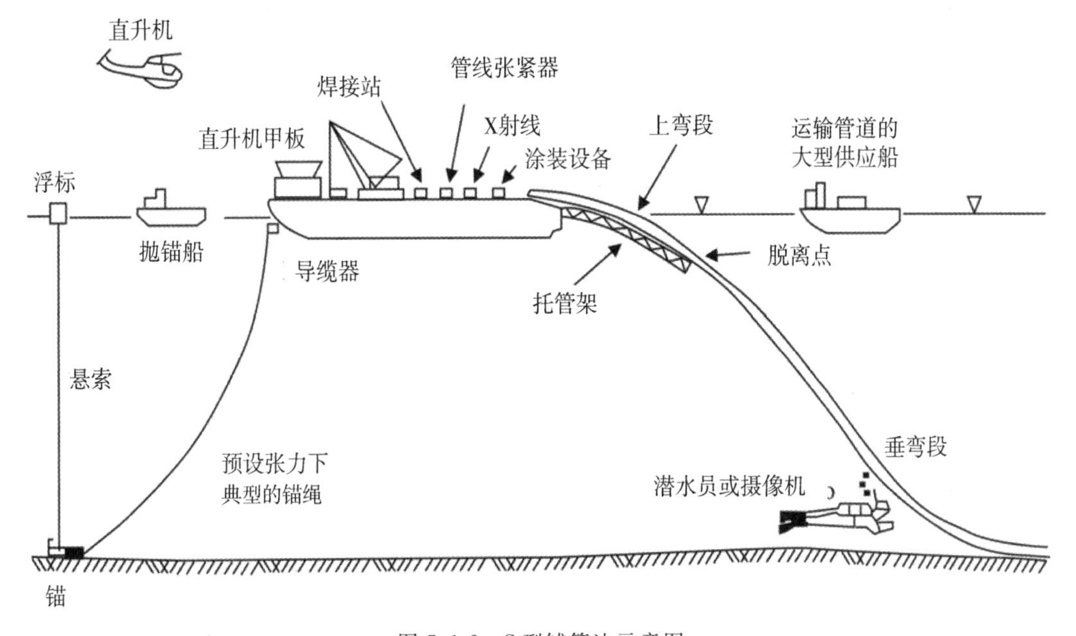

图 7.1-2　S型铺管法示意图

(2)J型铺管法

J型铺管法与S型铺管法的最大区别在于在采用前者进行铺设时，管道进入水中的角度通常接近垂直，管道受力而弯曲成类似J形曲线。

J型铺管中管道主要由悬垂段、垂弯段和触地段三部分组成[4]，如图7.1-3所示。

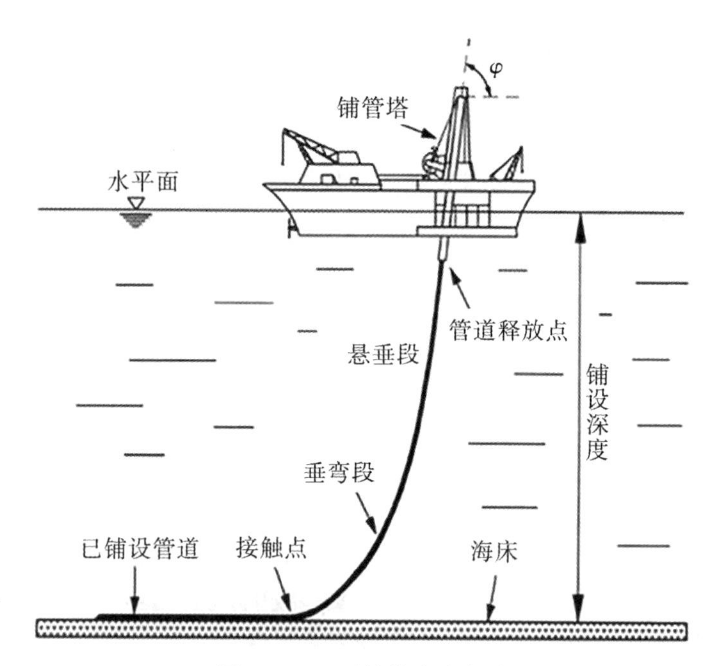

图 7.1-3　J 型铺管法示意图

J 型铺管多用于深水和超深水海域的海洋管道敷设，其主要的优点有：缩短了铺管船与接触点之间的距离，便于动力定位；极大地减小了铺管船所需要提供的水平拉力，还减小了铺管过程中的应力水平；由于不需要水平向托管架，不存在管道反弯段，可以减小管道的残余应力，提高整个铺设过程的安全性。

然而，由于对管道的焊接、密封性测试等工序都需要在接近垂直的方向上完成，该方法在技术上实现难度相对较大，导致铺管速度较慢。

(3)卷管式铺管法

20 世纪末，卷管法开始被广泛地应用并发展。与上述方法相比，该方法中的管道是缠绕在专用卷盘上的。卷管法使用的管道制造加工均在陆地上完成，故船上不再需要额外设置管道加工设施，而是多了一个比较大的圆盘[5]。

卷管式铺管船在海上进行施工时，其作业时间根据卷盘上管道的多少来决定。若可携带的卷盘越多，或卷盘上缠绕的管道越长，则进行的工作量也就越大。因此，卷管法是一种铺设效率非常高的海底管道铺设方法。而且在铺设过程中，使用的设备和人员较少，成本比较低[6]，如图 7.1-4 和图 7.1-5 所示。

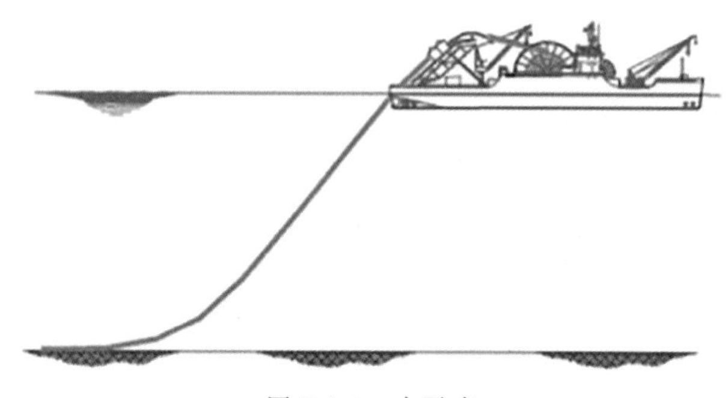

图 7.1-4　水平式

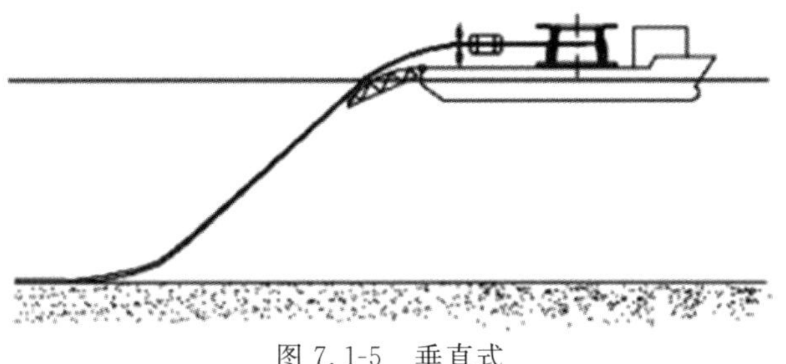

图 7.1-5　垂直式

2.拖管法

拖管法铺设就是将作业前已经预先在陆地上制备好的一定长度管道通过牵引船拖拉至预定位置后，将管道连接完整后再下沉至海底的方法。拖管法可分为浮拖法、离底拖法和底拖法。

(1)浮拖法

浮拖法指在陆地上连接好的管段上捆绑一定数量的浮筒，然后通过牵引船拖拉至预定位置沉放安装的方法，如图 7.1-6 所示。采用浮拖法进行铺设时管道主要依靠浮筒的浮力在海面漂浮，因此在牵引过程中管道受风、浪、流的影响较大，管道在海流和波浪作用下容易发生偏移或过大变形，因此在管道铺设前需要针对铺设过程进行准确的分析计算。

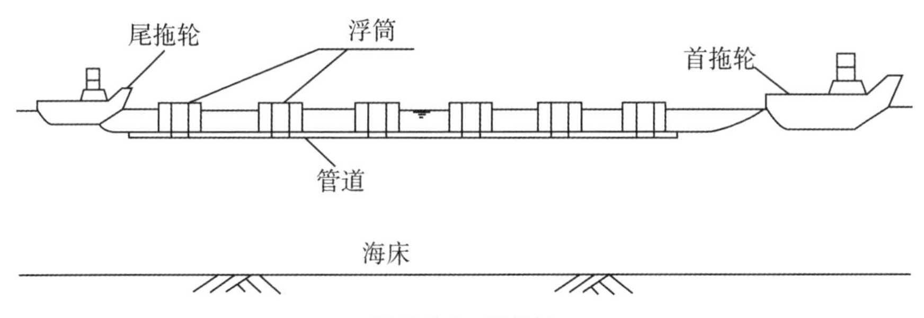

图 7.1-6　浮拖法

(2)离底拖法

离底拖法利用捆绑在管道上的浮筒和连接的海底拖链来进行重力平衡，使管道在牵引过程中保持既离海床一定距离同时又不漂浮在海面的状态，如图 7.1-7 所示。拖链是离底拖法铺设的关键设备，除了在竖直方向上平衡浮力外，还能通过与海床的接触提供一定的摩擦力，利于维持管道在牵引过程中的稳定。由于在整个牵引过程中管道处于悬浮状态，受力相对较小，因此离底拖法对管道外部的保护性要求较低，但是为了保持管道悬浮状态，对浮筒的拆除时机与数量提出了更高的要求，铺设难度较浮拖法更大。

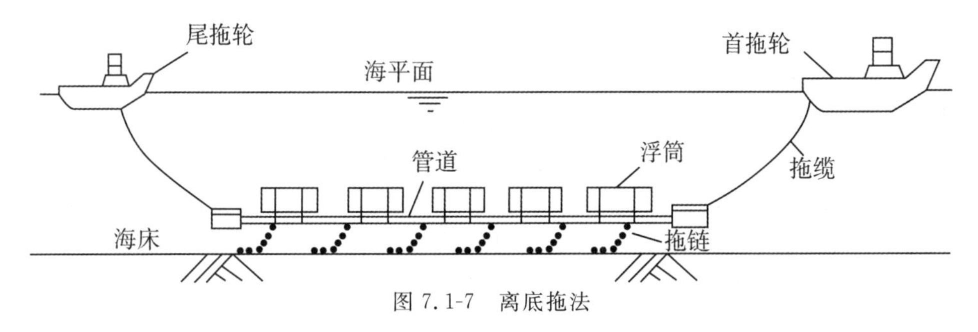

图 7.1-7　离底拖法

(3)底拖法

底拖法的特点是,在整个牵引管道进行铺设的过程中管道始终处于海床上,如图 7.1-8 所示。采用底拖法进行铺管的过程中由于管道始终与海床接触摩擦,所以对牵引船的动力也有一定的消耗,因此,其管道外表面的抗磨层相比其他拖管法要更加厚实。采用底拖法进行铺管的过程中管道整体全程都处于海底,风、浪等对其的阻力几乎可以忽略,管道的整体受力状态较好[7]。综上所述,海洋管道的铺设方法各有优缺点且使用条件不同,如表 7.1-1 所示。

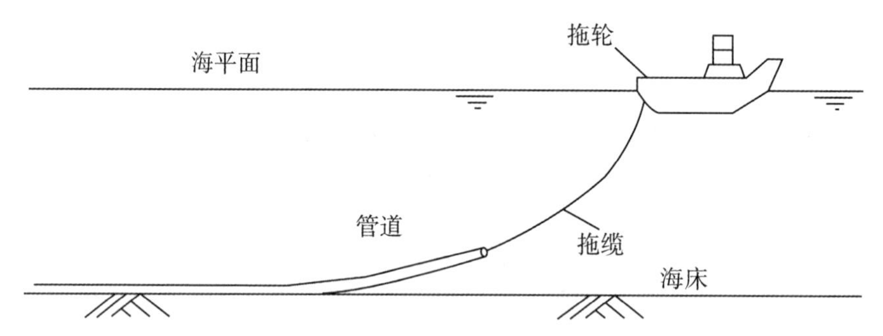

图 7.1-8 底拖法

表 7.1-1 铺设方式对比

铺设方法对比项目	铺管船法			拖管法		
	S 型铺管	J 型铺管	卷管法	浮拖法	离底拖法	底拖法
沉放难度	小	小	小	大	中	小
设备要求	高	高	高	低	低	中
铺设速度	中	慢	快	慢	慢	慢
海况要求	低	低	低	高	中	中

在工程实际中,为保证施工过程的安全以及较高的工作效率,铺管方式的选择往往需要依据所拥有的设备设施、具体海况等实际情况来进行优选。铺管船法由于其操作简单且可靠性高而被大量应用于海洋工程,大多应用于墨西哥湾、北海等海域。而拖管法铺设由于其铺设过程中的不可控因素较多、受外界环境影响较大以及实施过程相对复杂而实际应用相对较少。

7.2 深海管道高温高压屈曲

海底管道连接着海洋油气系统的各个部分,是海洋油气系统的血管。海底油气管道的设计温度普遍达到或超过 100℃,工作压力可达到 10MPa。在服役过程中,管道输送的高温高压油气会使其产生巨大的轴向应力,从而诱发整体屈曲,导致管道开裂、失稳和破坏。海底管道作为高温高压油气输送的主要方式,管道一旦发生泄漏,将带来油田停产、水下维修、环境污染等一系列棘手问题,如果频繁出现,将会导致海洋生态恶化,产生负面的环境影响。海底管道铺设可分为埋入式和嵌入式两种,一般近海采用埋设入式,开沟埋入并覆土,埋深

约(3～5)D；而深海管道施工受到经济性和可行性的限制，常直接将管道铺设在海床上，受触底效应和自重作用管道截面嵌入海床(0.1～2)D。对于埋入式管道，若设计的竖向土体抗力不足，管道会因巨大的温度应力而发生竖向整体屈曲而弹出泥面；而嵌入在海床上的深海管道主要表现为侧向整体屈曲，如图 7.2-1 所示。

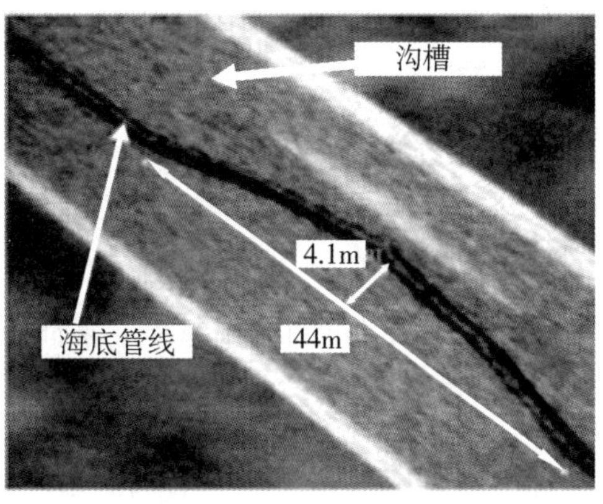

图 7.2-1　竖向与侧向屈曲

目前海底管道的热屈曲灾变现象较普遍。埋入式管道屈曲破坏的典型案例为北海 Danish 区域一条长 17km 的油气管道。该管道于 1985 年铺设，海深 40m，管道埋深为 1.15m。在 1986 年的年检中发现，该管道发生了竖向屈曲，隆起幅值高达 2.6m，管道接头密封作用已经失效。

嵌入式海管整体屈曲破坏典型案例是瓜纳巴拉湾(巴西)海底输油管道的整体热屈曲(屈曲长度为 44m，最大侧向位移达 4.1m，如图 7.2-1 所示)，导致管道整体破坏，发生重大原油泄漏事故，造成一百多万升原油外泄。

英国 Erksine 油田管道于 1997 年投入使用，2000 年因压力降低而中断生产，在随后的调查中发现，该管道有一处严重破坏，另外有九处外管损伤；该管道破坏的主要原因是，原设计中所采用的海床土体参数并不合理，导致低估了后屈曲过程的管道应变。Bruton (2005)[8] 指出管土相互作用参数是管道设计中最难确定的参数，管土相互作用机制仍需要深入研究。

海底管道的破坏不仅会带来巨大的经济损失，还会造成海洋生态环境的灾难，同时产生极其严重的社会影响。因此，研究海底管道热屈曲的发生机制、控制热屈曲的方法以及热屈曲过程中管土相互作用的机理都具有重要的理论意义和工程价值。

7.2.1　海底管道热屈曲解析理论研究

高温高压管道在内部温度、压力荷载以及海床轴向约束的作用下会产生巨大的轴力，当轴力达到一定值时管道就会发生类似于欧拉梁失稳的现象，管道工程中把这样的失稳现象称为管道整体热屈曲(global pipeline buckling)。Tran 指出相对于传统结构力学中欧拉梁的失稳问题，管道整体热屈曲具有以下不同点：

(1)屈曲模态更多样化；

(2)屈曲发生的长度是未知的；

(3)内力由温度变化引起；

(4)崎岖海床及管道铺设会造成几何非线性问题；

(5)管土相互作用是非线性的。

随着海上石油工业的发展，管道的工作压力和设计温度不断提高，在这样的设计条件下，几乎任何海底管道都面临着发生屈曲变形的考验。根据国外的工程经验[9]，设计温度达85℃时，管道就可能发生屈曲变形甚至破坏。在水深较浅的情况下，浅埋管道在轴向压力作用下主要表现为向上隆起的屈曲变形，而深海中的管道直接与海床表面接触，则主要表现为侧向屈曲。

Hobbs(1984)采用刚性摩擦面上无限长欧拉梁的力学模型来研究管道热屈曲问题，就管道竖向屈曲及侧向屈曲推导出了屈曲波长、屈曲轴向力及位移幅值的解析解。

1. 管道竖向屈曲

管道竖向屈曲的几何形态和荷载如图 7.2-2(a)所示。受屈曲影响的管道分为三段：长度为 $2l$ 的悬跨段和两个长度为 l_a 的轴向缩进段。悬跨段管道轴力为 p，管道远端(不受屈曲影响的区域)轴力为 p_o，如图 7.2-2(b)所示。在以下几个假设的前提下：

(1)不考虑管道材料非线性的影响；

(2)假设管道发生弹性失稳破坏，管道形变只在竖向平面内，即不发生弯扭现象；

(3)海床是刚性的，悬跨段管道在竖向平面内的控制方程如下：

$$EI\frac{\mathrm{d}^4 v}{\mathrm{d}x^4}+p\frac{\mathrm{d}^2 v}{\mathrm{d}x^2}=-w(0<x\leqslant l) \tag{7.2-1}$$

式中：EI 是管道截面抗弯刚度；p 是管道屈曲段轴力；w 是管道自重及上覆土重。方程(7.2-1)的通解为

$$v(x)=A_1\cos(\mu x)+A_2\sin(\mu x)+A_3 x+A_4-r_0 x^2/(2\mu^2) \tag{7.2-2}$$

式中：$r_0=w/(EI)$；$\mu=\sqrt{p/(EI)}$。

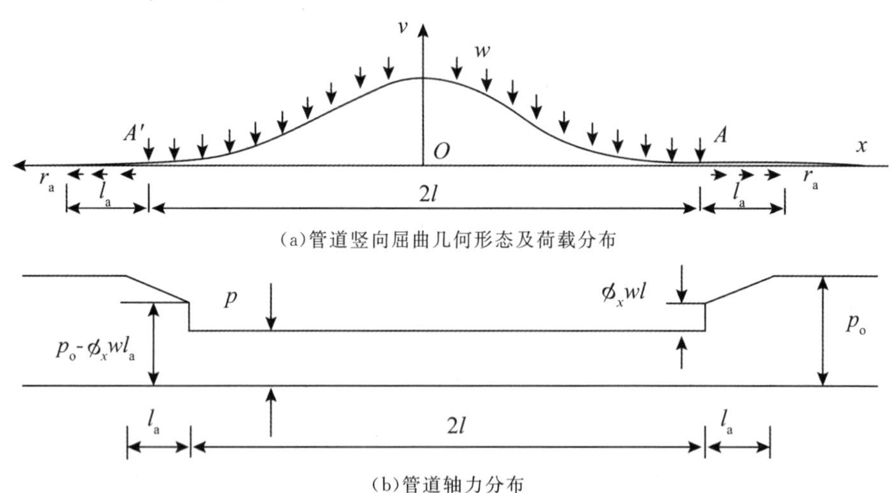

(a)管道竖向屈曲几何形态及荷载分布

(b)管道轴力分布

图 7.2-2 管道竖向屈曲力学模型

根据对称条件，管道悬跨段中点斜率和剪力为零，即 $v'(0)=0$，$v'''(0)=0$；根据 A 点边界条件可得 $v(l)=0$，$v'(l)=0$。把这四个条件代入方程(7.2-2)解出 $A_1\sim A_4$ 可得

$$v(x)=\frac{r_0 l^4}{2(\mu l)^2}\left[1-\frac{x^2}{l^2}-\frac{2(\cos(\mu x)-\cos(\mu l))}{\mu l\sin(\mu l)}\right] \tag{7.2-3}$$

因为 A 点弯矩为零，即 $v''(l)=0$，代入方程(7.2-3)可得

$$\tan(\mu l)=\mu l \tag{7.2-4}$$

方程(7.2-4)的第一阶有效解为 $\mu l=4.493$，也可表示为

$$p=c^2\frac{EI}{l^2} \tag{7.2-5}$$

式中：$c=4.493$。

管道受屈曲影响区域的位移协调条件如图 7.2-3 所示。A、B、C、D 和 E 表示了管道屈曲前的状态，发生屈曲后 B、C 和 D 点分别移动到 B'、C' 和 D' 点。A 点和 E 点在屈曲后不发生位移，而所有 A 与 B' 以及 D' 与 E 之间的点都会发生轴向位移，Δl 表示管道轴向缩进位移 BB' 和 $D'D$。

根据管道轴力分布图 7.2-2(b)，设 $q=\phi_x w$，$Q=\phi_x wl$，其中 ϕ_x 是管道与海床的轴向摩擦系数，可得

$$p=p_o-ql_a-Q \tag{7.2-6}$$

所以管道轴向缩进

$$\Delta l=\frac{q}{2EA}{l_a}^2=\frac{q}{2EA}\left(\frac{p_o-p-Q}{q}\right)^2=\frac{(p_o-p-Q)^2}{2EAq} \tag{7.2-7}$$

式中：E 为管道材料弹性模量；A 为管道截面面积。

根据图 7-2-3，屈曲段的长度必然比未屈曲前直管段 BCD 大，所以屈曲段会有轴力的释放。根据弹性材料形变本构关系可得

$$\overline{B'C'D'}=2(l+\Delta l)[1+(p_o-p)/(EA)] \tag{7.2-8}$$

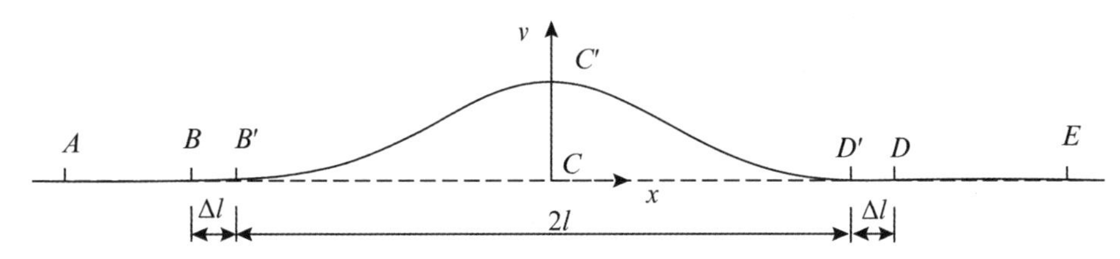

图 7.2-3　屈曲管道的位移协调条件

同时根据几何关系可得

$$\overline{B'C'D'}=2l+0.5\int_{-l}^{l}(v')^2\mathrm{d}x \tag{7.2-9}$$

根据式(7.2-7)、(7.2-8)和(7.2-9)可得

$$2l+0.5\int_{-l}^{l}(v')^2\mathrm{d}x=\left[2l+\frac{(p_o-p-Q)^2}{2EAq}\right][1+(p_o-p)/(EA)] \tag{7.2-10}$$

不考虑二次小项$[(p_o-p-Q)^2/2EAq][(p_o-p)/EA]$，式(7.2-10)可以简化为

$$(p_o-p-Q)^2+2(p_o-p)ql-0.5EAq\int_{-l}^{l}(v')^2\mathrm{d}x=0 \tag{7.2-11}$$

把方程(7.2-3)和(7.2-5)代入方程(7.2-11)可得

$$p_o=p+\{2wl\,[1.597\times10^{-5}EA\phi_x w\,(2l)^5-0.25\,(\phi_x EI)^2]^{0.5}\}/(EI) \tag{7.2-12}$$

通过方程(7.2-3)和(7.2-5)可以得到管道屈曲幅值为

$$v_m=v(0)=2.408\times10^{-3}w\,(2l)^4/(EI) \tag{7.2-13}$$

最大弯矩为

$$M_m = EIv''(0) = 0.06938w\ (2l)^2 \tag{7.2-14}$$

最大斜率为

$$v'_m = 8.657 \times 10^{-3} w\ (2l)^3 / (EI) \tag{7.2-15}$$

管道最大斜率可以用来判断该解析解是否适用。我们采用的是小变形的欧拉梁来描述管道的力学行为，所以通常情况下当 $v'_m > 0.1$ 时本解析解将失去其准确性[9]。

2.管道侧向屈曲

Hobbs(1984)提出如图 7.2-4 所示的五种管道侧向屈曲的模态。模态 1 与管道竖向屈曲一致，所以这一模态需要两个在屈曲弯段末端的集中力来保持平衡，这显然不符合实际情况，海床土体无法提供这样的侧向集中力。同样模态 2、3、4 都会存在集中力。理论上模态 5 是理想直管侧向热屈曲的唯一模态，其他模态的产生是因为管道存在不同的初始几何缺陷。

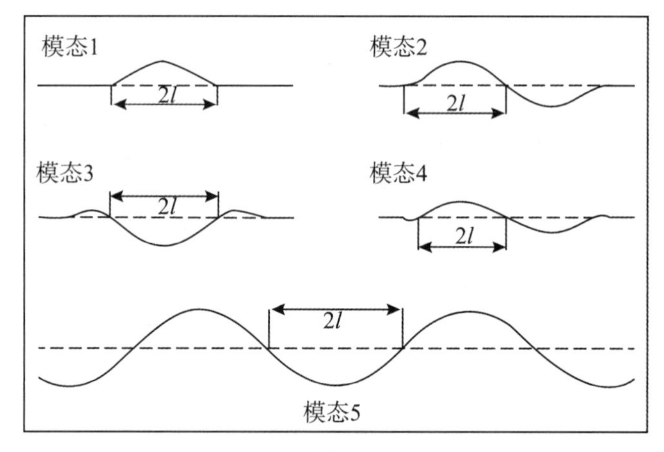

图 7.2-4　管道侧向屈曲模态

$$p = k_1 \frac{EI}{(2l)^2} \tag{7.2-16}$$

$$p_o = p + k_3 \phi_x w (2l) \left[\left(1 + k_2 \frac{EA\phi_y w\ (2l)^5}{\phi_x\ (EI)^2} \right)^{0.5} - 1 \right] \tag{7.2-17}$$

式中：ϕ_x 为海床与管道轴向摩擦系数，ϕ_y 为海床与管道侧向摩擦系数。

屈曲幅值为

$$v_m = k_4 \frac{\phi_y w\ (2l)^4}{EI} \tag{7.2-18}$$

最大弯矩为

$$M_m = k_5 \phi_y w\ (2l)^2 \tag{7.2-19}$$

$k_1 \sim k_5$ 的取值如表 7.2-1 所示。

表 7.2-1　管道侧向屈曲解析解参数

屈曲模态	k_1	k_2	k_3	k_4	k_5
1	80.76	6.391×10^{-5}	0.5	2.407×10^{-5}	0.06938
2	$4\pi^2$	1.743×10^{-4}	1.0	5.532×10^{-5}	0.1088
3	34.06	1.688×10^{-4}	1.294	1.032×10^{-5}	0.1434
4	28.20	2.144×10^{-5}	1.608	1.047×10^{-5}	0.1483
5	$4\pi^2$	4.7050×10^{-5}		4.4495×10^{-5}	0.05066

管道远端(不受屈曲影响的区域)轴力 p_0与温度 T 的关系为

$$p_0=\alpha EAT \tag{7.2-20}$$

式中:α 是管道材料的膨胀系数。根据方程(7.2-12)、(7.2-17)和(7.2-20)可以得到管道屈曲长度 l 与温度 T 的关系。

7.2.2　控制管道热屈曲的措施

控制管道热屈曲有两种思路,一种是避免管道整体热屈曲,另一种是分散管道整体热屈曲,诱发管道在多个位置发生可控的整体热屈曲。在浅海条件下,一般采用埋设管道的方法来避免管道竖向热屈曲;而在深海条件下,则采用分散管道热屈曲的方法来控制整体热屈曲的发生和发展。

1.避免管道整体屈曲

浅海埋设的管道,可能会发生竖向热屈曲而弹出海床。研究发现,管道埋深和堆石重量与管道竖向热稳定性正相关[10,11]。因此,管道竖向屈曲设计的关键是确定管道的埋深或堆石的重量。埋设管道运行前,通常会先通热水后冷却,通过土体约束来施加预应力,进一步避免热屈曲的发生[12]。

2.分散管道整体热屈曲

深海管道是裸置在海床上的,海床对管道的侧向约束力相对较低,高温高压管道发生侧向屈曲通常难以避免。为了防止管道在某一位置发生幅值过大的整体屈曲(rogue buckle),工程上通常会采用诱发管道在特定位置发生可控的小幅值屈曲从而达到释放轴力的作用。有效的屈曲控制技术需要解决以下问题:

(1)确定可以接受的屈曲范围;

(2)控制屈曲发生的位置,确保管道受热后屈曲不会发生贯通或者模态上的跃迁;

(3)准确分析后屈曲行为,评价控制技术的实施效果。

诱发管道侧向屈曲的方法通常有以下四种。

(1)蛇形铺管法(snake-lay)

蛇形铺管法是目前最常用的控制管道整体屈曲的方法。通过铺管船把管道铺设成如图7.2-5 所示的蛇形,从而激发管道在转弯处发生侧向屈曲。蛇形铺管的控制因素是铺设间距、设计偏移和转弯半径。通常铺设间距为 2～5km,设计偏移在 100m 左右,转弯半径在1500m 左右。

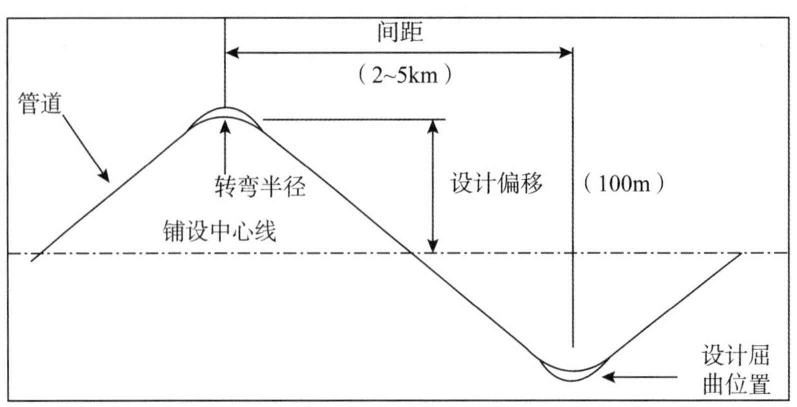

图 7.2-5　蛇形铺管法

20 世纪 90 年代就有学者提出了蛇形铺管法的理论和施工方法（Vermeulen（1995）；Sævik 和 Levold（1995）；Fyrileiv 等（1996）；Frederiksen 和 Andersen（1998））。Vermeulen（1995）[13]指出蛇形铺管的最大优点是不会人为制造悬跨管道，且不用额外增加其他触发装置，具有较好的经济性。目前，很多管道工程设计中运用了蛇形铺管法，Wagstaff（2003）[14]和 Matheson 等（2004）[15]分别对 Penguin PIP 项目和 Echo Yodel 项目中蛇形铺管法在运行期的效用进行了评估，发现蛇形铺管法可以有效地分散释放能量，降低管道后屈曲状态的应力应变。

目前国际上蛇形铺管尚没有统一的规程规范，各工程项目仍根据经验设计施工。2000 年英国 Erksine 油田管道虽然采取了蛇形铺管，但因为海土参数选取不合理，低估了后屈曲应变而发生破坏。

（2）竖向扰动法（vetical upset）

竖向扰动法是通过人工引入悬跨管道，从而降低管道的侧向稳定性，使管道在较低轴力的情况下发生侧向屈曲。最常用的方法是管垫法，通过在管道铺设路线中设置大直径管道（通常直径在 0.9m 左右），然后把管道铺设在管垫上从而形成悬跨，如图 7.2-6 所示。在管垫法的设计中必须评价悬跨管道在涡基振动作用下的疲劳寿命，且作为管垫高度设计的控制因素之一。

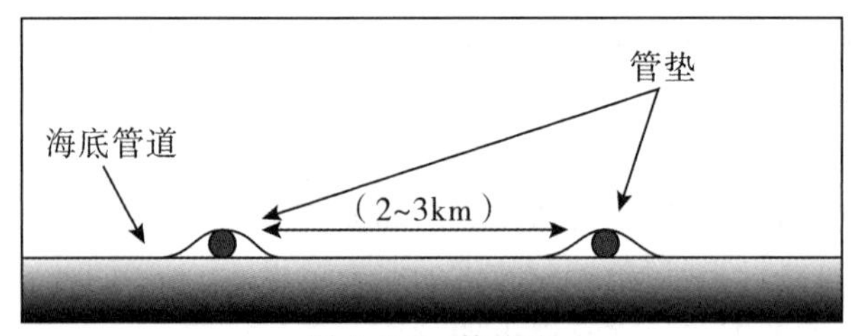

图 7.2-6　管垫法

Peek 和 Yun（2007）[16]指出可以通过空气袋产生浮力提起管道产生悬跨，并研究了设计浮力的取值方法。浮力法的好处在于，成功触发管道侧向热屈曲之后，可以把空气袋撤除从而避免悬跨管道的产生。但 Peek 和 Yun 的方法未考虑海床的侧向刚度，得到的浮力值偏保守。

目前，关于竖向扰动法触发管道热屈曲的机制还没有完善的理论体系，Peek 和 Yun（2007）[16]只给出了浮力法触发管道侧向屈曲的理论解，尚无发表的关于管垫法触发管道侧

向屈曲的理论解。

(3)局部减载法(local weight reduction)

局部减载法(如图 7.2-7 所示)是用分布浮力块(flotation moudle)绑定在管道上以减小管道的浮重度,从而降低海床对管道的侧向抗力,所以也称为分布浮力法。位于墨西哥湾的 Chevron Tahiti 项目采用了分布浮力法[17],在 20km 长的管道中设置了三段浮力块(每段浮力块 143m),成功触发了管道侧向屈曲。Antunes 和 Solano 等(2010)[18]给出了分布浮力法的解析解。Sun 等(2012)[19]基于小比尺模型试验和有限元分析,研究比较了分布浮力法和管垫法的优缺点和适用范围。研究发现:①相对于浮力法,管垫法的经济效益更佳;②管垫法适用于单层管道,分布浮力法适用于双层套管(PIP);③管垫法对海床特性更敏感,海床条件未知的情况下应使用分布浮力法。

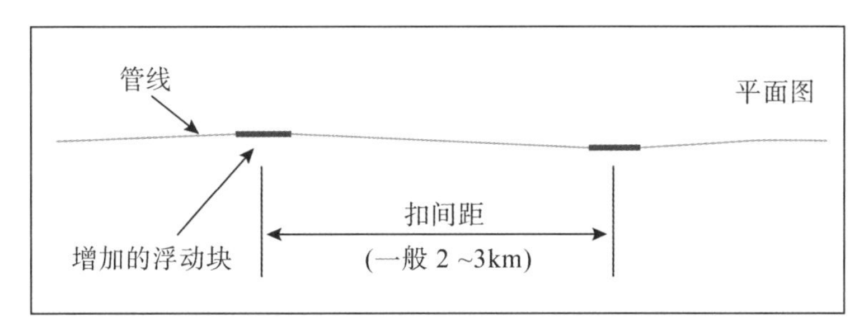

图 7.2-7　分布浮力法触发管道热屈曲

(4)垂直路径法(zero-radius bend method)

垂直路径法利用一种铺管方式和特制的触发装置(见图 7.2-8)使管道在特定的位置产生初始几何缺陷,从而触发管道侧向热屈曲。垂直路径法具体施工过程如图 7.2-9 所示。铺管船把管道铺设在触发装置上后(图 7.2-8 (a)所示位置),不再放出更多管道,让侧向移动(与铺管路径垂直)把管道拖置如图 7.2-8(b)所示位置。在这个过程中铺管船走了垂直路径,所以这个方法称为垂直路径法。当管道通油产生热应力以后,管道会发生侧向屈曲运动到图 7.2-8(c)所示位置。Peek 和 Kristiansen(2009)[20]用理论和数值的方法研究了垂直路径法触发屈曲的机理和效果,给出了触发装置的设计准则。

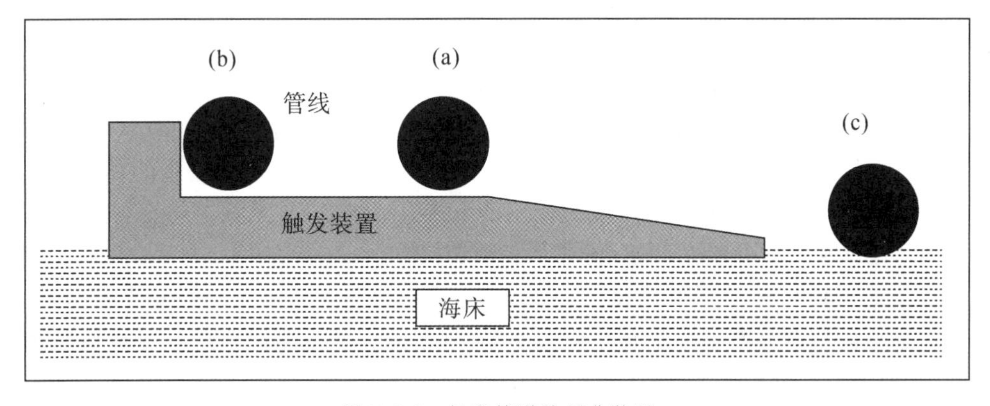

图 7.2-8　触发管道热屈曲装置

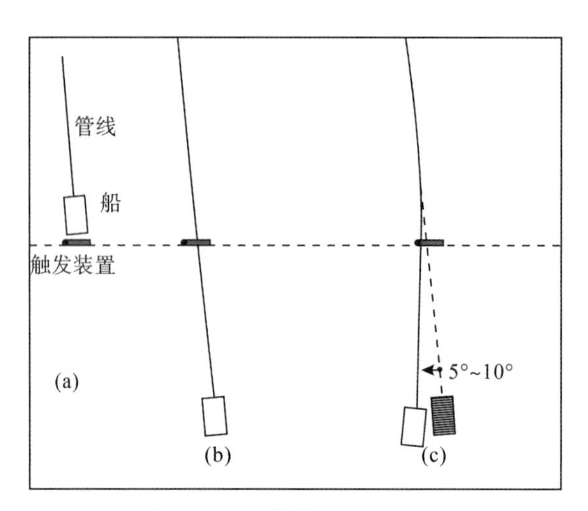

图 7.2-9　垂直路径法施工过程

7.2.3　管土间相互作用

1. 竖向管土相互作用

在位管线的岩土工程设计输入参数主要与管道与海床之间的竖向、轴向还有横向作用力有关。其中,后两个方向的约束力取决于管道的埋深。

这些输入参数很难估算,主要有四个原因。第一,管道铺设过程中的动态影响导致其埋深很难预测。第二,传统的现场勘测程序对于关键的海床表层 0.5m 左右土的强度提供的分辨率不足,且几乎没有适用于管土相互作用分析的低应力水平的室内试验。第三,整体变形所产生的管土作用力取决于变化的海床地形和土的状况。第四,对管线的整体响应相互作用力做出一个保守的估计通常是不可能的,因为在计算中同时需要上限解和下限解以满足所有的极限状态,管线的过度运动和运动不足均可导致破坏。

(1)低应力状态下土的行为

土的原位抗剪强度包线对于估算管线初始贯入深度和土的侧向抗力十分重要,二者应该包括土的重塑和再固结的循环作用。浅层贯入仪试验是直接在海床框架上或通过 ROV(远程操作潜水艇)[21]实现的原位试验,或是采用钻芯法的微型贯入仪试验,均提供了较好的方法来获取海床表层 1m 左右土的原状或重塑抗剪强度。

在从海床获取的重塑(扰动)材料的室内试验中,有专门的仪器用于测定土-土和管-土在低应力状态下的界面摩擦角。一种倾斜台装置[22]包括一个上覆一块称过重的黏土试样的铰链板,它可以逐渐倾斜直到黏土由于重力作用滑下来。另外,一种改动过的直剪盒[23]在小心消除外来摩擦影响后可用来精确测定非常低的剪切抗力。

通过上述实验发现,在相对有效应力水平 2kPa 左右时摩擦角比预期的要大得多,特别是高塑性黏土。对西非海岸正常有效应力水平 2kPa 左右至 300kPa 左右的高塑性黏土开展倾斜台、直剪盒和环剪试验,结果显示残余摩擦系数的大致趋势可近似表示为

$$\mu = 0.25 - 0.3\log(\sigma'_n / p_a) \tag{7.2-21}$$

这里的正常有效应力 σ'_n 由大气压 p_a(White 和 Randolph,2007,Bruton 等,2009)进行了归一化。此时,应力为 2kPa 时摩擦系数约为 0.75(摩擦角为 37°),这跟 Bruton(1998)的

数据一致。

深水土通常在泥线上存在硬壳层，其剪切强度可达 10～15kPa(Randolph 等，1998；Ehlers 等，2005)。这会导致高强度比(s_u/σ'_v)和剪胀行为。适用于中等应力水平下的砂的峰值强度和剪胀的理论同样也适用于低应力水平下的黏土。例如，Bolton(1986)[24]给出了砂土的应力和峰值摩擦角关系表达式，其趋势与(7.2-21)式相同，不同的是它利用颗粒强度参数来进行归一化而不是大气压。

(2)埋深程度

管道在海底的埋深程度对管道的侧向稳定性和轴向抗力有很大影响，因此，应尽可能精确地估算埋深，然而有很多因素导致了埋深估算的复杂性。管道的铺设过程中会产生附加埋深，附加埋深的产生主要有两种机理：触地点处的应力集中和铺设过程中管道循环运动所导致的土的重塑或变位。铺管船的运动和管线悬垂段上的水动力作用导致了管道在与海床接触时的动态运动[25]。在管道运营过程中，埋深程度也可能随着海床的可动性(冲刷和再沉积)、流和波浪运动作用下的部分液化和固结而改变。

①铺设过程中力的集中

铺管过程中，无论是 J 型铺管还是 S 型铺管，触地点处管土之间的接触应力(或单位管重上的竖直力)会超过管道及内容物的浮重度。管道的铺设形状见图 7.2-10，其中拉力的水平分量 T_0 是一个重要参数，沿管道悬浮段为一恒定值。根据简单的悬链线解法，水平拉力可以用水深 z_w、悬挂倾角 φ 和管道单位浮重度 W' 来表示：

$$\frac{T_0}{z_w W'} = \frac{\cos\varphi}{1-\cos\varphi} \tag{7.2-22}$$

特征长度 λ 与管道的弯曲刚度修正悬链线解的长度有关，可由式 $\lambda=(EI/T_0)^{0.5}$ 计算得出。与海床的最大接触力(单位长度)V_{max} 和局部力集中系数 $f_{lay}=V_{max}/W'$，与 EI、T_0 及海床刚度 k(定义为单位力 V 与埋深 w 的割线比值)相关。图 7.2-11 所示为 V/W' 的包线实例。可见力集中系数随着水深增加和海床刚度的降低而减小。

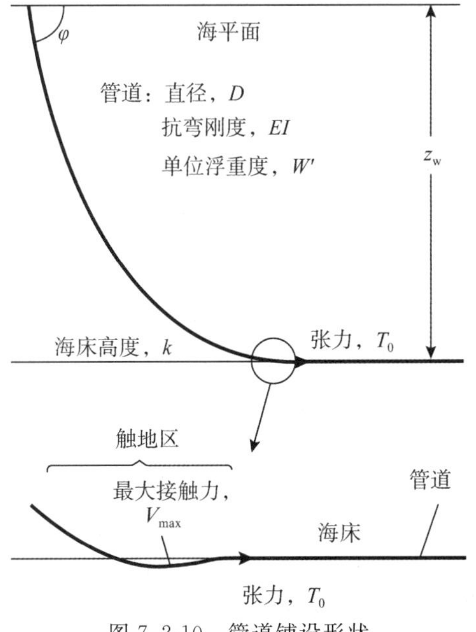

图 7.2-10　管道铺设形状

海床刚度可以用下式无量纲表示(Pesce 等,1998):

$$K=\frac{\lambda^2}{T_0}k=\frac{EI}{T_0^2}k \tag{7.2-23}$$

Randolph 和 White(2008b)[26]提出静态铺设情况的参数解,该解显示当水平拉力 $T_0>3\lambda W'$ 时(适用于大多数管道),解析解(Lenci 和 Callegari,2005)[27]结果都归于一条唯一的设计曲线。f_{lay}的值可近似表示为

$$\begin{aligned}\frac{V_{max}}{W'} &\approx 0.6+0.4K^{0.25}=0.6+0.4\,(\lambda^2 k/T_0)^{0.25}\\ &=0.6+0.4\,(EIk/T_0^2)^{0.25}\end{aligned} \tag{7.2-24}$$

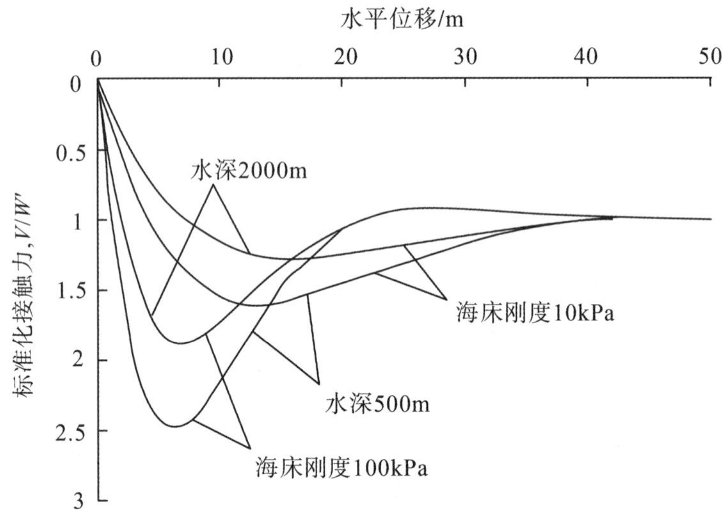

图 7.2-11　沿管线接触力包线

②铺设过程中动态运动所产生的埋深

船体运动产生的荷载和水动力荷载作用于管道悬浮段,使触地区管道发生动态运动,从而使管道产生了附加埋深。这些荷载使管道在海床上产生竖向和水平向的运动(Lund,2000;Cathie 等,2005)[28]。除了海平面波浪起伏所导致的船体运动,如果管道的卸载过程没有跟铺管船很好地同步,管道内部的张力就会发生循环变化(取决于张力系统的精确度)。张力的变化导致触地点的变化和触地区管道的竖向循环运动。铺设过程中管道的循环运动导致海床的局部软化,任何侧向运动可将土推到管线两边,然后形成一个窄槽将管道埋入其中。结果导致管线的贯入程度远大于由静力加载甚至还考虑了铺设过程中过应力作用所计算的结果。

对铺设过程中的动态影响的作用可以用静态埋深乘以一个修正系数 f_{dyn}来考虑(基于 $f_{lay}=V_{max}/W'$)。基于在位观察和静态埋深计算结果的比较可以了解到,f_{dyn}值的范围一般在 2～10。这里静态埋深的计算采用的是原状土的强度,且考虑的是管道铺设在浅水(<500m)的情况。

另外一种估算 f_{dyn}的方法是用完全重塑土的抗剪强度进行估算。跟安装后的观测数据比较可知,这种方法对一般的铺设条件下埋深的估算是比较合理的。但是在管道小幅运动的情况下(比如非常平静的天气或铺下最后一段管道的情况)会高估埋深程度,在极端天气状况下或停工期时会低估管道埋深。这种方法关键在于需要精确了解重塑土的抗剪强度包

线，比如用绕流式贯入循环试验得到的结果[25]。

管单元的离心机模型试验可以更加精确地估算管道的附加埋深。设计试验时首先预估铺管时管道在触地区处的运动情况以及管道铺设形状（特别是铺设张力）还有船体运动响应。将这些运动施加到模型试验中的管单元上，并持续若干循环（Gaudin 和 White，2009）[29,30]。V/W'的变化形式和循环（半幅值）水平位移见图 7.2-12。在平均触地点（TDP）处存在一个区域，在这里管道海床之间经历着分离和再接触的过程。这个区域以外，竖向荷载保持为正，主要的运动为循环水平位移。

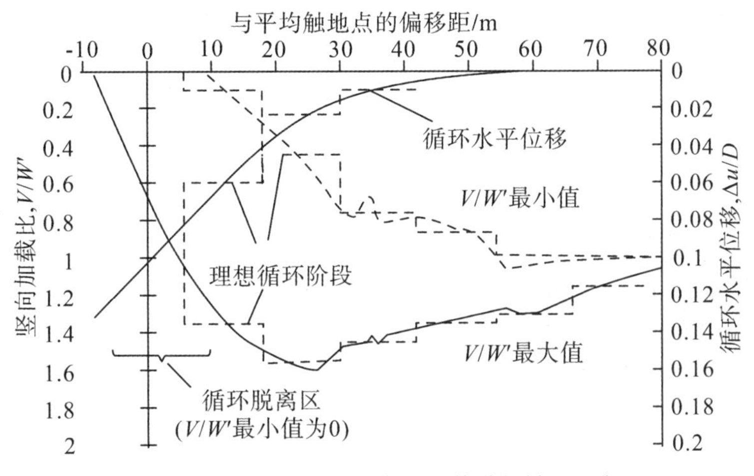

图 7.2-12　铺设过程中触地区管道的循环运动

③安装后的固结

管道铺在细粒土海床上时，因为细粒土固结系数 c_v 非常小，会经历较长的固结时间。而当管道铺设到海床上时会产生很高的初始孔压。随着孔压逐渐消散，土体产生固结，土的强度增加，管土界面处的有效应力增加，可发挥的管土抗力也就增加。这个过程跟桩打入黏土是类似的。

在经历波浪荷载时，排水路径较短[31]，固结过程会加快。然而，即使在粉砂中，c_v 约为 $10^5\ \mathrm{m^2}$/年，t_{90} 一般也会超过波浪荷载的周期。这依然导致超孔压累积，可能会使海床产生液化，管道会产生自埋。

2. 侧向管土相互作用

（1）侧向抗力

为了表示海床所提供的侧向抗力，一般采用侧向摩擦系数乘以竖向力（上覆土重）来表示。近些年，相关学者提出了一种新的计算理论——屈服面理论（由竖向力 V 和横向力 H 表示）。这些屈服面没有人为地划分摩擦和被动抗力。屈服面理论还指出管道埋置深度取决于 V 和 H 的相对大小，同样的屈服面的大小取决于管道埋置深度。

Zhang 等（2002a）提出了在排水状态下一种抛物线型的表达式：

$$F = H - \mu\left(\frac{V}{V_{\max}} + \beta\right)(V_{\max} - V) = 0 \tag{7.2-25}$$

式中：μ 是用来表示 V 比较小时的摩擦系数；$V_{\max}$ 是当前埋置土层的单轴贯入阻力，是通过竖向力与贯入深度的方程 $\frac{w}{D}=\frac{V_{\text{ult}}/D}{k_{\text{vp}}}$ 来计算的，w 是埋置深度，D 是管道直径，k_{vp} 是割线模量;β项的存在是为了表示即使竖向力为0,侧向抗力也不为0。

Bruton等(2008)[32]和Dingle等(2008)[33]通过离心模型试验来模拟管道贯入土层以及侧向破土时的情况,并且用SAFEBUCK JIP进行了数值模拟计算。

图7.2-13表示管道大位移破土(高岭土)情况下的土体位移场。

(a)抗力最大处

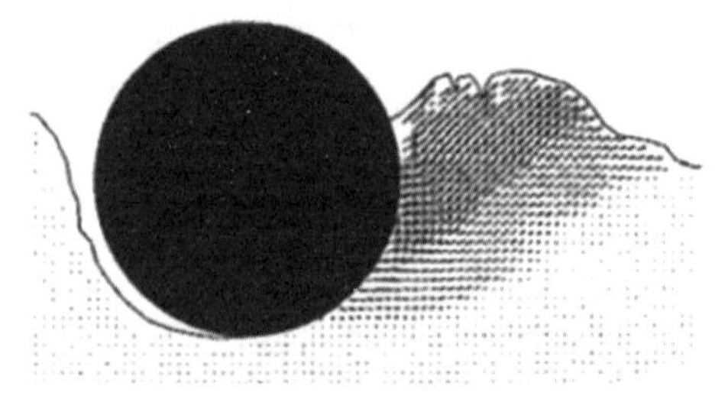

(b)抗力降低处

(c)形成稳定土台

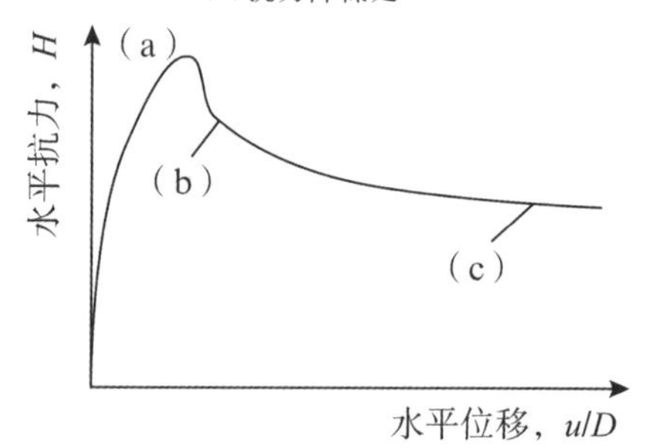

(d)抗力与位移曲线

图7.2-13　离心模型试验土体变形场

在破土时,管道前方与后方的土处于两种不同的受力情况,管道后部的土没有明显的滑移面,在管道前方有明显的滑移面。随着管道位移的增加,管道前方形成土台,土体抗力达到稳定(见图7.2-13(c)),土体的抗力大小取决于土台的尺寸,而土台的尺寸又取决于管道的初始埋置深度和土台的土体的强度、管道上覆土的土体强度。

(2)循环特性

①小幅度侧向循环

铺管时的循环或者水动力循环荷载会导致管道的自埋。在铺管过程中,触地区的管道在20～40分钟的管道焊接时间(直到下一段管道铺设)内将会遭受成百上千次的循环荷载。

图7.2-14中给出了不排水情况下,小振幅横向循环离心模型实验数据(Cheuk和White,2010)。虽然竖向荷载一直保持恒定,但是无量纲参数V/Ds_u却随着循环的进行不断下降,循环导致的自埋深度大概为无循环时的6倍。

在不排水条件下,小幅度的循环可以增大管道埋深,增加管道的稳定性。而对于排水的情况,由于剪胀和体积的变化,使得理论研究更加困难。另外为了研究管道自埋现象,Verley和Sotberg(1994)用石英砂做了模型实验,其结果表明,自埋深度与振幅、管道自重和初始埋深有关。

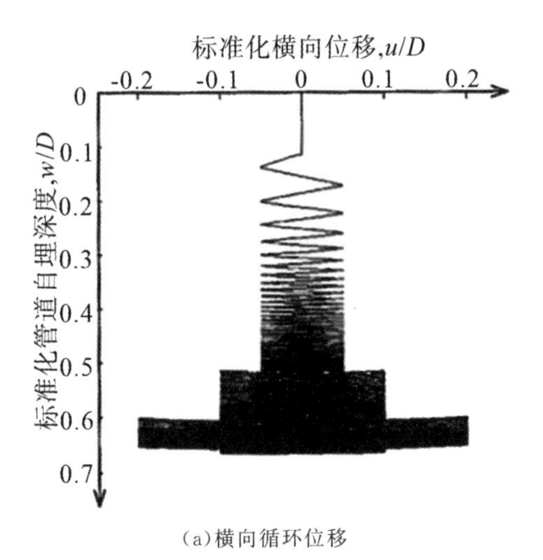

(a)横向循环位移

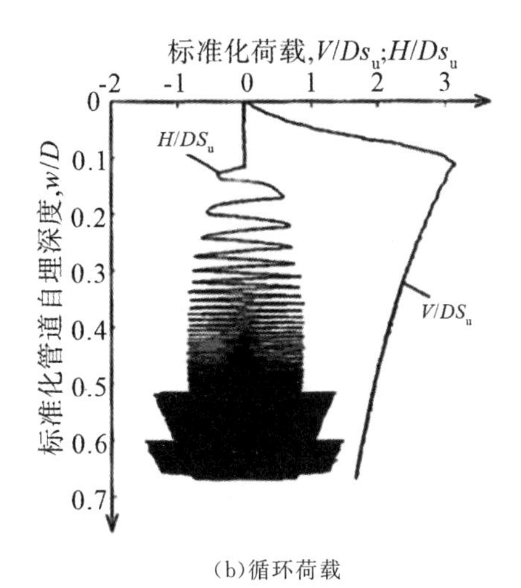

(b)循环荷载

图 7.2-14 管道埋深与循环侧向运动的关系

②大幅度侧向循环

管道的大幅度侧向循环对管土相互作用的影响,在设计中也非常重要。管道设计的侧向屈曲幅值约为几倍的管径。在大幅度侧向循环当中,土体被推起形成土台。

想要确定土台抗力,需要得到土台大小,而土台大小又取决于推动的距离、埋深和土体重塑程度。在形成土台的过程中,抗力缓慢增加,尽管土体的软化会减弱这一效应。当管道转变运动方向时,土台不再受到挤压,直到下一个循环。

这些现象在 White 和 Cheuk(2008)的大幅度循环实验中得到了验证。在这个实验中,实验管道在高岭土上横向来回移动,竖向荷载 V 保持不变,实验测定了位移与横向抗力的关系。该实验中,初始破土时(图 7.2-15 所示 A 点),土台逐渐形成,侧向抗力逐渐上升。反向移动时,与上阶段类似,只是在另一个方向形成土台而已。当管道再次循环到 C 点位置时,最大侧向抗力比先前有所增加,达到 D 点。随着循环次数的不断增加,土体的最大侧向抗力也逐渐增加。

在侧向屈曲的设计中,确定由土台引起的土体抗力非常重要,这对管道的疲劳预测同样至关重要。若认为土抗力为定值,并且不考虑土台,管道在循环中的屈曲长度会增大,这减小了在屈曲顶端的最大弯矩(Cardoso 等,2006;Bruton 等,2007)。土台的出现抑制了管道屈曲长度的增加,约束减弱了管道的移动幅值,但是更大的循环应力对疲劳的影响整体上来说还是有害的(Bruton 等,2007)。

(3)管土相互作用模型试验

侧向屈曲或者受到循环水动力荷载时产生的管土相互作用,需要考虑海床本身的复杂变化和海床土体受到的剧烈扰动。一般情况下,我们认为土体为不排水或者部分排水。

用模型实验、大比尺实验或者离心模型实验来对管土相互作用研究已经得到了广泛的采用。小比尺模型实验和离心模型实验大大降低了土的固结时间,并且可以加大循环次数。复杂的控制系统可以设定任意的时间,并且对全实验的加载历史进行监测,例如 Gaudin 和 White(2009)用人造的风暴来模拟动力铺管情况。

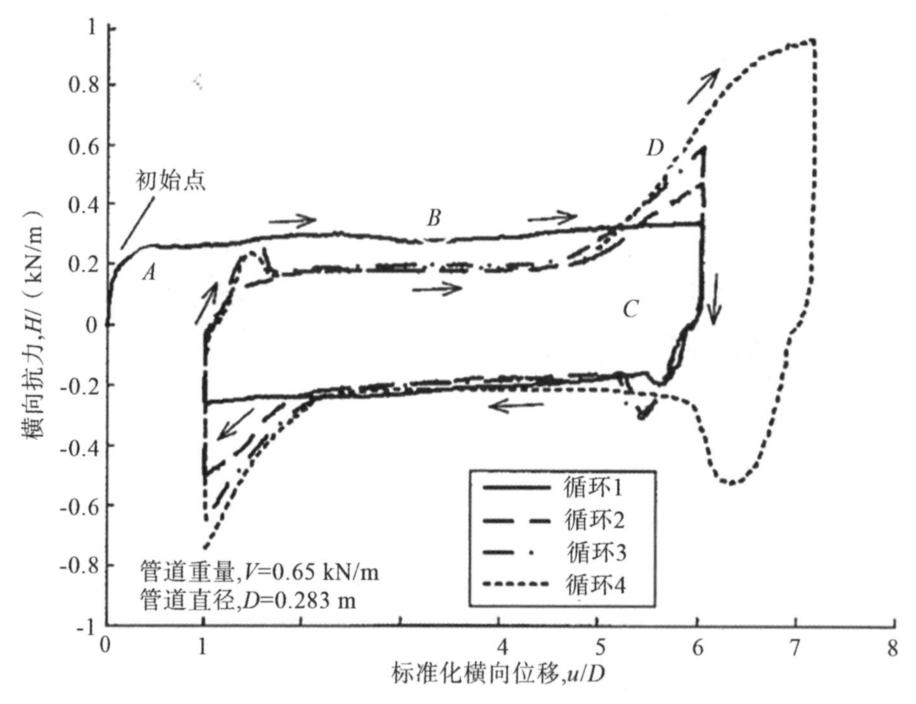

图 7.2-15　大幅度循环管土相互作用

管道在水动力荷载下的离心模型实验情况见图 7.2-16。模型管道受到风暴潮的循环荷载,得到了管道自埋和管道侧向移动的数据。在以上情况下,初始的几次循环导致了周围土体的液化,同时导致了管道的自埋,但是侧向位移不是很大。当达到风暴潮最大荷载时,管道充分地贯入海床以抵抗荷载,同时侧向的振幅剧烈增大,到达一倍的直径。

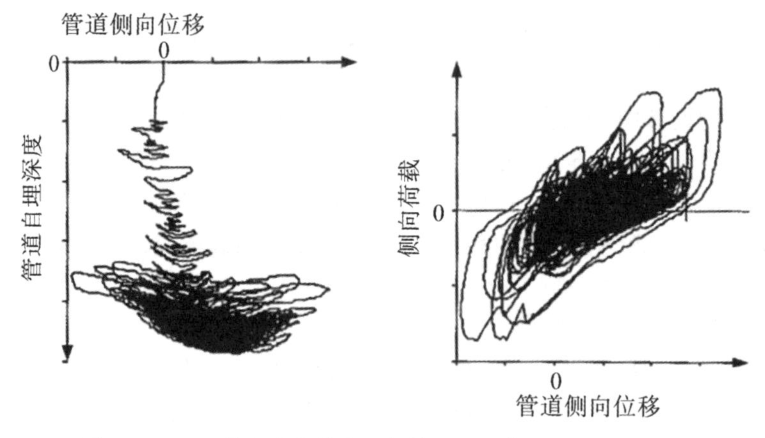

图 7.2-16　风暴潮动力荷载下的管土相互作用离心模型实验

3. 轴向管土相互作用

深海管线轴向稳定性机理研究可起始于 2000 年挪威学者 Tornes 报道的一起轴向走管引发的管线严重事故,至此掀起了深海管线轴向稳定性研究的热潮。2003 年,Carr 等[34]首次提出了管线沿轴向运动(pipeline walking)的概念,并阐明其触发的根本原因是油气介质在从井口到远端的传热过程中,热传递效应导致的管线两端的膨胀量不同,而在管线临时关

闭过程时整段管线与周围海水均匀热交换使两端产生相等的收缩量。这就导致管线在一次启停操作循环中，沿管线发生指向性的累积位移。有研究表明，每公里海底管线在一次启闭的过程中，轴向累积变形可达数十厘米。对于深海管线，年平均启闭次数为 4～6 次，按照设计使用年限 50 年计算，管线的轴向位移量将十分可观。

(1)轴向累计位移

在此基础上，2006 年，Carr 等[35]在研究管线与钢悬链线立管连接处所提供的张力、海床坡度以及管线停输后置于海床斜坡上的气液分离的多相流的影响时，也发现了轴向累计变形效应，如图 7.2-17 所示。

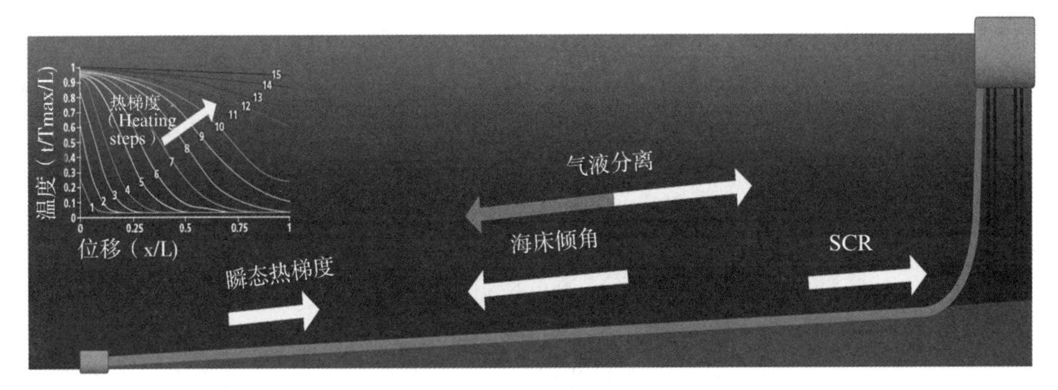

图 7.2-17　轴向走管机理

(2)SCR 张力作用

管道均匀升温、降温过程中，假若其一端受到 SCR 张力作用，则有效轴向力曲线不再对称。升温过程的虚拟锚固点 A 和降温过程的虚拟锚固点 B 不重合，锚固点两侧的管道移动方向如图 7.2-18 中箭头所示，两虚拟锚固点之间(AB 段）的管道移动方向均指向张力 F 一端，可见，管道整体向 SCR 方向发生轴向位移。

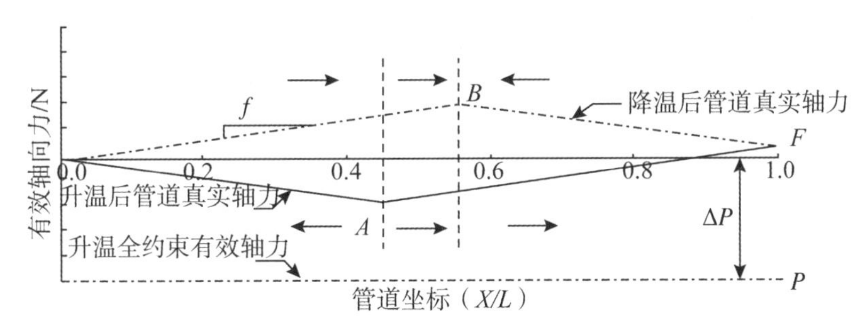

图 7.2-18　SCR 张力

(3)海床倾角作用

管道沿斜坡的重力分量与管土间摩擦力的联合作用导致了管道有效轴向力曲线不对称。升温过程的虚拟锚固点 A 和降温过程的虚拟锚固点 B 不重合，锚固点两侧的管道移动方向如图 7.2-19 中箭头所示，在虚拟锚固点之间(AB 段)的管道移动方向均指向海床较低的一端，管道整体向下坡方向发生位移。

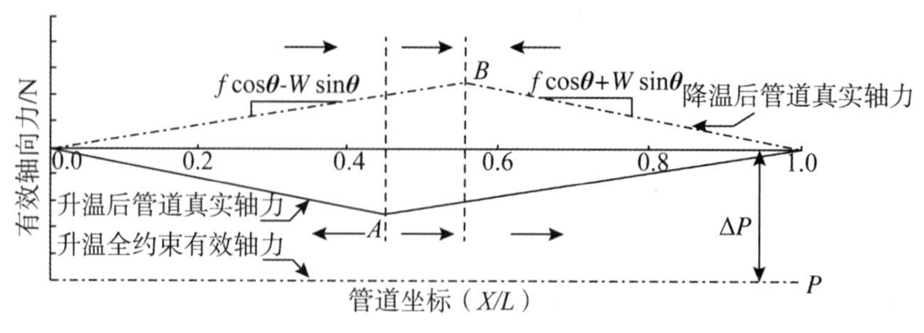

图 7.2-19　海床倾角

(4)瞬态热梯度作用

管道内的热流流向是评估其轴向定向位移的重要因素。通常将"热流入口"定义为管道的"热端",将"热流出口"定义为管道的"冷端"。管道开启时,热流由管道的热端向冷端移动,此过程中管道逐渐被加热,其温度曲线如图 7.2-20 所示。

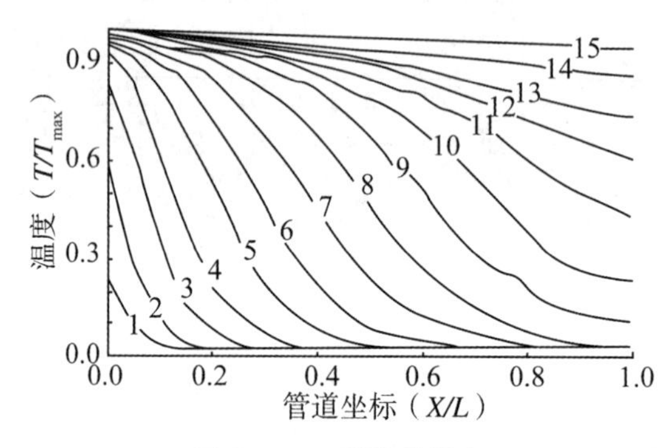

图 7.2-20　瞬态热梯度

以经历 15 步后可整体达到设计温度的管道为例,第 9 步后管道的出口一端逐渐被加热,由于管道和周围环境存在热交换,管道的温度变化是非线性的。研究表明,管道冷端被加热前的升温过程(图 7.2-20 中 1～9 步)对于管道的轴向定向位移影响最大,图 7.2-21 给出了管道启闭循环内有效轴力曲线变化。

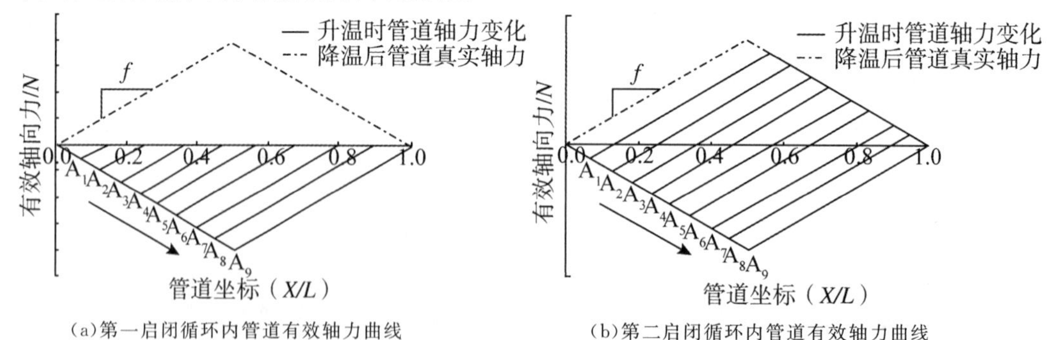

(a)第一启闭循环内管道有效轴力曲线　(b)第二启闭循环内管道有效轴力曲线

图 7.2-21　瞬态热梯度下有效轴力的变化

图 7.2-21(a)为第一个启闭循环内管道的轴力曲线。随着管道逐渐升温,管道的轴力慢慢被激发,其虚拟锚固点由热端逐渐向管道中点移动,当虚拟锚固点运动到中点 A_9 后,继续升温(图 7.2-20 中 9～15 步)也不再导致管道轴力发生变化。而降温过程中,管道自然冷却,温度整体均匀变化,当管道温度与外部环境温度一致时,由于土抗力的作用,其内部存在

残余的轴力，导致此后的循环中，管道内部轴力演变为图 7.2-21(b)所示，加剧了管道的轴向定向位移。由此可见，瞬态热梯度诱发的管道轴向定向位移量主要由第二个及之后的工作循环导致。

(5)轴向抗力计算

常规的管道设计方案是通过将管土相互作用力凝聚成一定刚度的弹簧单元，以此将管道和海床之间的相互作用纳入管道的结构分析中。这些弹簧单元通常在轴向和横向具有弹塑性响应，并且它们类似于分析桩土界面响应时采用的 t-z 和 p-y 载荷传递方法。目前，管土轴向相互作用力的计算方式主要分为两类：α 法和 β 法。

$$T=\alpha s_u D\theta_{D'} \quad (\alpha\text{ 法}) \tag{7.2-26}$$

$$T=\mu\zeta V \quad (\beta\text{ 法}) \tag{7.2-27}$$

式中：α、μ 为管道摩擦系数；ζ 为楔形系数；V 为一般情况下管道重量(除海床平面不平整、管道在竖直方向上存在弯曲)；αs_u 为管土界面不排水抗剪强度；D 为管道直径；θ_D 为管道与海床之间形成的夹角。

为了考虑管道移动速度不同导致土体处于不同的排水条件(排水、部分排水、完全排水)，进而导致不同的管土相互作用力，Mark Randolph 在 β 法中引入孔隙水压力比，来考虑不同排水条件下引起的超孔隙水压力。

$$T=\mu\zeta V(1-r_u) \tag{7.2-28}$$

$$r_u=\Delta u/\sigma_{n,av} \tag{7.2-29}$$

式中：r_u 为超孔压比；Δu 为平均超孔压；$\sigma_{n,av}$ 为平均应力。

7.3　海底管道的在位稳定性

7.3.1　垂向在位稳定性分析

海底管道在安装过程中，在垂直方向上受到自身重力、管道悬链部分的附加重力以及铺管作业伴随的其他动力效应的多重影响，可能发生过渡沉陷。同时，管道初始嵌入深度是影响侧向和轴向管土相互作用的重要因素，因此垂向管土相互作用研究对分析海底管道侧向、轴向稳定性，以及准确预测管道整体屈曲过程也具有重要意义。

垂向管土相互作用的早期研究使用土体的抗剪强度作为土体强度参数，例如采用 Mohr-Coulomb 破坏准则时，通常采用黏聚力 c 作为抗剪强度。而在几何特征方面，曾采用将部分嵌入床面的海底管道简化为传统平底面的条形基础估算极限承载力(例如 Prandtl-Reissner 解，见 Craig，2004)，同时采用基于实验结果反算获得的经验参数以修正因管土弧形接触面所带来的误差 (Small et al.，1972)：

$$\frac{P_u}{2cr}=\begin{cases} N\sqrt{1-\left(\dfrac{r-e_0}{r}\right)^2} & (e_0<r) \\ N & (e_0\geqslant r)\end{cases} \tag{7.3-1}$$

式中：P_u 为海床土体对单位长度管道的极限承载力；c 为床面土体黏聚力；r 为管道半径；e_0 为管道初始嵌入深度；N 为经验参数。

在随后的研究中，学者们发现管道地基极限承载力与管土接触面积密切相关，后者又是管道沉降量的函数，因此采用 Prandtl-Reissner 解难以准确预测管道地基的极限承载力。Gao 等(2013,2015)[36]通过合理描述管土界面的接触属性，分别推导得到了土体在完全排水和不排水条件下的管道地基极限承载力的塑性滑移线场理论解。对于服从莫尔-库伦屈服准则的海床土体，管道地基的垂向极限承载力(Gao 等,2015)可表述为

$$\frac{P_u}{D\sin\theta} = cN_c + qN_q + (0.5D\gamma'\sin\theta)N_\gamma \tag{7.3-2}$$

式中：P_u 为土体发生整体剪切破坏时的单位长度管道临界垂向载荷(kN/m)；D 为管道外径；$\theta = \arccos(1-2e/D)$，为管道嵌入土体接触角的一半；e 为管道嵌入土体的深度，如图 7.3-1 所示；$D\sin\theta$ 表示管土交界面的水平宽度；c 为土体的黏聚力；q 为管道两侧上覆土层压力(当 $e/D<0.5$ 时，$q=0$；当 $e/D>0.5$ 时，$q=(e-0.5D)\gamma'$，γ' 为土体的浮容重(kN/m^3))；N_c、N_q、N_γ 分别为与土体黏聚力、上覆土层压力和浮容重相关的管道地基承载力系数。

上述滑移线场理论解是对传统平底面条形基础承载力理论的扩展，便于构建不同土体参数条件下的管道沉降量随垂向载荷(包括管道自重及附加外载)变化的外包络面，科学预测海底管道地基极限承载力。图 7.3-1 给出了光滑管道地基的塑性滑移线场构型，其中土体服从莫尔-库伦屈服准则。对于光滑管道且沉降量趋于零的情况，该理论解可退化为传统条形基础的 Prandtl-Reissner 解。参量分析表明，采用 Prandt1-Reissner 解对黏聚力承载系数可高估达 28.5%。

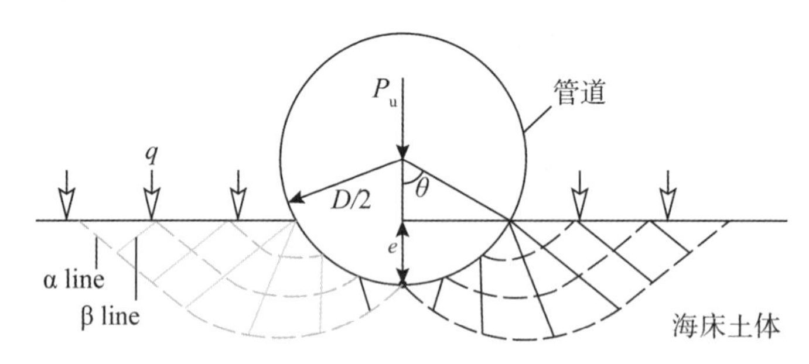

图 7.3-1　海床土体对海底管道垂向承载力的滑移线场模型

对于排水能力较弱的黏性海床，海底管道在安装过程中初始嵌入深度还受到铺管动力效应的显著影响(Cheuk & White, 2008)：位于铺管船与管道触地区之间的管道悬链段受到水动力载荷和铺管船起伏的影响而发生水平和垂直方向的周期性摆动(Hodder & Byrne, 2010)，其可能造成管道触地段附近土体中超静孔压的积累和土体重塑，从而影响其强度特性和管道初始嵌入深度(Anderson et al., 2007)。Lund (2000)通过水槽中的机械加载实验讨论了上述动力作用对管土相互作用与管道嵌入深度的影响：研究发现，该影响主要来源于触地区管道的侧向摆动；研究采用动力作用下的初始嵌入深度和静力嵌入深度的比值作为动力效应系数，并提出对于剪切强度为 2～4kPa 的软黏土，其动力效应系数范围为 1.0～3.0；而对于剪切强度达到 100kPa 的硬黏土，则其动力效应系数范围为 5.0～8.0。

7.3.2　侧向在位稳定性分析

波浪和海流会对铺设于海床之上的管道施加升力和拖曳力，如图 7.3-2 所示。升力使得管土接触界面的压力减小，进而削弱土体对管道的摩擦阻力；拖曳力则直接对管道施加侧

向作用，当拖曳力超过土体所能提供的最大侧向阻力时，管道即可能出现侧向在位失稳。

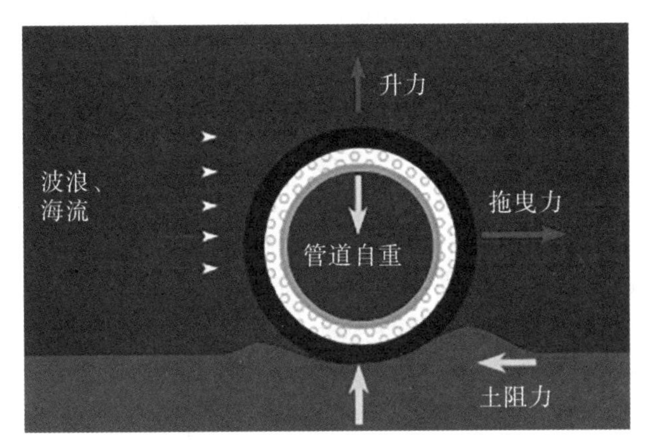

图 7.3-2　波流作用下海底管道受力

墨西哥湾海底管道工程建设初期，经典库仑摩擦理论常被用于描述侧向管土相互作用(Herbich，1981)。然而，机械加载试验发现，海床对管道的极限侧向土阻力与管道表面粗糙度、海床土性参数、管土接触面积和滑移方向等因素密切相关(Lyons，1973)，证实了经典库仑摩擦理论难以准确地描述海底管道失稳过程中的复杂管土相互作用。为系统研究浅水波浪载荷下的管道与土体的相互作用，准确估算海床土体对管道的侧向土阻力，挪威科技工业研究院(SINTEF)和挪威水利实验室(NHL)于 1983—1987 年开展了管线稳定性重大研究项目——“PIPESTAB Project”；之后，在美国天然气协会(AGA)的资助下，SINTEF 又开展了大量补充试验——“AGA Project”(Wagner et al.，1989；Brennoden et al.，1989)。基于这些试验结果，Wagner 等(1989)推进了描述管道侧向失稳的管土作用经验模型的发展，考虑了土体侧向被动土压力对极限土阻力的贡献。即假定极限侧向土阻力 F_{Ru} 由滑动摩擦阻力 F_{Rf} 与被动土压力 F_{Rp} 两部分组成：

$$F_{Ru}=\begin{cases}\underbrace{\mu_L(W_s-F_L)}_{F_{Rf}}+\underbrace{\beta_s\gamma' A_{0.5}}_{F_{Rp}} & (\text{砂土海床})\\ \underbrace{\mu_L(W_s-F_L)}_{F_{Rf}}+\underbrace{\beta_c s_u A_{0.5}/D}_{F_{Rp}} & (\text{黏土海床})\end{cases}\tag{7.3-3}$$

式中：W_s 为单位长度的管道水下重量；F_L 为管道所受到的升力；μ_L 为管道与海床土体之间的侧向滑动摩擦阻力系数(对于砂土 $\mu_L\approx0.6$；对于黏土 $\mu_L\approx0.2$)；D 为管道外径；$A_{0.5}$ 为管道嵌入土体部分的横截面的一半；s_u 为黏土的不排水抗剪强度；β_s 和 β_c 均为无量纲经验系数，与管道侧向位移和加载历史有关。对于砂土，经验系数 $\beta_s\approx38$(松砂 $\gamma'<8.6\ \text{kN/m}^3$)～79(密砂 $\gamma'>9.6\ \text{kN/m}^3$)；对于黏土，经验系数 $\beta_c\approx39.3$。该模型被 DNV 规范(Det Norske Veritas，2010)采纳。

在上述管土相互作用机械加载模型试验中，通过对模型管道施加水平荷载以模拟拖曳力，同时施加一定比例的垂向荷载以模拟升力，从而模拟管道失稳过程中管道所受的水动力载荷。机械加载方式所模拟的水动力载荷直接施加于管道结构，而无法反映波流载荷对管道附近海床土体的作用(Gao et al.，2002；Teh et al.，2003)。在海底水动力环境和地质条件下，海底管道在位失稳是波流、管道和海床之间复杂的动力耦合作用过程，床面边界层流动、表层土体颗粒起动与运移、土体内部孔隙水压等过程相互耦联并影响着管道稳定性。波流载荷会导致海床土体内超静孔隙水压力的产生(如 Damgaard and Palmer,2001;Teh et al.,2003),还可能诱发管道附近表层土体颗粒起动与运移(钱宁,2003),甚至海床土体的渗流破坏(Sumer et al.,2001)。管土相互作用过程中管道嵌入深度及管土接触边界条件的变化,又转而会影响绕流流场,改变水动力载荷的大小和方向(Cokgor,2001,2002;吕林,2003),进而影响管道的稳定性(Tian et al.,2011)。

相似理论分析和物理模型实验是揭示海底管道侧向失稳机理的重要手段。相似理论分析表明,波浪或振荡流模型实验可同时满足 Keulegan-Carpenter 数(简称 KC 数,$KC=U_m T/D$,其中 U_m 为波浪诱导水质点最大运动速度,T 为波浪周期)和 Froude 数(简称 Fr 数,$Fr=U_m/\sqrt{gD}$,其中 g 为重力加速度)两个水动力学相似准则数。试验观测发现(Gao et al.,2002),海底管道侧向失稳具有显著的流固土耦合特征,即结构绕流、土体局部冲刷、管道附加沉降与侧向位移之间存在动力耦合作用。波浪作用下海底管道侧向失稳过程通常包括土体局部冲刷、管道周期性持续颤晃并伴有附加沉降、管道突然发生大幅值的侧向位移而失稳三个典型阶段,如图 7.3-3 所示;而单向海流作用下,管道则沿水流方向相继发生小位移、大位移,如图 7.3-4 所示。土体局部冲刷导致土水界面渐变演化;管道周期颤晃可使管道结构附加沉降增大;而管道侧向失稳则表现为突发的侧向大位移。可见,水动力载荷引起的海底管道的侧向失稳涉及波/流、管道和海床之间复杂的流固土动力耦合作用过程(Fredsøe,2016)[37]。

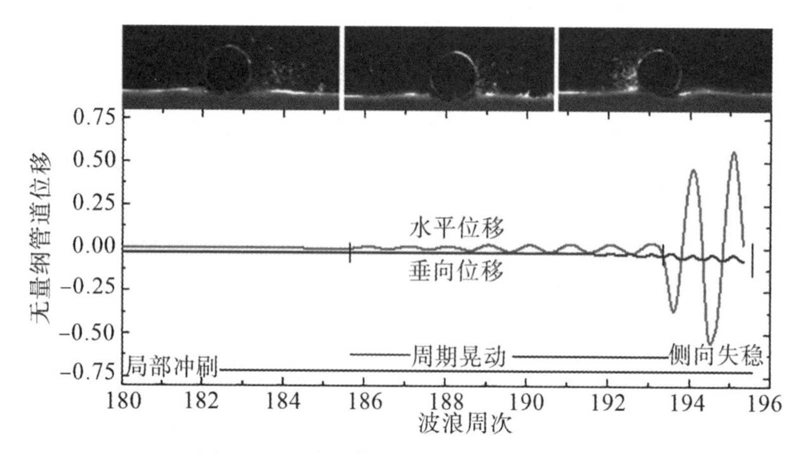

图 7.3-3　波浪作用下海底管道侧向失稳

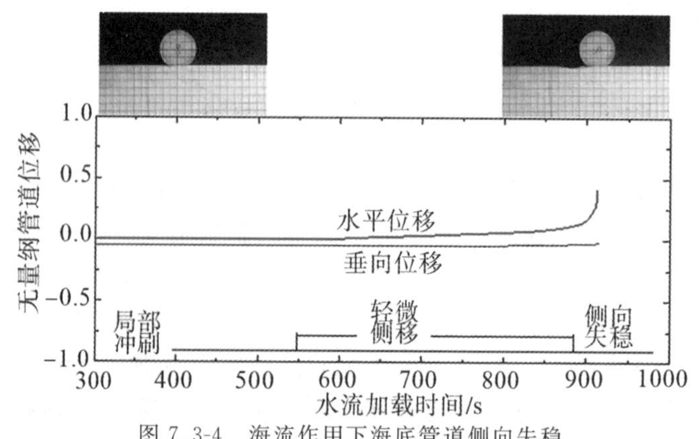

图 7.3-4　海流作用下海底管道侧向失稳

管道侧向失稳判据是管道在位稳定性设计的关键。通过相似理论分析及水动力试验结果，Froude数被确定为控制管道侧向稳定性的关键水动力参量，另一控制参量是无量纲管道水下重量 $G(G=W_s/(\gamma' D^2))$，而KC数仅控制管道两侧涡流的产生和脱落(Gao et al.，2007)。基于水槽模型试验结果，建立了描述周期波浪和稳态海流作用下反映流固土耦合效应的管道侧向稳定性的定量判据(见图7.3-5)：

$$\mathrm{Fr}_{cr}=a+bG \tag{7.3-4}$$

其中：Fr_{cr} 为波浪或海流荷载引起管道侧向失稳的临界Froude数：

$$\mathrm{Fr}_{cr}=U_{CL}/\sqrt{gG} \tag{7.3-5}$$

式中：U_{CL} 为水质点最大运动速度，g 为重力加速度，a 和 b 为常数，二者的取值与水动力载荷类型(波浪或海流)、管道端部约束条件等因素相关。该失稳判据在波流、结构和土体的关键参量之间建立了关联。需要注意的是，对于周期性波浪和单向海流两种典型水动力载荷情况，海底管道侧向稳定性存在差异：在相同海床土体和管道参数条件下，管道波浪力的惯性力效应使得波浪载荷引起管道失稳的临界Froude数小于稳态海流情况。该判别依据是在管道埋深非常小($e/D<0.05$)的条件下得到的，此时管道前方的被动土压力可以忽略不计。相比于DNV规范推荐做法中的极限土阻力模型(Wagner模型)，该失稳判据在波流、结构和土体的关键参量之间建立了耦合关系；当Fr数较小时，二者结果趋于一致；随着Fr数增大，二者差异变大，表明流固土耦合效应愈加显著。

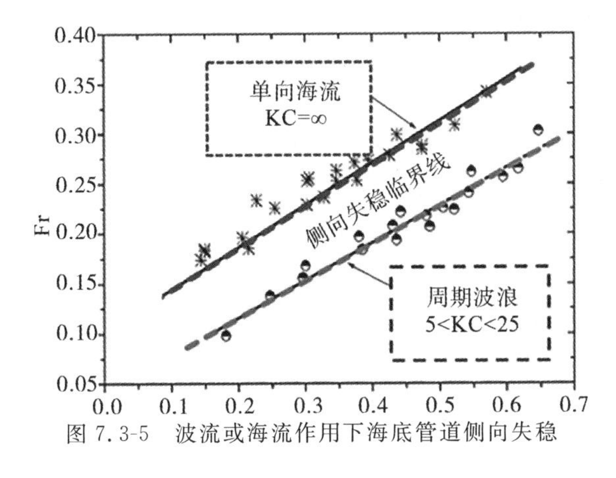

图7.3-5 波流或海流作用下海底管道侧向失稳

参考文献

[1] 胡志鹏.积极迈进世界深海油气勘探的新时期[J].中国石油和化工经济分析，2006(23)：62-65.

[2] 董绍华，段宇航，孙伟栋，胡佳.中国海底管道完整性评价技术发展现状及展望[J].油气储运，2020，39(12)：1331-1336.

[3] 杨东宇，张世富，张冬梅，等.海洋管道铺设技术研究现状[J].当代化工，2017，46(12)：5.

[4] 袁峰.深海管道铺设及在位稳定性分析[D].杭州：浙江大学，2013.

[5] Habib M. Comparative Study for S-lay and J-lay Pipeline Installation Methods[D].哈尔滨：哈尔滨工程大学，2010.

[6] 邓磊.卷管式铺管法施工卷盘过程研究[D].青岛：中国海洋大学，2014.

[7] Hellest A R, Karunakaran D, Gryttena T, et al. Offshore Technology Conference-Combined Tow Method for Deepwater Pipeline and Riser Installation[C]. Offshore Technology Conference, Houston, Texas, U. S. A. ,2007.

[8] Bruton D, Carr M. The safe design of hot on-bottom pipelines with lateral buckling using the design guideline developed by the safebuck joint industry project[C]// Proceedings of the Deep Offshore Technology Conference. Vitoria, Espirito Santo, Brazil,2005:1-26.

[9] Hobbs, Roger E. In-service buckling of heated pipelines[J]. Journal of Transportation Engineering, 1984, 110(2):175-189.

[10] Maltby T C , Calladine C R . An investigation into upheaval buckling of buried pipelines—II. Theory and analysis of experimental observations[J]. International Journal of Mechanical ences,1995,37(9):965-983.

[11] 刘润，闫澍旺，孙国民. 温度应力下海底管线屈曲分析方法的改进[J]. 天津大学学报:自然科学与工程技术版，2005(2):124-128.

[12] Craig I, Nash N, Oldfield G. Upheaval Buckling: A Practical Solution Using Hot Water Flushing Technique[C]. Offshore Technology Conference, OnePetro,1990.

[13] Vermeulen H R, Others. Theory And Practice of Installing Pipelines By text period centered the Pre-Snaking Method[C] // International Society of Offshore and Polar Engineers. The Fifth International Offshore and Polar Engineering Conference, 1995.

[14] Wagstaff M. Detailed design and operational performance assessment of pipeline buckle initiators to mitigate lateral buckling[C]. Petromin Pipeline Conference, 2003.

[15] Matheson I, Carr M, Peek R, et al. Penguins flowline lateral buckle formation analysis and verification[C]. International Conference on Offshore Mechanics and Arctic Engineering, 2004: 67-76.

[16] Peek R, Yun H. Flotation to trigger lateral buckles in pipelines on a flat seabed[J]. Journal of engineering mechanics, 2007, 133(4):442-451.

[17] Thompson H M, Reiners J, Brunner M S, et al. Tahiti flowline expansion control system [C]. Offshore Technology Conference, 2009.

[18] Antunes B R, Solano R F, Vaz M A. Analytical formulation of distributed buoyancy sections to control lateral buckling of subsea pipelines[C]. International Conference on Offshore Mechanics and Arctic Engineering, 2010: 669-677.

[19] Sun J, Jukes P, Shi H. Thermal Expansion/Global Buckling Mitigation of HPHT Deepwater Pipelines, Sleeper Or Buoyancy? [J]. Twenty, 2012.

[20] Peek R, Kristiansen N O. Zero-Radius Bend Method to Trigger Lateral Buckles[J]. Journal of Transportation Engineering, 2009, 135(12):946-952.

[21] Newson T A, Bransby M F, Brunning P, et al. Determination of undrained shear strength parameters for buried pipeline stability in deltaic soft clays [C] // International Society of Offshore and Polar Engineers. The Fourteenth International Offshore and Polar Engineering Conference, 2004.

[22] Najjar S S, Gilbert R B, Liedtke E A, et al. Tilt Table Test for Interface Shear Resistance Between Flowlines and Soils[C]. Asme International Conference on Offshore Mechanics & Arctic Engineering, 2003.

[23] Y-H M, Bolton M D. Soil Characterization of Deep Sea West African Clays: Is Biology a Source of Mechanical Strength? [C]. International Offshore and Polar Engineering Conference,2009.

[24] Bolton M D. The strength and dilatancy of sands[J]. Geotechnique, 1987, 36(2): 219-226.

[25] Westgate Z J, White D J, Randolph M F. Video Observations of Dynamic Embedment During Pipelaying in Soft Clay[C] //ASME 2009 28th International Conference on Ocean, Offshore and Arctic Engineering, 2009.

[26] Randolph M F, White D J. Upper-bound yield envelopes for pipelines at shallow embedment in clay[J]. Geotechnique, 2008, 58(4):297-301.

[27] Lenci S, Callegari M. Simple analytical models for the J-lay problem[J]. Acta Mechanica, 2005, 178(1-2):23-39.

[28] Cathie D N, Jaeck C, Ballard J C, et al. Pipeline geotechnics-state-of-the-art[C] // Taylor and Francis Group. Proc. , Int. Symp. on Frontiers in Offshore Geotechnics: ISFOG 2005, 2005: 95-114.

[29] White D J, Cheuk C Y. Modelling the soil resistance on seabed pipelines during large cycles of lateral movement[J]. Marine Structures, 2008, 21(1):59-79.

[30] Gaudin C, White D J. New centrifuge modelling techniques for investigating seabed pipeline behaviour[J]. Earth Science Reviews,2009,56(4):78-87.

[31] Gourvenec S, White D, Others. Consolidation around seabed pipelines[C]. Offshore Technology Conference, 2010.

[32] Bruton D A, Carr M, White D J, et al. The Influence Of Pipe-Soil Interraction On Lateral Buckling Anf Walking of Pipelines-The SAFEBUCK JIP[C] // Society of Underwater Technology. Offshore Site Investigation and Geotechnics, Confronting New Challenges and Sharing Knowledge, 2007.

[33] Dingle H R C, White D J, Gaudin C. Mechanisms of pipe embedment and lateral breakout on soft clay[J]. Canadian Geotechnical Journal, 2008, 45(5):636-652.

[34] Bruton D, Carr M, Leslie D. Lateral buckling and pipeline walking, a challenge for hot pipelines[C]. Offshore Pipeline Technology Conference, 2003.

[35] Carr M, Sinclair F, Bruton D A S. Pipeline Walking-Understanding the Field Layout Challenges and Analytical Solutions Developed for the Safebuck JIP[J]. Spe Projects Facilities & Construction, 2008, 3(3):1-9.

[36] Gao F P, Wang N, Zhao B. A general slip-line field solution for the ultimate bearing capacity of a pipeline on drained soils[J]. Ocean Engineering, 2015, 104(8):405-413.

[37] Fredseø, Jorgen. Pipeline-Seabed Interaction[J]. Journal of Waterway Port Coastal & Ocean Engineering, 2016, 142(6):03116002.

第 8 章　海洋岩土工程灾害

近年来，随着海洋石油、天然气资源的勘探开发和海底管缆、跨海大桥、海上风电等海洋工程的建设，海洋经济得到了迅速发展，但由海洋地质因素引发的灾难事故也不断发生，这不仅在很大程度上限制了海洋经济的发展，也严重危害了相关从业人员的生命财产安全。

海洋地质灾害(marine geological hazards)是指以地质动力活动或地质环境异常变化为主要成因的自然灾害，即在内动力、外动力和人为地质动力作用下，地球发生异常能量释放、物质运动、岩土体变形位移以及环境异常等变化，从而破坏人类生命财产或人类赖以生存与发展的资源环境的现象或过程。刘守全等[1]根据地理环境和致灾因素等将海洋地质灾害进行分类，如表 8.0-1 所示。

本章将对冲刷、浅层气、海底滑坡、地震以及其他工程灾害进行阐述，以探索海洋岩土工程灾害的最新研究趋势。

表 8.0-1　海洋地质灾害的分类[1]

地理环境	致灾因素	灾害名称
海岸带	海平面变化及地面沉降	海平面上升、海水倒灌、地面沉降
	海岸动力过程	海岸侵蚀、海岸淤积
	重力地貌过程	滑塌、坍塌、高密度流
海底	海洋动力地质过程	活动沙丘、沙脊、陡坎、滑坡、浊流、刺穿、冲刷槽
	浅层沉积构造	浅层气、不均匀持力层、底辟、古河道、盐丘
海域或海岸带	地震	地震、地震诱发海啸、砂层液化
	活断层	/
	火山	/

8.1　冲刷

8.1.1　概述

冲刷(scour)是水流作用(一般包括波浪和潮流等)引起土体(包括河床和海床等)剥蚀的一种自然现象。一般由三部分组成(Melville 和 Coleman[2])：(1)一般冲刷(general scour)：河床或海床全断面或整个区域发生的冲刷现象，该过程与海洋构筑物的存在与否无关，可以是长期的或短期的；(2)收缩冲刷(contraction scour)：由于水流中海洋构筑物(如跨海桥梁基础、海上风电基础、海底管线和海上平台基础等)的存在而引起局部水流断面急剧减少所造成的冲刷作用，其影响范围仅限于构筑物附近的小段距离；(3)局部冲刷：指水流因受海洋构筑物阻挡，在其附近形成局部涡流，带走周围海床材料所引起的冲刷现象。其中，局部冲刷受工程活动影响最大，对海洋构筑物的建造和长期运营造成很大危害，因此，本章中所指的冲刷如无特殊说明均指局部冲刷。

国内外由于冲刷导致涉水工程发生破坏的案例屡见不鲜，与海洋岩土工程密切相关的主要包括跨海桥梁深水基础、海上风电基础和海底管线等。对于深水基础而言，冲刷的发生和发展会带走其附近的海床材料，导致基础裸露或覆土高程降低，改变最初的基础-土体系统，削弱地基土对深水基础的侧向支撑作用，降低设计承载能力。Wardhana 和 Hadipriono[3] 研究了在 1989—2000 年中超过 500 座桥梁的垮塌事故，发现其中超过半数的破坏都与水毁有关。与此同时，Lagasse 等[4]也指出，几乎 60%的桥梁破坏与冲刷有关。2007 年美国密西西比河上的一座跨河大桥(I-35W)发生垮塌，如图 8.1-1(a)所示，造成了 11 人死亡，上百人受伤，给美国社会带来了极大的负面影响；国内方面，2009 年黑龙江铁力市西大桥发生垮塌，造成 8 辆汽车坠入呼兰河，21 人落水，最终 4 人死亡。类似地，Sutherland[5] 研究了 1960 年至 1984 年间新西兰境内发生的 108 起桥毁事件，发现其中 29 起与冲刷有关。此外，对于海上风机而言，冲刷会导致其自振频率降低，使基础结构承受更大的应力幅值和应力循环次数，影响到基础结构的疲劳寿命。特别地，采用桩基础的海上风机，当桩身转角超过 0.5°时上部结构发生失效(Rasmussen et al.[6])。对于海底管线而言，冲刷会导致管线周围土体被剥蚀而使其裸露或悬空，引起管道偏移或断裂，带来环境和安全问题。Arnold 对美国密西西比河三角洲的海底管道事故进行了统计，发现由于冲刷导致管道悬空造成的破坏超过总数的 30%，我国东海平湖油气田海底管道工程岱山段也出现冲刷悬空，最终导致管道疲劳断裂。又如，北部湾某输气管道刚建成一年，也因冲刷造成数十处悬空或裸露，不得不采取加固措施。

(a)I-35W 大桥垮塌

(b)黑龙江铁力市西大桥垮塌

图 8.1-1　近年来桥梁水毁案例

最早关于冲刷的研究主要是针对桥梁工程，早在 1873 年，Durand Claye 发表了相关论文，长期以来针对这一自然灾害的研究也主要是针对河流条件。随着近几十年里，海岸及近海工程如火如荼地发展，海洋环境中的冲刷也逐渐引起了学者的重视。虽然有构筑物在河流中的冲刷分析方法和相关经验可以借鉴，但在海洋环境中，海浪与海流的复杂时空作用、海床土层的复杂分布情况以及海洋构筑物的几何形式与安全控制标准相比河流都存在一定区别，也导致海洋构筑物的冲刷分析更加复杂。自 20 世纪 80 年代以来，关于海洋构筑物冲刷设计和实践的专著先后出版(Herbich[7], Whitehouse[8], Sumer and Fredsøe[9])。这些专著早期主要是基于经验提出的设计导则,随着相关研究领域的不断发展,目前对这一问题的研究也有了相当的经验积累和理论认识。本书主要针对海洋岩土工程中所涉及的冲刷机理、预测分析方法和防护手段进行简要介绍,对河流中的冲刷问题不做详细陈述。

8.1.2 海洋构筑物冲刷理论体系

1. 冲刷的常用参数

(1)雷诺数(Reynolds number)

雷诺数是可以表征流体流动情况的无量纲数,通常用于区分流态属于层流还是湍流。对于海床底部的水流剪切区域,可由下式进行计算:

$$R_e = \frac{u\delta}{v} \tag{8.1-1}$$

式中:δ——海床剪切边界层厚度;

u——水流速度;

v——流体的运动黏滞系数。

当雷诺数小于其临界值(R_{ecrit})时,属于层流,反之则为湍流。

(2)KC 数

KC 数是联系波浪运动引起水质点运移强度与结构物尺寸的无量纲参数,其表达式如下:

$$KC = \frac{U_m T}{D} \tag{8.1-2}$$

式中:U_m——波浪周期内水质点最大流速;

T——周期;

D——构筑物的尺寸(一般为宽度)。

在单独分析波浪作用时,一般可以认为流速随时间正弦变化,即 $U = U_m \sin(\omega t)$,则最大流速可表示为

$$U_m = a\omega = \frac{2\pi a}{T} \tag{8.1-3}$$

式中:a——水质点运动时的振幅;

ω——振动的角频率。

此时,KC 数可以表示为

$$KC = \frac{2\pi a}{D} \tag{8.1-4}$$

从上式中不难发现,KC 数在此表征波浪中的水质点运动尺度与构筑物尺度的比值。当 KC 数较大时,表示构筑物的存在对波浪传播的影响比较小,反之,波浪遇到构筑物时将可能发生反射,而前方掩护区可能出现衍射现象,使流场变得更为复杂。

实际上,希尔兹数和 KC 数控制着构筑物附近的流场状态,尤其是构筑物周围的马蹄形漩涡及尾流涡旋等,最终导致冲刷坑的形成机制有很大区别。具体影响将根据构筑物的不同在后面章节详细阐述。

(3)希尔兹数(Shields parameter)

泥沙的起动是冲刷发生和发展的关键环节，其发生条件可以通过流速、床面剪切应力或者拖拽力等表示。工程实践中通常采用流速进行判断，而冲刷研究中常采用希尔兹数进行判别，它是表征作用在海床表面的水流拖拽力与泥沙颗粒浮重度的比值，其表达式为

$$\theta=\frac{\tau}{\rho g(s-1)d_{50}} \tag{8.1-5}$$

式中：ρ——水的密度；

g——重力加速度；

s——砂的相对密度；

d_{50}——泥沙中值粒径；

τ——床面剪切力（$\tau=\rho U^{*2}$，U^{*} 为摩阻流速）。

实际上，希尔兹数表征了泥沙起动的难易程度，对实验结果进一步分析可知希尔兹数的临界数（θ_{cr}）是泥沙雷诺数的函数（Yalin and Karahan [10]）。根据泥沙运动情况，冲刷可以分为清水冲刷和动床冲刷两类（见图 8.1-2），其区别在于后者的冲刷过程中有周围泥沙进行一定的补充，而前者没有。

两种冲刷类型可以通过希尔兹数进行判断：

$$\begin{cases}\theta<\theta_{cr} & \text{清水冲刷} \\ \theta>\theta_{cr} & \text{动床冲刷}\end{cases} \tag{8.1-6}$$

此外，在冲刷分析中，冲刷坑坡度及海床渗流对泥沙运动的影响也通过希尔兹数进行一定修正，底部的悬沙浓度和推移质输沙率的经验公式也常表示为希尔兹数的函数。

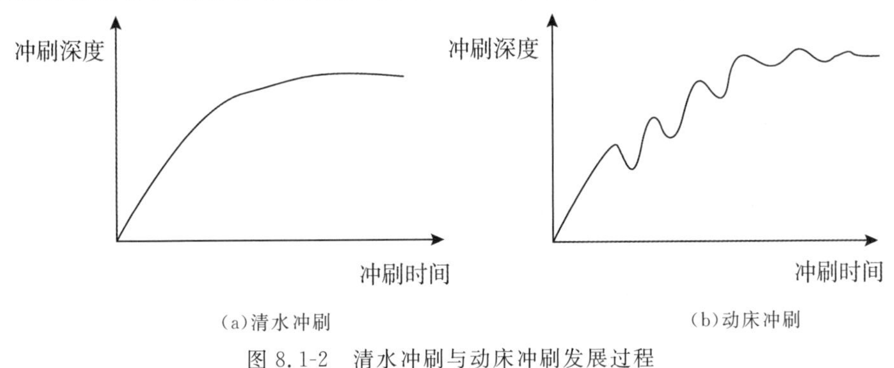

（a）清水冲刷　　（b）动床冲刷

图 8.1-2　清水冲刷与动床冲刷发展过程

（4）剪切放大系数

由于海洋构筑物的存在，其周围水流条件也将随之发生改变，导致附近床面剪切力和湍流动能增加，一般可通过剪切力的变化对冲刷进行分析。床面剪切力放大系数可以用以描述海洋构筑物附近的床面剪切力变化，其定义为

$$\alpha=\frac{\tau}{\tau_{\infty}} \tag{8.1-7}$$

式中：τ_{∞}——未受扰动处的床面剪切力。

以单向水流作用下的直立圆柱为例，其周围床面剪切力放大系数分布如图 8.1-3 所示。从图中可以看出，柱前迎水面 45°位置附近放大系数最大，约为 O(10)，尾部较小，约为 O(3)。由于海床材料的土体颗粒搬运输沙效率与剪切应力的关系为 $q\sim\tau^{3/2}$，放大系数大于 1 的位置土体颗粒将被侵蚀，从而在附近出现冲刷坑，这与室内试验的结果基本一致（梁发云等[11])。单独波浪作用下的放大系数一般会小一些，当构筑物附近冲刷放大系数 $\alpha=O(1)$ 时停止，达到冲刷平衡状态。一般认为，冲刷从开始发生、迅速发展，随后变缓，最终达到某一深度时不再变化的过程为冲刷发展历程，最终达到的状态为冲刷平衡状态。国际上一般采用 Sumer[12] 提出的公式对冲刷达到平衡所需时间进行估算：

$$S_t=S\left[1-\exp\left(-\frac{t}{T_s}\right)^p\right] \tag{8.1-8}$$

式中：S_t——t 时刻的冲刷深度；

S——平衡时最大冲刷深度；

T_s——冲刷的时间比尺，取开始冲刷至达到平衡时冲刷深度 63%所用的时间；

p——反映冲刷发展历程的系数。

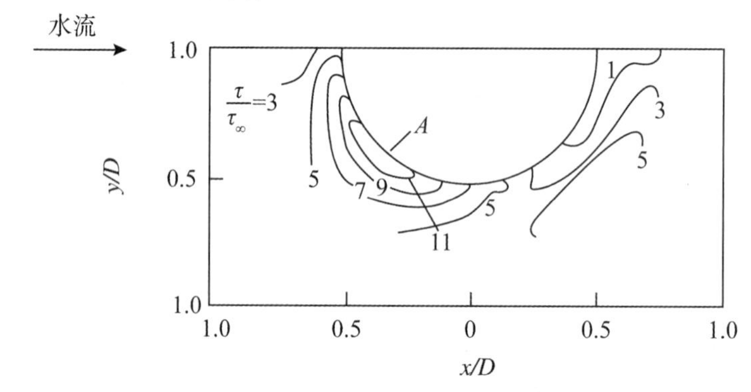

图 8.1-3　单桩结构周边剪应力放大系数等值线图(Sumer and Fredsøe[12])

2.冲刷的影响因素

冲刷是一个十分复杂的过程，主要体现在水流、构筑物与海床材料间的相互作用，最终在构筑物周围出现冲刷坑，达到平衡时的冲刷坑深度称为冲刷深度，其相互关系如图 8.1-4 所示。

流体在冲刷的过程中的作用，如图 8.1-5 所示，可以分为以下三个方面：(1)构筑物的存在导致海流在其周围加速而产生马蹄形旋涡，将周围的材料卷扬而起并被携带至下游；(2)钝状的构筑物在波浪作用下，其周围海床材料会发生周期性振荡；(3)海流与波浪共同作用时产生更为复杂的局部流场，引起更为复杂的冲刷过程。

海床材料对冲刷的结果也有很大的影响，其不同的土体特征也表现出不同的冲刷特性，例如，粗颗粒与细颗粒在冲刷过程中表现出的特点就存在很大区别。目前，对于砂性土的探索已经比较深入，相关研究已经积累了大量的经验，认为其冲刷一般是以颗粒为单位逐个侵蚀冲走，且冲刷发展速度极快，往往在急流发生的数小时或几天内即达到最大冲刷深度；对于黏性土则不同，其冲刷可能是以颗粒为单位，也可能是以黏土块为单位。目前针对两种土体的冲刷研究中，砂性土方面的研究主要为宏观方面的研究，黏性土方面则逐步开展了一定的细观研究(Dolinar[13]；Briaud[14][15]；Sheppard 等[16])。两种典型土体冲刷特征如图8.1-6 所示。

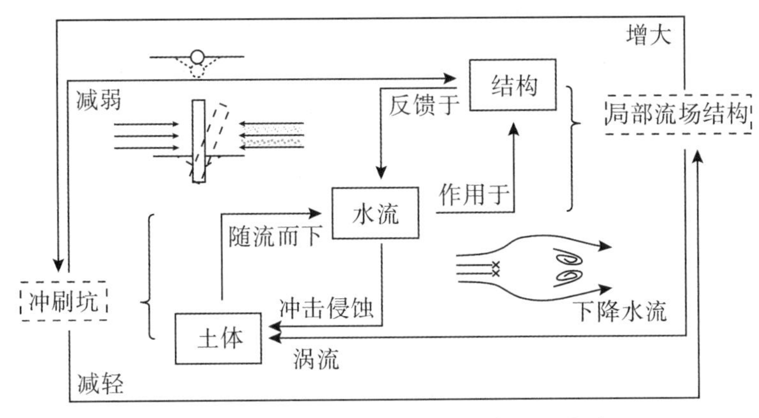

图 8.1-4　海洋构筑物冲刷各要素相互关系

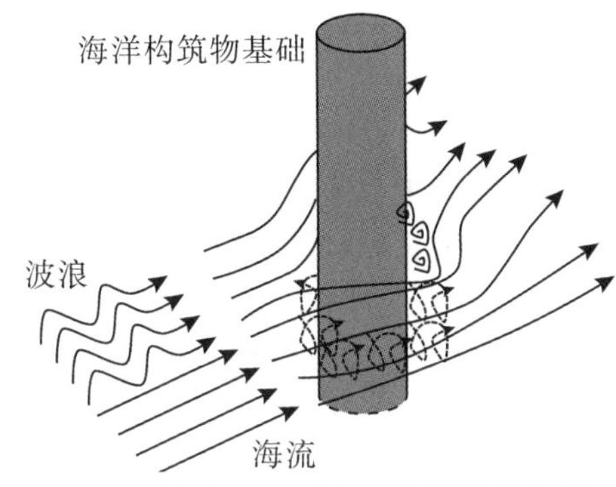

图 8.1-5　水流与海洋构筑物基础相互作用形成的局部流场与流线

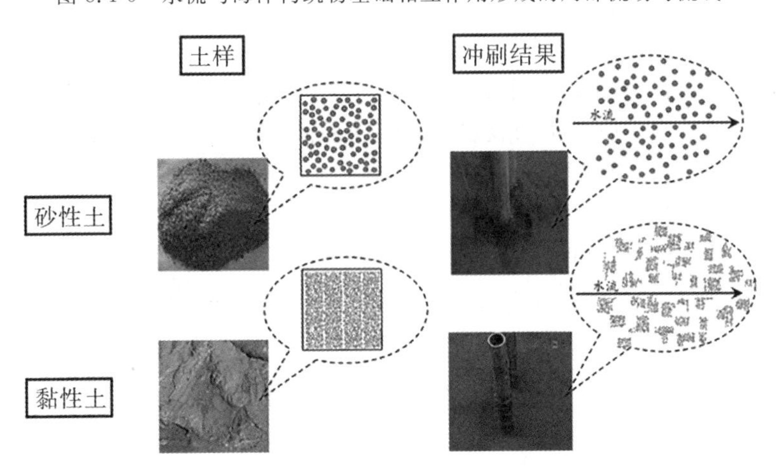

图 8.1-6　典型土体材料的冲刷特征

3.独立型构筑物冲刷机理

海洋中的独立型构筑物，如跨海桥梁基础、海上风电基础和海洋石油平台基础等，其基本单元与河流中常用深水基础结构类似，但其在海洋波浪、海流、波流共同作用等复杂条件下的冲刷机理仍在研究之中。本节将分别针对小直径构筑物、大直径构筑物和构筑物群在水流、波浪及波流混合作用的冲刷进行分析。实际中，上述三类构筑物的基本形式为小直径单桩、大直径单桩和群桩，是分析海洋岩土工程中所涉及构筑物冲刷机理的基础，其他复杂构筑物的冲刷机理可以此为基础进行推演和分析。

本节中所定义的三类结构物由于体型的差异，对波浪流态的影响大不相同。常见的桩基础主要为小直径结构，目前的经验主要来源于河流中深水基础冲刷方面的成果。当结构直径增大时，小直径结构的冲刷机理不再完全适用，需要继续开展研究。群桩作为构筑物群的代表性形式，不仅存在水-构筑物-土之间的相互作用，还受到桩与桩之间的相互影响。研究表明[17][18]，当两桩中心间距超过 8 倍桩径时，相互影响基本消失，不再按照群桩考虑。在波浪分析中，构筑物属于小直径结构还是大直径结构可按下式进行判断：

$$\begin{cases} KC > O(6) & \text{小直径结构} \\ KC < O(1) & \text{大直径结构} \\ O(1) < KC < O(6) & \text{中等直径结构} \end{cases} \tag{8.1-9}$$

也可根据构筑物直径与波长之比 D/L 进行判断，当比值大于 0.2 时，构筑物产生波浪的反射和散射，此时可以将其作为大直径结构进行分析。

(1)小直径结构冲刷

在单向流作用下，起初小直径结构附近床面上部分泥沙受到水流作用而卷扬起动，附近流场将形成下降水流和马蹄形漩涡，这些水流由于被阻挡而对周围泥沙发生侵蚀作用。此时，单桩迎水面附近及其两侧的泥沙明显被水流卷扬带走，在桩后不远处形成回落堆积。与此同时，床面明显变形，在桩后方出现多层沙纹。随着试验的继续进行，冲刷坑的规模逐渐扩大，床面沙纹也由于水力条件逐渐稳定而变得整齐，但冲刷坑深度的发展速率逐渐变缓，这是由泥沙和水流等多方面的因素造成的：其一，由于先前形成的冲刷坑逐渐扩大，使得冲刷坑内墩周的水流流速较之前逐渐减小，水流产生的剪切应力也逐渐减小；其二，由于冲刷坑的存在，使得上游有一部分泥沙在冲刷坑内滚动回落，这一部分泥沙即便被卷扬，其高度也无法超越冲刷坑的深度，于是堆积在冲刷坑的尾部位置；其三，坑底那些较细土颗粒由于抗冲能力较差而首先被冲刷掉，剩下那些不容易被冲刷走的粗颗粒泥沙留在冲刷坑底部，久而久之在坑底形成一层粗颗粒土的表层，对其下面的泥沙颗粒起到了掩盖防护的作用，提高了土层的临界剪切应力，使该区域土体整体上难以被冲刷。一段时间后，冲刷坑发展的速率变得非常缓慢，冲刷坑的深度基本不再增加，沙纹也不再增高，逐渐达到平衡状态，最终冲刷结果如图 8.1-7(a)所示。黏性土条件下，由于土体微观力的作用，冲刷的发展更为缓慢，历程更为复杂，整体表现为土体簇团的冲刷；层状土体条件下，冲刷历程在土层交界面位置将出现明显差别，给冲刷深度的分析带来相当的难度。

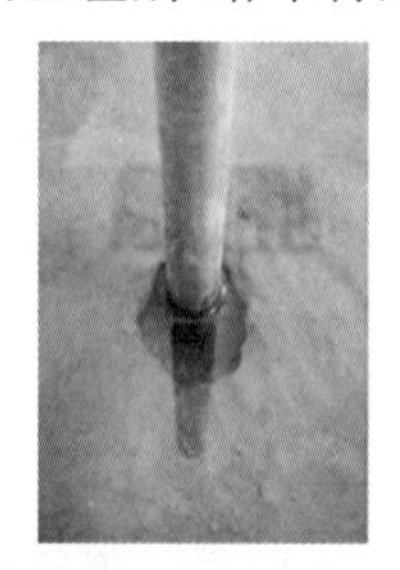

(a)砂性土中冲刷坑形态

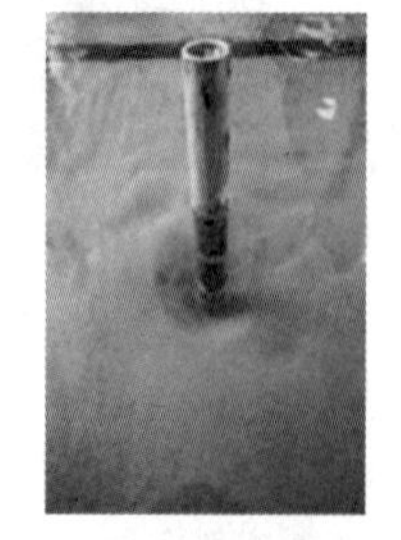

(b)砂性-黏性土中冲刷坑形态

(c)砂性-黏性土层中冲刷发展进程

图 8.1-7 单桩在不同土层条件下的冲刷结果(梁发云等[19])

波浪条件下，马蹄形漩涡的特征和漩涡分布都与 KC 数密切相关。当 KC 数较小时，桩径相对于波浪的尺度较大，不容易产生边界层分离，马蹄形漩涡也不易产生；当 KC 数较大

时，半周期内水流冲击力足够大，能使边界层分离形成马蹄形漩涡，与单向流作用时类似；与此同时，尾流漩涡的影响范围和强度随 KC 数的增大而增大，当 KC 数大于临界值时冲刷才会发生，并且冲刷深度会随 KC 数增大而增加，直至达到一定值时结构周围流场已基本与单向流情况类似，冲刷坑发展到一定深度将不再增加。

波流共同作用时，冲刷与水流作用时基本类似，可由下式判断冲刷是水流还是波浪主导：

$$U_{cw}=\frac{U_c}{U_c+U_w} \tag{8.1-10}$$

式中：U_c——水流流速；

U_w——波浪水质点最大速度。

由公式可知，当 $U_{cw}=1.0$ 时，结构仅受到水流作用，当 $U_{cw}=0$ 时，结构仅受波浪作用，当 $U_{cw}\geqslant 0.7$ 时，结构下游一侧会形成稳定的尾流漩涡，此时认为冲刷主要受到水流控制，其冲刷可以按照水流作用时的特征进行设计[12]。

(2)大直径结构冲刷

海上风电基础大多属于大直径结构，包括常见的大直径单桩和吸力桶基础等，而跨海桥梁中所用到的沉井基础体型尺度更大，也属于此类结构。大直径结构与小直径结构的冲刷存在显著区别，主要体现在：①波浪与大直径结构作用时产生的反射和散射成为局部流场的主导，马蹄形漩涡和尾涡已被干扰或叠加而基本消失，不再是冲刷的主要因素；②大体型基础周围的海床可能存在多种土体，冲刷的发展和最终结果取决于局部流场和海床材料的分布情况，采用单一土体假设已不能反映实际情况。

以圆形沉井基础为例，在单向流作用下，冲刷起初主要在上游迎水面产生，在稳定水流的作用下，泥沙不断起动并被侵蚀、卷扬和携带至下游，而下游区域仅受轻微冲刷作用，如图 8.1-8(a)所示；随着时间推移，冲刷在迎水侧区域内继续发展，冲刷坑持续扩大，泥沙不断在沉井周围翻滚堆积，导致其两侧的冲刷坑深度发生起伏变化，与此同时，背水面斜后方 45°附近的冲刷坑缓慢形成，如图 8.1-8(b)所示。最终冲刷达到平衡状态时，背水面处两个尾坑基本相连，整个冲刷坑形呈“心形”，背水侧斜后方 45°处受尾流作用显著，其冲刷范围最大，而迎水面 45°位置附近受到下降水流和漩涡影响严重，冲刷深度最大，冲刷平衡时如图 8.1-8(c)所示。总结不同直径沉井基础的冲刷特征发现，当沉井基础直径越大，其阻水效果越强，水流产生的淘刷作用也就越大，达到平衡时的局部冲刷深度和局部冲刷范围也随之增大，对于同一形状的基础形式，其冲刷动态演化过程基本一致，三种直径的沉井基础周围冲刷规律类似。根据冲刷发展特点，沉井周围冲刷坑大致可分为三个区域：

①清水冲刷区，如图 8.1-9(a)所示，该区域表现为清水冲刷的特征，随着冲刷的进行，几乎没有上游泥沙补充，冲刷深度随时间逐渐增大，最终达到动态平衡。

②动床冲刷区，如图 8.1-9(b)所示，该区域表现为动床冲刷的动态演化特征，随着冲刷的进行，前方泥沙一部分被水流卷扬或携带到此处，同时由于沉井两侧不规则漩涡作用使其周围泥沙被不断淘刷，河床高程忽高忽低，冲刷发展速度也忽快忽慢，这也是导致冲刷进展过程中沉井基础周围最大冲刷深度有时会发生突变的原因。

③冲刷沉积区，如图 8.1-9(c)所示，该区域起初存在轻微冲刷，随着两侧冲坑逐渐相连，不断有泥沙在此处沉积，使得河床逐渐升高，冲刷过程以泥沙沉积为主。

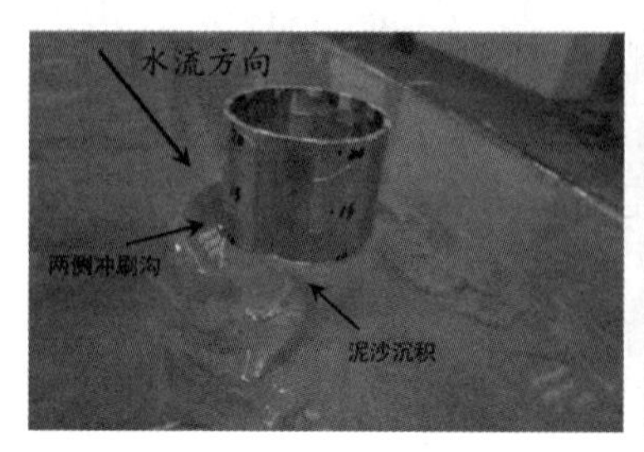

(a)冲刷起始

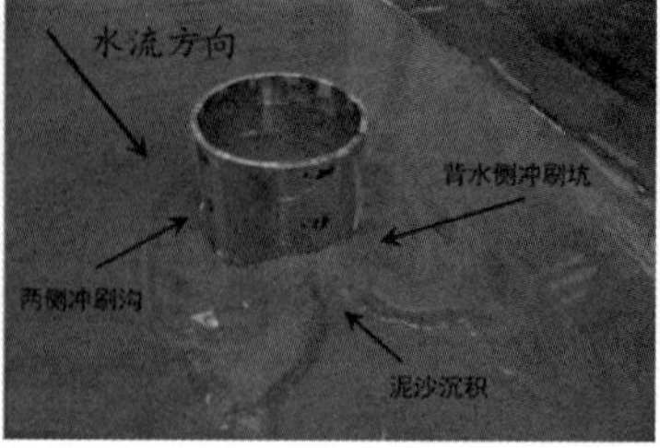

(b)冲刷继续发展

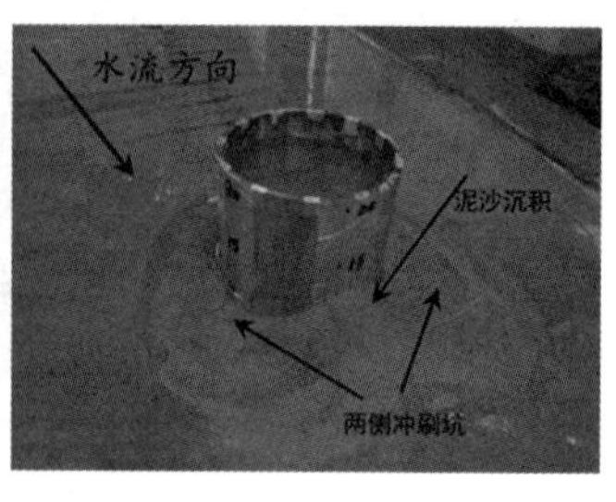

(c)冲刷平衡状态

图 8.1-8　单向流作用下圆形沉井冲刷发展过程及典型形态

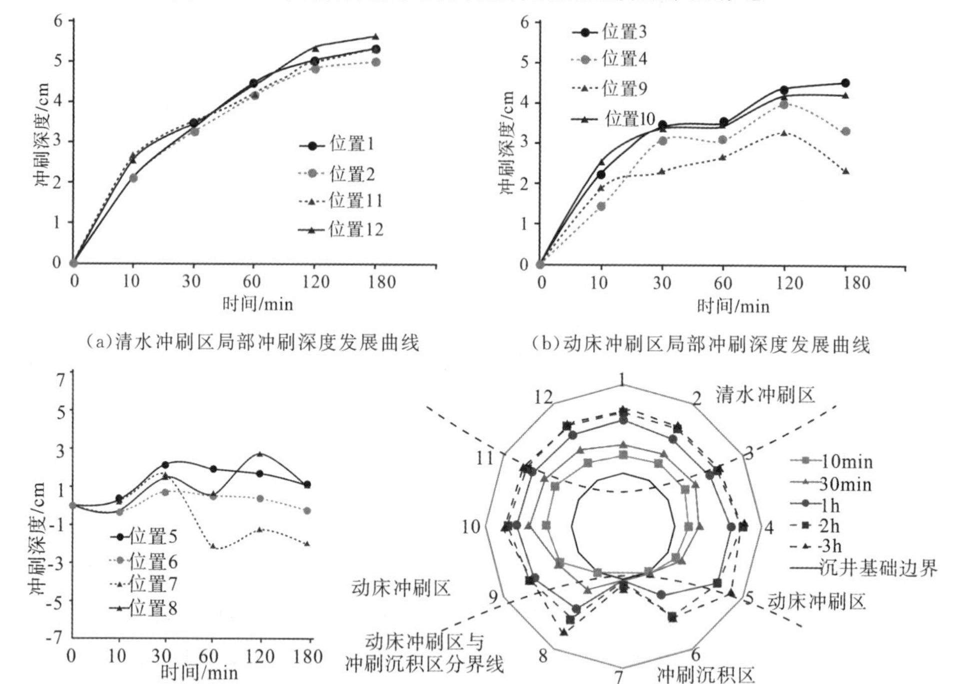

图 8.1-9　单向流作用下圆形沉井周围不同区域的局部冲刷动态特征

随着构筑物直径的加大，产生的漩涡强度减弱，当 KC 数小到一定程度时，波浪不仅在桩前发生反射，还会绕过结构，在掩护区内产生衍射，如图 8.1-10 所示。对大直径结构而言，冲刷的主要原因是构筑物周围水质点的往复运动，因此，泥沙运动主要有三方面原因：①波浪周期内水质点速度不对称引起的泥沙净输送；②波浪的非线性造成的泥沙净输送；③结构周围波浪辐射应力不平衡产生的波浪流造成的泥沙顺流输送。东江隆夫和胜井秀博[19]针对波浪条件下大直径结构的冲刷开展了试验研究，将结构周围分成了 5 个区域，即迎波面(根据河床材料在冲刷中的不同表现形式分为节点冲刷和腹点冲刷，分别对应腹点淤积和节点淤积)、侧前方冲刷区、侧方淤积区、侧后方冲刷区和后方淤积区。

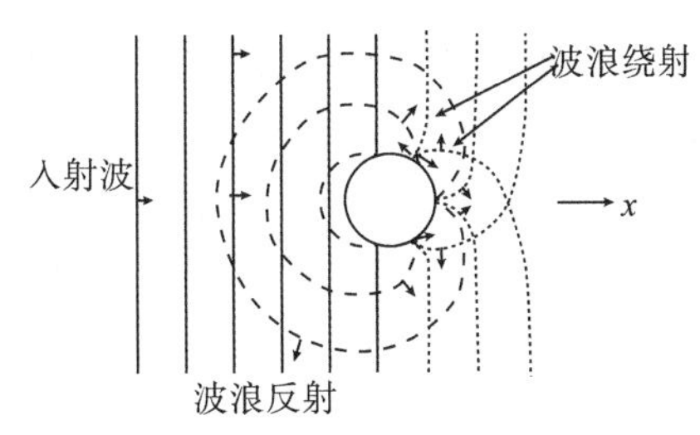

图 8.1-10　结构周围的波浪反射与绕射现象

当波浪与水流共同作用时，大直径结构的冲刷比单一水流或单一波浪作用的情况大得多。波浪产生的剪切应力使泥沙很容易起动，在水流的作用下被轻易带走，整体输沙率大幅提高。实践案例也证明，波流共同作用下构筑物周围的冲刷程度比单纯海流或波浪作用下大很多，且其冲刷特性与冲刷深度分布规律更为复杂。目前针对大直径基础周围冲刷的研究仍在进行，海洋岩土工程中采用越来越多的大直径结构，这也对这方面的研究和设计提出了更高要求。

(3)结构群冲刷

群桩基础是典型的结构群，其承载力大，稳定性好，被广泛运用于跨江海桥梁、港口码头和海洋平台等涉水构筑物的建设中(陈国兴[20]；刘自明等[21])。结构群组成的复杂性决定了水流和泥沙运动的复杂性，其冲刷特征除上述单桩中所涉及的之外，还与结构数量和布置方式密切相关。

根据目前国内外针对双桩、三桩和群桩的研究(Zdravkovich [22]，卢中一和高正荣[23]，Fayun Liang et al. [17])，群桩体系中桩间相互作用主要有两类：①遮蔽效应，即前后串排的双桩，由于前桩的遮挡蔽护，使得后桩受到水流的冲击作用较单桩时变小，引起的冲刷深度也随之变小；②射流效应，即左右并排的双桩，由于两桩间水流结构受到挤压，使得其内流速增大，由此造成冲刷深度也随之增大。从试验结果可以看出，当净桩间距为 8 倍以上桩径时，桩间影响几乎消失，成为相互独立的两根单桩。水流作用下群桩的冲刷情况比较复杂，图 8.1-11 总结了几种常见情况，局部流场中的漩涡仍然是主要影响因素。

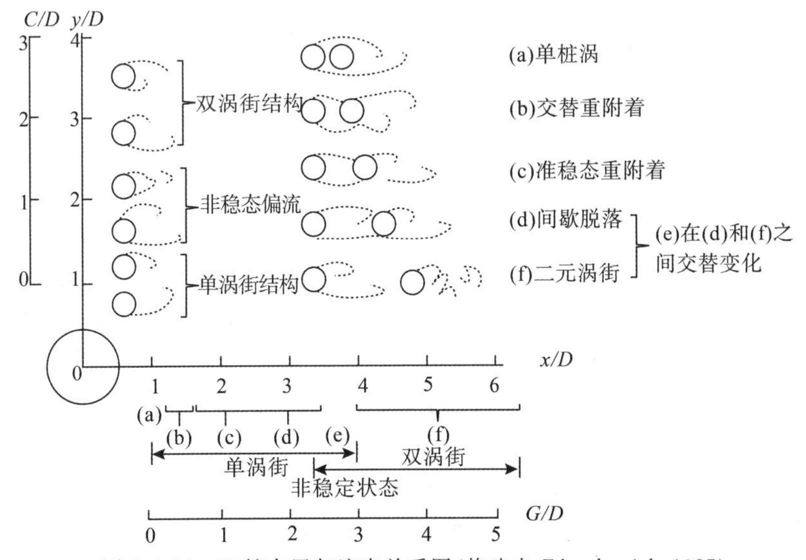

图 8.1-11　双桩布置与流态关系图(修改自 Zdravkovich，1987)

从最终结果来看,同等条件下,群桩的冲刷深度一般大于单桩。群桩与单桩的冲刷的最大区别在于其冲刷由两部分组成,由于各单桩两侧水流为“穿桩水流”和“两侧水流”并存,冲刷坑的形式也从单桩的单坑发展变化为“个体冲刷坑”和“整体冲刷坑”并存的形式(见图8.1-12)。因此,结构群的冲刷特性既要视作各结构自身的冲刷,也要将其视为整体,在充分考虑相互作用的基础上,推演出冲刷历程和结果。由于群桩冲刷机理十分复杂,目前对其内在机制的研究仍然不够深入,但由于其特有的优势,海洋工程中结构群作为支撑体系的项目越来越多,其冲刷研究也成为当前国内外的一个热点。

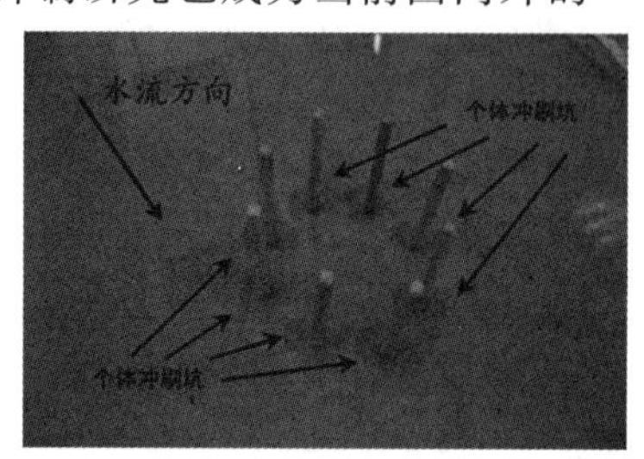

扫码看

(a)冲刷起始状态　　(b)最终冲刷坑形态

图 8.1-12　群桩冲刷发展过程中的个体冲刷与整体冲刷(Liang et al.[18])

4.连续型构筑物冲刷机理

海洋岩土工程中常见的连续型构筑物为海底管道,其作为一种输送流体介质的载体,具有连续、快捷和输送量大等优点,在过去几十年里作为石油工业的“生命线”被世界各国广泛使用。已有数据统计表明,海床运动和波浪海流的冲刷引起海底管道悬空断裂和失效是其主要的破坏原因之一。因此,对海底管线的冲刷和灾变机理开展研究,对海底管道工程设计有十分重要的意义。

(1)冲刷的发生

当管道水平放置于可冲蚀的海床上时,若水流(包括海流和海浪)提供的动力足够引起海床材料侵蚀,管道断面下方相对薄弱的海床将开始产生冲刷,形成冲刷孔道。普遍认为,管道断面两侧压力造成的渗流和管涌是上述孔道形成的主要原因。

水流作用时,管道的存在阻碍原水流的运动,导致其周围动水压分布不均,局部流场急剧变化,使得管道上游和下游之间产生压力差,在管道下方形成渗流路径。随着流速的增加,压差逐渐增大,直至管道下方下游侧土体处于临界状态。当渗流继续增大时,管底较细的土颗粒将被推动带走,土力学中一般称之为管涌,在许多水工构筑物如水坝、围堰的破坏中也经常出现。

特别地,在波浪作用下,管道两侧压力差呈交替变化,理想条件下压力梯度的波峰对应为波浪的波峰,压力梯度的波谷对应为波浪的波谷。Sumer 等[25]的研究表明,波峰时刻将首先达到临界状态,波谷的压力梯度不易产生管涌。在恒定流作用下,压力梯度达到临界值数秒后渗流和管涌就会发生,其时冲刷随之而来,而波浪作用下如果达到压强梯度的时间太短,则不足以发生渗流和管涌破坏,起始冲刷也并不会立即发生。

(2)冲刷的发展

形成管道底部细微的冲刷孔道之后,在海流或者波浪的作用下,穿过空隙的流速将迅速增大,导致管道底部海床表面的剪切应力迅速增加,海床表面泥沙将剧烈运动,大量水沙将从孔道中喷射而出,此时进入冲刷的发展阶段。

实际上,冲刷的发展是空间三维的形式,当稳定的冲刷孔道形成后,管道下方局部贯通,冲刷会从此开始拓展。当各处冲刷持续累积发展到一定阶段后,冲刷坑中部位置可以认为是二维冲刷,可以采用二维模型进行研究。在此模型的冲刷过程中,主要为尾流冲刷并伴随着漩涡的脱落,激起床面泥沙与水流的交换。随着冲刷深度的增加,管底的海床剪切力减小,当剪切力小于泥沙的临界平衡状态时,认为冲刷达到了平衡状态。与独立型构筑物的冲刷类似,刚开始时发展迅速,从孔道中冲出的泥沙堆积在下游位置,随着冲刷坑的发展,土丘慢慢往后移动并变得平缓,最终达到平衡时的剖面下游冲刷量更大,坡度更为平缓(见图8.1-13)。

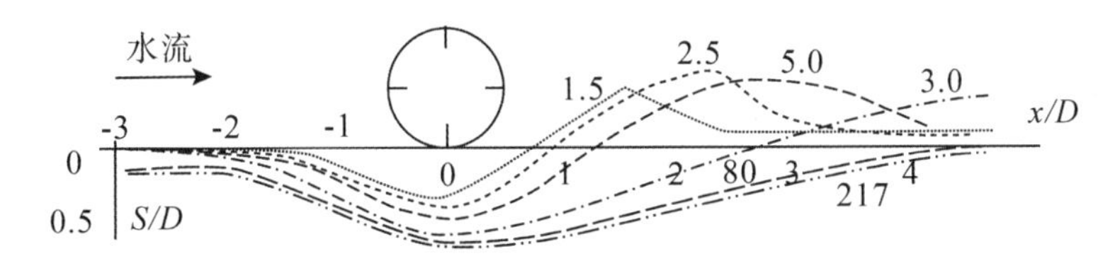

图 8.1-13 孔道冲刷随时间变化(修改自 Mao[26])

(3)海底管道的冲刷-自埋

上述分析研究往往假定海底管道固定不动,这与实际情况不同。由于海底管道的刚度和支撑管道的土体强度间关系的变化,管道将在自重作用下下沉,重新与海床接触。管道的极限悬空长度和下沉速度与其自身刚度、管道附近土体的支撑条件等因素密切相关,随着管道悬空长度的不断增加,其下沉速度会越来越快。下沉后的管道又导致底部孔隙变小,流速和剪应力增大,又促进了冲刷的发展,如此过程往复进行,直至管道下沉到某一深度时,其对水流的阻碍作用已被大大减弱,冲刷将不再继续发展,此时认为已达到平衡状态。当悬空长度达到一定值时,管道会下沉至冲刷坑底部,在动床冲刷的作用下冲刷坑可能被回填,最终出现管道自埋现象(见图8.1-14)。

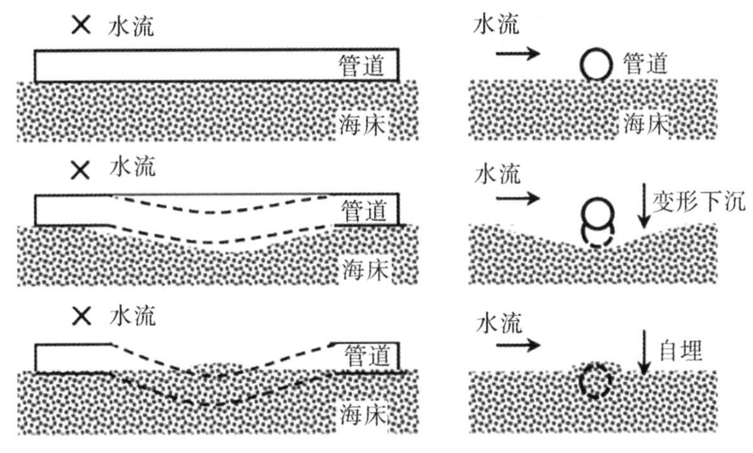

图 8.1-14 管道的冲刷与自埋

需要注意的是,海洋环境极为复杂,有时管道会偏移或断裂,或波浪作用导致海床砂土液化对冲刷-自埋过程会产生较大影响。特别地,当连续发生风暴潮时,可能会出现冲刷-自埋的反复过程,相关分析在此不多叙述。

8.1.3 冲刷效应的监测与预测分析

为了有效降低冲刷效应引起的灾害，通常采用现场测试、室内试验和数值分析的手段对冲刷效应进行监测与分析，并在此基础上指导工程实践。本节将对这些内容进行简要介绍。

1. 现场测试

冲刷的现场原位测试是对海洋构筑物周围冲刷状态最直接的观测手段，可以获取现场条件下的冲刷状态信息。随着冲刷带来的问题日益突出，海洋岩土工程中的冲刷状态监测越来越受到人们的关注。海洋岩土工程中采用的现场测试手段成本较高，需要特定的设备，且常受到环境和海况等自然条件的约束。但由于其测试结果为冲刷状态的第一手资料，对构筑物冲刷情况的把握和灾变控制十分重要，引起了工程界和学术界的广泛关注。目前海洋岩土工程中测试冲刷状态的常用方法有很多种，包括单波束、多波束、侧扫声呐、浅地层剖面仪等，在此主要介绍多波束探测技术和侧扫声呐检测技术。

(1)多波束探测技术

20 世纪 70 年代时多波束技术被提出，并很快广泛应用于海底地形测量中。该测试技术是对单波束技术的改进和发展，顾名思义，多波束系统采用发射、接收指向性正交的两组换能器阵获得一系列垂直航向分布的窄波束，在完成一个完整发射接收过程后，形成一条由一系列窄波束点组成的与船只航行方向垂直的测深剖面。与单波束相比，多波束能高效和高分辨率地完成测量，可以实现测试区域的全覆盖。国内的多波束测深技术在冲刷测量中的应用较晚，来向华等[27]在工程实践的基础上对多波束测试技术在海底管道监测中的应用进行了专门研究。钱耀麟等[24]将该技术应用于东海大桥基础冲刷监测中。目前，该技术已广泛运用于深水基础、海上风电基础、海洋地貌等领域的测试。

典型的多波束系统通常由三个子系统组成：①多波束声学系统，包括发射、接收换能器阵和信号控制系统，可以进行多波束实时采集，并与外围辅助设备系统之间进行数据和指令交互传输；②多波束外围辅助设备系统，主要包括导航定位系统、姿态传感器等，主要用于空间位置的确定，影响到多波束系统能达到的精度大小；③数据采集和处理系统，主要包括数据的实时采集和后处理系统。Noormets 等[25]在瓦登海(Wadden Sea)对潮流作用下单桩冲刷进行了现场测试，采用高分辨率多波束系统进行了四次连续测量，得到不同时期的冲刷情况。

(2)侧扫声呐检测技术

侧扫声呐检测技术是利用声学影像来分析海洋构筑物的冲刷情况。最早的水下声呐系统起源于 20 世纪 20 年代的英国，主要用于探测水雷等军事用途。到 20 世纪 90 年代，数字声呐被成功研发，能直观地提供海底的声成像，在海底工程检测尤其是海底管道检测方面被广泛应用。侧扫声呐通过换能器向航行轨迹两侧的海底发射入射角扇形波束的高频声脉冲，接收返回信号并根据其强弱形成海底面声影像图。当海底地貌为凹槽、坑洞等“负地形”时，底部无声波反射，声呐记录为空白；当海底地貌为堆积、凸起等“正地形”时，其背后声波将无法到达，形成所谓“阴影”区域，声呐记录也是所谓空白。根据其工作原理(见图8.1-15)可建立海底目标高度的简单几何关系。

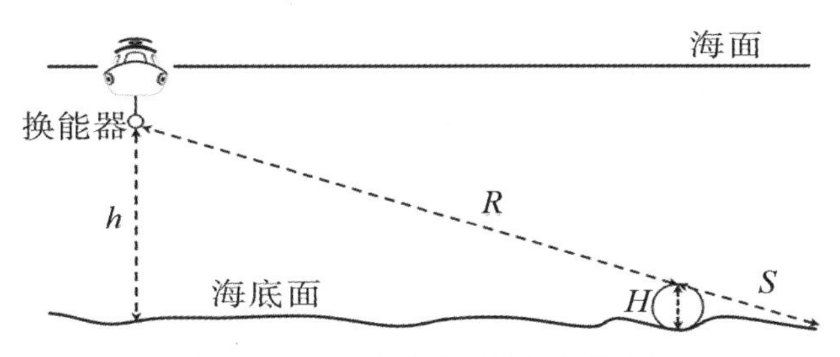

图 8.1-15　海底管道裸露高度的计算

以海底管道为例，其高度计算公式可以由下式表示：

$$H=\frac{Sh}{R+S} \tag{8.1-11}$$

式中：H——管道高度；

S——管道阴影长度；

R——换能器到管道的斜距；

h——换能器到海底面的距离。

2. 室内试验

在实际工程的设计和研究中，针对某一特定问题的几方面条件进行深入研究时，常可采用两种方式：物理试验和数学模型。对于目前研究阶段而言，由于其形象直观、概念明确，物理模型试验依然是研究冲刷问题最为常见和有效的手段。以现场试验作为主要研究手段不仅操作困难、代价较大，而且无法根据需要调整水力条件、结构形式和泥沙参数等对冲刷结果影响较大的因素。因此，尽管模型试验在比尺确定和颗粒选择方面也存在一定困难，室内波流水槽试验仍是目前可行性最佳、应用最广的研究手段，本节将对其进行简要介绍。

(1)试验设备和步骤

物理试验一般需要在波流水槽或港池中进行，将构筑物原型按照一定相似比例制作小尺度模型，模拟真实海区条件或给定海区条件中波浪和水流的作用条件开展研究，针对构筑物周围水流和冲刷情况，预测原型可能的冲刷参数，包括局部流场特征、冲刷坑形态与位置、平衡时的冲刷深度和冲刷发展历程等。该手段针对性强，物理意义明确，能探究引起冲刷发展各因素的影响，一定程度上提供较有效的信息。但目前条件下，水槽试验只能模拟相对简单和理想条件下的冲刷水动力环境，存在比尺效应、波浪破碎和边壁反射等问题，且需要人力、物力较多，对试验人员的技术要求较高。当模型试验设计、试验参数和控制条件设置不当时，试验结果可能与真实情况存在较大偏差，对工程设计提供的参考价值有限。以独立型构筑物冲刷的模型试验为例，模型布置可如图 8.1-16 所示。

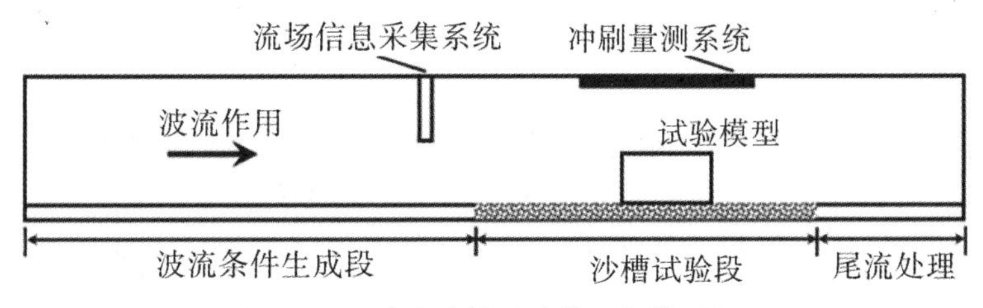

图 8.1-16　波流水槽试验装置与模型布置

试验步骤一般包括:①在水槽试验段的沉沙池中铺设模型沙并注适量水,保证模型沙表面与水槽地面平齐,关闭水槽下游尾门,向水槽内缓慢注水,充水至沙面以上,静置12小时,使土体充分饱和;②在沉沙池中部根据方案布置相应试验模型,并在水槽上游放置缓冲网,下游放置消能挡板,布置测试设备;③试验开始前,向水槽内缓慢注水,使水深达到设定值时,逐渐增大进口的流量,缓慢打开尾门放水,再按照试验方案调节进口流量和水位,检查测量装置是否工作正常,打开数据采集设备;④打开水槽造流或造波功能,使水力条件达到设计要求,根据方案进行试验,观察并记录试验现象,当冲刷发展到既定状态时,停止造流或造波功能,缓慢排出水槽内水流,采用测针测量模型周围河床情况。试验通常设置为多个比尺的不同试验组,根据每组试验条件和模型,按照以上①～④的步骤进行下一组试验,整理分析试验结果。

(2)模型相似理论与设计

相似理论是物理模型试验的基础。由于泥沙运动的复杂性,黏性相似条件和重力相似条件存在一定矛盾,模型试验中水流和泥沙各自的相似条件难以同时满足,因此,波流水槽模型试验往往抓住主要矛盾,遵循重力相似准则,即满足模型和原型之间的弗劳德数(Fr)相等:

$$\frac{V_{\mathrm{m}}}{\sqrt{gL_{\mathrm{m}}}}=\frac{V_{\mathrm{p}}}{\sqrt{gL_{\mathrm{p}}}} \tag{8.1-12}$$

式中:g——重力加速度;

V——运动速度;

L——物体尺寸,下标m、p分别代表模型和原型。

一般的波流水槽模型试验采用上述相似原理即可进行设计,然而,仅利用该相似准则并不能用于所有模型试验的设计。由于水槽边壁的存在会对其附近区域水流结构产生扰动,为避免试验测试段中模型受此影响,Ataie-Ashtiani 和 Beheshti [26] 建议模型尺寸不宜大于水流断面的12%,Whitehouse [27] 建议水槽宽度与模型宽度的比值大于6。因此,当波流水槽宽度固定时,模型的宽度会受到一定限制,这就导致在进行模型设计时可能无法在各方向采用同一长度比尺,特别是有些模型试验中需要对多种直径的颗粒进行缩尺模拟,此时,需要采用全沙模型相似律进行设计(窦国仁[28])。

3. 数值模拟

数值计算方法与物理模型相比,存在一定的优越性,主要包括但不局限于以下四个方面:(1)可采用原型的尺寸进行模拟,避免由于模型缩尺带来的偏差,也避免了水槽宽度带来的试验尺寸方面的限制;(2)可精准地布置计算模型、控制影响因素和排除人为干扰,这一点在复杂水力条件方面的研究显得尤其重要;(3)可更好地观察和捕捉试验细节,直观地展示试验结果及关键参数;(4)节省试验所用空间资源和人力劳动,可同时进行多组计算,大大提高模拟效率。

一般而言,冲刷的数学模型一般分为两部分,即流体水动力计算模型和泥沙运移模型。首先通过流体水动力计算模型对构筑物周围的局部流场进行计算分析,然后根据计算出的流场分析海床材料的运移情况,再更新构筑物与海床条件重新计算流场分布,不断迭代得到冲刷的平衡状态。在进行流体水动力计算时可以认为流体为马赫数(Mach number)小于0.3($Ma<0.3$)的可压缩性流体,将连续性方程和描述黏性牛顿流体的 Reynold-averaged

Navier-Stokes 方程（RANS equations）作为流体的控制方程，其关系如下：

$$\begin{cases}\rho(u\cdot\nabla)u=\nabla\cdot\left[-pI+(\mu+\mu_T)(\nabla u+(\nabla u)^T)-\frac{2}{3}(\mu+\mu_T)(\nabla\cdot u)I-\frac{2}{3}\rho kI\right]\\ \nabla\cdot(\rho u)=0\end{cases} \tag{8.1-13}$$

$$\mu_T=\rho C_u k^2/\varepsilon$$

式中：ρ——流体密度；

u——流速；

μ——动力黏度；

μ_T——湍流黏度；

k——湍流动能，其与湍流耗散率 ε 之间的关系如下：

$$\begin{cases}\rho(u\cdot\nabla)k=\nabla\cdot\left[\left(\mu+\frac{\mu_T}{\sigma_k}\right)\nabla k\right]+P_k-\rho\varepsilon\\ \rho(u\cdot\nabla)\varepsilon=\nabla\cdot\left[\left(\mu+\frac{\mu_T}{\sigma_\varepsilon}\right)\nabla\varepsilon\right]+C_{\varepsilon1}\frac{\varepsilon}{k}P_k-C_{\varepsilon2}\rho\frac{\varepsilon^2}{k}\end{cases} \tag{8.1-14}$$

$$P_k=\mu_T\left[\nabla u:\left(\nabla u+(\nabla u)^T-\frac{2}{3}(\nabla\cdot u)^2\right)\right]-\frac{2}{3}\rho k\,\nabla\cdot u \tag{8.1-15}$$

式中：σ_k，σ_ε，$C_{\varepsilon1}$ 和 $C_{\varepsilon2}$——校准后的流体模型参数，可取 1.0、1.3、1.44 和 1.92。

泥沙运移模型根据实际情况有多种可以选择，但主要为经验模型或半经验半理论模型，或假定泥沙起动和泥沙沉积是同时发生的两个相反的细观过程，两者综合作用的结果决定了河床稳定泥沙与河流裹挟泥沙间网格变化的速率。对于泥沙起动，认为颗粒在达到上举流速时即离开其所处位置，上举流速可由下式计算得到：

$$u_{\mathrm{lift},n}=n_{\mathrm{b}}\alpha_n d_{*,n}^{0.3}(\theta_n-\theta_{\mathrm{cr},n})1.5\sqrt{gd_n(s_n-1)} \tag{8.1-16}$$

式中：α_n——泥沙 n 的起动系数，可取 0.018；

n_{b}——河床泥沙表面外侧的法向量；

n——泥沙试样序号；

θ_n——谢尔兹数；

$\theta_{\mathrm{cr},n}$——临界谢尔兹数。

波浪作用也是产生冲刷的主要水动力因素之一，但波浪条件下的冲刷研究一直是难点，目前还不够深入。与恒定流条件下的冲刷相比，波浪产生的冲刷过程更为复杂。现有方法可以通过求解缓坡方程或 VOF 方法等建立可以模拟海洋条件中构筑物周围波浪作用下的局部流场，但仍需建立较为精确的泥沙运动模型，以开展进一步研究。但需要注意的是，目前的数值计算模型与实际情况相比还有较大差距，主要体现在对复杂水动力条件模拟的不足和泥沙模型的经验性，此外，精确地模拟冲刷过程对计算机硬件要求高、计算耗时长，目前还无法直接用于工程设计。不过，相信随着计算机技术、计算流体力学和泥沙运动科学的不断发展，采用数值计算可靠而高效地模拟冲刷定将成为可能。

4. 冲刷预测方法

在实际工程中，准确地预测平衡时的冲刷深度是海洋岩土工程设计的一个重要环节，通过预测可以提前了解现场环境条件下基础周围的冲刷情况，以便进一步从基础埋深设计或冲刷防护方法等角度保障海洋构筑物在运营期间的安全稳定。同时,如何准确地得到桥梁基础周围的局部冲刷深度也是众多学者在冲刷研究方面所关注的问题之一。各个国家或地区,根据其经验及环境条件都提出了相应的局部冲刷深度计算方法以指导工程实践。其中,美国对冲刷这一自然现象研究最早,工程经验也最为丰富,美国联邦高速公路管理局推荐使用的 HEC-18 公式,成为美国及一些地区常用的预测方法(Arneson et al[29])。我国推荐使用的计算方法主要参照 65-1 和 65-2 公式,经过多次修正已编入《公路工程水文勘测设计规范》[30],在国内的工程项目中应用比较广泛。新西兰常用的计算方法是由 Melville[31] 提出的经验公式,可以用于桥墩与桥台的局部冲刷预测。目前的冲刷深度计算还没有一个公认的方法,一般是基于水槽试验和实测数据建立的半理论半经验公式,正因如此,这类公式的适用范围往往受限于某些特定条件。当这些条件改变时,计算公式可能会失效或发生较大偏差。自 20 世纪以来,学者们所提出的冲刷预测公式不胜枚举,并仍在不断进行修正。

8.1.4 海洋构筑物冲刷防护与工程措施

在实际工程中,为了避免海洋构筑物的水毁破坏,设计人员需要根据实际情况采用必要的手段,以缓解冲刷带来的影响。冲刷防护工程措施按照防护机理可分为两类,一类是从被冲刷物质着手,着眼于提高河床材料的抗冲刷性能,比较典型的方法有抛石防护、扩大墩基础防护、四面体透水框架群等;另一类从水流着手,减小冲刷的原动力,比较典型的方法有墩前牺牲桩、护圈防护、环翼式桥墩、护壳防护、开缝防护和下游石板防护。前者可称为被动防护,后者可称为主动防护。合理的防护措施可延长构筑物的寿命,减少日常维护产生的费用,而措施不当将适得其反,不仅带来安全隐患,还会增加日常维护的费用。

抛石是应用最为广泛的防护形式之一,其特点在于取材方便,工艺简单,灵活性大,如图 8.1-17(a)所示。抛石一方面增加了泥沙卷扬起动所需要的水流作用力,另一方面其粗糙的石块在一定程度上减缓了底层水流速度。但抛石防护的整体性较差,运行维护费用和工作量较大,特别是当流速急剧增大、河床床面出现较大变化时,抛石相对位置发生了变化,失去了防护作用。作为冲刷防护措施,防护系统应该有足够的渗透性,避免在防护层上产生过大的水压作用,并应具有足够的弹性,可以与土层变形及边缘的冲刷协调。为解决抛石法的稳定性,并尽量发挥抛石的阻水和加固作用,部分抛石灌浆方法得到了较多的关注。该方法是由整体灌浆抛石方法演化而来的,如图 8.1-17(b)所示,将一定数量的抛石黏结形成一个抛石团,置于桥墩附近发挥作用。

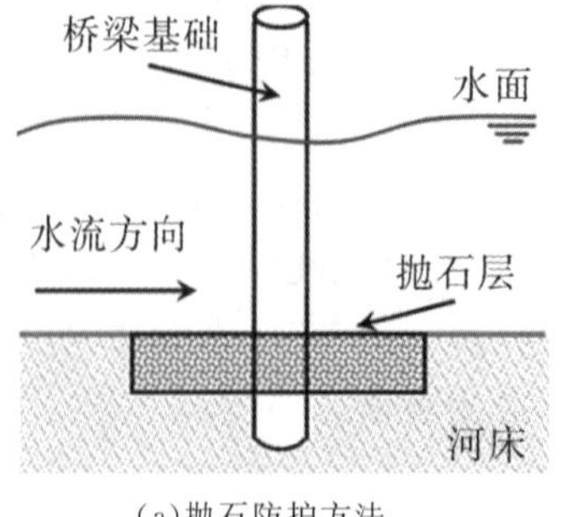

(a)抛石防护方法

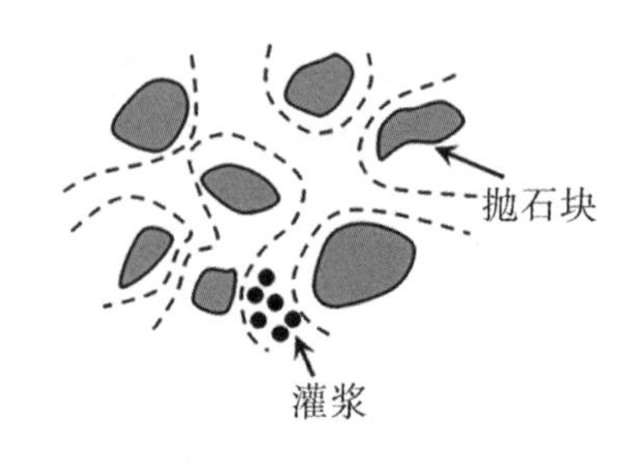

(b)抛石灌浆方法

图 8.1-17 抛石防护及其改进方法

此外,可以在河床高程附近增设底板或者护圈等,通过减小冲刷水流的原动力来提高抗

冲刷性能，这种“减冲”的防护方式即主动防护。比较典型的防护方法有牺牲桩群、护圈、环翼式桥墩、护壳、桥墩开缝和下游石板等防护措施，如图 8.1-18 所示。由于篇幅有限，其工作原理及防护效果在此不做过多介绍。

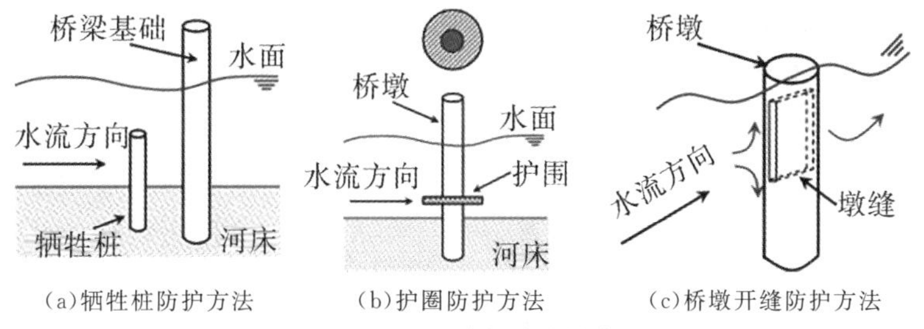

(a)牺牲桩防护方法　(b)护圈防护方法　(c)桥墩开缝防护方法

图 8.1-18　几种主动防护方法

几种局部冲刷防护方法各有其优势和不足(见表 8.1-1)，在实际工程中应根据情况进行设计和选择。传统的防护手段一般都是基于被动防护的理念，通过提高海洋构筑物基础周围河床材料的抗冲刷能力来减小冲刷深度，而近年来考虑到被动防护方法容易损坏，修缮维护代价较大，逐渐倾向于主动防护方法的设计思路。实际上，如果能将主动防护与被动防护有机地结合在一起，将会达到更为理想的效果。近年来，一些学者尝试将几种防护方法进行结合，并探索了其防护效果，如 Zarrati 等[32]将护圈防护与抛石防护结合。随着桥梁等涉水建筑工程的不断发展，冲刷防护将是未来建设中的重要环节，有必要研发出造价成本低、防护效果好、自身稳定性强的防护方法。

表 8.1-1　常见局部冲刷防护方法对比分析

类别	防护方法	优点	不足	经济性	防护效果	稳定性
被动防护	抛石防护	安装简单操作方便	易损坏； 非环境友好型	好	好	差
	部分灌浆抛石	比抛石更稳定	安装工艺复杂	好	很好	好
主动防护	牺牲桩防护	维护少 更稳定	受水流方向影响	很好	好	很好
	护圈防护	环境友好型 更稳定	影响结构； 海床改变后失效	好	好	好
	开缝防护	无需额外材料	影响结构	差	好	很好

8.2　地震

8.2.1　概述

对于海洋工程而言，地震是一把双刃剑。烈度较大的地震会引起震动破坏、海底变形、砂土液化等灾害，更有甚者会引发大规模海啸(如 2004 年印度尼西亚海啸和 2011 年日本海啸)。当然地震最为直观的影响，还是容易发生海底断层错断或海底局部隆坳作用，这会对海洋工程场址和设施造成极大的破坏。但历史上曾经发生过断层与坳隆构造运动的地区，其附近或者本身所在地就容易发现有油气存储。从有机生油学说的观点来说，油气的生成和聚集离不开沉积盆地，坳隆构造运动控制了沉积作用，所有坳陷区都是当时的沉积区；利用已知的隆起去寻找伴生的坳陷，也就意味着找到了盆地，更有机会去勘探油气的存在[33]。而含油气盆地的断裂构造是决定油气分布的重要因素。以墨西哥的EBANO油田为例，断层既能作为油气运移的通道，又能作为遮挡体形成断层圈闭（断层的大小决定了油气运移的规模），同时断层带周围裂缝的发育可改善致密储层的储集物性（裂缝的发育和分布决定了油气平面展布特征）[34]。

对于海洋岩土工程中所遇到的地震问题，通常情况下是以实际地震记录为最佳资料数据。直到2011年，我国除台湾地区建有首个海底台站外[35]，大陆近海域均尚未部署海底强震仪，因此我国缺乏可供分析的海底强震记录。面对这一现状，为了更好地研究分析，就需要依靠以理论分析为基础的数值模型计算。李金成等通过有限元方法分析了二维不规则海底地形对海底地震动的影响，发现海床上高处的地震反应比低处的大，而随着海水深度的增大，海床上的地震反应趋小，说明海水对海床的地震反应起到了一定的阻滞作用[36]。而像Fine等则结合已知的潮位资料，不断优化调整数值模型，成功模拟反演了一场发生于纽芬兰附近的1929年的地震及其后续滑坡浊流与海啸灾害[37]。

在海底地震工程领域，必须要关注海底地震波的传播[38]。而地震波的传播与场地条件又是密不可分的。目前在讨论地震波在海水中传播理论时，绝大部分情况下把地震波看作弹性波[39]。但实际上海床表面主要覆盖着淤泥、泥沙、粉黏土等非固结地质体，与完全弹性介质不同，具备黏弹介质属性；此外，海床内部的各种软硬质岩石也并非完全弹性体。习建军指出，这样的特性使得地震波在这类介质中传播时会逐步衰减并被吸收，损耗能量。因此，研究地震波在海底黏弹性介质中传播的性质就具有重要的意义[40]。

此外，在工程实际当中，我们还需要考虑到海底地震作用下结构的安全性问题[41,42]，其中的响应分析就涉及流固耦合的问题。一般认为，地震作用会以地震波的形式传递给海水，其震动场在更多时候类似于海洋声场计算的模拟；海床土一般为饱和土，通过Biot方程进行描述[43,44]，流固两相混合在一起，难以明显区分开，其中的流固耦合效应通过微分方程体现；而海水与海床之间、海水与结构（基岩）之间以及饱和海床土与结构（基岩）之间的耦合与前者不同，仅仅发生在流体和固体介质的交界面上，由界面协调条件引入[45]。总体来说，如图8.2-1所示，海洋工程中的流固耦合问题十分复杂。

一般研究当中，海水、基岩、饱和多孔介质分别用不同波动方程进行描述，再通过界面条件进行拟合求解。例如，Komatitsch等考虑海水与基岩界面法向速度连续和应力连续，建立平衡方程的耦合弱积分形式，通过谱元离散和显式Newmark时间积分，得到海底地震波的谱元模拟方法[46]；李伟华等考虑了理想流体和饱和土层的界面连续条件，建立了水与饱和场地、结构耦合的有限元动力分析方法[47]；陈少林等则基于理想流体、固体分别为饱和多孔介质的特殊情形（孔隙率分别为1和0），将上述耦合在饱和多孔介质理论体系中加以描述，整合在统一框架内，避免了不同模块之间的交互[48]。

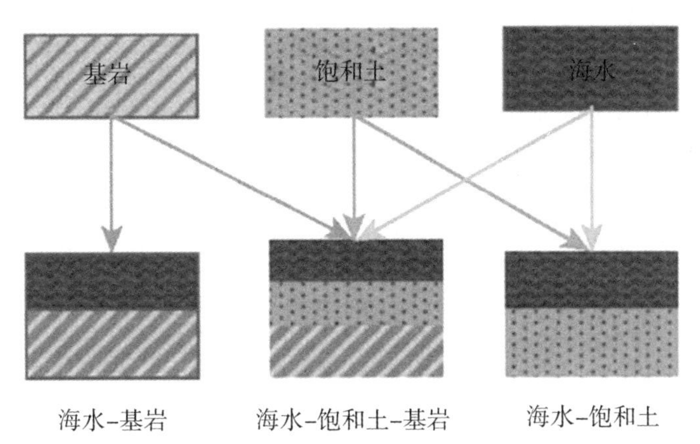

图 8.2-1　多介质耦合关系示意[34]

8.2.2　地震灾害机理研究

1. 地震液化

地震液化可引起海底倾斜土层的失稳和变形，影响海洋工程结构的使用和安全。对于这种海洋地质灾害，地震被认为是常见的诱因之一，在砂性或粉质海底，地震动使土层中孔隙水压力上升，引起液化使土粒处于悬浮状态，从而使土体失去强度、丧失承载力，导致海床的失稳、沉陷和大变形[49]。

自 20 世纪 60 年代起，地震液化就成为整个土木工程领域的重要研究课题。Seed 等把地震液化研究分为 5 个相关研究方向[50]：(1)液化可能性或初始液化判别；(2)液化后土的强度和整体稳定性评价；(3)液化引发的土体变形和位移；(4)评价第(3)项变形和位移对工程结构的影响；(5)消除地震液化的工程处理措施。较为可惜的是，除了第一项研究较为成熟且产生了丰硕成果外——如陈小玲等利用东海气田群海底管道路由区振动样品、钻孔样品和室内测试资料及原位海洋静力触探 CPT 资料来分析土体物理力学性质，利用 Timothy 液化判别法[51]定量判断了地震作用下土体液化可能性[52]——其他方向还需要进一步研究。对于地震液化的研究多集中于土的本构、孔压等模型与数值分析方法上，针对海底土的动力特性研究较为缺乏。不过一般认为海洋大陆架曾经是陆地的一部分，由于海平面的升降变化，使得陆地边缘部分在一个时期里沉溺在海面以下，进而成为浅海环境，故海底土的性质与陆地土有较多相似，因而针对海底土层液化后的破坏研究也多是借鉴陆地土层的分析方法，如 Hamada 等首先提出经验回归统计方法[53]，基于 Newmark 极限平衡理论[54]和 Towhata 最小能量原理[55]的简化分析方法与各种模拟试验法(如使用离心机、振动台等)。但在考虑海洋环境荷载影响的基础上，海底土的地震液化特性还是与陆地土有所区别。

以 1995 年的希腊 Corinth 海湾震害为例，Papatheodorou 和 Ferentinos 在进行实地勘察后发现，海床经地震影响后其破坏形式主要有土层滑移、旋转滑坡、扩展性滑动、沉积性流动和冒砂现象[56]。经分析，地震引起滑移破坏的主要诱因是海床浅处土层的液化，同时地震循环荷载可能导致海底浅层气体的排出，会加速孔压的升高，使得液化更易于发生。液化层的出现为海床的破坏提供了一个滑动面，使海底边坡发生滑动，并可能使液化砂土喷出海床表面。由于液化和重塑导致沉积层下部土层的变形，还引起了多块土体的旋转滑动等现象。

通过上述地震实例可以看出，在海洋环境下，海底土在遭受地震时其特殊性在于[57]：(1)地震时，海底土的饱和状态、沉积过程造成的欠固结和海底浅层气体等因素，都使得海底土层更易发生液化；(2)当海床表层液化，由于波浪及海流作用，液化后土体易形成泥流、悬浊体扩散至较远距离；当液化发生在海床以下某些土层，孔隙水压力消散较陆地缓慢得多，强度恢复较慢，使得侧移规模较大，若转化为泥流将引起更大规模的滑移。

随着数值计算技术的发展，对海底土及海洋岩土工程相关的地震液化的研究多集中于以有限元方法为代表的数值分析方法上，比较典型的有效应力动力有限元软件有 TARA-3FL、DYNAFLOW 和 SUMDES 等，通过对模型试验和震害实例的分析，得到大体符合的计算结果。Azizian 和 Popescu 利用 DYNAFLOW 有限元程序进行了海底斜坡地震液化破坏的数值模拟[58]。Teh 等通过离心机试验和数值计算，分析了土层液化时海底管道产生的上浮或下沉情况[59]。冯启民和邵广彪基于有效应力有限元方法和 Newmark 刚性滑块理论，提出了一种将波浪荷载简化为海底恒定的上覆压力和初始孔压的计算海底小坡度土层地震液化引起侧向滑移的简化方法，但是忽略了海水黏性对海底土层地震反应的影响[60]。张小玲等建立了地震荷载作用下海底管线周围海床液化的有限元模型，并引入不排水循环扭剪试验条件下得到的孔隙水压力增长模式，数值求解得到了地震荷载作用下海床中累积孔隙水压力的发展过程与变化规律，并通过变动参数法计算了海床土性参数和管线几何尺寸对由地震所引起的管线周围海床中累积孔隙水压力分布的影响[61]。

总体来说，现在学术界已经对包含陆地、海洋在内的地震液化和液化变形问题有了一定的理解，但鉴于对海底土动力特性、孔压模型的认识尚不清晰，以及真实环境下工况条件的复杂性，若要完全解决海洋岩土工程中涉及的地震液化问题，还有很长的路要走。

2. 地震滑坡

海底滑坡这一灾害的定义为：海底斜坡上的松软沉积物在重力作用下沿软弱结构面发生滑动的现象。在上文我们也提到过，地震引发的土壤液化也有可能会引起海底滑坡的问题。由滑坡导致的沉积物运动给海洋和近岸工程开发造成了不利或灾难，对油气、水合物及海底矿产资源的勘探和开发造成重要影响。而规模巨大的海底滑坡还可能引发海啸，造成更大的伤亡和经济损失。

由于海洋环境复杂且多变，所以海底滑坡的成因条件比较复杂。Masson 等将海底滑坡成因划分为两类[62]：一是滑坡体内在原因，二是外部触发因素。内因主要包括海底沉积物物理力学性质、海底软弱夹层的分布以及海底地形条件等。海底外部触发因素有很多，根据 Hance 对世界范围内已发生的 534 个海底滑坡事件触发因素的统计分析结果，地震活动是海底滑坡最主要的触发因素[63]。地震不仅使滑移体的剪切应力增大，并且地震循环荷载还会使海底土体超孔隙水压增加，进而降低土体的抗剪强度[64]。

国际比较著名的例子是挪威的 Storegga 滑坡，它对其左侧的 Ormen Lange 天然气田形成了巨大的威胁。经调查研究发现，该滑动的发生与冰川沉积物的快速卸载、超孔压和内部黏土层的低剪切应力发展有关，特别是在现今的头部地区，滑动可能被强地震激发，然后逐渐发展成为后退式向岸传播的滑坡。

马云对我国南海北部陆坡区的东沙陆坡区海底滑坡触发机制进行了研究[65]，发现对于这一区域地震是滑坡发生的主要诱发因素之一(可参考图 8.2-2)：地震活动直接破坏该区

土体结构，减少黏聚力；特别是当滑坡区自然坡度本身较大，滑动力和抗滑动力大致相等、处于极限平衡状态时，一旦发生地震，即可发生滑动。马云认为，具体而言，地震触发海底滑坡存在两种机制。一种为直接触发机制，进一步划分为加速度触发的滑坡（地震过程中斜坡上松软沉积物产生垂直方向和水平方向上的加速度，并由此产生剪切强度）、滑坡体底部沉积物液化触发的滑坡以及断层活动触发的滑坡；另一种为间接机制，具体可划分为海波影响、海浪快速下降与天然气水合物分解产生的影响。

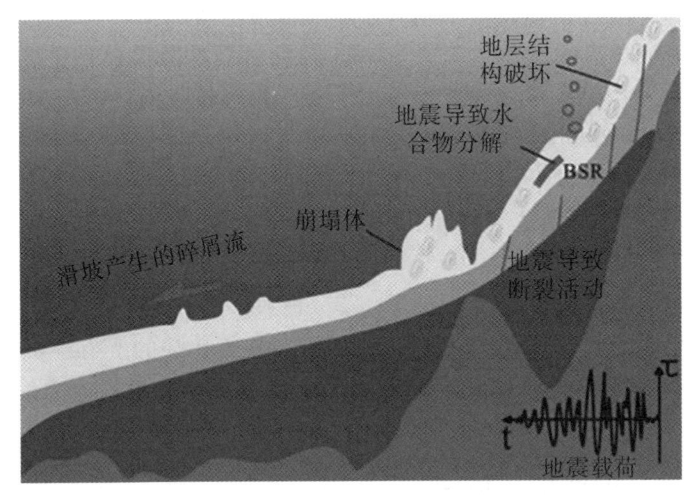

图 8.2-2　东沙陆坡海底滑坡的地震触发机制[51]

从上述论述可以发现，地震诱发的滑坡与地震液化是有密切联系的。当海底发生一个强度较大的地震动后，地震的液化往往会发生，随后又往往会产生斜坡失稳导致滑坡发生。考虑到地震液化与地震滑坡的关联性，本章也不再对这一内容做过多叙述。

3. 地震海啸

所谓海啸，一般是指由海底地震（据统计，超过 90％的海啸是由地震引发的[66]）、火山爆发或海底塌陷、滑坡[67]等大地活动所产生的具有超大波长和周期的大洋行波，其在传播过程中能量衰减很少，因而能传播到几千公里以外仍能造成很大灾害。它们将能量传递给水体，引起水面大扰动，产生巨大的波浪，向四面八方传播。当其接近近岸浅水区时，波速变小，波幅陡涨，有时可达 20～30m 以上，骤然形成"水墙"，瞬时侵入沿海陆地，造成危害[68]。在波浪进入港湾时，海啸还可能引起海洋构筑物的共振，造成巨大的损失。进入 21 世纪以来，全球发生了多次地震海啸灾害，海啸已经成为威胁全球沿海居民生命财产安全最严重的自然灾害之一。近年来比较严重的地震海啸有 2004 年印度洋海啸、2010 年智利海啸和 2011 年日本东北地震海啸。其中，日本这场地震海啸还造成了福岛第一核电站的核泄漏事故，一度造成了世界性的恐慌。

陈颙等认为，地震海啸产生必须满足三个条件：深海、大地震和开阔的逐渐变浅的海岸条件。发生在浅海的地震难以产生较大的海啸，只有发生在深海的地震，释放的能量才能形成巨大的水体；21 世纪的三次特大地震海啸均由震级为 9 级左右的地震产生，只有震级较大，才更容易产生巨大的能量进而形成大海啸；海岸带比较开阔，不会影响海啸的传播方向，另外海岸带逐渐变浅也有利于海啸爬高[69]。至于地震海啸的生成原因，魏柏林等认为，实际是由于地震产生的地震波的振动和地震同时的断层错动，触发已存在且不稳定的滑坡体和崩塌体突然滑动和崩塌，促使海水扰动而引发海啸[70]。但无论两者之间的具体联系是什么，地震是海啸产生的主要原因这一事实是不会改变的。

目前，地震海啸的研究主要还是通过数值计算方法，对海啸生命周期进行分析[71]。地震海啸的生成阶段，主要是由于地震引发的海底的突然变形进而引起海水的大范围波动。Mansinha 和 Lmylie 基于弹性变形理论，根据 Volterra 公式推导出了由板块运动所造成的海底变形量的计算方法[72]。Okada 采用有限域积分模型由震源参数位错形态，为海啸形成的初始形态提供海底边界的变化过程[73]。对于传播过程的数值模型主要有浅水波数值模型和 Boussinesq 色散模型。浅水波方程适用于动压相对较小而以静压为主的条件，常用模型有 MOST、GeoClaw、COMCOT 等；Boussinesq 方程考虑了波浪的非线性特性和垂直加速度所导致的非静压效应，即色散效应，主要模型有 FUNWAVE 和 CULWAVE[74]。除了数值模拟外，方程解析以及模型实验等手段也常常被应用于解决海啸的爬高、淹没和对建筑物作用方面的问题。常见的是将海啸波当作孤立波，运用波浪理论予以计算，或是在实验室水槽中人为造出孤立波进行研究。Tinti 和 Tonini 基于非线性潜水方程，将地震引起的海底变化近似为初始水面扰动，给出了海啸波在近岸斜坡上传播的解析解，并进一步探讨了初始扰动、水深和波浪破碎等对海啸爬高的影响[75]。上述工作为地震海啸的监测与预警提供了理论支撑。

8.2.3 海洋工程抗震分析

1. 海洋平台结构的振动控制研究与发展

我国处于太平洋板块和亚欧板块交界处，位于环太平洋地震带，地震多发，8 级以上的地震就发生过很多次。以渤海为例，渤海中油气丰富，建造了大量海洋平台，一旦海洋平台遭受到地震破坏，会产生一系列不可估量的灾害，渗漏的油气极有可能严重污染海洋环境。因此，有必要对海洋平台进行抗震设计与振动控制。对海洋平台的振动研究属于多学科多领域的综合性研究，需要各类专家学者进行全方位立体化分析。目前对海洋平台的振动控制工作还主要以理论分析为主，真正应用于实际工程中的案例较少。海洋平台振动控制与传统结构的振动控制理论相仿，都可以利用被动控制、主动控制、半主动控制和混合控制等方法进行减振[76]。

在被动控制中应用较为广泛的是减隔震技术，黏弹性耗能器、调谐质量阻尼器(TMD)、调谐液体阻尼器(TLD)等作为被动控制装置，不仅在陆上结构的减振中发挥了重要作用，在石油钻井平台等海洋结构的减振控制中的地位也不容小觑。欧进萍院士等提出一种新型阻尼隔震方案，在导管架平台的导管与甲板之间设置柔性阻尼层，并简化计算模型模拟冰荷载与地震作用下的反应，结果表明这种柔性阻尼隔震技术在减振中具有很大优势[77]。张纪刚等针对实际海洋平台进行缩尺模型的振动台试验，分别验证无控结构、纯隔震结构、SMA 隔震结构和 SMA 阻尼隔震结构四种结构形式在不同地震作用下海洋平台不同位置处的瞬态动力反应，可知 SMA 与 SMA 阻尼隔震技术对大体积海洋平台均具有较好的控制效果[78]。

早在 20 世纪 80 年代，J. Kim Vandiver 就对安装有 TLD 减振水箱的海洋平台进行了一系列振动特性的分析和研究，通过选取合适的水箱，并调节水箱的各类参数，就可以达到

控制平台响应的效果[79]。王翎羽等根据液体对基底结构的作用得到 TLD，并根据结构动力学相关理论建立了 TLD 减振分析表达式，通过这一思路对实际海洋平台进行了振动分析，验证了室内模拟和现场试验结果的可靠性[80]。李宏男等将 TLD 应用在固定式海洋平台中，讨论了调谐质量比等参数对减振效果的影响，同时通过数值计算建立了海洋平台-TLD 力学模型和运动方程[81]。黄东阳等提出了可控式 TMD-TLD 混合调频系统，介绍了各参数的设置方法，运用系统运动方程得知这种混合调频系统比单纯 TMD 或 TLD 具有更强的鲁棒性和更优的控制能力[82]。赵东等将 TMD 系统进行升级改进，得到了扩展调谐质量阻尼器(ETMD)，并将其应用于海洋平台中进行被动控制研究，分析结果表明，在特定频率范围内，减振系统频率越接近激励频率，且质量比在特定值域之内时，ETMD 可以更好地吸收结构反应的能量，平台的位移反应也随之降低[83]。

应用于海洋平台中的典型的主动控制装置有主动质量阻尼器(AMD)和混合质量阻尼器(HMD)，其本质也是 TMD 系统的升级。Vincenzo 通过对海洋平台结构设置 AMD 系统，研究了如何减轻海洋环境之中由各类浪流、漩涡、潮汐引起的振动的问题，开创了 AMD 应用于海洋平台的先河[84]。Ahmad 在理论基础上，采用最优控制算法对各项主动控制参数进行研究，较早地对平台进行了最优主动控制的理论分析[85]。欧进萍院士等通过对 JZ20-2MUQ 海洋平台施加主动控制 AMD 系统，研究了海洋平台在地震荷载及冰荷载作用下的振动反应，进而根据时程分析和多参数耦联优化探讨了 AMD 系统质量、刚度、阻尼的参数优化问题，结果表明增加 AMD 质量可以有效提高系统的控制效果，并且 AMD 控制算法会因荷载性质和强度的变化而有所不同[86,87]。

将结构半主动控制技术应用于海洋平台上是一个可行的方法。结构的半主动控制技术在施加控制力的时候不需要太大的主动能量，而是可以利用结构自身振动产生的变形或速度，外加少量能量进行调节，从而达到实现主动控制的效果。因此半主动控制有着更好的经济性、高效性与实用性。陆建辉等提出一种适用于海洋平台的变刚度半主动控制方法，根据采集的波面特征得到加速度反应谱，从而产生实时控制信号，该方案是基于新型变刚度调谐质量阻尼器，验证了以该反应信号为基础的半主动控制系统对海洋平台反应的抑制效果，具有可行性、实用性[88]。张纪刚、吴斌等利用主动变阻尼控制方法进一步开发了一种磁流变智能隔震系统，并且利用 ANSYS 进行了模型简化和地震作用下的模拟计算，验证了其良好的控制效果[89]。

2. 海底管道抗震方法

相对于陆地管道抗震设计方法的研究，科学工作者和工程人员在海底管道方面的工作要少得多。至今为止，还没有一个可用于海底管道抗震设计的规范形成，就是专门针对海底管道抗震的研究论文也非常稀少。但是，国际上对海底管道其他方面的研究已经有较长的历史，尤其近年来，每年一次的海洋技术会议、海洋力学和极地工程会议、近海与极地工程会议都设有管道讨论专题。对海底管道抗震设计方法研究有促进的工作主要有：管土之间相互作用的试验分析；悬跨管道的动态特性试验和理论分析[90]。

Matsubara 等对影响埋设管道抗震设计的重要参数即土弹性系数进行了研究，结果说明它与管道埋设深度、土壤剪切模量等因素有密切关系[91]。Kershenbaum 等对铺设在地震断裂带上的水下管道研究后发现，地层错动对水下管道的弯曲和轴向应力作用较小，水下管道相对陆地管道比较安全[92]。

Masaly 和 Datta 以一理想悬跨管段为对象研究其横向地震响应特征，给出受横向随机地面运动激励时的频谱分析法[93]。Figarov 和 Kamyshev 研究了海底管道抗震稳定性动力问题，考虑通过包围管道的土壤传递地震载荷，证实管道承受的最大动力效应来自管道振动的纵向地震波，阐述了管道共振现象的可能性[94]。针对地震断层的影响，Newmark 和 Hall 首先给出了在连续管道变形假设基础上的断层应力分析方法，这个方法也是现今大多陆地管道抗断层设计方法的基础，有比较可靠的工程应用背景[95]。

8.3 浅层气

8.3.1 概述

海底浅层气一般是指在海底面以下 1000m 之内聚集在海底沉积层之内的游离气体，但在钻采技术上，中国的天然气储量规范中将埋深 1500m 以上的气藏定义为海底浅层气。海底浅层气的组成成分通常为甲烷、二氧化碳、乙烷、硫化氢等，其中以甲烷的含量居多，分布范围也最广。

海底浅层气按照气源物质的不同，可以将其分为有机成因和无机成因两种类型。有机成因是海底沉积层中的有机物质由于细菌作用、物理作用和化学作用形成的游离气体，而无机成因一般指在任何环境下无机物质所形成的游离天然气，主要有热液、火山作用、岩石变质作用等，还有可以是地幔中存在的游离气体通过薄弱面向地表运移聚集形成的海底浅层气。根据有机质的成烃演化规律，可以将有机质的热演化过程划分为未成熟、成熟（包括低成熟、高成熟）、过成熟等不同的阶段，也可以将有机成因的浅层气相应地分为生物气、生物-热催化过渡带气、热解气、裂解气。此外，可以根据有机质母质的类型不同将浅层气划分为油型气（腐泥型天然气）和煤型气（腐殖型天然气）。

海底浅层气导致的灾害一般发生在海洋工程建设以及石油天然气资源勘探开采过程中，或者海底地震、海啸导致浅层气的储存条件失衡，触发浅层气向外喷逸而导致（如图 8.3-1所示）。墨西哥湾的一次钻探过程中，由于勘探失误，没有发现钻探区域下方存在高压储气区从而导致了井喷，最后形成了直径 500m、深度 30m 的麻坑；2000 年 10 月，在台风的袭击下，东海平湖油田的海床被台风引发的海底急流掏空，海底输气管道出现悬跨并失效，导致油气田停产，依靠平湖油田供应天然气的上海浦东市民的生产生活受到极大的影响；如图 8.3-2 所示，2001 年，杭州湾跨海大桥在前期工程地质勘察的过程中，由于钻探不慎触及海底浅层气，导致发生井喷及海底土液化，数艘海上钻探船焚毁，损失惨重。因此，海洋浅层气体诱发地质灾害的研究对海底资源的有效开发利用和海洋灾害处置具有重要的意义。

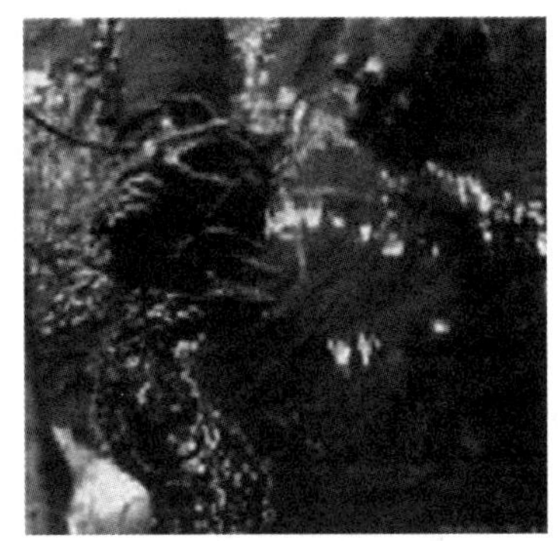

(a)海工勘探遭遇浅层气　(b)钻井平台遭遇浅层气　(c)引起海床管线断裂漂浮

图 8.3-1　海底浅层气引起的工程灾害

图 8.3-2　杭州湾钻孔勘探浅层气喷发

8.3.2　浅层气灾害产生机理

富含浅层气的海底沉积物处于固、液、气三相混合的状态，与一般海底沉积层中不含气体的饱和土不同。同时，由于其内部气相与外界大气相隔离，故与陆上的非饱和土的状态也不同。此类非饱和土在它的三相组成发生变化时，应力路径变化也相对比较特别，是一种特殊的非饱和土，它的存在对海上工程的建设造成重要的影响。

调查资料表明，浅层气以气泡的形式存在于海底黏性土中，如上海附近海域内的含气黏土层中的浅层气气泡远远大于黏土，直径一般为 0.5～1.0mm，大的气泡直径甚至可达 4～5mm。土体内部存在的大气泡会从两方面影响黏性土的变形强度特性：一方面是由于气泡的存在，土体的压缩性大幅度提高；另一方面是由于气泡的存在，土体的骨架结构被破坏，当有外荷载施加在土体上时，气泡的存在会使得周围土体骨架产生应力集中现象，土的抗剪强度和弹性模量显著降低，因此当工程建设时，海底土的承载力大幅降低且沉降量显著增大，若工程建设过程中有穿过浅层气气囊，浅层气的突然释放还会引起海底土体的范围失稳破坏，对工程建设产生安全隐患。

海底沉积物一般以黏土和砂土为主，黏性土的有机成分含量高但渗透系数低，一般是浅层气的生气层和上覆盖封闭层，而砂土层的土体孔隙大且渗透系数高，一般是浅层气的主要储气层。海底沉积层的土性结构主要为黏土和砂土互层，中间的砂土层往往存在连续的浅层气，气体体积大且由于存在封闭层而气体积聚压力较高，对深海采矿及海上建设的安全作业造成威胁。

当钻机钻进含高压浅层气沉积层时，有可能会发生井喷，其原理是土体的水力坡降超过了临界水力坡降，从而发生了渗流破坏，根据浅层气释放时周边土体受扰动的影响程度可以将土体分为四个区域：(1)剧烈扰动区：该区域的水力坡降要高于临界水力坡降，经常会发生管涌、流沙，井喷也是在此区域发生。由于井喷的发生会带走大量沉积层中的土颗粒，因此该区域在形状上一般为圆形或椭圆形，位置一般位于喷气口的周围。(2)严重扰动区：该区域的水力坡降小于临界水力坡降，该区域没有剧烈扰动区那么剧烈伴随土体颗粒的流失，但由于距离较近，仍受到严重的扰动作用，土体的应力状态变化较大，土体会产生较大的塑性变形且其抗剪强度显著下降，该区域位于剧烈扰动区的外围。(3)轻微扰动区：该区域的水力坡降小于临界水力坡降，且其土体所受扰动影响较轻微，应力状态变化程度较低，变形量也较小，其抗剪强度等工程特性基本没有变化，该区域位置位于严重扰动区外围。(4)含气层压密区：该区域的储气层气压小于临界水力坡降，距离气体释放区很远，受到扰动影响很小，变形量小且可能存在轻微压密，故抗剪强度有所增高，该区域远离剧烈扰动区，位置位于轻微扰动区外围。

8.3.3 浅层气治理对策

对于防治浅层气诱发的地质灾害，首先要对浅层气的分布及其赋存特征进行调查，确定浅层气的形态及成因，对浅层气的状况有一个大致的了解，在此基础上采取相应的措施，规避或防治由浅层气造成的相应问题。

通过查阅历史资料，对待施工区域的地形地貌进行综合分析，找出浅层气最可能赋存的沉积相以及潜在的沉积层。此外，还可以开展浅层气的地球物理调查。常用的设备有浅地层剖面仪、旁侧扫描声呐仪和多道数字地震系统。浅地层剖面仪通常可勘探 50m 左右的深度，而多道数字地震系统可勘探数百米至近千米的深度。

在地震记录上，浅层气往往表现为反射波振幅、频率和速度的异常变化，所以很容易就能在地震记录上识别出浅层气异常。根据地震波反射特征，可以将浅层气按照富集程度分为高浓度区和一般浓度区。反射空白区异常和振幅亮点异常可能显示了高浓度浅层气地区；而反射波绕射、散射异常可能代表了一般浓度浅层气地区。

此外，当浅层气喷溢出海底时，随着沉积物孔压的释放，会诱发砂土液化，引起沉积地层的塌陷，造成海底表面圆形沉陷凹坑，形成麻坑地貌；如果浅层气喷出的是泥沙、水、气的混合物，则浅层气喷出携带的泥沙会在喷气口留下丘状堆积物，形成泥丘地貌。可见，麻坑和泥丘地貌形态是浅层气曾经喷溢出海底的遗迹，也是判断该区域是否存在浅层气的线索之一。

在对待施工工区进行浅层气预测和地球物理调查的基础上，清楚地掌握了浅层气的特性、分布范围，就要采取有针对性的措施保障工程和设施的安全。具体做法是：在近岸工程施工前，在浅层气赋存的部位采用钻孔放气措施，一般能取得比较理想的效果。钻孔放气可采取两种方法：

(1)对于浅层气的气囊、气团和气层，当钻进到设计地层深度时，应放慢钻进速度，一旦刺穿，浅层气就会喷溢，可进行正常放气。钻孔结束后，再在孔内设置一根排气花管，作为泄气通道。

(2)对于含气沉积物，因为浅层气在地层中还没有富集形成局部闭环的气囊，所以采取逐步钻进并在地层中进行减压放气，以诱导沉积物中呈溶解状态的浅层气泄出。

8.4　海底滑坡

8.4.1　海底滑坡的定义

关于海底滑坡(submarine landslides)的定义,一般认为,位于海底的岩石或沉积体在波浪、潮汐和海流等多种海洋自身环境动力,如地震、断裂活动、火山喷发、底辟作用等不同的内动力地质作用因素的综合影响下发生失稳破坏,同时在自身重力作用下沿着一定的斜坡面向坡下运动[96],如图 8.4-1 所示。它在主、被动大陆边缘皆可发育,一般集中在陆架坡折带及以下,它使失稳的沉积物沿滑动面从陆架坡折带经大陆坡滑动到深海盆地[97-100],如图 8.4-2 所示,具体包含岩崩、各种跌落、滑动、滚动及密度流等多种运动体系,因此也被当今学者称为“块体搬运体系”(mass transport deposits,MTDs),是陆架陆坡沉积系统的重要组成部分。它作为引起陆坡失稳及设施破坏的最重要的一种灾害地质过程,越来越受到学者们和工程建设单位的重视。

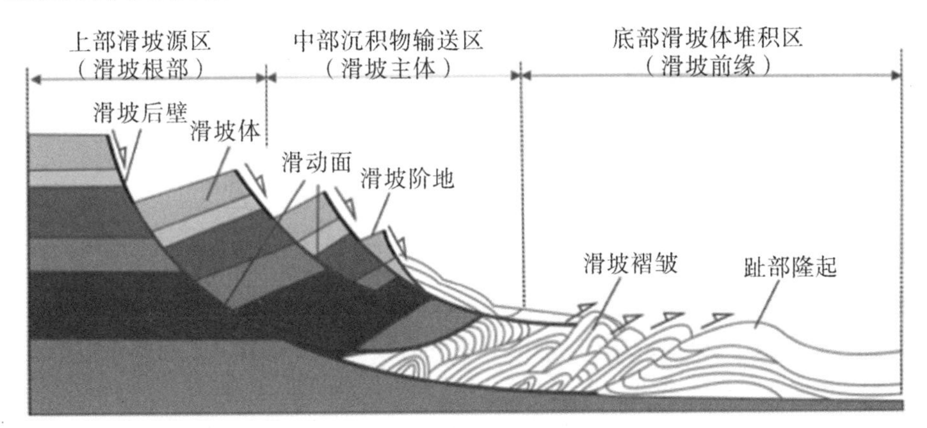

图 8.4-1　海底滑坡沿运动方向剖面结构

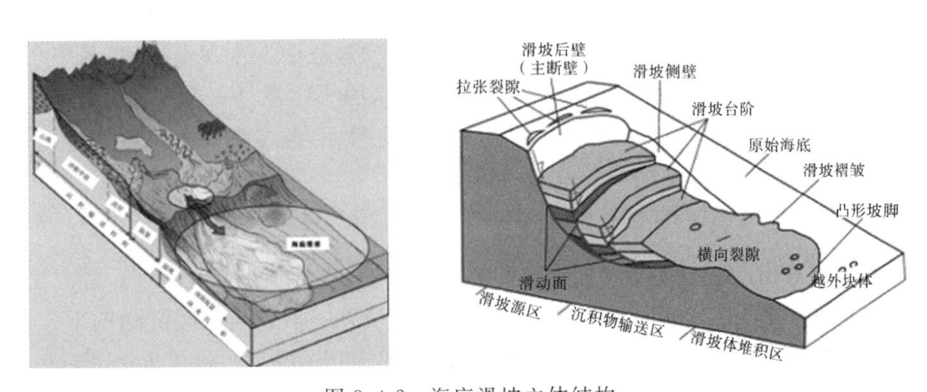

图 8.4-2　海底滑坡立体结构

8.4.2　海底滑坡的类型

对海底滑坡的类型进行研究对于其基础理论建设及正确认识土体失稳后运动规律十分

重要。1963 年,Dott 最早将海底滑坡分为滑坡、浊流、块状流和塌陷四类[101];Moore 在 1977 年将 Vaines 的陆地滑坡分类方案进行了修改,按照失稳物质的状态分为滑动、流动和塌陷;Locat 在 2002 年修改了 ISSMGE 技术委员会划分的陆地滑坡类型的方案,依据失稳物质的运动机理划分出滑动(包括旋转滑动和平移滑动)、倾倒、扩张、坠落和流动五种类型[102],这五种类型中的坠落和流动进一步可以细分为崩流、碎屑流和泥流三种亚类,这三种亚类可进一步发展演变为浊流,如图 8.4-3 所示;Canal 等在 2004 年总结了前人分类方案的不足,并基于海底斜坡破坏变形方式的不同划分出平移滑坡(滑动)、碎屑流、泥流、蠕变和岩崩(碎屑崩落)五种类型。总体来说,后期学者的分类方案越来越细致,还出现了二级分类。

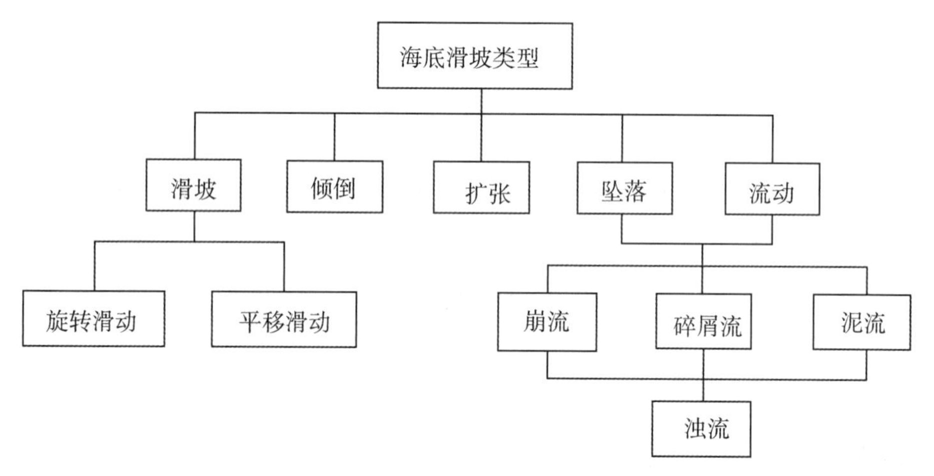

图 8.4-3 Locat 对海底滑坡的分类

1. 蠕变

蠕变是海底斜坡上的土体在外力作用下发生的缓慢的、持续的、长期的不可逆转的变形过程,在黏性土的海底较为常见。蠕变在发展过程中可能会向滑动和塑性流转变,一般作为海底斜坡失稳的初始状态,多发生在坡度较缓的地区。在海底坡度较陡的斜坡区、陡坎区、海沟侧壁或海山侧翼,岩土体会脱离母体自由向下滑落,这种运动称为岩崩。海底斜坡发生失稳作用之后,尚未固结的海底沉积物在向下坡的运动过程中发生逐渐崩解,最终可以演变发展形成碎屑流和泥流。海底失稳的岩石或沉积土体的块体滑动最为常见,也就是一般意义上的海底滑坡类型。这样的滑坡发育的坡度不一定很大,但多数发育范围较广,多个块体连成一片形成复合体(如挪威的 Storegga 滑坡)。

2. 重力流

重力流是海底滑坡的一种主要形式,其中包括岩崩、碎屑流、块体运动。重力流初始是块体组成的运动,块体破坏的区域能够被预测。滑移块体一般来自比较陡峭的部位,首先破碎运动的小块体可能会是大滑坡事件发生的预兆。例如 Storegga 和 Traenadjupet 滑坡事件,最终滑移体中既包含在陡峭部位最初破坏的岩体,又包含大量的黏性泥沙[103,104]。岩崩是在陡峭的斜坡上岩体脱落自由运动的一种滑坡机制,坠落速度非常快,可能是垂直向下,还有可能是在斜坡上跳跃运动等,无潜在滑动层。岩崩体积一般小于碎屑流的体积,岩崩是陡峭区域海底滑坡的主要组成部分。碎屑流是一种沿斜坡岩石碎片快速滑动的一种海底滑

坡。碎屑流的特点就是在滑动过程中岩石进一步破碎成小碎片，内部结构和流体形态复杂无序，流动厚度较小，但覆盖范围很广，孔隙率较高[105-107]。碎屑流主要成分来自峭岩壁部位直径很大的岩体崩落后进一步破碎的碎石块，其滑移体量可能超过 500km^3[108]。碎屑流规模很大，一旦发生就是灾难性的事件。滑坡形态学和沉积特点往往能够解释滑动过程中的岩石破碎、岩崩、碎屑流等。狭义上滑坡可定义为：滑移体、积雪、岩体由于剪应力破坏沿一个或多个剪切面滑动或坠落。滑移体的滑动变形不一定很大，也可能是转动或平移。Mulder 和 Cochonat[109]认为海底斜坡滑移体的滑坡其中一部分滑动面平行于沉积物的分层面。浅板滑形式即在浅滩发生的沿一定滑动面平移的一种滑坡类型，这种滑坡滑移深度与长度的比值可以小于 0.15[110]。若按照此比例分类，大多数海底滑坡都属于平移滑坡。这种平移运动块体或重叠块式的滑坡，其中外界块体作为个体嵌入滑移体一起运动形成碎屑流或泥石流，其沉积结构形式与海床相似，如 Canary 滑坡[111]。

3. 塑性流

塑性流一般指的是海底欠固结沉积物塑性破坏流动，包含三种形式：泥石流、液化流、液态流。泥石流在滑移过程中的基体强度可避免泥石流的进一步流化形成液化流和液态流，出于这个原因，许多学者未将液化流和液态流列入塑性流范畴。泥石流中悬浮着粗大固体碎屑物并富含粉砂及黏土的黏稠泥浆，这也是泥石流与泥流的差别，泥石流中包含的颗粒、块体、砾石、砂石成分高达 50%。海底滑坡中泥石流通常是黏性沉积物将颗粒物如砂石、黏土、水等团聚在一起沿着斜坡层状流动[112]。黏土含量低至 5%足以诱发黏性破坏[113]。泥石流基体的强度保证凝聚机制，可以很容易地包裹各种大小的碎屑和块体材料。泥石流的流动速度差别很大，当顺坡方向的应力小于抗剪强度时或当沿坡方向的摩擦力足够大时，泥石流开始沉积。泥石流沉积物中包含角砾岩和泥碎屑，许多泥石流沉积物中卵石或巨砾会随坡度减缓而旋转被分拣出来。无论海底斜坡处于何种情况下，通常泥石流主体的强大凝聚力使其很难演变成浊流，然而也有特殊案例，在 Madeira 深海平原和 Canary 海底滑坡事件中就出现了浊流现象。泥流也属于塑性流的范畴，其流动性很大程度上来源于流动体中的细颗粒。泥流也可以认为是一种泥石流，只不过其中碎屑还要小 50%。泥流中水和黏土的质量在 60%以上，水的含量严重影响泥流的黏滞性、流动速度、流动形态和泥流的沉积。泥流中，流动黏滞性和屈服强度是控制泥流初始流动的主要参数，屈服强度接近于剪切强度。

由于我国海底滑坡研究起步晚，勘查力度低，学者们现今常依据其外在属性特征进行分类，如依据滑体规模分为超大型滑坡、中型滑坡、小型滑坡，依据滑体厚度分为薄层滑坡、中层滑坡、厚层滑坡，依据滑动斜坡结构和滑动面位置分为无层滑坡、顺层滑坡、切层滑坡。

8.4.3 海底滑坡诱因

海底滑坡的成因条件一直都是海底滑坡领域里需要重点研究的问题，对海底滑坡触发机制的研究直接决定着海底边坡稳定性评价的可靠性和有效性。由于海洋环境复杂且多变，所以海底滑坡的成因条件比较复杂。Locat[114]认为圣劳伦峡湾的滑坡是由地震引起的，发现加那利群岛（西班牙）水下滑坡的块体运动与夏威夷群岛水下滑坡相似，它们的发育与海底火山有关；Locat[114]推测帕洛斯-威德斯滑坡受一条断层控制；McAdoo[115]对比分析了俄勒冈州、加利福尼亚州、得克萨斯州和新泽西州海域大陆坡上发育的 83 处滑坡体，并比较了这些滑坡的面积、滑动距离、滑坡壁高度、滑动面坡度、裂隙以及周围海底的坡度后，发现引起滑坡的因素不同，即海底物质的沉积方式、侵蚀方式和区域海平面变化。另外，还有许多学者尝试把大陆边缘一些大型滑坡与天然气水合物分解失稳联系起来[116]。Locat 和 Lee[117]总结了引起海底斜坡变形破坏的主要因素有削峭作用、地震活动、风暴潮、沉积物快速堆积、孔隙气体逸出、天然水合物分解作用、潮位变化、渗流作用、火山活动和高纬度冰川活动。除了这些触发因素，还有些其他因素，如海底局部坡度、人类活动以及卸荷作用等。海底滑坡触发因素和过程的相互关系如图 8.4-4 所示。

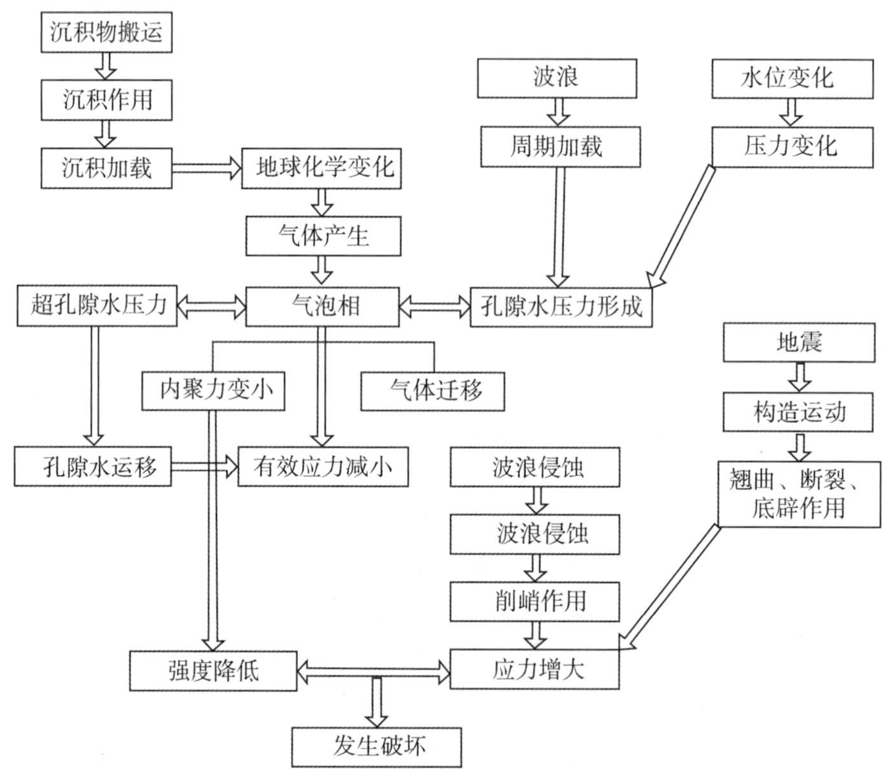

图 8.4-4　海底滑坡触发因素和过程的相互关系

1. 动荷载作用

在动荷载(如地震、风暴潮和大潮沙变化等)作用下，海底斜坡土体动力特性受动荷载的强度和周期以及土体自身状态(如粒级分布、黏粒含量以及含水量等)的影响，其中地震影响下的滑坡所占比例最大，如图 8.4-5 所示。Biscontin[118]等发现动荷载能使许多海底黏性土强度软化。Sultan[119]等认为动荷载造成沉积物硬度降低、抗剪强度衰变以及孔隙水压增大。松散颗粒饱和沉积物在外力振动下，孔隙水压升高。土颗粒的运动使通过颗粒间接触传递的有效应力减少。当有效应力趋近于零时，全部载荷由孔隙水压力支撑，土体就完全表现为液化状态。地震时许多海底滑坡常常和沉积物液化有关。

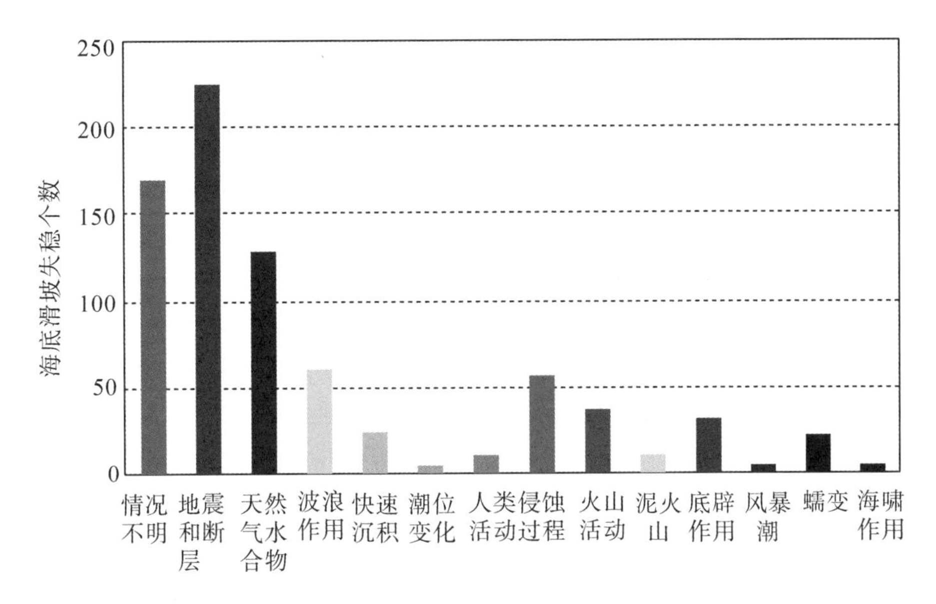

图 8.4-5　对 366 个海底滑坡机理统计图

2. 海底沉积物诱发

海底沉积物在正常的沉积固结压力状态下，土颗粒之间的水体可以自由地逸出进入海水中。但是在河口环境，每年雨季汛期河流携带大量的泥沙堆积在河口。大量的泥沙在短时间内快速沉积，沉积物正常的固结过程受阻，部分水体不能自由逸出，作为基质的部分残留在土体中，支撑上覆土层的压力。有些研究者通过沉积速率和土体的孔隙度、渗透性以及容重等，模拟分析超孔隙水压的演变和土体的状态。Sultan[120]利用有限差分模型分析评价亚得里亚海海底沉积物的固结状态，认为该区的海底滑坡现象和沉积物的沉积速率有关。

3. 天然气化合物开采

研究者们已经认识到海洋沉积物的孔隙气是诱发某些大陆坡滑坡等海底斜坡失稳的重要因素[121]。过去 20 年里，人们对海底孔隙气的研究大部分还是集中在声学资料的识别和定性分析。近年来逐渐有研究者做定量分析和数值模拟的尝试[122]。Xu 等提出一个具有热交换的气体(甲烷)平流扩散流体模型[123]；Mienert[124]等考虑温度和压力关系建立水合物稳定区模型，研究挪威边缘海区，发现从末次冰期至今该区的水合物稳定区明显变小；Sultan[120]等以能量守恒定律为基础，考虑了温度、压力、孔隙水化学性质和沉积物孔隙度等的影响，建立了天然气水合物热动力化学平衡理论模型，并模拟了挪威边缘海 STOREGGA 滑坡区天然气水合物变化情况。模拟结果表明，STOREGGA 发生的第 2 次滑坡是由距今 8000 年前的一次天然气水合物分解所触发的。

4. 波浪作用

一些近岸地区频繁发生海底斜坡破坏，可能与潮汐变化有关。作用在海底土体上的上覆水体随潮差的变化而变化，水体的变化引起超孔隙水压力的明显升高。低潮位时，孔隙水在压力差的作用下发生渗流，引起海底斜坡破坏。1996 年发生在美国阿拉斯加斯卡圭港的海底滑坡是一个典型的例子[117]。陆架冰川作用使陆坡上快速堆积粉质沉积物和冰渍物，影响斜坡土体渗透性和地下水渗流。新英格兰海底斜坡发育大量的海底滑坡可能和陆架冰川有关[125]。

有研究者指出，许多较大的海底滑坡痕迹主要位于火山群岛区[125]。堆积在海底未固结沉积层之上的重熔岩火山碎屑物容易滑塌，从斜坡上部下滑至海底深部。夏威夷群岛的演化证明，该群岛四周总面积超过 $10\times10^4\,km^2$ 的海区被碎屑岩石包围。

8.4.4 海底斜坡稳定性分析方法

对于海洋油气开发工程中的平台选址、管线设计施工等决策问题均涉及了海底斜坡稳定性的评价问题。海底斜坡稳定性的正确评价和预测对于海洋工程中的人身和财产安全起到重要的指导作用。目前对于海底斜坡稳定性的评价方法大致有三种：极限平衡法、数值分析法和概率法。最早提出并被普遍接受和采用的是极限平衡法；随着计算机科学技术的发展，数值分析方法被广泛使用；近些年来，可靠度理论被逐渐引入海底斜坡稳定性评价，形成了以可靠度为核心的概率法。

1. 极限平衡法

目前，对海底斜坡稳定性的评价绝大多数采用的是极限平衡法。极限平衡法基于摩尔-库伦强度准则，忽略其自身的变形，将滑块体视作刚体。基本思路是在斜坡沉积物的抗剪强度降低到一定程度时，坡体内出现了一个处于极限平衡状态的滑动面，此时的滑体处于临界失稳状态。由于滑动面此时满足摩尔-库仑准则，所以可以根据滑动面土体的静力平衡条件来求解滑体沿滑动面滑动的可能性，即以沿整个滑动面的抗剪强度和实际的剪应力的比值作为极限平衡状态下土体的安全系数。然后通过搜索多个可能的滑动面试算出一系列稳定安全系数，比较各安全系数，最小值所对应的滑动面即为最危险滑动面。极限平衡法的发展已有 10 余年的历史，在这段时期内，极限平衡法得到了充分的发展和完善；由于计算模型简单，是边坡稳定性评价的主要方法。

最早应用极限平衡方法对海底斜坡稳定性进行分析的是 Henkle[98]，他将波浪简化为一阶波浪，考虑波浪引起的海床应力变化，对有限长的海底斜坡采用圆弧滑动进行力矩平衡，计算得到了美国 Mississipi 三角洲附近深度 120m 的海床依旧可以受到波浪的影响而导致破坏，并认为造成美国 7 号甬道平台倾倒的直接原因是卡米尔飓风引起的风暴潮。

但值得注意的是，极限平衡方法自身也存在一定的缺点。它忽略了滑块体自身的变形，并且把滑坡问题简化为二维平面应变问题，通常情况下这种假设是与实际情况有不小的出入，难以真实地反映实际情况。同时，极限平衡方法是在假设滑动面的前提下进行分析计算的，针对较复杂边坡得到的安全系数往往与实际情况有比较大的差异，并且对于一般问题也必须进行大量的假定，搜索得到一系列的安全系数，从中选取最小值作为整体边坡的安全系数，这也注定了用极限平衡的方法只能得到近似解。此外，应用极限平衡方法不能用于斜坡内土体应力应变的计算，对超孔隙水压力的影响也不能真实反映。

2. 数值分析法

数值分析法是目前研究海底滑坡相对合理的定量分析方法。其原理是以滑坡沉积体内部的应力、应变特征的本构模型为基础，在此基础之上进一步分析相应的海底斜坡的变形和稳定问题。数值分析方法自动化、可视化程度高；模型清晰且可以复杂化，不需要如极限平衡法一般对滑动面进行假定，理论严密坚实，因此计算的可信度较高[126]。较常用的数值分

析法包括有限差分法、有限元法、边界元法、半解析元法、无界元法和不连续变形分析法等。目前应用最广发展最快的是有限元法，该方法的优点是能够结合材料的应力应变关系，得到斜坡各点、各部位的稳定状态，揭示应变应力的发展演化过程，避免了人为主观的假定，理论更严谨，对认识海底滑坡的机理和评价海底斜坡稳定性有较大帮助。海底滑坡是一个动态的发展形变过程，有限元法可以自动计算任意形状的临界滑动面及最小安全系数，还可以揭示滑坡滑动及变形的动态过程，而且对于估计海底滑坡的影响范围有明显优势。但是有限单元法很难进行大变形问题的模拟，尤其对海底滑坡的后续演变无法进行评估。边界元法多用于处理无限域方面的问题，由于它只需对研究区的边界进行离散化，因此它输入的数据相对很少，计算精度较高，但在处理非线性材料以及不均匀边坡问题方面，相对于有限元法有着明显不足。有限差分法虽然在某些方面可以弥补有限元法的不足，但是它不易建立复杂的模型，计算求解的时间也比较长。离散元法弥补了有限元法和边界元法在介质连续和小变形问题方面的限制，适合应用于块体介质的大变形和破坏问题的研究。随着计算机性能的不断提高，各种斜坡稳定性分析软件的开发使数值分析方法得到了充分发展，海底斜坡稳定性评价水平也得到进一步提高[127]。

强度折减法近年来备受关注，在边坡稳定性分析中得到了广泛应用，属于数值分析法范畴。1975 年，Zienkiewicz[128]出了强度折减系数的概念，即通过降低岩土体强度参数取值的方法来进行土坡稳定分析和安全系数计算，并应用于弹塑性有限元数值方法中，第一次提出了强度折减技术。近年来，不少研究者尝试对弹性模量进行折减，从而充分考虑屈服前岩土体的非线性，结果表明采用理想弹塑性模型的强度折减法确定安全系数，采用变模量弹塑性模型强度折减法确定变形场是比较合理的选择[129]。

8.4.5　海底滑坡运动过程研究

在国内外学者关于海底滑坡的研究中，有的学者研究的是海底斜坡由静止到运动的瞬时失稳问题，而有的学者研究的是海底滑坡发生后滑坡泥流运动过程中对海洋工程造成的破坏。泥流的运动直接对海洋工程设施造成了冲击，因而我们要加强对海底斜坡失稳后泥流运动过程的研究。

在海底斜坡的稳定性的研究方面，胡光海[130]曾对极限平衡法与数值方法的优缺点进行了详细的介绍，对这些方法的运用和理解已经相对比较全面透彻；而对于海底滑坡泥流运移过程计算方法的研究还有很多。

海底滑坡发生初期，由于斜坡土体变形相对比较小并仍保持原有的整体性，我们可以利用有限元法中的 Lagrangian 格式得到非常精确的计算结果。但当斜坡土体变形比较大时，此方法就不再适用，这时 Lagrangian 格式中的网格将发生失真从而使得有限元计算的精确性大大降低，有的时候可能无法得到计算结果。

Noh[131]找到了一种有效解决上述问题的方法，他的方法使得计算网格在坐标系中不受限制地随意分布，欧拉法和拉格朗日法的长处在此方法中都能得到体现，它使得计算网格与坐标系统互不影响，这个方法不但继承了清晰准确地体现物体的活动界面，而且克服了 Lagrangian 格式网格会发生畸变的缺点，这就是任意的拉格朗日-欧拉法(ALE 法)，该法在有限元大变形问题研究上迈出了非常重要的一步。刘开富等[132]利用 ALE 有限元方法并结合弹塑性大变形基本原理，对土质边坡的稳定性问题进行了研究，结果表明，ALE 方法可以克服网格畸变这一问题。ALE 方法也是不能进行超大变形分析的,海底滑坡发生后在运动过程中斜坡土体变成了泥流,此时网格严重畸变乃至重叠,已经不满足有限元法要求的土体连续性,因而,有限元方法不适用于海底滑坡运动过程中的泥流状态。

海底滑坡经过初期的小变形之后慢慢变为碎屑泥流,流动时泥流不排水,同时流动速度变快。继续流动,斜坡泥流变为浊流状态,由于浊流状态泥流和碎屑泥流相比,抗剪强度和单位容重都要小很多,所以,海底滑坡的碎屑泥流是对海洋工程造成危害的主要力量,对于碎屑泥流运动过程的分析势在必行。

1. 理论计算研究

(1)理论模型的解析计算

用塑性流体力学的方法代替传统土力学的方法,就是对于流动速度很快的碎屑泥流,我们运用塑性流体力学方法理论对其进行研究。Hunt[133] 在 1984 年运用摄动的方法研究了溃坝泥流的运动过程,他把蓄水池看作是一个质点源,计算表明当冲击前段位置超过蓄水池长度的四倍时,结果是渐进可用的。Hunt[134] 在 1994 年还运用同样的方法研究了碎屑流和雪崩运动过程中的速度、运移长度、厚度等物理量,为海底滑坡后期碎屑流(层状流和混乱流)运动的解析研究提供了新的方法。

(2)数值模拟计算

当黏性土含量较高时,为了能方便有效地模拟出“滑水”效应,多相流理论被提出来了,试验室试验证明该理论非常适合小尺度的碎屑泥流情况。

在海底碎屑泥流流动机制研究方面,Lmran[135] 等采用数值模拟软件 BING 对碎屑泥流进行模拟,运动模型选择的是双线性流变模型和 Herschel-Bulkley 模型,不过由于忽略了“滑水“效应,得到的数值结果与试验结果存在一些差别。Quan[136] 用数值模拟方法评价了自己建立的一个一维泥流滑动模型的模型参数,在模拟过程中他将泥流的夹带作用加入了进来,同时他还评价了模型的特点。Rzadkiewicz 等[137] 数值模拟了海底泥流沉积的不稳定性和稳定后又滑移的情况,模拟前建立了一个二维的纳维-斯托克斯模型,为了验证数值模拟的准确性,解析解、试验都作为比对物被引入了进来。在计算机比较落后的年代,一提到数值模拟想到的是有限差分、有限元等方法,但是在模拟大变形问题时有限元、有限差分等方法无法解决网格变形太大的问题,现如今科学技术不断进步,计算机技术飞速发展,更新换代非常快,在进行大变形数值模拟时无网格法成为主力军,它具有不依靠网格的优点,是数值模拟海底泥流运动过程的一种新方法。在无网格法数值模拟研究方面,杨林清[138] 构建了一个 SPH 深度积分数值模型,非常清晰地呈现了海底滑坡泥流的运动过程,他采用了一种接近离散化的无网格法。

解析计算和数值模拟计算是海底滑坡泥流运动过程计算的两种方式,首先二者都需要构建一个理论模型,解析计算通过公式推导能够得到泥流运动过程中的解析解,结合实例进行对比可以检验其准确性,解析计算方面考虑波浪影响下的分析较少,今后可以增加这方面的研究;数值模拟计算方面研究相对较多,它通过软件的模拟分析,可以得到泥流运动过程的数值解,可以与解析解、试验对比分析。

2. 物理试验模拟

由于海底滑坡发生在海洋底部,海洋中环境较为复杂,存在很多未知的因素,并且科学

技术条件还不允许我们进行海底滑坡的发生过程及发生后泥流运动的观察。室内物理试验为我们研究海底滑坡破坏机制及运动过程提供了有效渠道。对于海底滑坡的试验方面研究国内外都已经有很多,总体来说可以分为常规水槽试验和离心机试验两类。

(1)常规水槽试验

常规水槽试验是在天然重力条件下,对海底滑坡发生后泥流演变为碎屑流进行研究。Schwarz[139]通过水槽试验研究海底滑坡泥流的沉积,他忽略了孔隙压力的存在,试验水槽的倾斜角度是10°~30°之间,他研究的是泥流的沉积快慢和最终沉积状态。Laval[140]通过水槽试验发现了滑水现象的存在是由于在水槽底部与运动泥流前端中间存在着水层。在同样忽略孔隙压力的条件下,Mohrig与Marr[141]发现了一种新的框架,用来计算海底泥流前段对沉积层的侵蚀率,同时应用了一种声像技术,用来研究海底滑坡泥流形态之间的转换,结果表明泥流端部是湍流经常发生的部位。在不考虑泥流类型的条件下,Mohrigr[142]利用一种底面材料可变且角度可变的水槽进行泥流运动模拟试验,结果表明"滑水"现象是存在的,证明了海底滑坡是可以在小角度的斜坡上发生的,并且一般会运动很长的距离。在同样忽略孔隙压力的条件下,Marr等[143]通过水槽试验发现了黏土含量与泥流运动特征的关系,黏土含量越低,前端泥流越容易发生破坏,反之,则呈现特性良好的层状流,不容易被破坏。在水槽试验研究"滑水"现象方面,Ilstad[144]等进行的三组试验非常有代表性。第一组试验结果证明碎屑泥流前端在黏土含量相对较高时更容易发生"滑水"现象,该试验是在常规水槽试验的基础上加入了总应力、孔隙水压力的计算才完成的。第二组试验结果证明泥流黏度与其流动速度密切相关,当黏度比较低时,碎屑泥流流动速度整体比较稳定,当黏度比较高时,碎屑泥流流动速度相对比较慢,并且前后不一致,后边速度慢慢减小,该试验是通过高速摄像机观察有色粒子完成的[145]。第三组试验结果同样证明了碎屑泥流前端有"滑水"现象的存在。

但实际海底滑坡一旦发生就是规模比较大的情况,而常规的水槽试验中泥流内部应力水平与实际不太相符,土的性质跟其受到的应力大小有很大关系,因此,常规水槽试验结果的准确性有较大局限。

(2)离心机试验

离心机试验的原理是:真实的海底滑坡应力非常大,为了精确还原原始应力水平,减小在自重常规水槽条件下的重力损失,通过离心机中的高速旋转来达到真实的应力水平。

在斜坡稳定性分析方面,Schofield[146]在1978年第一次在鼓式离心机模型的基础上进行了物理试验模拟研究。Phillips与Byme[147]开展了海底斜坡液化的研究,该研究在国际上是离心机试验模拟研究的先例,他们考虑了静载荷作用。Zhou等[148]研究不同斜坡材料条件下的斜坡临界坡度,逐渐改变斜坡角度,当滑坡发生的瞬间的坡度就是临界坡度。Boylan等[149]为了对深海海底滑坡发生的瞬间过程进行模拟,构建了一个鼓式离心机模型,该模型可以对海底滑坡的发生进行监测,他们对海底滑坡的碎屑泥流参数进行了计算。为了研究地震在引发海底滑坡方面的作用,Coulter与Phillips[150]通过离心机试验进行了模拟。鼓式离心机模型试验可以模拟海底滑坡的完整过程,这是在研究海底滑坡启动方面的一大进步。国内也进行了一些离心机试验的研究,胡光海在研究海底斜坡稳定性时,考虑了土体中气体的存在,同时研究了饱和度的影响。

对于实际滑坡触发以及失稳后土体运动的整个过程的模拟,由于鼓式离心机可以通过离心力进行真实规模的海底滑坡土体的应力水平的模拟，因此这种方法更适合模拟海底滑坡，也是今后相关机理试验研究的主要发展方向。但是采用鼓式离心机研究海底滑坡也有要重点解决的问题，就是需要设计出简单有效的海底滑坡触发装置以及加强海底滑坡发生后图例参数的观测。对于海底滑坡发生后整个运动过程内在机理的研究，物理模型试验是最主要的手段，也是对于数学模型计算结果进行验证的重要方式。

3. 现场探测研究

由于海底环境复杂多变，并且科学技术的发展是有限制的，因此目前还不能直接对海底滑坡的发生以及海底滑坡发生后泥流的运动过程进行监测。当今学者都是从已发生的典型海底滑坡入手，来研究海底滑坡的发生和泥流运动过程。海洋地球物理调查技术是对典型海底滑坡的海底形态、底层结构等开展调查的最直接有效的手段。20 世纪 60 年代以来，科学技术不断发展进步，以声学探测设备为代表，旁扫声呐系统、多波束测深系统、高分辨率的地层剖面仪系统等技术的应用，使得科学家成功收集到了详细准确的海底地层剖面资料和地形地貌。

例如，著名的挪威 Finneidfjord、Storegga、Hinlopen 等海底滑坡由海洋地球物理调查技术得到了地层结构、沉积变形等信息，并对海底滑坡触发机制和海底滑坡泥流运动机制进行了研究。

国内同样利用海洋地球物理调查技术对海底地质灾害进行了很多的研究。陈俊仁和杨木壮[151]通过分析 20 世纪 70 至 90 年代间的南海各种地球物理调查数据，如浅层剖面、单道地震、单道地震、柱状取样等，表明中国南海存在各种潜在的海底地质灾害。刘保华等[152]发现重力流和滑塌是冲绳海槽大陆架斜坡搬运沉积物的重要方式，其中沉积物样品分析和样品的单道地震数据起了至关重要的作用。贾永刚与单红仙[153]通获得了黄河口海底斜坡基本物理性质、沉积物类型等，他们使用了精确深度记录器、高分辨率地震剖面和横向扫描声呐装置并运用了海上钻探、取样分析技术。国家海洋局第一海洋研究所的“荔湾 3-1 气田不良地质的风险评价技术”课题，利用国家最新技术，进行了高分辨率的浅层多道地震勘测，再和重力取样、多波束试验数据对比，确定了荔湾海底管线附近的海底地质灾害的范围在陆坡外大陆架 1600m 以内[154]。

现场探测对于海底滑坡运动过程的直接研究比较困难，大多数情况下是对滑坡海底形态、沉积物变形、地层结构开展调查，为进一步研究其运动过程提供准确充足的现场资料，从而为进一步进行试验、理论等方面的研究打下基础。

参考文献

［1］刘守全，莫杰. 海洋地质灾害研究的几个基本问题［J］. 海洋地质与第四纪地质，1997(04):36-41.

［2］Melville B，Coleman S. Bridge scour［M］. Water Resources Publications，Colorado，USA，2000.

［3］Wardhana K，and Hadipriono F. Analysis of recent bridge failures in the united states［J］. Journal of Performance of Constructed Facilities，ASCE，2003，17(3):144-150.

［4］Lagasse P，Clopper P，Zevenbergen L，Girard L. Countermeasures to protect bridge piers from scour［R］. National Cooperative Highway Research program（NCHRP

Report 593), Washington DC: Transportation research Board, 2007.

[5] Sutherland A. Reports on bridge failures[R]. Road Research Unit Occasional Paper, National Roads Board, Wellington, New Zealand, 1986.

[6] Rasmussen K, Hansen M, Wolf K, et al. A literature study on the effects of cyclic lateral loading of monopiles in cohesionless soils[R]. Aalborg: Department of Civil Engineering, Aalborg University. DCE Technical Memorandum, No. 025, 2013.

[7] Herbich J, Schiller R, Watanabe R, et al. Seafloor scour: Design guidelines for ocean-founded structures[M]. New York: Marcel Dekker Inc, 1984.

[8] Whitehouse R. Scour at Marine structures: A manual for practical applications[M]. London: Thomas Telford Ltd, 1998.

[9] Sumer B, Fredsøe J. The mechanics of scour in the marine environment[M]. Singapore: World Scientific, 2002.

[10] Yalin M, Karahan E. Inception of sediment transport[J]. Journal of the Hydraulic Division, 1979, 105(11): 1433-1443.

[11] 梁发云,王琛,黄茂松,等.沉井基础局部冲刷形态的体型影响效应与动态演化[J].中国公路学报,2016,29(9).

[12] Sumer B, Fredsøe J. Scour around a vertical pile in wave[J]. Journal of Waterway, Port, Coastal and Ocean Engineering, ASCE, 1997, 117(1): 15-31.

[13] Dolinar B. Predicting the normalized, undrained shear strength of saturated fine-grained soils using plasticity-value correlations[J]. Applied Clay Science, 2010, 47(3):428-432.

[14] Briaud J. Scour depth at bridges: method including soil properties. I: maximum scour depth prediction [J]. Journal of Geotechnical & Geoenvironmental Engineering, 2015a, 141(2): 04014104.

[15] Briaud J. Scour depth at bridges: method including soil properties. II: time rate of scour prediction[J]. Journal of Geotechnical & Geoenvironmental Engineering, 2015b, 141(2): 04014105.

[16] Sheppard D, Bloomquist D, Slagle P. Rate erosion properties of rock and clay[R]. Final Report BD-545 RDWO, University of Florida, Gainsville, FL, USA, 2006.

[17] Liang F, Wang C, Huang M, Wang Y. Experimental observations and evaluations of formulae for local scour at pile groups in steady currents [J]. Marine Geotechnology, 2016, 35(2), 245-255.

[18] Liang F, Wang C, Yu X. Widths, types, and configurations: influences on scour behaviors of bridge foundations in non-cohesive soils [J]. Marine Georesources & Geotechnology, 2019, 37(5); 578-588.

[19] 东江隆夫,胜井秀博.大口径円柱周辺の発掘現象[C].第 32 回海岸工学讲演会论文集,1985:425-429.

[20] 陈国兴.岩土地震工程学[M].北京:科学出版社, 2007.

[21] 刘自明,王邦楣,陈开利.桥梁深水基础[M].北京:人民交通出版社,2003.

[22] Zdravkovich M. The effect of interference between circular cylinders in cross flow [J]. Journal Fluids Structures, 1987, 1: 239-261.

[23] 卢中一,高正荣,黄建维.苏通大桥大型桩承台桥墩基础的局部冲刷防护试验研究[J].中国港湾建设,2009,(1): 3-8.

[24] 钱耀麟.东海大桥承台冲淤监测[C].中国航海学会航标专业委员会测绘学组学术研讨会学术交流论文集,2009.

[25] Noormets R, Ernstsen V, Bartholom A, et al. Implications of bedform dimensions for the prediction of local scour in tidal inlets: a case study from the southern North Sea[J]. Geo-Marine Letters, 2006, 26(3):165-176.

[26] Ataie-Ashtiani B, Beheshti A. Experimental investigation of clear-water local scour at pile groups[J]. Journal of Hydraulic Engineering, 2006, 132(10):1100-1104.

[27] Whitehouse R. Scour at Marine Structures: A Manual for Practical Applications[J]. International Ophthalmology Clinics, 1998, 30(3): 198-208.

[28] 窦国仁.全沙模型相似律及设计实例[J].水利水运科技情报,1977(3): 3-22.

[29] Arneson L A, Zevenbergen L W, Lagasse P F, et al. Evaluating Scour at Bridge (Fifth Edition) [R]. US Department of Transportation FHWA, April 2012.

[30] 中华人民共和国交通部. JTG C30-2015,公路工程水文勘测设计规范[S].北京:人民交通出版社,2015.

[31] Melville B, Sutherland A. Design method for local scour at bridge piers[J]. Journal of Hydraulic Engineering, 1988, 114(10): 1210-1226.

[32] Zarrati A, Chamani M, Shafaie A. Scour countermeasures for cylindrical piers using riprap and combination of collar and riprap[J].国际泥沙研究(英文版),2010(3).

[33] 陈沪生.坳隆构造运动动力作用及其油气勘探的意义[J].中国石油勘探,2007(05):18－21＋78.

[34] 王希贤. EBANO 油田裂缝-孔隙型灰岩稠油油藏特征及油气富集规律[J].石油与天然气地质,2020, 41(02):416-422.

[35] 赵纪东.中国台湾将建设首座海底地震台站[J].地球科学进展,2010,25(02):146.

[36] 李金成,朱达力,朱镜清.二维不规则海底地形对海底地震动的影响[J].自然灾害学报,2001(04):142-147.

[37] Fine I V, Rabinovich A B, Bornhold B D, et al. The Grand Banks landslide-generated tsunami of November 18, 1929: preliminary analysis and numerical modeling[J]. Marine Geology, 2005, 215(1-2): 45-57.

[38] Nakamura T, Takenaka H, Okamoto T, et al. FDM simulation of seismic-wave propagation for an aftershock of the 2009 Suruga Bay earthquake: effects of ocean-bottom topography and seawater layer[J]. Bulletin of the Seismological Society of America, 2012, 102(6): 2420-2435.

[39] 单启铜.粘弹性波动方程正演模拟与参数反演[D].北京:中国石油大学,2007.

[40] 习建军.海底介质地震波场模拟及在典型地质灾害中应用研究[D].吉林:吉林大学,2016.

[41] Ye J. Seismic response of poro-elastic seabed and composite breakwater under strong earthquake loading [J]. Bulletin of Earthquake Engineering, 2012, 10 (5): 1609-1633.

[42] Lee J H, Seo S I, Mun H S. Seismic behaviors of a floating submerged tunnel with arectangular cross-section[J]. Ocean Engineering, 2016, 127: 32-47.

[43] Biot M A. Theory of propagation of elastic waves in a fluid-saturated porous solid. II. Higher frequency range[J]. The Journal of the acoustical Society of america, 1956, 28(2): 179-191.

[44] Biot M A. Mechanics of deformation and acoustic propagation in porous media[J]. Journal of applied physics, 1962, 33(4): 1482-1498.

[45] 陈少林,柯小飞,张洪翔. 海底地震工程流固耦合问题统一计算框架[J]. 力学学报, 2019, 51(02): 594-606.

[46] Komatitsch D, Barnes C, Tromp J. Wave propagation near a fluid-solid interface: A spectral-element approach[J]. Geophysics, 2000, 65(2): 623-631.

[47] 李伟华. 考虑水-饱和土场地-结构耦合时的沉管隧道地震反应分析[J]. 防灾减灾工程学报,2010,30(06):607-613.

[48] 陈少林,程书林,柯小飞. 海底地震工程流固耦合问题统一计算框架——不规则界面情形[J]. 力学学报,2019, 51(05): 1517-1529.

[49] 马哲超. 人工岛动静力灾害研究[D]. 大连:大连理工大学, 2013.

[50] Seed R B, Cetin KO, Moss R E S, et al. Recent advances in soil liquefaction engineering and seismic site response evaluation [C]//Proceedings of 4th International Conference and Symposiumon Recent Advances in Geotechnical Earthquake Engineering and Soil Dynamics. 2001: Paper SPL-2.

[51] Stark T D, Olson S M. Liquefaction resistance using CPT and field case histories [J]. Journal of geotechnical engineering, 1995, 121(12): 856-869.

[52] 陈小玲,吕小飞,李冬,陈锡土. 东海气田群海底管道区浅层土性特点及地震液化判别[J]. 海洋学研究, 2011,29(04): 65-70.

[53] Hamada M, Towhata I, Yasuda S, et al. Study on permanent ground displacement induced by seismic liquefaction [J]. Computers and Geotechnics, 1987, 4 (4): 197-220.

[54] Newmark N M. Effects of earthquakes on dams and embankments[J]. Geotechnique, 1965, 15(2): 139-160.

[55] Towhata I, Matsumoto H. Analysis on development of permanent displacement with time in liquefied ground[M]. Technical Report NCEER. US National Center for Earthquake Engineering Research (NCEER), 1992, 1(92-0019): 285-99.

[56] Papatheodorou G, Ferentinos G. Submarine and coastal sediment failure triggered by the 1995, Ms = 6. 1 R Aegion earthquake, Gulf of Corinth, Greece[J]. Marine Geology, 1997, 137(3-4): 287-304.

[57] 邵广彪,冯启民. 海底土层地震液化破坏研究综述[J]. 自然灾害学报, 2007(02):

70-75.

[58] Azizian A, Popescu R. Backanalysis of the 1929 grand banks submarine slope failure [C]. Proceedings of 54th Canadian Geotechnical Conference, Calgary, 2001: 808-815.

[59] Teh T C, Palmer A C, Damgaard J S. Experimental study of marine pipelines on unstable and liquefied seabed[J]. Coastal Engineering, 2003, 50(1-2): 1-17.

[60] 冯启民,邵广彪. 小坡度海底土层地震液化诱发滑移分析方法[J]. 岩土力学, 2005(S1):141-145.

[61] 张小玲,栾茂田,张其一. 海底管线周围海床的地震液化分析[J]. 北京工业大学学报, 2009,35(05):592-597.

[62] Masson D G, Harbitz C B, Wynn R B, Pedersen G, Løvholt F. Submarine landslides: processes, triggers and hazard prediction. [J]. Philosophical transactions. Series A,Mathematical, physical, and engineering sciences, 2006, 364(1845).

[63] Hance J J. Development of a database and assessment of seafloor slope stability based on published literature[D]. University of Texas at Austin, 2003.

[64] 霍沿东. 基于极限分析上限方法的海底黏性土边坡地震稳定性评价[D]. 大连:大连理工大学, 2018.

[65] 马云. 南海北部陆坡区海底滑坡特征及触发机制研究[D]. 青岛:中国海洋大学,2014.

[66] 叶琳,于福江, 吴玮. 我国海啸灾害及预警现状与建议[J]. 海洋预报,2005(S1): 147-157.

[67] 孙立宁. 滑坡海啸的数值分析研究[D]. 国家海洋环境预报中心,2019.

[68] 包澄澜. 海啸灾害及其预警系统[J]. 国际地震动态, 2005(01):14-18.

[69] 陈颙,陈棋福, 张尉. 中国的海啸灾害[J]. 自然灾害学报, 2007(02):1-6.

[70] 魏柏林,何宏林,郭良田,等. 试论地震海啸的成因[J]. 地震地质,2010,32(01): 150-161.

[71] 任智源,原野,赵联大等. 2016 年全球地震海啸监测预警与数值模拟研究[J]. 海洋科学,2017,41(06):98-110.

[72] Mansinha L, Smylie D E. The displacement fields of inclined faults[J]. Bulletin of the Seismological Society of America, 1971, 61(5): 1433-1440.

[73] Okada Y. Surface deformation due to shear and tensile faults in a half-space[J]. Bulletin of the Seismological Society of America, 1985, 75(4): 1135-1154.

[74] 任智源. 南海海啸数值模拟研究[D]. 上海:上海交通大学, 2015.

[75] Tinti S , Tonini R . Analytical evolution of tsunamis induced by near-shore earthquakes on a constant-slope ocean[J]. Journal of Fluid Mechanics, 2005, 535: 33-64.

[76] 孙海超. 新型海洋平台抗振构造措施及抗振抗倒塌分析研究[D]. 青岛:青岛理工大学,2016.

[77] 欧进萍,龙旭, 肖仪清,吴斌. 导管架式海洋平台结构阻尼隔振体系及其减振效果分析

[J]. 地震工程与工程振动, 2002(03):115-122.

[78] 张纪刚,吴斌, 欧进萍. 海洋平台结构 SMA 阻尼隔振振动台试验与分析[J]. 地震工程与工程振动, 2007(06):241-247.

[79] Vandiver J K , Mitome S . Effect of liquid storage tanks on the dynamic response of offshore platforms[J]. Applied Ocean Research, 1979, 1(2):67-74.

[80] 王翎羽,金明,陈星,靳军,郑沧波. TLD 的减振原理及其在 JZ20-2MUQ 平台减冰振中的应用研究[J]. 海洋学报(中文版), 1996(06): 106-113.

[81] 李宏男,马百存. 固定式海洋平台利用 TLD 的减震研究[J]. 海洋工程,1996(03):92-97.

[82] 黄东阳,周福霖,谭平,宁响亮. 可控式 TMD-TLD 混合调频系统对海洋平台的减震控制策略[J]. 大连海事大学学报,2008(01):1-4+36.

[83] 赵东,马汝建,王威强,蔡冬梅. ETMD 减振系统及其在海洋平台振动控制中的应用[J]. 西安石油大学学报(自然科学版),2006(02):57-61+2+1.

[84] Vincenzo Gattulli, Roger Ghanem. Adaptive control of flow-induced oscillations including vortex effects[J]. International Journal of Non-Linear Mechanics, 1999, 34(5).

[85] Ahmad S K , Ahmad S . Active control of non-linearly coupled TLP response under wind and wave environments[J]. Computers & Structures, 1999, 72(6):735-747.

[86] 欧进萍,王刚,田石柱. 海洋平台结构振动的 AMD 主动控制试验研究[J]. 高技术通讯,2002(10):85-90.

[87] 张春巍,欧进萍. 海洋平台结构振动的 AMD 主动控制参数优化分析[J]. 地震工程与工程振动,2002(04):151-156.

[88] 陆建辉,赵增奎,李宇生,刘玲. 非平稳随机载荷下海洋平台振动半主动控制[J]. 振动与冲击,2004(03):109-112+143.

[89] 张纪刚,吴斌,欧进萍. 渤海某平台磁流变智能阻尼隔振控制[J]. 沈阳建筑大学学报(自然科学版),2006(01):68-72.

[90] 崔玉军. 海底管道抗震的极限设计方法研究[D]. 天津:天津大学,2007.

[91] Matsubara K, Hoshiya M. Soil spring constants of buried pipelines for seismic design[J]. Journal of Engineering Mechanics, 2000, 126(1):76-83.

[92] N. Y Kershenbaum, S. A Mebarkia, H. S Choi. Behavior of marine pipelines under seismic faults[J]. Ocean Engineering, 2000, 27(5):473-487.

[93] Datta T K, Mashaly E A. Pipeline response to random ground motion by discrete model[J]. Earthquake Engineering & Structural Dynamics, 1986, 14(4): 559-572.

[94] Figarov N G, Kamyshev A M. Seismic stability of offshore pipelines[C]//The Sixth International Offshore and Polar Engineering Conference. International Society of Offshore and Polar Engineers, 1996.

[95] Newmark N M, Hall W J. Pipeline design to resist large fault displacement[C]. Proceedings of US national conference on earthquake engineering,1975: 416-425.

[96] Locat J, Lee H. Submarine landslides: advances and challenges[J]. Canadian

Geotechnical Journal, 2002,39(1):193-212.

[97] 许文锋,车爱兰,王治. 地震荷载作用下海底滑坡特征及其机理[J]. 上海交通大学学报, 2011,045(005):782-786.

[98] Sultan N, Voisset M, Marsset B. Potential role of compressional structures in generating submarine slope failures in the Niger Delta[J]. Marine Geology, 2007, 237(3-4):169-190.

[99] Henkle D I. The role of waves in causing submarine landslides[J]. Geotechnique, 1970,20(1):75-80.

[100] 吴时国,陈珊珊,王志君. 大陆边缘深水区海底滑坡及其不稳定性风险评估[J]. 现代地质, 2008(03):100-107.

[101] 胡光海,刘振夏,房俊伟. 国内外海底斜坡稳定性研究概况[J]. 海洋科学进展,2006, 24(1):130-136.

[102] Canal M, Lastras G. Slope failure dynamics and impacts from seafloor and shallow sub-seafloor geophysical data: case studies from the COSTA project[J]. Marine Geology, 2004,213:9-72.

[103] Laberg J, Vorren T. The Traenadjupet Slide, offshore Norway-morphology, evacuation and triggering mechanisms[J]. Marine Geology, 2000,171:95-114.

[104] Labcrg J, Vorren T. Late Quaternary palaeoenvironment and chronology in the Traenadjupet Slide area offshore Norway[J]. Marine Geology, 2002,188:35-60.

[105] Moore J G, Clague D A. Prodigious submarine landslides on the Hawaiian Ridge [J]. Journal of Geophysical Research, 1989,94:14465-14484.

[106] Watts A B, Masson D G. A giant landslide on the north flank of Tenerife, Canary Islands[J]. Journal of Geophysical Research, 1995,100:24487-24498.

[107] Urgeles R, Masson D G. Recurrent large-scale landsliding on the west flank of La Palma, Canary Islands [J]. Journal of Geophysical Research, 1999, 104: 25331-25348.

[108] Canals M, Urgeles R. Los deslizamientos submarines de las Islas Canarias[J]. Makaronesia, 2002,2:57-69.

[109] Mulder T, Cochonat P, Tisot J P. Regional assessment of mass failure events in the Baie desAnges,Mediterranean Sea[J]. Geology, Marine, 1994,122:29-45.

[110] Skempton A W, Hutchinson J N. Stability of natural slopes and embankment foundations[C]. State-of-the art report: Proc. 7th Inst. Conf. Soil Mech. Found, Mexico City, 1969.

[111] Masson D G, Huggett Q J, Brunsden D. The surface texture of the Saharan Debris Flow deposit and some speculations on debris flow processes[J]. Sedimentology, 1993,40:583-598.

[112] Elverhoi A, Harbitz C B. On the dynamics of subaqueous debris flows[J]. Oceanography, 2000,13(3):109-117.

[113] Rodine J D, Johnson M A. The ability of debris, heavily freighted with coarse

clastic materials, to flow on gentle slopes[J]. Sedimentology, 1976,23:213-234.

[114] Locat J, Bornhold B, Hart B, et al. Costa-Canada, a Canadian Contribution to the Study of Continental Slope Stability: An Overview[C]//Proceedings of the 54rd Canadian Geotechnical Conference. Calgary, Alberta, Canada, 2001. 730-737.

[115] McAdoo B G, Pratson L F, Orange D L. Submarine landslides geomorphology, US continental slope[J]. Marine Geology, 2000, 69: 103-136.

[116] Lastras GM, Canals R, Urgeles M, et al. Characterisation of the Recent Big'95 Debris Flow Deposit on the Ebro Margin, Western Mediterranean Sea, after a Variety Of Seismic Reflection Data[J]. Marine Geology, 2004, 213: 235-255.

[117] Locat J, Lee HJ. Submarine landslides: advances and challenges[J]. Canadian Geotechnical Journal, 2002, 39: 193-212.

[118] Biscontin G, Pestana J M, Nadim B F. Seismic Triggering Of Submarine Slides In Soft Cohesive Soil Deposits[J]. Marine Geology, 2004, 203: 341-354.

[119] Sultan N, Cochonat P, Mienert J. Effect Of Gas Hydrates Melting On Seafloor Slope Instability[J]. Marine Geology, 2004, 213: 379-401.

[120] Sultan N, Cochonat P, Canals M, et al. Triggering Mechanisms of Slope Instability Processes and Sediment Failures on Continental Margins: A Geotechnical Approach [J]. Marine Geology, 2004, 213: 291-321.

[121] Sultan N, Foucher J P, Cochonat P, et al. Dynamics of Gas Hydrate: Case of the Congo Continental Slope[J]. Marine Geology, 2004, 206: 1-18.

[122] Sultan N. Excess pore pressure and slope failures resulting from gas-hydrates dissociation and dissolution[C]. OTC! 8532, 2007, Houston, Texas, 1-9.

[123] XU Guohui, SUN Yongfu, HU Guanghai et al. Wave-induced shallow slides and their features on the subaqueous yellow river delta[J]. Can. Geotech. J. ,2009, 46: 1406-1417.

[124] Mienert J, Bemdt J S. Laberg and Vorren T O. Slope Instability of continental Margins[M]. From Wefer G et al,(eds), Ocean Margin Systems. Springer-Vedag Berlin Heidelberg,2002:179-193.

[125] Canals M, Lastras G, et al. Slope Failure Dynamics and Impacts from Seafloor and Shallow Sub-seafloor Geophysical Data: Case Studies from the COSTA Project[J]. Marine Geology, 2004, 213: 9-72.

[126] 郑颖人,赵尚毅,邓楚键.有限元极限分析法发展及其在岩土工程中的应用[J].中国工程科学, 2007,8(12):39-61.

[127] Hutton E, Syvitski J. Advances in the numerical modeling of sediment failure during the development of a continental margin[J]. Marine Geology, 2004,203(3): 367-380.

[128] Zienkiewicz O, Humpheson C. Associated and non-associated visco-plasticity andplasticity in soil mechanics[J]. Geotechnique,1975,24(4):671-689.

[129] 杨光华,张玉成,张有祥.变模量弹塑性强度折减法及其在边坡稳定分析中的应用

[J]. 岩石力学与工程学报,2009,28(7):1506-1521.

[130] 胡光海国内外海底斜坡稳定性研究概况[J]. 海洋科学进展,2006,24(1): 130-136.

[131] Noh C E L. A time-dependent two-space dimensional coupled Eulerian-Lagrangian code[C]//Alder B, Fembach S. Methods in Computational physics. New York: Academic Press, 1964: 117-179.

[132] 刘开富,谢新宇,吴长富,等. 弹塑性土质边坡的 ALE 方法有限元分析[J]. 岩土力学, 201 1,32(s1):680-685.

[133] Hunt, B. Perturbation solution for dam-break floods [J]. Journal of Hydraulic Engineering, 1984, 110(8): 1058-1071.

[134] Hunt, B. Newtonian fluid mechanics treatment of debris flows and avalanches[J]. Journal of Hydraulic Engineering, 1994, 120(12): 1350-1363.

[135] Imran J , Harff P, Parker G. A numerical model of submarine debris flow with graphical user interface[J]. Computers & Geosciences,2001,27(6):717-729.

[136] Quan Luna B, Remaitre A. Analysis of debris flow behavior with a one dimensional run-out model incorporating entrainment [J]. Engineering Geology, 2012, 128: 63-75.

[137] Rzadkiewicz S, Mariotti C. Modeling of submarine landslides and generated water waves[J]. Physical and Chemical Earth, Volume 21, N0. 12,1996:7-12.

[138] 杨林. 青海底斜坡稳定性及滑移影响因素分析[D]. 大连:大连理工大学, 2012.

[139] Schwarz H U. Subaqueous slope failures:experiments and modem occurences [M]. Stuttgart: Schwe rbartsche Verlagsbuchhandlung, 1982.

[140] Laval A, Cremer M, Beghin P, et al. Density surges: two-dimensional experiments [J]. 42 Sedimentology, 1988 35(1): 73-84.

[141] Mohrig D, Marr J G Constraining the efficiency of turbidity current generation from submarine debris flows and slides using laboratory experiments [J]. Marine and Petroleum Geology, 2003, 20 (6-8): 883-899.

[142] Mohrig D, Whipple K X, Hondzo M, et al. Hydroplaning of subaqueous debris flows [J]. Geological Society of America Bulletin, 1998, 110 (3): 387-394.

[143] Marr J G, Harff P A, Shanmugam G, et al. Experiments on subaqueous sandy gravity flows: The role of clay and water content in flow dynamics and depositional structures [J]. Geological Society of America Bulletin, 2001, 113(11): 1 377-1386.

[144] Ilstad T, Marr J G, Elverhoi A, et al. Laboratory studies of subaqueous debris flows by measurements of pore-fluid pressure and total stress [J]. Marine Geology, 2004, 213(1-4):403-414.

[145] Ilstad T, Elverhoi A, Issler D, et al. Subaqueous debris flow behaviour and its dependence on the sand/clay ratio: a laboratory study using particle tracking [J] . Marine Geology, 2004, 213(1-4): 415-438.

[146] Schofield A N. Use of centrifugal model testing to assess slope stability [J]. Canadian 43 Geotechnical Journal, 1987, 15(1):14-31.

[147] Phillips R, Byrne PM. Modeling slope liquefaction due to static loading[C]//47th Canadian Geotechnical Conference. Land-sea interactions in the eastern Canadian region during the climate maximum six thousand years ago. Halifax: Lewis Conference Services International Inc, 1994:317-326.

[148] Zhou S H, Liu J G, Wang B L, et al. Centrifugal model test on the stability of underwater slope[C]//Phillips R, Guo P J. Physical modeling in Geotechnics. St John's Newfoundland Canada: Taylor & Francis Group, 2002: 759 764.

[149] Boyland N, Gaudin C, White D J, et al. Modeling of submarine slides in the geotechnical centrifuge [C]//Laue S, Laue J, Seward L. 7th International Conference on Physical Modeling in Geotechnics. Zurich, 20 1 0: I 095-1100.

[150] Coulter S E, Phillips R. Simulating submarine slope instability initiation using centrifuge model testing [C]//Locat J, Mienert J. Submarine Mass Movements and Their Consequences. Dordrecht: Kluwer academic publisher, 2003: 29-36.

[151] 陈俊仁,杨木壮.南海潜在地质灾害因素研究[J].工程地质学报,1996,4(3): 34-39.

[152] 刘保华,李西双,赵月霞,等.冲绳海槽西部陆坡碎屑沉积物的搬运方式:滑塌和重力流[J].海洋与湖沼,2005,36(1): 1-9.

[153] 贾永刚,单红仙 黄河口海底斜坡不稳定性调查研究[J].中国地质灾害与防治学报,2000,11(1): 1-5.

[154] 刘乐军,胡光海,李西双,等.荔湾 3-1 气田不良地质的风险评价技术子课题研究报告[R].青岛:国家海洋局第一海洋研究所,2011.

第 9 章　海岸防护

我国沿海地区拥有大陆海岸线 18000km，海岛岸线 14000km，海域滩涂资源丰富。然而随着海平面上升、滨海地区极端天气（暴风雨、台风、风暴潮等）频发引起的海洋动力侵蚀、陆源泥沙供应减少、人类对海岸带过度开发以及不合理的建筑物建设造成海岸带侵蚀和海岸线后退现象异常严重[1-3]。

海岸带是海洋和陆地相互作用强烈的特殊地带，包括受潮涨潮落海水影响的潮间带及其两侧一定范围内的陆地和浅海海陆过渡地带，该区域具有复杂的地形地貌和地质结构。海岸带工程地质环境系统受岩石圈、大气圈、水圈和生物圈作用影响，由此导致海岸带区域环境脆弱并对全球变化和人类活动十分敏感，自然灾害频繁发生[4]。海岸带的淤积与侵蚀本来是海岸变化过程中常见的自然现象，但是随着人类科技水平和生产力的进步，沿海地区的开发利用强度大幅度增加，人为干预海岸变化的程度愈来愈强，破坏了数千年来海岸动力泥沙运动与海岸地貌间的动态平衡。目前海岸带的侵蚀变化已经发展成为世界性的灾害，而我国是其中的重灾区，应该特别重视海岸带侵蚀的问题。

我国海岸带侵蚀自 20 世纪 50 年代末期日渐显现，较发达国家约迟半个世纪。60 年代初期，海岸侵蚀主要发生在粉砂淤泥质海岸。进入 70 年代后，由于人类不合理的开发活动，如海滩资源与海底砂矿开采、水库截留等，各种类型的海岸侵蚀均有所加剧[5]。近些年来，海岸侵蚀的范围急剧增大，侵蚀程度也越发严重，已给海岸线沿岸人民的生产生活带来严重影响或构成潜在的巨大威胁。海岸侵蚀是我国海岸带分布最广的一种地质灾害类型，几乎在全国各沿海省份均有分布。不论南方还是北方，自然海岸或是人工海岸，基岩海岸或是松散沉积物组成的海岸，都有不同程度的海岸侵蚀灾害发生，表 9.0-1 汇总了我国沿海各省典型岸段侵蚀灾害概况[6-8]。

表 9.0-1　我国沿海各省典型岸段侵蚀灾害概况

地区	岸段	岸线类型	侵蚀速率(m/a)
山东	蓬莱西海岸	淤泥质	2
	刁龙嘴-蓬莱	沙质	0.5
	鲁南	沙质	50
	黄河三角洲	淤泥质	0.5～1
	棋子湾-绣针河口	沙质	9～1.5
	文登-乳山白沙口	沙质	9～2

续表

地区	岸段	岸线类型	侵蚀速率(m/a)
江苏	东灶港-蒿枝港	淤泥质	10～20
	赣榆区北部	淤泥质	10～20
	团港-大喇叭口	淤泥质	15～45
上海浙江	芦潮港-中港	淤泥质	50
	澉浦东-丝娘桥	淤泥质	3～5
河北天津	岐口至大口河口	淤泥质	10
	饮马河	沙质	2～2.5
	北戴河浴场	沙质	2～3
	滦河口至大清河口	淤泥质	10
辽宁	营口鲅鱼圈	沙质	2
	兴城	沙质	0.5
	大凌河东	淤泥质	50
	普兰店皮口镇	沙质	0.5～1
	旅顺柏岚子	基岩	9～1.5
	大窑湾	砂砾质	9～2
福建	莆田	沙质	6～8
	霞浦	沙质	4
	白沙-塔头	沙质	3
	澄赢	砂砾质	0.9～1.5
	东山岛	基岩	1
	高歧	砂砾质	1
	湄洲岛	基岩	1
广东	珠江三角洲	淤泥质	9～5
	漠阳江口北津	淤泥质	8
	韩江三角洲	沙质	0.5～1
广西	北仑河口	淤泥质	10
海南	海口湾后海	砂砾质	2～3
	文昌邦圹	淤泥质	10～15
	沙湖港-东营港	基岩	3～6
	三亚湾	沙质	2～3
	南渡江口	沙质	9～13

我国海岸带种类主要包括基岩海岸、砂质海岸、淤泥质海岸和生物海岸等，其中砂质海岸和淤泥质海岸是我国两种最基本的海岸类型[9]。因此，我国海岸带的侵蚀也主要集中在这两种海岸带的地区。海岸带作为一个非常复杂的地域，要实现其可持续发展，考虑海岸带防护方法问题时，不能简单地只考虑人类片面的需求，需要根据当地的气候变化、海平面变化等，长远考虑海岸带防护方法对沿海地区自然环境、社会环境的影响。海岸带防护工程并不是纯粹的一门工程性学科，它不仅要防护海岸侵蚀等海岸带的环境工程地质灾害，也要兼顾其他一些作用，如海洋污染与控制、生物多样性、海水盐度变化、海洋沉积物质量以及一些社会问题。

9.1 海岸硬性防护

海岸带防护是应对海岸侵蚀采取的工程建设措施，大规模海岸带防护工程建设始于 19 世纪末期，海岸防护研究也随之开展[10]。近几十年来，为保护海岸带、避免进一步的侵蚀以及以扩大陆地面积为目的的海岸带防护工程建设加速，大部分海岸带都建设了各种形式的防护结构。因为侵蚀特点和防护目的不同，海岸带防护形式多种多样，各自造价、功能、寿命、维护费用以及环境影响和潜在的经济价值差异明显。

目前通常采用的海岸带防护方法主要为硬性防护，该方法是利用天然材料如土、石建造而成的混凝土海堤、防波堤、离岸堤、丁坝、潜堤或是大型岩石护岸，如图 9.1-1 所示。硬性防护纵然短期内效果明显，但是它们却有一些固有的缺陷，如性能单一、质量大、寿命短、施工速度慢、工程造价高及土石料用量大等。同时因为防护材料的使用对沿海山体自然植被破坏严重，影响近海海岸原有生态环境等。

图 9.1-1　硬性防护措施

夏益民[11]根据美国、澳大利亚、西欧、日本和新加坡等地的海岸防护工程的建设发展情况，对不同海岸防护工程措施(海塘、海堤、丁坝、离岸堤、人工养滩、岬头控制等)进行了分类研究，并分析了海岸带防护工程被破坏的原因。

海塘(海堤)是一种顺岸工程，如图 9.1-2(a)所示。它把陆地与海洋的动力作用隔离起来，使工程后方的陆地免受波浪、风暴潮、海啸的侵蚀，因而人类千百年来一直用它来固定海岸线和防潮、防浪。但由于波浪与海流对海堤基底的掏蚀作用，这种建筑物很易产生整体失稳破坏。由于海堤本身的特点，这类工程结构一般可以挡潮但不能用于保滩。特别是对于

本身是冲刷后退性的海岸而言，这种工程结构作为防浪的长期防护方式是不合适的，除非作为其他工程措施下的辅助或应急措施。一般适用于海浪不大的稳定海岸，或堆积淤长海岸。

丁坝和丁坝群工程是一种与岸近乎垂直的工程，如图 9.1-2(b)所示。16 世纪后才在欧洲出现，以后逐渐发展了起来，它们的作用是拦截海岸上游的来沙，形成宽阔的沙滩而保护海岸。因此，其比较适合于常年有较强单向沿岸输沙的海岸，但具有较大的副作用，一般它们都要伸入到破碎带以外的深水区才能起到对海岸的保护作用。由于这些大型工程拦截了全部或大部分上游来沙，而使丁坝下游侧海岸无沙源供给而发生严重冲刷。即使经过许多年，坝区内淤满而发生绕过坝头的沿岸输沙，由于斜向波浪的作用，在垂直岸线的丁坝的上游侧，波浪的传质水流和破波涌水会引起强烈的沿堤裂流(称沿堤流)。这种沿堤流会把部分泥沙带到深海而无法再回到海岸，从而使原有的沿岸输沙无法得到完全恢复，使下游海岸受到永久侵蚀。

离岸堤也是一种顺岸工程，如图 9.1-2(c)所示。通常建于深水区，平行于或接近平行于岸线，由于它构成了岸滩前面的屏障，正面直接经受和挡住了海浪的侵蚀，耗散了波浪能量，而在它的后面陆向一侧形成了波浪能量较小的波影区，从而大大减弱了波浪对其背部一侧海岸的攻击力量而保护了海岸。同时由于波浪在堤后的削弱，加上波浪在离岸堤后发生绕射，堤下游端绕射后的波浪的波向是指向海岸上游。离岸堤比起丁坝的优越性是显而易见的。首先它与波向垂直，正面直接起着挡浪、防浪、耗散波能的作用而使背面侧海岸得到了掩护；其次它是一种顺岸工程，能够有效阻挡住泥沙垂直于海岸运动，它不会像丁坝一样产生强烈的沿堤裂流把沿岸输运的泥沙带向深海而丧失，即使波浪的方向改变到另一侧，堤后淤积的泥沙也不易搬走。因此，离岸堤即使建在缺乏沿岸输沙的海岸段，即使波向季节变化很大，也能发挥作用而得到成功。冲刷侵蚀性的沙质海岸段一般总是缺乏沙源的，所以，离岸堤在冲刷性海岸的防护中尤其能显示出其特有的作用。

(a)海塘

(b)丁坝

(c)离岸堤

图 9.1-2 海岸防护工程措施

谢世楞[12]以尼日利亚某海滩侵蚀防护工程的分段式离岸堤为设计背景，对有关离岸堤的结构选型、平面布置等问题进行了研究。

阮成江等[13]依据我国多数海岸侵蚀现状、特点和原因，提出在不同地区建设护坎坝、潜坝、离岸堤、丁坝以及各个相互组合形式。

陈沈良等[14]以海滩物质基础以及海岸动力泥沙过程为切入点，提出了“固堤-护坡-保滩-护岸”的海岸防护工程建设方案。

左书华等[15]指出由于我国海岸防护工程建设类型较多，应根据海岸带侵蚀特征采取不同设施或者多种形式组合，使海岸防护工程达到最优的防护效果。

Dean 等[16]提出的人工补沙方法被认为是一种理想的海岸带防护方式而被广泛采用。

Reeve 等[17]提出合理布置丁坝群有稳定岸滩或岸线、减缓海岸大型工程建设引起的波浪侵蚀冲刷、减小人工补沙岸滩的泥沙流失等功能。

近年来，随着海岸带防护工程实践和科学研究的进一步深入，人们越来越注重工程的实施与自然生态环境过程之间的和谐，海岸防护工程的重心逐渐从传统硬性防护向更加尊重自然、保护自然的海岸带柔性防护转变，即通过种植海洋生物植被进行海岸带防护的措施，像红树林和珊瑚礁类似的植被固定到海底，利用海生植被根系来稳固海滩的泥沙，防止海岸被侵蚀[18-21]。

9.2 海岸柔性防护

9.2.1 柔性防护的原理

柔性防护是人类利用自然生态系统的自我调节能力，结合少量人类活动以使系统达到自我保护的一种方法[22]。主要是利用水、土、石等天然材料或人造材料为基础，建造能达成自然保全或能够改善生态环境的构造物，其功能是能够复原被破坏的自然环境，同时对自然景观的改善也有一定的帮助。相对于刚性工法，柔性工法的优势及特点主要有：

(1)自我设计能力。柔性工法中的自我设计能力的应用是通过人类或自然方法，让生态系统自我调节，使得系统能够很好地适应周围的自然环境，并且影响周围环境使其更适合系统的需要[23]。

(2)自我维持能力。柔性工法利用生态系统自我维持的能力，依赖或间接依赖于自然能

量如太阳能、风能等，只需要借助外界适度的能量投入，就能够不断地自我维持[23]，是一种尽量减少人类直接干预的防护方法。

(3)结合生态学、社会学和土木工程学等学科系统地处理海岸环境问题，更有利于海岸带的综合管理。

(4)再生循环，多层重复使用物质资源。柔性工法利用生态系统的再生和循环利用物质资源的功能，可以使资源消耗最低，并使得能源得到更加充分合理的利用。

9.2.2　柔性防护在海岸工程中的应用

柔性防护自20世纪60年代出现以来，其研究和应用偏重于环保生态工程，尤以垃圾、废水处理、海湾的富营养化等问题的研究最为突出。直到20世纪90年代才将柔性防护用于修复被渐渐破坏的自然生态系统[24]。柔性防护在海岸工程中的应用是在设计防波堤、离岸堤、护岸等结构物时考虑如何利用柔性工法增加其生态功能，在起到海岸防护作用的同时，也能够减少对海岸自然环境的破坏。换言之，柔性防护也是一种生态型的海岸防护方法，常用的柔性防护有人工沙丘、人工养滩、人工岬湾等。利用柔性材料如土工合成材料护坡、护岸也属于柔性防护的范畴，如表9.2-1所示[25-27]。

1.人工自然沙丘

沙丘是海岸地区常见的地形，其特殊的地形位置与组成特征，使其成为海岸自然防御系统中最后一道防线。而人工自然沙丘是使用最频繁、最经济适用的海岸防护措施。通过种植在土壤中也可存活的草或灌木增加人工沙丘的稳定性；同时草皮、灌木也可积累更多的沙土，使沙丘的体积变大，从而渐渐起到哺育沙滩、防止暴风浪潮侵蚀海岸的作用。这种海岸防护适用于沙量充足、风强度足够大的海岸[25]。

2.人工养滩

海滩是自然界海岸抵抗海洋动力作用、不使后方陆地遭受侵蚀的前沿阵地，是海岸自然防御系统的第一道防线。海滩面对大洋，吸收了波浪的几乎所有的能量，从而保住了整个后方。海滩保不住，海岸也保不住，后方受到海洋的侵蚀也就难免。宽阔的海滩不仅是海洋动力的缓冲区，也是个泥沙库。沙丘则是沙质海岸前沿的第二道防线，它是长时期向陆地的海风吹刮沙滩的沙在海滩后方堆积起来的。沙丘一般高达几米、十几米甚至几十米。沙丘除了能抵挡高水位时风暴浪的越顶冲刷和保护后方陆地免受海水淹没破坏外，它还提供了第二个抵抗削弱海洋动力的缓冲带和养育海滩的巨大储备。在风暴潮间，大量的泥沙从滩肩和沙丘被冲刷到破波线外侧，形成沙坝，帮助耗散波能，使沙丘和沙滩免受进一步冲刷；风暴潮之后，涌浪又很快把沙坝泥沙推回到海滩和滩肩。因此，沙滩和沙丘是大自然抵抗海洋动力侵蚀的天然防线，也是吸收海洋波浪向岸冲击能量的最好结构。更何况沙滩滨海提供给人类一种非常美好的娱乐环境，是人们向往的旅游胜地。由于这些原因，海滩和沙丘的保护至关重要，因此，人工养滩应运而生。人工养滩包括两种情况和方法。一是海滩所受侵蚀还处于初期，尚余的海滩仍还较宽，海浪还未直接威胁陆上设施，故只需要在其上游周期性地倾倒和堆放适当数量的泥沙，以补足泥沙冲蚀来稳定海滩；二是海滩已受到严重冲刷破坏，甚至消失殆尽，海浪直接威胁陆上建筑，因而必须恢复重建原有海滩并稳定它，故在这一侵蚀海岸段上应直接进行人工沙滩回填。人工养滩方法的优点是它采用了海岸的自然保护机理，并顺应海岸沿岸输沙机理，没有去拦截或破坏原有的沿岸波浪、水流和输沙的状态，因而不会带来下游冲刷等副作用，而且人工养滩法根据海岸侵蚀机理，针对上游供沙不足这一侵蚀的根本原因，补足了沙量，满足沿岸输沙要求，从而能使下游很长距离内的海岸线得到保护。将粒径大小适宜的沙源补给侵蚀地区，使沿岸输沙量供需达到平衡状态，进而达到海滩稳定的目的[26]。人工养滩是被广泛认可的最通用的一种现代海岸防护技术。这是因为它能够很容易地适应不同的海岸系统(有潮、无潮，自然或人为的沉积物等)。而且，它经常与其他防护方法(如透水丁坝或是潜堤)相结合被用在海岸保护中。其不仅能起到防止海岸侵蚀的作用，同时也能维护沿岸的刚性结构物不受损伤。但人工养滩成本相对较高，补沙后由于部分泥沙流失，必须进行阶段性的重补以维持海岸形态的稳定。

3. 人工岬湾养滩

自然岬湾是自然界普遍存在的一种海岸地形，由波浪冲击而成，当凹入的海岸线退缩达到静态平衡时，海岸线就趋于稳定，不再受沿岸漂沙的影响。人工岬湾就是依据自然岬湾稳定的海岸形态，利用适当的人工突堤或离岸堤与沙岸构成一种类似天然岬湾的布置。这样不仅可有效地保护海岸结构物，而且能起到稳定海岸的作用[27]。20 世纪中叶以来，这种防护形式已在欧美、日本、澳大利亚、新加坡等地广泛应用，并获得成功。中国大陆沿海自然岬湾海岸非常发育，但尚无人工岬湾应用于海岸防护工程中的相关记载。

4. 土工合成材料护岸

用土工合成材料建造堤防的主要方法是：堤身部分用非织造型土工织物代替传统的砂砾石作为滤层，利用混凝土模袋护坡技术和土工织物草皮护坡或者三维植草网垫植草防护形式；堤基部分常用的防护形式有土工布软体沉排技术、土工织物土枕和土工合成材料石龙等。这种防护技术无论是土工织物、三维植草网垫、草还是土料，都是柔性的。不仅能够保证堤身部分的抗滑稳定性，提高堤岸的抗冲能力，而且能确保堤基部分泥土不被冲刷、自由沉降，很好地适应地基的变化，是一种非常经济、适用的护岸措施[29]。

表 9.2-1　各种海岸防护类型适用范围及其特点

防护类型	适用海岸防护类型	优点	缺点
海堤	适用于各类海岸，历史悠久，应用广泛	可有效阻止海岸线的蚀退，保护陆地免受波浪潮的破坏	堤外侵蚀现象严重，风浪潮不断冲刷海堤，造成堤身掏空破坏
丁坝	传统刚性防护，多用于沿岸输沙较强的侵蚀岸段，砂质海岸使用较多	防止或减缓沿岸输沙引起的泥沙流失和岸滩冲刷，保护海堤	造成上游侧冲刷，维护工作巨大，淤泥质海岸效果很差
离岸堤	多用于波浪入射方向垂直于岸线、沿岸输沙率较小海岸，淤泥质海岸多为潜堤，砂质海岸多为出水堤	减弱波能对海堤的直接冲击，可拦截海堤前的泥沙向外流失	施工难度及成本都较高；波浪反射易造成堤前冲刷，危及自身稳定性
人工自然沙丘	沙量充足，风力大的区域	成本较低，简单实用	稳定性不够，难以抵御大风大浪
人工养滩	海岸侵蚀区域，沉积物运输方便的海岸	对海岸环境影响不大	不易寻找合适的沙源，需重复养滩，造价高

续表

防护类型	适用海岸防护类型	优点	缺点
人工岬湾	输沙量较小的沙质海岸	对生态环境影响较小，与离岸堤突堤相比工程量较小	岬湾的凹入岸段需有一定的后退余地，岬头附近易侵蚀
土工合成材料护岸、护坡	适用于各类海岸海堤的防护以及建造	造价低，稳定性强，经久耐用，可解决原材料短缺问题，保护生态环境	易受环境因素影响，直接暴露容易老化

9.2.3 柔性防护在江苏粉砂淤泥质海岸的应用

1. 江苏海岸带概况

江苏海岸线全长954km，以粉砂淤泥质海岸为主，占岸线的90%以上，有快速淤涨岸段也有剧烈蚀退岸段，侵蚀岸段长194.7km，占江苏海岸总长度的20.4%；加上由淤涨向蚀退的过渡型海岸长度76.9km，淤泥质侵蚀岸段总长达271.6km，占海岸总长度的28.5%，再加上几乎全属侵蚀岸段的砂质海岸，侵蚀岸段总长度达301.7km，占31.6%，即几乎1/3的江苏海岸处于侵蚀状态[30]。近年来，随着江苏沿海开发的日益加剧，以及全球的气候变化和海平面上升的影响，江苏海岸带侵蚀现象日益加剧。据2006年江苏省海洋环境质量公报-海洋侵蚀监测结果显示，2003年4月至2006年5月间，江苏省连云港至射阳河口岸段沿岸海堤受侵蚀破坏严重的岸线长度为19.75km，海岸侵蚀的总面积达5.29km^2，对江苏海岸带的开发造成了很大的影响[31]。

2. 江苏海岸带防护工程概况

近百年来，江苏海岸泥沙来源急剧减少，海岸侵蚀现象相当严重。江苏海岸侵蚀损失土地1400km^2。解放初，海岸防护主要采用土堤，以后逐渐采用抛石，直立石护墙或浆砌块石护坡。20世纪60年代开始在小丁港岸段使用丁坝护岸技术，70年代又陆续使用平行于海堤的抛石离岸潜堤保滩，80年代采用丁坝和离岸堤相结合以及滩面抛石等护岸工程。目前淮北盐场、台南、徐圩、新滩盐场均采用丁坝顺坝结合护滩保堤。90年代初，在台南和徐圩盐场，采用钢筋石笼防护新方法，提高了抗浪能力。江苏吕四海堤采用加糙的浆砌块石护坡，稳定了近30km的海堤。废黄河口六合庄、陶湾和振东闸一带海堤采用加糙的浆块石和丁坝、离岸堤保滩防护，还试种了互花米草，采用混凝土模袋护坡。江苏海岸中不淤长或稳定型海岸，采用植物护坡的斜坡堤和水泥土护坡的斜坡堤，起到了抗御风浪和风暴潮的良好效果[32]。

3. 江苏已实施海岸防护工程评价及设想

根据江苏淤泥质海岸侵蚀特点以及各种海岸防护工程措施的防护效果分析，可以发现江苏海岸带防护工程措施还是以刚性结构如海堤、防波堤为主，但已经逐渐由单一的海堤转变为加固海堤和消浪护岸并重的组合防护，并取得了一定的防护效果。近年来，已逐渐开始采用柔性防护，如草皮种植、混凝土模袋护坡等，都取得了良好的防护效果。采用适当的方式通过自然过程塑造稳定海岸线，这已是一种趋势，人工养滩和人工岬湾防护技术在国外已经得到了非常广泛的应用，并且也取得了相当良好的效果，江苏海岸带可根据自身条件考虑尝试使用这两种防护技术。当然，要用柔性防护完全代替刚性防护，短期内难以实现，毕竟刚性防护使用历史悠久，一时之间也难以摈弃。其实可采用在原有刚性防护的基础上结合使用柔性防护技术，即采用刚柔结合的防护措施，如在海堤附近侵蚀严重区域利用人工养滩技术，不仅可以减缓海岸侵蚀，还能维护海堤，且景观较好。

9.3 海岸生物技术防护

9.3.1 微生物固化技术介绍

微生物诱导碳酸钙沉淀技术(microbial induced carbonate precipitation, MICP)，是将岩土工程与生物工程有机结合起来，具有无污染、无残留以及良好的生物相容性等优势，近些年来在岩土工程领域应用广泛。如果将其应用于砂质海岸带修复，与传统的硬性防护法相比较，微生物防护法既解决工程问题，又有利于沿海生态环境保护，提高土地资源利用率，并且更加绿色、环保，具有可持续性。利用 MICP 技术进行砂质海岸带的加固研究，将为沿海地区的海岸带基础设施防护工程建设提供基础数据和科学依据，并为沿海地区海岸带防护提供一种新的思路。

微生物矿化是自然界中普遍现象，自然界中某些微生物能够利用自身的新陈代谢活动生成多种矿物结晶。生物矿化分为控制矿化和诱导矿化，它们共同改变了生物圈系统的理化特性，是生物圈中的重要组成部分，对矿物结晶沉积起着积极的作用。微生物的矿化作用是微生物通过自身生长代谢，与周围环境相互作用而引起的矿化过程，将周围环境中散落沉积的松散矿物碎颗粒胶结成为坚硬的岩石，其中近 2/3 是钙质矿物[33]。Boquet 等[34]最早在自然杂志上发表文章，揭示了土壤中的微生物在新陈代谢过程中发生的诱导矿化作用生成碳酸钙晶体沉积物的过程，引起了国内外专家学者开展微生物诱导碳酸钙沉积的相关机理和工程应用的科学研究。微生物矿化作用最常见的有反硝化细菌、脲酶菌、硫酸盐还原菌以及铁还原菌等，这些细菌通过生物矿化生成碳酸钙晶体的过程也不同，主要有反硝化作用、尿素的水解、硫酸盐还原以及三价铁还原等方式[35-40]，其反应方程式为[41]

(1)反硝化作用(反硝化细菌)

$$5CH_3COO^- + 5H^+ + 8NO_3^- \longrightarrow 6H_2O + 4N_2 + 10CO_2 + 8OH^- \tag{9.3-1}$$

(2)尿素水解(脲酶菌)

$$NH_2-CO-NH_2 + 3H_2O \longrightarrow 2NH_4^+ + HCO_3^- + OH^- \tag{9.3-2}$$

(3)SO_4^{2-}还原(硫酸盐还原菌)

$$CH_3COO^- + 2H^+ + SO_4^{2-} \longrightarrow HS^- + 2H_2O + 2CO_2 \tag{9.3-3}$$

(4)Fe^{3+}还原(铁还原菌)

$$CH_3COO^- + 8Fe(OH)_3 + 6HCO^- + 7H^+ \longrightarrow 8FeCO_3 + 20H_2O \tag{9.3-4}$$

由于尿素水解机理较简单，反应过程中容易控制并且能在短时间内产生大量的碳酸根离子，所以尿素水解的微生物诱导碳酸钙沉淀技术一直作为主流的生物矿化生成碳酸钙的技术被广泛应用[42-43]。由于细菌新陈代谢产物细胞外聚合物中含有多种负离子基团，巴士芽孢杆菌细胞表面常带有负电荷，并不断吸附周围溶液中的钙离子，使得钙离子聚集在细菌外表面，同时分散到细胞内部的尿素分子在巴士芽孢杆菌产生的脲酶作用下不断催化水解

出碳酸根离子，并运输到细菌细胞外表面，从而以细胞为晶核，在巴士芽孢杆菌周围析出碳酸钙晶体[44]。随着碳酸钙数量不断增多，细胞外表面被逐渐包裹，使得细菌新陈代谢活动所需要的营养物质难以传输到细胞内并利用，最后导致细菌逐渐死亡。上述反应过程示意图见图 9.3-1，反应方程式[45]：

$$CO(NH_2)_2 + H_2O \longrightarrow NH_3 + NH_2COOH \tag{9.3-5}$$

$$NH_2COOH + H_2O \longrightarrow H_2CO_3 + NH_3 \tag{9.3-6}$$

$$H_2CO_3 \longrightarrow H^+ + HCO_3^- \tag{9.3-7}$$

$$NH_3 + H_2O \longrightarrow NH_4^+ + OH^- \tag{9.3-8}$$

$$Ca^{2+} + HCO_3^{2-} + OH^- = CaCO_3 \downarrow + H_2O \tag{9.3-9}$$

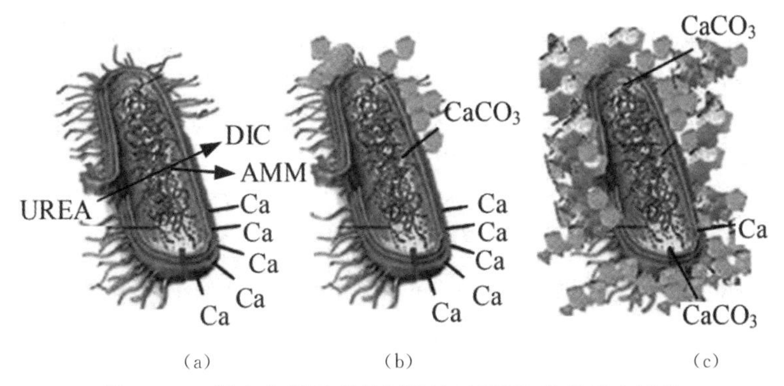

图 9.3-1　微生物诱导碳酸钙沉淀(MICP)技术反应过程

整个生物矿化反应过程中，巴氏芽孢杆菌起到两个最为核心的作用：一是产生大量高活性脲酶来分解尿素且通过自身新陈代谢活动为碳酸钙晶体析出营造碱性环境；二是为形成碳酸钙晶体（产量、沉积速率和形态）提供晶核。由于脲酶水解尿素过程中产生铵根离子，使得环境碱性值升高，脲酶对尿素有更高的活性、更强的亲和力，促进 $CaCO_3$ 晶体的形成。整个微生物矿化过程中，巴氏芽孢杆菌产生有毒性物质或其他副产物概率基本为零，细胞之间不发生聚集，确保其具有较高的细胞比表面积，以上优势都使得巴氏芽孢杆菌具备了实际应用的能力[46]。

MICP 胶结松散砂颗粒的过程如图 9.3-2 所示，首先带有负电荷的细菌吸附在松散砂颗粒表面，然后以混合溶液中的可溶性钙盐及尿素为营养源，通过微生物诱导矿化碳酸钙沉淀作用，便会在砂颗粒空隙和相邻砂颗粒之间形成胶结物质——方解石晶体，方解石在砂颗粒间充当桥梁作用，最终将松散砂颗粒胶结为一个整体[47]。

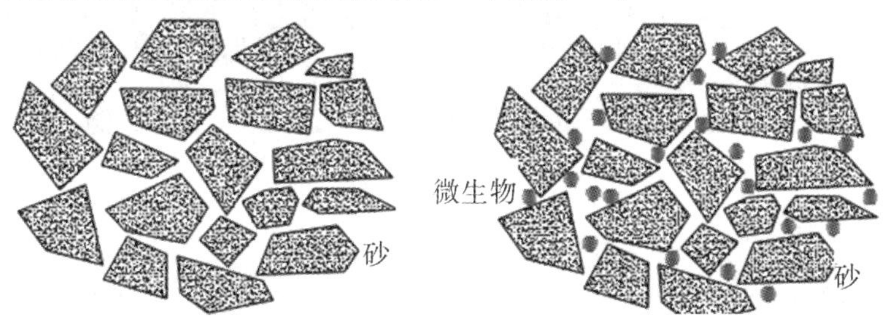

(a)松散砂颗粒　　(b)微生物吸附在砂颗粒间

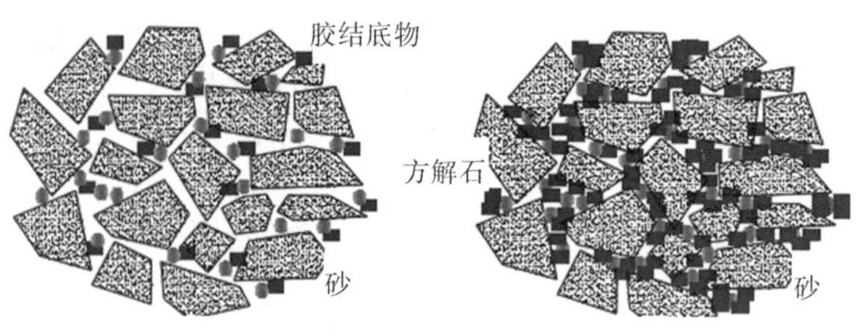

(c)胶结底物吸附在砂颗粒间　　(d)松散砂粒被胶结成为整体

图 9.3-2　微生物胶结松散砂颗粒过程

微生物固化是近年来快速发展起来的一种新技术，与传统的固化剂固化砂土体技术相比，其具有低能耗、低排放、污染少的优势。MICP 技术通过向松散砂土体中灌注巴氏芽孢杆菌菌液以及等摩尔浓度的氯化钙和尿素混合溶液，可快速析出碳酸钙晶体，从而将松散砂土颗粒胶结成为整体。其可有效改善土体的力学性能，提高土体的强度、刚度和降低渗透性，应用前景广阔，在岩土工程领域应用广泛[47-61]。

9.3.2　微生物加固海岸带技术应用试验

为了探究 MICP 技术对海岸带防护的可行性和效果，开展波流水槽试验来验证微生物加固海岸带砂质边坡、提高其抗侵蚀性能力的可行性。

1. 试验材料及装置

波流水槽试验所用砂为福建标准砂，砂粒径为 0.25～0.5mm，其中值粒径 D_{50}＝0.37。

波流水槽试验采用的微生物加固区海岸带边坡模型尺寸坡长 L_1＝100cm，坡宽 W＝100cm，坡高 H＝28.7cm，坡脚为 16°。未加固区边坡模型尺寸坡长 L_2＝50cm，坡宽 W＝100cm，坡高 H＝28.7cm，如图 9.3-3 所示。试验开始前，将上述饱和标准砂堆积于波流水槽中，加固边坡为迎水坡，未加固边坡为背水坡。

图 9.3-3　边坡模型实体图

2. 试验方法

使用喷洒法对边坡模型试样表面均匀喷洒菌液及胶结溶液。研究处理次数对边坡模型冲蚀加固的效果，处理次数为 2 次及 4 次。先喷洒菌液后静置 2h，让细菌能够充分附着在砂颗粒表面，然后喷洒等摩尔的尿素和氯化钙混合溶液，反应 24h，使菌液与胶结溶液发生反应并诱导生成碳酸钙晶体。重复上述步骤，直至试验完成，处理过程如图 9.3-4 所示。

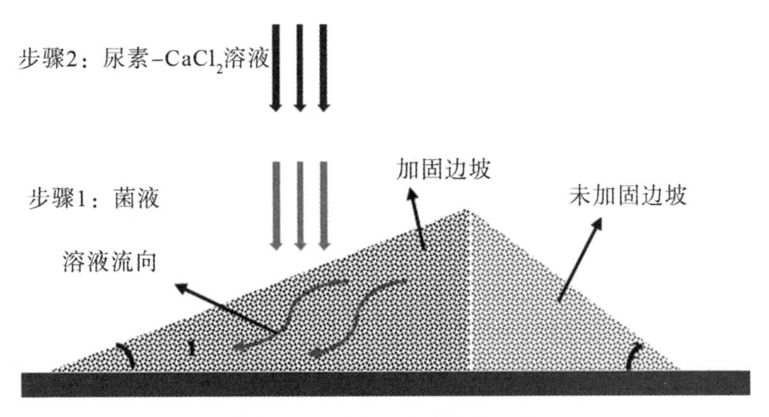

图 9.3-4　MICP 处理过程两个步骤

对加固后的边坡模型进行波流水槽试验，以评估其在波浪冲刷时的抗侵蚀能力。通过造波板造波，采用自循环水泵供水，水位通过调水阀调控。边坡模型堆放于距离波流水槽造波口 2/3 处，波高仪放在距离波流水槽造波口 1/2 处，以便测得较稳定的波高，波流水槽试验示意图见图 9.3-5。试验每波高进行 30min 波浪冲刷，波高示意图见图 9.3-6，在水槽的侧面布设摄像机对试验过程进行记录。

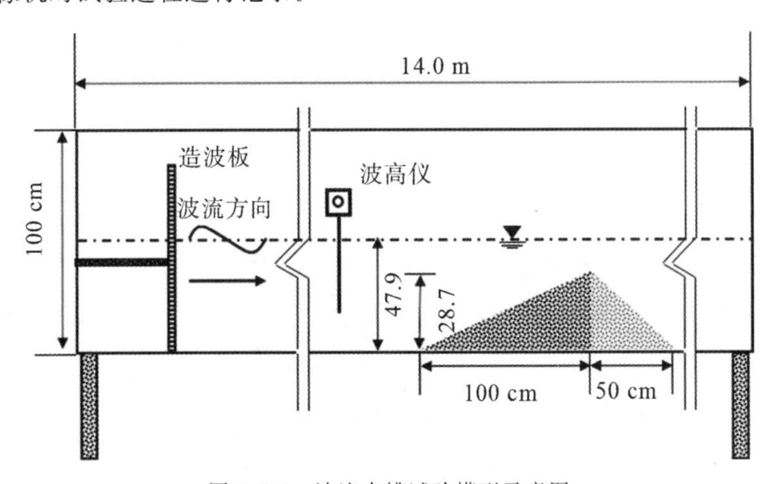

图 9.3-5　波流水槽试验模型示意图

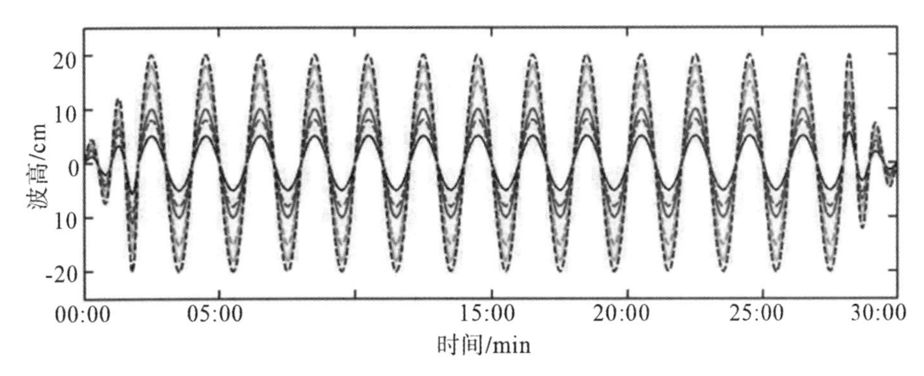

图 9.3-6　试验过程中波高示意图

3.试验结果与分析

(1)砂质边坡破坏形态

波流水槽试验结束后,首先观察边坡模型破坏形态,如图 9.3-7 所示。处理 2 遍波流水槽模型工况下,试验结束后,边坡模型在波浪冲刷后坡面完全破坏,坡顶坍塌且坡脚处残积大量砂体。其主要原因为短时间内波浪力作用下未加固边坡被侵蚀,内部砂体掏空后导致加固边坡顶部坍塌。同时 2 遍处理后表层强度较低,导致出现完全破坏现象。由图 9.3-7(b)可知,处理 4 遍后边坡模型在波浪冲刷后坡顶完全破坏,坡中和坡脚表面完好,坡脚几乎没有残积砂。其主要原因在于坡面整体强度较大,足以抵抗波浪侵蚀。但背水面未加固,在波浪水流的作用下背水坡坍塌,加固边坡坡顶难以支撑自身重力导致坡顶塌陷。

(a)处理 2 遍

(b)处理 4 遍

图 9.3-7 波流水槽边坡模型破坏形态

(2)表层强度变化

波流水槽试验结束后,对波浪冲刷下的边坡模型进行微型贯入试验,测试加固后表层胶结层的贯入阻力,测点位置如图 9.3-8 所示。定义加固后边坡贯入阻力与未加固贯入阻力比值 R 为防护强度比,利用防护强度比表征微生物处理效果,如图 9.3-9 所示。分析可知,处理 2 遍后砂质边坡防护强度比在坡脚处(4#)最大,坡中位置(2#、3#)次之,坡顶位置(1#)最小;处理 4 遍后边坡防护强度比在坡脚处(4#)最大,坡中(2#、3#)次之,坡顶(1#)最小,但处理 4 遍后强度要优于处理 2 遍后,其主要原因在于处理 4 遍后生成碳酸钙较多,对砂体胶结效果较好。图 9.3-10、图 9.3-11 分别表示处理 2 遍、4 遍后边坡模型不同位置处胶结层厚度,胶结层厚度变化表现出相同规律。

图 9.3-8　表层微贯测试位置

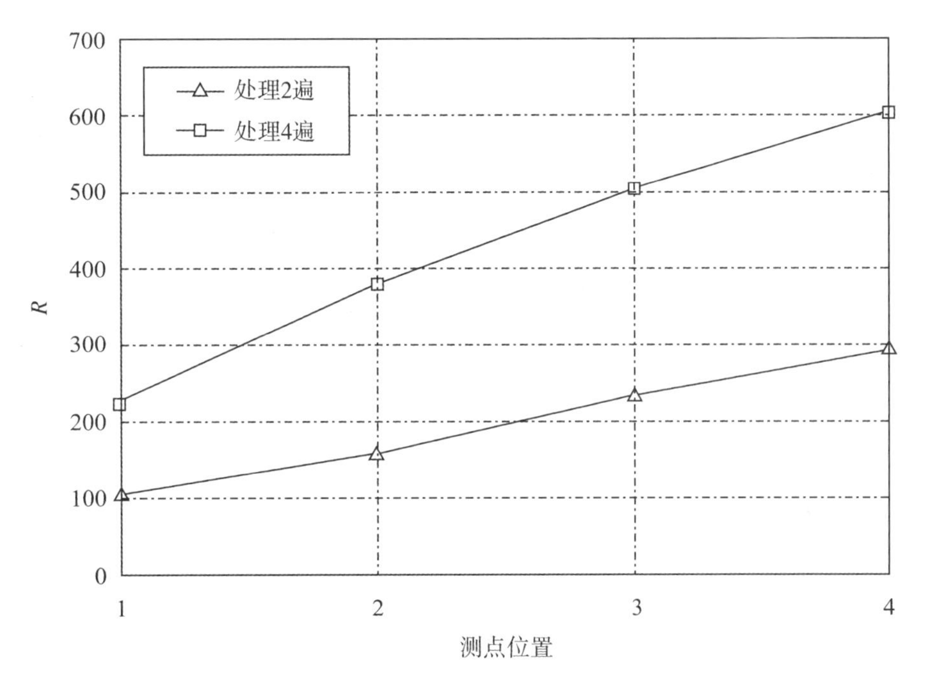

图 9.3-9　坡面不同位置防护强度比

(a)位置 1

(b)位置 4

图 9.3-10　处理 2 遍边坡模型不同位置的厚度

(a)位置 1

(b)位置 4

图 9.3-11　处理 4 遍边坡模型不同位置的厚度

砂质边坡模型加固强度与碳酸钙含量密切相关。图 9.3-12、图 9.3-13 分别表示不同测点处生成碳酸钙含量以及碳酸钙含量与相应位置处防护比关系。分析可知，生成碳酸钙含量与防护强度比呈线性关系，随着碳酸钙含量的增加防护强度比逐渐增大。但由于喷洒过程中菌液以及营养液渗流关系，喷洒的菌液与胶结液会随着坡度的倾向一部分附着在原位进行反应生成碳酸钙沉淀，一部分随着坡度方向渗透而随之反应直至坡脚反应完毕，进而导致从坡脚至坡顶其强度与碳酸钙含量增加。图中表示坡顶(1＃)到坡脚(4＃)碳酸钙含量逐渐增加，且处理 4 遍比处理 2 遍生成碳酸钙含量高。

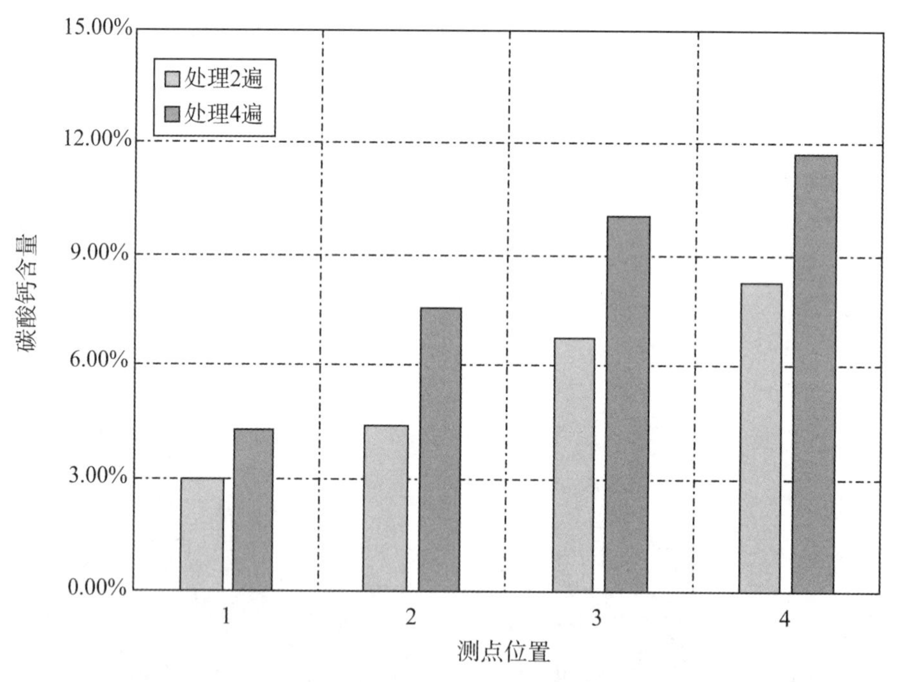

图 9.3-12　不同位置碳酸钙含量

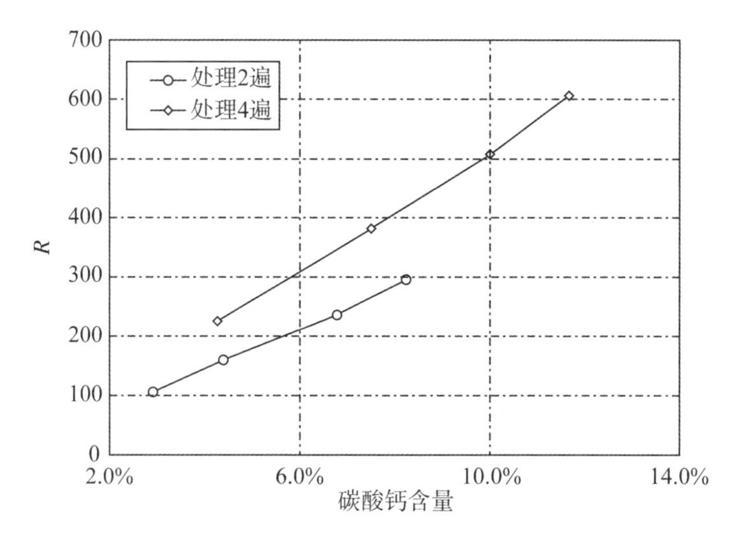

图 9.3-13　防护强度比与碳酸钙含量关系曲线

(3)加固后砂体微观形态分析

为进一步揭示微生物加固海岸带机理，选取加固边坡表层固化土进行砂土颗粒微观形态分析，如图 9.3-14 所示。从这些 SEM 图像中可以清楚地看出微生物不同处理遍数下生成的碳酸钙晶体胶结填充程度以及晶体形态。图 9.3-14(a)(b)为处理 2 遍后胶结晶体形态分布。由图可知，处理后砂颗粒表面分布有一些碳酸钙晶体，微量的碳酸钙晶体附着在砂颗粒表面，晶体为相连接的球体。相邻两砂颗粒之间有碳酸钙晶体胶结，因为胶结物碳酸钙含量低，且没有形成有效联结，所以强度低，抗侵蚀能力差。图 9.3-14(c)(d)为处理 4 遍后胶结晶体结构形态分布。可见，大量片状碳酸钙晶体完全包裹住石英砂颗粒，形成包裹状态胶结，且胶结物与砂颗粒表面形成大面积有效联结，其强度和抗侵蚀能力明显提高。

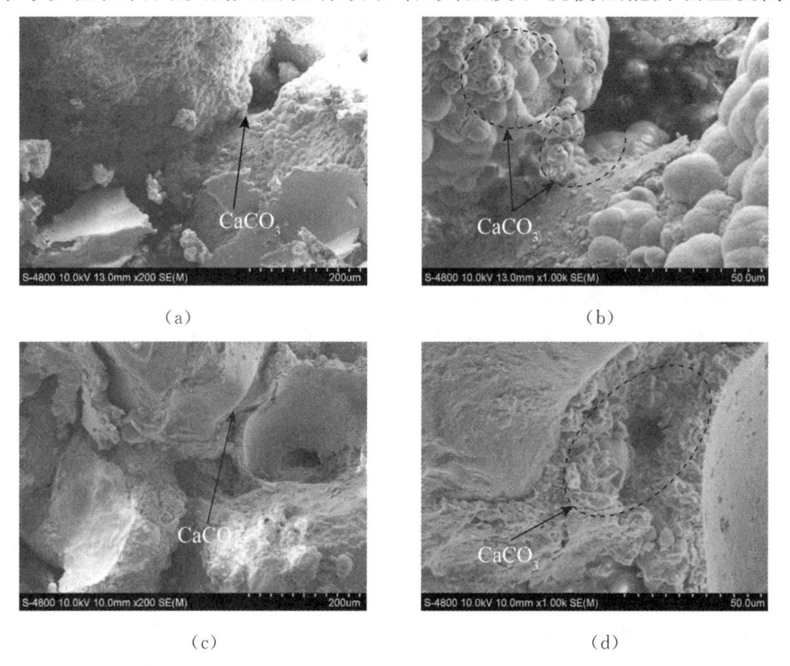

图 9.3-14　波浪冲刷后微生物处理边坡 SEM 图：(a)(b)：处理 2 遍；(c)(d)：处理 4 遍

参考文献

[1] 张林,陈沈良. 苏北废黄河三角洲沉积物的时空变化特征[J]. 海洋地质与第四纪地质,2012,32 (3):11-19.

[2] 张一帆,喻国华,沈朝慈,等. 废黄河口海岸防护工程规划研究[J]. 海洋工程,1998,29(4):75-84.

[3] 戴龙洋,张阳. 盐城市侵蚀性海岸防护设计[J]. 水利水电科技进展,2009,16 (3):49-53.

[4] Primavera J H. Overcoming the impacts of aquaculture on the coastal zone[J]. Ocean & Coastal Management, 2006, 49(9-10):531-545.

[5] 于德海,彭建兵,李滨. 海岸带侵蚀灾害研究进展及思考[J]. 工程地质学报,2010,18(6):0867-06.

[6] 李培英,杜军,刘乐军,等. 中国海岸带灾害地质特征及评价[M]. 北京:海洋出版社,2007.

[7] 李震,雷怀彦. 中国砂质海岸分布特征与存在问题[J]. 海洋地质动态,2006,22(6):1-4.

[8] 刘锡清. 我国海岸带主要灾害地质因素及其影响[J]. 海洋地质动态,2005,21 (5):23-42.

[9] 詹文欢,钟建强,刘以宣. 华南沿海地质灾害[M]. 北京:科学出版社,1996.

[10] 叶银灿. 中国海洋灾害地质学[M]. 北京:海洋出版社,2012:177-193.

[11]夏益民. 海岸稳定工程措施研究[J]. 海洋工程,1991(04):45-58.

[12] 谢世楞. 离岸堤在海岸工程中的应用[J]. 海洋技术,1999,18(4):39-45.

[13] 阮成江,谢庆良. 中国海岸侵蚀及防治对策[J]. 水土保持学报,2000,14(1): 44-47.

[14] 陈沈良, 张国安, 谷国传. 黄河三角洲海岸强侵蚀机理及治理对策[J]. 水利学报,2004,(7):7.

[15] 左书华,李九发,陈沈良. 海岸侵蚀及其原因和防护工程浅析[J]. 人民黄河,2006,28(1):23-25,41.

[16] Dean R G, Dalrymple R A. Coastal processes with engineering applications[M]. Cambridge University Press,2004.

[17] Reeve D, Chadwick A and Fleming C. Coastal engineering, Processes, Theory and Design Practice[M]. Spon Press,2004.

[18] 李志龙. 华南岬间海湾沙质海岸平衡形态与侵蚀机制[J]. 中大学报,2006(7):111-146 .

[19] Charlier R H, Chaineux M C P, and Morcos S. Panorama of the history of coastal protection[J]. Journal of Coastal Research, 2005, 21(1):79-111.

[20] Zheng Y N, Liu D X, Cheng L, et al. An ecological shoreline protection for coastal erosion[J]. Applied Mechanics & Materials, 2014(638-640):1239-1242.

[21] Dean R G. Beach Nourishment-Theory and Practice[M]. World Scientific Publishing Co. Pte. Ltd.

[22] Capobianco, Michele. Soft intervention technology as a tool for integrated coastal zone management [J]. Journal of Coastal Conservation, 2000(6): 33-40.

[23] William J Mitsch. Ecological engineering the seven year itch[J]. Ecological Engineering,1998(10): 119-130.

[24] 郭一羽.海岸生态工法之应用与展望[J].中华技术季刊,2006(70):22-27.

[25] Grzegorz R, Zbigniew P. Coastal protection and associated impacts environment friendly approach[J]. Environmentally Friendly Coastal Protection, 2005:129-145.

[26] Charles W Finkl. Beach nourishment, a practical method of erosion control[J]. Geo-Marine Letters. 1981(1):155-161.

[27] 杨燕雄,张甲波.治理海岸侵蚀的人工岬湾养滩综合法[J].海洋通报 2009,28(3): 92-97.

[28] 王艳红.废黄河三角洲海岸侵蚀过程中的变异特征及整体防护研究[D].南京:南京师范大学地理科学学院,2006.

[29] 包承纲.堤防工程土工合成材料应用技术[M].北京:中国水利水电出版社,1999.

[30] 张忍顺.江苏海岸侵蚀过程及其趋势[J].地理研究,2002,21(4): 469-477.

[31] 2006年江苏省海洋环境质量公报[R].江苏省海洋与渔业局,2007,4.

[32] 姚国权.江苏省海涂围垦与海岸防护概况[J].海洋开发与管理,1995,12(2): 36-39.

[33] 戴永定.生物矿物学[M].北京:石油工业出版社,1994.

[34] Boquet E, Boronat A, Ramos-Cormenza-Na A. Production of calcite (calcium carbonate) crystals by soil bacteria is a common phenomenon[J]. Nature,1973,246(5434):527-529.

[35] 钱春香,王安辉,王欣.微生物灌浆加固土体研究进展[J].岩土力学,2015, 36 (6): 1537-1548.

[36] 钱春香,王瑞兴,詹其伟.微生物矿化的工程应用基础[M].北京:科学出版社,2015.

[37] 钱春香,王剑云,王瑞兴,等.微生物沉积方解石的产率[J].硅酸盐学报,2006,34(5): 618-621.

[38] 荣辉,钱春香,张磊,等.微生物水泥的胶结过程[J].硅酸盐学报,2015,43(8): 1067-1075.

[39] Dejong J T, Fritzges M B, Nüsslein K. Microbially induced cementation to control sand response to undrained shear[J]. Journal of Geotechnical & Geoenvironmental Engineering,2006,132 (11): 1381-1392.

[40] 陈杰.多孔介质中巴斯德芽孢杆菌的桥接固定及砂柱胶结实验研究[D].衡阳:南华大学,2014.

[41] 李俊叶,黄伟波,王筱兰,邹峥嵘.硫酸盐还原菌的筛选及生理特性研究[J].安徽农业科学,2010,38 (29):16092-16093.

[42] Ismail K, Edward K, Bruce E. Microbially induced precipitation of calcite using pseudomonas denitrificans [C]//In Proceedings of 1St international conference BGCE. Netherlands: TU Delft,2008: 58-66.

[43] Metayer-Levrel G L, Castanier S, Orial G, Loubière J F, Perthuisot J P. Applications of bacterial carbonatogenesis to the protection and regeneration of limestones in buildings and historic patrimony[J]. Sedimentary Geology,1999,126(1-4):25-34.

[44] Stocks-Fischer S, Galinat J K, Bang S S. Microbiological precipitation of $CaCO_3$[J].

Soil Biology & Biochemistry, 1999, 31(11): 1563-1571.

[45] 苗晨曦，李亚梅，郑俊杰，黄杰. 微生物改性土体研究进展[J]. 土木工程与管理学报，2012,29 (1):25-29.

[46] Pompeo M L M, Moschini-Carlos V. Macrofitas aquaticas & perifítion: aspectos ecologicos & metodologicos[M]. FAPESP,2003.

[47] Muynck D W, Belie D N, Verstraete W. Microbial carbonate precipitation in construction material [J]. Ecological Engineering, 2010, 36 (2):118-136.

[48] 何稼，楚剑，刘汉龙，等. 微生物岩土技术的研究进展[J]. 岩土工程学报，2016,38(4): 643-653.

[49] Burbank M, Weaver T, Lewis R, et al. Geotechnical tests of sands following bioinduced calcite precipitation catalyzed by indigenous bacteria [J]. Journal of Geotechnical and Geoenvironmental Engineering, 2012, 139(6): 928-936.

[50] Chu J, Ivanov V, Stabnikov V, et al. Microbial method for construction of an aquaculture pond in sand[J]. Geotechnique, 2013, 63 (10): 871-875.

[51] Lin H, Suleiman M T, Brown D G, Kavazanjian E. Mechanical behavior of sands treated by microbially induced carbonate precipitation[J]. Journal of Geotechnical & Geoenvironmental Engineering, 2016, 142(2): 040150661-13.

[52] Mujah D, Cheng L, Shahin M A. Microstructural and Geomechanical Study on Biocemented Sand for Optimization of MICP Process[J]. Journal of Materials in Civil Engineering, 2019, 31(4): 04019025.

[53] 成亮，钱春香，王瑞兴，王剑云. 碳酸盐矿化菌调控碳酸钙结晶动力学、形态学的研究[J]. 功能材料，2007,38(9):1511-1515.

[54] 程晓辉，麻强，杨钻，等. 微生物灌浆加固液化砂土地基的动力反应研究[J]. 岩土工程学报，2013，35(8): 1486-1495.

[55] 张越. 微生物用于砂土胶凝和混凝土裂缝修复的试验研究[D]. 北京:清华大学，2014.

[56] 刘璐，沈扬，刘汉龙，等. 微生物胶结在防治堤坝破坏中的应用研究[J]. 岩土力学，2016，37(12): 3410-3416.

[57] 方祥位，申春妮，楚剑，等. 微生物沉积碳酸钙固化珊瑚砂的试验研究[J]. 岩土力学，2015，36(10): 2773-2779.

[58] 李驰，刘世慧，周团结，等. 微生物矿化风沙土强度及孔隙特性的试验研究[J]. 力学与实践，2017，39(2): 165-171.

[59] Jiang N J, Soga K, Kuo M. Microbially induced carbonate precipitation (MICP) for seepage-induced internal erosion control in sand-clay mixtures [J]. Journal of Geotechnical & Geoenvironmental Engineering, 2016, 143(3): 04016100.

[60] Li Y J, Guo Z, Wang L Z, et al. Interface Shear Behaviour between MICP-treated Calcareous Sand and Steel[J]. Journal of Materials in Civil Engineering, 2021, 33 (2):04020455.

[61] Li Y J, Guo Z, Wang L Z, et al. Shear Resistance of MICP Cementing Material at the Interface Between Calcareous Sand and Steel[J]. Materials letters, 2020,274(1): 1-4.

第 10 章　海洋天然气水合物沉积物

天然气水合物是一种由天然气分子(大部分为甲烷)与水分子在低温低压条件下形成的具有笼形结构类冰状晶体化合物，如图 10.0-1 所示，又称笼形水合物或“可燃冰”，广泛分布于水深大于 300m 的海底沉积物中或地表 130m 以下的多年冻土区中。$1m^3$ 天然气水合物在标准状态下可释放出 164～$180m^3$ 的甲烷气体及 $0.87m^3$ 的水。在传统化石能源日益枯竭而新型可再生能源技术无法完全满足能源需求的今天，天然气水合物被视为理想的可替代能源之一。

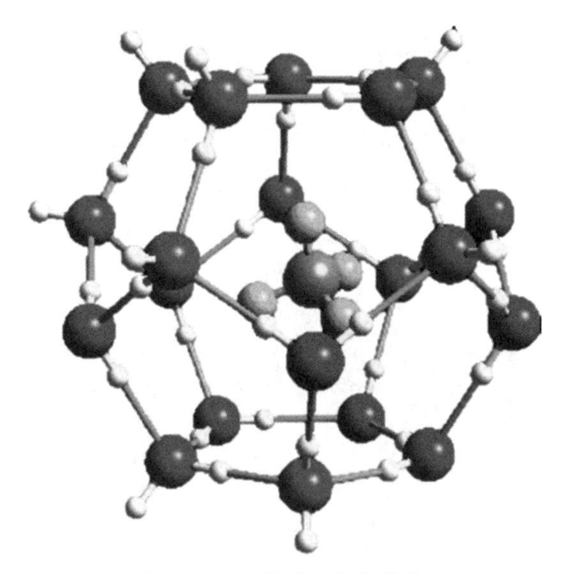

图 10.0-1　笼形水合物结构

高效、安全的天然气水合物开采可以造福人类，而不合理的天然气水合物开采可能造成海底沉积层与结构物的失稳与破坏，造成严重的经济损失。由于天然气的温室效应比二氧化碳还要高，在开采利用的同时还需要对天然气进行有效收集或封存，因为一旦发生泄露会加剧全球变暖，严重破坏地球的生态环境。因此，对天然气水合物进行开采和利用之前，需要了解和认识天然气水合物沉积物的物理、力学特性。

本章主要介绍海洋天然气水合物的相变特性、赋存情况、渗流特性、传热特性、导电特性、水合物沉积物的地震响应、变形及强度特性等力学性质以及水合物开采面临的若干问题和挑战。

10.1 天然气水合物沉积物的物理化学性质

天然气水合物作为一种能源，其储量巨大、能量密度高。据估计，全球天然气水合物的资源量大约为 2.1×10^{16} m^3，是目前已探明的化石能源总量的 2 倍。我国南海天然气水合物总量约为 643.5 亿～772.2 亿油当量，约为我国陆上油气总资源量的一半以上。开采这些天然气水合物可以有效解决我国未来能源短缺问题，实现能源的可持续发展。

开采水合物沉积物并非易事，如图 10.1-1 所示，水合物在开采过程中其二次生成及出砂问题容易引起开采井滤网堵塞、储层渗透性变差等问题，导致生产效率降低，同时，降压开采引起的地层变形、出砂等问题，可能会导致井筒和地层失稳、气体溢出等灾害。因此，在进行大规模开采前必须充分了解开采可能诱发的一系列工程问题的内在物理、力学机理。

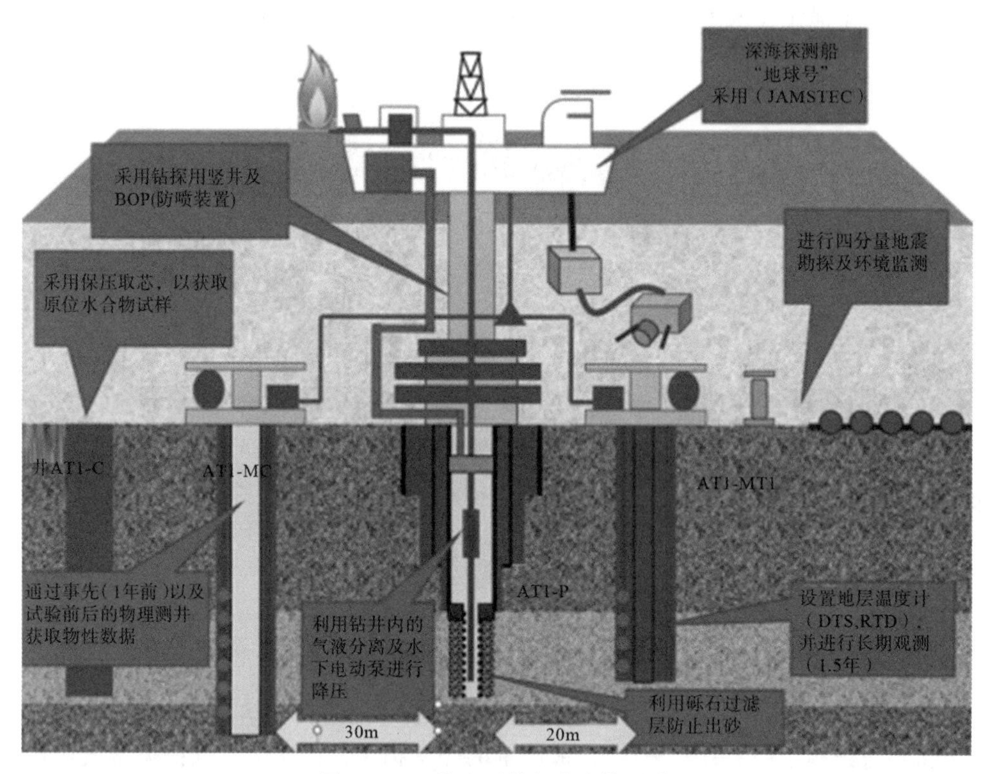

图 10.1-1　海上天然气水合物开采

目前开采天然气水合物的主要方法包括：通过降压、注热打破其稳定赋存的温压条件使其发生分解生成天然气和水，然后将天然气进行采集和利用；采用二氧化碳驱替、抑制剂法等改变水合物相平衡条件使其产出天然气的开采方法；另外还有采用储层沉积物流化、液化等物理方法对天然气水合物进行直接开采的方法。在实际工程中，人们往往通过组合这些方法来进行试采，目前世界上实现海洋天然气水合物试采的国家仅有我国与日本，可以看出我国在天然气水合物开采领域处于领先地位。

开采天然气水合物首先需要对水合物的位置进行准确定位。目前主要采用声波测井、

电阻率测井、地震波勘探等地球物理方法以及测定盐度、甲烷或硫化氢浓度等化学物质浓度的地球化学方法获取地层物理、化学及力学响应，然后根据地质构造分析成藏模式及主控因素，得出水合物的赋存形式及含量。本节首先介绍水合物相变特性及主要赋存特征，之后介绍水合物沉积物的渗流特性。了解水合物沉积物的物理性质是进行水合物勘探、生产工作的前提[1]。

10.1.1　水合物相变特性

形成水合物的必要条件是地层中有足够多的甲烷气体，且地层的温压条件能够使水合物稳定存在。当温压条件无法使水合物晶体结构维持稳定时，水合物晶体结构会发生破坏并释放出甲烷分子。而释放出的甲烷分子会与水分子作用，使甲烷溶解于水中。水合物在液态水中会同时发生溶解和析出，这主要取决于二者的化学势，也就是甲烷水溶液中的甲烷浓度的高低。溶解使得水中甲烷的浓度提高，而析出使得甲烷的浓度降低，当含水合物的溶液浓度达到溶解度极限的时候，水合物的溶解和析出速率相等，达到动态的平衡，水合物在溶液中维持稳定，如图 10.1-2 所示。而含水合物的溶液浓度没有达到溶解度极限时，甲烷分子以相同的速率在自由气相和溶解相之间迁移[1]。

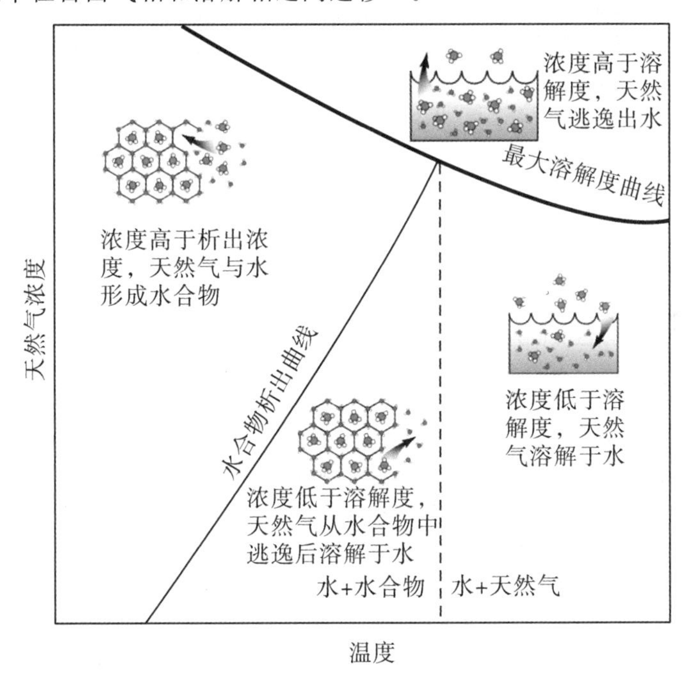

上方粗实线表示最大的溶解度，当天然气浓度超过最大溶解度时，天然气分子将以游离气形式从水中放出，而当天然气在水中溶解的浓度低于最大溶解度时，如果天然气和水不满足水合物稳定温压条件，天然气分子将溶解在水中，如果满足，将析出水合物沉积物。

图 10.1-2　天然气与水在不同温度状态下的存在形式

甲烷在水中的溶解主要受温度、压力、盐度条件以及水合物的存在与否所控制[2]。当不存在水合物的时候，随着温度的升高，甲烷分子的动能足以让其脱离水分子的束缚而转为气相，当溶液中含有水合物时，随着温度的升高，活跃的甲烷分子可以挣脱固体水合物而进入液相水中，进而提高了水中的甲烷浓度[3]。压力是影响甲烷在水中溶解的另一个主要因素，当溶液中不存在水合物时，溶解度会随着压力增加而升高，表示甲烷易溶于水。当溶液中存在水合物时，溶液溶解度会随着压力的升高而降低，这是由于高压条件下甲烷分子更易与水分子形成固体水合物，而从溶液中析出[4]。当水合物盐浓度升高时，甲烷分子会被迫从溶液中分离出来，当溶液中存在水合物时，则甲烷将会与水形成固体水合物；而当溶液中没有水合物时，甲烷将转为气相。盐浓度对甲烷溶液溶解度的影响要小于温度的影响，但在管道流动安全中非常重要，例如在管道中使用大量电解质和其他化学抑制剂可以有效防止管道中水合物的形成[5]，见图 10.1-3。

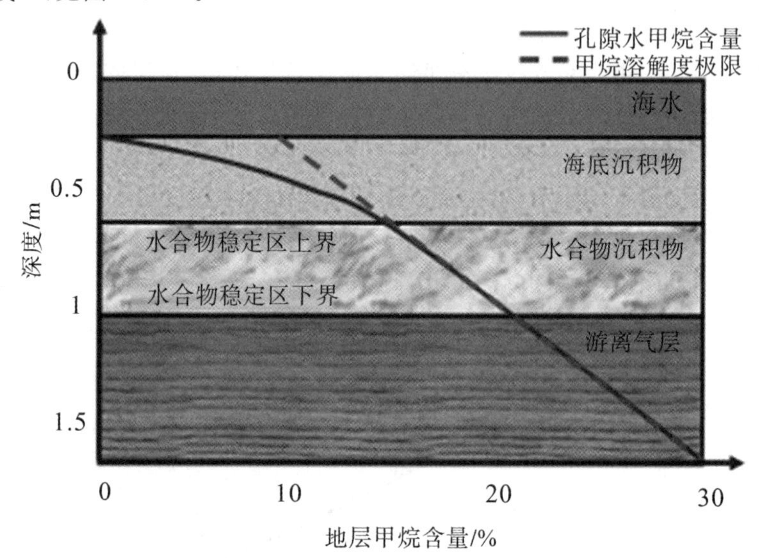

当天然气在水中的溶解浓度达到其最大溶解度时，如果温压条件满足使水合物稳定存在，则沉积物中会形成水合物。

图 10.1-3　甲烷含量与深度关系

10.1.2　水合物在沉积物的赋存

水合物对宿主沉积物性质的影响不仅取决于它在孔隙中的含量，还取决于水合物在孔隙空间中的形成位置。按照水合物对宿主沉积物作用的不同可以分为以下三种情况：(1)填充孔隙型水合物。该类型水合物在沉积物颗粒边界上成核，在孔隙空间自由生长，而不是将两个或多个颗粒连接在一起。在这种情况下，水合物主要影响孔隙流体的体积刚度和流体传导特性。自然界中孔隙度较大的沉积物中往往存在填充型水合物，比如在日本南海海槽中，地层沉积物主要为砂性土，孔隙较大，主要为填充孔隙型水合物[6]。(2)胶结型水合物。位于沉积物颗粒接触位置处的水合物起到了胶结土颗粒的作用。即使是少量的水合物，也可以通过将相邻颗粒黏结在一起而显著增加沉积物的刚度和强度，这类水合物往往出现在高气体通量的含水率较低地区[7]。(3)支撑型水合物。体积较大的水合物颗粒成为土体骨架的一部分，与土颗粒共同承担荷载，有助于颗粒骨架的力学稳定性。当水合物饱和度超过 25%～40%时，孔隙填充型水合物自然转变为支撑型水合物[8]，如图 10.1-4 所示。

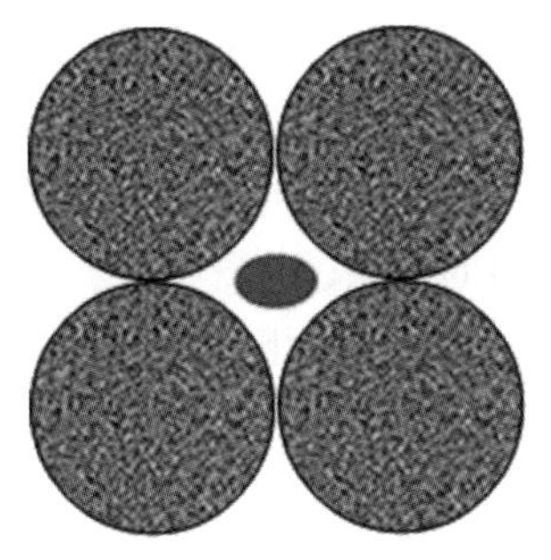

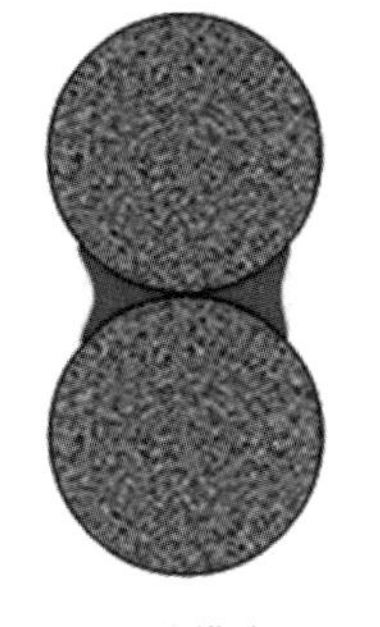

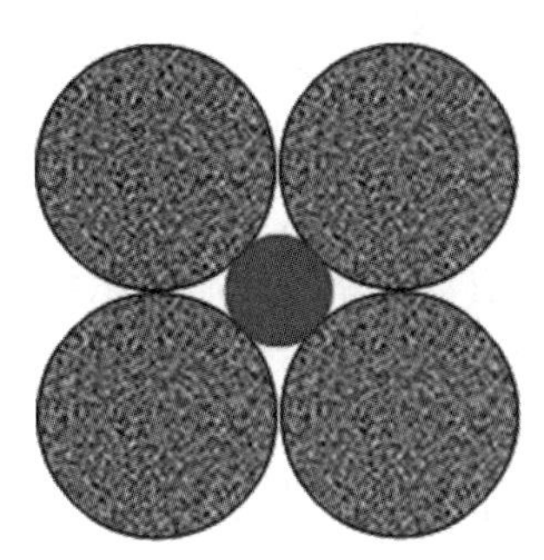

(a)充填模式　　(b)胶结模式　　(c)支撑模式

水合物赋存与水合物生成方式有关，含水合物沉积物的物理性质取决于水合物相对于沉积物颗粒的大小和分布。

图 10.1-4　水合物在沉积物的赋存

10.1.3　天然气水合物沉积物中的渗流特性

渗透率决定了地层中流体运移的速度。在含水合物的地层中，渗透率的大小会影响溶解气体和自由气体的输运，并且影响水合物的形成、分布和饱和度，进而影响水合物储层的产气能力，以及甲烷向海洋中渗漏的通量等。

沉积物渗透率的评估指标通常分为两类，一类是固有渗透率，用于评估单相流通过沉积物的流动情况；另一类是相对渗透率，用于评估多相流各自通过沉积物的流动情况。通常认为，沉积物渗透率可以用等效的均质多孔介质来描述，并且要对多个共存相和所有相关流动路径进行孔隙尺度评估。

1. 固有渗透率

达西定律描述了在层流条件下通过多孔介质的单相流量 q(m^3/s)与水头梯度之间的关系：

$$q=\frac{-k\rho_f g}{\mu_f}\frac{d(\frac{P}{\rho_f g}+z)}{dl}A \tag{10.1-1}$$

式中：A 为流体流过沉积物截面的面积(m^2)；z 为高于参考基准的高度(m)；P 为高度 z 处的压力值(Pa)；μ_f为流体动力黏度(Pa・s)；l 为流体流过沉积物的长度(m)；k 为多孔介质固有渗透率；ρ_f为流体的质量密度；$g=9.8$ 是重力加速度($m \cdot s^2$)[1]。

固有渗透率是衡量流体通过多孔介质的难易程度，它取决于介质内部的连通性和孔隙的大小，迂曲度 θ 定义为比率 $\left(\frac{l}{l_E}\right)^2$，该比率描述流体在沉积物中有效流动路径长度$l_E$与流体流过沉积物本身的长度 l 之间的比值。θ 的大小一般为 0.4～0.8[10]。在物理上，通常用孔隙比表面积S_s衡量渗流对孔隙尺寸的依赖性，描述流动的流体与沉积物颗粒表面之间的摩擦阻力。Kozeny-Carman 模型建立了固有渗透率与比表面积、迂曲度以及孔隙度 e 之间的关系：

$$k=(\frac{\theta}{\rho_m^2 S_s^2})(\frac{e^3}{1+e}) \tag{10.1-2}$$

式中：ρ_m代表颗粒矿物的密度，它建立质量比表面积与渗透率的体积性质的联系。对于砂性沉积物的渗透率，Kozeny-Carman 模型可以给出很好的预测，但是对于黏性土，建立渗透率与颗粒尺寸的关系比建立与孔隙比表面积的关系更加方便。这里的颗粒尺寸对于砂性沉积物,可以采用最小尺寸颗粒的表面积来度量,而对于黏性沉积物,可以采用板状黏土颗粒的厚度。基于此可以得出沉积物的比表面积由最小颗粒的比表面积决定。Hazen 型渗透率模型建立了固有渗透率与砂质沉积物中较细晶粒的大小之间的关系。

沉积物的渗透性不仅与上述因素有关,还与其他局部地质特性相关,例如颗粒方向角、岩性、裂缝、地层变异性或水合物的分布都会使渗透率产生巨大变化,因此应谨慎使用经验指标。实验室测量结果表明,渗透率的大小也与尺度有关[9],因为所有自然介质都有一定程度的空间变异性。因此,在岩心尺度上测得的渗透率将不同于从现场尺度流量测量中推断出的渗透率。使用 X 射线 CT 成像[10]、电阻法和 NMR(核磁共振)[11][12]等技术可以协助建立水合物沉积物渗透率模型,如图 10.1-5 所示,然后可以基于地震图像对其进行放大来分析处理场地尺度的空间异质性对渗透率的影响。

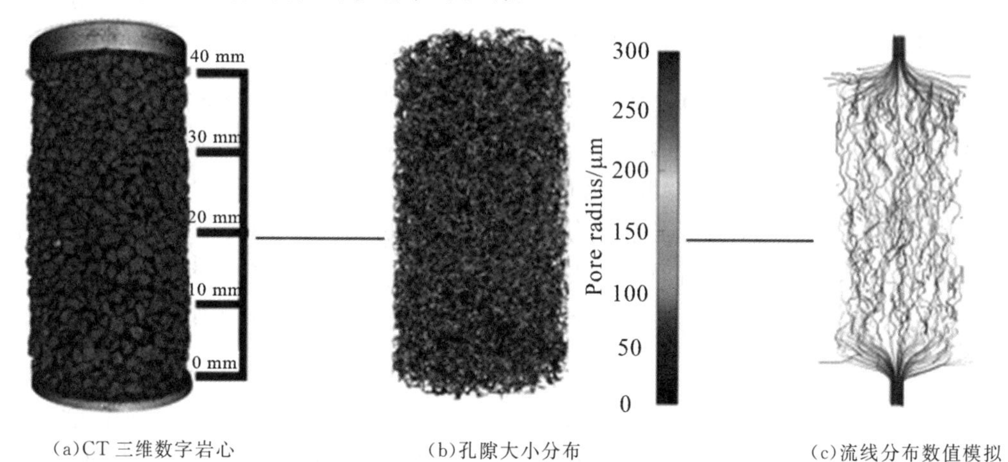

(a)CT 三维数字岩心　(b)孔隙大小分布　(c)流线分布数值模拟

图 10.1-5　利用 CT 技术,获得三维岩心与孔隙结构,实现水合物渗透率的估计[10]

2. 多相流体的相对渗透率

多相流体的相对渗透率定义为在多相体系内,稳态不相容的流体,例如水合物体系内的气体和液体的流动,通过沉积物孔隙时各相渗透率相对于固有渗透率的大小。相对渗透率与各相流体在沉积物中的饱和度、空间分布、沉积物矿物的润湿性和孔隙空间几何形状的函数有关。对于气水两相渗流,相对渗透率k_{rw}和k_{rg}随水和气体饱和度而变化,如图 10.1-6 所示。与单相渗流相类似,同样可以通过达西定律建立多相流体的渗流方程:

$$q_w = -k_{rw}\frac{k\rho_w g}{\mu_w}\frac{\mathrm{d}\left(\frac{P_w}{\rho_w g}+z\right)}{\mathrm{d}l}A \tag{10.1-3}$$

$$q_g = -k_{rg}\frac{k\rho_g g}{\mu_g}\frac{\mathrm{d}\left(\frac{P_g}{\rho_g g}+z\right)}{\mathrm{d}l}A \tag{10.1-4}$$

式中:q_w和q_g分别为液体(水)和气体的达西流速。

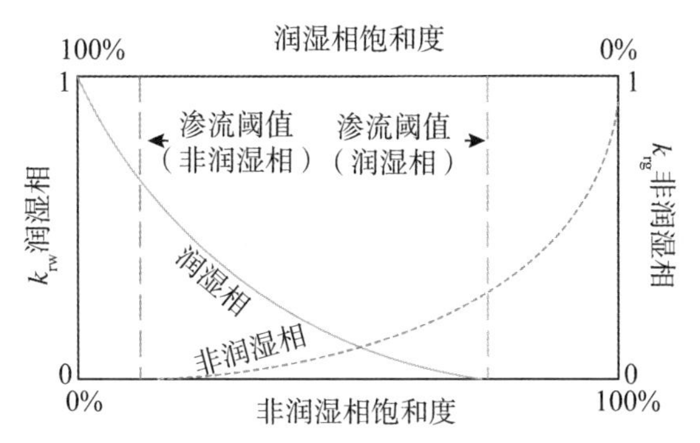

界面张力导致水(k_{rw})和气体(k_{rg})的相对渗透率曲线出现非线性,并施加渗透阈值,标志着常规流体流动所需的较低饱和极限。当两相相互干扰时,$k_{rw}+k_{rg}<1$。对于低于其各自的渗透极限的水或气体饱和度,水可以以膜或气相的形式流动,而气体可以以溶解相的形式流动。

图 10.1-6　两相流系统的相对渗透率曲线

对于气水两相体系,润湿相(水)饱和度由流体和气体的压差或者说毛细力 $\Delta P=P_g-P_w$决定,通常可以用 van Genuchten 的公式来描述:

$$S_{w\_eff}=\left[1+\alpha^n\left(\frac{\Delta P}{g\rho_w}\right)^n\right]^{-m}=\frac{S_w-S_{w\_irr}}{1-S_{w\_irr}} \tag{10.1-5}$$

式中:$m=(n-1)/n$,需要注意的是,表达式中的有效水饱和度项 S_{w_eff}定义为真实的水饱和度 S_w通过沉积物残余水饱和度 S_{w_irr}校正后得到的饱和度。拟合参数 α 与沉积物孔径有关,而 n 是孔径分布指数,对于不同类型的土体,这两个参数各不相同。例如,火山石的 $\alpha=4.57\ m^{-1}$,$n=7.43$,Berea Sandstone 的 $\alpha=1.94\ m^{-1}$,$n=9.06$,Netofa 黏土的 $\alpha=0.15\ m^{-1}$,$n=1.17$。

下式给出了有效水饱和度,水和气的两相流体相对渗透率的关系:

$$k_{rw}=S_{w\_eff}^{1/2}\left[1-\left(1-S_{w\_eff}^{\frac{1}{m}}\right)^m\right]^2 \tag{10.1-6}$$

$$k_{rg}=C\left(1-S_{w\_eff}\right)^{1/2}\left(1-S_{w\_eff}^{\frac{1}{m}}\right)^{2m} \tag{10.1-7}$$

式中:C 是“气体滑移”校正项,随着颗粒尺寸增加而接近 1。其他模型包括 Brooks & Corey 模型[13]和 Stone power 模型[16]等,也可以用来描述相对渗透率与饱和度之间的关系。

水合物的存在降低了沉积物孔隙尺寸,使孔隙形状发生改变,进而影响渗透率。胶结型水合物比孔隙填充型水合物对渗透率的降低更加明显,这主要是由于胶结型水合物会改变原本孔隙的分布,使得孔隙迂曲度提高。当水合物饱和度较高时,孔隙极易被水合物堵塞,使得相同长度的沉积物中,流体流动的路径变长,渗流速度变慢,渗透性明显降低,如图 10.1-7 所示。

如果气体侵入水合物稳定区域或者是水合物开始分解,那么饱和系统包含多相的气体和水体系。我们可以采用前面提到的 van Genuchten 模型来描述水合物沉积物的二相流,但是不同于孔隙结构稳定状态下的多相渗流,水合物分解会改变孔径大小和分布,因此需要对模型进行修正。

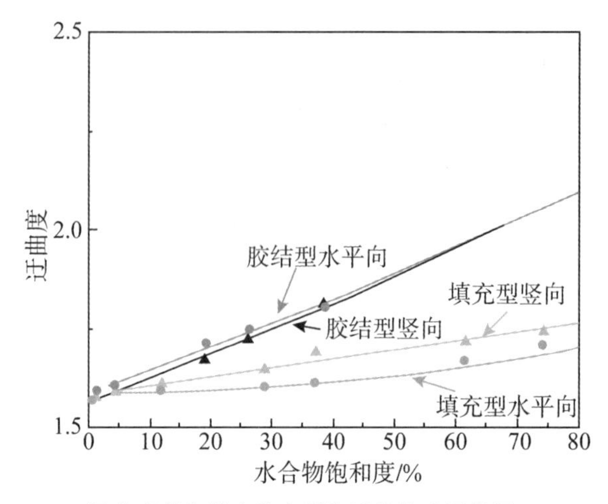

迂曲度是衡量多孔介质渗透性的重要指标，

迂曲度越大，渗透性越差，可以看出，不同赋存形态的水合物对沉积物孔隙迂曲度有很大的影响。

图 10.1-7　迂曲度随水合物饱和度的变化情况

10.1.4　天然气水合物沉积物中的传热特性

天然气水合物的热物性主要由热导率 λ（$W \cdot m^{-1} \cdot K^{-1}$）、比热容 C_p（$J \cdot kg^{-1} \cdot K^{-1}$）、热扩散率 κ（$m^2 \cdot s^{-1}$）来描述。材料相变的产热和吸热，例如水合物的生成产热和分解吸热可以通过反应焓 ΔH（$kJ \cdot mol^{-1}$）来描述。不同于单项物质的热物性，水合物沉积物是由多相物质混合形成的，其热物性与组成它的各组分的热物性有关。

1. 热导率

热导率量化了热传导的效率。在沉积物中，主要包括颗粒间的热传导、颗粒到流体再到颗粒的热传导、通过孔隙填充流体的热传导。在真正计算整个沉积物的热导率时，往往使用多相混合模型结合沉积颗粒和孔隙流体的自身热导率来估算整个沉积物的热导率。图 10.1-8表示孔隙的分布方式也会影响到沉积物的导热性能。

孔隙中气体的存在很大程度上会改变沉积物整体的导热性，这是因为气体的热导率比其他固体和液体要小得多，当沉积物中含有水时，水会向比表面积大的颗粒接触位置处汇集，提高沉积物整体的导热性。即使较低的含水率也会导致很高的热导率，如图 10.1-9 所示。

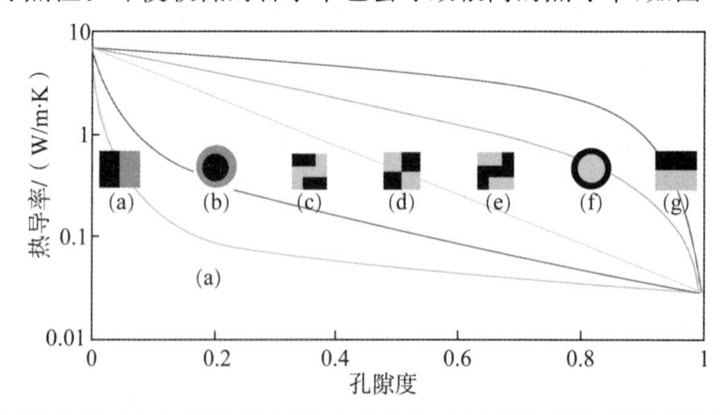

孔隙的分布方式也会影响到沉积物的导热性，图中黑色部分假设沉积物颗粒，

灰色部分为孔隙，在相同孔隙率的条件下，不同的孔隙分布会引起热导率的巨大差异。

图 10.1-8　孔隙分布与沉积物导热性的关系

对于水合物沉积物，在水合物形成时，当湿润相存在于颗粒接触位置处，形成的水合物多为胶结型，并且存在于水合物颗粒接触处，由于水合物的热导率高于甲烷气体本身的热导率，故在相同水合物饱和度条件下，存在胶结颗粒的水合物沉积物导热性要好于不存在胶结颗粒的水合物沉积物。获取精确的水合物沉积物热导率必须考虑由于水合物生成引起的沉积物变化过程，这包含孔隙度的改变、有效应力的改变。与沉积物颗粒和水界面相比，沉积物颗粒-水合物界面的热导率得到了改善。

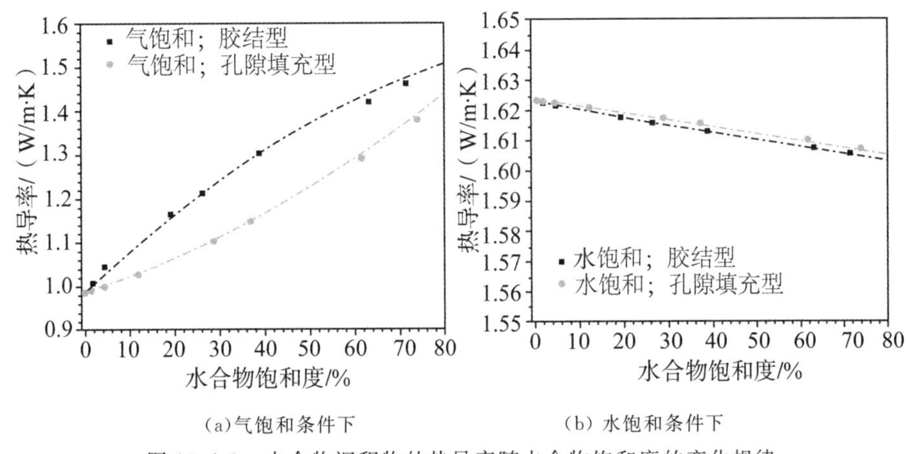

（a）气饱和条件下　　（b）水饱和条件下

图 10.1-9　水合物沉积物的热导率随水合物饱和度的变化规律

2. 比热容

比热容表示由于温度变化而引起单位体积或质量的材料储存或散失的热量。不像热导率，水合物沉积物的比热容只取决于沉积物、水合物、水的质量或体积分数，而其孔隙空间分布和界面效应不是决定性因素。通常采用下面的公式进行估计：

$$C_p\rho = C_{p,s}\rho_s(1-\varphi) + C_{p,w}\rho_w\varphi_w + C_{p,g}\rho_g\varphi_g + C_{p,h}\rho_h\varphi_h \tag{10.1-8}$$

式中：C_p是水合物沉积物整体的比热容，ρ 可以用下面的式子计算，φ 是孔隙率，φ_w是水的体积分数，φ_g是气体的体积分数，φ_h是水合物的体积分数，ρ_w是水的密度，ρ_g是气体的密度，ρ_h是水合物的密度，$C_{p,w}$是水的比热容，$C_{p,g}$是气体的比热容，$C_{p,h}$是水合物的比热容。

$$\rho = \rho_s(1-\varphi) + \rho_w\varphi_w + \rho_g\varphi_g + \rho_h\varphi_h \tag{10.1-9}$$

因为水合物的比热容仅为水比热容的一半，所以水合物的存在会显著影响水合物沉积物的比热容。一些具有开发潜力的水合物储层，像 Mallik 5L-38 冻土区水合物区的孔隙度大约是 35%，水合物饱和度大约是 80%，受水合物存在的影响，其储层比热容也比无水合物的地层减少了 10%以上。

3. 热扩散率

热扩散率是指物体在受到外部热流影响时其自身温度变化的速率。通常通过热导率、比热容和密度对水合物沉积物热扩散性质进行量化，定义热扩散率 κ。

$$\kappa = \frac{\lambda}{\rho\, C_p} \tag{10.1-10}$$

式中：λ 是水合物沉积物的热导率，ρ 是水合物沉积物的密度，C_p是比热容。水合物的热扩散系数是水的两倍以上，因此，水合物沉积物比无水合物的沉积物在受外部热流影响时温度变化更快。在孔隙度 $\varphi=35\%$的沉积物中，含水合物饱和度 $S_h=35\%$的沉积物受热升温的速

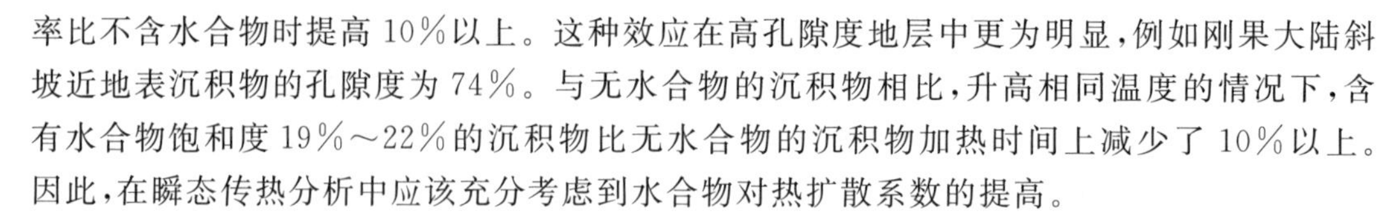

率比不含水合物时提高 10%以上。这种效应在高孔隙度地层中更为明显，例如刚果大陆斜坡近地表沉积物的孔隙度为 74%。与无水合物的沉积物相比，升高相同温度的情况下，含有水合物饱和度 19%～22%的沉积物比无水合物的沉积物加热时间上减少了 10%以上。因此，在瞬态传热分析中应该充分考虑到水合物对热扩散系数的提高。

4. 反应焓

同质量具有晶体结构的水合物，其内能低于自由无序的甲烷气和水的内能之和，因此，在水合物形成过程中必须释放能量，在水合物分解过程中必须吸收能量。这种能量的变化通常用反应焓 ΔH 来度量。

量热法可以测量反应焓，也可以使用相平衡结合热力学定律通过克劳修斯-克拉贝隆方程结合压力 P、温度 T、焓 ΔH 和压缩因子 Z 给出：

$$\frac{\mathrm{d}\ln P}{\mathrm{d}\left(\frac{1}{T}\right)}=-\frac{\Delta H}{ZR} \tag{10.1-11}$$

这里 R 是理想气体常数，该公式成立需要忽略压缩性，不过大多数实验结果与克劳修斯-克拉贝隆方法间接得出的反应焓之间具有很好的一致性。

融化的冰水的焓大约是 6 kJ · mol^{-1}，在温度为 0℃下，每摩尔结构I型的水合物客体分子，分解为甲烷和水的焓值是 52.7～56.9 kJ · mol^{-1}。在典型的地下环境中，ΔH 对压力和温度不敏感，在 5.5 ～19.3 MPa 和 7.5～18.5℃之间大约是 54.44±1.46 kJ · mol^{-1}[31]。

用乙烷取代水合物中 1%的甲烷，ΔH 增加了大约 30%，到了 68.7 kJ · mol^{-1}[32]，结构Ⅱ型的丙烷水合物 ΔH 是 129.2 kJ · mol^{-1}[33]。这说明 ΔH 取决于客体分子，其实在分子尺度上来看，反应焓的大小是由氢键水分子的数量控制。结构Ⅰ型的水合物每个客体分子周围有 6 个水分子，但是结构Ⅱ型的水合物有 17 个水分子。因此，具有较多氢键水分子的结构Ⅱ型水合物形成和分解水合物会有更大的内能变化。

在实际生成过程中，当水合物分解产出甲烷时，会吸收周围大量的热量而使得周围环境温度下降，造成周围环境水合物的二次生成和冰的生成，这两者都会使沉积物孔隙率降低，降低储层的渗透性，进而降低水合物产气能力。许多人提出的采用降压与注热结合的生产方法，这样可以有效避免因水合物分解造成的周围环境水合物的二次生成。

10.1.5 天然气水合物沉积物中的导电特性

三种电磁现象直接应用于含水合物沉积物的研究：在恒定电场(传导)下的稳态电荷迁移(频率依赖性极化)(磁导率)和磁化(磁导率)。惯性力和黏性力与电荷的位移和旋转相反，这意味着介电常数和磁导率与频率有关，并且它们的响应与电激发存在部分异相。因此，介电常数和磁导率用复数表示，以捕获每个参数的大小及其相对于激励的相位。在符号上，这三个电磁学参数分别为电导率 σ、复介电常数 κ^*（$=\kappa'-\mathrm{j}\kappa''$）以及复磁导率 μ^*（$=\mu'-\mathrm{j}\mu''$）。由于含水合物沉积物的主要成分一般是非铁磁性的，故可以假设复磁导率 $\mu^*\approx1$。因此，本节重点介绍含水合物沉积物的电导率和介电常数。

1. 电导率

沉积物中的导电现象主要由于孔隙流体中的水合离子在孔隙流体和矿物表面的电双层里的运动引起的。孔隙水的电导率 σ_w 正比于运动的水合离子浓度 c，$\sigma_w=\zeta c$。这里的 ζ 是莫

尔电导率，描述了离子的迁移速率，该速率会随着离子浓度达到饱和而降低。

水合反离子一般存在于矿物附近以中和它们表面的电荷。当施加电场时，这些反离子会发生移动，引起矿物表面导电现象。当沉积物比表面积很大时，如黏质沉积物，矿物的表面电导性会变得非常重要。当砂质沉积物中存在水合物时，沉积物的有效孔隙率会变小，这时，比表面积会变得很大，表面导电性会显著增强，而水合物发生分解后，孔隙率升高，比表面降低，表面导电性变差。电导率和水合物沉积物饱和度的关系如图 10.1-10 所示。

水合物沉积物的电导率取决于孔隙中流体的电导率σ_f，通常会乘以一个体积分数来描述流体电导率对整个沉积物的贡献。当沉积物比表面积比较大时，我们需要考虑沉积物的表面导电性。下面的式子可以用来描述水合物沉积物近似的电导率[34]：

$$\sigma_b=\sigma_f\varphi(1-S_h-S_g)+\frac{2}{2+e}\lambda_{ddl}\rho_m S_s \tag{10.1-12}$$

式中：e 为孔隙比，孔隙比定义为沉积物中孔隙体积与沉积物颗粒体积的比值。

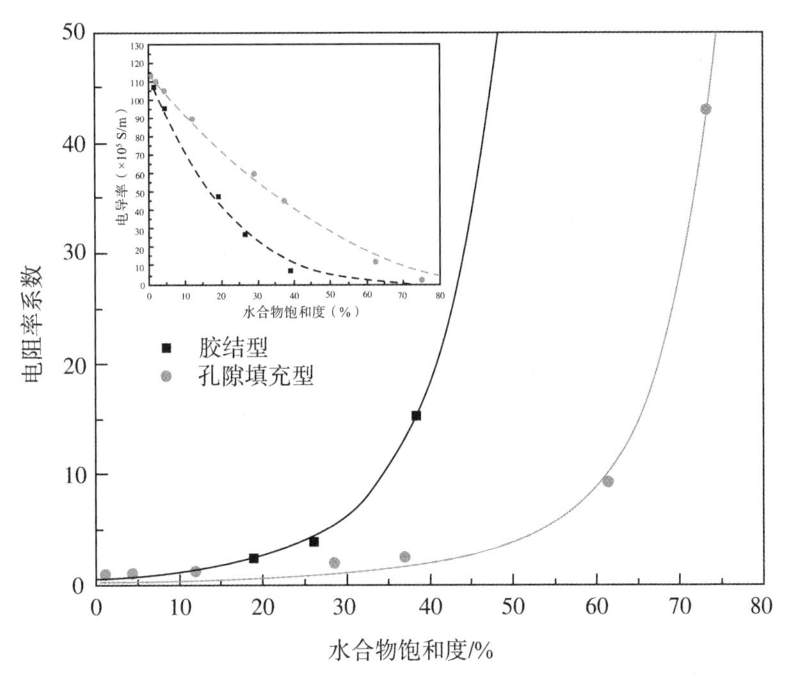

图 10.1-10　电导率与水合物饱和度的关系[35]

2. 介电常数

为了避免电极极化，电导率是通过施加一个频率 ω 的交流电场来确定的。因此，测量的电导率σ_{AC}包含欧姆效应σ_{DC}以及极化损耗的贡献κ''。总的电导率测量值可以用下面的公式描述：

$$\sigma_{AC}=\sigma_{DC}+\kappa''\varepsilon_0\omega \tag{10.1-13}$$

当工作频率在 Hz 到 kHz 范围内时，由极化损耗引起的贡献通常很小，因此，在这里我们更关心复介电常数的实部 κ'。对于水合物沉积物通常采用混合物理论模型来描述水合物中各组分对介电常数的贡献。

10.2 天然气水合物力学特性

10.2.1 地震波波速、小应变特性

水合物的存在会提高沉积物的刚度，从而提高地震波和声波的传播速度，因此，人们利用地震波来绘制海底水合物的分布图并估计水合物的饱和度[14]。

1. 地震波波速

地震波传播存在两种弹性波形式，即纵波（或者称为压缩波、P波）与横波（或者称为剪切波、S波）。其中，P波的传播方向与介质质点的振动方向一致，S波的传播方向与介质质点的振动方向相垂直。它们的传播速度受沉积物的小应变体积模量K_b和剪切模量G的控制，下面的式子给出了波速与体积模量、剪切模量之间的关系[15]：

$$v_p=\sqrt{\frac{K_b+\frac{4}{3}G}{\rho_b}} \qquad v_s=\sqrt{\frac{G}{\rho_b}} \tag{10.2-1}$$

式中：ρ_b代表沉积物的密度；v_p和v_s分别代表压缩波和剪切波速度；体积模量K_b由晶粒和孔隙流体性质共同决定；剪切模量G由颗粒骨架的剪切刚度控制。

对于水合物沉积物，波速与水合物饱和度之间关系可以由密度体积分数给出，不同物质在水合物沉积物中占据的体积不同，我们可以通过体积平均的方法估算水合物沉积物整体的密度以及波速。除了体积平均方法外，也有许多学者提出了基于经验模型的方法[16-21]。

2. 从波速预测储层水合物饱和度

当通过波速获得水合物的饱和度时，由于水合物在沉积物中的胶结作用与水合物饱和度本身并没有完全正相关的关系，骨架剪切刚度与体积刚度的波速相关性以及波速在水合物孔隙的位置会存在很强的不确定性，很难定量地建立波速与刚度之间的直接关系。因此为了消除这种不确定性，需要结合多种地质调查手段，包括物理方法和化学方法[22]。

除此之外，也可以通过测量海底在表面波浪变化条件下的变形响应，或者通过沿着沉积物表面拖曳的探测器来测量沉积物中的电阻率，建立水合物沉积物力学特性与电学特性的关系，进而估计水合物在沉积物的含量[23-25]。另外，反演法也是常用的估计水合物饱和度的方法。可以通过建立局部地质模型，合成地震波形模仿现场测得的地震波形，假定水合物空间构型，进而反演出水合物饱和度的分布和大小。

10.2.2 强度和变形

沉积物强度和沉积物在载荷作用下的变形特性是分析井周破坏以及大尺度海底稳定性的基础[26-27]。

1. 实验室测量

三轴试验是用来确定沉积物力学性能最常用的实验方法。在该试验中，使圆柱形试样承受有效围压的约束$\sigma_3'=\sigma_3-P_p$，这里的σ_3是外部施加的围压，P_p是孔隙内部的流体压力，

然后通过增加轴向应力使其破坏。进行在不同有效围压水平下的三轴试验,获得的三轴试验数据绘制莫尔圆和库仑破坏包络线,包络线在剪应力轴上的截距为 c,包络线的倾角为 φ[28-29]。三轴试验分为排水剪切试验与不排水剪切试验,对于排水剪切试验,孔隙水压力保持恒定,施加的荷载直接作用在沉积物骨架上,通过该方法获得的强度为有效强度,即沉积物骨架自身的强度;对于不排水剪切试验,在沉积物固结后将排水阀关闭,剪切过程中孔隙水压力发生变化,由于水的体积刚度很大,通常认为不排水试验沉积物的总体积不变。但是对于水合物沉积物,由于测试过程中可能生成游离气体,故总体积不变的假定不成立。

当孔隙相互连通时,可以通过孔隙压力传感器获得沉积物试样的孔隙压力,将施加的应力减去孔隙压力之后获得有效应力,利用有效应力分析沉积物骨架力学行为,给出不排水有效应力路径。通常剪胀性沉积物在不排水剪切时,孔隙压力会下降,可能导致水合物发生分解,对于剪缩性沉积物,通常伴有孔隙压力上升的趋势,水合物相对稳定[30]。

2. 水合物对沉积物强度和变形的影响

图 10.2-1 总结了水合物沉积物三轴排水剪切强度、有效围压与水合物饱和度之间的关系。可以看到,相同有效围压固结条件下,水合物饱和度上升时沉积物的强度提高,并且高水合物饱和度的沉积物,强度提高更为明显。

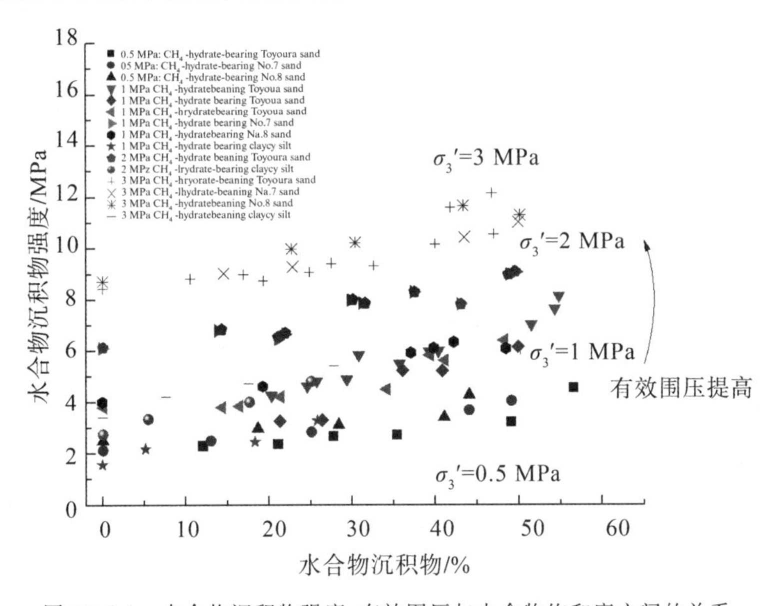

图 10.2-1　水合物沉积物强度、有效围压与水合物饱和度之间的关系

孔隙中的水合物不仅提高了沉积物的强度,同时提高了沉积物的刚度,使其具有更明显的剪胀性。表 10.2-1 总结了现有的针对水合物沉积物力学特性的相关研究。当水合物饱和度 $s_h<30\%$ 时,胶结型水合物与孔隙填充型水合物对沉积物强度和刚度的影响明显不同,胶结型水合物会提高沉积物的胶结强度,但孔隙填充型水合物只是增加了沉积物的密实度,减小了有效孔隙率[31]。水合物饱和度较低时,对于正常固结土的三轴不排水试验可以给出应变硬化的现象,即随着应变的增加,偏应力会持续升高,并且较低的水合物饱和度对沉积物峰值强度影响不明显,而当 $s_h>40\%$ 时,水合物多为孔隙填充型或承载型,该类型水合物参与沉积物骨架的构建,使得沉积物更加密实,沉积物变形时,其内部颗粒翻滚需要更大的

空间，克服更强的阻力，表现出明显的剪胀性、强度的提高以及应变软化现象。当s_h在70%～80%以上时，沉积物孔隙被严重堵塞，沉积物变得非常密实，其三轴力学特性与岩石类似，往往具有较高的黏聚力和较低的摩擦角，不过这种高饱和度情况较为少见。

当宿主沉积物为粗粒土(粗砂、中细砂)，通过三轴排水剪切试验获得的刚度、强度以及剪胀性随着水合物饱和度的升高都有显著提高。在较低水合物饱和度条件下，沉积物的强度和刚度主要受水合物在孔隙中的赋存形态影响，胶结型水合物即使饱和度较低，其强度和刚度与同饱和度的填充型水合物有明显不同。当水合物饱和度超过30%时，孔隙填充型水合物对强度和刚度开始有明显的影响，但是摩擦角几乎与水合物饱和度无关。在水合物饱和度较高、高围压条件下，水合物会发生压溶现象，同时伴有颗粒破碎现象，而该现象一定程度上会影响沉积物的胶结强度。图10.2-2显示了水合物在粗颗粒沉积物中对颗粒运动及力学行为的影响。随着水合物饱和度的增加，孔隙中的水合物阻碍了砂粒的运动和重排。当水合物饱和度达到某一临界值时，水合物颗粒彼此胶结，与宿主沉积物骨架形成胶结结构，局部产生一个含有砂粒的大型水合物胶结团簇，在剪切过程中这种团簇很难旋转和重新排列。团簇中既存在水合物颗粒之间的胶结，也存在水合物与土颗粒之间的胶结，二者共同提供试样整体的抗剪强度。在这些团簇中，当水合物与砂粒的结合强度大于水合物的胶结强度时，剪切面将贯穿水合物团块，而水合物的力学特性将主导含水沉积物强度的演化。这种情况很可能发生在表面粗糙或比表面积低的沉积物中[32]。随着水合物饱和度的增加，内聚力的演化与强度的演化是相同的，这说明含水合物沉积物的水合物强化机理与胶结作用具有正相关关系[33-35]。

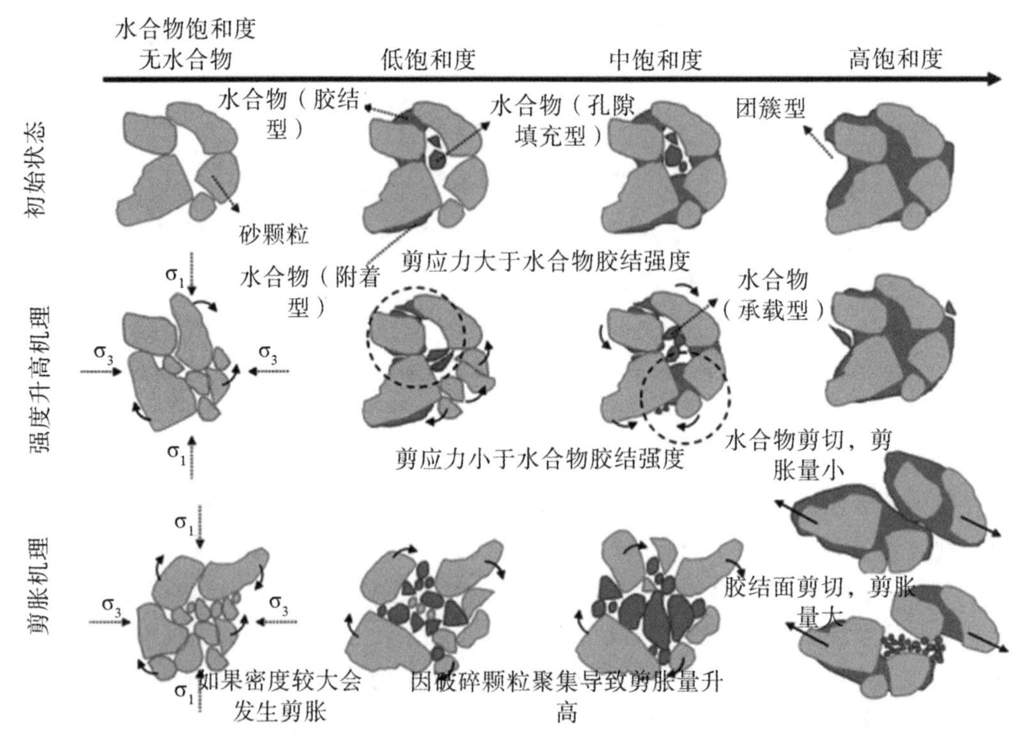

图10.2-2　含水合物沉积物(hydrate-bearing sediments，HBS)的孔尺度增强和扩张机制

对粗颗粒沉积物进行不排水剪切试验，其孔压数据表明：含水合物的沉积物比不含水合

物的沉积物具有更明显的剪胀趋势，对于低饱和度水合物沉积物，其不排水剪切特性主要由水合物饱和度及有效应力状态共同决定，而对于高饱和度水合物沉积物，其不排水强度和刚度主要由水合物饱和度控制[36]。

不同于含水合物的粗颗粒沉积物，细颗粒沉积物（粉土、黏土）的开发价值一直受到人们的质疑，然而细颗粒宿主沉积物中水合物的含量较粗颗粒更大，随着近几年流化开采被提出，细颗粒储层的开采价值再次受到人们的关注。在高岭石黏土中分散的 tetrahydrofuran（THF，分子式为 C_4H_8O）水合物和粉砂的不排水三轴试验中，每个粉砂颗粒都是团聚体[36]。当初始有效围压增加时，不含水合物的试样在不排水的剪切强度上呈现出摩擦线性增加。但是在高水合物饱和沉积物中，不排水的剪切强度对有效围压不敏感。对于黏土粉质沉积物，CH_4-HBS 的强度、刚度、内聚力和内摩擦角随水合物饱和度的增加而增加。

表 10.2-1　目前已经开展的水合物沉积物力学性质试验

相关文献	重塑技术	宿主沉积物	试验条件	评述
Masui et al.[37]	EMb，EMc（CH_4 hydrate）	丰浦砂	Water-saturated，CD	CH_4-HBS 的强度取决于水合物与沙粒的内聚接触
Yun et al.[38]	TM（THF hydrate）	丰浦砂	Water-saturated，CD	已经提出了几种重要的假设机制来解释强度对水合物饱和度的依赖性
Miyazaki et al.[39]	EMb（CH_4 hydrate）	丰浦砂，硅砂	Water-saturated，CD	CH_4-HBS 的强度和刚度随水合物饱和度的增加而增加
Miyazaki et al.[40]	EMb（CO_2 hydrate）	丰浦砂	Water-saturated，CD	CO_2-HBS 的强度和刚度随水合物饱和度的增加而增加，但低于 CH_4-HBS
Wang et al.[41]	EMd（CH_4 hydrate）	南海粘质粉土	Gas-saturated，CD	对于黏土粉质沉积物，CH_4-HBS 的强度、刚度、内聚力和内摩擦角随水合物饱和度的增加而增加
Ghiassian et al.[42]	DMa（CH_4 hydrate）	渥太华砂	Water saturated，CU	水合物的形态会极大地影响 CH_4-HBS 的强度
Hyodo et al.[43]	EMd（CH_4 hydrate）	丰浦砂	Water-and gas-saturated，CD	1. 对于 CH_4-HBS，在气体饱和条件下的强度和刚度高于在水饱和条件下的强度和刚度 2. 气体饱和的 CH_4-HBS 与水饱和的相比，表现出更明显的应变软化行为和剪胀
Hyodo et al.[44]	EMd（CH_4 hydrate，CO_2 hydrate）	丰浦砂	Water-saturated，CD	CO_2-HBS 的刚度略低于 CH_4-HBS，而强度几乎相同
Dong et al.[45-46]	EMb（CH_4 hydrate）	福建砂	Gas-saturated，CD	在水合物饱和度相同的情况下，水合物的分布可能会极大地影响 CH_4-HBS 的应力-应变关系

3. 水合物开采对体变和强度的影响

水合物分解使得水合物沉积物中固体体积减小，固体骨架密度发生改变。水合物分解的瞬间会造成流体压力增加，有效应力发生变化，而随着流体压力消散，沉积物骨架发生收缩甚至坍塌。水合物分解引起的沉积物体变行为与水合物的开采方法有关，这里主要阐述目前应用较多的三类开采方法及其对沉积物体变和强度的影响，分别为降压法、注热法和二氧化碳置换法。

(1)降压法

降压法通过抽取地下流体以降低沉积物的孔隙压力，使孔隙压力低于使水合物维持稳定的温压条件从而实现水合物的分解。降压法目前已经在日本 Nankai 海槽和中国南海等地区得到了应用[47]。由于上覆地层的自重作用，在水合物沉积物孔隙压力下降的过程中，地层有效应力上升，水合物发生分解时，沉积物的胶结强度下降，因此会在水合物分解前出现应力松弛现象，同时分解瞬间产生的流体在排水排气条件不佳的情况下会引起沉积物局部液化，而已经发生水合物分解的区域会因流体排出、有效应力上升而发生次固结。整体来看，水合物开采会诱发地层的不均匀沉降，而闭井后孔压恢复，巨大的压差可能进一步引起沉积物骨架坍塌，这些都对结构物的稳定产生影响。表 10.2-2 总结了降压法对水合物沉积物的力学性能的影响。

表 10.2-2　研究降压对 HBS 力学性能影响的总结

相关文献	重塑技术	宿主沉积物	评述
Hyodo et al.[48]	EMd (CH_4 hydrate)	丰浦砂	对于 CH_4-HBS，增加的有效应力会形成明显的轴向应变，直到水合物达到稳定的平衡，并且孔压恢复会导致坍塌
Hyodo et al.[49]	EMd (CH_4 hydrate)	丰浦砂	CH_4-HBS 的最终变形轴向应变几乎不受降压速率的影响
Song et al.[50-51]	ISM (CH4 hydrate)	高岭土	CH_4-HBS 的强度和刚度由于水合物的分解而降低，内聚力的降低可能是主要影响因素
Zhang et al.[52]	EMb (CH_4 hydrate)	粉砂	1. 在分解过程中，降低的孔隙压力可导致 CH_4-HBS 中的失稳，但不会崩塌。 2. 降压导致体积压缩，最终变形与降压之前的变形相似
Choi et al.[53]	DGM (CH_4 hydrate)	砂土与高岭土混合	对于 CH_4-HBS，由孔压恢复引起的塌陷取决于相对于 HBS 失效包络线的偏应力状态

(2)注热法

注热法主要是向沉积物注入热流体并进行电磁加热，在一定的孔隙压力下，使水合物分解成气体和水。在注热过程中，由于水合物分解引起胶结失效，沉积物强度和刚度降低，同时，由于水合物分解产生流体，当流体无法顺利排出时，导致上覆沉积层荷载作用于流体，使沉积物有效应力降低，进而导致沉积物强度降低发生液化[51,54]。与降压法相比，注热过程更容易引起较大的轴向变形和沉积物的塌陷。表 10.2-3 总结了注热法对水合物沉积物的力学性能的影响。

表 10.2-3　研究热刺激法对 HBS 力学性能影响的总结

相关文献	重塑技术	宿主沉积物	评述
Lee et al.[55]	TM (THF hydrate)	砂土、粉土、高岭土	研究了在各种围压下通过水合物分解产生的 THE-HBS
Hyodo et al.[43]	EMd (CH_4 hydrate)	丰浦砂	与降压法相比，热刺激会导致更大的轴向应变并导致 CH_4-HBS 完全塌陷
Hyodo et al.[49]	EMd (CH_4 hydrate)	丰浦砂	分解的 CH_4-HBS 的强度低于 HFS 的强度，但刚度略高
Wu et al.[56]	EMb (CO_2 hydrate)	渥太华砂	1. 水合物的分解将导致 CO_2-HBS 强度大大降低，并可能导致失稳。 2. 在水合物分解过程中，孔隙压力增加，有效应力降低
Li et al.[51,54]	ISM (CH_4 hydrate)	高岭土	1. CH_4-HBS 的强度和刚度由于水合物的分解而降低。 2. 在冻结条件下，CH_4-HBS 的强度和刚度略低于含冰沉积物的强度和刚度
Iwai et al.[57]	EMb (CO_2 hydrate)	丰浦砂	对于 CO_2-HBS，在水合物分解过程中，孔隙压力和拉伸应变同时增加
Song et al.[58]	EMb (CH_4 hydrate)	高岭土	在相同的水合物饱和度下，部分分解的 CH_4-HBS 的强度略低于未分解的 HBS 的强度
Wu et al.[59]	EMd (Xe hydrate)	福建土	CT 的三轴测试表明，水合物分解会导致 Xe-HBS 中的构造发生很大变化，并且分解的 Xe-HBS 具有比 Xe-HBS 更大的刚度

(3)二氧化碳置换法

二氧化碳置换方法是一种用于水合物开采的新技术，可以在封存二氧化碳的同时实现天然气的开采。该方法主要是通过在一定压力和温度下向水合物沉积物中注入气态或液态二氧化碳[60]。该方法理论上是对地层扰动最小的方法。置换过程不会破坏原有的胶结结构，并且当天然气被置换出来后，无须采用像降压法一样的压差进行开采，节省了采气能耗。但是，二氧化碳置换效率较低，距离应用还有较长的路要走。

大多数研究者通过比较二氧化碳水合物和天然气水合物的力学差异来了解二氧化碳置换对沉积物的影响。一般而言，无论温度是高于还是低于冰点(海洋或多年冻土带)，从硬度、强度、应力应变响应和固结特性的角度来看，二氧化碳水合物和天然气水合物的力学行为都是相似的，且二氧化碳水合物比天然气水合物更稳定，置换过程不会破坏原有天然气水合物的笼形结构。因此，如果能解决置换效率问题，二氧化碳置换法将可能成为未来天然气水合物开采的潜在商业化方法。表 10.2-4 总结了二氧化碳置换法对水合物沉积物的力学性能的影响。

表 10.2-4 研究二氧化碳置换法对 HBS 力学性能影响的总结

相关文献	重塑条件	宿主沉积物	试验条件	评述
Hyodo et al.[44]	EMd	丰浦砂	Water-saturated, CD	研究了水合物饱和度、有效围压和温度对 CH_4-HBS 和 CO_2-HBS 之间岩土力学行为的影响
Miyazaki et al.[40]	EMb	丰浦砂	Water-saturated, CD	
Luo et al.[60]	ISM	高岭土	Gas-saturated, UU	混合 HBS 的内聚力随 CO_2 水合物体积比的增加而增加
Li et al.[51]	ISM	高岭土	Gas-saturated, UU	研究了围压对 CH_4-HBS 和 CO_2-HBS 岩土力学行为的影响
Luo et al.[61]	ISM	高岭土	Gas-saturated, UU	研究了围压和温度对 CH_4-HBS 和 CO_2-HBS 岩土力学行为的影响
Luo et a. l[62]	EMd	高岭土	Gas-saturated, CD	分别在 CH_4-HBS 和 CO_2-HBS 上进行了各向同性固结测试

参考文献

[1] Waite W F, Santamarina J C, Cortes D D, et al. Physical properties of hydrate-bearing sediments[J]. Reviews of Geophysics, 2009, 47(4):1-38.

[2] Sun R, Duan Z. An accurate model to predict the thermodynamic stability of methane hydrate and methane solubility in marine environments[J]. Chemical Geology, 2007, 244(1-2): 248-262.

[3] Subramanian S, Sloan E D. Trends in vibrational frequencies of guests trapped in clathrate hydrate cages[J]. The Journal of Physical Chemistry B, 2002, 106(17): 4348-4355.

[4] Lu W, Chou I M, Burruss R C. Determination of methane concentrations in water in equilibrium with sI methane hydrate in the absence of a vapor phase by in situ Raman spectroscopy[J]. Geochimica et Cosmochimica Acta, 2008, 72(2): 412-422.

[5] Sum A K, Koh C A, Sloan E D. Clathrate hydrates: from laboratory science to engineering practice[J]. Industrial & Engineering Chemistry Research, 2009, 48 (16): 7457-7465.

[6] Helgerud M B, Dvorkin J, Nur A, et al. Elastic-wave velocity in marine sediments with gas hydrates: Effective medium modeling[J]. Geophysical Research Letters, 1999, 26(13): 2021-2024.

[7] Berge L I, Jacobsen K A, Solstad A. Measured acoustic wave velocities of R11 (CCl3F) hydrate samples with and without sand as a function of hydrate concentration[J]. Journal of Geophysical Research: Solid Earth, 1999, 104(B7): 15415-15424.

[8] Dvorkin J, Prasad M, Sakai A, et al. Elasticity of marine sediments: Rock physics modeling[J]. Geophysical Research Letters, 1999, 26(12): 1781-1784.

[9] Tidwell V C, Wilson J L. Laboratory method for investigating permeability upscaling

[J]. Water Resources Research, 1997, 33(7): 1607-1616.

[10] Jin Y, Hayashi J, Nagao J, et al. New method of assessing absolute permeability of natural methane hydrate sediments by microfocus X-ray computed tomography[J]. Japanese journal of applied physics, 2007, 46(5R): 3159.

[11] Kleinberg R L, Dai J. Estimation of the mechanical properties of natural gas hydrate deposits from petrophysical measurements[C]. Offshore Technology Conference, 2005.

[12] Kleinberg R L, Flaum C, Griffin D D, et al. Deep sea NMR: Methane hydrate growth habit in porous media and its relationship to hydraulic permeability, deposit accumulation, and submarine slope stability[J]. Journal of Geophysical Research: Solid Earth, 2003, 108(B10):2508-2576.

[13] Honarpour M M. Relative permeability of petroleum reservoirs[M]. CRC press, 2018.

[14] Lee, Joo-yong. Hydrate-bearing sediments: Formation and geophysical properties [D]. Georgia Institute of Technology, 2007.

[15] Chong, Zheng Rong, et al. Review of natural gas hydrates as an energy resource: Prospects and challenges[J]. Applied energy, 2016, 162: 1633-1652.

[16] Lee M W, and T S Collett . Amount of gas hydrate estimated from compressional- and shear-wave velocities at the JPEX/JNOC/GSC Mallik 2L-38 gas hydrate research well[J]. Bull. Geol. Surv. Can. ,1999, 544:313-322.

[17] Santamarina, J Carlos, Ruppel, Carolyn. The impact of hydrate saturation on the mechanical, electrical, and thermal properties of hydrate-bearing sand, silts, and clay[J]. Geophysical Characterization of Gas Hydrates, Geophys. Dev. Ser, 2010, 14: 373-384.

[18] Jakobsenj , Morten, et al. Elastic properties of hydrate-bearing sediments using effective medium theory[J]. Journal of Geophysical Research: Solid Earth, 2000, 105(B1): 561-577.

[19] Chand, Shyam, et al. Elastic velocity models for gas-hydrate-bearing sediments—A comparison[J]. Geophysical Journal International, 2004, 159(2): 573-590.

[20] Carcione J M, Tinivella U. Bottom-simulating reflectors: Seismic velocities and AVO effects[J]. Geophysics, 2000, 65(1): 54-67.

[21] Lee, Myung W. , and William F. Waite. Estimating pore-space gas hydrate saturations from well log acoustic data[J]. Geochemistry, Geophysics, Geosystems, 2008,9(7):1-8.

[22] Dai, Jianchun, et al. Exploration for gas hydrates in the deepwater, northern Gulf of Mexico: Part Ⅱ. Model validation by drilling. Marine and Petroleum Geology,2008, 25(9): 845-859.

[23] Ellis M, Evans R L, Hutchinson D, et al. Electromagnetic surveying of seafloor mounds in the northern Gulf of Mexico[J]. Marine and Petroleum Geology, 2008, 25(9): 960-968.

[24] Weitemeyer K A, et al. First results from a marine controlled-source electromagnetic

survey to detect gas hydrates offshore Oregon[J]. Geophysical Research Letters,2006,33(3):155-170.

[25] Yuan J, Edwards R N. The assessment of marine gas hydrates through electrical remote sounding: Hydrate without a BSR? [J]. Geophysical Research Letters, 2000, 27(16): 2397-2400.

[26] Nixon M F, Grozic J L H. Submarine slope failure due to gas hydrate dissociation: a preliminary quantification [J]. Canadian Geotechnical Journal, 2007, 44(3): 314-325.

[27] Sultan N, Cochonat P, Foucher J P, et al. Effect of gas hydrates melting on seafloor slope instability[J]. Marine geology, 2004, 213(1-4): 379-401.

[28] ASTM Committee D-18 on Soil and Rock. Standard test method for consolidated undrained triaxial compression test for cohesive soils [M]. ASTM International, 2011.

[29] ASTM. Method for consolidated drained triaxial compression test for soils[M]. D 7181, Annual Book of Standards 4,2011.

[30] Waite W F, Santamarina J C, Cortes D D, et al. Physical properties of hydrate-bearing sediments[J]. Reviews of geophysics, 2009, 47(4):1-38.

[31] Hyodo M, Li Y, Yoneda J, et al. Mechanical behavior of gas-saturated methane hydrate-bearing sediments[J]. J. Geophys. Res. Solid Earth,2013, 118 (10): 5185-5194.

[32] Lee J Y, et al. Observations related to tetrahydrofuran and methane hydrates for laboratory studies of hydrate-bearing sediments[J]. Geochemistry, Geophysics, Geosystems,2007,8(6):1-10.

[33] Miyazaki K, Masui A,Sakamoto Y,et al. Triaxial compressive properties of artificial methane hydrate-bearing sediment[J]. J. Geophys. Res. 2011, 116 (6):B06102.

[34] Choi J H, Dai S, Lin, J S, Seol Y. Multistage triaxial tests on laboratory-formed methane hydrate-bearing sediments[J]. J. Geophys. Res.: Solid Earth,2018, 123(5): 3347-3357.

[35] Ghiassian H, Grozic J L H. Strength behavior of methane hydrate bearing sand in undrained triaxial testing[J]. Mar. Pet. Geol. ,2013, 43:310-319.

[36] Yun T S, Santamarina C J, Ruppel C. Mechanical properties of sand, silt, and clay containing tetrahydrofuran hydrate[J]. J. Geophys. Res. Solid Earth 2007, 112(4):B04106.

[37] Masui A, Haneda H, Ogata Y, Aoki K. Effects of methane hydrate formation on shear strength of synthetic methane hydrate sediments [C]//The Fifteenth International Offshore and Polar Engineering Conference; International Society of Offshore and Polar Engineers,2005, 364-369. DOI: 10.1063/1.1804617.

[38] Yun T S, Santamarina C J, Ruppel C. Mechanical properties of sand, silt, and clay containing tetrahydrofuran hydrate[J]. J. Geophys. Res. Solid Earth,2007, 112

(4):B04106.

[39] Miyazaki K, Masui A, Sakamoto Y,et al. Triaxial compressive properties of artificial methane-hydrate-bearing sediment[J]. J. Geophys. Res. 2011, 116 (6):B06102.

[40] Miyazaki K, Oikawa Y, Haneda H, Yamaguchi T. Triaxial compressive property of artificial CO_2-hydrate sand[J]. Int. J. Offshore Polar Eng. 2016, 26 (3): 315-320.

[41] Wang L, Li Y, Shen S,et al. Mechanical behaviors of gas hydrate-bearing clayey sediments of the south china sea[J]. Environ. Geotech,2019, 13(1):210-222.

[42] Ghiassian H, Grozic J L H. Strength behavior of methane hydrate bearing sand in undrained triaxial testing[J]. Mar. Pet. Geol. ,2013, 43:310-319.

[43] Hyodo M, Li Y, Yoneda J,et al. Mechanical behavior of gas-saturated methane hydrate-bearing sediments[J]. J. Geophys. Res. Solid Earth,2013, 118 (10):5185-5194.

[44] Hyodo M, Li Y, Yoneda J,et al. A comparative analysis of the mechanical behavior of carbon dioxide and methane hydrate-bearing sediments[J]. Am. Mineral. ,2014, 99 (1):178-183.

[45] Dong L, Li Y, Liu C,et al. Mechanical properties of methane hydrate-bearing interlayered sediments[J]. J. Ocean Univ. China,2019, 18 (6): 1344-1350.

[46] Dong L, Li Y, Liao H,et al. Strength estimation for hydrate-bearing sediments based on triaxial shearing tests[J]. J. Pet. Sci. Eng. ,2020, 184, 106478.

[47] Li J, Ye J, Qin X, et al. The first offshore natural gas hydrate production test in south china sea[J]. China Geol. ,2018, 1 (1):5-16.

[48] Hyodo M, Yoneda J,Yoshimoto N, Nakata Y. Mechanical and dissociation properties of methane hydrate-bearing sand in deep seabed[J]. Soils Found. ,2013, 53 (2): 299-314.

[49] Hyodo M, Li Y, Yoneda J,et al. Effects of dissociation on the shear strength and deformation behavior of methane hydrate-bearing sediments[J]. Mar. Pet. Geol. ,2014, 51:52-62.

[50] Song Y, Zhu Y, Liu W,el al. Experimental research on the mechanical properties of methane hydrate-bearing sediments during hydrate dissociation [J]. Mar. Pet. Geol. ,2014, 51: 70-78.

[51] Li Y, Liu W, Zhu Y,et al. Mechanical behaviors of permafrost-associated methane hydrate-bearing sediments under different mining methods[J]. Appl. Energy ,2016, 162:1627-1632.

[52] Zhang X H, Luo D S, Lu X B,et al. Mechanical properties of gas hydrate-bearing sediments during hydrate dissociation[J]. Acta Mech. Sin. ,2018, 34 (2):266-274.

[53] Choi J H,Lin J S, Dai S,et al. Triaxial compression of hydrate-bearing sediments undergoing hydrate dissociation by depressurization [J]. Geomech. Energy Environ. ,2020, 23:100187.

[54] Song Y, Zhu Y, Liu W,et al. The effects of methane hydrate dissociation at different temperatures on the stability of porous sediments[J]. J. Pet. Sci. Eng. ,2016, 147:

77-86.

[55] Lee J Y, Santamarina J C, Ruppel C. Volume change associated with formation and dissociation of hydrate in sediment[J]. Geochem., Geophys., Geosyst., 2010, 11 (3):Q03007.

[56] Wu L Y, Grozic J L H. Laboratory Analysis of Carbon Dioxide Hydrate-Bearing Sands[J]. J. Geotech. Geoenviron. Eng. ,2008, 134(4): 547-550.

[57] Iwai H, Konishi, Y.; Saimyou, K.; Kimoto, S.; Oka, F. Rate Effect on the Stress-Strain Relations of Synthetic Carbon Dioxide Hydrate-Bearing Sand and Dissociation Tests by Thermal Stimulation. Soils Found. ,2018, 58 (5): 1113-1132.

[58] Song Y, Luo T, Madhusudhan B N, et al. Strength behaviors of CH_4 hydrate-bearing silty sediments during thermal decomposition[J]. J. Nat. Gas Sci. Eng., 2019, 72 (5):103031.

[59] Wu P, Li Y, Liu W, et al. Microstructure evolution of hydrate-bearing sands during thermal dissociation and ensued impacts on the mechanical and seepage characteristics [J]. J. Geophys. Res.: Solid Earth ,2020, 125 (5):e2019 JB 019103.

[60] Liu W, Luo T, Li Y, et al. Experimental study on the mechanical properties of sediments containing CH_4 and CO_2 hydrate mixtures[J]. J. Nat. Gas Sci. Eng. , 2016, 32: 20-27.

[61] Luo T, Li Y, Liu W, et al. Experimental study on the mechanical properties of CH4 and CO2 hydrate remodeling cores in qilian mountain [J]. Energies , 2017, 10 (12):2078.

[62] Luo T, Li Y, Madhusudhan B N, et al. Comparative analysis of the consolidation and shear behaviors of CH_4 and CO_2 hydrate-bearing silty sediments[J]. J. Nat. Gas Sci. Eng. ,2020, 75:103157.

第11章　海洋岩土工程风险分析

土体是一种复杂的地质体，其形成过程受到地质作用、环境因素和物理化学过程的综合影响。因此，天然岩土体参数具有空间变异性的特征，即土性参数在空间中存在差异又相互关联。这一现象导致岩土工程分析和设计中存在不确定性，对地基承载力、土体沉降和边坡稳定性均存在显著影响。

在海洋岩土工程领域，随着海上平台、海上风机、水产养殖等海上工业的发展，海上结构的桩锚系统分析、海床稳定性等问题引起了学者的极大兴趣。但是传统的确定性分析方法将模型参数假设为定值，忽略海洋沉积物物理力学参数的随机性和空间变异性。此外，基础承载力的发挥及失效机理、海床的失稳机理十分复杂且受多种不确定因素控制，使得传统的确定性分析方法的结果往往并不理想。在斜坡海床的稳定性问题中，单纯使用确定性分析中的安全系数(F_s)来评价海床的稳定性是不合理的。即使是安全系数大于1的情况，也不能完全保证斜坡没有发生失稳的风险；类似地，采用确定性分析得到的基础承载力也会相对偏于危险。

如图11.0-1所示，土体参数$\psi(z)$的空间变异性通常通过空间趋势$t(z)$以及在该趋势附近产生的波动$f(z)$来描述，即$\psi(z)=t(z)+f(z)$。通常来说，可假定土体参数$\psi(z)$服从某一特定分布，如能够避免产生负数而不符合客观实际的对数正态分布。空间上的这一分布可以通过均值μ、变异系数$\mathrm{COV}=\frac{\sigma}{\mu}$以及波动范围$L_x$、$L_y$、$L_z$进行描述。其中变异系数可描述随机场的变异性，而波动范围则描述了随机场的空间关联性，即空间上距离相近的土体，其性质也是相近的。

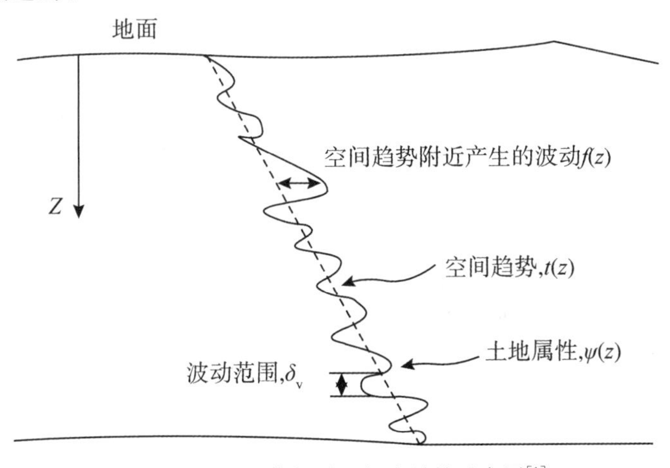

图11.0-1　土体性质空间变异性示意图[1]

随着可靠度方法在岩土工程中的发展，一些基本的可靠度理论和概率方法，如一次二阶矩法(first-order second-moment，FOSM)、一阶可靠度方法(first-order reliability method，FORM)、点估计法(point estimation method，PEM)、蒙特卡罗模拟和响应面法等在近年的研究中已经被用于边坡的稳定性评估问题。

针对基础承载力或沉降问题，蒙特卡罗模拟[2](Monte Carlo simulation，MCS)具有简便性和鲁棒性的特点，常用于求解概率密度分布。然而，考虑到蒙特卡罗法的精度受抽样次数的影响，在低概率水平下可能会导致计算成本较高。因此，在概率分析中常使用响应面法[3](response surface method，RSM)建立真实功能函数的替代模型，以最大程度地减少蒙特卡罗模拟中直接对有限元或极限平衡分析的调用次数。响应面法的基本概念最早由 Box 和 Wilson 于 1954 年提出，随后在结构工程领域得到了大量应用。Wong[4]在 1985 年将响应面法应用于边坡稳定性分析。Bucher[5]提出了在响应面法中使用二次多项式来近似极限状态函数。

近年来，为了拟合更复杂的非线性高维功能函数，学者们将响应面法与人工智能算法相结合，如人工神经网络[6](artificial neural network，ANN)、支持向量机[7-8](support vector machine，SVM)、径向基函数[9](radial basis function，RBF)、粒子群优化[10](particle swarm optimization，PSO)、相关向量机[11](relevance vector machine，RVM)等。基于高斯过程回归[12](gaussian process regression，GPR)的响应面法也已被应用于处理海底斜坡的稳定性评估问题。

本章以海洋钻井平台广泛采用的桩靴基础为例，介绍了考虑随土体空间变异性的有限元建模方法，并通过数值计算，结合蒙特卡罗模拟，得到了非均质土中桩靴基础承载力分布规律，分析了典型模型中桩靴基础的失效机理，从剪切带角度说明了土体空间变异性影响桩靴基础承载力的原因。同时，利用统计学方法分析桩靴基础峰值荷载概率，进行了可靠度分析与评价。

11.1 考虑不确定性的海洋桩靴基础破坏机理

自升式钻井平台具有便于安装、适应性强、作业灵活、应用水深范围广等诸多优势，在海洋钻井作业中占主导地位。据统计，自升式平台的市场占有率超过 40%，在中国的市场占有率达到 77%。自升式钻井平台通常采用桩靴基础，如图 11.1-1 所示。为保证平台在海上的安全作业，通常将桩靴基础贯入海底泥面以下一定深度，以提供钻井船作业时需要的承载力。在过去的几十年中，学者们主要聚焦于桩靴基础在均质土中的破坏机理[13-18]。然而，海床土层多是由黏土和砂土相互间隔组成，且剪切强度的变化很大[19-23]。因此，海床土的均质性假设难以考虑海床土参数的复杂空间变异性，导致了在压载及作业期间平台失效事故频发(见图 11.1-2)。随机有限元方法为解决上述问题提供了新的思路[24-25]，下面以桩靴基础为例，介绍随机有限元方法以及不确定性方法在海洋岩土工程中的应用。

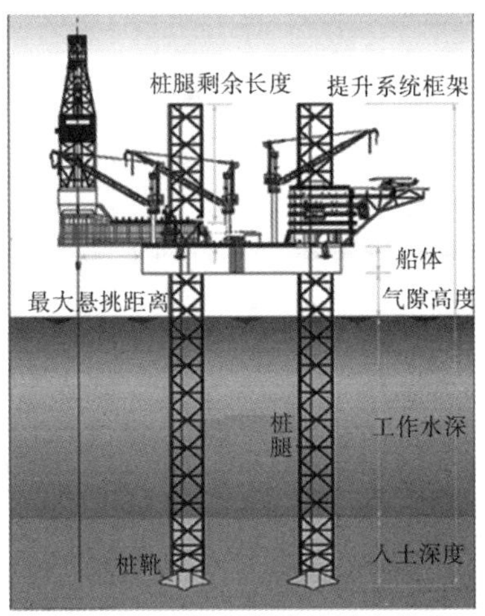

图 11.1-1　自升式钻井平台构造

图 11.1-2　钻井平台事故

11.1.1　空间变异性土体中随机有限元的建模方法

桩靴基础由上部圆锥、下部圆锥以及一个厚度较薄的垂直构件组成，上部圆锥倾角与水平方向夹角为 30°，下部圆锥倾角与水平方向夹角为 15°。基础直径 B=18m、高 H=7.2m，高宽比为 0.4(见图 11.1-3)。模型计算区域的长度和宽度取桩靴基础尺寸的 6 倍以上，避免了计算中可能的边界效应(见图 11.1-4)。

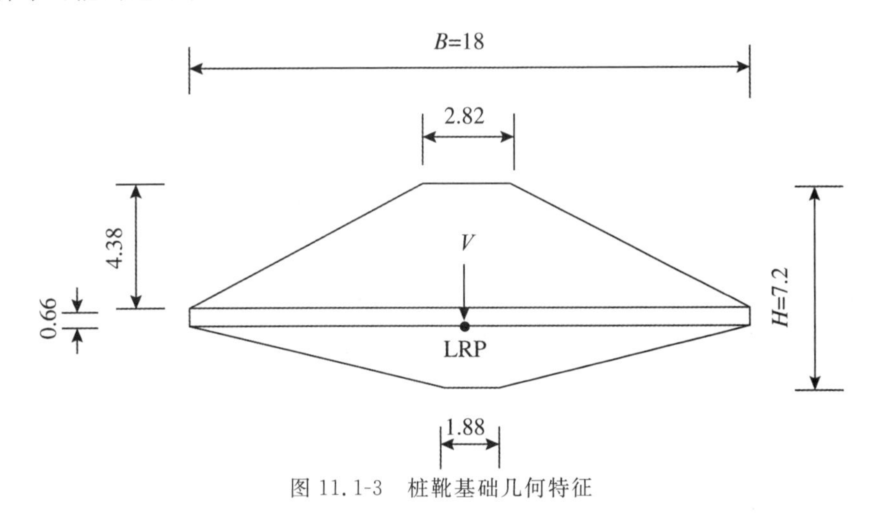

图 11.1-3　桩靴基础几何特征

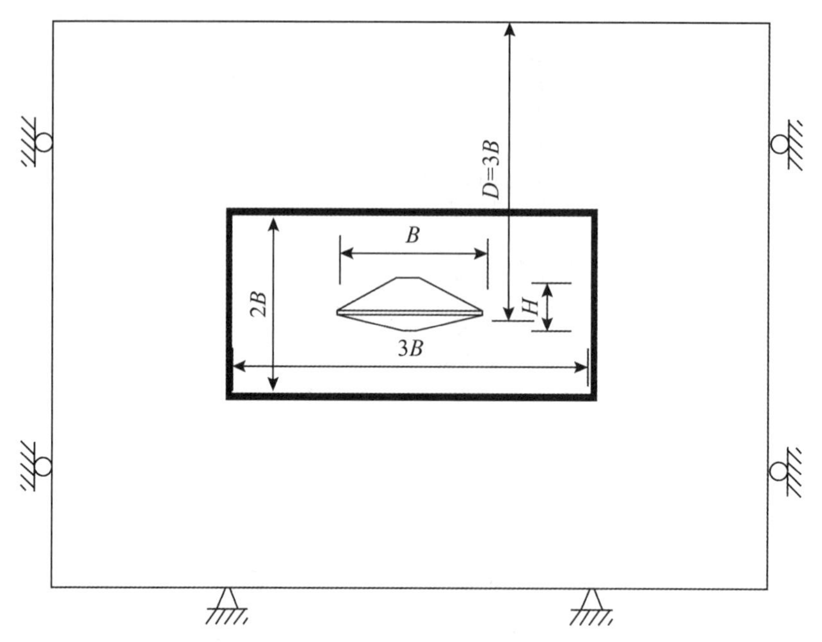

图 11.1-4　建模模型尺寸

为了考虑空间变异性对桩靴基础承载力的影响以及其失效机理，这里分别建立了考虑空间变异性的模型和不考虑空间变异性的模型。针对不考虑空间变异性的模型，土体不排水抗剪强度均值取 $s_u=10$ kPa；泊松比 υ 设定为 0.49，用来模拟土体不排水条件无体积变化，同时确保数值的稳定性；土体弹性模量 E 取为 5 MPa($E/s_u=500$)；有效重度 $\gamma'=7\text{kN/m}^3$；土体和基础接触面采用完全连接(fully bonded)方法；侧向土压力系数取值为 $K_0=1$；采用 Mohr-Coulomb 弹塑性本构模型。

桩靴基础部分被视为完全刚性体，荷载和位移全部施加在基础刚体的参考点上，参考点选在桩靴基础最大直径处，桩靴基础埋深 D 为基础宽度的三倍。采用主从面接触来模拟桩靴基础和土体之间的接触，桩靴基础面为主面，土体面为从面。采用接触后不分离的方式，来模拟桩靴基础和土体间的作用。桩靴基础和土体的接触面特性用 ABAQUS 中的接触对算法来模拟，切向作用接触面完全粗糙；法向作用采用“硬接触”方式，用这种方式将接触压力和界面的间隙联系起来，接触面间能够自由传递接触压力。

对土体施加重力加速度以模拟初始重力场，对基础进行位移加载，荷载位移曲线峰点对应的就是土体的极限承载能力。应用位移加载的原因主要是在分析复杂非线性问题时，位移加载可提高模型的收敛速度。

为保证计算精度的同时减少计算代价，模型将桩靴基础周围土体的有限元网格进行加密。在桩靴基础周围宽度为 $3B$、高度为 $2B$ 的范围内网格的尺寸为 0.5m×0.5m，图 11.1-5(a) 所示为模型的有限元网格。此外为了保证数值稳定性，需将桩靴基础边切割成与基础边缘土体相同长度，以保证桩靴基础的网格和基础周围土体网格完全对应，如图 11.1-5(b)所示。

(a)模型整体网格划分

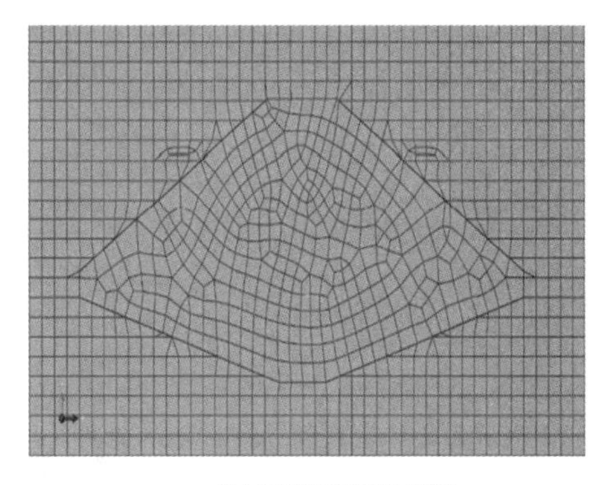

(b)基础周围网格划分

图 11.1-5　基础网格和基础周围土体网格

对于考虑空间变异性的模型，本算例主要通过将土体不排水抗剪强度随机场映射到有限元模型里面来实现土体参数空间变异特性的模拟。这里将土体的 s_u 视为一个随机场变量，其平均值为 10kPa，变异系数取为 0.3。模型的其他参数与不考虑空间变异性的模型参数相同。采用平方指数模型描述不排水抗剪强度的自相关性[26]，通过局部平均法生成不排水抗剪强度随机场[27]。图 11.1-6 显示了 6 种空间相关长度不同的土体随机场，表中红色区域代表强土（不排水抗剪强度较高）、蓝色区域代表弱土（不排水抗剪强度较低）。当空间相关长度 θ 较大时，不排水剪切强度变化较平缓，如图 11.1-6(a)所示。土体特性的空间相关长度 θ 较小时，不排水剪切强度变化较剧烈，如图 11.1-6(f)所示。

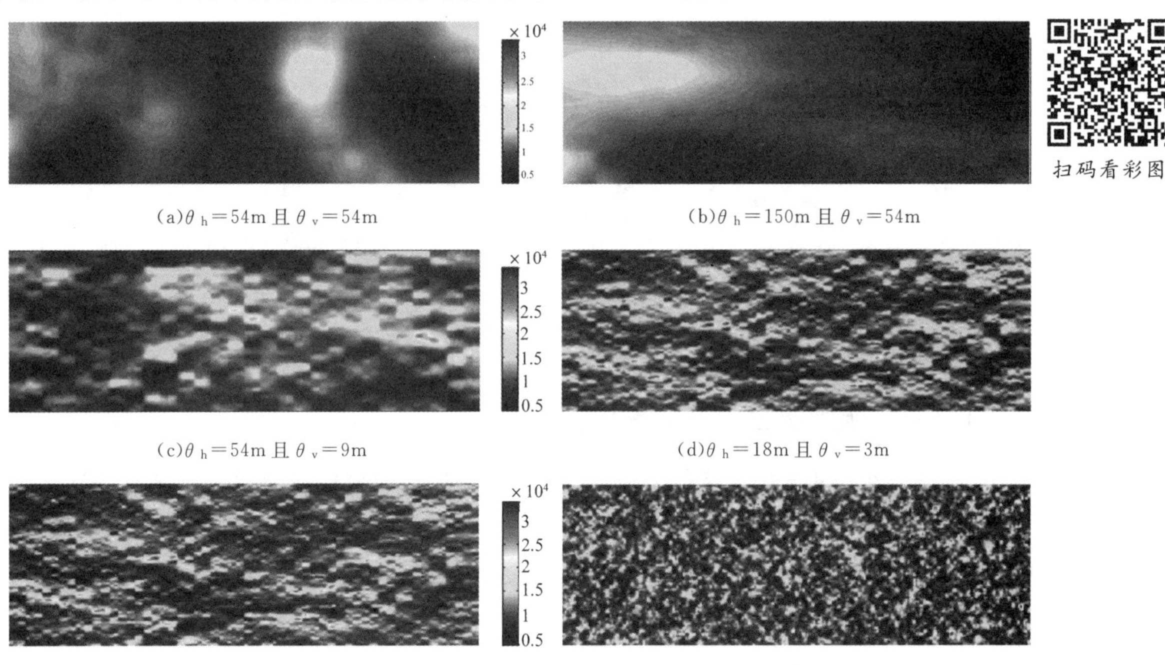

(a)θ_h=54m 且 θ_v=54m　　(b)θ_h=150m 且 θ_v=54m

(c)θ_h=54m 且 θ_v=9m　　(d)θ_h=18m 且 θ_v=3m

(e)θ_h=54m 且 θ_v=3m　　(f)θ_h=3m 且 θ_v=3m

图 11.1-6　不同水平竖直方向相关长度的随机场

11.1.2　非均质土体中桩靴基础的失效机理

在均质土体中，桩靴基础的剪切面具有对称分布的特点，如图 11.1-7 所示。图中灰色区域为土体的剪切面，从图中可以观察到剪切路径为两条对称的曲线，浅基础破坏时剪切面会达到土体的上表面，而深埋桩靴基础的剪切破坏面未到达土体表面，而是在基础深埋区域形成闭合的剪切滑动平面，发生局部破坏。

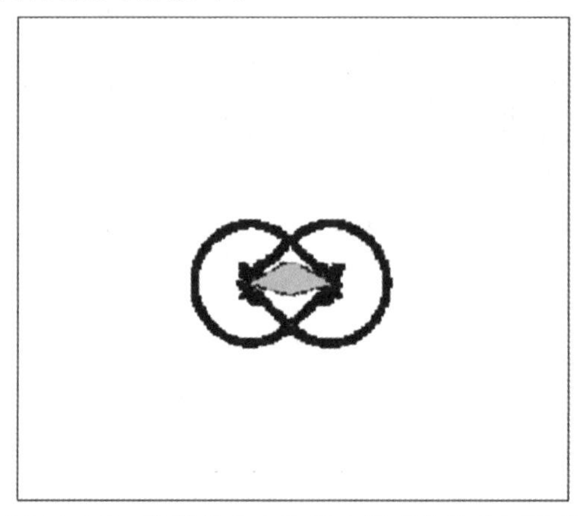

图 11.1-7　桩靴基础在均质土模型中的破坏模式

桩靴基础在非均质土中的失效具有非对称分布且多路径的特点，如图 11.1-8 所示。从图中可以发现剪切面为两条或多条，形状不对称。

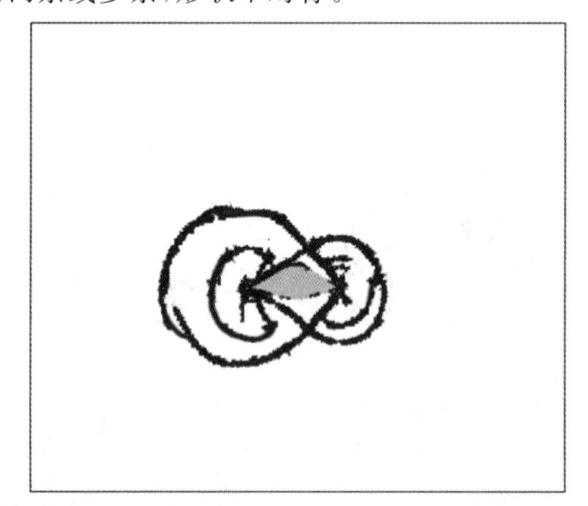

图 11.1-8　桩靴基础在非均质土模型中的破坏模式

11.1.3　非均质土中桩靴基础的承载力

桩靴基础在均质土中的承载力随着贯入深度的增加而增加，直到承载力趋于一个定值，此时的承载力值为桩靴基础的极限承载力。本研究，我们采用承载力系数 N_c 来描述桩靴基础在均质土中的承载力，如公式(11.1-1)：

$$N_c=\frac{q_f}{\mu_{su}} \tag{11.1-1}$$

式中：q_f 是土体的极限承载力；μ_{su} 是土体的不排水抗剪强度。对于空间变异性土体，q_{fi} 是在第 i 个随机场中计算得到的承载力，μ_{su} 是海床土体不排水抗剪强度的平均值(即 10 kPa)。

图 11.1-9(a)所示为桩靴基础在均质土模型中的剪切面和承载力系数，图 11.1-9(b)～(d)所示为桩靴基础在三个非均质土模型中的剪切面和承载力系数。L 为剪切面长度，B 为基础宽度。由图可知：桩靴基础在均质土模型中的剪切面长度小于其在非均质土模型中的

长度，且均质土中的承载力系数大于非均质土中的承载力系数。在非均质土中，在 s_u 较低的区域首先产生剪切破坏，随后沿着强度较低的区域发展，形成剪切面。由于剪切面穿过土体的 s_u 较小，导致桩靴基础在非均质土中的承载力较均质土中的承载力较低。

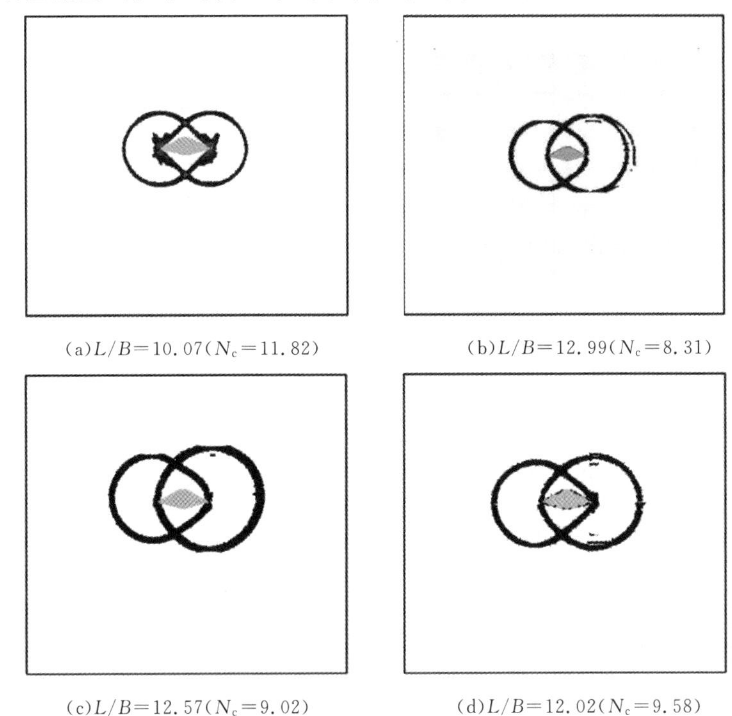

(a) $L/B=10.07(N_c=11.82)$　(b) $L/B=12.99(N_c=8.31)$

(c) $L/B=12.57(N_c=9.02)$　(d) $L/B=12.02(N_c=9.58)$

图 11.1-9　桩靴基础在均质土上的剪切面和在非均质土上的剪切面对比

11.2　桩靴基础峰值荷载概率分析

安装自升式钻井平台时需要对平台桩靴基础施加预压，如果在预压过程中桩靴基础遇到“上硬下软”的层状地基，则桩靴基础可能发生穿刺破坏，即基础刺穿硬土层，发生不受控制的下沉，会导致平台损坏甚至倾覆。

图 11.2-1 为桩靴基础在砂土下卧软黏土中的穿刺破坏示意图。为了避免穿刺事故的发生，需要对预测桩靴基础的峰值荷载进行预测。在砂土下卧软黏土的海床中，ISO 规范推荐的峰值荷载预测方法包括应力扩散法和冲剪法。除此之外，还有最近发展起来的确定性分析方法，例如 Teh、Hu 等学者提出的计算方法[28-30]。然而，上述计算模型只能在桩靴基础安装前预测一条荷载-位移曲线，且不同计算模型得到的峰值荷载存在较大差异，没有考虑复杂海床的地质条件以及土体特性的空间变化。本节基于峰值贯入荷载和穿刺破坏深度计算模型，考虑不确定性因素的影响，对桩靴基础的穿刺破坏进行概率预测，并结合监测数据，利用贝叶斯理论对预测结果进行实时更新，以期为预测桩靴基础的峰值荷载提供技术支撑。

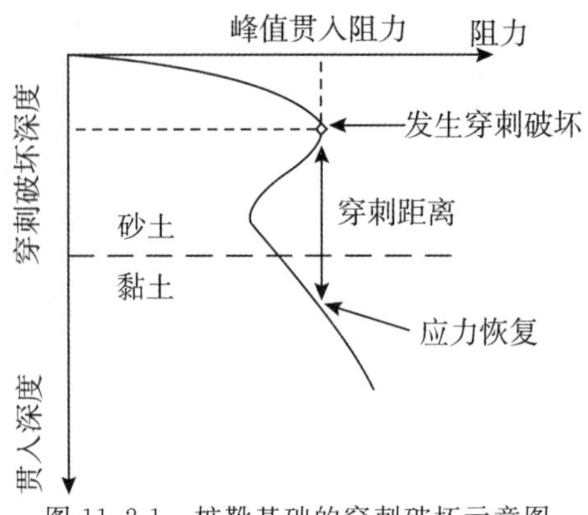

图 11.2-1　桩靴基础的穿刺破坏示意图

11.2.1　不确定性参数识别与表征

1. 峰值荷载的不确定性参数识别与表征

在砂土下卧软黏土海床中，Hu 通过离心机模型试验得到了考虑剪胀效应和应力效应的峰值荷载计算方法[31]：

$$q_{\text{peak\_cal}} = (N_{\text{co}} s_{\text{um}} + q_{\text{o}} + 0.12\gamma'_{\text{s}} H_{\text{s}})\left(1 + \frac{1.76H_{\text{s}}}{D}\tan\psi\right)^{E^*} + \frac{\gamma'_{\text{s}} D}{2\tan\psi(1+E^*)}\left[1 - \left(1 - \frac{1.76H_{\text{s}}}{D}E^*\tan\psi\right)\left(1 + \frac{1.76H_{\text{s}}}{D}\tan\psi\right)^{E^*}\right] \tag{11.2-1}$$

式中：$q_{\text{peak\_cal}}$ 是峰值荷载的计算值(kPa)；N_{co} 是非均质黏土地基承载力系数；q_{o} 是砂层表面的附加荷载(kPa)；γ'_{s} 是砂土的有效重度(kN/m^3)；H_{s} 是砂土的厚度(m)；D 是桩靴的最大直径(m)；E^* 是与砂土摩擦角和剪胀角相关的拟合系数，$E^* = 2\left[1 + D_{\text{F}}\left(\frac{\tan\varphi^*}{\tan\psi} - 1\right)\right]$，其中 D_{F} 是分布参数，当 $0.16 \leqslant H_{\text{s}}/D \leqslant 1.00$ 且圆锥角大于 70°时 $D_{\text{F}} = 0.642\left(\frac{H_{\text{s}}}{D}\right)^{-0.576}$，当 $0.21 \leqslant H_{\text{s}}/D \leqslant 1.12$ 且圆锥角小于 70°时 $D_{\text{F}} = 0.623\left(\frac{H_{\text{s}}}{D}\right)^{-0.174}$；$\varphi^*$ 是折减摩擦角，$\tan\varphi^* = \frac{\sin\varphi'\cos\psi}{1 - \sin\varphi'\sin\psi}$，$\varphi'$ 是摩擦角，ψ 是砂土剪胀角。

多位学者做的 71 组离心机模型试验数据如附表 1 所示[16-19,28-30]，其中 θ 是桩靴基础的圆锥角，D 是桩靴基础的最大直径，H_{s} 是砂土的厚度，如图 11.2-2 所示。

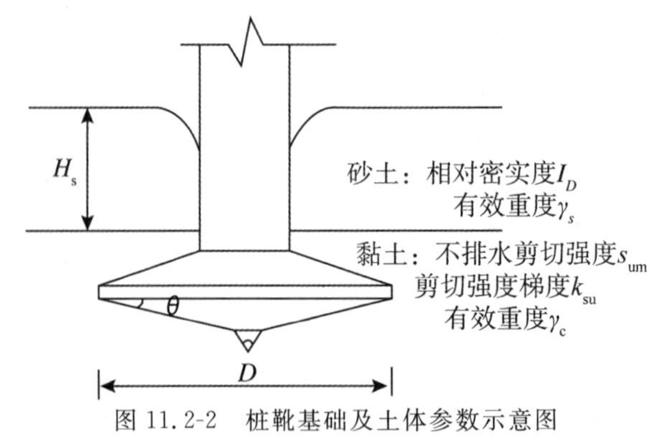

图 11.2-2　桩靴基础及土体参数示意图

$q_{p,test}$是桩靴基础发生穿刺破坏的实测荷载，$d_{p,test}$是桩靴基础发生穿刺破坏时的实测深度，$N_{c,test}$是实验中得到的黏土承载力系数，$d_{punch,test}$是测量得到的桩靴基础穿刺距离。当不考虑不确定性因素时，穿刺破坏时峰值荷载的实测值与根据公式(11.2-1)得到的计算值并不一致，峰值荷载实测值与计算值的关系如图 11.2-3 所示(图中的峰值阻力即峰值荷载，下文亦同)。

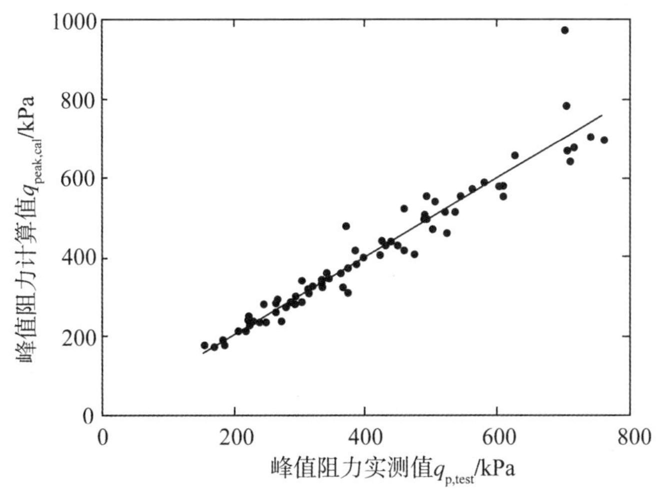

图 11.2-3　峰值荷载(阻力)实测值与计算值的关系

为了考虑砂土强度、桩靴形状及黏土参数等因素不确定性的影响，引入应力模型的不确定性参数：

$$q_{peak\_test} = q_{peak\_cal} \times \varepsilon_q \tag{11.2-2}$$

式中：q_{peak_test}是峰值荷载实测值(kPa)；ε_q 是应力模型的不确定性参数。

根据附表 1 中的试验组参数计算每个试验组的峰值荷载，结合峰值荷载实测值得到 71 个应力模型的不确定性参数($\varepsilon_q = \frac{q_{peak\_test}}{q_{peak\_cal}}$)作为样本数据，根据样本数据拟合不确定性参数的分布。应力模型的不确定性参数与峰值荷载实测值的关系如图 11.2-4 所示，可以看出 ε_q 的离散性较大，若用常数来表达，则会导致峰值荷载计算值与实测值的差异较大，因此需要用概率分布来描述应力模型的不确定性参数 ε_q。

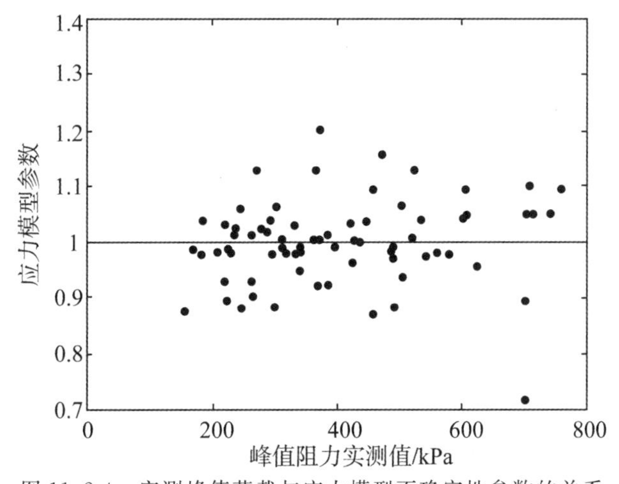

图 11.2-4　实测峰值荷载与应力模型不确定性参数的关系

Beta 概率密度函数的形状由其形状参数控制，改变形状参数可以使得 Beta 分布从均匀分布到近似正态分布变化，具有很强的灵活性和适用性，因此本节采用 Beta 分布拟合不确定性参数的概率分布。Beta 分布的概率密度函数为

$$f(x,\gamma,\eta,a,b)=\begin{cases}\dfrac{1}{(b-a)B(\gamma,\eta)}\left(\dfrac{x-a}{b-a}\right)^{\gamma-1}\left(1-\dfrac{x-a}{b-a}\right)^{\eta-1}, a\leqslant x\leqslant b\\ 0\end{cases}\tag{11.2-3}$$

式中：$B(\gamma,\eta)=\int_0^1 z^{\gamma-1}(1-z)^{\eta-1}\mathrm{d}z,(\gamma,\eta>0),z=\dfrac{x-a}{b-a}$；$\gamma$、$\eta$ 是形状参数；a、b 分别为概率分布的上、下限。

采用马尔科夫链蒙特卡罗模拟法（MCMC）拟合 Beta 分布参数，表 11.2-1 是进行马尔科夫链蒙特卡罗模拟得到的结果：

$$\gamma=3.95,\eta=4.397,a=0.71,b=1.28\tag{11.2-4}$$

计算得到的 71 个样本数据的频数直方图和 Beta 拟合的分布如图 11.2-5 所示，利用 Beta 分布得到的峰值荷载范围如图 11.2-6 所示，图中黑点表示峰值荷载实测值，灰色区域是当峰值荷载（也可称为峰值阻力）计算值为 0 到 1000kPa，ε_q 采用上述形状参数的 Beta 拟合分布时，得到的峰值荷载实测值的可能范围，可以看出来峰值荷载实测值在可能值的范围区域内。

表 11.2-1　应力模型不确定性参数 MCMC 法拟合的结果

参数	均值	方差	MC 误差	样本数
γ	3.950	0.498	0.0077	98000
η	4.397	0.705	0.0024	98000

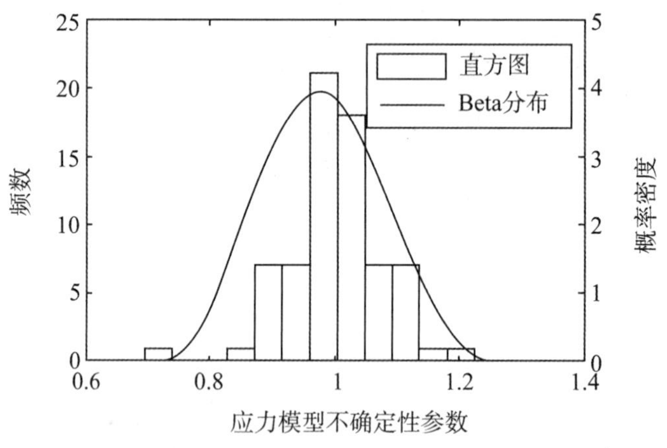

图 11.2-5　应力模型不确定性参数的频数直方图与拟合的概率密度曲线

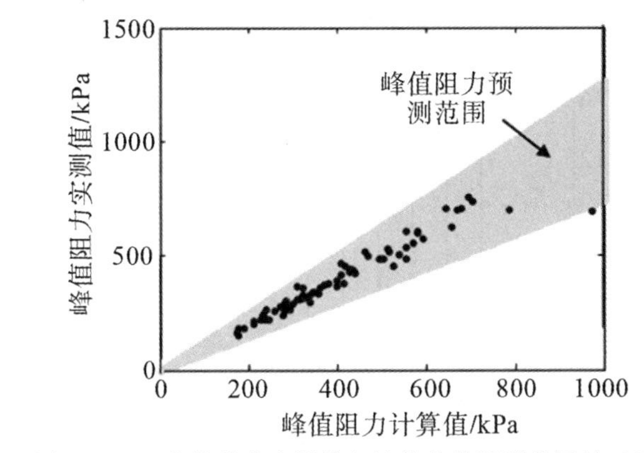

图 11.2-6　峰值荷载实测值与峰值荷载预测范围的对比

2. 穿刺破坏深度的不确定性参数识别与表征

根据砂土下卧软黏土中 66 组试验的荷载-位移结果，桩靴基础发生穿刺破坏时的深度大约为 0.12H_s(即 0.12 倍砂土厚度)。

$$d_{peak\_cal}=0.12H_s \tag{11.2-5}$$

式中：d_{peak_cal}是发生穿刺破坏时的桩靴基础贯入深度计算值(m)，也称为穿刺破坏深度计算值。

由于计算模型(11.2-5)没有考虑各不确定性因素，桩靴基础穿刺破坏深度实测值d_{peak_test}分布在 0.12H_s 一定范围内，如图 11.2-7 所示。考虑不确定性因素，桩靴基础的穿刺破坏深度实测值可表示为

$$d_{peak\_test}=0.12H_s\varepsilon_d \tag{11.2-6}$$

式中：d_{peak_test}是穿刺破坏深度实测值(m)；ε_d 是深度模型参数。

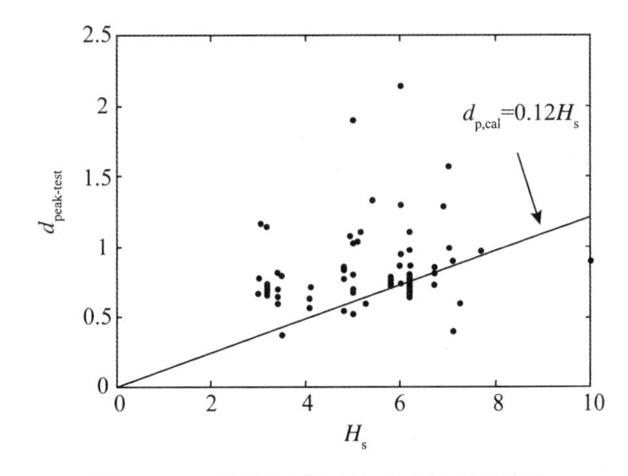

图 11.2-7　穿刺破坏深度与砂土厚度的关系

利用 66 组模型试验的穿刺破坏深度实测值，并根据 $\varepsilon_d=d_{peak_test}/(0.12H_s)$可以得到 66 个深度模型参数样本数据，样本数据的频数直方图如图 11.2-8 所示。

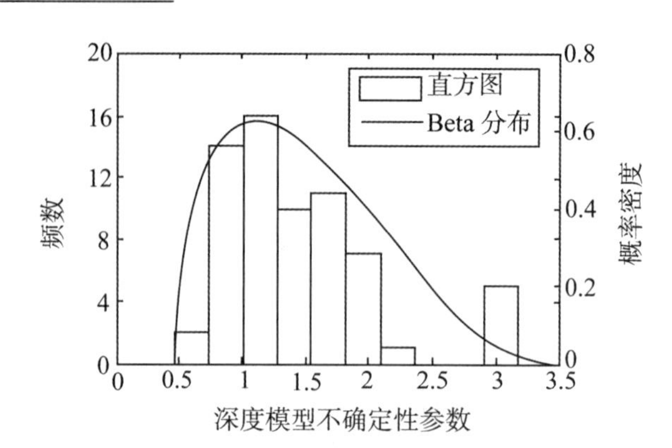

图 11.2-8 深度模型不确定性参数频数直方图与拟合的概率密度曲线

表 11.2-2 为利用 MCMC 模拟得到的分布参数，深度模型参数的 Beta 分布的概率密度曲线如图 11.2-8 所示。利用深度模型参数的拟合分布得到穿刺破坏深度的范围如图 11.2-9所示，图中黑点是穿刺破坏深度实测值，结果显示拟合的分布使得穿刺破坏深度实测值在预测范围内。

表 11.2-2 深度模型不确定性参数 MCMC 拟合的结果

参数	均值	方差	MC 误差	样本数
γ	1.564	0.242	0.0017	198000
η	2.996	0.500	0.0036	198000

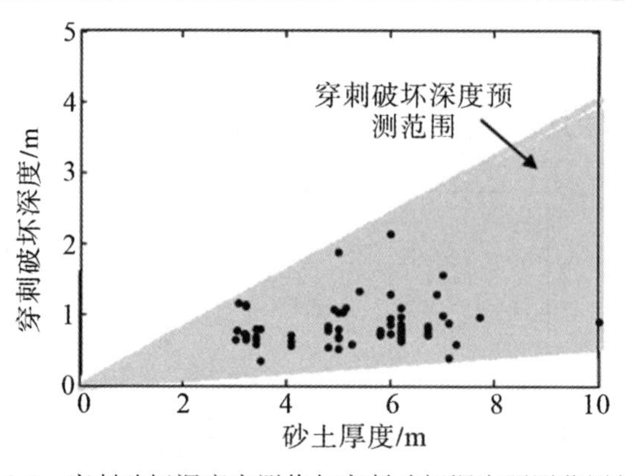

图 11.2-9 穿刺破坏深度实测值与穿刺破坏深度预测范围的对比

11.2.2 基于贝叶斯理论的风险分析

贝叶斯理论为更新预测破坏深度和峰值贯入荷载的可能范围提供了理论基础。贝叶斯定理如公式(11.2-7)所示：

$$P(A \cap B)=P(B|A) \cdot P(A)=P(A|B) \cdot P(B) \tag{11.2-7}$$

式中：$P(A)$表示事件 A 发生的概率；$P(B)$表示事件 B 发生的概率；$P(A|B)$是条件概率，表示事件 A 在事件 B 的条件下发生的概率；$P(B|A)$是条件概率，表示事件 B 在事件 A 的条件下发生的概率。

若要利用公式(11.2-7)进行更新预测，首先要假设事件 A 由 $i=1,2,3,\cdots,n$ 等独立事件构成的整个完备的事件空间，那么对于事件 B 的发生概率可用全概率公式(11.2-8)计算

得到：

$$P(B)=P(A_i)\cdot P(B|A_i) \tag{11.2-8}$$

而此时的公式(11.2-7)可以转换成公式(11.2-9)：

$$P(A_i \mid B)=\frac{P(A_i)P(B \mid A_i)}{P(B)}=\frac{P(A_i)P(B \mid A_i)}{\sum_{i=1}^{n}P(A_i)P(B \mid A_i)} \tag{11.2-9}$$

此时，$P(A_i|B)$是事件A_i的后验概率；$P(A_i)$是事件A_i的先验概率；$P(B|A_i)$是似然概率。

桩靴在贯入过程可能发生穿刺破坏时的峰值荷载和破坏深度分别设为q_{pi}，d_{pj}($i,j=1,2,3,\cdots$)，假设峰值荷载q_{pi}与穿刺破坏深度d_{pi}相互独立，那么联合概率$P(q_{pi},d_{pj})=P(q_{pi})\cdot P(d_{pj})$，其中$P(q_{pi})$表示发生穿刺破坏时峰值荷载为$q_{pi}$的概率，$P(d_{pj})$表示发生穿刺破坏时深度为$d_{pj}$的概率。利用贝叶斯公式进行穿刺破坏预测的更新，可采用公式(11.2-10)：

$$p(q_{pi},d_{pj}|q_{mon},d_{mon})=\frac{p(q_{pi},d_{pj})\cdot p(q_{mon},d_{mon}|q_{pi},d_{pj})}{\sum_{i,j}p(q_{pi},d_{pj})\cdot p(q_{mon},d_{mon}|q_{pi},d_{pj})} \tag{11.2-10}$$

式中：q_{pi}表示桩靴在贯入过程中发生穿刺破坏时的峰值荷载可能值(kPa)；d_{pj}表示桩靴在贯入过程中发生穿刺破坏时的贯入深度，即穿刺破坏深度可能值(m)；q_{mon}表示桩靴在贯入过程中监测到的贯入荷载值(kPa)；d_{mon}表示桩靴在贯入过程中监测到的贯入深度值(m)。

1.峰值荷载和穿刺破坏深度的先验概率

已知应力模型不确定性参数和深度模型不确定性参数都服从 Beta 分布，取 N 个服从 Beta 分布的随机数将得到 N 个ε_q和ε_d。将它们分别代入公式(11.2-2)和公式(11.2-6)，就可以分别得到 N 个可能发生的峰值荷载q_{peak_test}和穿刺破坏深度值d_{peak_test}。找到q_{peak_test}最小值和最大值，在($0.9\times\min(q_{peak\_tset})$，$1.1\times\max(q_{peak\_test})$)范围内，将 N 个q_{peak_test}等分成(N_m-1)段，每一段的区间长度为$\Delta=(1.1\max(q_{peak_mea})-0.9\min(q_{peak_mea}))/(N_m-1)$，以每一段区间长度$\Delta$的中心点作为该段的代表值，该段的频率作为峰值荷载的边缘概率估计值$P(q_{pi})$($i=1,2,3,\cdots,N_m$)。同理，计算穿刺破坏深度的边缘概率估计值$P(d_{pj})$($j=1,2,3,\cdots,N_m$)。假设峰值荷载与穿刺破坏深度之间相互独立，那么峰值荷载和穿刺破坏深度的联合概率就是两个边缘概率的乘积，先验概率的计算见公式(11.2-11)：

$$P(q_{pi},d_{pj})=P(q_{pi})\cdot P(d_{pj}) \tag{11.2-11}$$

式中：$P(q_{pi},d_{pj})$是峰值荷载和穿刺破坏深度的联合概率，也是先验概率；$P(q_{pi})$是峰值荷载的边缘概率；$P(d_{pj})$是穿刺破坏深度的边缘概率。

由公式(11.2-11)可以看出，对于可能发生穿刺破坏的点共有($N_m\times N_m$)个，每一个点都有对应的先验概率。以峰值荷载q_{pi}为横坐标，穿刺破坏深度值d_{pj}为纵坐标，将联合概率值相等的点连线就可以得到先验概率等值线图。

2.似然概率

Teh 的 66 组模型试验实测数据来拟合桩靴基础贯入过程中归一化的荷载-位移概率模型如公式(11.2-12)和公式(11.2-13)所示[32]：

$$\frac{d_{pred}}{d_{pj}}=\exp\left(\frac{1}{\xi}\left(\frac{q_{mon}}{q_{pi}}-1\right)\right) \tag{11.2-12}$$

$$\xi=0.515\times(I_D)^{1.8}\times\varepsilon_{Id} \tag{11.2-13}$$

式中：d_{pred}是当贯入荷载为 q_{mon}时，对应的贯入深度预测值；ξ 是归一化的荷载-位移模型参数；ε_{Id}是模型参数；I_D是砂土的相对密实度。

根据 66 组模型试验数据可以得到 66 个模型参数 ε_{Id} 的样本数据，其频数直方图如图 11.2-10所示。由 MCMC 方法拟合曲线模型参数的分布参数：$\gamma=1.305$，$\eta=3.362$，$a=0.142$，$b=1.891$，利用拟合得到的形状参数得到的概率密度曲线如图 11.2-10 所示。

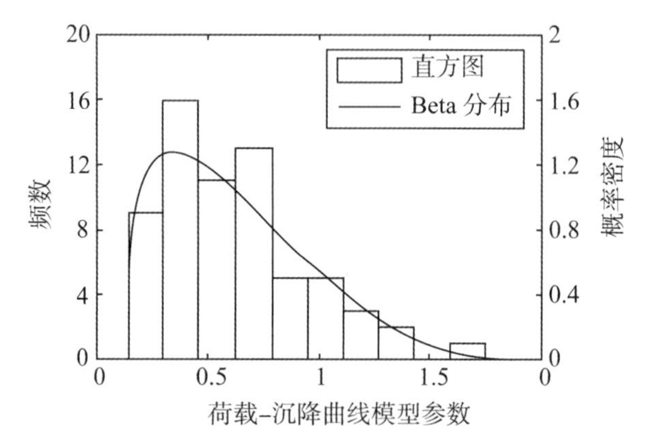

图 11.2-10　荷载-位移曲线模型参数的分布

根据ε_{Id}服从的分布生成 N_b个随机数，将其代入公式(11.2-13)即可得到 N_b个 ξ。监测点q_{mon}有 N_q个，那么得到的贯入深度预测值d_{pred}就是($N_q\times N_b$)的矩阵。当贯入深度预测值d_{pred}与监测得到的贯入深度d_{mon}一致，则可能的q_{pi}、d_{pj}就有较大概率是正确的，因此如果贯入深度预测值d_{pred}与实际监测值d_{mon}的差值的绝对值满足可接受条件，d_{pred}就可以被接受。已知d_{mon}是一个($N_q\times 1$)的矩阵，可接受条件如公式(11.2-14)所示：

$$|d_{pred\_(k,b)}-d_{mon\_(k,1)}|\leqslant\Delta d_{max} \tag{11.2-14}$$

式中：$d_{pred_(k,b)}$是矩阵中第 k 行、b 列的贯入深度预测值(m)，$k=1,2,3,\cdots,N_q$，$b=1,2,3,\cdots,N_b$；$d_{mon_(k,1)}$是贯入深度实测值(m)；Δd_{max}是可接受的最大差值范围，$\Delta d_{max}=c\cdot d_{mon}\cdot COV_{dm}$其中 c 是修正参数，COV_{dm}是贯入深度的变异系数，取值 0.15。

满足式(11.2-14)的贯入深度预测值的个数与贯入深度预测值总个数的比值即为似然概率值。因此，对于一组穿刺破坏可能值(q_{pi}，d_{pj})就可以得到一个似然概率值，由前面先验概率的计算过程可知，一共有($N_m\times N_m$)组穿刺破坏候选值，所以共有($N_m\times N_m$)个似然概率值。以峰值荷载 q_{pi}为横坐标、穿刺破坏深度值 d_{pj}为纵坐标，将似然概率值相等的点连线就可以得到似然概率等概率等值线图。

3. 后验概率

已知有($N_m\times N_m$)个先验概率值 $P(q_{pi},d_{pj})$和($N_m\times N_m$)个似然概率值 $P(q_{mon},d_{mon}|q_{pi},d_{pj})$，根据贝叶斯公式(11.2-10)可以求得($N_m\times N_m$)个后验概率值 $P(q_{pi},d_{pj}|q_{mon},d_{mon})$。以峰值荷载 q_{pi}为横坐标、穿刺破坏深度值d_{pj}为纵坐标，将后验概率值相等的点连线就可以得到后验概率的等值线图。当监测点个数逐渐增加时，通过将前一监测点的后验概率当作当前监测点的先验概率来实现更新过程。随着监测点的增加，可对预测的峰值荷载和穿刺破坏深度的范围不断更新。

11.2.3　案例分析

从 66 组离心机模型试验中选择一组 D1SP80a，说明桩靴基础在砂土下卧软黏土海床中穿刺破坏的预测及更新方法。该算例的参数如表 11.2-3 所示，根据公式（11.2-1）和公式（11.2-5），桩靴基础的峰值荷载计算值是 416.57kPa，穿刺破坏深度计算值是 0.744m，但是该算例中桩靴基础发生穿刺破坏的峰值荷载实测值是 456.00kPa，深度实测值是 0.880m。可以看出来，预测值与实测值差异较大，下面根据上述贝叶斯理论进行桩靴基础穿测破坏的风险预测。

表 11.2-3　D1SP80a 试验组参数

桩靴直径(m)	圆锥角(°)	砂土相对密实度	砂土厚度(m)	临界状态摩擦角(°)	砂土有效重度(kN/m³)	剪胀角(°)	黏土层表面强度(kPa)	不排水抗剪强度梯度
16	13	0.92	6.2	31	10.99	31	17.7	2.1

根据应力模型参数 ε_q 和深度模型参数 ε_d 的分布分别生成 20000 个随机数，分别将这些随机数代入公式（11.2-2）和公式（11.2-6）中，就可以分别得到 20000 个 q_{peak_test} 和 d_{peak_test} 的可能值。分别将它们等分成 50 段，以每段的中点作为该段的代表点，每段的频率作为代表点的概率，那么就可以分别得到可能峰值荷载和深度的边缘概率 $P(q_{pi})$ 和 $P(d_{pj})$（$i,j=1,2,3,\cdots,51$）。将 $P(q_{pi})$ 和 $P(d_{pj})$ 代入公式（11.2-11）中就可以得到先验概率值。

图 11.2-11 为算例 D1SP80a 的先验概率等值线图，由外向里概率值逐渐增加，最里面的曲线包围的区域是发生穿刺可能性最大的区域。图中“＋”号表示发生穿刺的实际监测点，“口”号代表的是公式（11.2-1）和公式（11.2-5）的预测值，“ * ”表示最可能发生穿刺的点，其荷载为 395.03 kPa，穿刺破坏深度值为 0.800m。图中峰值荷载小于 350kPa 的所有可能发生穿刺破坏点的概率总和 $P=0.0850$。当以 350kPa 加载时，砂土极限承载力小于预压荷载有 8.50%的可能，基础会发生穿刺破坏的概率为 8.50%。可以发现，确定性分析结果、先验概率分布图中最可能的峰值荷载、穿刺破坏深度与实际监测到基础发生穿刺破坏的荷载和深度的差异均较大。

试验组 D1SP80a 的安装过程中，实际监测数据如表 11.2-4 所示。增加一个监测点后，峰值荷载和深度的后验概率分布如图 11.2-12 所示，图中圆圈表示基础安装过程监测到的荷载和贯入深度，图 11.2-12(a)表示的是似然概率等值线图，图 11.2-12(b)是后验概率等值线图。荷载小于 350kPa 的所有可能发生穿刺的点的概率总和减小到 $p_f=1.67e\text{-}5$，峰值荷载增大到 418.92kPa，基础的穿刺破坏深度从 0.800m 减小为 0.407m。图 11.2-13 到图 11.2-16 分别显示了采用 2 组、3 组、4 组、5 组监测数据得到的似然概率以及更新的后验概率图。

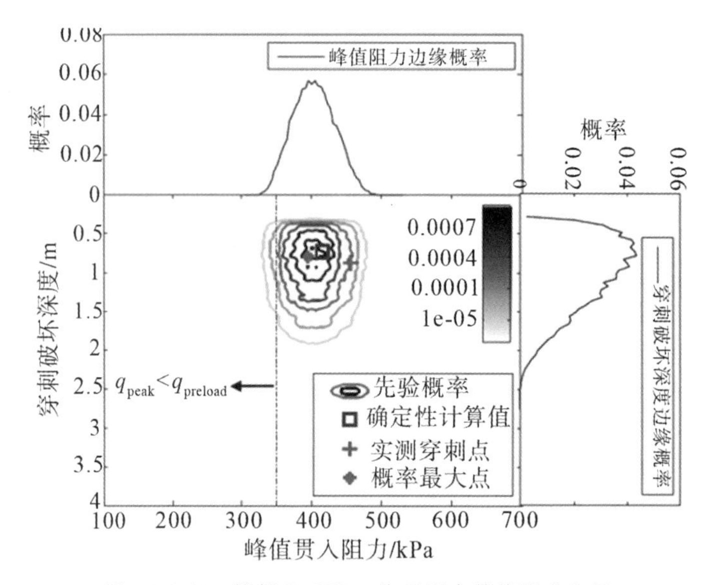

图 11.2-11　算例 D1SP80a 先验概率等值线分布图

表 11.2-4　监测数据(加载)表

监测数据	荷载 q_{mon}/kPa	深度 d_{mon}/m
1 号监测点	318.27	0.080
2 号监测点	353.20	0.223
3 号监测点	393.08	0.362
4 号监测点	425.54	0.507
5 号监测点	446.28	0.660

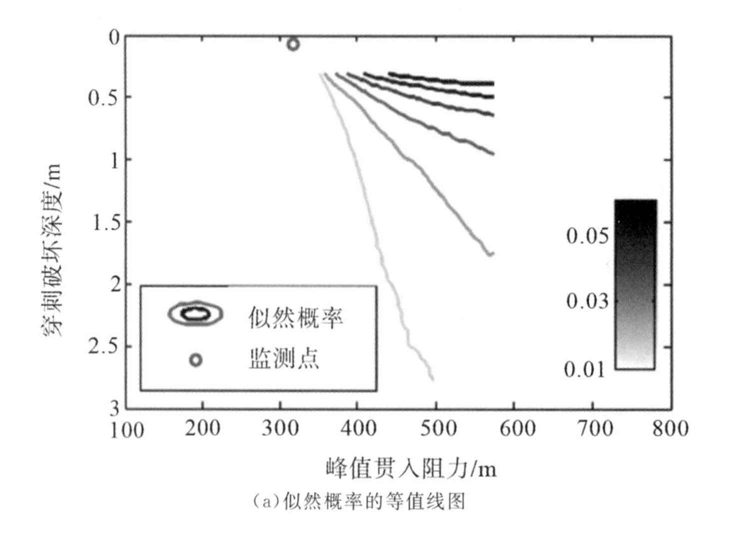

(a)似然概率的等值线图

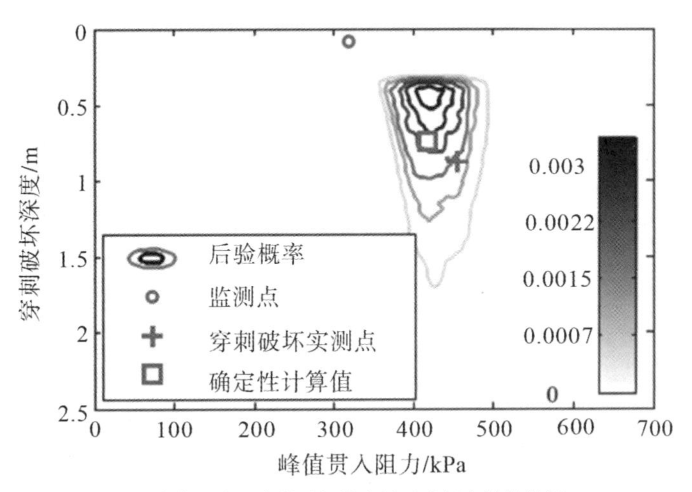

(b)峰值阻力及穿刺破坏深度的后验概率等值线图

图 11.2-12　采用一组监测数据的似然概率以及更新后的后验概率

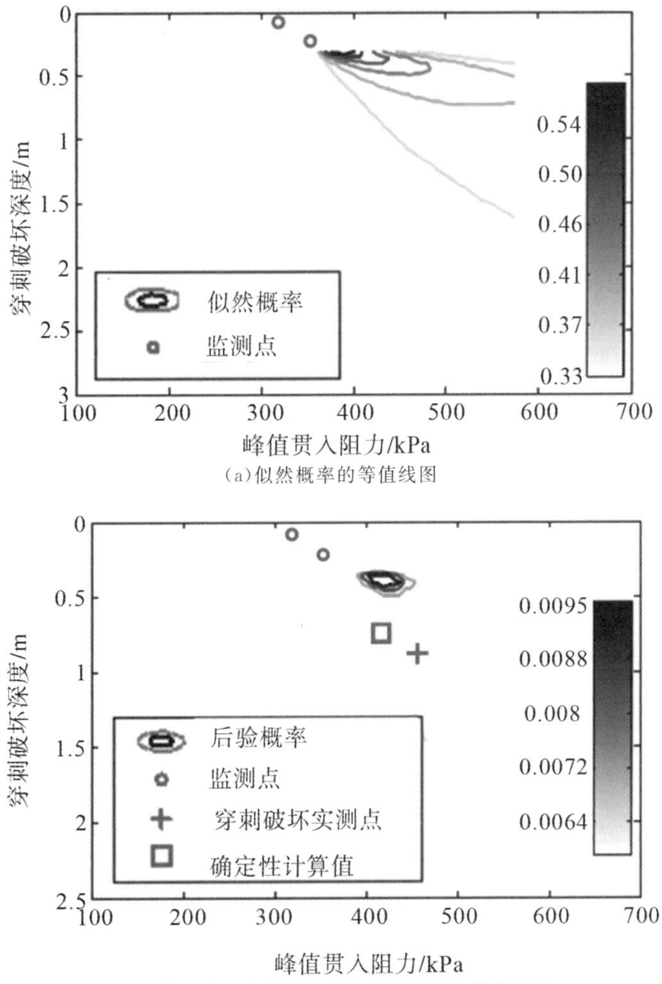

(b)峰值阻力及穿刺破坏深度的后验概率等值线图

图 11.2-13　采用两组监测数据的似然概率以及更新后的后验概率

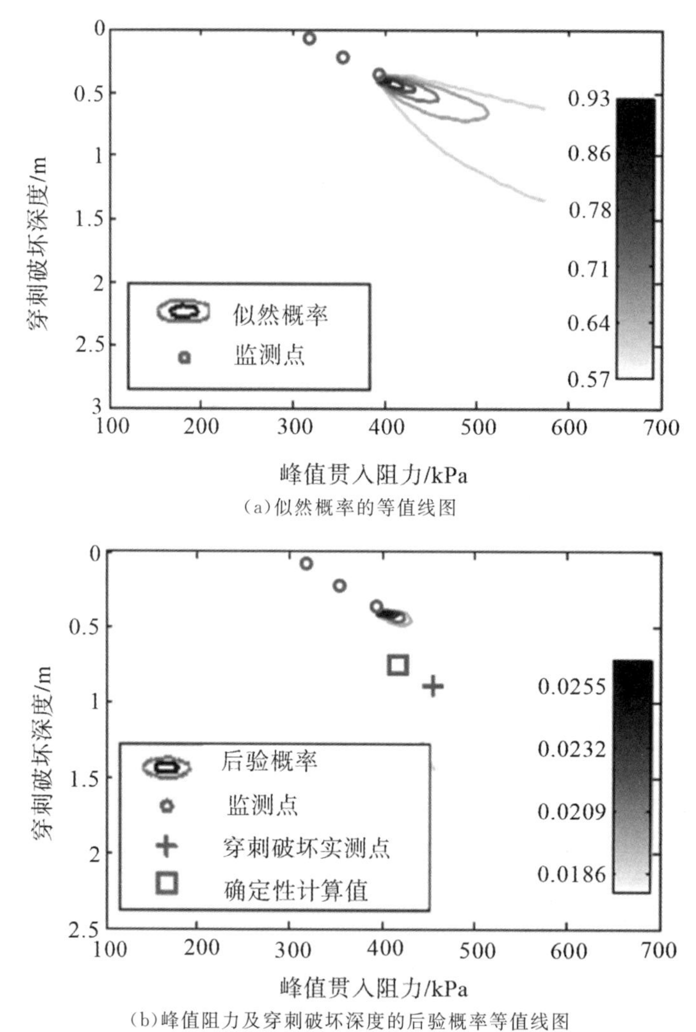

(a)似然概率的等值线图

(b)峰值阻力及穿刺破坏深度的后验概率等值线图

图 11.2-14 采用三组监测数据的似然概率以及更新后的后验概率

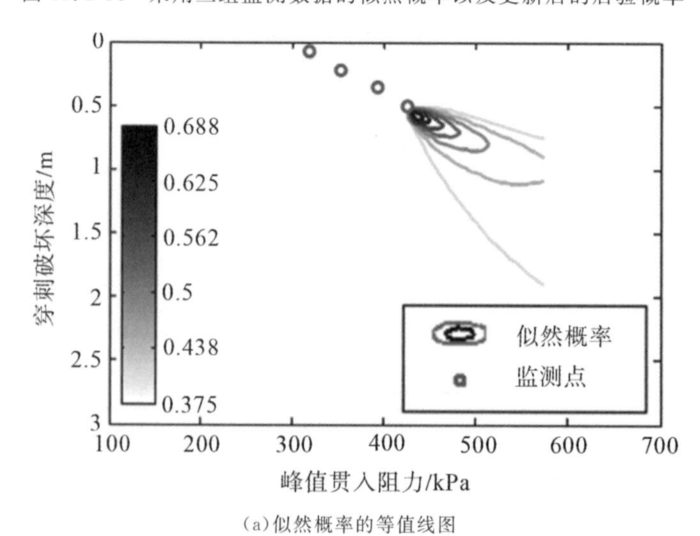

(a)似然概率的等值线图

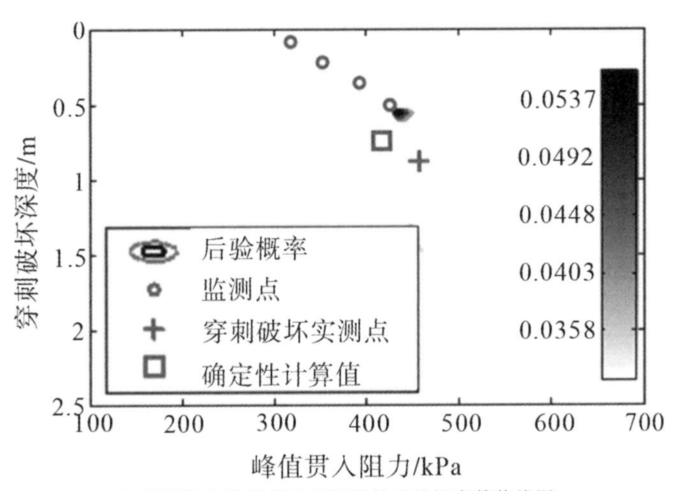

(b)峰值阻力及穿刺破坏深度的后验概率等值线图

图 11.2-15　采用四组监测数据的似然概率以及更新后的后验概率

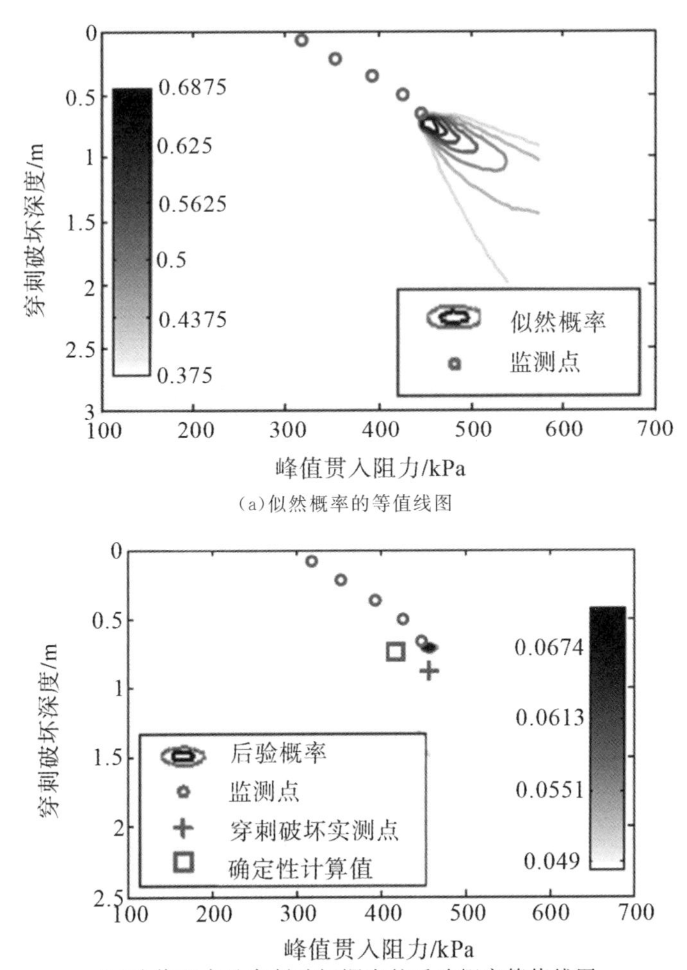

(b)峰值阻力及穿刺破坏深度的后验概率等值线图

图 11.2-16　采用五组监测数据的似然概率以及更新后的后验概率

综合6组监测数据的计算结果，发现当监测点较浅时，预测到的结果范围较大，预测结果不精确。而随着监测点的增加，穿刺破坏后验概率的预测范围越来越小，发生穿刺破坏的荷载和深度的范围越来越集中。随着监测点的增加，峰值荷载的预测值从395.03kPa增加到454.74kPa。对应的穿刺破坏深度由0.744m减小为0.702m。实际监测到发生穿刺的点是(456.00kPa，0.880m)，最终预测值为(454.74kPa，0.702m)。

算例D1SP80a更新后的峰值荷载预测值比确定性分析结果更接近实测值，穿刺破坏深度预测值比确定性分析结果小0.042m。算例D1SP80a的计算结果如表11.2-5所示。

表11.2-5 算例D1SP80a采用监测点概率更新的结果

监测点	不同预压荷载对应的失败概率			最可能的(峰值阻力，穿刺破坏深度)	更新后的范围		下一级荷载建议值(kPa)
	350(kPa)	450(kPa)	500(kPa)		峰值贯入阻力(kPa)	穿刺破坏深度(m)	
先验值(416.57,0.744)	0.0850	0.8700	0.9889	(395.03，0.800)	[305.46，520.42]	[0.308，2.472]	300
1号监测点(318.27,0.080)	1.67e-5	0.7499	0.9918	(418.95，0.407)	[344.95，529.37]	[0.308，2.472]	341.89
2号监测点(353.20,0.223)	0	0.7184	0.9911	(418.92，0.407)	[359.20，520.42]	[0.308，2.472]	383.78
3号监测点(393.08,0.362)	0	0.7508	0.9935	(406.97，0.407)	[395.03，520.42]	[0.407，2.472]	424.48
4号监测点(425.54,0.507)	0	0.5183	0.9901	(430.86，0.554)	[430.86，520.42]	[0.554，2.472]	停止加载(467.56)
5号监测点(446.28,0.660)	0	0.1285	0.9824	(454.74，0.702)	[448.77，520.42]	[0.702，2.472]	停止加载

上述分析结果能够为预压荷载的施加提供合理的建议值，从而判断何时停止对桩靴基础的压载，定义加载稳定系数为

$$F_s = \frac{q_{\text{predicted}}}{q_{\text{preload}}} \tag{11.2-15}$$

式中：$q_{\text{predicted}}$是更新后的可能峰值荷载值(kPa)，q_{preload}是桩靴基础的下一级预压荷载(kPa)。当加载稳定系数满足$F_s \leqslant 1.2$时认为加载达到荷载允许值，不再对桩靴基础进行加载。

以上述D1SP80a试验为例，采用4组监测点进行概率更新后，结果显示最可能的峰值荷载为430.86kPa，此时的加载稳定系数$F_s=0.92$，小于1.2。所以当加载到425.54kPa时应该停止对桩靴基础的加载，砂土实际的极限承载力为456.00kPa，因此以425.54kPa对基础预压时不会发生穿刺破坏。

附表1 桩靴基础离心模型试验数据统计表

实验组	圆锥角(°)	H_s (m)	D (m)	γ_s (kN/m³)	I_D	s_{um} kPa	K_{su} kPa/m	γ_c (kN/m³)	$q_{p,test}$ kPa	$N_{c,test}$	$d_{p,test}$ (m)	$d_{punch,test}$ (m)
D1F30a	0	6.2	6	10.99	0.92	17.7	2.1	7.5	712.00	25.400	0.640	10.70
D1F40a	0	6.2	8	10.99	0.92	17.7	2.1	7.5	520.00	19.900	0.670	9.300
D1F50a	0	6.2	10	10.99	0.92	17.7	2.1	7.5	446.00	15.900	0.800	9.000

续表

实验组	圆锥角(°)	H_s (m)	D (m)	γ_s (kN/m³)	I_D	s_{um} kPa	K_{su} kPa/m	γ_c (kN/m³)	$q_{p,test}$ kPa	$N_{c,test}$	$d_{p,test}$ (m)	$d_{punch,test}$ (m)
D1F60a	0	6.2	12	10.99	0.92	17.7	2.1	7.5	384.00	16.300	0.777	17.200
D1F70a	0	6.2	14	10.99	0.92	17.7	2.1	7.5	342.00	15.000	0.749	4.300
D1F80a	0	6.2	16	10.99	0.92	17.7	2.1	7.5	332.00	14.800	0.727	3.100
D1F40b	0	4.1	8	10.99	0.92	16.3	2.1	7.5	318.00	16.300	0.630	3.500
D1F50b	0	4.1	10	10.99	0.92	16.3	2.1	7.5	289.00	15.700	0.564	2.700
D1F60b	0	4.1	12	10.99	0.92	16.3	2.1	7.5	262.00	14.300	0.714	1.800
D2F30a	0	6.7	6	10.99	0.92	19.1	2.1	7.5	703.00	22.100	0.730	12.200
D2F40a	0	6.7	8	10.99	0.92	19.1	2.1	7.5	579.00	21.500	0.805	9.500
D2F60a	0	6.7	12	10.99	0.92	19.1	2.1	7.5	429.00	19.700	0.717	5.000
D2F80a	0	6.7	16	10.99	0.92	19.1	2.1	7.5	361.00	15.800	0.848	3.500
D2F30b	0	5.8	6	10.99	0.92	18.6	2.1	7.5	707.00	25.600	0.773	9.400
D2F40b	0	5.8	8	10.99	0.92	18.6	2.1	7.5	490.00	18.400	0.775	8.700
D2F60b	0	5.8	12	10.99	0.92	18.6	2.1	7.5	372.00	17.600	0.708	3.000
D2F80b	0	5.8	16	10.99	0.92	18.6	2.1	7.5	313.00	16.400	0.744	1.100
D2F30c	0	4.8	6	10.99	0.92	17.9	2.1	7.5	489.00	20.700	0.771	7.100
D2F40c	0	4.8	8	10.99	0.92	17.9	2.1	7.5	395.00	17.600	0.848	6.000
D2F60c	0	4.8	12	10.99	0.92	17.9	2.1	7.5	311.00	15.300	0.547	1.800
D2F80c	0	4.8	16	10.99	0.92	17.9	2.1	7.5	278.00	15.100	0.830	0.500
D2F30d	0	3.4	6	10.99	0.92	16.6	2.1	7.5	332.00	16.000	0.809	5.000
D2F40d	0	3.4	8	10.99	0.92	16.6	2.1	7.5	294.00	15.300	0.692	3.600
D2F60d	0	3.4	12	10.99	0.92	16.6	2.1	7.5	236.00	12.900	0.596	0.800
D2F80d	0	3.4	16	10.99	0.92	16.6	2.1	7.5	219.00	14.100	0.647	0.200
D1SP40a	13	6.2	8	10.99	0.92	17.7	2.1	7.5	603.00	19.160	0.646	11.83
D1SP50a	13	6.2	10	10.99	0.92	17.7	2.1	7.5	534.00	19.520	0.688	9.150
D1SP60a	13	6.2	12	10.99	0.92	17.7	2.1	7.5	501.00	15.580	1.104	11.33
D1SP70a	13	6.2	14	10.99	0.92	17.7	2.1	7.5	424.00	16.930	0.855	9.770
D1SP80a	13	6.2	16	10.99	0.92	17.7	2.1	7.5	456.00	16.340	0.976	9.160
L1SP1	13	6	6	9.96	0.43	12.96	1.54	7.11	382.95	21.730	1.302	7.780
L1SP2	13	6	8	9.96	0.43	12.96	1.54	7.11	339.53	18.650	0.862	78.100
L1SP3	13	6	10	9.96	0.43	12.96	1.54	7.11	364.78	19.560	0.948	7.660
L1SP4	13	6	12	9.96	0.43	12.96	1.54	7.11	294.41	17.900	2.612	7.670

续表

实验组	圆锥角(°)	H_s (m)	D (m)	γ_s (kN/m³)	I_D	s_{um} kPa	K_{su} kPa/m	γ_c (kN/m³)	$q_{p,test}$ kPa	$N_{c,test}$	$d_{p,test}$ (m)	$d_{punch,test}$ (m)
L1SP5	13	6	14	9.96	0.43	12.96	1.54	7.11	302.53	16.980	0.733	7.930
L2SP1	13	5	6	9.96	0.43	12.36	1.54	7.11	340.57	21.240	0.690	7.190
L2SP2	13	5	10	9.96	0.43	12.36	1.54	7.11	244.44	17.370	2.627	6.310
L2SP3	13	5	14	9.96	0.43	12.36	1.54	7.11	222.11	16.480	0.668	6.820
L2SP4	13	5	16	9.96	0.43	12.36	1.54	7.11	221.33	15.140	0.524	6.460
L2SP5	13	5	20	9.96	0.43	12.36	1.54	7.11	224.00	12.990	2.000	6.160
L3SP1	13	3.2	6	9.96	0.43	11.01	1.55	7.11	230.22	14.740	1.733	6.180
L3SP2	13	3.2	8	9.96	0.43	11.01	1.55	7.11	206.75	14.920	0.679	5.240
L3SP3	13	3.2	12	9.96	0.43	11.01	1.55	7.11	183.61	13.880	1.604	5.450
L3SP4	13	3.2	16	9.96	0.43	11.01	1.55	7.11	184.32	13.650	1.505	5.220
L3SP5	13	3.2	20	9.96	0.43	11.01	1.55	7.11	169.92	12.380	0.653	5.250
H7C7	7	6.89	8	10.61	0.74	21.86	2.09	7.21	702.82	20.970	1.285	10.43
H7C14	13.65	7.11	8	10.61	0.74	22.24	2.11	7.21	758.95	0.000	0.893	11.76
H7C21	21	7.25	8	10.61	0.74	22.22	2.09	7.21	740.25	0.000	0.640	13.94
H5C0	0	4.91	8	10.61	0.74	19.29	2.08	7.21	368.11	15.510	1.070	7.690
H5C7	7	5.09	8	10.61	0.74	16.66	1.8	7.21	436.74	16.480	1.033	10.05
H5C13	13	5.13	8	10.61	0.74	19.58	2.08	7.21	487.82	—	1.100	7.670
H5C14	13.65	5.41	8	10.61	0.74	20.72	2.13	7.21	504.69	—	1.328	10.35
H5C21	21	5.25	8	10.61	0.74	20.55	2.13	7.21	456.93	15.27	0.590	9.700
H3C7	7	3.05	8	10.61	0.74	11.34	1.51	7.21	246.36	14.20	1.160	6.400
H5C13	13	5.13	8	10.61	0.74	19.58	2.08	7.21	487.82	—	1.100	7.670
H5C14	13.65	5.41	8	10.61	0.74	20.72	2.13	7.21	504.69	—	1.328	10.35
H5C21	21	5.25	8	10.61	0.74	20.55	2.13	7.21	456.93	15.27	0.590	9.700
H3C7	7	3.05	8	10.61	0.74	11.34	1.51	7.21	246.36	14.20	1.160	6.400
H3C14	13.65	3.03	8	10.61	0.74	11.31	1.51	7.21	237.28	16.65	0.774	5.540
H3C21	21	3.18	8	10.61	0.74	13.93	1.83	7.21	261.95	15.10	0.729	4.750
B1S7SP8a	13	7	8	11.15	0.99	13.2	1.85	—	490.74	—	—	—
B1S7SP8b	13	7	8	11.15	0.99	13.2	1.85	—	541.67	—	—	—
B1S7SP8c	13	7	8	11.15	0.99	13.2	1.85	—	606.48	—	—	—
B1S7SP14a	13	7	14	11.15	0.99	13.2	1.85	—	420.30	—	—	—
B1S7SPS14b	13	7	14	11.15	0.99	13.2	1.85	—	4972.22	—	—	—

续表

实验组	圆锥角(°)	H_s (m)	D (m)	γ_s (kN/m³)	I_D	s_{um} kPa	K_{su} kPa/m	γ_c (kN/m³)	$q_{p,test}$ kPa	$N_{c,test}$	$d_{p,test}$ (m)	$d_{punch,test}$ (m)
NUSF_1	10	3	10	9.93	0.95	7.75	1.56	6	154.78	—	—	—
NUSF_2	10	5	10	9.78	0.88	12.71	1.56	6	300.40	—	1.028	3.930
NUSF_3	10	7	10	9.91	0.94	18.04	1.56	6	559.23	—	0.989	7.150
NUSF_4	10	7.7	10	9.9	0.94	19.82	1.56	6	626.01	—	0.969	7.300
NUSF_5	10	10	10	9.93	0.95	25.82	1.56	6	699.54	—	—	—
NUSF_8	10	5	10	9.21	0.61	11.98	1.56	6	265.14	—	1.026	4.300
NUSF_9	10	7	10	9.15	0.58	16.66	1.56	6	522.00	—	1.026	4.300
UWA_F3	13	3.5	4	11.15	0.99	7.22	1.2	6.5	371.10	19.329	0.363	10.33
UWA_F4	13	3.5	6	11.15	0.99	7.22	1.2	6.5	270.00	15.233	0.792	9.160
UWA_F10	13	7.1	8	11.13	0.98	14.62	1.2	6.5	608.00	—	—	—

参考文献

[1] Phoon K K, & Kulhawy F H. Characterization of geotechnical variability[J]. Canadian Geotechnical Journal, 1999, 36(4) : 612-624.

[2] Juang C H, Huang X H, Elton D J. Fuzzy information processing by the Monte Carlo simulation technique[J]. Civil Engineering Systems,1991,8(1):37-41.

[3] Box G E. The exploration and exploitation of response surfaces: some general considerations and examples[J]. Biometrics,1954,10(1):16-60.

[4] Wong F S. Slope reliability and response surface method[J]. Journal of Geotechnical Engineering, 1985,111(1):32-53.

[5] Bucher C G, Bourgund U. A fast and efficient response surface approach for structural reliability problems[J]. Structural Safety,1990,7(1):57-66.

[6] Cho S E. Probabilistic stability analyses of slopes using the ANN-based response surface[J]. Computers and Geotechnics,2009, 36(5): 787-797.

[7] Samui P. Slope stability analysis: A support vector machine approach[J]. Environmental Geology, 2008, 56(2):255-267.

[8] Kang F , Li J . Artificial Bee Colony Algorithm Optimized Support Vector Regression for System Reliability Analysis of Slopes [J]. Journal of Computing in Civil Engineering,2016,30(3):04015040.

[9] Deng J. Structural reliability analysis for implicit performance function using radial basis function network[J]. International Journal of Solids and Structures, 2006, 43 (11-12): 3255-3291.

[10] Kang F, Xu Q, Li J. Slope reliability analysis using surrogate models via new support vector machines with swarm intelligence[J]. Applied Mathematical Modelling,2016,40(11-

12):6105-6120.

[11] Samui P, Lansivaara T, Kim D. Utilization relevance vector machine for slope reliability analysis[J]. Applied Soft Computing Journal, 2011, 11(5): 4036-4040.

[12] Kang F, Han S, Salgado R, et al. System probabilistic stability analysis of soil slopes using Gaussian process regression with Latin hypercube sampling [J]. Computers and Geotechnics, 2015, 63: 13-25.

[13] Young A G, Remmes B D, Meyer B J. Foundation performance of offshore jack-up drilling rigs [J]. Geotech. Eng,1984,110 (7):841-859.

[14] Martin C M, Houlsby G T. Combined loading of spudcan foundations on clay: numerical modelling [J]. Géotechnique,2001,51 (8): 687-699.

[15] Cassidy M J, Byrne B W, Randolph M F. A comparison of the combined load behaviour of spudcan and caisson foundations on soft normally consolidated clay[J]. Géotechnique,2004,4 (2):91-106.

[16] Erbrich C T. Australian frontiers—spudcans on the edge[J]. Proc. Int. Symp. Frontiers in Offshore Geotechnics,2005:49-74.

[17] Menzies D, Roper R. Comparison of Jackup rig spudcan penetration methods in clay [C]. Offshore Technology Conference (OTC), Houston, Texas. OTC (19545), 2008.

[18] Osborne J J, Houlsby G T, et al. Improved guidelines for the penetration of geotechnical performance of spudcan foundations during installation and removal of jack-up units[C]. Offshore Technology Conference (OTC), Houston, Texas. OTC (20291), 2009.

[19] Hossain M S, Randolph M F. New mechanism-based design approach for spudcan foundations on single layer clay[J]. Geotech,2009,135 (9): 1264-1274.

[20] Det Norske Veritas (DNV). Statistical representation of soil data[R]. DNV-RP-C207, Høvik, Norway,2012.

[21] Lee K K, Randolph M F, Cassidy M J. Bearing Capacity on Sand Overlying Clay Soils: a Simplified Conceptual Model[J]. Géotechnique, 2013, 63 (15):1285-1297.

[22] Lee K K, Cassidy M J,Randolph M F. Bearing capacity on sand overlying clay soils: experimental and fifinite element investigation of potential punch-through failure[J]. Géotechnique, 2013,63 (15):1271-1284.

[23] Lee K K, Randolph M F, Cassidy M J. Bearing capacity on sand overlying clay soils: a simplifified conceptual model[J]. Géotechnique,2013,63 (15):1285-1297.

[24] Li J, Tian Y, Cassidy M. Failure mechanism and bearing capacity of footings buried at various depths in spatially random soil[J]. Geotech. Geoenviron. Eng, 2015,141: 04014099.

[25] Li J H, Uzielli M, Cassidy, M J. Uncertainty-based characterization of Piezocone and T-bar data for the Laminaria offshore site [C]//Proceedings of the 3rd International Symposium on Frontiers in Offshore Geotechnics, ISFOG 2015, Oslo, Norway (in print),2015.

[26] Baecher G B, Christian J T. Reliability and Statistics in Geotechnical Engineering [M]. Wiley, Chichester, U.K,2003.
[27] Fenton G A, Vanmarcke E H. Simulation of Random Fields Via Local Average Subdivision [J]. Journal of Engineering Mechanics,1990,116(8):1733-1749.
[28] The K L, Leung C F, Chow Y K & Handidjaja P. Prediction of punch-through for spudcan penetration in sand overlying clay [C]. Proceedings of the offshore technology conference, Houston, TX, USA, paper OTC 20060,2009.
[29] Hu P, Stanier S A, Cassidy M J& Wang D. Predicting peak resistance of spudcan penetrating sand overlying clay [J]. Geotech., 2014a, 140(2):04013009.
[30] Hu P, Wang D, Cassidy M J, Stanier S A. Predicting the resistance profile of a spudcan on sand overlying clay[J]. Can. Geotech, 2014b,51(10) :1151-1164.
[31] Hu P. Predicting Punch-through Failure of A Spudcan on Sand Overlying Clay[D]. Australia: University of Western Australia, 2015.
[32] Teh K L. Punch-through of Spudcan Foundation in Sand Overlying Clay[D]. Singapore: National Univ. of Singapore, 2007.